冶金专业教材和工具书经典传承国际传播工程

Project of the Inheritance and International Dissemination of Classical Metallurgical Textbooks & Reference Books

冶金工业出版社

普 通 高 等 教 育 “ 十 四 五 ” 规 划 教 材

传感器原理及应用

郭兴敏　都 昱　主编

扫码获得数字资源

北 京

冶 金 工 业 出 版 社

2024

内 容 提 要

本书从基础理论出发，系统地介绍了传感器的组成、基本原理、信号调制、特性分析和典型应用，涉及的类型包括电参量型、电量型、光电型、生物型和智能型传感器等。书中每章后均附有习题，以巩固所学内容和延伸思考。

本书可作为高等院校冶金、材料、生态和机电一体化等专业的教材，也可供从事电子仪器和测控技术的工作人员参考。

图书在版编目(CIP)数据

传感器原理及应用/郭兴敏，都昱主编．—北京：冶金工业出版社，2024.5

冶金专业教材和工具书经典传承国际传播工程　普通高等教育“十四五”规划教材

ISBN 978-7-5024-9842-9

Ⅰ.①传…　Ⅱ.①郭…　②都…　Ⅲ.①传感器—高等学校—教材　Ⅳ.①TP212

中国国家版本馆 CIP 数据核字(2024)第 080152 号

传感器原理及应用

出版发行　冶金工业出版社　**电　话**　(010)64027926
地　址　北京市东城区嵩祝院北巷 39 号　**邮　编**　100009
网　址　www.mip1953.com　**电子信箱**　service@mip1953.com

责任编辑　任咏玉　杨　敏　美术编辑　彭子赫　版式设计　郑小利
责任校对　梁江凤　责任印制　窦　唯
三河市双峰印刷装订有限公司印刷
2024 年 5 月第 1 版，2024 年 5 月第 1 次印刷
787mm×1092mm　1/16；19.75 印张；478 千字；302 页
定价 55.00 元

投稿电话　(010)64027932　投稿信箱　tougao@cnmip.com.cn
营销中心电话　(010)64044283
冶金工业出版社天猫旗舰店　yjgycbs.tmall.com
(本书如有印装质量问题，本社营销中心负责退换)

冶金专业教材和工具书
经典传承国际传播工程
总　　序

钢铁工业是国民经济的重要基础产业，为我国经济的持续快速增长和国防现代化建设提供了重要支撑，做出了卓越贡献。当前，新一轮科技革命和产业变革深入发展，中国经济已进入高质量发展新时代，中国钢铁工业也进入了高质量发展的新时代。

高质量发展关键在科技创新，科技创新离不开高素质人才。党的二十大报告指出："教育、科技、人才是全面建设社会主义现代化国家的基础性、战略性支撑。必须坚持科技是第一生产力、人才是第一资源、创新是第一动力，深入实施科教兴国战略、人才强国战略、创新驱动发展战略，开辟发展新领域新赛道，不断塑造发展新动能新优势。"加强人才队伍建设，培养和造就一大批高素质、高水平人才是钢铁行业未来发展的一项重要任务。

随着社会的发展和时代的进步，钢铁技术创新和产业变革的步伐也一直在加速，不断推出的新产品、新技术、新流程、新业态已经彻底改变了钢铁业的面貌。钢铁行业必须加强对科技进步、教育发展及人才成长的趋势研判、规律认识和需求把握，深化人才培养体制机制改革，进一步完善相应的条件支撑，持续增强"第一资源"的保障能力。中国钢铁工业协会《"十四五"钢铁行业人力资源规划指导意见》提出，要重视创新型、复合型人才培养，重视企业家培养，重视钢铁上下游复合型人才培养。同时要科学管理，丰富绩效体系，进一步优化人才成长环境，造就一支能够支撑未来钢铁行业高质量发展的人才队伍。

高素质人才来源于高水平的教育和培训，并在丰富多彩的创新实践中历练成长。以科技创新为第一动力的发展模式，需要科技人才保持知识的更新频率，站在钢铁发展新前沿去思考未来，系统性地将基础理论学习和应用实践学习体系相结合。要深入推进职普融通、产教融合、科教融汇，建立高等教育+职业教育+继续教育和培训一体化行业人才培养体制机制，及时把钢铁科技创新成果转化为钢铁从业人员的知识和技能。

一流的专业教材是高水平教育培训的基础，做好专业知识的传承传播是当代中国钢铁人的使命。20 世纪 80 年代，冶金工业出版社在原冶金工业部的领导支持下，组织出版了一批优秀的专业教材和工具书，代表了当时冶金科技的水平，形成了比较完备的知识体系，成为一个时代的经典。但是由于多方面的原因，这些专业教材和工具书没能及时修订，导致内容陈旧，跟不上新时代的要求。反映钢铁科技最新进展和教育教学最新要求的新经典教材的缺失，已经成为当前钢铁专业人才培养最明显的短板和痛点。

为总结、提炼、传播最新冶金科技成果，完成行业知识传承传播的历史任务，推动钢铁强国、教育强国、人才强国建设，中国钢铁工业协会、中国金属学会、冶金工业出版社于 2022 年 7 月发起了“冶金专业教材和工具书经典传承国际传播工程”（简称“经典工程”），组织相关高校、钢铁企业、科研单位参加，计划用 5 年左右时间，分批次完成约 300 种教材和工具书的修订再版和新编，以及部分教材和工具书的对外翻译出版工作。2022 年 11 月 15 日在东北大学召开了工程启动会，率先启动了高等教育和职业教育教材部分工作。

“经典工程”得到了东北大学、北京科技大学、河北工业职业技术大学、山东工业职业学院等高校，中国宝武钢铁集团有限公司、鞍钢集团有限公司、首钢集团有限公司、河钢集团有限公司、江苏沙钢集团有限公司、中信泰富特钢集团股份有限公司、湖南钢铁集团有限公司、包头钢铁（集团）有限责任公司、安阳钢铁集团有限责任公司、中国五矿集团公司、北京建龙重工集团有限公司、福建省三钢（集团）有限责任公司、陕西钢铁集团有限公司、酒泉钢铁（集团）有限责任公司、中冶赛迪集团有限公司、连平县昕隆实业有限公司等单位的大力支持和资助。在各冶金院校和相关钢铁企业积极参与支持下，工程相关工作正在稳步推进。

征程万里，重任千钧。做好专业科技图书的传承传播，正是钢铁行业落实习近平总书记给北京科技大学老教授回信的重要指示精神，培养更多钢筋铁骨高素质人才，铸就科技强国、制造强国钢铁脊梁的一项重要举措，既是我国钢铁产业国际化发展的内在要求，也有助于我国国际传播能力建设、打造文化软实力。

让我们以党的二十大精神为指引，以党的二十大精神为强大动力，善始善终，慎终如始，做好工程相关工作，完成行业知识传承传播的使命任务，支撑中国钢铁工业高质量发展，为世界钢铁工业发展做出应有的贡献。

中国钢铁工业协会党委书记、执行会长

2023年11月

前　言

人类经过农业社会、工业社会逐步迈入信息社会，生产形式从以人力、机械为主向智能化转变。支撑智能化实施的基础是信息科学技术，包含信息采集、信息传输和信息处理三大部分，其中，信息采集应用了传感器和传感技术。

传感器与传感技术像人体的感官和神经网络，是现代信息系统的源头，是实现和发展信息社会的基础，广泛地应用于资源探测、冶金工业、石油化工、灾害预报、环境保护、国防安全、交通通信、医疗卫生、航空航天及日常生活等各个领域。同时，作为研究媒介，它也促进了其他领域科学技术的迅速发展，例如原位、在线检测过程变化等，是其他分析仪器不可取代的。

从应用上看，利用物理学、化学、生物学中反应机理等构建出的各种类型传感器，涉及知识完全不同，具有较大的离散性。以材料的力学、热学、声学、电磁学等功能效应为基础，通过能量形式转变，获得的传感器具有较强的知识密集性。传感器的制作工艺中融入许多高新技术，以满足科学研究和技术进步的需要，具有较高的制作工艺难度。构建信息社会，所需传感器种类繁多，无处不在，遍布各个领域，展现出它的多样性。传感器和传感技术蕴含着先进的知识和广泛的技能，似乎高不可攀，但工作和生活中遇到的传感器多是具体的，涉及的知识面是有限的，所以，对传感器的认识和入门研究并不难。

本书从传感器结构、转换原理、基本特性、设计方法和信号调制及其应用入手，主要围绕着敏感元件、能量转换、信号调理和结果显示几个主要部分逐步展开，注重基础部分，便于读者入门，为了解和研究传感器奠定理论基础。而应用部分，内容则具有相对的独立性。例如，电参量型传感器和电量型传感器主要偏重物理学和化学原理相关的内容；生物型传感器偏重生物学原理相关内容；光电型传感器主要以光为媒介，偏重介绍光电转换内容；智能型传感器是一种新的发展趋势，它借助于计算机CPU或芯片完成机器学习功能，使传感器向人性化、信息化和多功能化发展。因此，读者可根据不同专业特点、不同学时要求，选用不同章节。

传感器设计与制作是实现产品功能化的一个独立过程，与其他工艺相比，具有流程短的特点，非常有助于开发人的智力和动手能力。特别是能让学生从书本里解脱出来，对于强化理论与实践结合的能力，激发灵感，学会独立完成一件事，是非常有效的。

本书在编写中力求取材广泛、内容规范、概念明确、结构清晰和通俗易懂，以便于阅读和理解；从传感器个体现象叙述到一般整体提炼，强化人的认识过程，便于提升逻辑思维；同时，注重理论与实际结合，注入新的研究内容，便于了解传感器与传感技术的发展水平。另外，每章后附有相当数量的习题，以便加深理解和巩固知识。

本书由郭兴敏、都昱主编。在本书编写过程中，赵洁婷、孟凡俭、张立生、高欣杨和胡易明对书稿进行校核，对他们为此付出的辛苦表示感谢。本书初稿完成后，经北京科技大学赵海雷教授、沈崴教授和中国地质大学刘艳改教授审阅，提出了许多宝贵意见，在此表示衷心感谢。

由于编者水平所限，书中不妥之处，敬请读者批评指正。

编　者
2023年9月
于北京科技大学

目　　录

1 概　　论

1.1 传感器的定义

传感器也称换能器或探测器等，可以把它理解为一类获取信息的工具，以取代和拓展人类的功能。从这个角度上讲，人类生存最初是靠五官功能来满足的，后续人类逐渐学会了利用工具的拓展功能，发明机器等以完成各种劳动和自身不可为的作业，相当于把人的意志赋予机器，了解所处的工作状态和相关信息，决策下一步的运行，使之达到理想结果。如果把计算机技术比喻成人的大脑功能，用于记录和处理信息。那么，通信技术就相当于人的神经脉络，用以传输信息，而信息的源头就来自传感器。通俗讲，它类似于人的五官，起着采集信息的作用，把现实状况转换成“电”信号，如图 1-1 所示，传送给大脑。

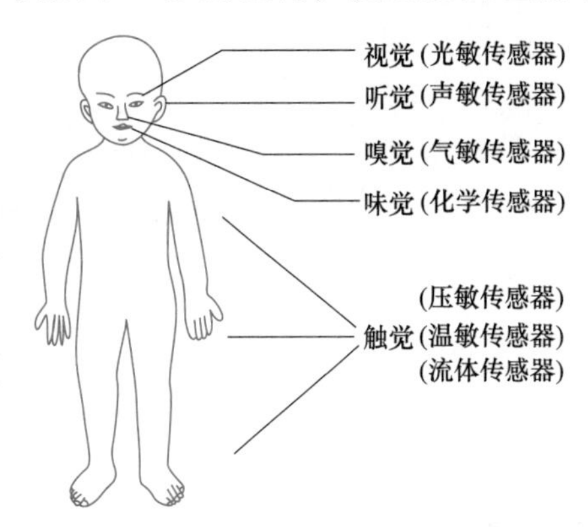

图 1-1　人体五官与传感器功能对应示意图

如今，从电子秤到室内烟气报警器，加热炉控温设备到卫星定位系统，乃至军事上的激光制导到探索太空的宇宙飞船飞行，都有传感器的影子。可以说，工农业生产、家庭生活、交通运输、航空航天、军事工程、资源探测、海洋开发、环境监控、安全保护、医疗诊断、科学研究等，都已经离不开传感器的应用。

现代科学技术发展也促进了传感器的进步，如微电子加工技术、微计算机技术、信息处理技术、材料科学技术等，不同程度地促进了传感器向高精度、小型化、集成化、智能化发展。21 世纪是信息化时代，无疑信息技术占有举足轻重的地位，而传感与控制技术是信息技术的三大支柱之一（其余两支柱分别是通信技术和计算机技术），这表明传感器占据着重要的位置。因此，传感器是现代机器上不可或缺的部件，它的设计、制作与应用，被视为高新技术，备受重视。

那么，传感器的定义究竟是什么？传感器（sensors）是能感受到被测量并按照一定的规律转换成可用输出信号的器件或装置，以满足信息的传输、处理、储存、显示、记录和控制等需求，如图 1-2 所示，具有准确识别被测量和将其转换成电信号两个功能，结构上由敏感元件（sensing element）和转化元件（transduction element）组成。前者是指传感器中能直接感受或响应被测量（即敏感量）的元件，如应变式压力传感器的弹性膜片就是敏感元件，它将压力变化通过应变片变形转换成电阻变化；后者把敏感量转化成有效电信号。所谓有效电信号，即便于传输、处理、记录和控制的信号。当然，如果敏感元件能直接输出有效电信号，可以说这种敏感元件同时兼有转换元件的功能，如热电偶将温度变化直接转换成热电势输出。但是，多数敏感元件输出的敏感量不属于有效信号，比较弱或存在非线性和各种干扰等，需要配置适当的信号调理电路，如电桥、放大器、振荡器、阻抗变换、补偿等转换电路，如图 1-3 所示。例如，温度测量可将热电偶的热电势放大、线性校正和冷端补偿等，以获得较理想的电信号。随着集成电路技术发展，转换元件与敏感元件常组合在一起，即形成一体化传感器，这是传感器技术发展的一种趋势，以至于人们逐渐淡化了两者的功能界限。

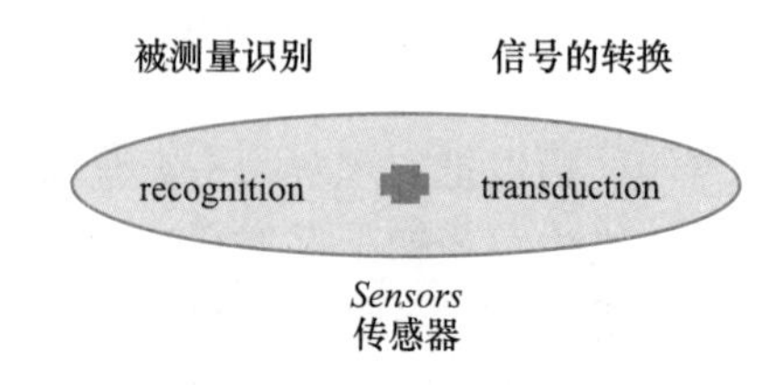

图 1-2　传感器的功能构成示意图

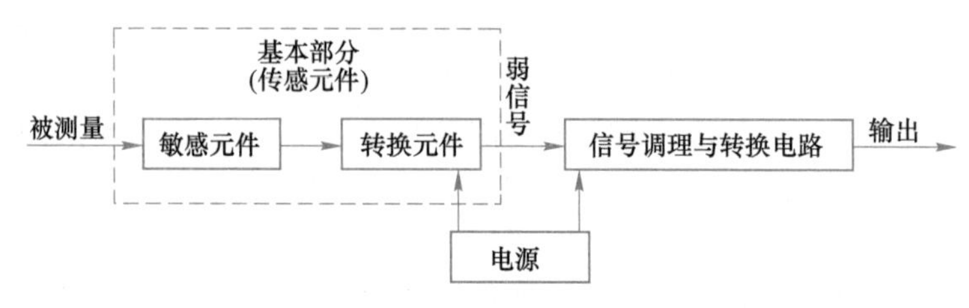

图 1-3　传感器构成框图

1.2 传感器的分类

传感器应用广泛，涉及不同领域与行业，加之种类繁杂，分类方法也多种多样，即便同一种传感器，从不同角度上看分类也不尽相同。尽管如此，对传感器分类仍有助于人们更好地认识和理解传感器。

按工作原理分类，有物理型传感器、化学型传感器和生物型传感器三类，由于特征明显，这种分类方法使用较为普遍。其中，物理型传感器是利用变换元件的物理性质和功能材料的特殊性能制成的传感器，它以物理过程为特征，如热电偶制成的温度传感器、压电晶体制成的压力传感器、线圈和磁铁制成的磁电式传感器等；化学型传感器是把浓度转换成电信号的传感器，它以化学反应为特征，如气体传感器、湿度传感器和离子传感器等，借助于敏感材料与所测物质间发生电化学反应；生物型传感器是利用材料的生物效应构成传感器，它以生物媒介为特征，如酶传感器、免疫传感器、核酸传感器、微生物传感器和生理传感器等。

按信号来源分类，有结构型传感器和物性型传感器两种。结构型传感器中，被测量通过改变传感器本身的长度、距离、有效相对面积等结构参数，使传感器输出信号发生变化，它基于物理学中场的规律进行工作，如动力场的运动定律、电磁场的电磁定律等，以几何变化为特征，如金属应变片传感器、变极距型电容传感器等；物性型传感器中，被测量通过敏感材料本身的物理特性变化来实现信号变换，它基于物性规律进行工作，如热胀冷缩现象、光电效应和压电效应等，以物性变化为特征，如水银温度计、光电管、压电元件等构成的传感器。

按能量来源分类，有能量控制型传感器和能量转换型传感器两种。其中，能量控制型传感器，如电阻式、电感式和电容式等传感器，借助于外部激励源，使被测量电参量变化，形成（控制）输出量，如电阻应变片接在电桥上，工作能源由外部供给，被测量变化导致电阻发生改变，使（控制）电桥输出电压发生变化，以外源型为特征；能量转换型传感器，如弹性压力计、热电偶传感器、压电传感器、光电池等，由被测量输入能量使其工作，基于能量守恒定律，实现能量转换，以自源型为特征。

按信号输出分类，有电参量型传感器和电量型传感器两种。其中，电参量型传感器，有电阻传感器、电容式传感器、自感式传感器和反射式电涡流传感器等，它们需要外部激励电源与各种参数转换电路一起构成测量电路，如电阻-电压转换电路、电容-电压转换电路、电感-电压转换电路以及其他测量电路等，以电路参数输出为特征；电量型传感器，所谓电量是指电势、电流和电压，这些与电荷相关，与电压相关的传感器有磁电传感器、压磁式传感器、霍尔传感器和光电池传感器等，与电势、电流相关的传感器有压电传感器、热电偶和集成温度传感器等，它们能直接输出与被测量变化相对应的电压信号，测量电路简单，一般经过放大、调制与解调电路即可，以直接获得电压信号为特征。与电参量型传感器相比，电量型传感器不需要或仅需要辅助的外部激励源。可以看出，这种分类与按能量来源分类相似，又能给出工作原理方面信息。因此，本书也采用这种方式进行分类；同时，把光电型传感器、生物型传感器和智能型传感器独立出来，以突出新兴传感器的发展。

另外，还有按被测量对象分类，如位移传感器、压力传感器、速度传感器、温度传感器和气体传感器等，应用起来比较方便，简单易懂。但是，不利于抽丝剥茧抓住传感器的重点部分、了解原理以及融合相关知识等。

1.3 传感器的特点

传感器技术，逐渐形成一门相对独立的学科，它涵盖传感器研究、设计、试制、生产、检测和应用的全过程，已经形成了一个产业链。归纳一下，传感器技术具有以下特点。

（1）内容分散。内容涉及领域宽，涵盖物理、化学和生物学中的“效应”“反应”和“机理”，彼此又相互独立，甚至完全不相关，显示出内容的分散性。

（2）知识密集。以材料的力、热、声、光、电、磁等功能效应和形态变化为基础，综合了物理学、微电子学、化学、生物学、材料科学、微细加工等方面的知识，显示出知识的密集性。

（3）学科交叉。与许多基础学科和专业工程学关系密切，一旦哪里有了新发现，能迅速地应用到传感器上，显示出学科间的融合性。

（4）工艺复杂。传感器的制作涉及许多高新技术，如薄膜技术、集成技术、超导技术、特种加工技术以及多功能化和智能化技术等，导致传感器制作工艺难度大、要求高，显示出工艺上的复杂性。

（5）种类多样。传感器广泛应用于科学研究、生产过程和日常生活各个领域，几乎无处不在，种类繁多。而且，一个检测对象可能需要多种传感器。因此，传感器产品的品种复杂、繁多，显示出种类多样性。

1.4 传感器的特性

传感器测量系统如图 1-4 所示，它的基本特性是指系统的输出 $y(t)$ 与输入 $x(t)$ 关系，从误差分析上研究基本特性是常用手段之一。一般来讲，输出量与输入量关系属于传感器的外部特性，但与内部参数密切相关。传感器系统基本特性相关的研究主要有两个方面：

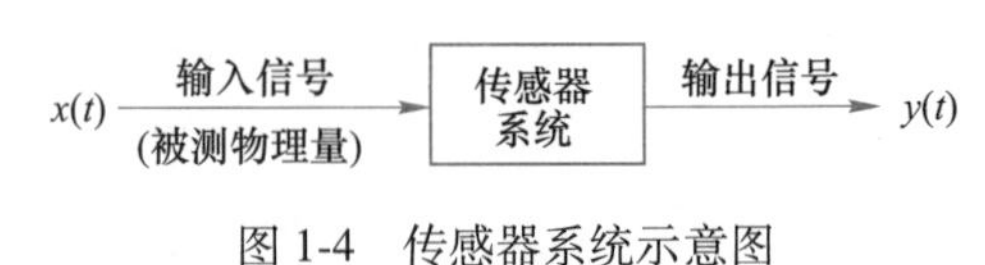

图 1-4 传感器系统示意图

（1）传感器系统特性的研究。观测系统的输入 $x(t)$ 与输出 $y(t)$，建立起系统特性模型。如果系统特性不满足要求，则应修改相应的内部参数，直至合格为止，即系统的调试过程。

（2）传感器测量系统的研究。已知传感器系统的基本特性，通过基本特性和输出信号 $y(t)$ 推断出系统输入信号 $x(t)$，即被测量的测量过程。

根据信号 $x(t)$ 与时间 t 的关系，基本特性分为静态特性和动态特性。前者，输入信号 $x(t)$ 或输出信号 $y(t)$ 不随时间 t 变化；后者，输入信号 $x(t)$ 或输出信号 $y(t)$ 随时间 t 变化。

如前所述，传感器系统特性呈现出外部特性，但与自身内部参数有关，不同传感器具有不同的内部参数，其基本特性也表现出不同的特点，对测量结果影响也不相同。一个高精度的传感器，应该具有良好的静态特性和动态特性，这样才能保证信号无失真地转换。

1.4.1 静态特性

在稳态信号作用下，$y(t)$ 不随时间发生变化，输出量与输入量关系 $y=f(x)$ 称为静态特性。衡量传感器静态特性指标有线性度、灵敏度、分辨率、迟滞特性、重复性和量程等。

静态特性曲线，是在静态标准条件下进行校准的，如没有加速度、振动、冲击（除被测物理量外），室温（20±5）℃，相对湿度不大于 85%，大气压为（101.3±8.0）kPa 等，当然也不仅限于此。静态特性，在这种标准条件下，利用一定等级的标准设备，对传感器进行反复测试，得到输出与输入数据，数据是可以重复的。

（1）线性度。线性度（linearity）指输出量与输入量之间的线性程度。传感器具有好的线性度，可以提高其测量精度，同时也方便处理数据，避免了非线性补偿。实际静态曲线与拟合直线之间的偏差Δ称为传感器的非线性误差，如图 1-5 所示，取其中最大值（Δ_{max}）与输出满量程值（$y_{F\cdot S}$）之比作为评价非线性误差（或线性度）指标，即：

$$\delta_L = \pm \frac{\Delta_{max}}{y_{F\cdot S}} \times 100\% \tag{1-1}$$

拟合直线，一般选取在输出范围中和标定曲线各点偏差平方和最小（即最小二乘法原理）的直线。

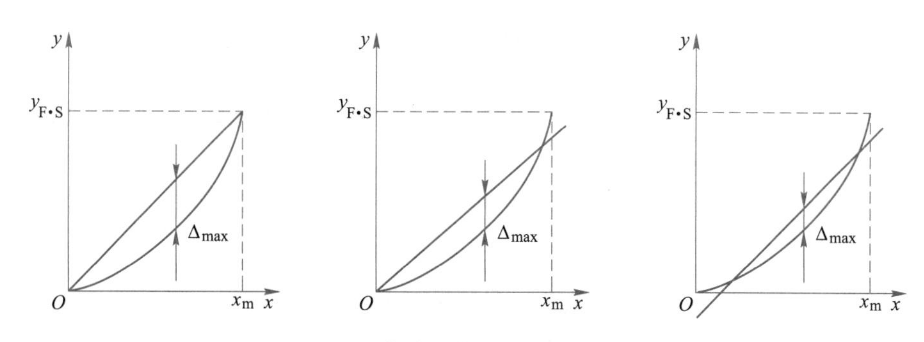

图 1-5 传感器静态特性的非线性

（2）灵敏度。灵敏度（sensitivity）指稳态下的输出量相对输入量变化的比值，用 S_n 来表示，即：

$$S_n = \frac{dy}{dx} \tag{1-2}$$

如图 1-6 所示，线性传感器的灵敏度是一个常量，也就是它的斜率，非线性传感器的灵敏度是一个变量，因 x 值而变化，即曲线的导数。理想的传感器，其灵敏度高且输出量与输入量关系为直线。通常，对非线性传感器进行线性校正，灵敏度就可以写成：y/x 或 dy/dx。

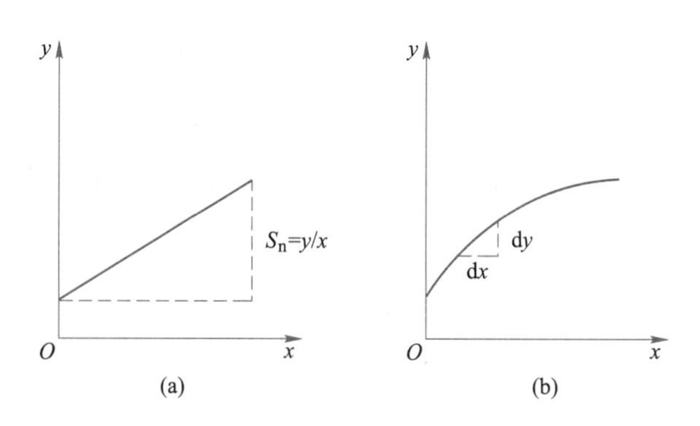

图 1-6 传感器灵敏度示意图
（a）线性；（b）非线性

（3）分辨率。分辨率（resolution）指传感器可感受到被测量最小变化的能力。但是，有时在满量程范围内各点分辨率并不相同。因此，常用满量程中能使输出量产生阶跃变化的输入量中最大变化值作为衡量分辨率的指标。传感器的分辨率依赖于两个因素：噪声和灵敏度。噪声决定响应值中最小可测量的变化，分辨率是响应值变化和灵敏度的比值，一个高的灵敏度和一个低的噪声水平可以获得较高的分辨率。

（4）迟滞特性。迟滞特性（hysteresis）指传感器的正向（输入量增大）和反向（输入量减小）行程中输出与输入特性曲线不重合的程度，如图 1-7 所示。迟滞特性（δ_H）用正、反向输出量最大偏差占满量程输出的百分数来表示，即：

$$\delta_H = \pm \frac{\Delta_{max}}{y_{F \cdot S}} \times 100\% \tag{1-3}$$

（5）重现性。重现性（repeatability）指输入量按同一方向做全量程连续多次变化时所得特性曲线不一致的程度，如图 1-8 所示，多次重复测试特性曲线重现性好，误差就小。重现性（误差）指标（δ_R）一般用输出量最大不重复误差占满量程输出值的百分数来表示，即：

$$\delta_R = \pm \frac{\Delta_{max}}{y_{F \cdot S}} \times 100\% \tag{1-4}$$

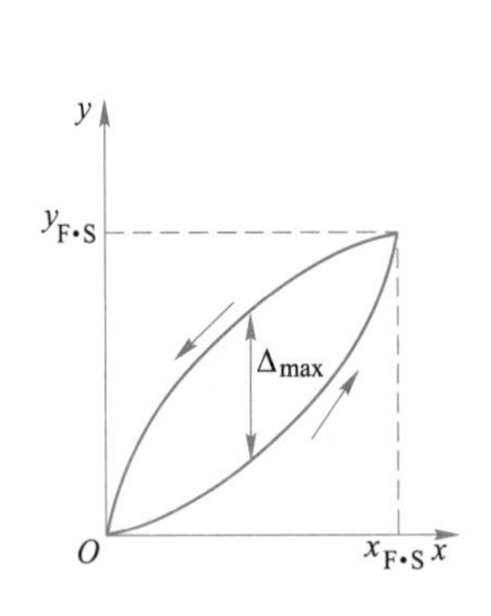

图 1-7 迟滞特性示意图

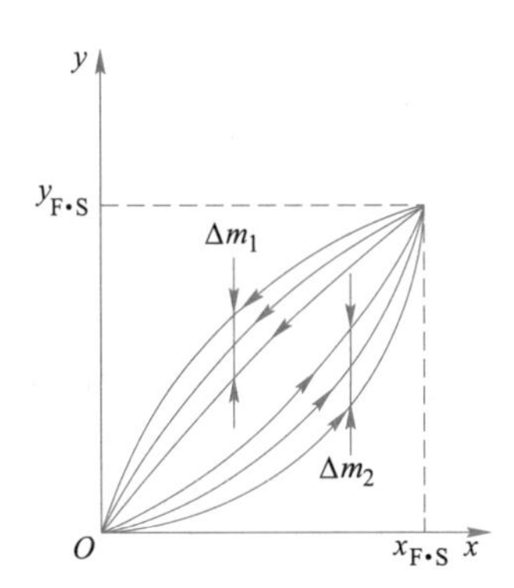

图 1-8 重现性误差示意图

重现性误差属于随机性误差，利用标准偏差 σ 计算可能更合理一些，即：

$$\delta_R = \pm \frac{(2 \sim 3)\sigma}{y_{F \cdot S}} \times 100\% \tag{1-5}$$

假设误差服从正态分布，σ 前置系数取 2，则概率为 95%；取 3，概率为 99.73%。标准偏差为：

$$\sigma = \sqrt{\frac{\sum_{i=1}^{n} (y_i - \bar{y})^2}{n - 1}} \tag{1-6}$$

式中 y_i——第 i 次的测量值；

$\bar{y}$——测量值的算术平均值；

n——测量次数。

（6）精度。精度（accuracy）指测量结果的可靠程度，以给定的准确量表示重现某个读数的能力，误差越小，则传感器精度越高。

传感器精度用量程范围内最大基本误差（ΔA）与满量程值之比的百分数来表示。基本误差，包含系统误差和随机误差两部分，系统误差与迟滞特性、线性度有关，随机误差与重现性有关，传感器精度（A）可表示为：

$$A = \frac{\Delta A}{y_{F \cdot S}} \times 100\% = \delta_H + \delta_L + \delta_R \tag{1-7}$$

工程技术中，为简化传感器精度表示方法，常常引用精度等级概念进行分档。传感器设计和出厂检验时，精度等级代表的误差指传感器测量的最大允许误差。

1.4.2 动态特性

传感器的动态特性，是指传感器对输入信号的响应特性。一个动态特性好的传感器，其输出 $y(t)$ 随时间变化规律（曲线），将同时再现输入 $x(t)$ 随时间变化规律（曲线），即 $y(t)$ 与 $x(t)$ 具有相同的时间函数。但是，实际上，输出信号不会与输入信号具有完全相同的时间函数，两者差异属于动态误差。

例如，使用热电偶测量恒温水槽的水温，水槽内水温为 T 保持不变，环境温度为 T_0，设 $T>T_0$，初始时热电偶处于环境内。当把热电偶迅速插入恒温水槽的水中，热电偶显示温度发生变化，即从 T_0 逐渐上升到 T，时间上经历从 t_0 到 t 过程，如图 1-9 所示。可以看出，输入信号曲线，从 T_0 到 T 是阶跃波形；而输出（测试）曲线，T_0 到 T 是渐变波形，两者存在着差值，这就是动态误差，从记录看波形具有一定的“失真”。

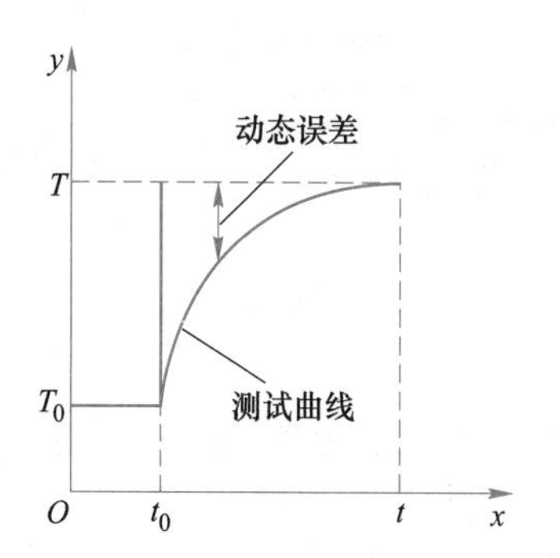

图 1-9 热电偶测温过程曲线

动态误差产生的原因，主要与热电偶有关，水的热量需要通过热电偶壳体传导到热结点，需要时间；热结点又具有一定的热容量，与水温产生热平衡需要一个过程。所以，两者不能同步，出现动态误差是传感器自身惰性的真实反映。传感器动态特性研究，就是从测量误差角度分析传感器产生动态误差原因，提出改善措施，以减小传感器的动态误差。

但是，动态误差是客观存在的，完全消除是不可能的。由于不同传感器的测量曲线都不尽相同，比较起来是困难的。因此，提出一个响应时间的概念，以衡量动态特性，如图 1-9 所示，热电偶温度越接近温度 T，单位温度所需要时间越长，这主要与热传导动力——温度差有关。为了提高测量效率，通常把达到 90% 目标值时间设定为响应时间。响应时间在 1 min 以内是比较好的，10 min 左右的响应时间也是允许的。当然，在传感器内物理化学过程不允许改变的情况下，响应时间即使在数十分钟范围内有时也是可以接受的。

1.5 传感器的策划与制作

策划与制作的最终目标，是获得商用产品。为了实现这个目的，传感器应该简单、结实和好用。同时，也因使用条件而异。例如，现场上检测要求传感器携带方便，而生物医学上植入式传感器要求小型化，以满足各自的需要。

传感器小型化，对减轻气敏元件重量和集成多个传感器都非常重要，有利于提高产量和缓解干扰，也使构筑精致的传感器变成可能。精致的传感器，其自身是与微电路集成在一起的，用于控制功能参数、完成数据处理以及与外部设备相连接。

使用上具有耐用性的传感器，通常使用更复杂的制作技术，消耗更贵的材料，会带来更高的产品成本。另一方面，一个长寿命传感器的操作，也包含着初期校正和运行后各种保养，这些都不容易在现场上完成。因此，就出现了依据具体情况设计价格便宜的一次性传感器，它不需要校正，但要求制作技术保证响应参数具有良好的批量重现性。除了应用手工制作过程外，可以获得低成本和批量重现性。

传感器制作先进技术，最引人瞩目的是基于微机械的方法。微电子电路技术用于传感器制作，实现了传感器的小型化和集成化，如阵列式多功能传感器等。

平面型的传感器，通过滴落可以检测少量的试样，例如一个传感器是在塑料片上形成的一个薄层。这种设计适用于一次性传感器的制作。

使用薄层色谱法发展起来的横向流传感器，由一个沉积在固相带上的薄的、多孔层构成，其上顺序地分布几个不同区域。首先，是试样取样垫；其次，是一个或多个含有试剂的区域，以维持分析物化学条件；最后，是敏感检测区。当加入试样到取样垫上后，试样通过毛细管移动穿过化学条件区到达检测区，产生响应信号。

习　题

1-1 什么是传感器，它由哪几部分组成？

1-2 传感器如何分类？

1-3 传感器与信息技术有什么关系？

1-4 现代传感器的特点是什么？

1-5 何谓传感器的静态特性与动态特性，如何衡量它们？

1-6 传感器系统可靠性取决于什么，如何衡量系统的可靠性？

1-7 什么是非线性误差，如何确定系统的非线性误差？

1-8 给出传感器系统的灵敏度定义。

1-9 什么条件下传感器可以看成线性系统？

2 信号模型与数学解析

2.1 信号数学模型

传感器的工作是一个能量转换过程，也是信号传递过程。输出量 $y(t)$ 与输入量 $x(t)$ 之间理论上可以构建成如下函数：

$$y(t) = b_0 + b_1x(t) + b_2x^2(t) + b_3x^3(t) + \cdots + b_nx^n(t) \tag{2-1}$$

式中　　b_0——零位输出量；

b_1——传感器线性灵敏度，常用 K 来表示；

b_2，b_3，…，b_n——待定系数。

静态特性，即输入量 $x(t)$ 和输出量 $y(t)$ 与时间 t 无关，可以写成：

$$y = b_0 + b_1x + b_2x^2 + b_3x^3 + \cdots + b_nx^n \tag{2-2}$$

可以看出，输出量 y 由线性项（$b_0 + b_1x$）和非线性项（$b_2x^2 + b_3x^3 + \cdots + b_nx^n$）两部分组成。当 $b_0 \neq 0$ 时，y 与 x 关系不通过原点，即为零点偏移，实际应用中要从测量结果中消除。当 $b_0 = 0$ 时，y 与 x 关系通过原点。

在不考虑零位情况下，静态特性可分为四种典型情况，如图 2-1 所示。

（1）理想线性特性，如图 2-1（a）所示，输出-输入特性方程为：

$$y = b_1x \tag{2-3}$$

测量系统灵敏度为：

$$S_n = \frac{y}{x} = b_1 = 常数 \tag{2-4}$$

（2）具有 x 偶次项的非线性，如图 2-1（b）所示，输出-输入特性方程为：

$$y = b_1x + b_2x^2 + b_4x^4 + \cdots \tag{2-5}$$

由于没有对称性，其线性范围很窄。

（3）具有奇次项的非线性，如图 2-1（c）所示，输出-输入特性方程为：

$$y = b_1x + b_3x^3 + b_5x^5 + \cdots \tag{2-6}$$

在原点附近较大范围内具有较宽的准线性，比较接近于理想的直线特性，相对原点也是对称的，即 $y(x) = -y(-x)$，它具有相当宽的近似线性范围。

（4）一般情况，如图 2-1（d）所示，输出-输入特性方程为：

$$y = b_1x + b_2x^2 + b_3x^3 + \cdots + b_nx^n \tag{2-7}$$

实际上，使用非线性传感器，如果非线性项的次数不高，在输入量变化范围不大条件下，可以用切线或割线等直线，来近似地代替实际的静态特性曲线，使传感器的静态特性近于线性。

动态特性即输入量和输出量随时间变化。如果输出量能快速地随输入量无失真地变

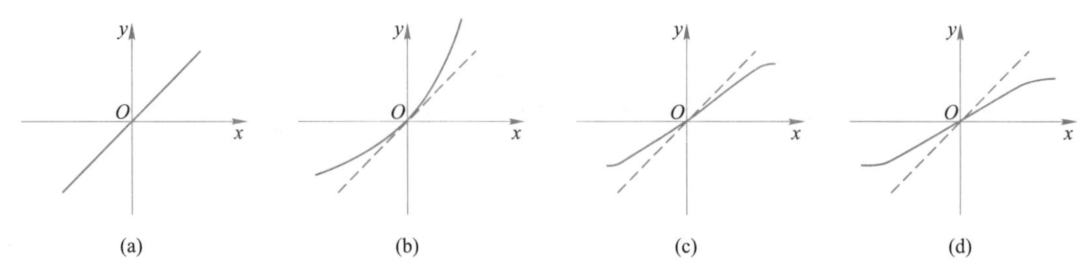

图 2-1 传感器的静态特性

化，表明传感器是比较理想的。但是，实际上，传感器（或测试系统）总是存在诸如弹性、惯性和阻尼等影响，导致输出量 $y(t)$ 不仅与输入量 $x(t)$ 有关，还与输入量变化速度 dx/dt、加速度 d^2x/dt^2 等有关。因此，精确地建立传感器（测试系统）信号的数学模型，是比较困难的。一般采用近似方法，忽略一些影响不大的因素，为数学模型建立和求解提供方便。通常，可以用线性稳态系统理论，来描述传感器的动态特性，如数学模型为高阶常系数线性微分方程，有：

$$a_n \frac{d^n y}{dt^n} + a_{n-1} \frac{d^{n-1} y}{dt^{n-1}} + \cdots + a_1 \frac{dy}{dt} + a_0 y = b_m \frac{d^m x}{dt^m} + b_{m-1} \frac{d^{m-1} x}{dt^{m-1}} + \cdots + b_1 \frac{dx}{dt} + b_0 x \quad (2\text{-}8)$$

式中 a_0，a_1，…，a_n，b_0，b_1，…，b_m——常量系数。

线性稳态系统有两个十分重要性质，即叠加性和频率保持性。

根据叠加性，当一个系统有 n 个激励（输入量）同时作用时，其响应（输出量）是 n 个激励单独作用的响应之和，即：

$$\sum_{i=1}^{n} x_i(t) \rightarrow \sum_{i=1}^{n} y_i(t) \quad (2\text{-}9)$$

各输入量引起的输出量互不影响。这样，分析常系数线性系统时，可以将一个复杂的激励信号分解成若干个简单信号激励，如利用傅里叶变换，将复杂信号分解成一系列谐波或分解成若干个小的脉冲激励，求出这些分量激励的响应之和，便是总的输出量响应。

根据频率保持性，当线性系统输入量为某一频率信号时，则系统的稳态响应也是同一频率信号，即：

$$x(t) = A\sin\omega t \rightarrow y(t) = B(\omega)\sin[\omega t + \varphi(\omega)] \quad (2\text{-}10)$$

实际上，对于一个复杂的系统和输入量信号，直接求解方程式（2-8）是困难的，通常采用一些反映系统动态特性函数，把系统的输出量与输入量联系起来，如传递函数、频率响应函数和脉冲响应函数等。本书先介绍信号分解、合成与转换，常用的方法是傅里叶变换和拉普拉斯变换。

2.2 傅里叶变换

傅里叶级数揭示了周期信号可以由不同振幅和相位的谐波分量叠加而成；换言之，通过傅里叶级数，也可以把一个周期信号分解为组成谐波关系的复数指数信号线性组合，表明已知一个周期信号 $f(t)$ 全部谐波分量的频率和复振幅，这个信号 $f(t)$ 也就确定了。

2.2.1 傅里叶级数

设$f(t)$为任意周期函数，周期为T，角频率$\omega=2\pi/T$。若$f(t)$在$[-T/2, T/2]$上满足下列狄利克雷（Dirichlet）条件：

（1）连续或只有有限个第一类间断点；

（2）至多只有有限个极值点。

则$f(t)$的傅里叶级数收敛，并且若t为$f(t)$的连续点，该级数收敛于$f(t)$，即：

$$f(t)=\frac{a_0}{2}+\sum_{n=1}^{+\infty}[a_n\cos(n\omega t)+b_n\sin(n\omega t)] \tag{2-11}$$

其中：

$$a_n=\frac{2}{T}\int_{-T/2}^{T/2}f(t)\cos(n\omega t)\mathrm{d}t \tag{2-12}$$

$$b_n=\frac{2}{T}\int_{-T/2}^{T/2}f(t)\sin(n\omega t)\mathrm{d}t \tag{2-13}$$

$n=0, 1, 2, \cdots$。若t为$f(t)$的间断点，则式（2-11）右端收敛于$1/2[f(t-0)+f(t+0)]$。

如果把傅里叶级数式（2-11）转换成复数形式，根据欧拉公式：

$$\cos(n\omega t)=\frac{\mathrm{e}^{\mathrm{j}n\omega t}+\mathrm{e}^{-\mathrm{j}n\omega t}}{2} \tag{2-14}$$

$$\sin(n\omega t)=\frac{\mathrm{e}^{\mathrm{j}n\omega t}-\mathrm{e}^{-\mathrm{j}n\omega t}}{2\mathrm{j}} \tag{2-15}$$

式（2-11）可以写成：

$$f(t)=\frac{a_0}{2}+\sum_{n=1}^{+\infty}\left(\frac{a_n-\mathrm{j}b_n}{2}\mathrm{e}^{\mathrm{j}n\omega t}+\frac{a_n+\mathrm{j}b_n}{2}\mathrm{e}^{-\mathrm{j}n\omega t}\right) \tag{2-16}$$

令

$$F(0)=\frac{a_0}{2};\ F(n\omega)=\frac{a_n-\mathrm{j}b_n}{2};F(-n\omega)=\frac{a_n+\mathrm{j}b_n}{2}$$

有：

$$f(t)=F(0)+\sum_{n=1}^{+\infty}F(n\omega)\mathrm{e}^{\mathrm{j}n\omega t}+\sum_{n=1}^{+\infty}F(-n\omega)\mathrm{e}^{-\mathrm{j}n\omega t} \tag{2-17}$$

可以看出

$$F(0)=\frac{a_0}{2}=\frac{1}{T}\int_{-T/2}^{T/2}f(t)\mathrm{d}t \tag{2-18}$$

$$F(n\omega)=\frac{a_n-\mathrm{j}b_n}{2}=\frac{1}{T}\int_{-T/2}^{T/2}f(t)\mathrm{e}^{-\mathrm{j}n\omega t}\mathrm{d}t \tag{2-19}$$

$$F(-n\omega)=\frac{a_n+\mathrm{j}b_n}{2}=\frac{1}{T}\int_{-T/2}^{T/2}f(t)\mathrm{e}^{\mathrm{j}n\omega t}\mathrm{d}t \tag{2-20}$$

这样就可以推导出以下关系：

$$f(t)=\sum_{n=-\infty}^{\infty}F(n\omega)\mathrm{e}^{\mathrm{j}n\omega t} \tag{2-21}$$

$$F(n\omega)=\frac{1}{T}\int_{-T/2}^{T/2}f(t)\mathrm{e}^{-\mathrm{j}n\omega t}\mathrm{d}t \tag{2-22}$$

把傅里叶级数式（2-11）表示成余弦和正弦形式，有式（2-23）和式（2-24）：

$$f(t)=c_0+\sum_{n=1}^{\infty}c_n\cos(n\omega t+\varphi_n) \tag{2-23}$$

$$f(t)=d_0+\sum_{n=1}^{\infty}d_n\sin(n\omega t+\theta_n) \tag{2-24}$$

其中，频率和振幅不变，有 $c_0=d_0=\dfrac{a_0}{2}$；$c_n=d_n=\sqrt{a_n^2+b_n^2}$；$\varphi_n=\arctan b_n/a_n$；$\theta_n=\arctan b_n/a_n$；$a_n=c_n\cos\varphi_n=d_n\sin\theta_n$ 和 $b_n=c_n\sin\varphi_n=d_n\cos\theta_n$，如图 2-2 所示，角频率 ω 为基波；角频率 $n\omega$ 为第 n 次谐波，如 2ω、3ω、…；φ_n 和 θ_n 为第 n 次谐波的初始相位；c_n 和 d_n 为第 n 次谐波的振幅；a_n 和 b_n 为第 n 次谐波的余弦分量幅度和正弦分量幅度。

式（2-11）和式（2-23）表明，任何周期信号只要满足狄利克雷条件，就可以分解成正弦分量或余弦分量。这些正弦、余弦分量的角频率必定是原函数 $f(t)$ 角频率的整数倍，通常把角频率 ω 的分量称为基波，c_n 和 d_n 称为第 n 次谐波的幅度，而 a_n 和 b_n 分别称为第 n 次谐波的余弦分量幅度和正弦分量幅度。

周期信号常用频谱图来表示，即幅度频谱和相位频谱，如图 2-3 所示，给出 $f(t)=1+\sin(\omega_1 t)+2\cos(\omega_1 t)+\cos(2\omega_1 t+\pi/4)$ 的幅度频谱和相位频谱。幅度频谱有以下几个特点：（1）幅度频谱由频率函数的谱线组成，每根谱线代表一个谐波分量，即周期信号的频谱是离散谱，能直观地看出各频率分量相对大小；（2）信号频谱的包络线，即连接各谱线定点的曲线，反映了傅里叶级数系数的收敛性；（3）周期信号的频谱只会出现在 0、$\pm\omega$、$\pm2\omega$ 等基波频率 ω 整数倍上，表明周期信号的频谱具有谐波性。

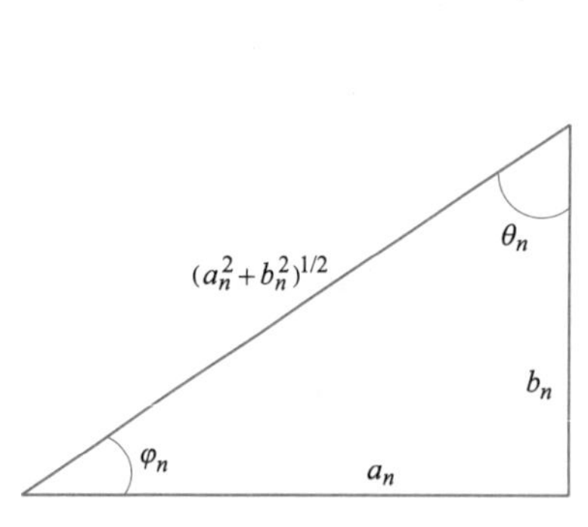

图 2-2　傅里叶级数系数的三角形几何关系

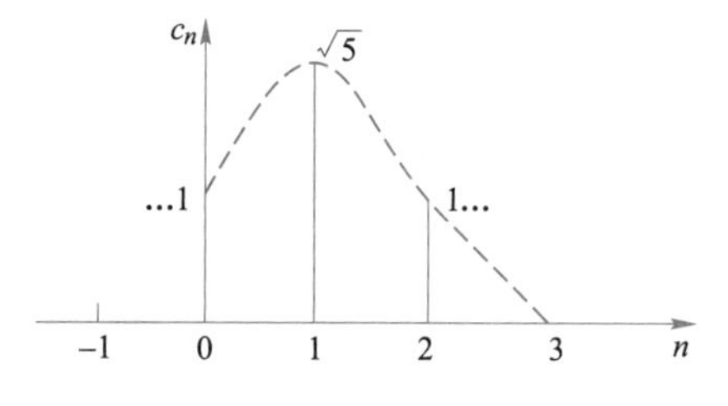

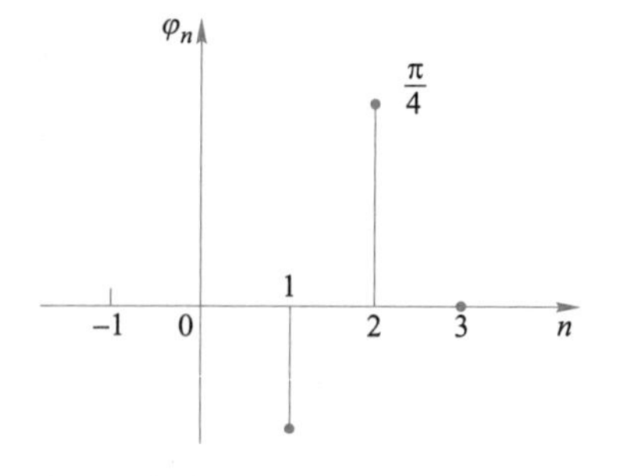

图 2-3　周期信号的幅度频谱和相位频谱

同样，相位频谱也有类似的特点：(1) 相位频谱表示各频率分量的相位随着频率的分布；(2) 相位频谱的包络线，反映了各频谱分量的初始相位随频率的变化；(3) 相位频谱也是一种离散谱，具有谐波性。

当非周期函数展开成傅里叶级数，如周期为 T 的函数 $f_T(t)$ 当 $T\to\infty$ 时转换而来，这样在 $[-T/2, T/2]$ 内等于 $f(t)$，可拓展至整个数轴。因此，有：

$$f(t)=\lim_{T/2\to+\infty} f_T(t)=\lim_{T/2\to+\infty}\frac{1}{T}\sum_{n=-\infty}^{+\infty}\left[\int_{-T/2}^{T/2} f_T(t)\ \mathrm{e}^{-\mathrm{j}n\omega t}\mathrm{d}t\right]\mathrm{e}^{\mathrm{j}n\omega t} \tag{2-25}$$

令

$$\omega_n=n\omega=\frac{2n\pi}{T},\Delta\omega_n=\omega_n-\omega_{n-1}=\frac{2\pi}{T}$$

则 $T/2\to+\infty$ 等价于 $\Delta\omega_n\to 0$，上式可以写成：

$$f(t)=\lim_{\Delta\omega_n\to 0}\frac{1}{2\pi}\sum_{n=-\infty}^{+\infty}\left[\int_{-T/2}^{T/2} f_T(t)\ \mathrm{e}^{-\mathrm{j}\omega_n t}\mathrm{d}t\right]\Delta\omega_n\ \mathrm{e}^{\mathrm{j}\omega_n t} \tag{2-26}$$

取

$$\varphi_T(\omega_n)=\frac{1}{2\pi}\left[\int_{-T/2}^{T/2} f_T(t)\ \mathrm{e}^{-\mathrm{j}\omega_n t}\mathrm{d}t\right]\mathrm{e}^{\mathrm{j}\omega_n t} \tag{2-27}$$

即，$\varphi_T(\omega_n)$ 是 ω_n 的函数。

于是，式 (2-26) 可以写成：

$$f(t)=\lim_{\Delta\omega_n\to 0}\sum_{n=-\infty}^{+\infty}\varphi_T(\omega_n)\Delta\omega_n \tag{2-28}$$

$\Delta\omega_n\to 0$ 时，$T/2\to+\infty$，有 $\varphi_T(\omega_n)\to\varphi(\omega_n)$，即：

$$\varphi(\omega_n)=\frac{1}{2\pi}\left[\int_{-\infty}^{\infty} f_T(t)\ \mathrm{e}^{-\mathrm{j}\omega_n t}\mathrm{d}t\right]\mathrm{e}^{\mathrm{j}\omega_n t} \tag{2-29}$$

有：

$$f(t)=\int_{-\infty}^{+\infty}\varphi(\omega_n)\mathrm{d}\omega_n=\int_{-\infty}^{+\infty}\varphi(\omega)\mathrm{d}\omega=\frac{1}{2\pi}\int_{-\infty}^{+\infty}\left[\int_{-\infty}^{+\infty} f(t)\ \mathrm{e}^{-\mathrm{j}\omega t}\mathrm{d}t\right]\mathrm{e}^{\mathrm{j}\omega t}\mathrm{d}\omega \tag{2-30}$$

可以看出，这时有：

$$F(\omega)=\int_{-\infty}^{+\infty} f(t)\ \mathrm{e}^{-\mathrm{j}\omega t}\mathrm{d}t \tag{2-31}$$

2.2.2 傅里叶变换

以上可知，若函数 $f(t)$ 满足狄利克雷条件，则在 $f(t)$ 的连续点处有：

$$f(t)=\frac{1}{2\pi}\int_{-\infty}^{+\infty} F(\omega)\ \mathrm{e}^{\mathrm{j}\omega t}\mathrm{d}\omega \tag{2-32}$$

函数 $f(t)$ 和 $F(\omega)$ 可以通过指定的积分运算相互转化。其中，式 (2-31) 称为 $f(t)$ 的傅里叶变换，记为：

$$F(\omega)=F[f(t)]$$

$F(\omega)$ 称为 $f(t)$ 的像函数，式 (2-32) 称为 $F(\omega)$ 的傅里叶逆变换，记为：

$$f(t)=F^{-1}[F(\omega)]$$

$f(t)$ 称为 $F(\omega)$ 的原函数。

傅里叶变换具有以下几个重要性质：

（1）$f(t)$ 和 $F(\omega)$ 变换前后不改变线性组合。

设 $F_1(\omega)=F[f_1(t)]$，$F_2(\omega)=F[f_2(t)]$，α、β 是常数，则：

$$F\left[\alpha f_1(t)+\beta f_2(t)\right]=\alpha F_1(\omega)+\beta F_2(\omega) \tag{2-33}$$

即，原函数线性组合的傅里叶变换等于各像函数傅里叶变换的线性组合。同理，有：

$$F^{-1}\left[\alpha F_1(\omega)+\beta F_2(\omega)\right]=\alpha f_1(t)+\beta f_2(t) \tag{2-34}$$

（2）$f(t)$ 和 $F(\omega)$ 变换前后平移不改变谱线和频率，仅相位发生变化。

$$F[f(t\pm t_0)]=\mathrm{e}^{\pm \mathrm{j}\omega t_0}[f(t)] \tag{2-35}$$

即，原函数向左或向右平移 t_0 个单位之后的傅里叶变换等于它的变换乘以 $\mathrm{e}^{\mathrm{j}\omega t_0}$ 或 $\mathrm{e}^{-\mathrm{j}\omega t_0}$，即频谱函数谱及频率均没有发生改变，仅是初相位发生了变化。同理，有：

$$F^{-1}[F(\omega\pm\omega_0)]=f(t)\mathrm{e}^{\pm \mathrm{j}\omega_0 t} \tag{2-36}$$

（3）$f(t)\rightarrow F(\omega)$ 变换具有相似性。设 α 是非零常数，则有：

$$F[f(\alpha t)]=\frac{1}{|\alpha|}F\left(\frac{\omega}{\alpha}\right) \tag{2-37}$$

（4）若 $f(t)$ 在 $(-\infty,+\infty)$ 上至多有有限个可去间断点，并且当 $t\rightarrow\infty$ 时 $f(t)\rightarrow 0$，则有：

$$F[f'(t)]=\mathrm{j}\omega F[f(t)] \tag{2-38}$$

即，函数导数的傅里叶变换等于这个函数的傅里叶变换乘以因子 $\mathrm{j}\omega$。

推论：若 $f^{(k)}(t)$（$k=0,1,2,\cdots,n-1$）在 $(-\infty,+\infty)$ 上至多只有有限个可去间断点，并且当 $t\rightarrow\infty$ 时，$f^{(k)}(t)\rightarrow 0(k=0,1,2,\cdots,n-1)$，则有：

$$F[f^{(n)}(t)]=(\mathrm{j}\omega)^n F[f(t)] \tag{2-39}$$

同理，可以得到像函数的导数公式。设 $F(\omega)=F[f(t)]$，则：

$$\frac{\mathrm{d}F(\omega)}{\mathrm{d}\omega}=F[-\mathrm{j}tf(t)] \tag{2-40}$$

$$\frac{\mathrm{d}^n F(\omega)}{\mathrm{d}\omega^n}=(-\mathrm{j})^n F[t^n f(t)] \tag{2-41}$$

（5）若当 $t\rightarrow+\infty$ 时，$g(t)=\int_{-\infty}^{t}f(\tau)\mathrm{d}\tau\rightarrow 0$，则：

$$F\left[\int_{-\infty}^{t}f(\tau)\mathrm{d}\tau\right]=\frac{1}{\mathrm{j}\omega}F[f(t)] \tag{2-42}$$

即，函数积分后的傅里叶变换等于该函数的傅里叶变换乘以因子 $(\mathrm{j}\omega)^{-1}$。

2.3 拉普拉斯变换

拉普拉斯（拉氏）变换与傅里叶变换相似，也是算子法发展演变而来，它是信号处理领域中最基本的分析和解析工具。

2.3.1 拉氏变换定义

若函数 $f(t)$ 满足下列条件：

（1）在 $t \geqslant 0$ 的任意有限区间上分段连续；

（2）存在常数 $M>0$ 与 $c \geqslant 0$，使得

$$|f(t)| \leqslant M e^{ct} (t > 0)$$

即当 $t \to \infty$ 时，函数 $f(t)$ 的增长速度不超过某一指数函数，其中 c 称为函数 $f(t)$ 的增长指数，则函数 $f(t)$ 的拉普拉斯变换为：

$$F(s) = \int_0^{+\infty} f(t) e^{-st} dt \tag{2-43}$$

在半平面实部 $Re(s)>c$ 上存在，并且在其上像函数 $F(s)$ 为解析函数。

式（2-43）中 $F(s)$ 称为 $f(t)$ 的拉普拉斯变换，记为 $F(s) = \mathscr{L}[f(t)]$；相应地，$f(t)$ 为 $F(s)$ 的拉普拉斯逆变换，记为 $f(t) = \mathscr{L}^{-1}[F(s)]$。

由拉普拉斯变换定义，可以获得常见函数的拉普拉斯变换：$\mathscr{L}[e^{\alpha t}] = \frac{1}{s-\alpha}$，$Re(s) > \alpha$；$\mathscr{L}[e^{j\omega t}] = \frac{1}{s - j\omega}$，$Re(s) > 0$；$\mathscr{L}[t^n] = \frac{n}{s}\mathscr{L}[t^{n-1}] = \frac{n!}{s^{n+1}}$，$Re(s) > 0$；$\mathscr{L}[\sin(kt)] = \frac{k}{s^2 + k^2}$，$Re(s) > 0$；$\mathscr{L}[\cos(kt)] = \frac{s}{s^2 + k^2}$，$Re(s) > 0$；$\frac{dF(s)}{ds} = F'(s) = \mathscr{L}[(-t)f(t)]$，$Re(s) \geqslant c + \delta$。

2.3.2 拉氏变换性质

利用拉普拉斯变换的基本性质，可以简化拉普拉斯变换运算过程。主要性质有：

（1）变换前后不改变线性组合。设 a、b 为给定的任意常数，且有：

$$\mathscr{L}[f(t)] = F(s)$$
$$\mathscr{L}[g(t)] = G(s)$$

则有：

$$\mathscr{L}[af(t) + bg(t)] = aF(s) + bG(s) \tag{2-44}$$

$$\mathscr{L}^{-1}[aF(s) + bG(s)] = af(t) + bg(t) \tag{2-45}$$

即，函数线性组合的拉普拉斯变换等于各函数拉普拉斯变换的线性组合。

（2）拉普拉斯变换的相似性。设 $\mathscr{L}[f(t)] = F(s)$，对于任意常数 $a>0$，有：

$$\mathscr{L}[f(at)] = \frac{1}{a} F\left(\frac{s}{a}\right) \tag{2-46}$$

（3）拉普拉斯变换的延迟性质。设 $\mathscr{L}[f(t)] = F(s)$，当 $t<0$ 时 $f(t) = 0$，则对任一非负实数 t_0，有：

$$\mathscr{L}[f(t - t_0)] = e^{-st_0} F(s) \tag{2-47}$$

即，连续时间函数在时域上延迟，致使对应它的拉普拉斯变换复数域乘以 e^{-st_0}。

（4）拉普拉斯变换的位移性质。设 $\mathscr{L}[f(t)] = F(s)$，对任意给定的复常数 s_0，若 $Re(s - s_0) > 0$，则有：

$$\mathscr{L}[e^{s_0 t} f(t)] = F(s - s_0) \tag{2-48}$$

即，连续时间函数与复指数函数相乘，对应的拉普拉斯变换在复数域发生位移，其收敛域的大小不变，但是收敛域的位置发生相应的位移。

（5）拉普拉斯变换的微分性质。设 $\mathscr{L}[f(t)]=F(s)$，则原函数的导数有：

$$\mathscr{L}\left[\frac{\mathrm{d}}{\mathrm{d}t}f(t)\right]=sF(s)-f(0+) \tag{2-49}$$

即，一个导函数的拉普拉斯变换等于其原函数的拉普拉斯变换乘以参变量 s，再减去该函数的初始值。

同理，有：

$$\mathscr{L}[f^{(n)}(t)]=s^nF(s)-s^{n-1}f(0+)-s^{n-2}f'(0+)-\cdots-f^{(n-1)}(0+) \tag{2-50}$$

其中，$f(0+)=\lim\limits_{t\to 0+}f(t)$，$f^{(k)}(0+)=\lim\limits_{t\to 0+}f^{(k)}(t)$。

设 $\mathscr{L}[f(t)]=F(s)$，则像函数的导数有：

$$F'(s)=-\mathscr{L}[tf(t)] \tag{2-51}$$

一般情况下，有：

$$F^{(n)}(s)=(-1)^n\mathscr{L}[t^nf(t)] \tag{2-52}$$

（6）拉普拉斯变换的积分性质。设 $\mathscr{L}[f(t)]=F(s)$，则积分的拉普拉斯变换有：

$$\mathscr{L}\left[\int_0^t f(t)\mathrm{d}t\right]=\frac{1}{s}F(s) \tag{2-53}$$

一般情况下，有：

$$\mathscr{L}\left[\int_0^t \mathrm{d}t\int_0^t \mathrm{d}t\cdots\int_0^t f(t)\mathrm{d}t\right]=\frac{1}{s^n}F(s) \tag{2-54}$$

设 $\mathscr{L}[f(t)]=F(s)$，若积分 $\int_s^\infty F(s)\mathrm{d}s$ 收敛，则函数拉普拉斯变换的积分有：

$$\mathscr{L}\left[\frac{f(t)}{t}\right]=\int_s^\infty F(s)\mathrm{d}s \tag{2-55}$$

一般情况下，有：

$$\mathscr{L}\left[\frac{f(t)}{t^n}\right]=\int_s^\infty \mathrm{d}s\int_s^\infty \mathrm{d}s\cdots\int_s^\infty F(s)\mathrm{d}s \tag{2-56}$$

2.3.3 拉氏逆变换

以上是原函数 $f(t)$ 经拉普拉斯变换求出像函数 $F(s)$，但运用拉普拉斯变换求解具体问题时，也需要由像函数求原函数。这里，介绍一种方法，直接利用像函数通过反演公式表示出原函数，再利用留数定理求得原函数。

（1）反演积分公式。

$$f(t)=\frac{1}{2\pi \mathrm{j}}\int_{\beta-\mathrm{j}\infty}^{\beta+\mathrm{j}\infty}F(s)\mathrm{e}^{st}\mathrm{d}s \tag{2-57}$$

（2）留数定理。设 $F(s)$ 满足条件：1）仅在左半平面 $Re(s)<c$ 内有有限个孤立奇点 $s_k(k=1,2,\cdots,n)$；2）在复平面上除孤立奇点外是处处解析的；3）$\lim\limits_{s\to\infty}F(s)=0$。则：

$$f(t)=\frac{1}{2\pi \mathrm{j}}\int_{\beta-\mathrm{j}\infty}^{\beta+\mathrm{j}\infty}F(s)\mathrm{e}^{st}\mathrm{d}s=\sum_{k=1}^{n}R_{\mathrm{es}}[F(s)\mathrm{e}^{st},s_k],t>0 \tag{2-58}$$

式中　$R_{\mathrm{es}}[F(s)\mathrm{e}^{st},s_k]$——函数 $F(s)\mathrm{e}^{st}$ 在孤立奇点 s_k 处的留数，其值等于函数沿着某一圆环域内包围 s_k 的任一正向简单闭合曲线的积分值除以 $2\pi \mathrm{j}$。

2.3.4 常用拉氏变换表

常用拉普拉斯变换与逆变换表，如表 2-1 所示。应用时，可以直接利用变换表中变换与逆变换的关系，借用拉普拉斯变换基本性质，从而大大地简化运算过程。

表 2-1 常用拉氏变换表

序号	$f(t)$	$F(s)$	序号	$f(t)$	$F(s)$
1	1	$\frac{1}{s}$	15	$\cos^2 t$	$\frac{1}{2}\left(\frac{1}{s}+\frac{s}{s^2+4}\right)$
2	e^{at}	$\frac{1}{s-a}$	16	$\sin(at)\sin(bt)$	$\frac{2abs}{[s^2+(a+b)^2][s^2+(a-b)^2]}$
3	$\sin(at)$	$\frac{a}{s^2+a^2}$	17	$e^{at}-e^{bt}$	$\frac{a-b}{(s-a)(s-b)}$
4	$\cos(at)$	$\frac{s}{s^2+a^2}$	18	$ae^{at}-be^{bt}$	$\frac{(a-b)s}{(s-a)(s-b)}$
5	$t\sin(at)$	$\frac{2as}{(s^2+a^2)^2}$	19	$(1/a)\sin(at)-(1/b)\sin(bt)$	$\frac{b^2-a^2}{(s^2+a^2)(s^2+b^2)}$
6	$t\cos(at)$	$\frac{s^2-a^2}{(s^2+a^2)^2}$	20	$\cos(at)-\cos(bt)$	$\frac{(b^2-a^2)s}{(s^2+a^2)(s^2+b^2)}$
7	$e^{-bt}\sin(at)$	$\frac{a}{(s+b)^2+a^2}$	21	$\frac{1}{a^2}[1-\cos(at)]$	$\frac{1}{s(s^2+a^2)}$
8	$e^{-bt}\cos(at)$	$\frac{s+b}{(s+b)^2+a^2}$	22	$\frac{1}{a^3}[at-\sin(at)]$	$\frac{1}{s^2(s^2+a^2)}$
9	$e^{-bt}\sin(at+c)$	$\frac{(s+b)\sin c+a\cos c}{(s+b)^2+a^2}$	23	$\delta(t)$	1
10	$\sin^2 t$	$\frac{1}{2}\left(\frac{1}{s}-\frac{s}{s^2+4}\right)$	24	$\delta^{(n)}(t)$	s^n
11	$\left(\frac{1}{a^4}\right)[\cos(at)-1]+t^2/2a^2$	$\frac{1}{s^3(s^2+a^2)}$	25	$\frac{1}{2\sqrt{\pi t^3}}(e^{bt}-e^{at})$	$\sqrt{s-a}-\sqrt{s-b}$
12	$\frac{1}{2a^3}[\sin(at)-at\cos(at)]$	$\frac{1}{(s^2+a^2)^2}$	26	$\frac{1}{\sqrt{\pi t}}\cos(2\sqrt{at})$	$\frac{1}{\sqrt{s}}e^{-\frac{a}{s}}$
13	$\frac{1}{2a}[\sin(at)-at\cos(at)]$	$\frac{s^2}{(s^2+a^2)^2}$	27	$\frac{1}{\sqrt{\pi t}}\sin(2\sqrt{at})$	$\frac{1}{s\sqrt{s}}e^{-\frac{a}{s}}$
14	$(1-at)e^{-at}$	$\frac{s}{(s+a)^2}$	28	$\frac{1}{t}(e^{bt}-e^{at})$	$\ln\frac{s-a}{s-b}$

2.4 传递函数

2.4.1 传递函数定义

传递函数，把传感器的输入信号与输出信号联系起来，借用线性测量系统的输入量与输出量之间关系，取输出量 $y(t)$ 拉普拉斯变换 $Y(s)$ 和输入量 $x(t)$ 拉普拉斯变换 $X(s)$ 的两者之比，称为该系统的传递函数 $H(s)$：

$$H(s)=\frac{Y(s)}{X(s)}=\frac{b_mS^m+b_{m-1}S^{m-1}+\cdots+b_0}{a_nS^n+a_{n-1}S^{n-1}+\cdots+a_0} \tag{2-59}$$

为理解以上关系，再回顾一下描述传感器的动态特性的微分方程式（2-8），有：

$$a_n\frac{\mathrm{d}^ny}{\mathrm{d}t^n}+a_{n-1}\frac{\mathrm{d}^{n-1}y}{\mathrm{d}t^{n-1}}+\cdots+a_1\frac{\mathrm{d}y}{\mathrm{d}t}+a_0y=b_m\frac{\mathrm{d}^mx}{\mathrm{d}t^m}+b_{m-1}\frac{\mathrm{d}^{m-1}x}{\mathrm{d}t^{m-1}}+\cdots+b_1\frac{\mathrm{d}x}{\mathrm{d}t}+b_0x$$

系统初始处于静止状态，有 $f(0+)$，$f'(0+)$，…，$f^{(n-1)}(0+)$ 等于零。对微分方程两边进行拉普拉斯变换，有：

$$(a_nS^n+a_{n-1}S^{n-1}+\cdots+a_0)Y(s)=(b_mS^m+b_{m-1}S^{m-1}+\cdots+b_0)X(s) \tag{2-60}$$

整理式（2-60），取

$$H(s)=\frac{Y(s)}{X(s)} \tag{2-61}$$

这样，自然就得出式（2-59）关系。可以看出，利用拉普拉斯变换，起到一个降阶作用，简化了运算过程。另外，从式（2-59）可知，它与输入量 $x(t)$ 无关，只与系统结构参数 a_1、b_1 等有关。所以，$H(s)$ 能简单而恰当地描述了输出量与输入量之间关系。

这样，如果已知 $Y(s)$、$X(s)$ 和 $H(s)$ 三者中任意两者，便可以求出第三者。同时，无须知道复杂系统的具体内容，只要给系统一个输入量 $x(t)$（激励信号），再得到系统的输出量 $y(t)$（响应信号），系统特性就能被确定，如图 2-4 所示。

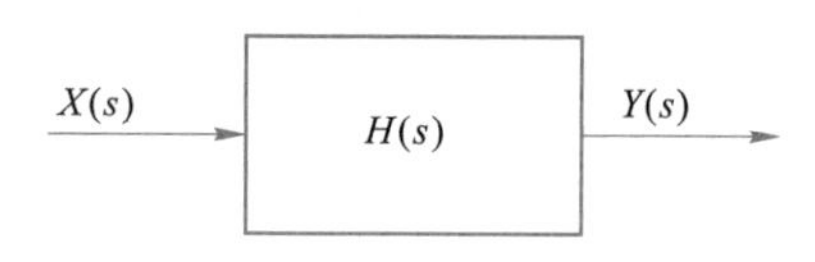

图 2-4 传递函数示意图

2.4.2 传递函数特点

传递函数具有以下几个特点。

（1）$H(s)$ 与输入函数 $x(t)$ 及系统的初始状态无关，只表达系统的传输特性。对具体系统而言，它的 $H(s)$ 不因 $x(t)$ 某时刻变化而不同，仅与 $Y(s)/X(s)$ 有关，即如果 $H(s)$ 确定，已知 $x(t)$，便可得知相应的 $y(t)$。

（2）$H(s)$ 是对物理系统的微分方程取拉普拉斯变换得到的，只反映系统传输特性而不拘泥于系统的物理结构。也就是说，同一形式的传递函数可以表征具有相同传递特性的不同物理系统。

（3）实际的物理系统，$x(t)$ 和 $y(t)$ 都有各自的量纲。用传递函数描述系统传输、转换特性应真实反映量纲的这种变换关系，是通过系数来反映的。

（4）$H(s)$ 中分母取决于系统的结构，s 的最高幂次 n 代表系统微分方程的阶数。$H(s)$

中分子与系统同外界有关，如输入点的位置、输入方式、被测量及测点布置等。

对于多环节串、并联组成的测试系统，如果各个环节匹配合适，可以忽略相互间的影响，则系统的等效传递可以作如下简化处理，即若系统由 r 个环节串联而成，如图 2-5 所示，其等效传递函数为：

$$H(s)=H_1(s)\times H_2(s)\times\cdots\times H_r(s) \tag{2-62}$$

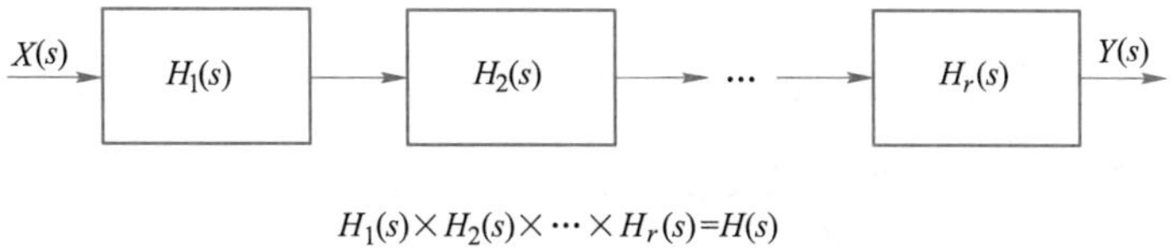

$X(s)$ → $H_1(s)$ → $H_2(s)$ → … → $H_r(s)$ → $Y(s)$

$H_1(s)\times H_2(s)\times\cdots\times H_r(s)=H(s)$

图 2-5 串联传递函数关系

若系统由 p 个环节并联而成，如图 2-6 所示，等效传递函数为：

$$H(s)=H_1(s)+H_2(s)+\cdots+H_p(s) \tag{2-63}$$

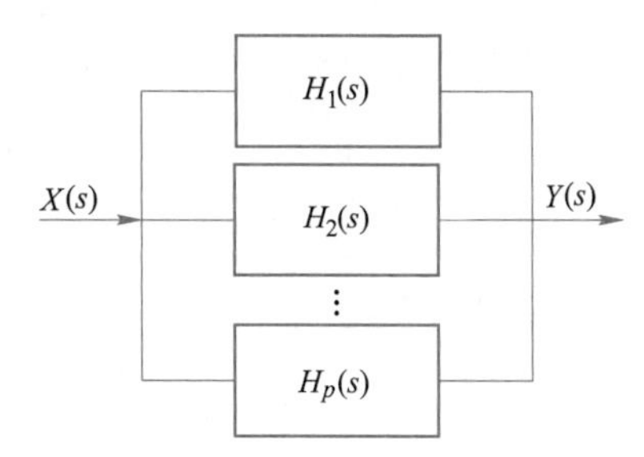

$H_1(s)+H_2(s)+\cdots+H_p(s)=H(s)$

图 2-6 并联传递函数关系

2.4.3 传递函数应用

微分方程式（2-8），当属于零阶测量系统，方程各常数中除 a_0、b_0 外余者都为零，即：

$$y(t)=Kx(t) \tag{2-64}$$

式中 K——静态灵敏度或放大系数，$K=b_0/a_0$。

零阶测量系统具有理想的动态特性，不论被测物理量 $x(t)$ 如何随时间变化，输出都不会失真，其输出在时间上也无任何滞后，输出信号能按一定比例，无延迟和无惯性地复现输入信号的变化。

零阶测量系统又称为比例测量系统，其传递函数为：

$$H(s)=\frac{Y(s)}{X(s)}=K \tag{2-65}$$

对于微分方程，当属于一阶测量系统，除 a_1、a_0、b_0 外余者都为零，有：

$$a_1\frac{\mathrm{d}y(t)}{\mathrm{d}t}+a_0y(t)=b_0x(t) \tag{2-66}$$

如果用 a_0 除以方程两边，并进行拉普拉斯变换，可以得到：

$$\tau sY(s) + Y(s) = KX(s) \tag{2-67}$$

式中 τ——时间常数，具有时间的量纲，反映测量系统惯性大小，$\tau = a_1/a_0$；

K——静态灵敏度，表明系统的静态特性，$K = b_0/a_0$。

一阶测量系统，又称惯性系统，其传递函数为：

$$H(s) = \frac{Y(s)}{X(s)} = \frac{K}{\tau s + 1} \tag{2-68}$$

对于微分方程，当属于二阶测量系统，数学模型为：

$$a_2 \frac{d^2y(t)}{dt^2} + a_1 \frac{dy(t)}{dt} + a_0 y = b_0 x(t) \tag{2-69}$$

将式（2-69）两边同时除以 a_0，并引入新的参数，描述二阶测量系统微分方程可写成：

$$\frac{1}{\omega_n^2} \frac{d^2y(t)}{dt^2} + \frac{2\zeta}{\omega_n} \frac{dy(t)}{dt} + y(t) = Kx(t) \tag{2-70}$$

式中 K——系统的静态灵敏度，$K = b_0/a_0$；

ω_n——系统的固有频率或无阻尼自然振荡频率，$\omega_n = \sqrt{a_0/a_2}$；

ζ——系统的阻尼系数，$\zeta = a_1/2\sqrt{a_0 a_2}$。

二阶测量系统的传递系数为：

$$H(s) = \frac{K\omega_n^2}{s^2 + 2\zeta\omega_n s + \omega_n^2} \tag{2-71}$$

根据二阶微分方程特征根的性质不同，二阶测量系统可分为以下两种：(1) 二阶惯性系统，特征方程的根为两个负实数，它相当于两个一阶测量系统的串联。(2) 二阶振荡系统，特征方程的根为一对带负实部的共轭复根。当输入信号为一阶跃信号，输出信号是一条衰减的正弦曲线；如果阻尼系数等于零，输出信号是一条等幅振荡曲线。

2.5 频率响应函数

在复数域中，用传递函数描述系统的特性，比实数域有更多的优点。但是，由于许多测试系统建立微分方程式比较困难，而且传递函数的物理概念也比较模糊。与传递函数相比，频率响应函数有着物理概念明确、容易建立的优势，也可以导出传递函数。因此，频率响应函数逐渐成为研究系统特性的重要工具。

2.5.1 频率特性

当线性测量系统的输入函数 $x(t)$ 为正弦信号，即：

$$x(t) = A_x \sin(\omega t) \tag{2-72}$$

输出端会产生一个与输入信号具有相同频率的强迫振荡函数 $y(t)$，即：

$$y(t) = A_y \sin(\omega t + \varphi) \tag{2-73}$$

式中 A_x，A_y——输入信号和输出信号的振幅；

ω——输入信号角频率；

φ——输入信号与输出信号之间的相位差。

假设：测量系统可以用微分方程式（2-8）来表征，则强迫振荡时，输入信号和输出信号也必然满足这一微分方程，有：

$$a_n \frac{d^n}{dt^n}[A_y \sin(\omega t+\varphi)] + a_{n-1}\frac{d^{n-1}}{dt^{n-1}}[A_y \sin(\omega t+\varphi)] + \cdots + a_1 \frac{d}{dt}[A_y \sin(\omega t+\varphi)] + a_0 A_y \sin(\omega t+\varphi) = b_m \frac{d^m}{dt^m}[A_x \sin(\omega t)] + b_{m-1}\frac{d^{m-1}}{dt^{m-1}}[A_x \sin(\omega t)] + \cdots + b_1 \frac{d}{dt}[A_x \sin(\omega t)] + b_0 A_x \sin(\omega t) \quad (2\text{-}74)$$

由于正弦函数在时间域内微分运算，只改变它的幅值和相位并不改变频率，且每微分一次幅值就增大 ω 倍，相位提前 $\pi/2$。因此，上式可以写成：

$$a_n A_y \omega^n \sin\left(\omega t+\varphi+\frac{n\pi}{2}\right) + a_{n-1}A_y\omega^{n-1}\sin\left(\omega t+\varphi+\frac{n-1}{2}\pi\right) + \cdots + a_1 A_y \sin\left(\omega t+\varphi+\frac{\pi}{2}\right) + a_0 A_y \sin(\omega t+\varphi) = b_m A_x \omega^m \sin\left(\omega t+\frac{m}{2}\pi\right) + b_{m-1}A_x\omega^{m-1}\sin\left(\omega t+\frac{m-1}{2}\pi\right) + \cdots + b_1 A_x \omega \sin\left(\omega t+\frac{\pi}{2}\right) + b_0 A_x \sin(\omega t) \quad (2\text{-}75)$$

若用指数形式来表示三角函数，如欧拉公式（2-14）与式（2-15），上式可以变成：

$$[a_n(j\omega)^n + a_{n-1}(j\omega)^{n-1} + \cdots + a_1(j\omega) + a_0]A_y e^{j\varphi} = [b_m(j\omega)^m + b_{m-1}(j\omega)^{m-1} + \cdots + b_1(j\omega) + b_0]A_x e^{j\theta} \quad (2\text{-}76)$$

令

$$H(j\omega) = \frac{A_y e^{j\varphi}}{A_x e^{j\theta}} = \frac{A_y}{A_x} e^{j(\varphi-\theta)} \quad (2\text{-}77)$$

定义 $H(j\omega)$ 为系统的频率响应函数。设 $M(\omega)=A_y/A_x$；$\phi=\varphi-\theta$，则：

$$H(j\omega) = \frac{Y(s)}{X(s)} = \frac{b_m(j\omega)^m + b_{m-1}(j\omega)^{m-1} + \cdots + b_1(j\omega) + b_0}{a_n(j\omega)^n + a_{n-1}(j\omega)^{n-1} + \cdots + a_1(j\omega) + a_0} = M(\omega)e^{j\phi} \quad (2\text{-}78)$$

式中 $M(\omega)$ ——系统幅频特性；

ϕ ——系统相频特性。

因此，测量系统频率响应特性 $H(j\omega)$，是以 ω 为变量的复变函数；它的模 $M(\omega)$ 和相位角 ϕ，分别等于正弦输出信号与输入信号的幅值比和相位差，两者都随 ω 变化。

可以看出，传递函数和频率响应函数在形式上是一致的，只要将传递函数中 s 用 $j\omega$ 取代，就得到了频率响应函数。

2.5.2 频率响应函数应用

典型的一阶系统如图 2-7 所示，是 RC 积分电路。令 $y(t)$ 为输出电压，$x(t)$ 为输入电压，有：

$$RC\frac{dy(t)}{dt} + y(t) = x(t) \quad (2\text{-}79)$$

令 $RC=\tau$，称为时间常数，转化为：

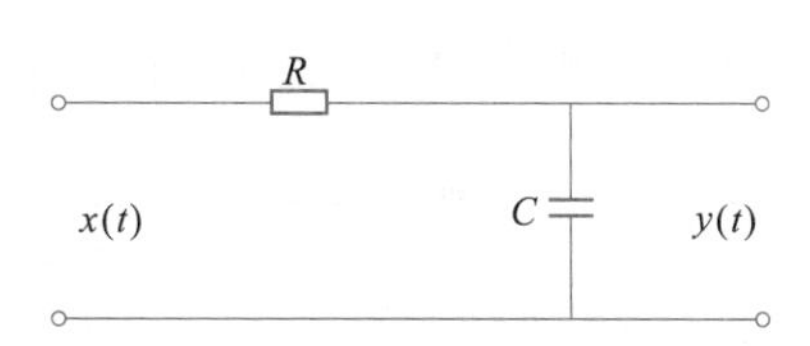

图 2-7 具有一阶测量系统的 RC 积分电路

$$\tau\frac{\mathrm{d}y(t)}{\mathrm{d}t}+y(t)=x(t) \tag{2-80}$$

根据拉普拉斯变换，得到传递函数：

$$H(s)=\frac{Y(s)}{X(s)}=\frac{1}{\tau s+1} \tag{2-81}$$

用 $\mathrm{j}\omega$ 代替 s，可得一阶测量系统的频率响应函数。根据复数与指数的转换关系：

$$a+b\mathrm{j}=p\mathrm{e}^{\mathrm{j}\theta},\ p=(a^2+b^2)^{1/2},\ \tan\theta=b/a$$

有：

$$H(\mathrm{j}\omega)=\frac{1}{\mathrm{j}\omega\tau+1}=\frac{1}{\sqrt{(\omega\tau)^2+1}}\mathrm{e}^{-\mathrm{j}\arctan(\omega\tau)} \tag{2-82}$$

幅频特性：

$$M(\omega)=\frac{1}{\sqrt{(\omega\tau)^2+1}} \tag{2-83}$$

相频特性：

$$\phi=-\arctan(\omega\tau) \tag{2-84}$$

式中　τ——一个有限数，$\tau=RC$。

若输入信号的频率 $\omega\ll\tau$，则 $M(\omega)\approx1$，可以认为输出信号与输入信号的幅值相同，波形不失真；相反，若输入信号的频率 $\omega\gg\tau$，则 $M(\omega)\approx\tau/\omega$，可以认为输出信号和输入信号的幅值比反比于 ω，频率越高，幅值比越小。

除了用时间常数 τ 来表示一阶测量系统的动态响应外，频率域中也采用截止频率来描述测量系统的动态特性。所谓截止频率，是指测量系统幅值比下降到零频率幅值比的 $1/\sqrt{2}$ 倍时所对应的频率，记作 ω_c。截止频率表明了测量系统的响应速度，截止频率越高，系统的响应越快，对一阶测量系统的截止频率为：

$$\omega_c=\frac{1}{\tau} \tag{2-85}$$

典型的二阶测量系统，如图 2-8 所示的 RLC 电路，相应的二阶微分方程为：

$$\frac{\mathrm{d}^2y(t)}{\mathrm{d}t^2}+2\zeta\omega_n\frac{\mathrm{d}y(t)}{\mathrm{d}t}+\omega_n^2y(t)=K\omega_n^2x(t) \tag{2-86}$$

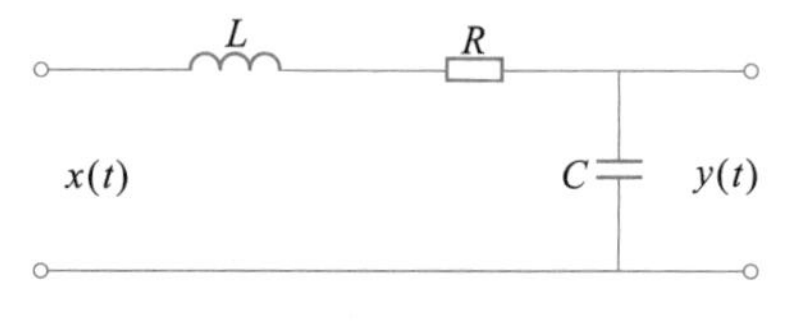

图 2-8　二阶测量系统的 RLC 积分电路

根据拉普拉斯变换得到传递函数，有：

$$H(s)=\frac{K\omega_n^2}{s^2+2\zeta\omega_ns+\omega_n^2} \tag{2-87}$$

将二阶测量系统传递函数中 s 用 $\mathrm{j}\omega$ 替代，可以得到二阶测量系统的频率响应函数：

$$H(\mathrm{j}\omega)=\frac{K\omega_n^2}{(\mathrm{j}\omega)^2+2\zeta\omega_n(\mathrm{j}\omega)+\omega_n^2}=\frac{K}{-\left(\frac{\omega}{\omega_n}\right)^2+\frac{2\mathrm{j}\zeta\omega}{\omega_n}+1} \tag{2-88}$$

幅频特性：

$$M(\omega)=\frac{K}{\sqrt{\left[1-\left(\frac{\omega}{\omega_{n}}\right)^{2}\right]^{2}+\left(\frac{2\zeta\omega}{\omega_{n}}\right)^{2}}} \tag{2-89}$$

相频特性：

$$\phi(\omega)=\arctan\frac{\frac{2\zeta\omega}{\omega_{n}}}{\left(\frac{\omega}{\omega_{n}}\right)^{2}-1} \tag{2-90}$$

若输入信号频率 $\omega \ll \omega_n$，$M(\omega)\approx K$，即输出信号与输入信号的幅值比接近常数；当 $\omega \gg \omega_n$ 时，$M(\omega)\approx 0$，即输出信号与输入信号的幅值比趋近于零，输出信号幅值随 ω 增加迅速下降。因此，要精确测量高频信号，测量系统必须有足够高 ω_n，否则就会产生较大的动态幅值误差。幅值特性还与阻尼比 ζ 有关，当 ζ 小于某一值时，幅频特性曲线出现峰值，即产生谐振，由式（2-88）可知，当分母最小时就会出现峰值。出现峰值的频率，谐振频率 ω_r 为：

$$\omega_{r}=\omega_{n}\sqrt{1-2\zeta}\ (0\leqslant\zeta\leqslant0.07) \tag{2-91}$$

谐振的峰值 M_r 为：

$$M_{r}=\frac{1}{2\zeta\sqrt{1-\zeta^{2}}} \tag{2-92}$$

当阻尼比 $\zeta>0.707$ 时，不产生谐振，输出幅值将随角频率 ω 增大而减小。二阶测量系统的截止频率，也可反映二阶测量系统的响应速度。一般来讲，截止频率 ω_c 越大，系统响应越快，系统可精确测量输入信号频率范围就越大。截止频率 ω_c 可由下式计算：

$$\omega_{c}=\omega_{n}\sqrt{1-2\zeta^{2}+\sqrt{(1-2\zeta^{2})+1}} \tag{2-93}$$

2.6 测试系统标定与校准

测试系统的标定与校准，是利用已知输入量与相应的输出量，进而得到测试系统的输入-输出特性，如图 2-9 所示。

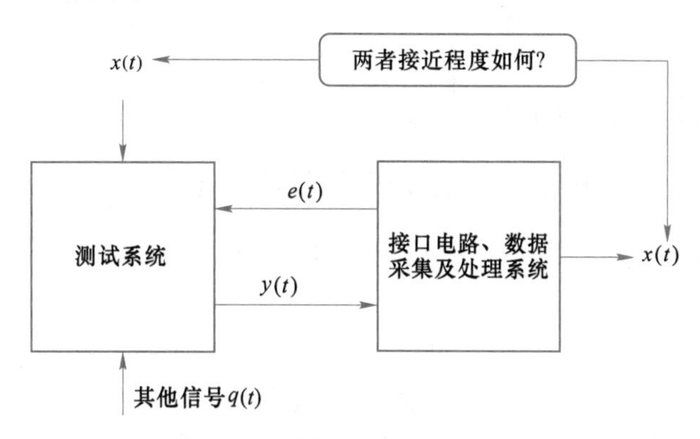

图 2-9 测试系统的标定与校准

图 2-9 中，$e(t)$ 是传感器工作时可能需要的激励信号；$q(t)$ 是标定中可能引入的信号。

$q(t)$ 引入必然会对传感器输出有所影响，标定设计及实现过程中必须对其加以控制，尽可能避免或减少带来不利影响。

测试系统标定与校准一般包括以下内容：(1) 确定一个表达测试系统输入信号与输出信号关系的数学模型；(2) 设计一个标定试验，对测试系统施加一个输入量，测量相应的输出量，同时控制 $q(t)$ 的影响；(3) 利用回归分析方法，对标定试验得到的数据进行处理，确定 (1) 中数学模型参数及测量误差；(4) 对模型进行分析，确定其是否合适。如果不合适，则需要对其加以修正或考虑新的数学模型。

根据参考基准的不同，标定基本可分为两种形式：其一，以具体技术标准作为参考，称为绝对式标定；其二，以某一标定的测试系统作为参考，称为比较式标定。具体的标定工作，与传感器的原理、结构形式、相关行业标准、实际需求等多方面因素有关，彼此差异很大。实际操作中，需要考虑一些共性问题，包括测试系统每个模块的标准特性参数、标定系统的可操作性、标定系统与操作成本、标定数据的整理及测试系统软硬件调整方案等。

设有一个测量装置，输出量与输入量之间存在如下关系：

$$y(t) = A_0 x(t - t_0) \tag{2-94}$$

式中 A_0，t_0——常数。

式 (2-94) 表明这个装置的输出量和输入量波形精确地一致，只是幅值放大了 A_0 倍、在时间上延迟了 t_0，如图 2-10 所示，可以看出它满足不失真测量。

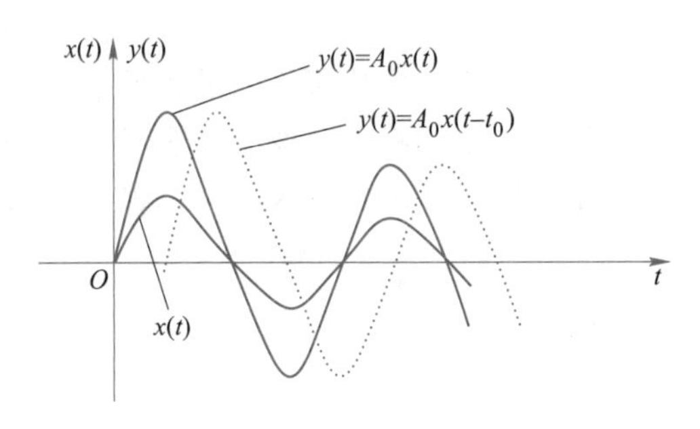

图 2-10 波形不失真复现

那么，不失真测量的条件是什么呢？首先，要求测量应该具备不失真的频率特性。例如，对式 (2-94) 进行傅里叶变换，有：

$$Y(\omega) = A_0 e^{-j\omega t_0} X(\omega) \tag{2-95}$$

考虑 $t<0$ 时，$x(t) = 0$、$y(0) = 0$，于是有：

$$H(\omega) = A(\omega) e^{j\phi(\omega)} = \frac{Y(\omega)}{X(\omega)} = A_0 e^{-jt_0\omega} \tag{2-96}$$

若要求装置的输出波形不失真，其幅频和相频特性应满足

$$A(\omega) = A_0 = 常数 \tag{2-97}$$

$$\phi(\omega) = - t_0 \omega \tag{2-98}$$

当 $A(\omega)$ 不等于常数时，引起的失真称为幅值失真；$\phi(\omega)$ 与 ω 之间非线性，引起的失真称为相位失真。可以看出，不失真测量装置允许输出量与输入量存在一定滞后时间，它满足精确地测量输出波形的条件。但是，如果测量结果用于反馈控制信号，应注意尽量减少时间滞后；过长的时间滞后，有可能破坏系统的稳定性。

实际的测量装置，在较宽的频率范围内，通常不满足不失真测量条件，产生幅度失真和相位失真。例如，图 2-11 中给出四个不同频率信号，通过某一测量装置的输入信号与输出信号，包括具有三个正弦波的交流信号和一个直流信号，其中 μ_x 为均值。在某参考时刻 $t=0$，初始化相角均为零。

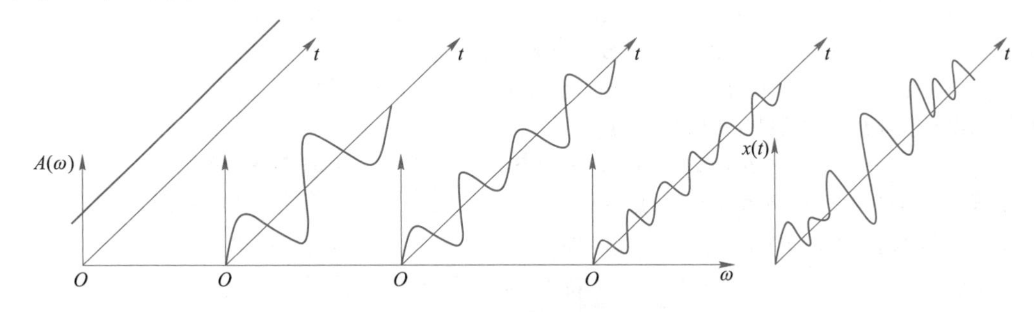

图 2-11　不同频率下输入信号与输出信号波形

测量装置频率响应函数的幅频特性与相频特性，如图 2-12 所示。可以看出，输出信号相对于输入信号，有不同的幅度增益和相角滞后。对于单一频率成分信号，通常线性系统具有频率保持性，只要其幅值未进入非线性区，输出信号频率也是单一的，就没有失真问题。但是，对于多种频率成分合成信号，显然引起了幅度失真和相位失真。特别是，频率跨越 ω_n 前后的信号，失真尤为严重。

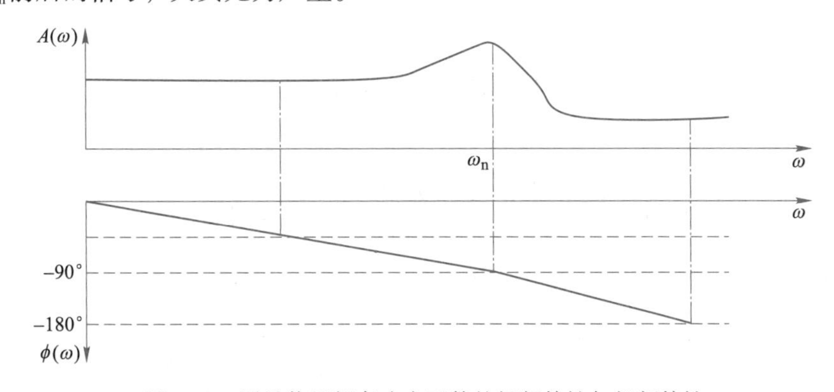

图 2-12　测量装置频率响应函数的幅频特性与相频特性

对实际的测量装置，应该考虑避免失真或把失真控制到最小。首先，应选用合适的测量装置，测量频率范围内使幅频和相频接近不失真测量条件；其次，对输入信号做必要的前置处理，滤除非信号频带内噪声，阻止因某些频率位于测量装置共振区而导致噪声进入测量过程。

习　题

2-1 有两个传感器测量系统，其动态特性可以分别用下面两个微分方程来描述，试求两个系统的时间常数 τ 和静态灵敏度 K。其中，y 为输出电压；T 为输入温度，℃；x 为输入压力，Pa。

(1) $30\dfrac{dy}{dt}+3y=1.5\times10^{-5}T$；(2) $1.4\dfrac{dy}{dt}+4.2y=9.6x$。

2-2 已知某二阶传感器系统的固有频率$f_0=10$ kHz 和阻尼比$\zeta=0.1$，若要求传感器的输出幅值误差小于3%，试确定该传感器的工作频率范围。

2-3 已知 RC 低通滤波器 $R=1$ kΩ 和 $C=1$ μF，试求下面两个问题：

（1）滤波器的传递函数 $H(s)$、频率特性函数 $H(\mathrm{j}\omega)$、幅频特性 $A(\omega)$ 和相频特性 $\phi(\omega)$；

（2）输入信号 $u_i=10\sin1000t$ 时，求输出信号 u_o，并比较其幅值与相位关系。

2-4 传感器系统的幅频特性、相频特性与频域系统函数关系如何？

2-5 证明当线性系统输入量为正弦波时，其输出量稳定部分也是同频率的正弦波。

2-6 已知周期信号 $f(t)$ 的傅里叶级数为：

$$f(t)=2+3\cos(2t)-4\sin(2t)+3\sin(3t+30°)-4\cos(7t+150°)$$

试画出信号的幅度频谱和相位频谱图。

2-7 图 2-13 给出被截断的余弦函数 $\cos(\omega_0 t)$，即：

$$x(t)=\begin{cases}\cos(\omega_0 t), & |t|<T\\ 0, & |t|\geqslant T\end{cases}$$

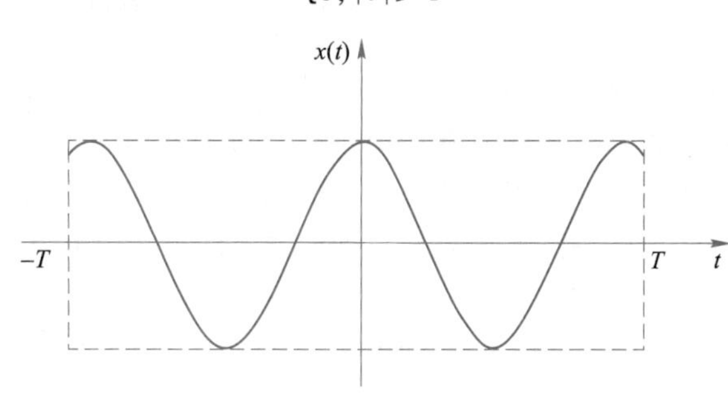

图 2-13 习题 2-7 附图

试求傅里叶变换。

2-8 试求由两个传递函数分别为 $\dfrac{2.4}{3.6s+0.4}$ 和 $\dfrac{28\omega_n^2}{s^2+1.3\omega_n s+\omega_n^2}$ 子系统串联而成的测试系统总灵敏度（不考虑负载效应）。

3 信号转换与调理

敏感元件输出信号通常是很微弱的，或不便于处理，或易引入干扰噪声。这样的信号难以直接被驱动显示和记录，或装置不能获得准确的被测量信息。为了解决这个问题，通常在敏感元件和后续环节之间设置一个中间过程，即信号调理电路，它的作用是对敏感元件输出信号进行加工、调节和变换，实现微弱信号放大、信号转换、滤除干扰信号和调制信号的解调等，以便进一步处理。因此，调理电路是测试系统中不可缺少的重要环节。本章主要介绍测量电桥、信号放大、信号转换、滤波器和调制解调的工作原理、应用实例和常用的集成器件。

3.1 信号获取

桥式电路简称电桥，是常见的信号调理电路之一，它简单可靠，有很高的精度和灵敏度，能把电阻、电容和电感变化转换成电压或电流信号，在转换元件中被广泛应用。

测量电桥电路如图 3-1 所示，E 为供电直流电源或交流电源的电压；Z_1、Z_2、Z_3、Z_4 为阻抗元件，可以是电阻、电容、电感或相关组合元件，称为四个桥臂。在传感器中，常选择一个或多个桥臂为敏感元件，其他则是使电桥平衡的固定阻抗元件。

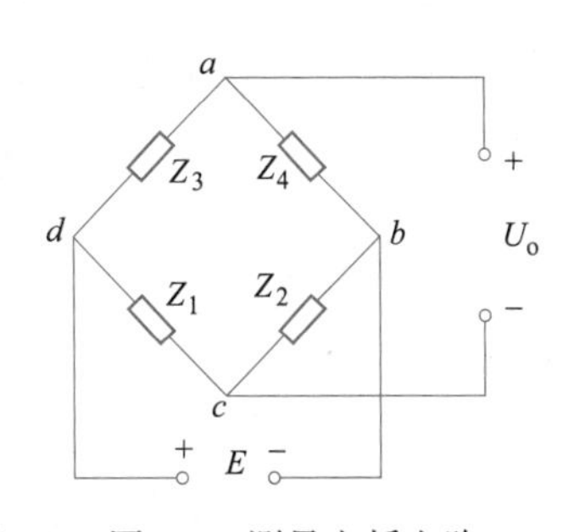

图 3-1 测量电桥电路

测量电桥电路除了能把电阻、电容和电感变化转换成电压信号或电流信号外，还能测量出微弱的阻抗变化量。特别是通过对称差动式结构可以实现对非线性误差的补偿，提高电桥输出的灵敏度。

3.1.1 直流电桥

直流电桥依靠直流电源供电。四个桥臂均为电阻，选择一个电阻作为敏感元件如电阻应变片、金属热电阻和热敏电阻等测量电路。

3.1.1.1 调零电路

电桥电路的初始状态，无论平衡电桥还是非平衡电桥，电桥电路输出电压应满足 $U_o=0$，即电桥电路处于平衡状态。如图 3-2 所示，根据电路可得：

$$U_o = U_a - U_c = I_3R_4 - I_1R_2 = I_1R_1 - I_3R_3 \tag{3-1}$$

同时

$$I_3 = E/(R_3 + R_4) \tag{3-2}$$

$$I_1 = E/(R_1 + R_2) \tag{3-3}$$

有

$$U_o = E(R_1R_4 - R_2R_3)/(R_1 + R_2)(R_3 + R_4) \tag{3-4}$$

可以看出，相对应桥臂阻值乘积相等是直流电桥平衡必要条件，即 $R_1R_4 = R_2R_3$，$U_o = 0$。

为了使调节电桥达到平衡，如图 3-3 所示，可以外加一个调节可变电阻，以改变 R_1 或 R_1/R_2 值，使 $R_1R_4 = R_2R_3$。

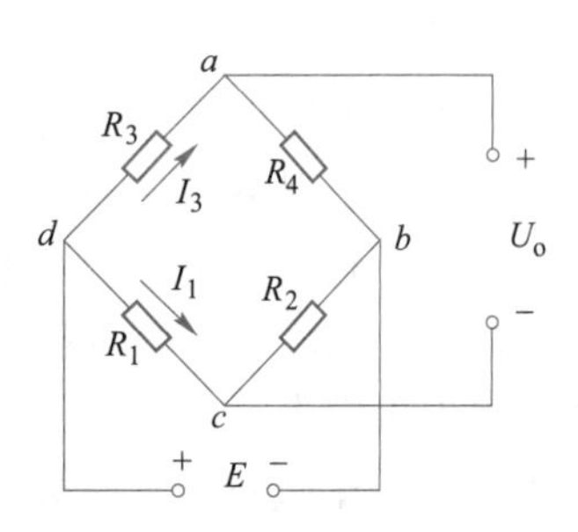

图 3-2 直流电桥电路

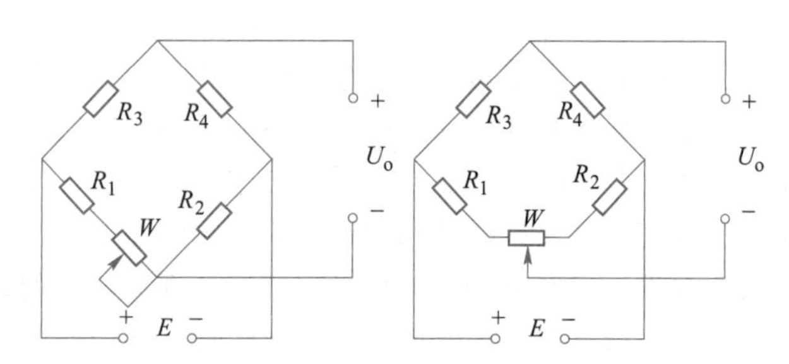

图 3-3 直流电桥的调节平衡

3.1.1.2 平衡电桥

平衡式直流电桥如图 3-4 所示，R_4 为工作臂的电阻，W 为可调电位器的电阻，R_L为负载电阻，G 为检流计，L 为刻度尺指针。

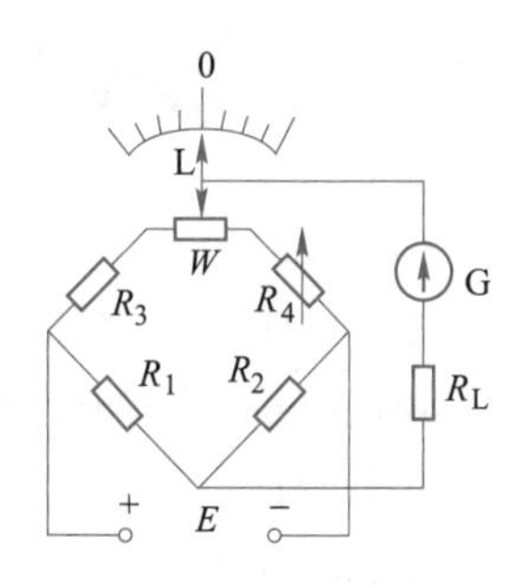

图 3-4 平衡式直流电桥

初始状态（$\Delta R_4 = 0$），电桥处于平衡状态，调整 W 使检流计输出为零，指针 L 指示 0 刻度。工作状态（$\Delta R_4 \neq 0$），破坏了电桥平衡条件，检流计 G 输出不为零，调整电位器 W 使电桥重新处于平衡状态，指针 L 变化反映了 ΔR_4 大小和方向。当 $\Delta R_4 > 0$ 时，检流计 G 输出电流为正，指针相应向右偏转；当 $\Delta R_4 < 0$ 时，检流计 G 输出电流为负，指针向左偏转。偏转程度取决于 ΔR_4 大小，调整电位器 W，使检流计为零，可以获得 ΔR_4 值。

平衡式直流电桥有如下特点：(1) 响应速度慢，只适用于缓慢变化信号检测；(2) 测量精度高，其精度取决于电位器精度；(3) 输出与供电电源电压无关，可避免电源电压不稳定带来的干扰。

3.1.1.3 不平衡电桥

根据式（3-4）可知，如果电桥工作时四个桥臂的电阻值，分别变化了 ΔR_1、ΔR_2、ΔR_3 和 ΔR_4，电桥的输出电压 U_o为：

$$U_o = E\frac{(R_1 + \Delta R_1)(R_4 + \Delta R_4) - (R_2 + \Delta R_2)(R_3 + \Delta R_3)}{(R_1 + \Delta R_1 + R_2 + \Delta R_2)(R_3 + \Delta R_3 + R_4 + \Delta R_4)} \tag{3-5}$$

在电桥电路中，电阻 R_1、R_2、R_3、R_4 及其变化 ΔR_1、ΔR_2、ΔR_3 和 ΔR_4 有 $\Delta R_i \ll R_i$，故可以忽略二阶增量 $\Delta R_i \Delta R_j$和（$\Delta R_1 + \Delta R_2$）（$\Delta R_3 + \Delta R_4$），有：

$$U_o = E\frac{R_1R_4 + R_1\Delta R_4 + R_4\Delta R_1 - R_2R_3 - R_3\Delta R_2 - R_2\Delta R_3}{(R_1 + R_2)(R_3 + R_4) + (R_1 + R_2)(\Delta R_3 + \Delta R_4) + (R_3 + R_4)(\Delta R_1 + \Delta R_2)} \tag{3-6}$$

依据电桥初始条件 $R_1R_4 = R_2R_3$ 和$(\Delta R_1 + \Delta R_2)/(R_1 + R_2) \ll 1$、$(\Delta R_3 + \Delta R_4)/(R_3 + R_4) \ll 1$，有：

$$U_o = E\frac{R_1R_4}{(R_1+R_2)(R_3+R_4)}\left(\frac{\Delta R_1}{R_1}-\frac{\Delta R_2}{R_2}-\frac{\Delta R_3}{R_3}+\frac{\Delta R_4}{R_4}\right) \tag{3-7}$$

由 $R_1R_4=R_2R_3$ 得：

$$\frac{R_2}{R_1+R_2}=\frac{R_4}{R_3+R_4} \tag{3-8}$$

故，电桥的输出电压为：

$$U_o = E\frac{R_1R_2}{(R_1+R_2)^2}\left(\frac{\Delta R_1}{R_1}-\frac{\Delta R_2}{R_2}-\frac{\Delta R_3}{R_3}+\frac{\Delta R_4}{R_4}\right) \tag{3-9}$$

如果 R_3 和 R_4 选择相同电阻值，具有相同性质或不受测量环境的影响，有：

$$U_o = E\frac{R_1R_2}{(R_1+R_2)^2}\left(\frac{\Delta R_1}{R_1}-\frac{\Delta R_2}{R_2}\right) \tag{3-10}$$

从式（3-10）可知，当 $\Delta R_1/R_1=\Delta R_2/R_2$，有 $U_o=0$。因此，常常选择 $R_1=R_2$，两个电阻使用性质相同的材料。同时，两者处于同样的环境，使之满足 $\Delta R_1=\Delta R_2$，保证 $U_o=0$。

当桥臂电阻变化方向上满足：$\Delta R_1=-\Delta R_2=-\Delta R_3=\Delta R_4$，称为差动电桥。利用相邻桥臂产生相反的等量变化，差动电桥能自动补偿某些外界干扰对输出的影响；同时，也不会破坏电桥平衡特性，保证了桥式电路具有良好的线性度和较高的灵敏度。

3.1.2 交流电桥

与直流电桥不同，交流电桥可以是电阻、电感或电容及它们的组合，能把电容和电感的变化转换成电桥的输出电压。因此，也分为阻抗电桥、变压器电桥和紧耦合臂电桥。

常用的交流电桥是阻抗电桥，如图 3-5 所示，供电采用交流电源。取四个桥臂的阻抗分别为 Z_1、Z_2、Z_3 和 Z_4，根据交流电路中电压、电流和阻抗的关系，在 $U_o=0$ 时的平衡条件下，有：

$$Z_1Z_4=Z_2Z_3 \tag{3-11}$$

即，相邻桥臂的阻抗乘积相等。因阻抗为复数，设阻抗 Z_i 的模数为 $|Z_i|$，阻抗角为 φ_i，依据复数运算关系，有：

$$|Z_1||Z_4|=|Z_2||Z_3| \tag{3-12}$$

$$\varphi_1+\varphi_4=\varphi_2+\varphi_3 \tag{3-13}$$

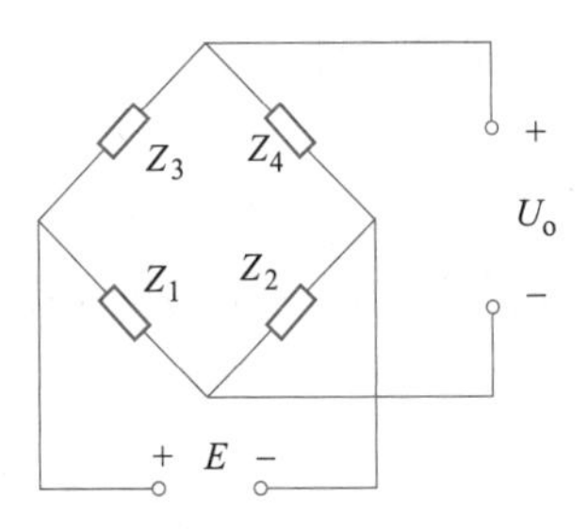

图 3-5 交流电桥电路

式（3-12）和式（3-13）分别为交流电桥的幅值和相位的平衡条件。

3.1.2.1 初始平衡调节

根据交流电桥平衡条件，初始平衡需要进行幅值和相位平衡调节。其中，相位调节可加入电容进行调节。常用的电容调节方法如图 3-6 所示，选 Z_1 和 Z_2 为固定电阻。图 3-6（a）中，C 为固定电容，W 为可调电位器电阻。通过调节电位器电阻 W，以改变 Z_3 和 Z_4 所在桥臂的阻抗，实现了平衡调节；图 3-6（b）中，C 为差动式精密可调电容器，调节 C 可同时改变并联到 Z_3 和 Z_4 臂上电容值，实现平衡调节。

3.1.2.2 电桥平衡条件

交流阻抗桥式电路如图 3-7 所示，分别为测量电容和电感的交流电桥。其中，R_1 和

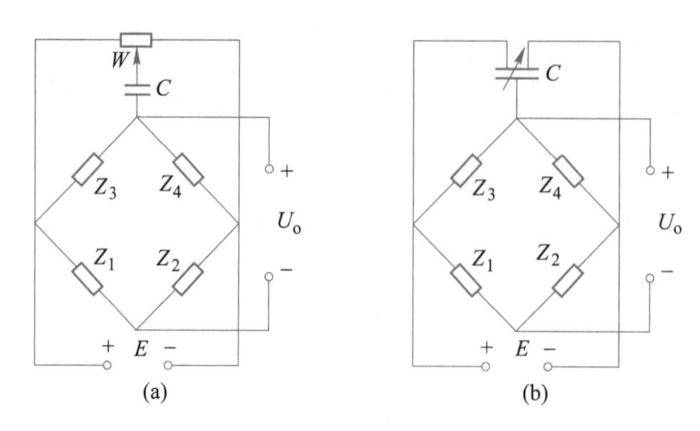

图 3-6 交流电桥初始平衡调节

R_2 为固定电阻；R_3、R_4 分别是电容 C_3、C_4 或电感 L_3、L_4 的损耗电阻。

图 3-7（a）中，电容电路处于平衡状态，有：

$$\left(R_3 + \frac{1}{\mathrm{j}\omega C_3}\right) R_2 = \left(R_4 + \frac{1}{\mathrm{j}\omega C_4}\right) R_1 \tag{3-14}$$

展开对应项可得：

$$R_3 R_2 = R_4 R_1 \tag{3-15}$$

$$\frac{R_2}{C_3} = \frac{R_1}{C_4} \tag{3-16}$$

上式即为电阻和电容的平衡条件。

图 3-7（b）中，电感电路处于平衡条件，有：

$$(R_3 + \mathrm{j}\omega L_3) R_2 = (R_4 + \mathrm{j}\omega L_4) R_1 \tag{3-17}$$

同理可得：

$$R_3 R_2 = R_4 R_1 \tag{3-18}$$

$$L_3 R_2 = L_4 R_1 \tag{3-19}$$

上式即为电阻和电感的平衡条件。

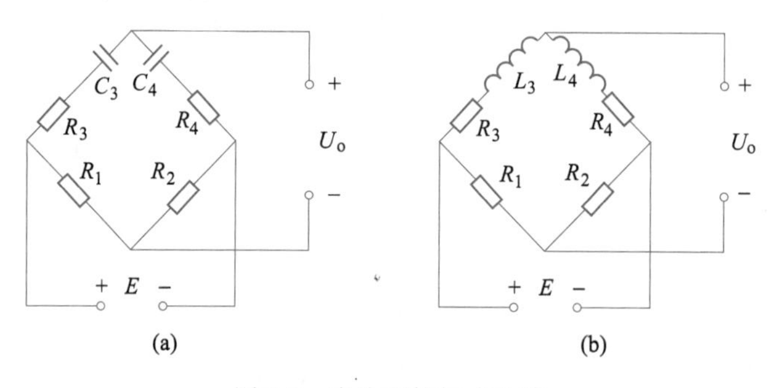

图 3-7 交流阻抗桥式电路

（a）电容电桥；（b）电感电桥

交流电桥的最大优点是可以对被测量进行动态测量，但交流电桥的输出受电源电压的影响较大。电源电压略有波动就会影响到输出，带来测量误差，因此要求供电电源必须有良好的电压波形和稳定的频率，一般采用频率范围为 5～10 kHz 音频交流电源，这样外界工频干扰（50 Hz）不易从线路中引入，能获得一定频带宽度较好的频率响应。

3.2 信号放大

从敏感元件上获得的信号往往比较弱，经电桥电路转变后也满足不了显示机构、记录机构和控制机构的需要，必须进行放大来解决这类问题。

敏感元件输出信号形式和大小各不相同，选择的放大电路形式和性能指标也不尽相同。一般来讲，敏感元件的输出信号不仅微弱、内阻高，而且伴有较高的电压干扰。因此，要求放大电路应具有足够的放大倍数、高输入阻抗、低失调输入电压和电流、低温漂和低噪声。

本节主要介绍几种常用的基本放大电路、电荷放大电路、仪器放大电路和可编程增益放大电路。同时，考虑微电子技术发展，介绍对应的集成运算放大器组成的各种形式的放大电路和单片集成放大电路的工作原理、特点及应用实例。其中，集成运算放大器如图 3-8 所示。

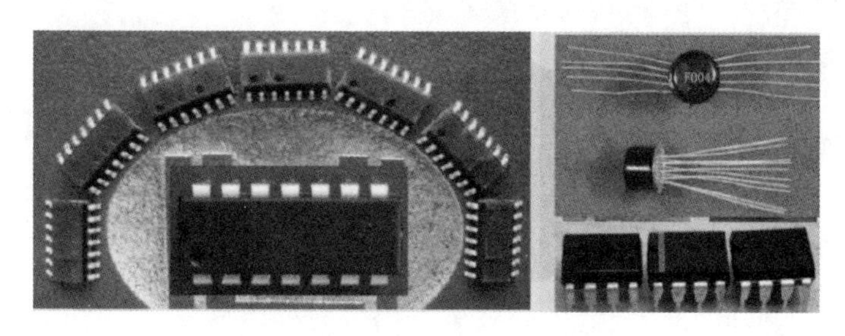

图 3-8 各类型号集成运算放大器

集成运算放大器是模拟电子技术中重要的器件之一，虽然不同的运放有着不同的功能和结构，但基本结构具有共同之处，内部电路一般由四个部分组成，如图 3-9 所示，包括输入级、放大级、输出级和偏置电路。

输入级的作用是提高放大器质量，要求输入电阻高；同时，为了减小零点漂移和抑制共模干扰，多采用恒流源的差动放大电路。放大级的作用是提供足够大的电压放大倍数，要求具有较高的电压增益。输出级的作用是输出足够大的电流，以满足负载的需要；同时，还需要有较低的输出电阻和较高的输入电阻，起到把放大级和负载隔离的作用。偏置电路的作用是为各级提供合适的工作电流，一般由各种恒流源电路组成。

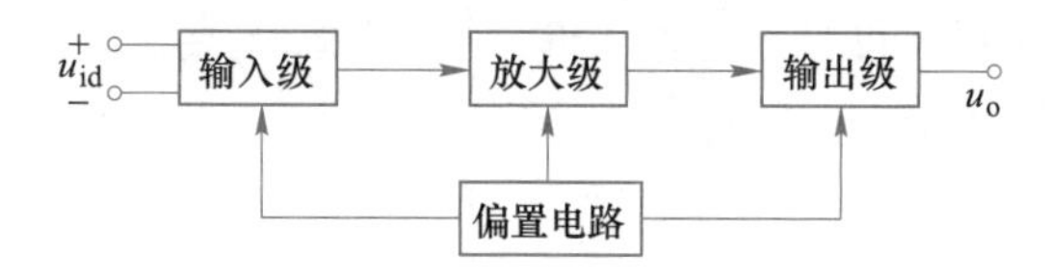

图 3-9 集成运放内部组成原理框图

集成运放的电路符号如图 3-10 所示。集成运算放大器的电压放大倍数为：

$$A_{uf} = \frac{u_o}{u_i} \tag{3-20}$$

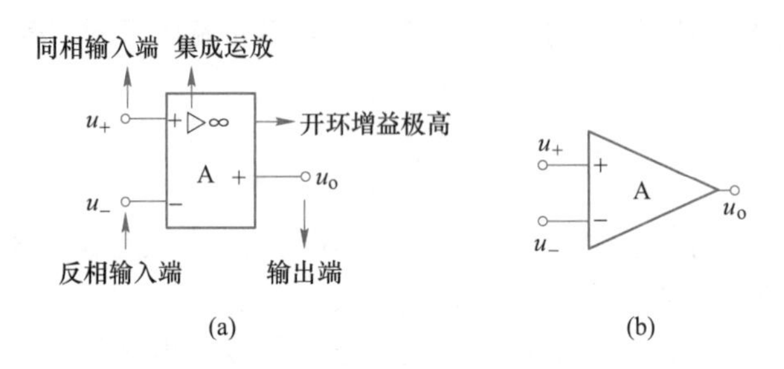

图 3-10 集成运放电路符号

(a) 国际标准符号;(b) 习惯画法符号

典型的放大电路有直流放大电路和交流放大电路两种,包括反相放大电路、同相放大电路和差动放大电路,均可以采用集成运算放大器。这里面,常用到两个概念,即"虚短"和"虚断"。虚短,指在分析运算放大器处于线性状态时,可把两输入端视为等电压,但两输入端并非真正短路;虚断,指在分析运算放大器处于线性状态时,可把两输入端视为等效开路,显然两输入端也并非真正断路。

3.2.1 直流放大电路

反相比例运算电路如图 3-11 所示。输入信号从反相输入端(-)输入,同相输入端(+)通过电阻 R_2 接地。根据"虚短"和"虚断"特点,即 $u_+=u_-$,$i_+=i_-=0$,可得 $u_+=0$,故 $u_-=0$。

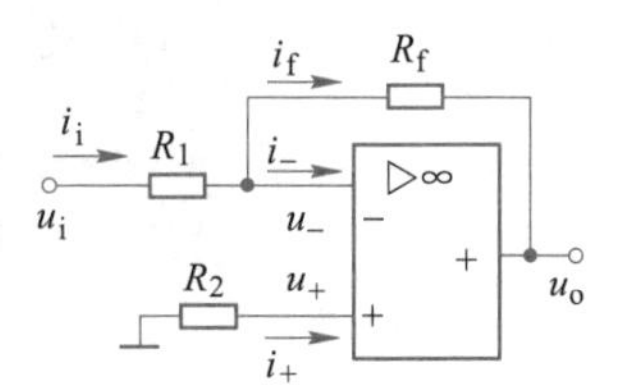

图 3-11 反相比例运算电路

$$i_i=\frac{u_i}{R_1} \tag{3-21}$$

$$i_f=\frac{u_- - u_o}{R_f}=-\frac{u_o}{R_f} \tag{3-22}$$

$$u_o=-\frac{R_f}{R_1}u_i \tag{3-23}$$

电路放大倍数为:

$$A_{uf}=\frac{u_o}{u_i}=-\frac{R_f}{R_1} \tag{3-24}$$

图 3-11 中,运放同相输入端的电阻 R_2 称为平衡电阻,有 $R_2=R_1//R_f$(//表示并联)。

同相比例运算电路如图 3-12 所示。输入信号从同相输入端输入,反相输入端通过电阻接地,并通过电阻与输出端连接(引入负反馈)。从图 3-12 可知,$u_+=u_-=u_i$,因 $i_+=i_-=0$,有:

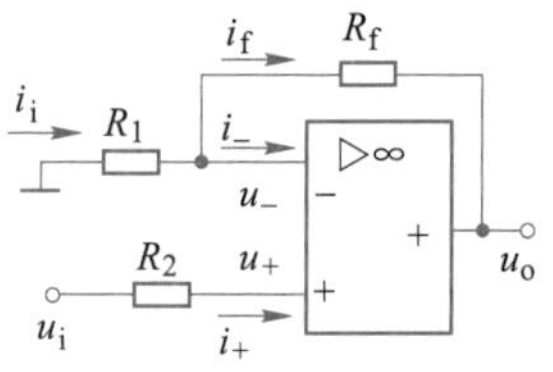

$$i_i=\frac{0-u_-}{R_1}=i_f=\frac{u_- - u_o}{R_f} \tag{3-25}$$

$$u_o=\left(1+\frac{R_f}{R_1}\right)u_-=\left(1+\frac{R_f}{R_1}\right)u_i \tag{3-26}$$

图 3-12 同相比例运算电路

电路放大倍数为:

$$A_{uf} = \frac{u_o}{u_i} = 1 + \frac{R_f}{R_1} \tag{3-27}$$

当 $R_1 = \infty$ 或 $R_f = 0$，则 $u_o = u_i$，电压起跟随作用，也称为电压跟随器。

加法运算电路如图 3-13 所示，输入信号由反相端输入，同相输入端通过电阻 R_3 接地，$R_3 = R_1//R_2//R_f$。利用“虚短”和“虚断”的概念，可得

$$i_{i1} + i_{i2} = i_f \tag{3-28}$$

即

$$\frac{u_{i1}}{R_1} + \frac{u_{i2}}{R_2} = \frac{0 - u_o}{R_f} \tag{3-29}$$

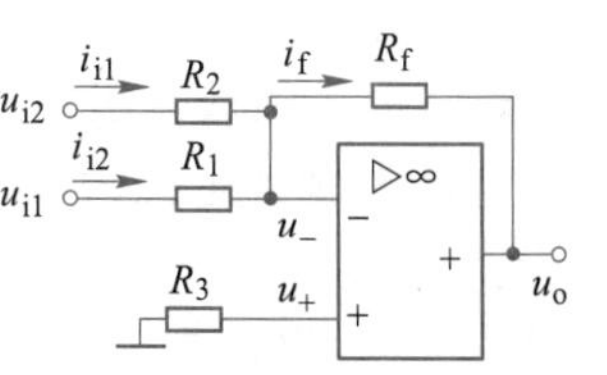

图 3-13 加法运算电路

有

$$u_o = -R_f\left(\frac{u_{i1}}{R_1} + \frac{u_{i2}}{R_2}\right) \tag{3-30}$$

若 $R_1 = R_2 = R_f$，则 $u_o = u_{i1} + u_{i2}$，实现了两个输入信号的反相相加。

减法运算电路如图 3-14 所示。$u_+ = u_-$，有：

$$i_1 = \frac{u_{i1} - u_-}{R_1} = i_f = \frac{u_- - u_o}{R_f} \tag{3-31}$$

$$u_o = \left[u_-\left(\frac{1}{R_1} + \frac{1}{R_f}\right) - \frac{u_{i1}}{R_1}\right] R_f \tag{3-32}$$

$$i_2 = \frac{u_{i2} - u_+}{R_2} = i_3 = \frac{u_+ - 0}{R_3} \tag{3-33}$$

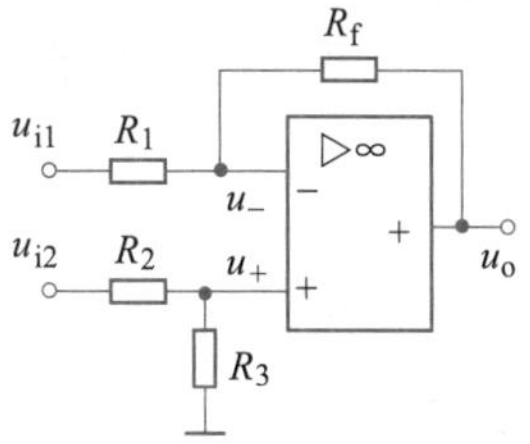

$$u_+ = u_{i2}\frac{\frac{1}{R_2}}{\frac{1}{R_2} + \frac{1}{R_3}} = u_{i2}\frac{R_3}{R_2 + R_3} \tag{3-34}$$

图 3-14 减法运算电路

当 $R_1 = R_2$、$R_3 = R_f$，有：

$$u_o = \frac{R_3}{R_1}(u_{i2} - u_{i1}) \tag{3-35}$$

3.2.2 交流放大电路

由集成运放构成的交流放大电路具有线路简单、免调试、故障率低等优点，全面分析集成运放构成的交流放大电路的组成和参数，有助于电路检修以及合理设计和使用集成运放构成的交流放大电路。

双电源的运放交流放大电路是按使用双电源的要求来设计的，为满足运放，在零输入时零输出。采用双电源供电，可以增大动态范围。

双电源同相输入交流放大电路如图 3-15 所示，两组电源电压 V_{CC} 和 V_{EE} 相等。C_1 和 C_2 分别为输入和输出耦合电容；R_1 使运放同相输入端形成直流通路，内部的差分得到必要的输入偏置电流；R_F 引入直流和交流负反馈，并使集成运放反相输入端形成直流通路，内部的差分得到必要的输入偏置电流；由于 C 隔直流，使直流形成全反馈，交流通过 R 和 C

分流，形成交流部分反馈，为电压串联负反馈。引入直流全反馈和交流部分反馈后，可在交流电压增益较大时，仍能够使直流电压增益很小（为 1 倍），避免输入失调电流造成运放的饱和。

无信号输入时，运放输出端的电压 $V_o \approx 0$ V，交流放大电路的输出电压 $u_o = 0$ V；交流信号输入时，运放输出端的电压 V_o在$-V_{EE} \sim +V_{CC}$之间变化，通过 C_2 输出放大的交流信号，输出电压 u_o幅值近似为 $V_{CC}(V_{CC} = V_{EE})$。引入深度电压串联负反馈后，放大电路的电压增益为：

$$A_u = \frac{u_o}{u_i} \approx 1 + \frac{R_F}{R} \tag{3-36}$$

放大电路输入电阻 $R_i = R_1 // r_{if}$，r_{if}是运放引入串联负反馈后的闭环输入电阻。r_{if}很大，所以 $R_i = R_1 // r_{if} \approx R_1$；放大电路的输出电阻 $R_o = r_{of} \approx 0$，r_{of}是运放引入电压负反馈后的闭环输出电阻，r_{of}很小。

双电源反相输入交流放大电路如图 3-16 所示，两组电源电压大小相等，即 $V_{CC} = V_{EE}$。R_F引入直流和交流负反馈，C_1 隔直流，使直流形成全反馈，交流通过 R 和 C_1 分流，形成交流部分反馈，为电压并联负反馈。为减小运放输入偏置电流造成的零点漂移，选择 $R_1 = R_F$。引入深度电压并联负反馈后，放大电路的电压增益为：

$$A_u = \frac{u_o}{u_i} \approx -\frac{R_F}{R} \tag{3-37}$$

因为运放反相输入端“虚断”，所以放大电路的输入电阻 $R_i \approx R$；放大电路的输出电阻 $R_o = r_{of} \approx 0$。

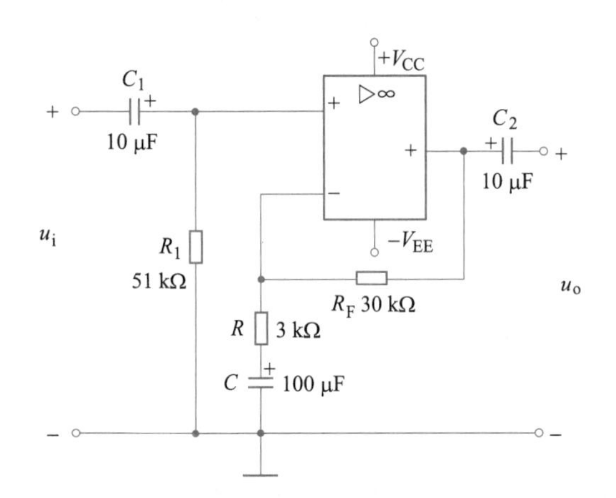

图 3-15 双电源同相输入交流放大电路

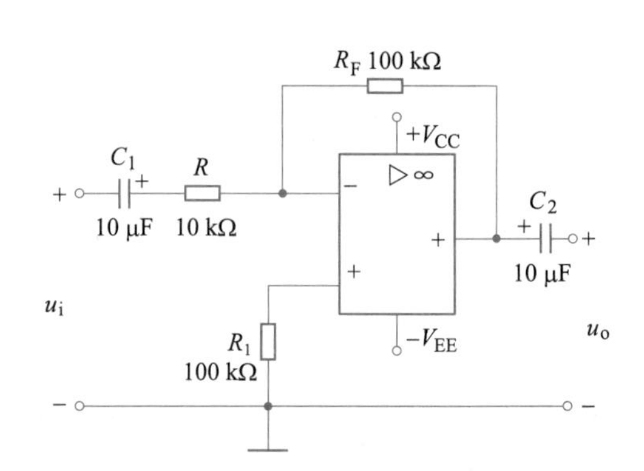

图 3-16 双电源反相输入交流放大电路

电容耦合的交流放大电路中，当静态下集成运放输出端的直流电压不为零时，由于输出耦合电容的隔直流作用，放大电路输出的电压仍为零。所以，不需要集成运放满足零输入时零输出的要求。因此，集成运放可以采用单电源供电，其$-V_{EE}$端接“地”（即直流电源负极），集成运放的$+V_{CC}$端接直流电源正极，这时运放输出端的电压 V_o只能在 $0 \sim +V_{CC}$变化。在单电源供电的运放交流放大电路中，为不使放大后的交流信号产生失真，静态时将运放输出端的电压 V_o设置在 $0 \sim +V_{CC}$值中间，即 $V_o = +V_{CC}/2$。这样，能够得到较大的动态范围，V_o在$+V_{CC}/2$ 值的基础上，上增至接近$+V_{CC}$值，下降至接近 0 V，输出电压 u_o幅值近

似为 $V_{CC}/2$。

单电源同相输入交流放大电路如图 3-17 所示。电源 V_{CC}通过 R_1 和 R_2 分压，运放同相输入端电压，由于 C 隔直流，使 R_F引入直流全负反馈。所以，静态时运放输出端的电压 $V_o = V_- \approx V_+ = +V_{CC}/2$；$C$通交流，使 R_F 引入交流部分负反馈，是电压串联负反馈。

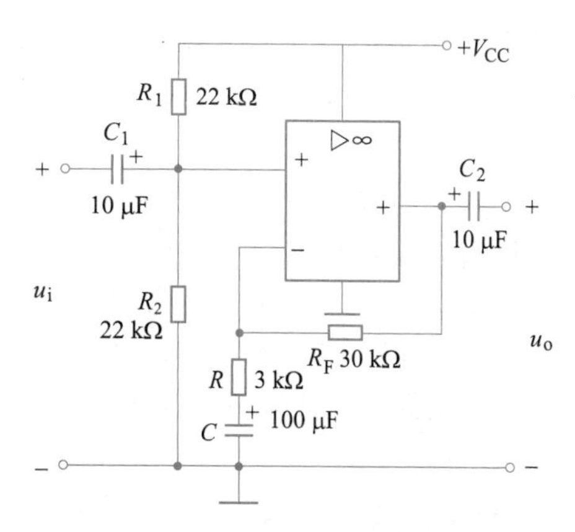

图 3-17 单电源同相输入交流放大电路

因运算放大器在线性放大区，根据电路线性叠加原理可知，总输出为直流与交流输出之和：

$$u_o = V_o + U_o = V_i\left(1 + \frac{R_F}{R}\right) + U_i\left(1 + \frac{R_F}{R}\right) = A_u V_i + A_u U_i \quad (3\text{-}38)$$

式中 V_o，V_i——直流输出与输入；

U_o，U_i——交流输出与输入；

A_u——同相输入运放的放大倍数，即：

$$A_u = 1 + \frac{R_F}{R} \quad (3\text{-}39)$$

输入电阻 $R_i = R_1//R_2//r_{if} \approx R_1//R_2$ 和输出电阻 $R_o = r_{of} \approx 0$。静态设计只与直流参数有关，从图 3-17 可知：

$$V_i = +V_{CC}\frac{R_2}{R_1 + R_2} \quad (3\text{-}40)$$

令输入分压电阻比为：

$$K_R = \frac{R_1}{R_2} \quad (3\text{-}41)$$

同时，取运放输出直流电压偏置在某一 V_o值，取

$$K = \frac{V_o}{V_{CC}} \quad (3\text{-}42)$$

由于 $A_u = V_o/V_i$，有：

$$K_R = \frac{A_u}{K} - 1 \quad (3\text{-}43)$$

当确定运放放大倍数 A_u和输出直流偏置电压 V_o，求出 K 和 K_R，进一步选定 R_1 和 R_2，就可以计算出各参数。如果交流放大倍数精度要求高，R 可用精密微调电阻调节使之满足要求，而直流偏置电压 V_o是为了保证运放能正常工作，一般不需要精确调定。由于交流放大电路采用隔直流电容耦合，直流偏差不会逐级放大传递。

单电源反相输入交流放大电路如图 3-18 所示。电源 V_{CC}通过 R_1 和 R_2 分压，使运放同相输入端电压，有：

$$V_+ = +V_{CC} \times \frac{R_2}{R_1 + R_2} = +V_{CC}/2 \quad (3\text{-}44)$$

为了避免电源的纹波电压对 V_+ 电压干扰，在 R_2 两端并联滤波电容 C_3，消除谐振；由于 C_1 隔直流，使 R_F 引入直流全负反馈。所以，静态时，运放输出端的电压 $V_o=V_-\approx V_+=+V_{CC}/2$；$C_1$ 通交流，使 R_F 引入交流部分负反馈，是电压并联负反馈。放大电路的电压增益为：

$$A_u=\frac{u_o}{u_i}\approx 1+\frac{R_F}{R} \tag{3-45}$$

放大电路的输入电阻 $R_i\approx R$，放大电路的输出电阻 $R_o=r_{of}\approx 0$。

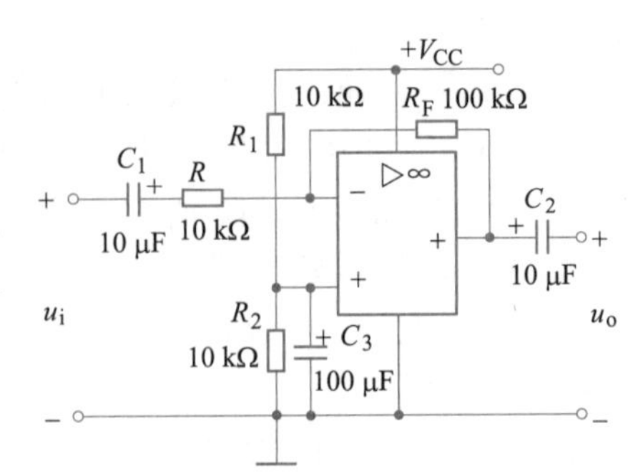

图 3-18　单电源反相输入交流放大电路

3.2.3　电桥放大电路

传感器电桥和运算放大器组成的放大电路，或传感器和运算放大器构成的电桥，统称为电桥放大电路。通常情况下，通过电桥转换电路输出电压或电流信号，并用运算放大器作进一步放大，或由传感器和运算放大器直接构成电桥放大电路，输出放大电压信号。电桥放大电路的形式很多，有单端输入和差动输入两类。设计电桥放大电路时，要求有高输入阻抗和高共模抑制比。

单端反相输入电桥放大电路如图 3-19 所示，把电桥接至集成运算放大器的反相输入端。电桥的输出端 a、b 之间的开路电压 u_{ab} 为：

$$u_{ab}=\left(\frac{Z_2}{Z_1+Z_2}-\frac{Z_3}{Z_3+Z_4}\right)e \tag{3-46}$$

电桥电源 e 是浮置的，使电阻 R_1 和 R_2 内无电流流过。A 虚断，$u_a=0$，有：

$$u_b=u_a-u_{ab}=-u_{ab}=-\left(\frac{Z_2}{Z_1+Z_2}-\frac{Z_3}{Z_3+Z_4}\right)e \tag{3-47}$$

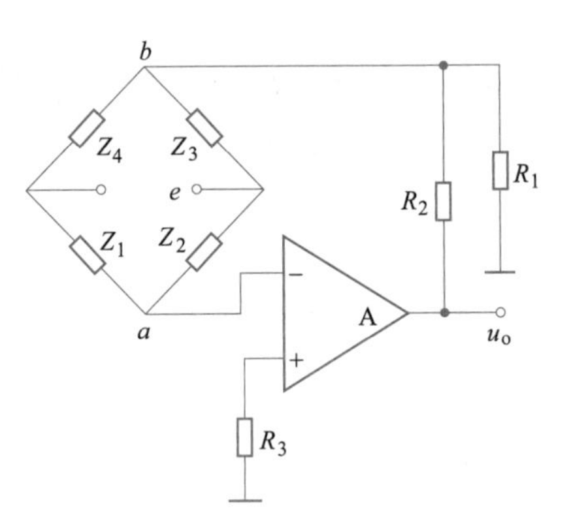

图 3-19　单端反相输入电桥放大电路

输出电压 u_o 经 R_1 和 R_2 分压后得 b 点电压：

$$u_b=\frac{R_1}{R_1+R_2}u_o \tag{3-48}$$

得：

$$u_o=\left(1+\frac{R_2}{R_1}\right)\frac{Z_1Z_3-Z_2Z_4}{(Z_1+Z_2)(Z_3+Z_4)}e \tag{3-49}$$

设 $Z_1=Z_2=Z_4=R$，$Z_3=R(1+\delta)$，δ 为传感器电阻相对变化率，$\delta=\Delta R/R$，有：

$$u_o=\left(1+\frac{R_2}{R_1}\right)\frac{\delta}{1+\delta/2}\frac{e}{4} \tag{3-50}$$

单端同相输入电桥放大电路如图 3-20 所示，电桥的输出端 a、b 之间的开路电压 u_{ab}、a 和 b 点电压 u_a 和 u_b 与单端反相输入电桥放大电路相同，输出电压 u_o 经 R_1 和 R_2 分压后得 c 点电压：

$$u_c = \frac{R_1}{R_1 + R_2} u_o \tag{3-51}$$

根据集成运算放大器的“虚短”特性可知 $u_b = u_c$，输出电压 u_o 表达式与单端反相输入电桥放大电路的输出电压相一致。

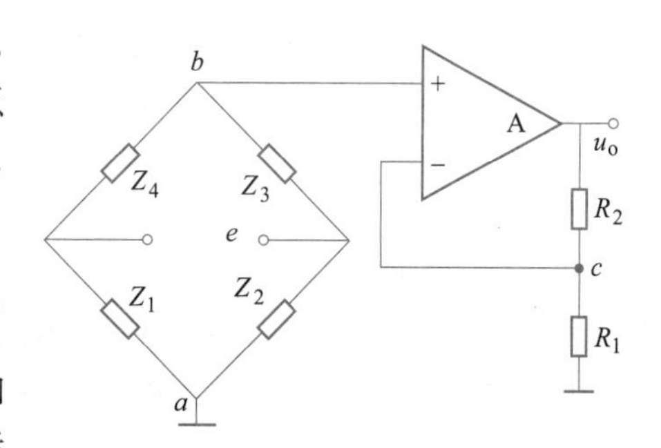

图 3-20　单端同相输入电桥放大电路

由式（3-50）可以看出，单端输入电桥放大电路增益与电桥桥臂电阻无关，增益比较稳定，便于调整增益。但是，电桥电源一定采用浮置方式，并且稳定性要好。输出电压 u_o 与桥臂电阻相对变化率 δ 是非线性关系，只有当 $\delta \ll 1$ 时，u_o 与 δ 才接近线性关系。

差动输入电桥放大电路如图 3-21 所示，电桥输出两端分别与集成运算放大器的输入端相连，电路特点是电桥供电电源接地。取 $Z_1 = Z_3 = Z_4 = R$ 和 $Z_2 = R(1+\delta)$，根据叠加性质可知 a 点的电压为：

$$u_a = \frac{R}{2R_1 + R} u_o + \frac{e}{2} \tag{3-52}$$

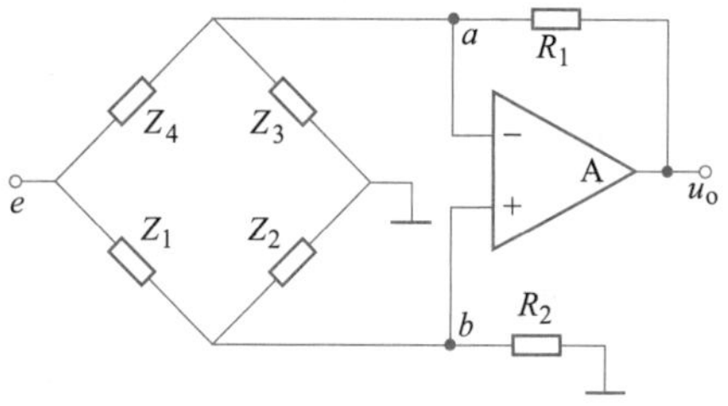

图 3-21　差动输入电桥放大电路

b 点电压为：

$$u_b = \frac{1 + \delta}{2 + \delta} e \tag{3-53}$$

根据“虚短”，$u_a = u_b$，有：

$$u_o = \frac{2R_1 + R}{R}\left(\frac{1 + \delta}{2 + \delta} - \frac{1}{2}\right) e \tag{3-54}$$

线性电桥放大电路应满足输出电压 u_o 与电阻相对变化率 δ 呈线性关系，如图 3-22 所示。传感器所在的桥臂，接在集成运算放大器的反馈回路，取电桥的四个桥臂有 $Z_1 = Z_3 = R_1$、$Z_4 = R$ 和 $Z_2 = R(1+\delta)$，根据叠加性质得 a、b 点的电压：

$$u_a = \frac{Z_1}{Z_1 + Z_2} u_o + \frac{Z_2}{Z_1 + Z_2} e = \frac{R_1 u_o + R(1 + \delta) e}{R_1 + R(1 + \delta)} \tag{3-55}$$

$$u_b = \frac{Z_4}{Z_3 + Z_4} e = \frac{R}{R_1 + R} e \tag{3-56}$$

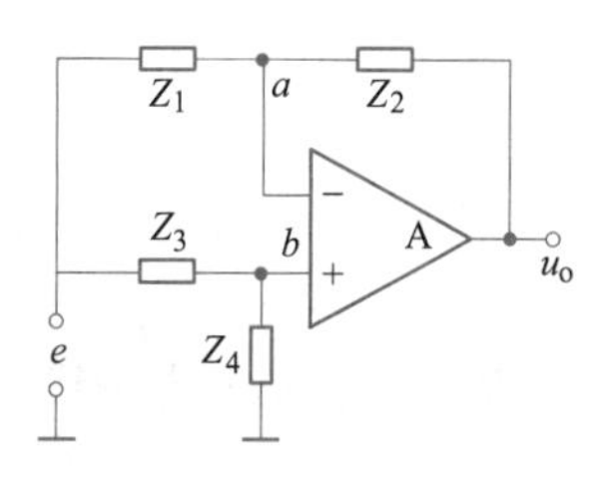

图 3-22　线性电桥放大电路

设运算放大器工作在理想状态 $u_a = u_b$，有：

$$\frac{R_1 u_o + R(1 + \delta) e}{R_1 + R(1 + \delta)} = \frac{R}{R_1 + R} e \tag{3-57}$$

输出电压 u_o 为：

$$u_o = \frac{R\delta}{R_1 + R} e \tag{3-58}$$

可以看出，线性电桥放大电路输出电压与传感器相对变化率呈线性关系，量程较大，但灵敏度较低。

3.2.4 电荷放大电路

电荷放大电路的输出电压与输入电荷成比例，也称为电荷-电压转换电路，如图 3-23 所示，将高电阻的电荷源转换为低内阻的电压源，而且输出电压正比于输入电荷。电荷放大器也起着阻抗变换的作用，输入阻抗高达 $10^{12}\sim10^{14}\ \Omega$，输出阻抗小于 100 Ω。

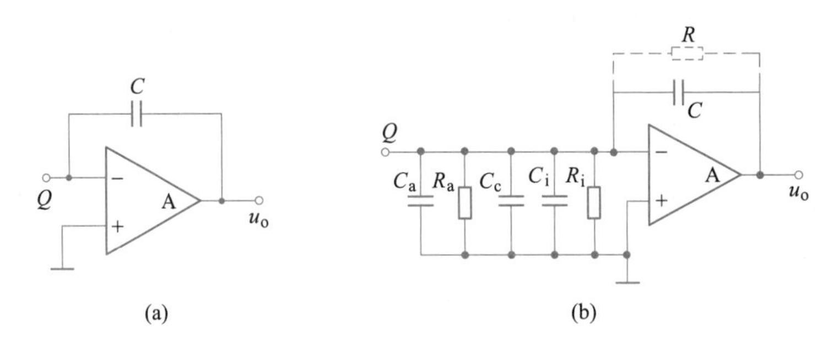

图 3-23　电荷放大电路

（a）基本原理；（b）等效电路

电荷放大电路实际上是一个具有深度电容负反馈的高增益放大器，如图 3-23（a）所示，集成运算放大器工作在理想状态下，反相输入端“虚地”，而运算放大器输入阻抗很高，故 Q 只对电容 C 充电，电容两端电压 $u_c=-u_o$，电荷放大电路输出电压：

$$u_o=-\frac{Q}{C} \tag{3-59}$$

上式描述的输入-输出关系对应于理想情况，实际上电压或电容传感器等效为带电荷的电容器 C_a，其泄露电阻为 R_a，电荷放大电路的等效电路如图 3-23（b）所示，C_c是传感器连接电缆对地电容，R_i和 C_i分别为集成运算放大器的输入电阻和输入电容，其中电缆对地电容 C_c比 C_a和 C_i都大。因此，其长度和形态变化都会引起输出变化，影响测量系统的灵敏度。

设集成运算放大器的反相输入端电压为 u_i，集成运算放大器的开环电压放大倍数为 A，有 $u_o=A(0-u_i)$，则 $u_o=-Au_i$。当忽略传感器的泄漏电阻 R_a和集成运算放大器的输入电阻 R_i，并且不考虑虚线部分电路时，有：

$$Q\approx u_i(C_a+C_c+C_i)+(u_i-u_o)C \tag{3-60}$$

可得：

$$u_o=\frac{-AQ}{(C_a+C_c+C_i+C)+AC} \tag{3-61}$$

可以看出，若放大器开环增益足够大，$AC\gg C_a+C_c+C_i+C$，这时输出与输入关系与式（3-59）相同，电荷放大器输出电压与传感器电荷量成正比，与电缆对地电容无关。因此，采用电荷放大器时，即使连接电缆长度达百米以上灵敏度也无明显变化。

实际电路中，考虑到被测物理量不同及后级放大器不因输入信号太大而引起饱和，反馈电容 C 做成可调的，为 100～10000 pF。为减小零漂，使电荷放大器工作稳定，一般在反馈电容的两端并联一个大电阻 R（约为 $10^8\sim10^{10}\ \Omega$），如图 3-23（b）虚线所示，其功能是提供直流反馈，以稳定工作，减小零漂并提供 C 电荷泄放支路。

3.2.5 仪表放大电路

传感器转换为电压（或电流）信号，一般信号都较弱，甚至小到 0.1 μV，动态范围较宽，同时往往有很大的共模干扰电压。因此，仪表放大电路主要作用是对传感器信号进行放大，并对共模干扰信号进行抑制，以提高信号质量。

仪表放大电路是专门精密差分电压的放大器，它源于运算放大器，具有高共模抑制比、高输入阻抗、低噪声、低线性误差、低失调漂移、增益设置灵活和使用方便等特点，以至于它在数据采集、传感器信号放大、高速信号调节、医疗仪器和高档音响设备等方面备受青睐。测量系统中，仪表放大电路一般用于应变电桥、热敏电阻网络、热电偶、生物探针和气压计等各种传感器的放大电路，以及记录器的前置放大器和多路缓冲器等。

仪表放大电路如图 3-24 所示，它由两级差分放大电路构成。其中，A_1、A_2 为同相差分输入运算放大器，能大幅度提高电路输入阻抗，以减小电路对微弱输入信号的衰减；差分输入可以使电路只对差模信号放大，而对共模输入信号只起跟随作用，使得送到后级的差模信号与共模信号幅值之比（即共模抑制比）得以提高。而 A_3 运算放大器组成了差动放大电路，使仪表放大电路比单一的差分放大电路具有更好的共模抑制能力。

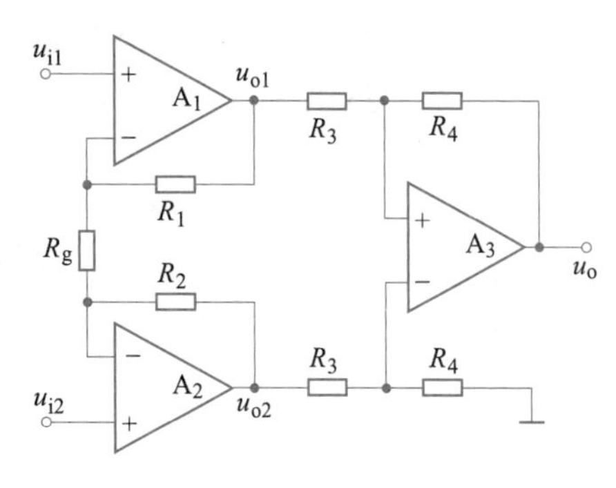

图 3-24 仪表放大电路

由“虚短”可知，电阻 R_g 两端的电压等于 $u_{i1}-u_{i2}$；而由“虚断”可知，经流电阻 R_g 中电流与流经电阻 R_1 和 R_2 中电流相等，有：

$$\frac{u_{i1}-u_{i2}}{R_g}=\frac{u_{o1}-u_{o2}}{R_g+R_1+R_2} \tag{3-62}$$

对于后级差动放大电路，根据式（3-35）得：

$$u_o=\frac{R_4}{R_3}(u_{o1}-u_{o2}) \tag{3-63}$$

那么，仪表放大电路的输出电压为：

$$u_o=\frac{R_4}{R_3}\left(1+\frac{R_1+R_2}{R_g}\right)(u_{i1}-u_{i2}) \tag{3-64}$$

由式（3-64）可知，通过改变 R_4 和 R_3 比值可以调整放大器增益。但是，采用这种办法必须同时调整两对电阻，肯定会有误差；同时，会造成后级差动放大电路的不对称，不仅影响放大电路的增益，还会影响放大电路的共模抑制比。因此，仪表放大电路的增益，一般通过调整 R_g 大小来实现，因为它并不改变电路的对称性，不会造成共模抑制比的降低。

3.2.6 程控增益放大电路

程控增益放大电路属于通过数字逻辑电路或计算机编程来改变增益的方法，也称为可编程增益放大电路，简称 PGA。通常，通过改变放大电路增益，以适应不同的被测量和测量范围。

程控增益放大电路可以实现自动量程切换功能，以便于 A/D 转换或信号调制，其工作过程可描述为“先监测输出，然后调整程控增益放大器的增益”，具有自动增益控制线路功能，即 AGC 线路。程控增益放大电路结构形式多种多样，分为单运放、多运放、仪表放大器和集成程控增益放大电路。

程控增益放大电路中，常用到多路模拟开关，如 AD7501、AD7502 等，其内部结构如图 3-25 所示，A_2、A_1、A_0为地址选择端，COM 为公共端，GND 为接地端。$A_2A_1A_0=000$ 时，开关 S_0闭合，通道 I_0与公共端 COM 接通，其他开关断开；$A_2A_1A_0=001$ 时，开关 S_1 闭合，通道 I_1 与公共端 COM 接通，其他开关断开；$A_2A_1A_0=010$ 时，开关 S_2 闭合，通道 I_2 与公共端 COM 接通，其他开关断开……，依次类推。当禁止端 EN＝0 时，通道 $I_0\sim I_7$ 均不通。

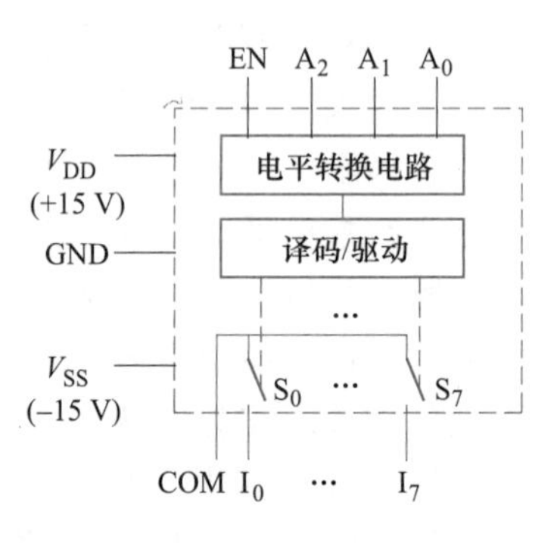

图 3-25　AD7501 结构图

单运放程控增益放大电路如图 3-26 所示，通过改变反相放大电路中反馈电阻来实现增益的改变，其中含有多路模拟开关 AD7501。地址选择端 A_2、A_1、A_0，由程序控制选通 $I_0\sim I_7$ 八个通道，增益为：

$$A_u=-\frac{R_{2i}}{R_1}(i=1,2,\cdots,8) \tag{3-65}$$

仪表放大器程控增益放大电路如图 3-27 所示，由集成仪表放大器 AD620 和多路模拟开关 AD7502 组成。程序控制地址选择端 A_1、A_0，选择不同的外界电阻 R_{gi}(i=1，2，…)，以实现增益的调整。

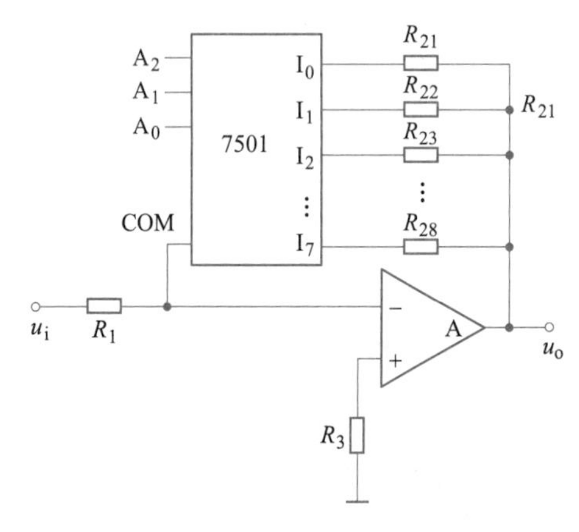

图 3-26　单运放程控增益放大电路

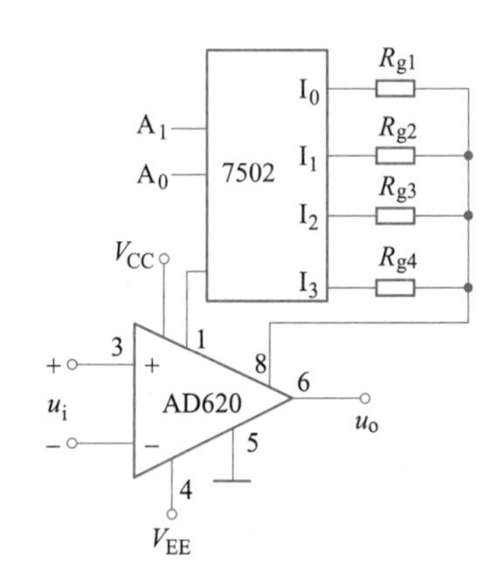

图 3-27　仪表放大器程控增益放大电路

集成程控增益放大电路是由运算放大电路、电阻网络、模拟开关和译码电路等制成的单片集成电路，美国国家半导体公司生产的 LH0084 就是一种集成程控增益放大器，如图 3-28 所示。通过控制数字输入端 D_1、D_0，可选择不同的输入级增益，有 1、2、5 和 10 四种，根据检测端和输出端及基准端的不同接法，输出级增益有 1、4 和 10 三种。

设输入级增益为 A_{u1}，当 $D_1D_0=00$ 时，开关 S_{a1} 和 S_{b1} 闭合，其他开关断开，此时 A_1 和 A_2 为电压跟随器，$A_{u1}=1$；

当 $D_1D_0=01$ 时，开关 S_{a2} 和 S_{b2} 闭合，其他开关断开，此时有：

$$A_{u1}=\frac{R_1+R_2+R_3+R_4+R_5+R_6+R_7}{R_1+R_2+R_3+R_4+R_5}=2 \tag{3-66}$$

当 $D_1D_0=10$ 时，开关 S_{a3} 和 S_{b3} 闭合，其他开关断开，此时有：

$$A_{u1}=\frac{R_1+R_2+R_3+R_4+R_5+R_6+R_7}{R_1+R_2+R_3}=5 \tag{3-67}$$

当 $D_1D_0=11$ 时，开关 S_{a4} 和 S_{b4} 闭合，其他开关断开，此时有：

$$A_{u1}=\frac{R_1+R_2+R_3+R_4+R_5+R_6+R_7}{R_1}=10 \tag{3-68}$$

对于输出级增益 A_{u2}，当引脚 6 和 10 相连时，为了保证电路对称性，引脚 13 必须接地，此时 $A_{u2}=R_{11}/R_9=1$；当引脚 7 与 10 相连时，引脚 12 接地，此时 $A_{u2}=(R_{11}+R_{13})/R_9=4$；当引脚 8 与 10 相连时，引脚 11 接地，此时 $A_{u2}=(R_{11}+R_{13}+R_{15})/R_9=10$。

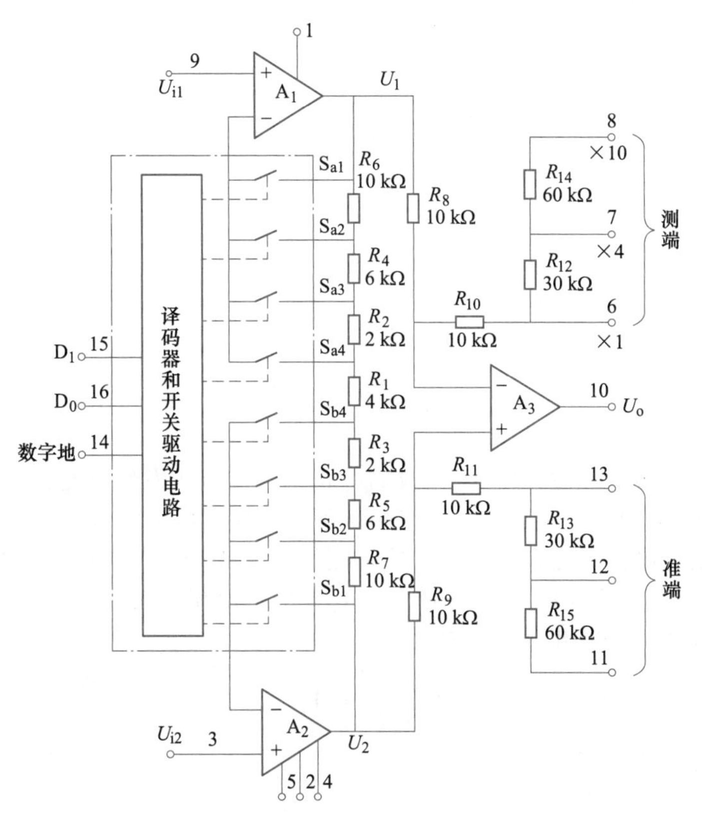

图 3-28 LH0084 原理图

3.3 信号转换

传感器通常把非电量参数转换成电量参数，给出电量参数形式也不尽相同，有阻抗、电压、频率和相位等多种形式。

转换电路是将电压、电流、阻抗和频率等各类信号进行相互转换的电路。对于仪表和微机自动检测装置，通常希望传感器与仪器之间和仪表与仪表之间的信号传送采用统一的标准信号，这样便于记录、储存和显示上的通用化。

3.3.1 阻抗-电压转换电路

传感器输出的阻抗信号不易于被直接测量或后续电路放大、显示或处理，都需要经过转换电路变成电压信号。

3.3.1.1 电阻到电压

最简单的电阻-电压间转换电路应用于电阻计，即让恒定电流（I）流过未知电阻（R），测量电阻两端的电压（U）。然后，通过 $R=f(U)$ 关系，计算出电阻值。

获得电阻-电压间转换电路有多种形式，多由集成运算放大器构成，如图 3-29 所示，给出一种转换电路，它没有使用恒流电路，而是在反相放大电路中将待测电阻作为反馈信号，利用等效的恒流驱动，也可以被恒流驱动传感器的外围电路使用，获得与阻值成正比的电压输出。

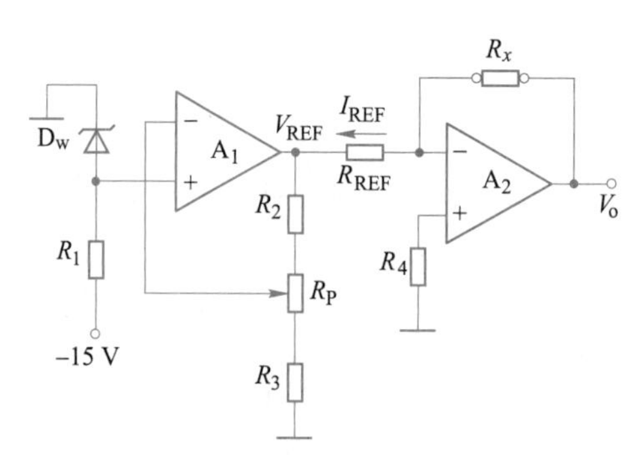

图 3-29 电阻-电压转换电路

图 3-29 中，集成运算放大器 A_1 构成的电路是基准电压发生电路，为 A_2 构成的反相放大电路提供基准电压 V_{REF}；在 R_{REF}不变情况下，能提供恒定电流 I_{REF}，其中稳定二极管 D_w采用不受温度变化影响的 05DZ5.1；可变电阻 R_P用于调整基准电压大小，一般通过选择 R_1、R_2 和 R_P，使基准电压 $V_{REF}=-10$ V。A_2 构成的反相放大电路，就是阻抗-电压转换电路，待测电阻 R_x 与输出电压 V_o的关系：

$$V_o=\frac{R_x}{R_{REF}}\left|V_{REF}\right| \tag{3-69}$$

转换电路中，满足 $R_{REF}>R_x$。

3.3.1.2 电容到电压

测量电容有两种方法：一是把电容作为一个阻抗元件，按照电阻与电压转换方式进行变换；二是利用电容充放电特性进行变换。

（1）运算放大电路法。通过运算放大器组成的电容-电压转换电路如图 3-30 所示，C_x为被测电容，u_i为激励源（高频正弦信号，角频率为 ω），C_{s1}和 C_{s2}表示被测电容两端对地的分布电容，C_f、R_f分别为反馈的电容和电阻。u_o为放大器输出电压，由于被测电容 C_x 的一侧极板（激励极板）与低阻抗的信号源相连；另一侧极板处于虚地，所以输出电压的幅值不受寄生电容影响。反馈电阻 R_f作用是为运算放大器的直流偏置电流提供一个通路，以防止运算放大器输出漂移而饱和。

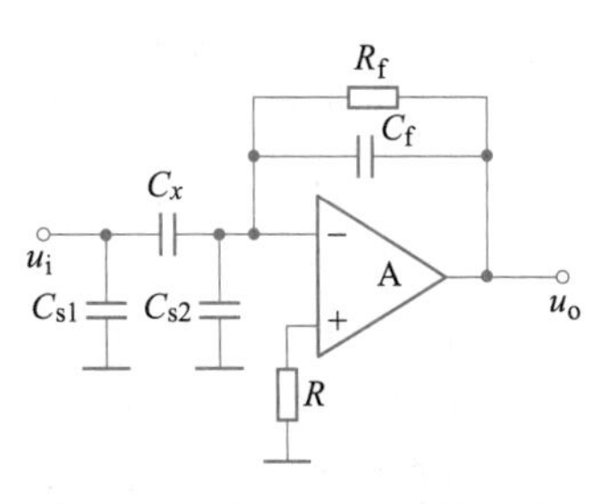

图 3-30　电容-电压转换电路

设 U_o和 U_i分别为输出 u_o和输入 u_i的幅值，有：

$$U_o = -\frac{\frac{1}{j\omega C_f}}{\frac{1}{j\omega C_x}} u_i = -\frac{C_x}{C_f} U_i \tag{3-70}$$

可以看出，只要测出放大器输出电压的幅值，就能求出未知电容 C_x，但要求集成运放的输入阻抗及放大倍数足够大，激励源 u_i及反馈电容 C_f稳定。

（2）谐振电路法。谐振电路如图 3-31 所示，由电感 L、固定电容 C_1 和被测电容 C_x 组成并联谐振电路；谐振电路的供电电压由高频电源 u_i经变压器提供，电源的角频率为 ω。

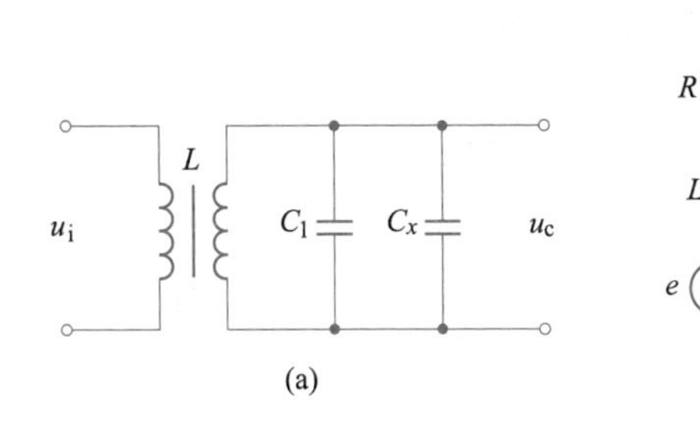

图 3-31　谐振电路

（a）谐振电路；（b）等效电路

根据等效电路，R 为电感的等效电阻，设 $C=C_1+C_x$，U_c和 E 分别为输出 u_c和等效电源 e 的幅值，有：

$$U_c = \frac{\frac{1}{j\omega C}}{R + j\omega L + \frac{1}{j\omega C}} E = \frac{E}{1 - \omega^2 LC + j\omega RC} \tag{3-71}$$

谐振电路的谐振频率 f_r为：

$$f_r = \frac{1}{2\pi \sqrt{LC}} \tag{3-72}$$

当谐振频率等于电源频率时，输出最大。谐振电路输出随着电容 C 变化的特性曲线如图 3-32 所示，ab 和 cd 段电容与电压具有单值线性关系。

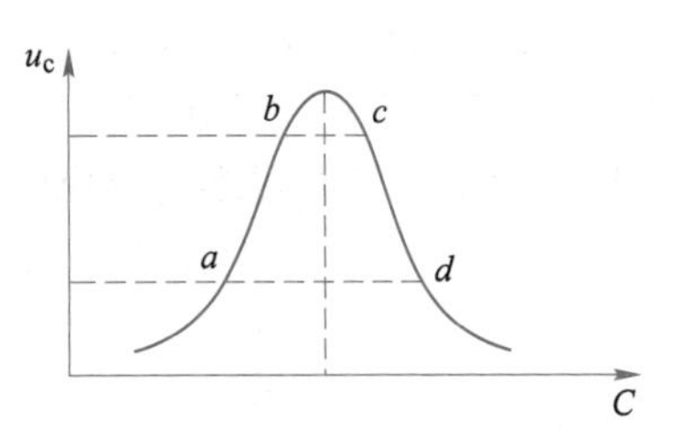

图 3-32　谐振电路的特性曲线

3.3.2 电压-电流转换电路

为了测试方便或者满足后续电路的要求，有时也需要进行电压-电流的相互转换。

3.3.2.1　电压到电流

电压信号经长距离传输时，信号源的内阻或传输线路的直流电阻等会引起电压衰减，为了解决这个问题，通常把电压转换成电流输出。转换后的电流相当于一个输出可调的恒流源，其输出电流应能够保持稳定而不会随负载变化而变化。电压到电流转换电路如图3-33所示，由集成运算放大器LM324和三极管BG9013及其他辅助元件构成，U_o为偏置电压，U_{in}为输入电压（待转换电压），R_L为负载电阻。其中，运算放大器构成电压比较器，三极管的发射极电流I_e作用在电位器R_w上，设三极管的电流放大倍数为β，依据运放性质得到集成运算放大器反相输入端电压：

$$V_N = I_e R_w \tag{3-73}$$

负载R_L电流I_o也是三极管的集电极电流I_e，有$I_o=\beta I_b$和$I_e=(1+\beta)I_b$，由于$\beta \gg 1$，故$I_o \approx I_e$。根据叠加定理和集成运算放大器性质，得到同相输入端电压：

$$V_P = \frac{R_1}{R_1 + R_2} U_o + \frac{R_2}{R_1 + R_2} U_{in} \tag{3-74}$$

当$R_1=R_2$时，有$V_P=(U_o+U_{in})/2$，进一步得：

$$I_o \approx I_e = \frac{U_o + U_{in}}{2R_w} \tag{3-75}$$

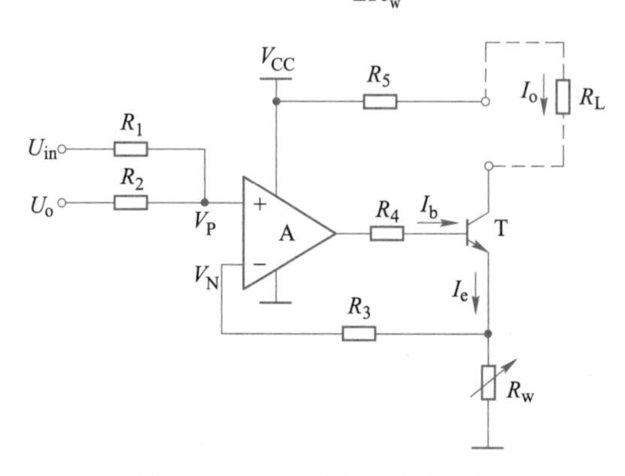

图3-33　电压到电流转换电路

从式（3-75）可知，当输入电流I_o与U_o无关，电路中R_w为定值时，I_o与输入电压U_{in}成正比，而与负载电阻R_L大小无关的恒流性能。改变U_o大小，可在$U_{in}=0$时改变I_o的输出；改变R_w大小，可以改变U_{in}与I_o的比例关系。确定U_{in}和I_o之间比例关系，即可确定U_o和R_w。目前，已有很多的集成电压到电流转换芯片，如美国AD公司生产的AD694和美国TI公司生产的XTR105等。

3.3.2.2　电流到电压

有些环节，如记录仪和继电器等需要电压信号驱动，A/D转换器等必须先将其转变成电压信号才能实施。所以，电流到电压转换电路占有很重要的地位。常用的电流到电压转换电路，如图3-34所示。

图3-34（a）中，$i=i_1$，有：

$$u_o = -i_1 R = -iR \tag{3-76}$$

为了减小输入失调电压的影响，应使电流源i内阻R很大，而且要满足电流源电流值远大于运算放大器的输入偏置电流。

图 3-34（b）中，R_4 为平衡电阻，$R_4=R_1//R_2$。集成运算放大器的同相输入端电压 V_P 等于电阻 R_3 上的电压降，即 $V_P=iR_3$，有：

$$u_o=\left(1+\frac{R_2}{R_1}\right)V_P=\left(1+\frac{R_2}{R_1}\right)R_3 i \tag{3-77}$$

当确定 R_3 后，R_1 和 R_2 可根据电流电压范围决定，如将 1~10 mA 的输入直流转换成 0~5 V 的直流电压输出，取 $R_3=100\ \Omega$，则 $R_2/R_1=4$；取 $R_1=1\ \text{k}\Omega$，则 $R_2=4\ \text{k}\Omega$、$R_4=800\ \Omega$。

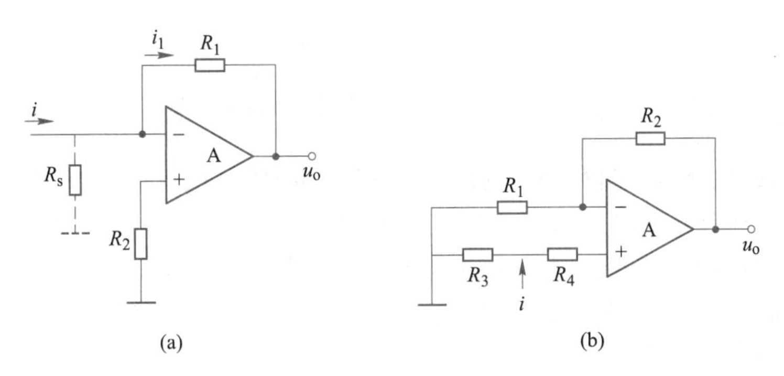

图 3-34 电流到电压转换电路

（a）反相输入型；（b）同相输入型

电流到电压转换电路有集成芯片，如美国美信公司生产的精密高端电流检测放大器系列化产品，有 MAX471/MAX472、MAX4172/MAX4173 等。

3.3.3 电压-频率转换电路

3.3.3.1 电压到频率

电压到频率转换器把输入电压转换成频率信号输出，输出频率与输入电压信号成比例，也称为电压控制振荡器（VCO）。由于频率信号抗干扰性好，便于远距离传输，广泛用于调频、A/D 转换和数字测量仪器及远距离遥控遥测中。常用电压到频率转换方法有积分复原型和电荷平衡型。

（1）积分复原型。积分复原型电压到频率转换电路如图 3-35 所示，它由集成运算放大器 A_1 等构成的积分器、集成运算放大器 A_2 等构成的比较器、三极管 T 和电阻 R_3 构成的复原开关组成。

稳压二极管 D_{w3}、电阻 R_5 及电源 $-V_{CC}$ 组成基准电压电路，为滞回电压比较器提供基准电压 U_a，设二极管的稳压值为 U_{Z3}，则 $U_a=U_{Z3}-V_{CC}$。稳压二极管 D_{w1} 和 D_{w2} 完成输出电压的限幅，其稳压值 $U_{Z1}=U_{Z2}=U_Z$，则比较器的两个阈值电压分别为：

$$U_1=\frac{R_7}{R_6+R_7}U_a+\frac{R_6}{R_6+R_7}U_Z \tag{3-78}$$

$$U_2=\frac{R_7}{R_6+R_7}U_a-\frac{R_6}{R_6+R_7}U_Z \tag{3-79}$$

当输入 $u_i=0$ 时，积分器输出 $u_{o1}=0$，电压比较器输出 $u_o=-U_Z$，三极管截止，$V_P=U_2$。

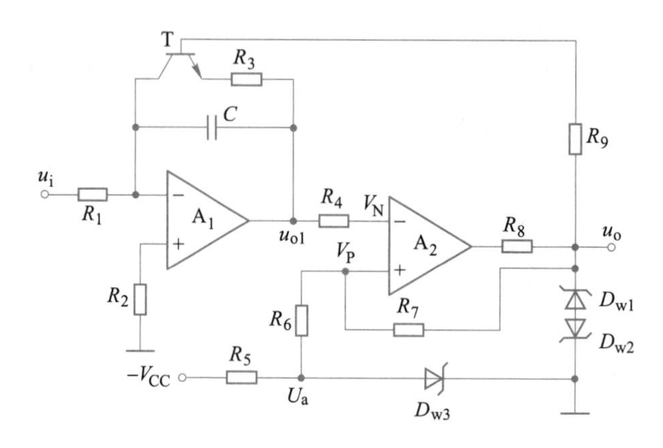

图 3-35 积分复原型电压到频率转换电路

当输入 $u_i>0$ 时，积分器反向积分，输出 $u_{o1}<0$，绝对值增加，电压比较器输出 $u_o=-U_Z$，三极管截止；当积分器输出 $u_{o1}\leqslant U_2$ 时，电压比较器输出 $u_o=U_Z$，此时 $V_P=U_1$，三极管导通，电容 C 通过电阻 R_3 迅速放电，u_{o1}绝对值减小；当 $u_{o1}\geqslant U_1$ 时，$u_o=-U_Z$，三极管截止，$V_P=U_2$，积分器反向积分，输出 $u_{o1}<0$，绝对值增加，重复上述过程。积分复原型电压到频率转换电路各点输出波形图，如图 3-36 所示。

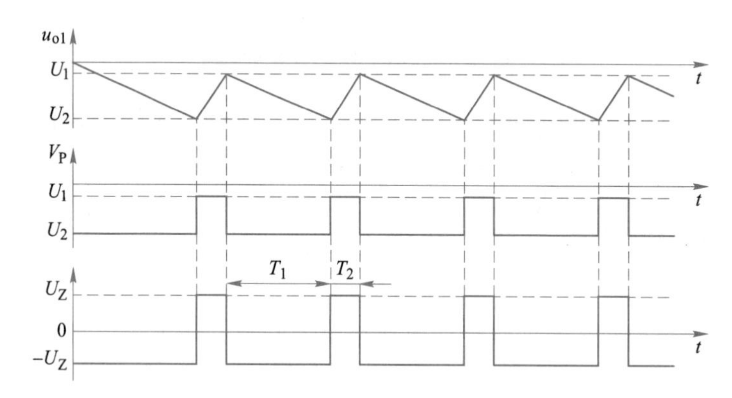

图 3-36 积分复原型电压到频率转换电路各点输出波形图

积分器在充电过程中输出电压为：

$$u_{o1}=-\frac{1}{R_1C}\int_0^t u_i\mathrm{d}t \tag{3-80}$$

当输入电压 u_i不变时，在充电持续时间 T_1 内，积分器的输出电压由 U_1 变为 U_2，有：

$$\frac{u_i}{R_1C}T_1=U_1-U_2 \tag{3-81}$$

$$T_1=\frac{(U_1-U_2)R_1C}{u_i} \tag{3-82}$$

电容放电过程中，放电电路为非线性，放电时间常数非常小，即放电时间 T_2 非常小，$T_2\ll T_1$，可以忽略。所以，充电周期 $T=T_1+T_2\approx T_1$，输出脉冲的频率 f_o为：

$$f_o = \frac{1}{T} \approx \frac{u_i}{R_1 C(U_1 - U_2)} \tag{3-83}$$

输出脉冲信号频率f_o与输入电压信号 u_i幅值成正比。

（2）电荷平衡型。由于复位电路具有非线性，积分复原型电压到频率变换器精度和动态范围受到限制，常用的方法是电荷平衡法。

电荷平衡型电压到频率转换电路如图 3-37 所示，由集成运算放大器 A_1 构成的积分器、集成运算放大器 A_2 构成的过零电压比较器、模拟开关 K 和单稳定定时器构成的模拟开关控制电路组成。K 断开时，输入信号 u_i对电容 C 进行充电，积分器输出电压 u_{o1}下降，电压比较器 A_2 输出低电平 u_{o2}；当下降到 0 V 时，电压比较器 A_2 输出发生跳变，u_{o2}变为高电平，触发单稳定定时器，使其产生脉宽为 t_0的脉冲，控制模拟开关 K 闭合，此时恒流源 I_s对电容 C 进行反充电（放电）；t_0结束时，开关 K 断开，放电结束，输出电压 u_i重新对电容充电，又重复上述过程。积分器和输出端电压波形如图 3-38 所示。

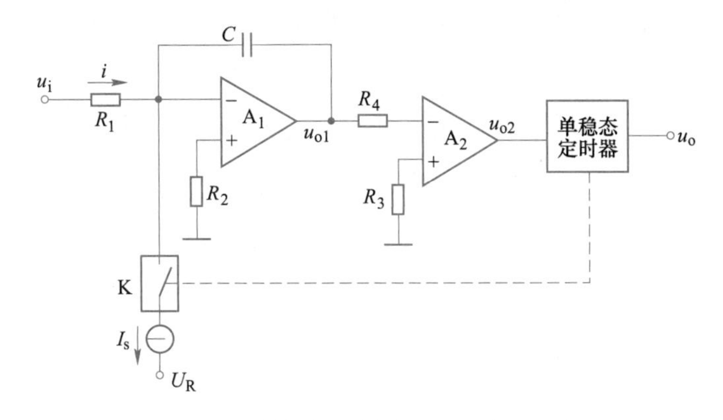

图 3-37 电荷平衡型电压到频率转换电路

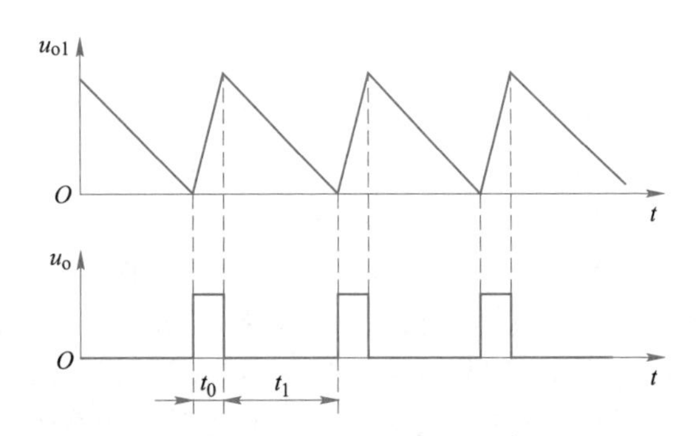

图 3-38 电荷平衡型电压到频率转换电路波形图

开关 K 闭合，t_0期间放掉的电荷量 ΔQ_1 为：

$$\Delta Q_1 = t_0(I_s - i) \tag{3-84}$$

开关 K 断开，t_1 期间，输入电压 u_i对电容充电电荷量 $\Delta Q_2 = t_1 \times i$，而 $\Delta Q_1 = \Delta Q_2$，有：

$$t_1 = \frac{t_0(I_s - i)}{i} = \left(\frac{I_s}{i} - 1\right) t_0 \tag{3-85}$$

输出脉冲 u_o频率f_o为：

$$f_o = \frac{1}{T} = \frac{1}{t_0 + t_1} = \frac{i}{I_s t_0} = \frac{u_i}{I_s t_0 R_1} \tag{3-86}$$

输出脉冲信号频率f_o与输入电压 u_i有良好的线性关系。

目前，市场上常见的电压到频率集成电路芯片，有美国 NS 公司生产 LM31/231/331 系列、ANALOG DEVICES INC 公司 ADVFC32、Burr-Brown 公司生产 VF320 和美国 ADI 公司生产 AD537。

3.3.3.2 频率到电压

频率到电压（$f \to u$）转换时，频率和电压之间存在一个线性函数关系，频率信号与电压信号对应。频率到电压转换电路主要包括电平比较器、单稳态触发器和低通滤波器三部分。电压到频率转换集成电路芯片，可以构成频率到电压转换电路，例如 LM331，如图 3-39 所示。

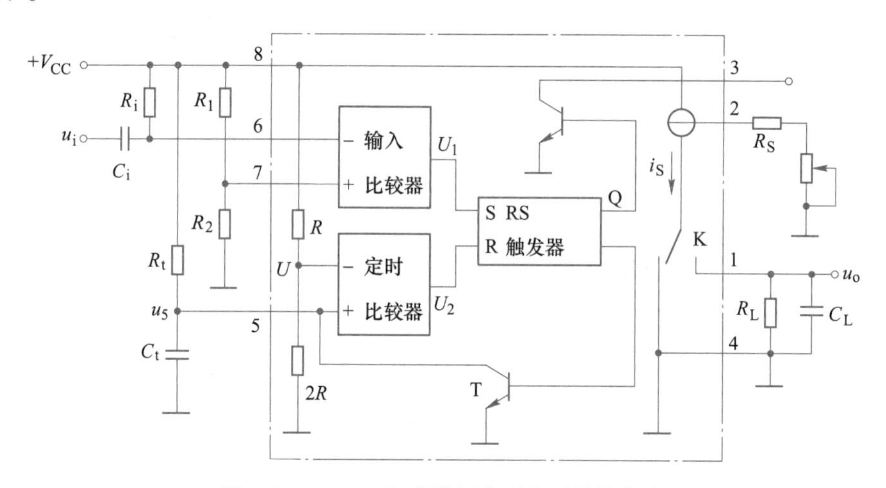

图 3-39 LM331 组成的频率到电压转换电路

输入脉冲 u_i，经 R_i、C_i组成的微分电路，加到输入比较器的反相输入端。输入比较器的同相输入端，经电阻 R、$2R$ 分压，加有约 $2V_{CC}/3$ 直流电压；反相输入端，经电阻 R_i加有 V_{CC}直流电压。当输入脉冲下降沿到来时，经微分电路 R_i、C_i产生负尖脉冲，叠加到反相输入端 V_{CC}上；当负向尖脉冲大于 $V_{CC}/3$ 时，输入比较器输出高电平，使触发器达到触发置位，此时电流开关 K 打向右边，电流源 i_s对电容 C_L充电；同时，因复零晶体管 T 截止，使电源 V_{CC}通过电阻 R_t，对电容 C_t充电。当电容 C_t两端电压 $u_5 = 2V_{CC}/3$ 时，定时比较器输出高电平，使触发器复位，此时电流开关 K 打向左边，电容 C_L通过电阻 R_L放电；同时，复零晶体管 T 导通，定时电容 C_t迅速放电，完成一次充放电过程。此后，每当输入脉冲下降沿到来时，电路重复上述的工作过程。电容 C_L的充电时间由定时电路的 R_t、C_t决定，充电电流的大小由电流源 i_s决定，输入脉冲的频率越高，电容 C_L上积累的电荷越多，输出电压（电容 C_L两端的电压）就越高，实现了频率到电压的变换。依据 V/F 推导，获得输出电压 u_o与f_i关系为：

$$u_o = \frac{2.09 R_L R_t C_t f_i}{R_s} \tag{3-87}$$

选择电容 C_i不宜太小，以保证输入脉冲经微分后有足够的幅度来触发输入比较器，但电容 C_i也不宜太大，其值小些有利于提高转换电路抗干扰能力。电阻 R_L和电容 C_L组成低通滤波器，电容 C_L大些，输出电压 u_o纹波会小些；电容 C_L小些，当输入脉冲频率变化时，输出响应会快些。因此，运用时应综合考虑各种因素。

3.4 信号滤波

传输、放大、运算和其他处理过程中，会引入噪声信号，而且随机性很强。滤波电路是一种选频装置，可使信号通过特定频率，衰减其他频率成分，滤掉噪声信号，提高信号的信噪比。

滤波电路分无源滤波和有源滤波两类。无源滤波是指电路仅由无源元件（R、L 和 C）组成，它利用元件阻抗随频率变化而变化的原理，不需要直流电源供电，可靠性高；但由于信号有能量损耗，负载效应比较明显。其中，使用电感元件时容易引起电磁感应，不适用于低频域。有源滤波是指电路由无源元件（R 和 C）和有源器件（集成运算放大器）组成，信号不仅没有能量损耗，而且还可以放大，负载效应不明显，多级相联时相互影响小。但是，受有源器件的带宽限制，需要直流电源供电，不适用于高压、高频、大功率场合。

在信号的频率范围上，分低通、高通、带通和带阻滤波，其幅频特性如图 3-40 所示。滤波的幅频特性由通带、阻带和过渡带组成，A_0为通带内的增益，ω_p为通带截止角频率，ω_c为转折角频率，ω_r为阻带截止角频率。

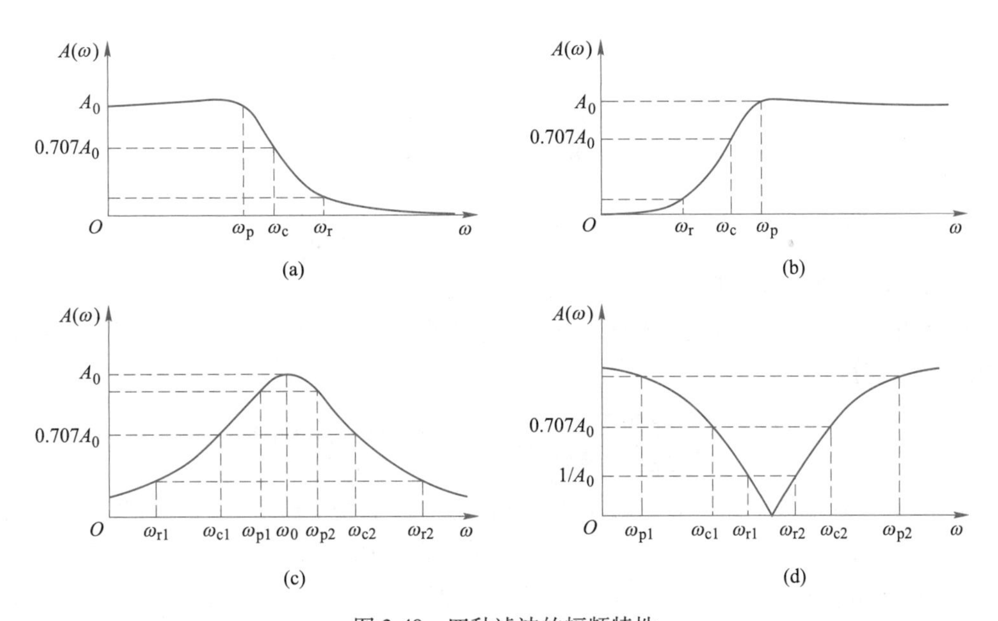

图 3-40 四种滤波的幅频特性

（a）低通滤波器；（b）高通滤波器；（c）带通滤波器；（d）带阻滤波器

3.4.1 无源滤波

无源 RC 低通滤波电路及其幅频、相频特性如图 3-41 所示，输入信号为 $u_i(t)$， 输出信号为 $u_o(t)$， τ 为时间常数，$\tau=RC$，f 为频率，$f=\omega/2\pi$。$f\ll 1/2\pi\tau$ 时，$A(f)\approx 1$， 此时信号几乎不衰减地通过，$\varphi(f)$ 与 f 关系近似于通过原点的直线。此时，RC 低通滤波器近似为不失真传输系统。当 $f=1/2\pi\tau$ 时，$A(f)=1/\sqrt{2}$， 即转折频率或截止频率 $f_c=1/2\pi\tau$，截止频率与 RC 值有关。改变 RC 参数时，可以改变滤波截止频率，设计时应使截止频率小于有用信号的频率。其中，幅频和相频特性分别为：

$$A(f)=\frac{1}{\sqrt{(2\pi f\tau)^2+1}};\quad \varphi(f)=-\arctan 2\pi f\tau$$

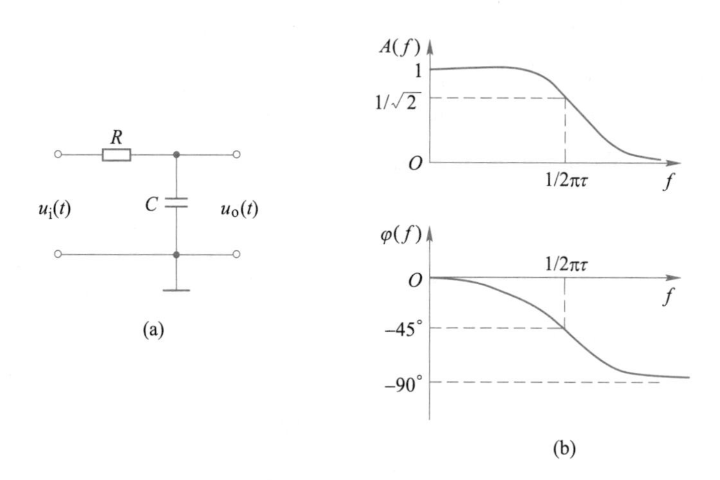

图 3-41 无源 RC 低通滤波电路及频率特性

（a）滤波电路；（b）幅频、相频特性曲线

无源 RC 高通滤波电路及其频率特性如图 3-42 所示，$f\gg 1/2\pi\tau$ 时，$A(f)\approx 1$， $\varphi(f)\approx 0$， 此时，RC 高通滤波器近似为不失真传输系统。当 $f=1/2\pi\tau$ 时，$A(f)=1/\sqrt{2}$ ，即 $f_c=1/2\pi\tau$，截止频率与 RC 值有关。同理，设计时应使截止频率大于有用信号的频率。其中，幅频和相频特性分别为：

$$A(f)=\frac{2\pi f\tau}{\sqrt{(2\pi f\tau)^2+1}};\quad \varphi(f)=90^\circ-\arctan 2\pi f\tau$$

无源 RC 带通滤波电路，可以看作低通和高通滤波电路串联，它的电路及其幅频特性如图 3-43 所示，当 $R_2\gg R_1$ 时，后面的低通滤波对前面的高通滤波影响较小。串联所得的带通滤波中下截止频率为高通滤波的截止频率，即 $f_{c1}=1/2\pi\tau_1$，上截止频率为低通滤波的截止频率，即 $f_{c2}=1/2\pi\tau_2$。τ_1、τ_2 分别为高、低通滤波器的时间常数，它可以改变带通滤波器的上、下限截止频率和带宽。实际上，串联时后一级成为前一级的“负载”，而前一级又是后一级的信号源内阻。

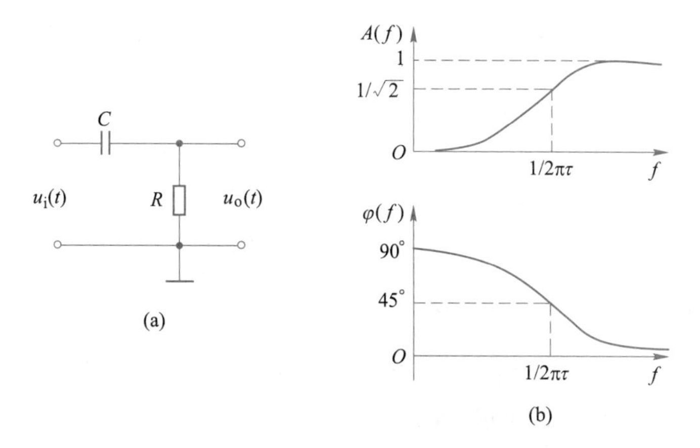

图 3-42 无源 *RC* 高通滤波及频率特性

（a）滤波电路；（b）幅频、相频特性曲线

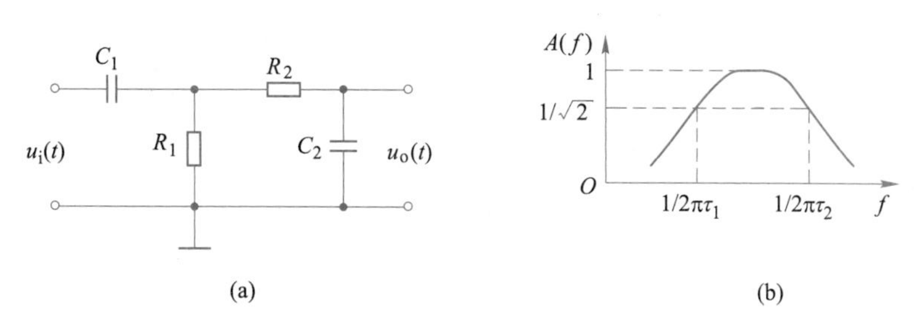

图 3-43 无源 *RC* 带通滤波电路及幅频特性

（a）滤波电路；（b）幅频特性曲线

3.4.2 有源滤波

有源滤波电路一般由 *RC* 网络和集成运算放大器组成。*RC* 网络实现滤波作用，集成运算放大器将负载端和滤波网络隔离，可以提高增益和带负载能力。

一阶有源低通滤波电路如图 3-44 所示。其中，如图 3-44（a）所示，是把集成运算放大器的同相接入无源低通滤波电路的输出端，隔离负载端和滤波电路端；如图 3-44（b）所示，是把集成运算放大器的反相接入无源低通滤波电路的输出端，高通网络作为运算放大器的反馈支路，构成低通滤波电路。

二阶有源低通滤波电路及其频率特性如图 3-45 所示，电路由两个低通滤波电路串联而成，可以改善频率选择性，二阶滤波频率特性中过渡带下降斜率更高，更接近于理想滤波。其中：

$$K = -\frac{R_f}{R_2};\omega_n = \frac{1}{\sqrt{R_1C_1R_2C_2}}$$

二阶有源高通滤波电路如图 3-46 所示，是把两个 *RC* 高通滤波电路串联接在运算放大器的同相输入端而构成的。

二阶有源带通滤波电路如图 3-47 所示，把一个 *RC* 低通滤波电路和一个 *RC* 高通滤波电路串联，接在集成运算放大器的同相输入端。

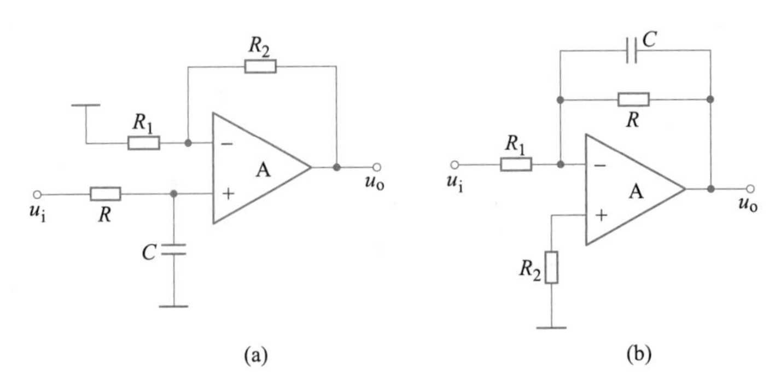

图 3-44　一阶有源低通滤波电路

（a）同相放大接入滤波；（b）反相放大接入滤波

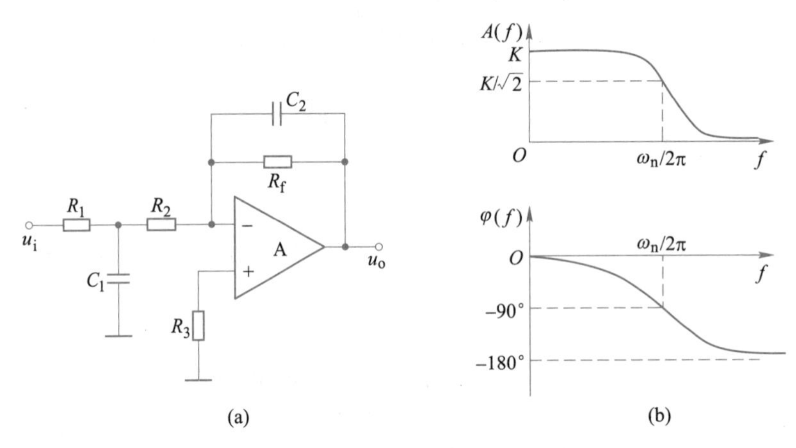

图 3-45　二阶有源低通滤波电路及其频率特性

（a）滤波电路；（b）频率特性

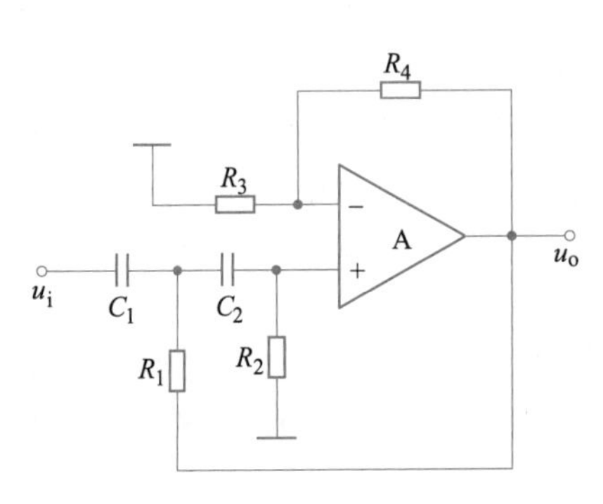

图 3-46　二阶有源高通滤波电路

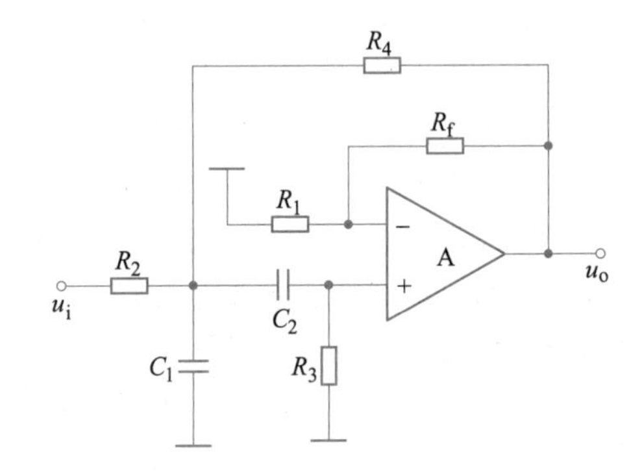

图 3-47　二阶有源带通滤波电路

3.5 信号调制与解调

信号调制与解调最初用于通信中，以完成声音、图像或其他信息传递，需要赋予不同的特征，进行信号的调制；远距离传输后，在接收端对已调制的信号进行解调，恢复出原有信号，获取相应的信息。

调制与解调技术主要用于解决微弱缓变信号放大与信号传输问题。传感器输出信号一般很弱，如果直接进行放大，由于级间耦合和零漂问题，容易造成信号失真。调制过程中，给测量信号赋予一定特征，这个特征由载波信号提供，常以一个高频正弦信号或脉冲信号作为载波信号。调制信号以改变载波信号的某一参数，如幅值、频率、相位。以高频正弦信号作为载波信号时，可以对幅值、频率和相位这三个参数进行调制，分别称为幅值调制（AM），即调幅；频率调制（FM），即调频；相位调制（PM），即调相。用脉冲信号作载波信号时，是对脉冲宽度进行调制，称为脉冲调宽。

3.5.1 幅值

3.5.1.1 幅值调制

幅值调制是把被测低频信号 $x(t)$（被调制信号）与高频信号 $y(t)$（载波信号）相乘，使高频信号的幅值随被测信号变化而变化，输出已调制波，如图 3-48 所示，把 $x(t)$ 和 $y(t)=\sin(\omega_0 t)$ 通过乘法器后，输出 $x_m(t)=x(t)$、$y(t)=x(t)\sin(\omega_0 t)$，即为调幅波。

被测信号、载波信号和调幅波的频谱图，如图 3-49 所示，载波信号的角频率 ω_0 与频率 f_0 关系为 $\omega_0=2\pi f_0$。其中，三者是 $x_m(t)=x(t)$、$y(t)=\sin(\omega_0 t)$ 和 $y(t)=x(t)\sin(\omega_0 t)$ 经傅里叶变换产生的结果，即 $X(f)$、$\mathrm{j}\left[\frac{1}{2}\delta(f+f_0)-\frac{1}{2}\delta(f-f_0)\right]$ 和 $\mathrm{j}\left[\frac{1}{2}X(f)\times\delta(f+f_0)-\frac{1}{2}X(f)\times\delta(f-f_0)\right]$ 或 $\mathrm{j}\left[\frac{1}{2}X(f+f_0)-\frac{1}{2}X(f-f_0)\right]$。可见，调幅的过程相当于频谱“搬移”过程，将被测信号频谱由频谱坐标原点平移至载波频率 $\pm f_0$ 处，幅值减半。同时，载波信号频率 f_0 必须大于被测信号中最高频率 f_m。这样，调幅波频谱图才能保持原信号的频谱图，而不产生混叠现象。实际应用中，f_0 大于 f_m 值 10 倍以上。

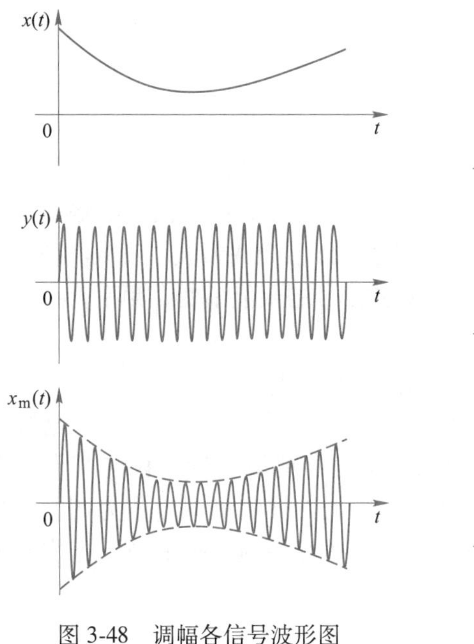

图 3-48 调幅各信号波形图

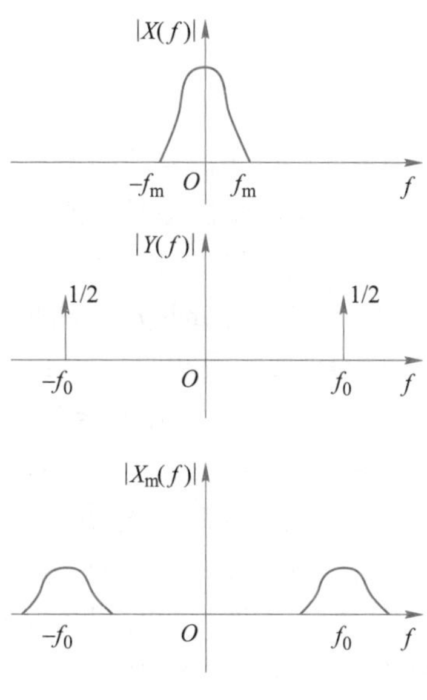

图 3-49 调幅各信号的频谱图

3.5.1.2 幅值解调

幅值调制解调方法有多种，如包络检波、同步解调和相敏检波法等，这里仅介绍包络检波法。调幅波幅值随被测信号变化，所以调幅波包络线形状与被测信号一致。因此，通过检测调幅波包络波的办法，就可以恢复出被测信号，实现调幅解调。

包络检波法可以用二极管、三极管或场效应管来实现。二极管组成的包络检波电路及波形图如图 3-50 所示。其中，RC 元件组成低通滤波电路，设二极管是理想的，则 $x_m(t)>0$ 时，二极管导通，A 点的输出电压 $x_a(t)=x_m(t)$；$x_m(t)<0$ 时，二极管截止，A 点的输出电压 $x_a(t)=0$。$x_a(t)$ 经 RC 低通滤波后，滤出高频成分，输出 $x_0(t)$，各点波形如图 3-50（b）~（d）所示。可见，包络检波，采用适当的单向导电器件，取调幅波上半部或下半部波形，就实现了调幅解调。

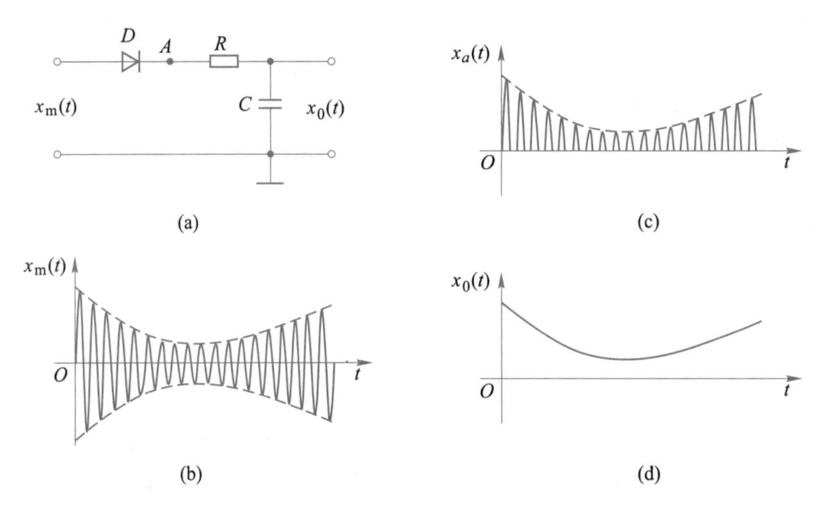

图 3-50 二极管组成的包络检波电路及各点波形图

3.5.2 频率

3.5.2.1 频率调制

频率调制是用低频被测信号控制高频载波信号的过程，输出调频波。调频波的幅值恒定不变，而频率变化量随调制信号幅值成正相关变化。所以，调频波是随输入信号变化疏密不等的等幅波，如图 3-51 所示，$x(t)$ 为调制信号，$x_f(t)$ 为调频波。设载波信号的频率为 f_0，幅值为 Y_0，即 $y(t)=Y_0\sin 2\pi f_0$。调频时，载波信号的幅值不变，频率 $f=f_0+kx(t)$（k 为比例因子），则调频波的表达式：

$$x_f(t)=Y_0\sin 2\pi[f_0+kx(t)] \tag{3-88}$$

调频方法很多，多采用振荡电路，如 LC 振荡电路、压控振荡电路等。电容传感器和电感传感器这类电抗元件的测量电路常采用调频电路，把被测量变化转变为频率变化输出。调频电路是由电抗元件组成的 LC 振荡器，电抗元件被测量信号作为调制信号，振荡器原有的振荡信号作为载波。当有调制信号输入时，振荡器输出调制波，电容和电感组成的 LC 并联谐振电路，如图 3-52 所示。

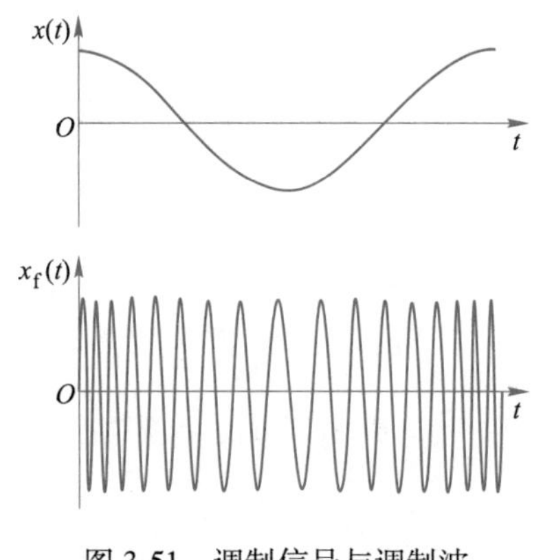

图 3-51 调制信号与调制波

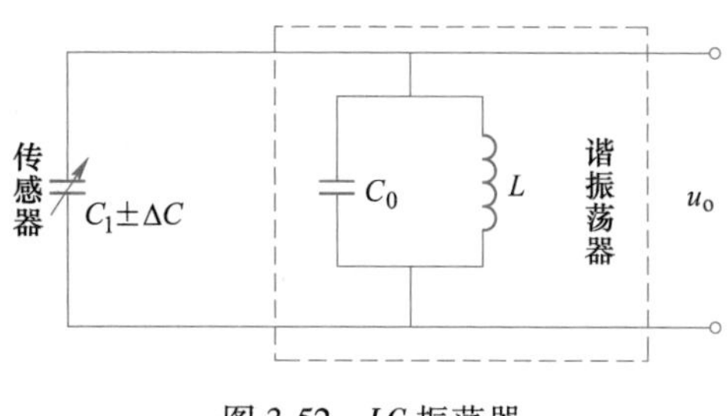

图 3-52 *LC* 振荡器

电路的谐振频率为：

$$f=\frac{1}{2\pi\sqrt{L(C_0+C_1+\Delta C)}} \tag{3-89}$$

被测量 $x(t)=0$ 时，传感器的变化量 $\Delta C=kx(t)=0$，电路的谐振频率 f_0 为：

$$f_0=\frac{1}{2\pi\sqrt{L(C_0+C_1)}}$$

被测量 $x(t)\neq 0$ 时，$\Delta C\neq 0$，电路的谐振频率为：

$$f=\frac{1}{2\pi\sqrt{L(C_0+C_1)\left(1+\frac{\Delta C}{C_0+C_1}\right)}}=f_0\frac{1}{\sqrt{1+\frac{\Delta C}{C_0+C_1}}} \tag{3-90}$$

在 $\Delta C/(C_0+C_1)=0$ 附近进行泰勒级数展开并忽略高阶无穷小量，得：

$$\left(1+\frac{\Delta C}{C_0+C_1}\right)^{1/2}\approx 1-\frac{\Delta C}{2(C_0-C_1)} \tag{3-91}$$

$$f=f_0\left[1-\frac{\Delta C}{2(C_0+C_1)}\right]=f_0-\frac{f_0k_xx(t)}{2(C_0+C_1)}=f_0+kx(t) \tag{3-92}$$

实现了被测信号 $x(t)$ 的调频。

此外，采用压控振荡器，也就是前面介绍的电压-频率转换电路，将被测信号转换成电压信号，再转换成频率信号，以达到频率调制的目的。

3.5.2.2 频率解调

频率调制解调被称为鉴频或频率检波，是从调频波中检出反映被测量变化的过程。调制波解调是先将调频波变换成调频调幅波，然后再进行幅值检波，解调由鉴频器完成。

鉴频器由线性变换电路与包络检波电路组成，如图 3-53 所示，电阻 R_1 和电容 C_1 组成的频率-电压线性变换电路，它利用高通滤波器幅频特性过渡带的线性区域，实现频率-电压的转换，如图 3-54 所示，选择 *AB* 段作为工作区域，载波频率 f_0 是线性区域的中点，可见频率 f 高，输出信号幅值大；频率 f 低，输出信号幅值小。等幅调频信号，经线性变换电路后变成幅值，随调制信号 $x(t)$ 值变化，但频率仍与调频信号一致。经二极管 *D* 和电容 C_2 组成包络检波器后，就可以恢复出低频调制信号。经高通滤波电路后，在 *a* 点输出信号 $x_a(t)$ 波形、经二极管后 *b* 点输出信号 $x_b(t)$ 波形和鉴频器输出端信号 $x_0(t)$ 波形如图 3-55 所示。

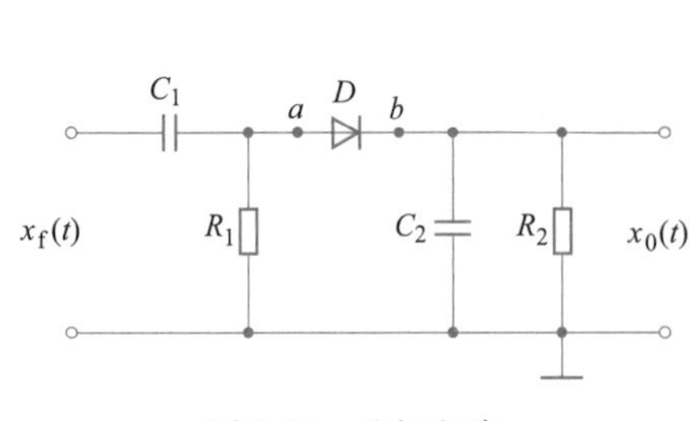

图 3-53 鉴频电路

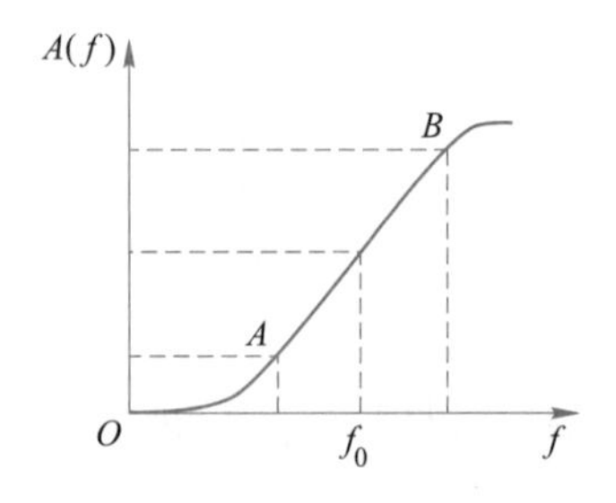

图 3-54 高通滤波器过渡带幅频特性

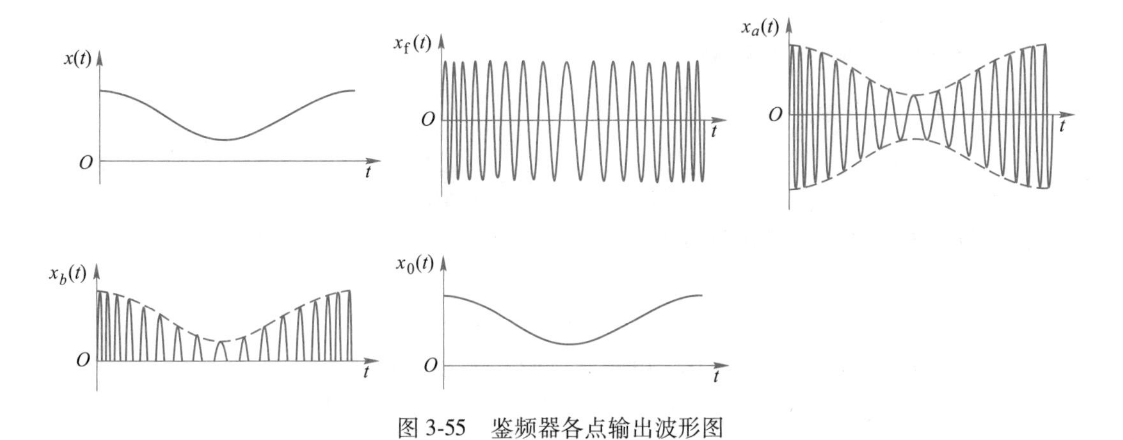

图 3-55 鉴频器各点输出波形图

习 题

3-1 直流电桥和交流电桥的平衡条件各是什么？

3-2 图 3-56 为一直流应变电桥，$U_1=5$ V，$R_1=R_2=R_3=R_4=120\ \Omega$。试问：（1）当 R_1 为电阻应变片，其余为外接固定电阻，$\Delta R_1=1.2\ \Omega$ 时，电桥输出 U_o为多少？（2）当 R_1、R_2 为电阻应变片，且批号相同，感受应变大小相同、方向相反，此时 U_o为多少？若两电阻应变片应变大小和方向均相同，此时 U_o为多少？

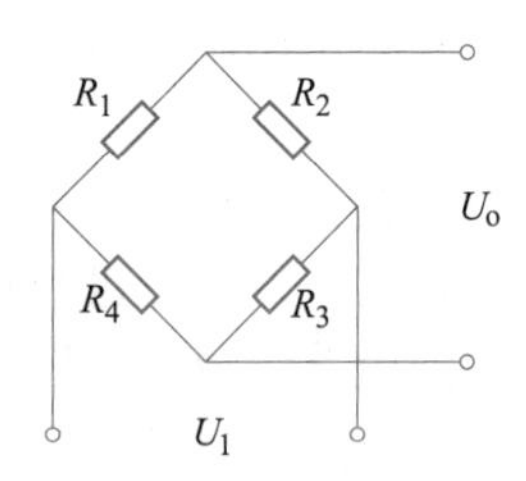

图 3-56 习题 3-2 附图

3-3 某测力系统，一端固定悬臂梁，上部、下部分别贴有同型号电阻应变片 R_1 和 R_2，电阻均为 50 Ω，灵敏度 $S=2.0$；另一端从上到下受力 F 后产生应变为 $5000\mu\varepsilon$，测量电路采用直流电桥，电桥供电 $E=3$ V，$R_3=R_4=100\ \Omega$，试求此时电桥输出电压 U_o。

3-4 什么是电桥放大电路，应用于何种场合？

3-5 变间隙电容式传感器的测量电路如图 3-57 所示，即运算放大电路，$C_0=200$ pF，传感器的起始电容量 $C_{x0}=20$ pF，定、动极板初始距离 $d_0=1.5$ mm，运算放大器为理想放大器，即 $A\rightarrow\infty$，$R_i\rightarrow\infty$，R_f 极大，输入电压 $u_i=5\sin\omega t$（V）。求当电容式传感器动板上输入一位移量 $\Delta x=0.15$ mm 使两极板距离 d 减小时，电路输出电压 u_o 为多少？

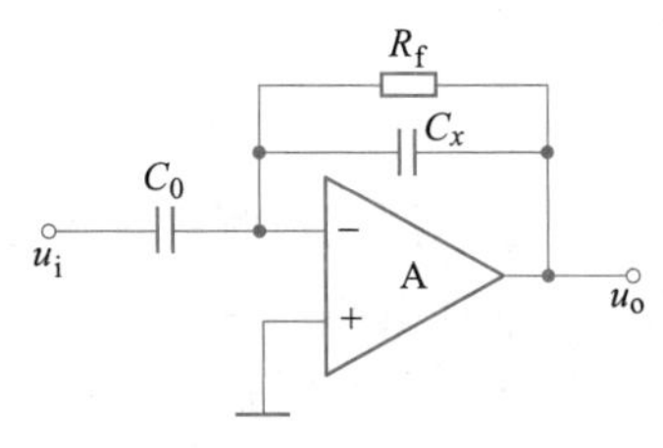

图 3-57　习题 3-5 附图

3-6 图 3-58 给出滤波器的幅频特性图，请问：

（1）它们属于哪一种滤波器？

（2）上、下截止频率如何确定？在图上描出对应的上、下截止频率点。

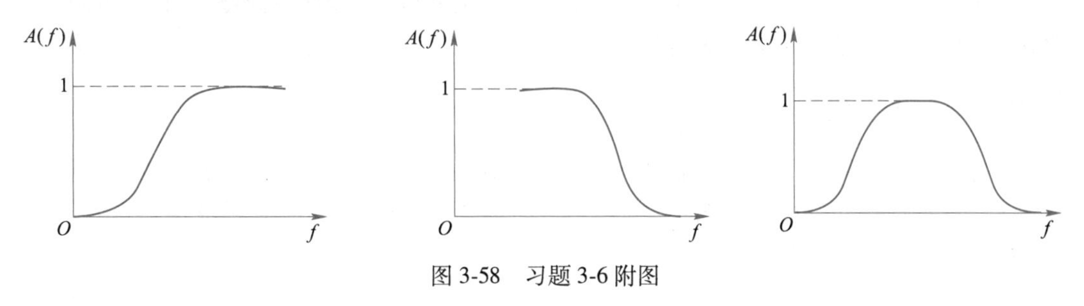

图 3-58　习题 3-6 附图

3-7 图 3-59 给出利用乘法器组成的调幅-解调系统的框图，载波信号的频率为 f_0，请画出各环节输出信号的波形图。

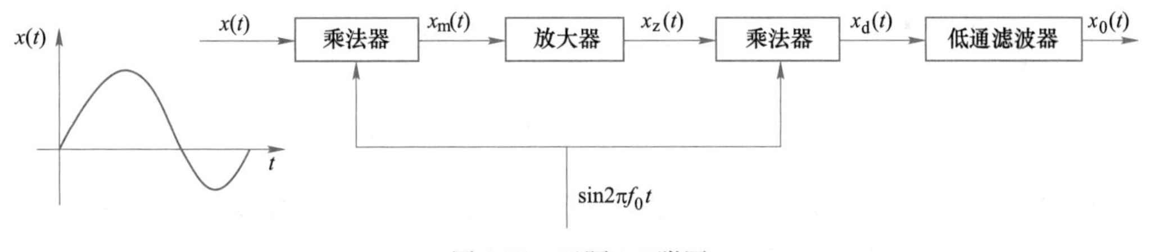

图 3-59　习题 3-7 附图

4 电参量型传感器

电参量型传感器是通过转换元件和电路把被测量转变为电信号的一类传感器，按能量变换形式属于能量控制型，它借助于外加电源，电信号（如电阻、电感和电容等参量）随着被测量大小发生变化。这种类型传感器几乎囊括整个物理类传感器，本章仅介绍电阻式传感器、电感式传感器和电容式传感器。

4.1 电阻式传感器

电阻式传感器主要包括基于应力变化、温度变化和分子吸附引起敏感材料的电阻变化构成的传感器，它结构简单、应用范围宽。

4.1.1 应力变化

应变电阻式传感器，因其具有结构简单、使用方便、性能稳定和灵敏度较高等优点，得到了广泛的应用。其原理如图 4-1 所示，有一圆柱状、长度为 l、截面积为 A、电阻率为 ρ 的固态导体，其电阻值为：

$$R = \rho l/A \tag{4-1}$$

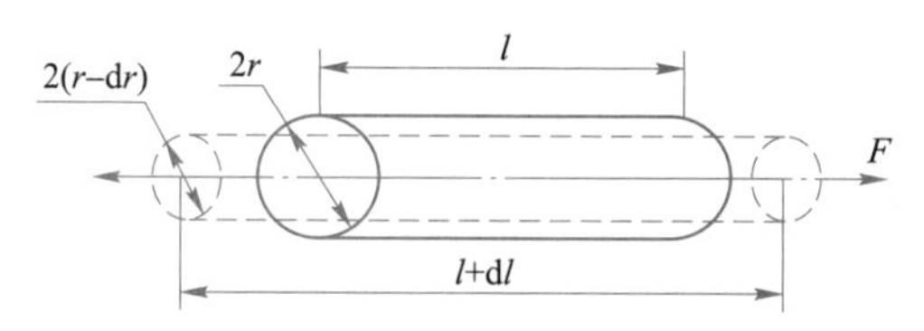

图 4-1　金属与半导体材料受拉伸后几何参数变化示意图

当它轴向受力 F 拉伸或压缩时，其几何形状 l、A 发生变化，电阻值（R）随之发生变化。式（4-1）两边取对数微分，有：

$$dR/R = dl/l - dA/A + d\rho/\rho \tag{4-2}$$

式中　dl/l——轴向线应变，$dl/l=\varepsilon$；

dA/A——径向应变，$dA/A=2dr/r=-2\mu\varepsilon$；

R——长棒的电阻；

μ——导体的泊松比，$\mu = (dr/r)/(dl/l)$，有：

$$dR/R = (1 + 2\mu)\varepsilon + d\rho/\rho \tag{4-3}$$

根据金属材料应变电阻效应，电阻率相对变化与体积相对变化关系为：

$$d\rho/\rho = CdV/V \tag{4-4}$$

式中　C——由材料和加工方式决定的常数。

其中，$V=lA$，有：

$$dV/V = dl/l + dA/A = (1-2\mu)\varepsilon \tag{4-5}$$

把式（4-4）和式（4-5）代入式（4-3），有：

$$dR/R = [(1+2\mu) + C(1-2\mu)]\varepsilon = K_m\varepsilon \tag{4-6}$$

式中 K_m——金属材料的应变灵敏度，$K_m = (1+2\mu) + C(1-2\mu)$。

上式表明，金属材料的电阻相对变化与其轴向线应变成正比。这样，金属材料的电阻变化，就可以构成几何形变的识别信号。

半导体材料的应变电阻效应，指材料在某一轴向受外力作用时，其电阻率发生如下变化：

$$d\rho/\rho = \pi\sigma = \pi E\varepsilon \tag{4-7}$$

式中 σ——作用于材料的轴向应力；

π——材料受力方向的压阻系数；

E——材料的弹性模量。

那么，半导体材料的电阻相对变化为：

$$dR/R = [(1+2\mu) + \pi E]\varepsilon = K_m\varepsilon \tag{4-8}$$

式中 K_m——半导体材料的应变灵敏系数，$K_m = (1+2\mu) + \pi E$。

这样，建立起受力变化或材料形变与电阻变化的关系，电阻变化构成了受力或形变的识别信号。

4.1.1.1 金属应变传感器

使用时，电阻应变片粘贴在被测量的受力构件上，测得应力与应变导致的电阻变化信号。但实际上有很多情况下并不能直接利用，往往需要把被测量转换成应变或应力，如力、压力和加速度等测量，要设计一个转换过程，完成这种转换过程的元件称为弹性敏感元件。弹性敏感元件的设计主要考虑如何使粘贴应变片部位有较大的应变，以满足传感器灵敏度的要求，同时有足够的刚度、较高的固有振动频率和线性度等。

根据应变电阻效应，由式（4-6）可知，金属材料的应变灵敏系数有：

$$K_m = (1+2\mu) + C(1-2\mu) = \frac{dR}{R\varepsilon}$$

可以看出，应变灵敏系数 K_m受两个因素影响：一是材料几何尺寸变化和材料电阻率变化。对于金属材料来说，式中前项（$1+2\mu$）比后项［$C(1-2\mu)$］大得多。金属材料在弹性变形范围内，泊松比$\mu=0.2\sim0.4$，在塑性变形范围内，$\mu\approx0.5$，$1+2\mu=1.4\sim1.8$（弹性区）或 $1+2\mu\approx2$（塑性区）。在应变极限内金属材料电阻的相对变化与应变成正比，即：

$$\frac{\Delta R}{R} = K_m\varepsilon \tag{4-9}$$

通过弹性敏感元件的作用，将位移、力、力矩、压力、加速度等参数转换为应变，可以将应变片由测量应变扩展到引起应变的各种参数，从而形成各种电阻应变式传感器。

A 应变片结构、材料和类型

金属电阻应变片的基本结构如图 4-2 所示，它由敏感栅、基底、盖片、引线和黏结剂组成。

敏感栅是应变片最重要的组成部分，它根据材料形状和制造工艺不同，有丝式、箔式和薄膜式三种，其中丝式和箔式应变片如图4-3所示。金属丝式应变片的敏感栅，是由金属细丝绕成栅状，分回线式和短接式两种，栅丝直径一般为12～50 μm，栅长因用途不同有0.2～200 mm。回线式敏感栅回线半径为0.1～0.3 mm；短接式敏感栅是平行排列的，两端用直径比栅丝直径大5～10倍的镀银丝短接而成。金属箔式应变片的敏感栅是利用照相制版或光刻腐蚀技术将厚度3～10 μm金属箔片制成所需的各种图形敏感栅，一般栅长可做到0.2 mm。金属薄膜应变片的敏感栅采用真空蒸发或真空沉积等制作方法，将金属电阻材料在绝缘基底上制成各种形状薄膜敏感栅，薄膜厚度在0.1 μm以下，如采用铂或铬等材料沉积在蓝宝石薄片或覆有陶瓷绝缘层的钼条上，膜层上再覆盖上一层二氧化硅保护膜。制作敏感栅的材料一般要求有：（1）应变灵敏系数较大，在测量范围内保持常数；（2）电阻率高而稳定，便于制造小栅长的应变片；（3）电阻温度系数要小，电阻与温度间线性关系好；（4）机械强度高、碾压及焊接性能好，与其他金属之间的接触电势小；（5）抗氧化、耐腐蚀性能强，无明显机械滞后。常用材料有康铜（Ni45Cu55）、镍铬合金（Cr20Ni80）、铁铬铝合金（Fe70Cr25Al5）和贵金属（Pt和Pt92W8）等。

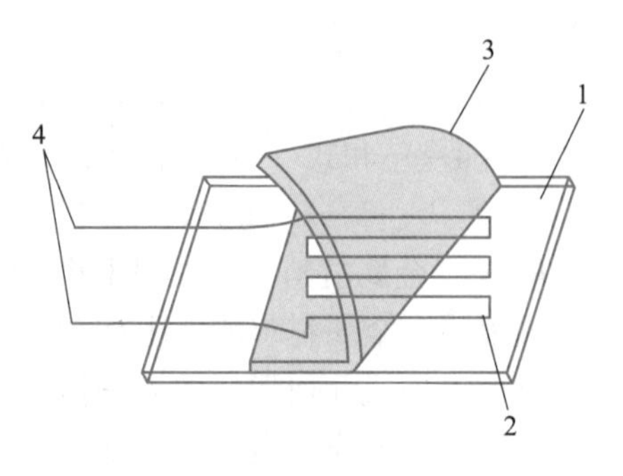

图4-2　金属电阻应变片的基本结构
1—基底；2—敏感栅；3—覆盖层；4—引线

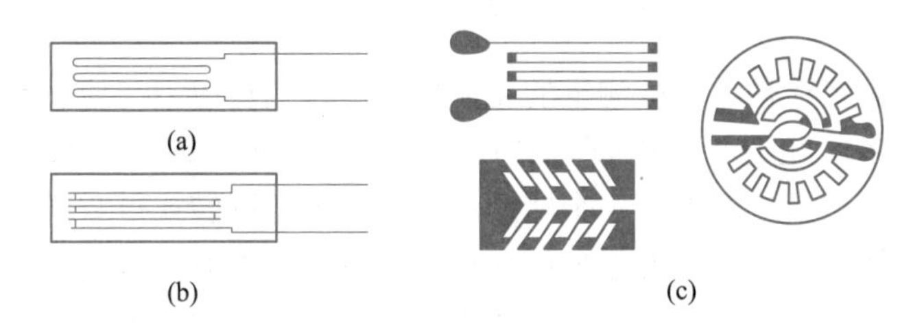

图4-3　丝式和箔式应变片示意图
（a）回线式敏感栅；（b）短接式敏感栅；（c）箔式应变片

基片用于保持敏感栅和引线的几何形状及相对位置，同时起绝缘作用；盖片除用于固定敏感栅和引线外，还具有保护敏感栅作用。基片和盖片材料有纸基和胶基两类，纸基逐渐被胶基取代，胶基由环氧树脂、酚醛树脂和聚酰亚胺等制成，厚度为20～50 μm。

引线与外接导线相连。康铜丝敏感栅应变片引线采用直径为0.05～0.1 mm的银铜线，用点焊焊接。其他类型的敏感栅多采用与敏感栅直径相同的铬镍、铁铬铝金属丝或扁带作为引线，与敏感栅点焊相接。

黏结剂用于固定敏感栅、盖片与基底，把金属电阻应变片粘在试样表面某个方向和位置，以便将试样表面应变传递给应变片基底和敏感栅。常用黏结剂分有机和无机两大类，有机黏结剂用于低温、常温和中温环境，常用有聚丙烯酸酯、酚醛树脂、有机硅树脂、聚酰亚胺等，无机黏结剂用于高温环境，常用有磷酸盐、硅酸盐、硼酸盐等。

B　力传感器

力传感器多采用应变式传感器，其测力范围为10^{-3}～10^{6} N，精度优于0.03%F·S，最高可达0.005%F·S，主要用作各种电子秤和材料试验机的测力元件，以及水坝坝体承载状况监测等。应变式力传感器的弹性元件常作成柱形、筒形、梁形及环形等。

a 柱（筒）式

柱（筒）式力传感器的弹性元件如图4-4所示，为实心或空心柱状。如果截面积为S，材料弹性模量为E，柱体上沿轴向拉（压）力为F时，弹性范围内应力σ与应变ε成正比，有：

$$\varepsilon = \frac{\mathrm{d}l}{l} = \frac{\sigma}{E} = \frac{F}{SE} \tag{4-10}$$

应变片一般粘贴在弹性体外壁应力分布均匀的中间部分，贴片在柱面上的展开位置及其在桥路中连接如图4-4（d）和（e）所示。例如，图4-4（e）中R_1、R_3串联，R_2、R_4串联并置于相对臂；R_5、R_7串联，R_6、R_8串联并置于另一相对臂，以减小弯矩影响，而图4-4（d）中横向贴片作温度补偿用。

作用力F所产生的轴向拉力在各应变片上应变分别为：

$$\varepsilon_1 = \varepsilon_2 = \varepsilon_3 = \varepsilon_4 = \varepsilon + \varepsilon_t \tag{4-11}$$

$$\varepsilon_5 = \varepsilon_6 = \varepsilon_7 = \varepsilon_8 = -\mu\varepsilon + \varepsilon_t \tag{4-12}$$

式中 μ——柱体材料的泊松比；

ε_t——温度t所引起的附加应变；

ε——柱体在F作用下的轴向应变，$\varepsilon = \frac{F}{SE}$。

根据式（3-9）和式（4-9）的关系，当$R_1 = R_2 = R_3 = R_4 = R_5 = R_6 = R_7 = R_8$时，有：

$$U_o = \frac{U_i}{4} K_m(\varepsilon_1 + \varepsilon_3 + \varepsilon_2 + \varepsilon_4 - \varepsilon_6 - \varepsilon_8 - \varepsilon_5 - \varepsilon_7) \tag{4-13}$$

$$U_o = \frac{U_i}{4} K_m[4(\varepsilon + \varepsilon_t) - 4(-\mu\varepsilon + \varepsilon_t)] = U_i K_m \varepsilon(1 + \mu) \tag{4-14}$$

代入式（4-10）得被测量力F为：

$$F = \frac{ESU_o}{K_m(1 + \mu) U_i} \tag{4-15}$$

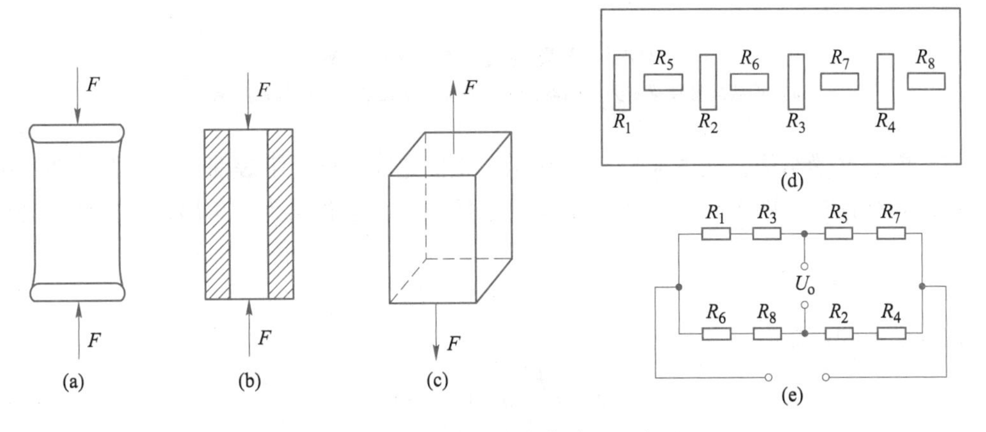

图4-4 柱（筒）式力传感器示意图

b　悬臂梁式

悬臂梁式力传感器灵敏度较高，弹性元件有等截面悬臂梁和等强度悬臂梁两种形式。等截面悬臂梁式力传感器结构如图 4-5（a）所示，对应的差动电桥接法如图 4-5（b）所示。弹性元件为一端固定的悬臂梁时，力作用在自由端，固定端上下表面各粘贴两片应变片，分别为 R_1、R_4 和 R_2、R_3。若 R_1、R_4 受拉，则 R_2、R_3 受压，两者发生极性相反的等量应变，把它接成桥式回路，电桥的灵敏度是单臂工作时四倍。可以看出，截面抗弯模数 W_x 和弯矩 M_x 有：

$$W_x = \frac{h^2}{6}b \tag{4-16}$$

$$M_x = Fl_x \tag{4-17}$$

截面上 x 处应力为：

$$\sigma_x = \frac{M_x}{W_x} = \frac{6Fl_x}{bh^2} = \varepsilon_x E \tag{4-18}$$

根据式（3-9）和式（4-9）关系，当 $R_1=R_2=R_3=R_4$ 时，有：

$$U_o = \frac{U_i}{4}K_m[2\varepsilon_x - (-2\varepsilon_x)] = U_i K_m \varepsilon_x \tag{4-19}$$

$$F = \frac{bh^2 E U_o}{6K_m U_i l_x} \tag{4-20}$$

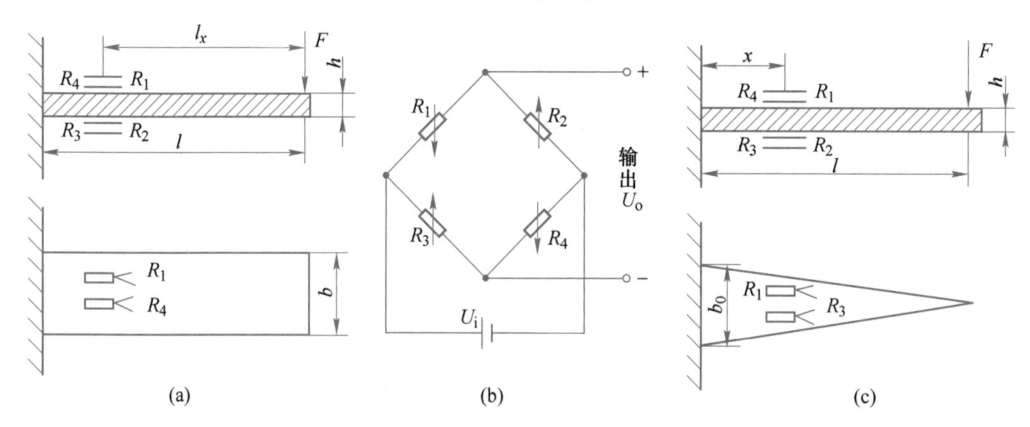

图 4-5　悬臂梁式力传感器示意图

（a）等截面悬臂梁式力传感器；（b）差动电桥接法；（c）等强度悬臂梁

等强度悬臂梁结构，如图 4-5（c）所示，距固定端 x 处上下表面对称地粘贴四片电阻应变片，同样连接成图 4-5（b）所示的差动电桥电路。悬臂梁为三角形，贴应变片处梁宽度为：

$$b_x = b_0(1 - x/l) \tag{4-21}$$

截面抗弯模数和弯矩有：

$$W_x = \frac{h^2}{6}b_0\left(1 - \frac{x}{l}\right) \tag{4-22}$$

$$M_x = F(l - x) \tag{4-23}$$

截面上 x 处应力为：

$$\sigma_x = \frac{M_x}{W_x} = \frac{6Fl}{b_0 h^2} = \varepsilon_x E \tag{4-24}$$

根据式（3-9）和式（4-10）的关系，结合式（4-19），有：

$$F = \frac{b_0 h^2 E U_o}{6K_m U_i l} \tag{4-25}$$

C 压力传感器

电阻应变式压力传感器主要测量流体压力，有筒式和膜片式两种。

a 筒式

筒式压力传感器结构示意图如图 4-6 所示，弹性元件是具有盲孔的圆筒。当被测流体压力 p 作用于筒体内壁时，圆筒部分发生变形，其外表面上切向应变（沿着圆周线）为：

$$\varepsilon = \frac{p(2-\mu)}{E(n^2-1)} \tag{4-26}$$

式中 n——筒外径与内径之比，$n=D_0/D$。

对于薄壁筒，可用下式进行计算：

$$\varepsilon = \frac{pD}{2hE}(1-0.5\mu) \tag{4-27}$$

式中 h——筒壁厚度，$h=(D_0-D)/2$。

可以看出，应变与壁厚成反比。对于钢材料制作筒式压力传感器时，一般圆孔的孔径为 12 mm，壁厚约为 0.2 mm，钢的弹性模量 $E=20\times10^6$ N/cm^2，泊松比 $\mu=0.3$，当工作应变为 $1000\mu\varepsilon$，通过式（4-27）计算出可测压力约 780 N/cm^2。这样，用 E 值较小的材料，如硬铝制作圆筒，则可测量较低的压力。

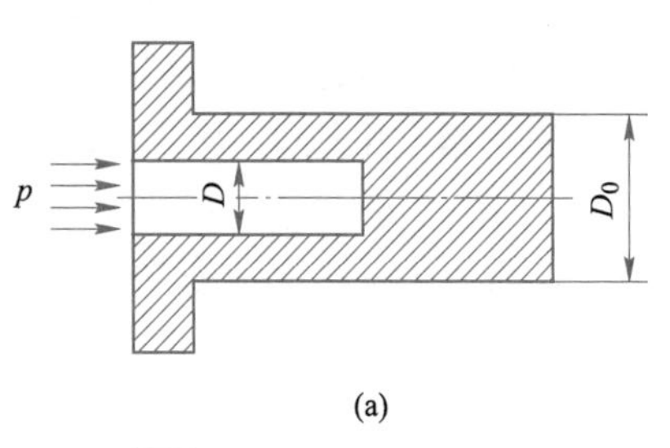

(a)

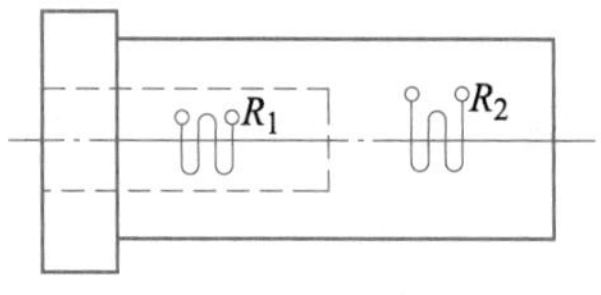

(b)

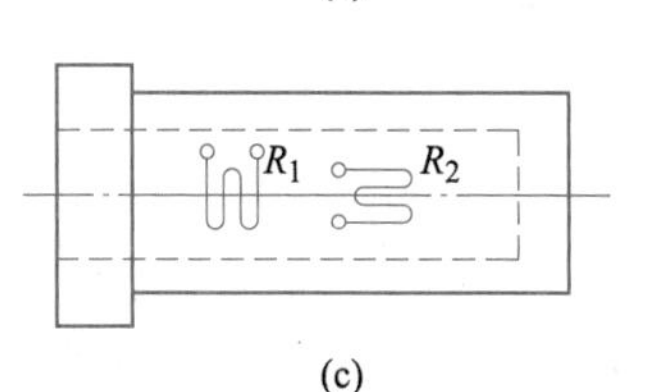

(c)

图 4-6 筒式压力传感器示意图

b 膜片式

膜片式压力传感器示意图如图 4-7 所示。传感器中膜片是周边固定的圆形金属片。在压力 p 作用下，膜片产生弯曲变形，设径向应变为 ε_r、切向应变为 ε_τ，则任意半径上的应变为：

$$\varepsilon_r = \frac{3p}{8h^2E}(1-\mu^2)(R^2-3r^2) \tag{4-28}$$

$$\varepsilon_\tau = \frac{3p}{8h^2E}(1-\mu^2)(R^2-r^2) \tag{4-29}$$

式中 p——压力；

h，R——膜片的厚度和半径；

E，μ——膜片材料的弹性模量和泊松比。

可以看出，在膜片中心 $r=0$ 处径向应变和切向应变达到最大值：

$$\varepsilon_{r\max}=\varepsilon_{\tau\max}=\frac{3pR^2}{8h^2E}(1-\mu^2) \tag{4-30}$$

根据式（4-28）、式（4-29）可知，当 $r=r_c=R/\sqrt{3}\approx 0.58R$ 时，$\varepsilon_r=0$；当 $r>0.58R$ 时，$\varepsilon_r<0$；当 $r=R$ 时，$\varepsilon_\tau=0$，ε_r 达到负值最大，即：

$$\varepsilon_r=\frac{-3pR^2}{4h^2E}(1-\mu^2) \tag{4-31}$$

在膜片正应变区中心处，沿切向贴两片应变片（R_2 和 R_3，$r\approx 0$）；在膜片负应变区边缘处，沿径向贴两片应变片（R_1 和 R_4，$r>r_c$），如图 4-7 所示，连接成差动桥式电路，则电桥输出指示中应变为：

$$\varepsilon_0=\varepsilon_1-\varepsilon_2-\varepsilon_3+\varepsilon_4=2(|\varepsilon_r|+\varepsilon_{\tau\max}) \tag{4-32}$$

那么，ε_0 与压力 p 之间关系为：

$$\varepsilon_0=\frac{3(1-\mu^2)}{4h^2E}(R^2+|R^2-3r^2|)p \tag{4-33}$$

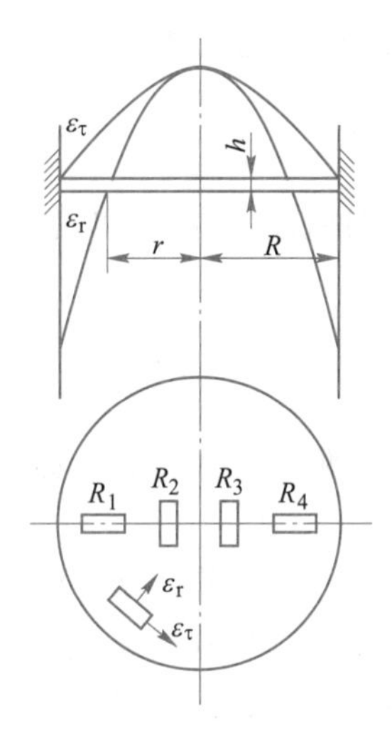

图 4-7 膜片式压力传感器示意图

以上是以周边固定为前提，压力增加时周边因素是不可忽略的，当压力达到一定程度时，非线性变形相当严重。因此，提出一个荷载因素 $Q=(R/h)^4p/E$，当 $Q<3.5$ 时，可以保证非线性小于 3%，设计膜片弹性元件时，有：

$$(R/h)_{Q=3.5}\leqslant\sqrt[4]{3.5E/p} \tag{4-34}$$

D 加速度传感器

电阻应变式加速度传感器结构如图 4-8 所示，主要由惯性质量块 1、支承质量的弹簧应变梁 2（一端固定在基座上）以及阻尼器组成。弹簧梁的上下表面粘贴应变片，传感器内充填硅油，以产生必要的阻尼。限位块 11 的作用，是使传感器过载时不被破坏。这种传感器在低频振动测量中得到广泛应用。

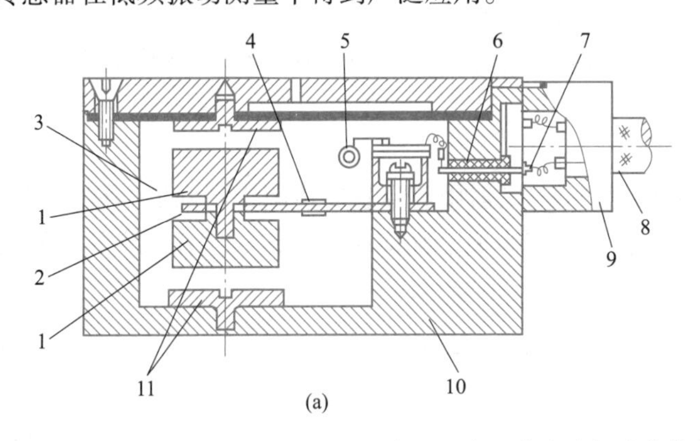

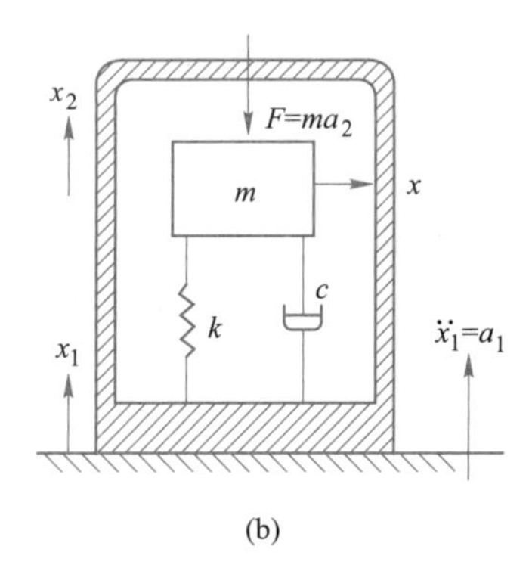

图 4-8 电阻应变式加速度传感器

（a）结构图；（b）振动体

1—质量块；2—应变梁；3—硅油阻尼液；4—应变片；5—温度补偿电阻；6—绝缘管套；7—接线柱；8—电缆；9—压线板；10—壳体；11—保护块

测量时，将传感器壳体与被测对象刚性连接。当有加速度作用在壳体上时，质量块因惯性作用产生与加速度成正比的惯性。在惯性作用下，弹性梁变形，应变片可以测出梁应变大小，从而测出惯性大小，计算出作用在壳体上的加速度。

这种应变式加速度传感器，可以抽象成二阶测量系统模型，如图 4-8（b）所示。图中，m 为质量块质量，k 为弹簧梁刚度，c 为阻尼，壳体位移（即被测体的振动位移）用 x_1 表示，质量块绝对位移（相对于地的位移）用 x_2 表示。测量加速度过程中，壳体与质量块之间的相对位移为：

$$x = x_2 - x_1 \tag{4-35}$$

弹簧变形产生弹性力 kx，相对运动还将产生阻尼力 $c\frac{\mathrm{d}x}{\mathrm{d}t}$。于是，质量块的运动方程为：

$$m\frac{\mathrm{d}^2x_2}{\mathrm{d}t^2} + c\frac{\mathrm{d}x}{\mathrm{d}t} + kx = 0 \tag{4-36}$$

当壳体作简谐运动，即：

$$x_1 = x_{1\mathrm{m}}\sin(\omega t) \tag{4-37}$$

$$x_2 = x + x_1 \tag{4-38}$$

对以上两式中 x_1、x_2 二次微分，得：

$$\frac{\mathrm{d}^2x_2}{\mathrm{d}t^2} = \frac{\mathrm{d}^2x}{\mathrm{d}t^2} - \omega^2x_{1\mathrm{m}}\sin(\omega t) \tag{4-39}$$

代入式（4-36）有：

$$m\frac{\mathrm{d}^2x}{\mathrm{d}t^2} + c\frac{\mathrm{d}x}{\mathrm{d}t} + kx = m\omega^2x_{1\mathrm{m}}\sin(\omega t) \tag{4-40}$$

有：

$$\frac{m}{k}\frac{\mathrm{d}^2x}{\mathrm{d}t^2} + \frac{c}{k}\frac{\mathrm{d}x}{\mathrm{d}t} + x = \frac{m\omega^2}{k}x_{1\mathrm{m}}\sin(\omega t) \tag{4-41}$$

与式（2-70）对比：

$$\frac{1}{\omega_\mathrm{n}^2}\frac{\mathrm{d}^2y(t)}{\mathrm{d}t^2} + \frac{2\zeta}{\omega_\mathrm{n}}\frac{\mathrm{d}y(t)}{\mathrm{d}t} + y(t) = Kx(t) \tag{4-42}$$

取 $x(t) = A_{\mathrm{m}x}\sin(\omega t)$；$y(t) = A_{\mathrm{m}y}\sin(\omega t + \phi)$，其中 $A_{\mathrm{m}x}$ 和 $A_{\mathrm{m}y}$ 分别是 $x(t)$ 和 $y(t)$ 幅值，$A_{\mathrm{m}x} = x_{1\mathrm{m}}$。这样，传感器固有角频率 $\omega_\mathrm{n} = \sqrt{\frac{k}{m}}$；$\frac{2\zeta}{\omega_\mathrm{n}} = \frac{c}{k}$，传感器的阻尼比 $\zeta = \frac{c}{2\sqrt{km}}$；传感器静态灵敏度 $K = \frac{m\omega^2}{k}$。那么，传递函数有：

$$H(s) = \frac{Y(s)}{X(s)} = \frac{K}{\frac{1}{\omega_\mathrm{n}^2}s^2 + \frac{2\zeta}{\omega_\mathrm{n}}s + 1} \tag{4-43}$$

频率特性：

$$H(\mathrm{j}\omega) = \frac{K}{1 - \left(\frac{\omega}{\omega_\mathrm{n}}\right)^2 + 2\mathrm{j}\zeta\frac{\omega}{\omega_\mathrm{n}}} \tag{4-44}$$

幅频特性：

$$A(\omega) = |H(\mathrm{j}\omega)| = \frac{A_{my}}{A_{mx}} = \frac{K}{\sqrt{\left[1-\left(\frac{\omega}{\omega_n}\right)^2\right]^2 + 4\zeta^2\left(\frac{\omega}{\omega_n}\right)^2}} \tag{4-45}$$

相频特性：

$$\phi(\omega) = -\arctan\frac{2\zeta\frac{\omega}{\omega_n}}{1-\left(\frac{\omega}{\omega_n}\right)^2} \tag{4-46}$$

质量块与壳体之间相对位移 x 的幅值：

$$A_{my} = A_{mx}A(\omega) = \frac{m\omega^2 x_{1m}/k}{\sqrt{\left[1-\left(\frac{\omega}{\omega_n}\right)^2\right]^2 + 4\zeta^2\left(\frac{\omega}{\omega_n}\right)^2}} = \frac{a_{1m}/\omega_n^2}{\sqrt{\left[1-\left(\frac{\omega}{\omega_n}\right)^2\right]^2 + 4\zeta^2\left(\frac{\omega}{\omega_n}\right)^2}} \tag{4-47}$$

式中 a_{1m}——壳体加速度 a_1 幅值，$a_{1m} = \omega^2 x_{1m}$；

A_{my}——质量块与壳体间相对位移 x 幅值。

对于二阶系统频率特性可知，当 $\zeta=0.6\sim0.7$，$\omega \ll \omega_n$时，有：

$$A_{my} = a_{1m}/\omega_n^2 \tag{4-48}$$

即质量块相对位移与壳体（被测物体）加速度的线性关系，测出质量块的相对位移 x，就可得出被测体的加速度：

$$a_1 = \omega_n^2 x \tag{4-49}$$

可以说，应变式加速度传感器不是直接测量质量块位移，而是测量与位移成正比的应变值。从式（4-48）可知，固有频率 ω_n越高，传感器灵敏度越低；另一方面，固有频率越高，测量的频率范围越宽。两者是矛盾的，设计传感器时应考虑频率范围许可条件下尽可能减小固有频率，以提高灵敏度。

E 应用例——膜片式压力传感器测压

膜片式压力传感器（如图 4-7 所示）的应变片连成桥式电路（如图 4-9 所示），其中 $R_1=R_2=R_3=R_4=R$，$\Delta R_1=\Delta R_3=\Delta R$，$\Delta R_2=\Delta R_4=-\Delta R$。对于恒压源供电和等臂电桥电路，输出电压为：

$$U_o' = \frac{\Delta R}{R}U = K_m \varepsilon U$$

如果应变片 $K_m=2.0$，膜片允许测试最大应变 $\varepsilon=800\times10^{-6}$，电桥输出电压灵敏度为：

$$K_u = \frac{U_o'}{U} = K_m\varepsilon = 1.6(\mathrm{mV/V})$$

电桥输出电压为：

$$U_o' = 1.6(\mathrm{mV/V}) \times 5(\mathrm{V}) = 8(\mathrm{mV})$$

电路中 A_1、A_2、A_3 运放组成同相输入并串联差动放大器，放大倍数为：

$$A_u = \left(1 + \frac{R_{f1}+R_{f2}}{R_k}\right)\frac{R_f}{R_5} = \left[1 + \frac{(20+20)\times1000}{128.4}\right]\times\frac{20}{10} = 625$$

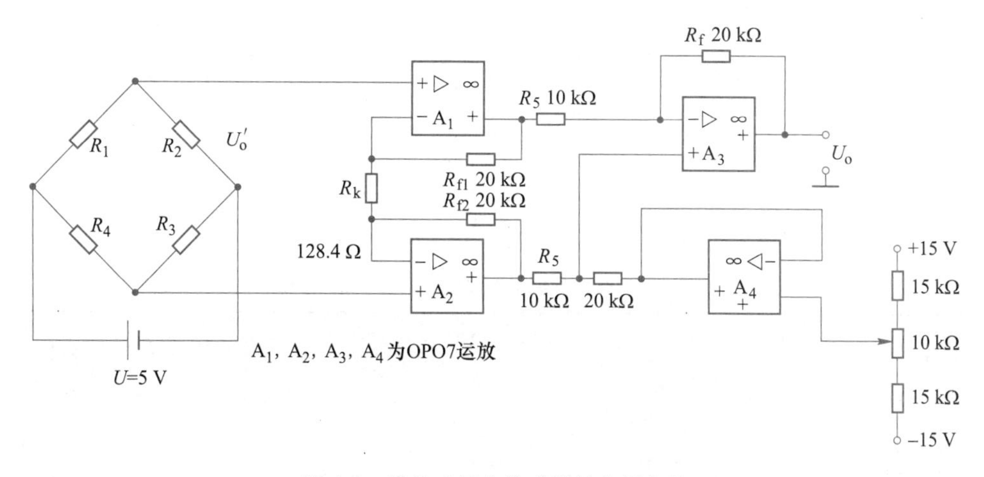

图 4-9 膜片式压力传感器的全桥电路

最大应变时电路输出端输出电压为：

$$U_o = 8(\text{mV}) \times 625 = 5(\text{V})$$

0~100 kPa 压力对应的输出电压为 0~5 V，则当输出端电压为 3.2 V 时对应的被测压力为：

$$P = \frac{3.2}{5} \times 100 = 64(\text{kPa})$$

电路中，A_4 是电压跟随器，可以通过调整输入端电位器，调整 A_4 输出端电压，与 A_2 的输出相加，使压力传感器的输出为零时，电路输出端电压的输出也为零，即完成压力传感器调零。

4.1.1.2 半导体应变传感器

半导体应变片工作原理是基于材料电导率随应力而变化的“压阻效应”，它是由于应变引起能带变形，使能带中载流子迁移率及浓度相应地发生变化，导致电阻率变化，引起电阻变化。根据式（4-8）半导体材料电阻相对变化，有：

$$\mathrm{d}R/R = [(1 + 2\mu) + \pi E]\varepsilon = K_B\varepsilon$$

式中 K_B——半导体材料应变灵敏系数，$K_B = (1 + 2\mu) + \pi E$。

半导体电阻变化率主要是由 $\pi E\varepsilon$ 这一项决定的，即 $K_B \approx \pi_L E$，π_L 为材料沿长度 L 方向的压阻系数。半导体应变片应变灵敏系数比金属应变片要大数十倍，如半导体硅 $\pi_L = (40\sim80)\times10^{-11}\ \text{m}^2/\text{N}$，$E = 1.67\times10^{11}\ \text{N/m}^2$，则 $K_B = 50\sim100$。常用的半导体材料有硅和锗，掺入杂质形成 P 型或 N 型半导体。由于半导体是各向异性材料，它的压阻效应乃至应变灵敏系数不仅与掺杂浓度、温度和材料类型有关，还与晶向有关，K_B、π_L 和 E 如表 4-1 所示。

半导体应变片有两种制作方法，一种是把原材料按所需晶向切割成片或条，粘贴在弹性元件上，制成单根状敏感栅，称作“体型半导体应变片”，如图 4-10 所示；另一种是把 P 型杂质扩散到 N 型硅片，形成极薄的导电 P 型层，焊上引线，称作“扩散硅应变片”。可以看出，后者和弹性元件（N 型硅基底）结合在一起，省去粘贴步骤。由于这种硅片边缘厚中央薄，也称为“硅杯”，如图 4-11 所示，硅片上有四个扩散电阻，连接成桥式电路。

当半导体材料同时存在纵向及横向应力时，电阻变化与给定点的应力关系为：

$$\frac{\Delta R}{R} = \pi_L \sigma_L + \pi_\tau \sigma_\tau \tag{4-50}$$

式中 π_L，σ_L——纵向（电流与应力方向相同）压阻系数和应力；

π_τ，σ_τ——横向（电流与应力方向垂直）压阻系数和应力。

表 4-1 半导体硅和锗材料的 K_B、π_L 和 E

参数	单位	晶向	Si(ρ=10 Ω · cm)		Ge(ρ=6 Ω · m)	
			N	P	N	P
π_L	10^{-7} cm²/N	[100]	-102	+6.5	-3	+6
		[110]	-63	+71	-72	+47.5
		[111]	-8	+93	-95	+65
E	10^{-7} N/cm²	[100]	1.30		1.01	
		[110]	1.67		1.38	
		[111]	1.87		1.55	
K_B		[100]	-132	+10	-2	+5
		[110]	-104	+123	-97	+65
		[111]	-13	+177	-147	+103

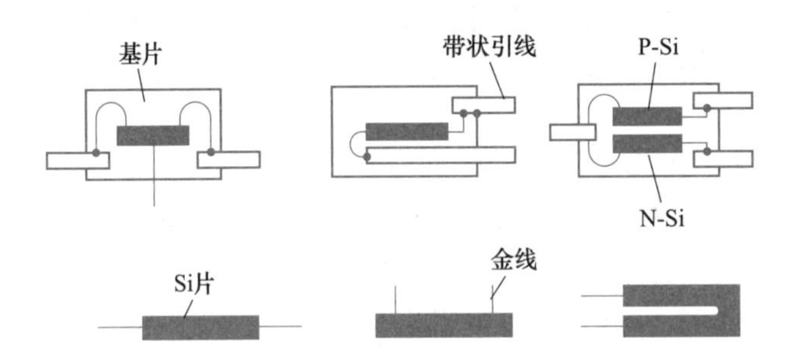

图 4-10 体型半导体应变片的结构形状

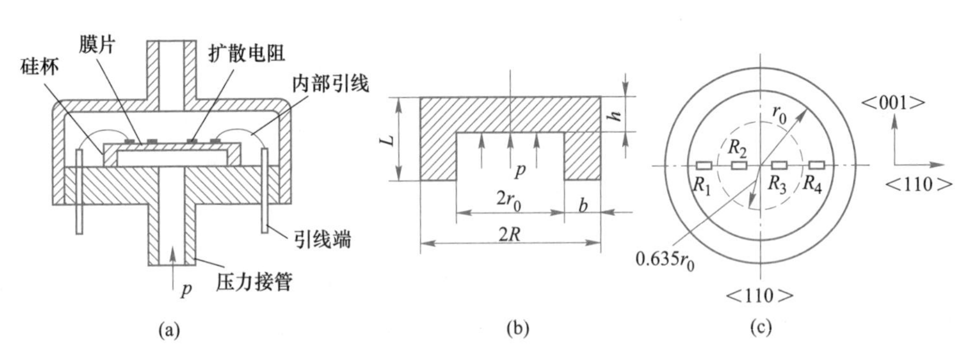

图 4-11 压阻式压力传感器

（a）压力传感器结构；（b）硅膜片；（c）扩散电阻配置

A 压力传感器

压阻式压力传感器的结构如图 4-11（a）所示，核心部件以圆形 N 型硅片为主体，其上扩散四个阻值相等的 P 型电阻，构成平衡电桥。四个电阻配置位置，按硅片上径向应力和切向应力的分布情况而定，如图 4-11（c）所示。硅片周边用硅环固定，下部与被测系统相连。上部为低压腔，下部为高压腔，在被测压力 p 作用下，硅片产生应力与应变，扩散电阻由于压阻效应发生变化，如图 4-11（b）所示。

硅片上各点的径向应力 σ_r 和切向应力 σ_τ，有：

$$\sigma_r = \frac{3p}{8h^2}[(1+\mu)r_0^2 - (3+\mu)r^2] \tag{4-51}$$

$$\sigma_\tau = \frac{3p}{8h^2}[(1+\mu)r_0^2 - (1+3\mu)r^2] \tag{4-52}$$

式中 r_0，r，h——硅片的有效半径、计算点半径和厚度。

与式（4-28）和式（4-29）相似，对于硅材料泊松比 $\mu=0.35$，根据式（4-51）关系 $r=0.635r_0$ 时 $\sigma_r=0$，硅片上应力分布可以分成正负两个区域。如图 4-11（c）所示，圆形硅片上在 $0.635r_0$ 半径内外各扩散两个电阻，设计时适当安排扩散电阻位置，使得内外电阻上所受的径向应力平均值相等，即 $\overline{\sigma}_{ri}=-\overline{\sigma}_{ro}$，有：

$$\left(\frac{\Delta R}{R}\right)_i = \left(\frac{\Delta R}{R}\right)_o \tag{4-53}$$

组成差动电桥，以测定压力 p 变化。为了保证测量的线性度，一般控制硅片边缘处径向应变 $\varepsilon_{ro}<400\sim500\mu\varepsilon$，硅片中央厚度为：

$$h \geqslant r_0\sqrt{\frac{3p(1-\mu^2)}{4E\varepsilon_{ro}}} \tag{4-54}$$

由于压阻式压力传感器的弹性元件与变换元件一体化、尺寸小，其固有频率很高，可测量频率范围很宽的脉动压力，固有频率为：

$$f_0 = \frac{2.56h}{\pi r_0^2}\sqrt{\frac{E}{3(1-\mu^2)\rho}} \tag{4-55}$$

式中 ρ——硅片密度，kg/m^3。

压阻式压力传感器广泛地用于流体压力、差压、液位测量等，已有直径 0.8 mm 的压力传感器，在生物医学上可测血管内压、颅内压等参数。特别是随着半导体材料和集成电路的工艺发展，压阻式压力传感器在耐腐蚀、耐高温、高精度和智能化等方面发展迅速。

B 加速度传感器

压阻式加速度传感器结构如图 4-12 所示，它用单晶硅作为悬臂梁 3，梁的根部分布四个扩散电阻 1，构成测量电桥，自由端装有惯性质量块 13，构成了微小的整体型加速度传感器。悬臂梁是一片很薄的硅片，四周由厚的凸缘边框（约 200 μm）围绕着，支承着悬臂梁，是传感器的核心部件。上、下两片玻璃平行于悬臂梁表面，每片上都蚀刻出凹坑，构成梁和惯性质量体运动所需的空间，形成玻璃-硅片-玻璃三层结构。

当传感器受到图示方向加速度 a 时，质量块 m 由于惯性作用在梁上，产生弯矩和应力，四个扩散电阻的阻值发生变化。应力与加速度成正比，即电阻变化与加速度成正比，

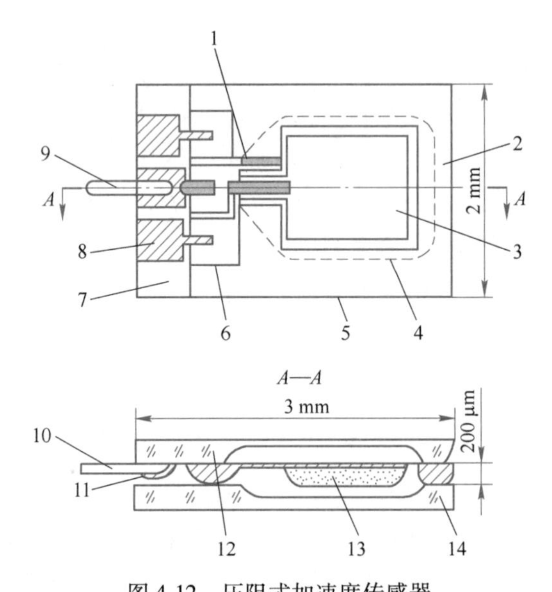

图 4-12　压阻式加速度传感器

1—扩散电阻；2，4，13—质量块；3—悬臂梁；5—壳体；6~8—连接环；9—导线；10—绝缘管；11—接线柱；12，14—固定螺丝

这四个电阻连接成差动电桥，即可测出加速度 a。为保证输出线性度，悬臂梁根部应变不超过（400~500）$\mu\varepsilon$，可由下式计算：

$$\varepsilon = \frac{6ml}{Ebh^2}a \tag{4-56}$$

悬臂梁的固有频率 f_0 可表示为：

$$f_0 = \frac{1}{2\pi}\sqrt{\frac{Ebh^2}{4ml^2}} \tag{4-57}$$

适当地选择传感器尺寸及阻尼比，可以测量低频加速度和直线加速度。

C　应用例——压阻式压力传感器测压

压阻式压力传感器恒流工作电路如图 4-13 所示，采用扩散硅绝对压力传感器，恒流驱动 A=1.5 mA，灵敏度为 6~8 mA/(N · cm^2)，额定压力范围为 0~9.8 N/cm^2。电路中 D_{z1} 采用 LM385，稳定电压为 2.5 V，提供给传感器 1.5 mA 恒流的基准电压。电源电压为 +15 V，电阻 R_1 压降为 12.5 V，流过 R_1 和 D_{z1} 的电流为 125 μA。电阻 R_2 与 D_{z1} 电压为 2.5 V，恒流源传感器运放 A_1 输出电流为 1.5 mA。

压力传感器应变电阻为桥式连接，从传感器输出端取出的电流要变换为差动电压输出，因此要采用输入阻抗高、放大倍数大的差动电压放大电路（A_2 和 A_3）。但传感器输出电压很低，为 60~180 mV，如果要求测量精度很高时，必须选用失调电压极小的运放。

传感器输出电压为 60~180 mV，设计放大电路输出电压为 1 V，要求放大电路的增益为 5.5~17 倍可调，电路增益可根据下式计算其是否满足适宜参数。

$$A_u = \left(1 + \frac{R_3 + R_4}{R_{p1}}\right)\frac{R_7}{R_5} \tag{4-58}$$

A_5 为差动输入、单端输出的放大电路，把电压差信号变换成对地输出信号，此处 A_5

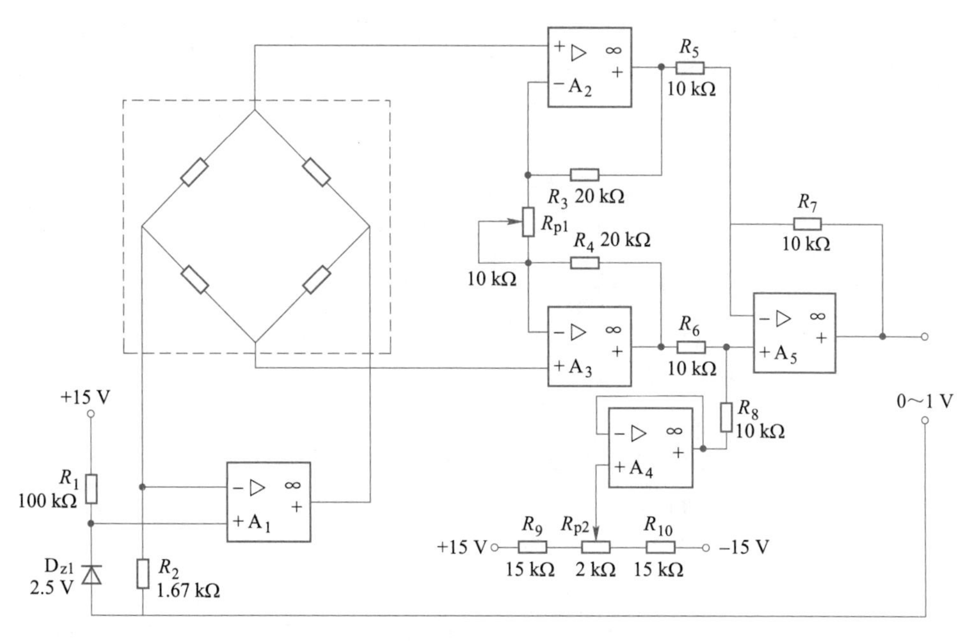

图 4-13 压阻式压力传感器的恒流工作电路

放大倍数为 1。当压力为 0 时，传感器输出应为零。但实际上，压力为 0 时传感器桥路不平衡，存在约±5 mV 的电压，如果 A_2 和 A_3 差动放大器的增益为 5，则就有输出为±25 mV 的电压。因此，要进行补偿。为了补偿传感器桥路不平衡所产生的电压，将电位器 R_{p2}形成的电压经 A_4 进行阻抗变换，再通过 R_8 加到 A_5 同相输入端，就可以起到补偿作用。A_4 接成电压跟随器，用流经 R_8 电流转换成电压对桥路不平衡电压进行补偿。

4.1.2 温度变化

电阻温变式传感器利用金属与半导体材料电导率与温度相关的物理特性进行测温，应用较为普遍。

4.1.2.1 金属温变传感器

A 传感器结构与特性

大多数金属导体的电阻都随温度而增大，有：

$$R_T = R_0[1 + \alpha(T - 273) + \beta(T - 273)^2 + \cdots] \tag{4-59}$$

式中 R_T，R_0——金属导体在 T(K) 和 273 K 时的电阻值；

α，β——电阻温度系数。

但是，绝大多数金属导体的 α、β 并不是常数，而是关于温度的函数，一定程度上限制了金属作为感温元件使用。因此，可作为感温元件的材料并不多，要求感温元件材料在测温范围内满足以下条件：（1）材料的电阻温度系数要大，以保证热电阻有较高的灵敏度；（2）材料的物理、化学性质稳定；（3）α 值较大且保持常数，便于实现测温表线性刻度特性；（4）有较大的电阻率，便于较小元件尺寸，从而减小热惯性；（5）测温的重现性好。能满足以上要求的金属材料，目前为止只有铂、铜、铁和镍等。

金属电阻温变式传感器结构如图 4-14 所示，一般由金属丝绕片状云母架上且采用无感绕法，装入玻璃或陶瓷等保护管内，引线采用电阻小的金属线。除此之外，也可采用丝网印刷或真空镀膜方法来制作金属膜电阻。

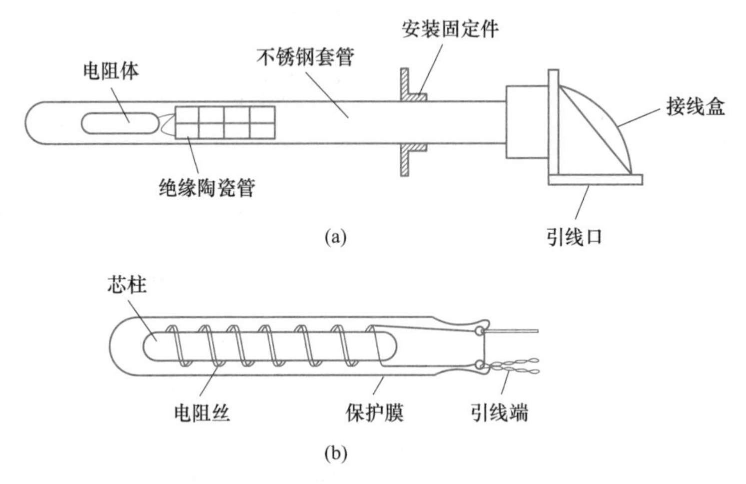

图 4-14 金属电阻温变式传感器结构
（a）电阻体；（b）电阻丝

铂的物理、化学性质稳定，是制作热电阻的最好材料。铂电阻温变式传感器除了用作一般工业测温外，还用作标准电阻温度计。在国际温标中，铂电阻是-259.34~630.74 ℃范围内的温度基准。铂电阻温变式传感器的测温精度与铂材料的纯度有关，通常用百度电阻比 $W(100)$ 来表示铂的纯度，即：

$$W(100)=R_{100}/R_0 \tag{4-60}$$

式中 R_{100}，R_0——100 ℃和 0 ℃时的电阻。

$W(100)$ 越高，铂材料越纯，测温精度也就越高。国际实用温标规定：作为基准的铂电阻温变式传感器，$W(100)\geqslant 1.39256$，相应铂纯度为 99.9995%，测温精度可达±0.001 ℃，最高可达±0.0001 ℃；工业用标准铂电阻温变式传感器，$W(100)\geqslant 1.391$，测温精度在-200~0 ℃间为±1 ℃，在 0~100 ℃间为±0.5 ℃，在 100~650 ℃间为±0.5%(T-273) ℃。铂丝电阻值 R 与温度 T 之间关系可表示为：

$$0\ ℃ \leqslant T \leqslant 650\ ℃: R_T=R_0[1+\alpha(T-273)+\beta(T-273)^2] \tag{4-61}$$

$$-200\ ℃ \leqslant T \leqslant 0\ ℃: R_T=R_0[1+\alpha(T-273)+\beta(T-273)^2+\gamma(T-273)^3] \tag{4-62}$$

对于常用工业铂电阻温变式传感器，其中常数 α、β 和 γ 分别为：

$\alpha=3.96847\times10^{-3}/℃(K)$；$\beta=-5.847\times10^{-7}/℃(K)^2$；$\gamma=-4.22\times10^{-12}/℃(K)^4$

我国铂电阻温变式传感器的分度号主要有 Pt50 和 Pt100 两种，即 0 ℃时的电阻值 R_0 分别为 50 Ω 和 100 Ω。

铜丝制作的铜电阻温变式传感器可用于-50~150 ℃范围测量，电阻值与温度关系接近线性，灵敏度比铂电阻温变式传感器高，而且价格便宜。但是，铜易于氧化，一般只用于 150 ℃以下低温测量和没有水分及无腐蚀性介质中的温度测量。另外，铜的电阻率（0.017×10^{-6} Ω · m）比铂的电阻率（0.0981×10^{-6} Ω · m）低，铜电阻温变式传感器体积相对要大。铜电阻的百度电阻比 $W(100) \geqslant 1.425$，测温精度在-50~50 ℃间为±0.5 ℃，在 50~100 ℃间为±1%(T-273) ℃。电阻值与温度 T(K) 之间关系为：

$$R_T = R_0[1 + \alpha(T - 273)] \tag{4-63}$$

式中，$\alpha = (4.25 \sim 4.28) \times 10^{-3}$/℃(K)，铜电阻温变式传感器常用分度号 Cu100 和 Cu50，即 R_0分别为 100 Ω 和 50 Ω。

B 应用例——电阻温变式传感器测温

铂电阻温变式传感器测温电路如图 4-15（a）所示，测温范围为 0~200 ℃，温度传感器采用 TRRA102B，其标准阻值为 1 kΩ(0 ℃)。

电路中，三端集成稳压器采用 MC7810，其输出电压为 10 V，温度系数为 0.01%/℃。如果采用 9 V 叠层电池供电，则需采用如图 4-15（b）所示的直流/直流变换器提供 15 V。在 100 ℃温度变化范围内温度系数只变化 0.1%。温度系数最大值没有规定，但已经满足常温工作条件下的要求。MC7810 的公共端与运放 A_1 输出端相连。传感器电压 U_B 为 10 V+e_1，而且加的是正反馈。另外，运放 A_1 只需 MC7810 提供几毫安的电流。其中，R_{p1} 完成零点调整，当图 4-15（a）所示电路中 a 与 b 间接入相当于 0 ℃的 1 kΩ 电阻时，U_o = 0 V；R_{p2} 完成增益调整，当 a 与 b 间接入相当于 50 ℃ 的 1.197 kΩ 电阻时，U_o = 0.5 V；R_{p3}完成线性度调整，当 a 与 b 间接入相当于200 ℃的 1.770 kΩ 电阻时，U_o=2 V。

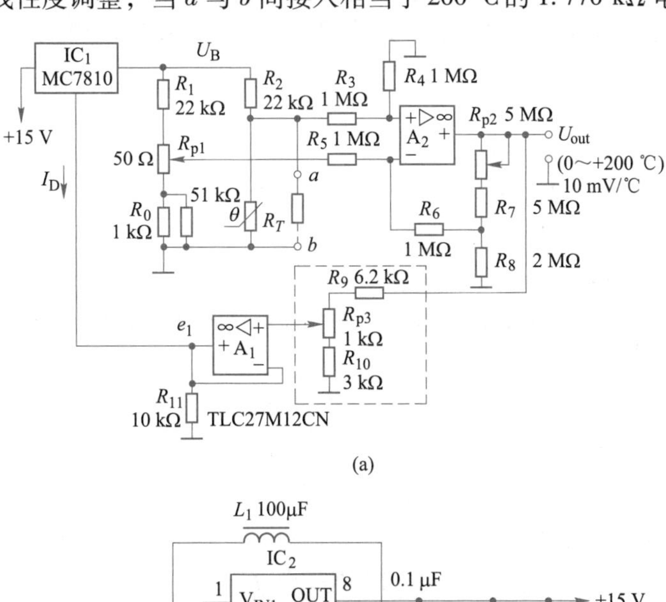

(a)

(b)

图 4-15 恒压下铂电阻温变式传感器

（a）测温电路；（b）直流/直流变换器电路

电阻测温电桥电路的输出电压 U_o为：

$$U_o = \frac{R_1 \Delta R U_B}{(R_1 + R_0 + \Delta R)(R_1 + R_0)} \tag{4-64}$$

其中，$\Delta R = R_T(t) - R_T(273\ \text{K})$，可获得 10 mV/℃的输出电压灵敏度。

在 0~200 ℃范围内，运放 A_2 输出 0~2 V，不输出负电压。A_2 采用 TLC27M2CN 运放，使用+15 V 电源。TLC27M2CN 的输入失调电压温漂为 2 μV/℃，与传感器 1 mV/℃的灵敏度相比足够小。例如，10 ℃温度变化产生误差为：

$$\frac{2\ \mu\text{V/℃} \times 10\ \text{℃}}{1000\ \mu\text{V/℃}} = 0.02\ \text{℃} \tag{4-65}$$

4.1.2.2 半导体温变传感器

半导体材料的热电阻性能可分为三类：其一，当温度超过某一数值时，电阻值随温度升高而增大，如 $BaTiO_3$ 加入少量 Y_2O_3 和 Mn_2O_3 烧结材料，材料是具有正温度系数（PTC）特性电阻，主要用作过热保护、定温控制等；其二，在某个温度上电阻值急剧变化，如 VO_2 材料在弱还原气氛获得的烧结体，材料是具有临界温度系数（CTR）特性电阻，主要用于温度开关等；其三，电阻值随温度升高而减小，材料是具有负温度系数（NTC）特性电阻，主要用于温度测量、温度控制和热补偿线路等。

以具有 NTC 特性电阻为例讨论温变式传感器，一定温度范围内电阻-温度特性曲线是一条指数曲线，有：

$$R_T = A\text{e}^{B/T} \tag{4-66}$$

式中 R_T——温度为 T 时的电阻值；

A——与半导体材料尺寸、形状和物理性能有关的常数；

B——仅与物理性能有关的常数；

T——半导体材料的热力学温度，K。

可以看出，若已知两个电阻值 R_0 和 R_1 及相应的温度 T_0 和 T_1，就可以求得 A、B 两个常数：

$$B = \frac{T_1 T_0}{T_1 - T_0} \ln \frac{R_0}{R_1} \tag{4-67}$$

$$A = R_0 \text{e}^{-B/T_0} \tag{4-68}$$

半导体材料的温度系数为：

$$\alpha = \frac{1}{R_T} \frac{\text{d}R_T}{\text{d}T} = -\frac{B}{T^2} \tag{4-69}$$

若 $B=4000$ K，$T=323$ K，则 $\alpha=-3.8\%/\text{K}$，半导体材料温度系数比金属电阻大 10 倍左右。因此，半导体电阻温变式传感器的灵敏度很高。

通过半导体材料电流很小时，不足以使之加热，电阻值只取决于环境温度，它遵循欧姆定律，可以用于测温。但是，电流过大时，它会使半导体材料加热，本身温度升高，影响电阻与环境温度关系，引起测量误差。相反，值得一提的是半导体材料温度升高程度与周围介质温度及散热条件有关，依据这个原理，有人提出测量流体流速和介质密度的方法。

半导体电阻温变式传感器的温度控制电路如图 4-16 所示，它利用通断控制加热装置，使温度保持恒定。

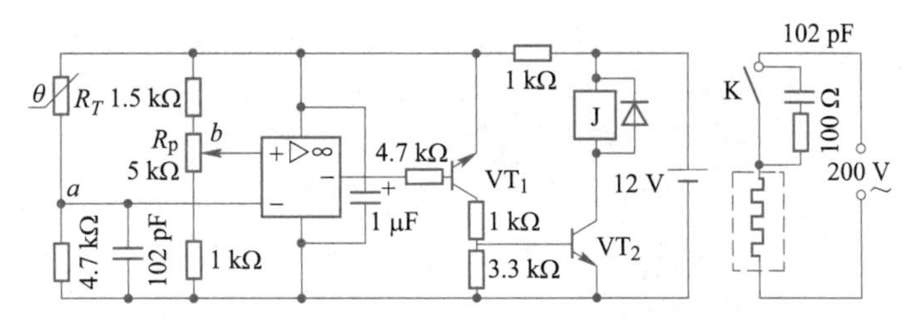

图 4-16 半导体电阻温变式传感器的温度控制电路

将环境温度 a 点相对应的电压与预先设定温度 b 点相对应的电压进行比较，如果 $U_a > U_b$，即 $T_a > T_b$，晶体管 VT_1 加反偏电压 U_{BE1} 导通，VT_2 加正偏电压 U_{BE2} 也导通，使继电器 J 接通，继电器常闭触点 K 断开，加热器断电；如果 $U_a < U_b$，即 $T_a < T_b$，过程与上述相反，继电器触点 K 闭合，加热装置通电加热。这样，依据环境温度的高低，反复通断加热装置，使现场温度保持恒定。

4.1.3 分子吸附

电阻吸附式传感器是利用敏感元件表面吸附气体或水分引起敏感材料本身电阻值变化特性制成的，根据电阻作用区域不同，分表面控制型和体控制型两种。

以表面控制型为例，介绍一下它的原理。图 4-17 分别给出 N 型和 P 型氧化物半导体吸附氧气分子后电阻变化。对于 N 型半导体氧化物，导带上属于电子（e^-）传导，当表面吸附氧气后形成 O_2^-、O^- 或 O^{2-}，如式（4-70）~式（4-72）所示，材料表层内电子减少，出现电子耗尽层，导致电阻增加；另一方面，作为 P 型半导体氧化物，导带上属于电子空穴（$h^{\cdot}$）传导，当表面吸附氧气分子后形成 O_2^-、O^- 或 O^{2-}，如式（4-70）~式（4-73）所示，材料表层内电子空穴增加，导致电阻减小。

$$O_2 + e^- = O_2^- \tag{4-70}$$

$$O_2 + 2e^- = 2O^- \tag{4-71}$$

$$O_2 + 4e^- = 2O^{2-} \tag{4-72}$$

$$\text{Neutral} = h^{\cdot} + e^- \tag{4-73}$$

增加电子空穴，相当于捕捉材料内电子。

当还原性气体 H_2 或 CO 出现，与氧负离子作用给出电子，例如：

$$O^- + H_2 = H_2O + e^- \tag{4-74}$$

$$O^- + CO = CO_2 + e^- \tag{4-75}$$

会导致 N 型氧化物半导体材料电阻减小；相反，P 型氧化物半导体的电阻增大。这样，就建立起被分析物 O_2、CO 和 H_2 吸附与气敏材料属性（电阻）的关系。一般情况下，气体浓度与电阻变化具有正（逆）变关系，电阻变化就是识别信号。

式（4-70）~式（4-75）反应是否达到平衡程度，决定于敏感元件与被分析物的亲和力。同理，如果还原性气体 H_2 或 CO 同时出现，式（4-74）和式（4-75）分别影响平衡程度，它决定了气体吸附的选择性。

4.1.3.1 气体传感器

气体传感器的气敏材料多数采用 SnO_2、ZnO、TiO_2 等半导体型氧化物，有的也采用有

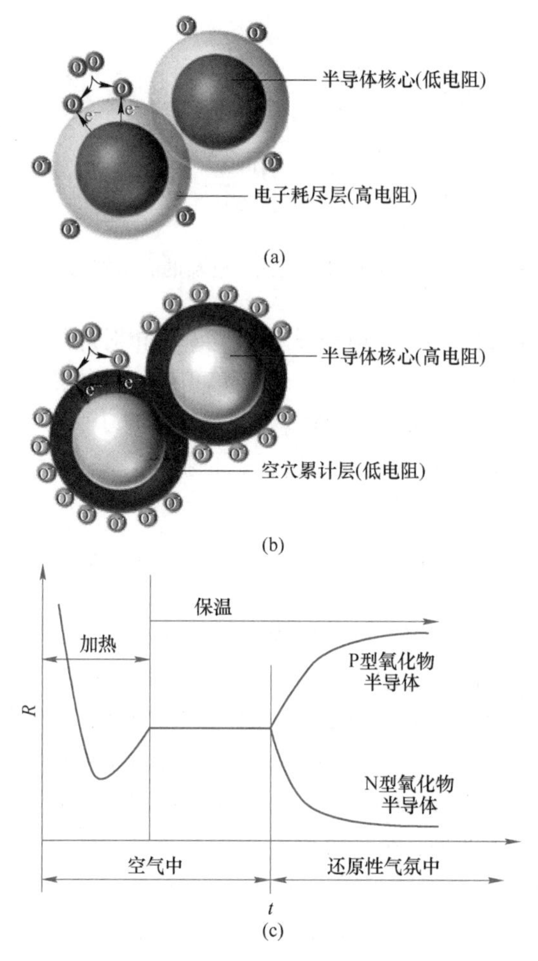

图 4-17 氧化物半导体气敏材料吸附气体及其电阻变化示意图

(a) N 型氧化物半导体；(b) P 型氧化物半导体；(c) 电阻变化示意图

机半导体材料，同时也掺有少量贵金属（如 Pt、Au 等）作为激活剂。

A 传感器结构和电阻特性

图 4-18 中给出三种典型半导体电阻吸附式传感器元件，图 4-18（a）所示的半导体材料添加激活剂、黏结剂混合烧结而成的多孔质烧结体敏感元件，图 4-18（b）所示的半导体材料采用沉积、溅射等工艺获得的薄膜敏感元件（厚度在几微米以下），图 4-18（c）所示的半导体材料中加入添加剂、黏结剂以及载体配成浆料调制，采用丝网印刷在基片上形成厚膜（厚度在几微米至几十微米），再经 400~800 ℃烧结而成。无论哪种敏感元件，都要气体分子达到活化状态后再工作，如图 4-19 所示，采用电加热器加热，使之迅速达到平衡状态，缩短响应时间。

敏感元件的阻值 $R(\Omega)$ 与被测气体浓度 C(ppm❶) 呈对数关系变化，如图 4-19 所示，有：

$$\lg R = n\lg C + m \tag{4-76}$$

式中 m，n——常数。

❶ 1 ppm = 1 mg/L（或 1 μL/L，或 1 mg/kg）。

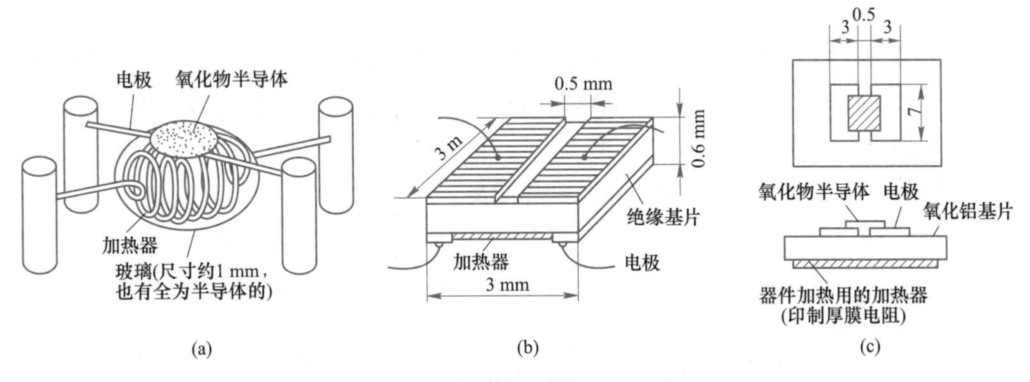

图 4-18 典型半导体电阻吸附式传感器元件

（a）烧结型；（b）薄膜型；（c）厚膜型（mm）

m 与气体检测灵敏度有关，它随传感器材料和气体种类而变化，也与测量温度和激活剂有关；n 与吸附机理有关，可燃性气体的 $n=1\sim1/2$。

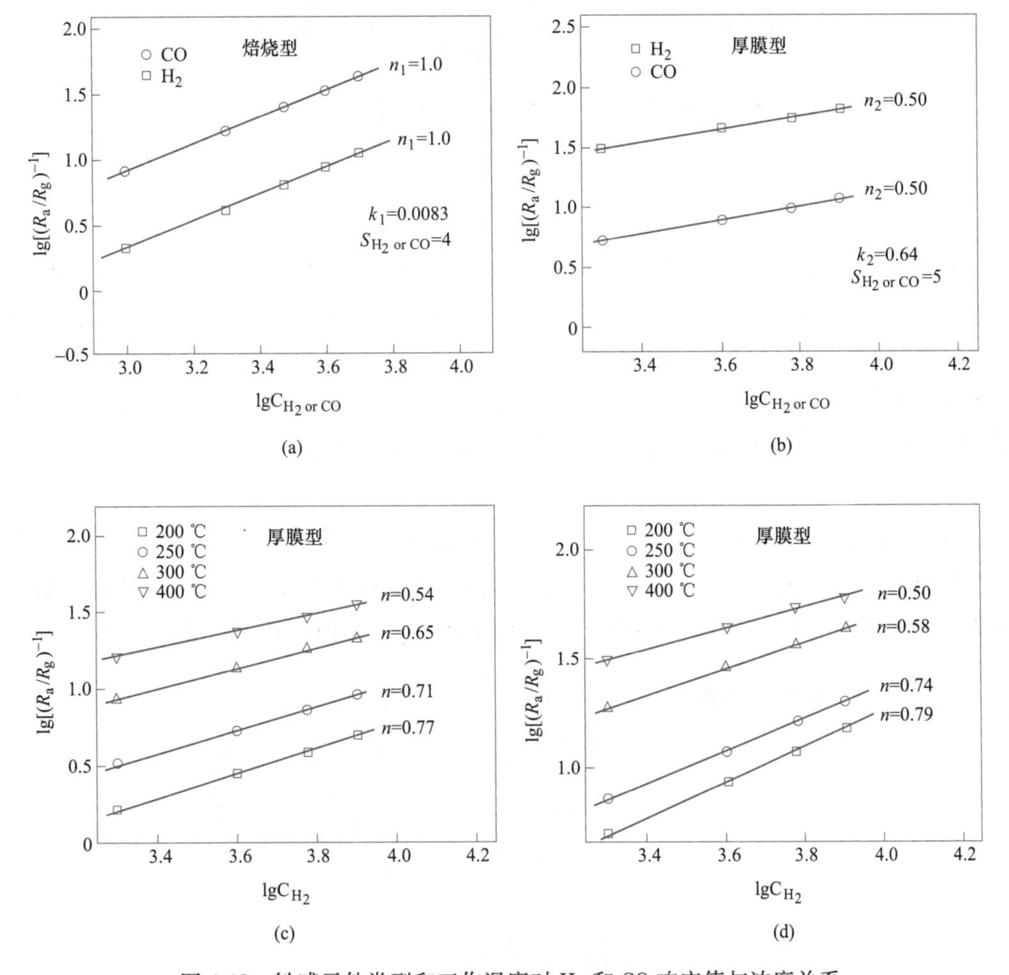

图 4-19 敏感元件类型和工作温度对 H_2 和 CO 响应值与浓度关系

（a）（b）400 ℃下 SnO_2 烧结体和厚膜；（c）（d）不同温度下 SnO_2 和 1%Pt-SnO_2 厚膜（摩尔分数）

B 氧化锡型气体传感器

SnO_2 是典型的 N 型半导体材料，检测气体对象为 CH_4、C_3H_8、CO、H_2、C_2H_5OH 和 H_2S 等可燃性气体和人体呼出气体中酒精、NO_x 等，属于表面控制型气敏元件，气体的响应值如图 4-20 所示，因气体种类、工作温度、激活剂等不同而异。因此，制备气敏材料和选择工作温度对获得优异的传感器性能非常重要。

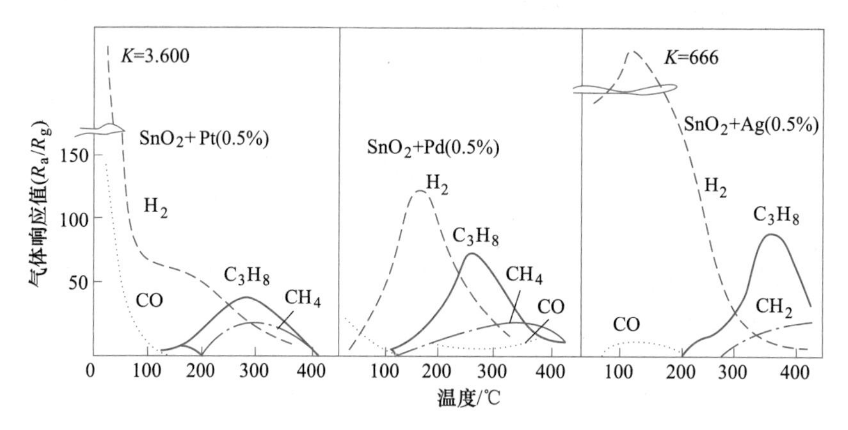

图 4-20 负载不同贵金属 SnO_2 传感器响应值与工作温度关系

（被测气体浓度：CO，0.02%；H_2，0.8%；C_3H_8，0.2%；CH_4，0.5%）

C 氧化铁型气体传感器

α-Fe_2O_3 和 γ-Fe_2O_3 是具有代表性的气敏材料，可燃性气体可以改变其体内结构（晶格缺陷），使敏感元件阻值发生变化，属于体控制型气敏元件。但是，这类气体传感器关键是要保持敏感元件稳定性，即半导体材料本身的晶体结构稳定。它主要用于测量甲烷（CH_4）和丙烷（C_3H_8）等气体，显示出良好的性质，其中 α-Fe_2O_3 主要用于城市用煤气传感器，通过晶粒细化和提高孔隙度改善气体检测的灵敏度。

D 应用例——酒精检测和空气净化上 SnO_2 气敏传感器应用

SnO_2 气敏元件的酒精探测仪电路如图 4-21 所示，拉杆用来接通 12 V 直流电源，稳压后供给气敏器件作为加热电源和工作回路电源。当探测到酒精气体时，气敏元件（100 kΩ）阻值降低，测量回路有信号输出，在 400 μA 表上有相应的显示值，确定酒精气体存在。

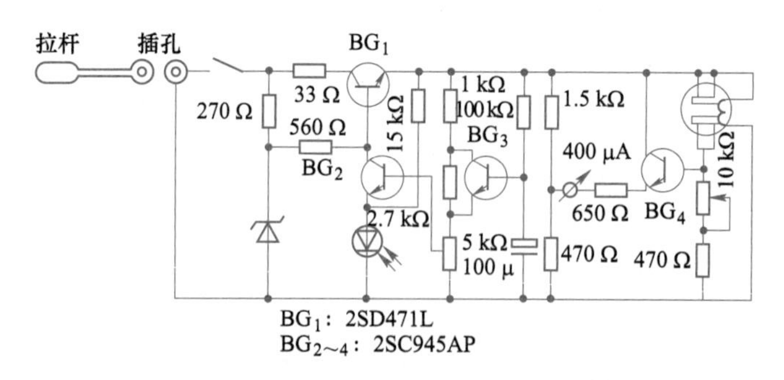

图 4-21 便携式酒精探测仪电路图

利用 SnO_2 气敏器件设计出的空气净化自动换气扇电路如图 4-22 所示。当室内空气污浊时，烟雾或其他污染气体使气敏器件（V_{R1}）阻值下降，晶体管 BG 导通，继电器动作，接通风扇电源，实现电扇自动启动，排放污浊气体，换进新鲜空气。当室内污浊气体浓度下降到希望的数值时，气敏器件阻值上升，BG 截止，继电器断开，风扇电源被切断而停止工作。

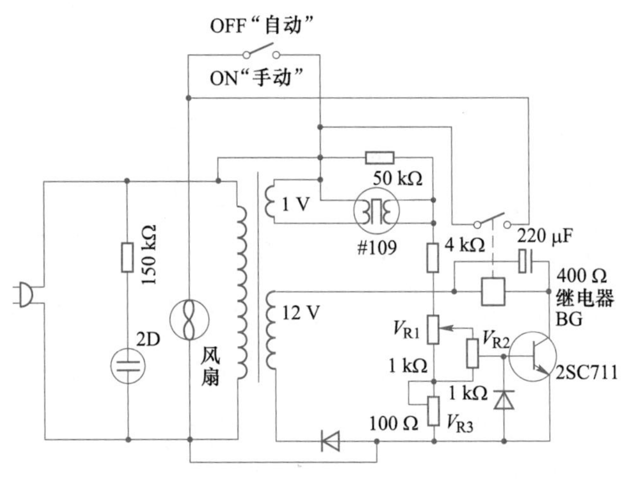

图 4-22 自动换气扇电路图

4.1.3.2 湿度传感器

随着工农业发展和生存环境改善，湿度检测与控制已成为生产和生活中必不可少的手段。湿度是指大气中所含有的水蒸气量，即大气的干湿程度，表示方法有绝对湿度和相对湿度两种。其中，绝对湿度指一定温度及压力下单位体积空气所含水蒸气质量多少，即：

$$\rho_V = \frac{m_V}{V} \tag{4-77}$$

式中 ρ_V——被测空气的绝对湿度，g/m^3 或 mg/m^3；

V——被测空气体积，m^3；

m_V——被测空气中水蒸气质量，g 或 mg。

相对湿度指空气中实际所含水蒸气密度（绝对湿度）占同温度下饱和水蒸气密度的百分数，有：

$$RH = \left(\frac{\rho_V}{\rho_W}\right)_T \times 100\% \tag{4-78}$$

式中 ρ_W——同温度下饱和水蒸气密度，g/m^3 或 mg/m^3。

可以看出，相对湿度与温度密切相关。另外，露点也能一定程度上反映空气湿度。所谓露点，是指保持压力一定条件下将含水蒸气的空气冷却，当降到某温度时空气中水蒸气达到饱和状态，即从气态变为液态的温度。相对湿度越高，越容易结露，露点温度也就越高。

电阻吸附式湿度传感器，其湿敏元件感湿机理是依据材料结晶表面对水分子吸湿与脱湿引起电极间电阻值随相对湿度变化，按制作工艺主要有涂膜型和烧结体型两大类。

A 涂膜型

涂膜型湿敏元件是把感湿粉末（Fe_3O_4、V_2O_5、Cr_2O_3、Mn_2O_3、ZnO、TiO_2 及 Al_2O_3

等）调浆，然后喷洒或涂敷在印有叉指电极或平行电极滑石瓷、氧化铝或玻璃等基片上。例如，涂膜型 Fe_3O_4 湿敏元件，采用滑石瓷为基片，利用丝网印刷技术在基片上印刷叉指金电极。将纯净的黑色 Fe_3O_4 胶粒用水调制成适当黏度的浆料，用笔涂或喷洒在印有金电极的基片上，经低温烘干后引出电极。这种湿敏元件结构如图 4-23（a）所示。湿敏元件的湿滞曲线如图 4-23（b）所示，湿滞现象在高湿时较为明显，最大湿滞回差约为±4% *RH*，图 4-23（c）是该元件的响应速率曲线。

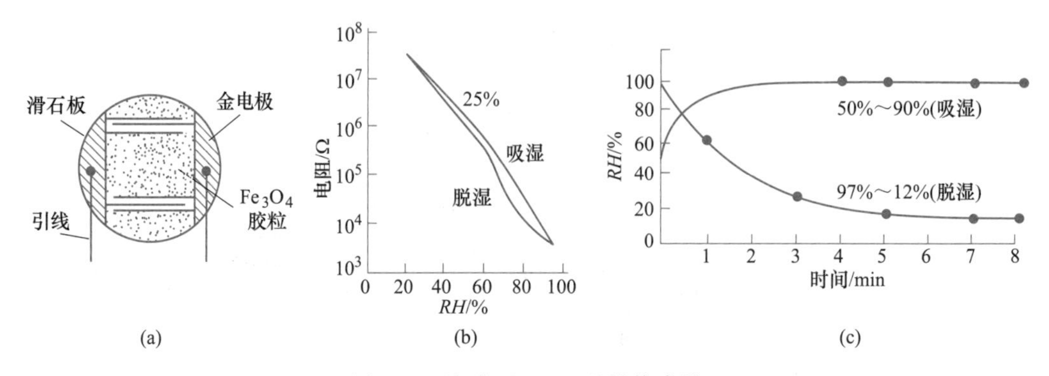

图 4-23 涂膜型 Fe_3O_4 湿敏传感器

（a）湿敏元件；（b）湿滞曲线；（c）响应曲线

B 烧结体型

烧结体型湿敏元件是把两种以上金属氧化物半导体材料（$MgCr_2O_4$-TiO_2、V_2O_5-TiO_2、ZnO-Cr_2O_5 等）混合烧结成多孔陶瓷湿敏元件。制作工艺是把颗粒大小处于一定范围的陶瓷粉料，外加结合剂和增塑剂等，经压力轧模、流沿或注浆等成型；然后，在适合的烧结条件下烧成、涂敷电极、装好引线得到陶瓷湿敏元件。

例如，$MgCr_2O_4$-TiO_2 湿敏元件（MCT 型）主体是 $MgCr_2O_4$-TiO_2 多孔陶瓷材料，图 4-24（a）所示为国产 SM-1 型湿敏器件结构的示意图，$MgCr_2O_4$ 和 TiO_2 按 70%：30%比例混合后，置于 1300 ℃中烧结而成陶瓷体，然后切割成薄片，薄片两面印刷并烧制成叉指金电极，构成湿敏体。湿敏体外绕制加热线圈，以供去掉吸附水分和油污等，提高感湿能力。安装在高致密、疏水性的陶瓷片底座上，测量电极周围设置隔漏环，防止因吸湿而引起漏电。

陶瓷烧结体结晶表面对水分子吸湿与脱湿引起电极间电阻值随相对湿度呈指数变化，如图 4-24（b）所示，其中给出国产 SM-1 和日本松下Ⅰ型和Ⅱ型感湿特性曲线比较。

C 应用例——湿度自动控制装置

在水果、种子、肉类等食品保鲜，被服、武器弹药、金属材料等物品防霉、防锈的仓库中，都会安装湿度自动控制装置。

图 4-25 给出一个湿度自动控制电路，H 为湿敏传感器，R_L为加热电阻丝。BG_1 和 BG_2 接成施密特触发器，BG_2 集电极负载 J 为继电器线圈，BG_1 基极回路连接电阻 R_1、R_2 和 H 的等效电阻 R_p。正常情况下，调好电路各电阻值，使 BG_1 导通、BG_2 截止。当阴雨或其他外界条件使环境湿度增加导致 H 的阻值 R_p下降到某值时，R_2 与 R_p并联电阻小到不足以维持 BG_1 导通，而使 BG_2 导通，其负载继电器 J 接通，J 常开触点Ⅱ闭合，加热电阻丝 R_L通

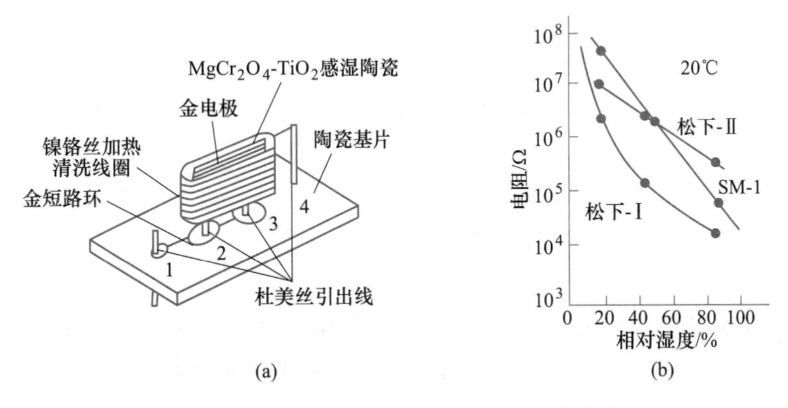

图 4-24 烧结体型 $MgCr_2O_4$-TiO_2 湿敏传感器

（a）结构示意图；（b）感湿特性曲线

电加热，驱散湿气。当湿度减小到一定程度时，施密特电路又翻转到初始状态，BG_1 导通、BG_2 截止，常开触点Ⅱ断开，R_L断电停止加热，从而实现了湿度自动控制。

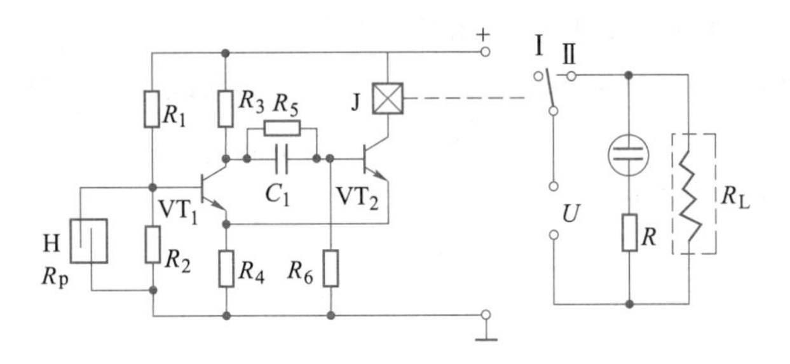

图 4-25 湿度自动控制装置

4.2 电感式传感器

电感式传感器是基于电磁感应原理，通过线圈的自感应或互感应变化进行测量的一种装置，应用面很广，有位移、振动、压力、应变、流量、密度等，它具有结构简单、工作可靠，灵敏度和分辨率高，测量精度高、线性好，输出功率大、性能稳定等优点。但是，由于它的频率响应较低，并不适用于快速动态信号的测量。按原理分类，有自感应、互感应和电涡流三种，其结构组成如图 4-26 所示。

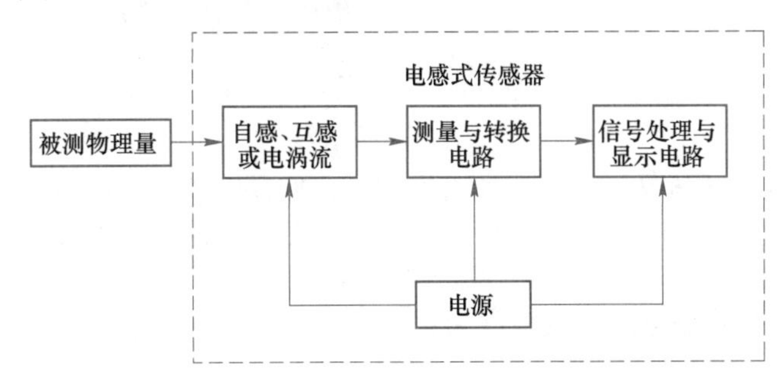

图 4-26 电感式传感器组成的结构框图

4.2.1 自感应

自感应式传感器是把被测物理量转化成自感应强度变化这种原理制成的传感器，常用的有气隙型和螺线管型两种。

4.2.1.1 气隙型传感器

根据线圈电感 L 与匝数 N、磁阻 R_m 关系：

$$L = N^2/R_m \tag{4-79}$$

设计的气隙型传感器如图 4-27（a）所示，气隙长度一般为 0.1～1 mm，由于它很小，可以认为气隙磁场是均匀的。若不考虑磁路铁损，则磁路的总磁阻 R_m 为：

$$R_m = \frac{l_1}{\mu_{r1} S_1} + \frac{l_2}{\mu_{r2} S_2} + \frac{l_\delta}{\mu_0 S_0} \tag{4-80}$$

式中 l_1，l_2，l_δ——铁芯、衔铁和气隙长度；

S_1，S_2，S_0——铁芯、衔铁和气隙横断面积；

μ_0——真空导磁率，$4\pi \times 10^{-7}$ H/m；

μ_{r1}，μ_{r2}——铁芯和衔铁导磁体相对导磁率。

由于空气导磁率与真空导磁率几乎相等，取 μ_0。如果取铁芯与衔铁的材料和横断面积相同，有 $\mu_{r1} = \mu_{r2} = \mu_r$；$S_1 = S_2 = S_0 = S$；$l_1 + l_2 = l$；$\mu = \mu_r \mu_0$。

由式（4-79）和式（4-80）可得：

$$L = \frac{N^2 \mu_0 S}{l_\delta + \dfrac{l}{\mu_r}} \tag{4-81}$$

当保持 S 不变，有 $L = f(l_\delta)$ 关系，对式（4-81）求导可得变气隙电感的灵敏度：

$$K = \frac{\mathrm{d}L}{\mathrm{d}l_\delta} = -\frac{L}{l_\delta} \frac{1}{1 + \dfrac{l}{l_\delta \mu_r}} \tag{4-82}$$

可以看出，电感灵敏度 K 与电感 L 成正比，与气隙大小 l_δ 变化近似成反比。

如果考虑改善电感灵敏度，可以采用差动式电感结构，如图 4-27（b）所示，由两个参数一样的电感 L_1、L_2 组成，共用一个衔铁，有：

$$L_1 = \frac{N^2 \mu_0 S}{l_{\delta 1} + \dfrac{l}{\mu_r}} \tag{4-83}$$

$$L_2 = \frac{N^2 \mu_0 S}{l_{\delta 2} + \dfrac{l}{\mu_r}} \tag{4-84}$$

静止时，$L_1 = L_2$；$l_{\delta 1} = l_{\delta 2} = l_\delta$。在外力作用下，衔铁沿着 x 方向有微小移动，导致气隙一个增大一个减小，引起电感量也一个减小一个增大。实现差动连接，有：

$$L = L_1 - L_2 \tag{4-85}$$

那么，差动后气隙型电感的灵敏度为：

$$K=\frac{\mathrm{d}L}{\mathrm{d}l_{\delta}}=-\frac{L_1}{l_{\delta1}}\frac{1}{1+\dfrac{l}{l_{\delta1}\mu_r}}-\left(-\frac{L_2}{l_{\delta2}}\frac{1}{1+\dfrac{l}{l_{\delta2}\mu_r}}\right) \tag{4-86}$$

其中，$l_{\delta1}=-l_{\delta}$、$l_{\delta2}=l_{\delta}$；ΔL 相对 L 很小，$L_1=L_2=L$。有：

$$K=\frac{\mathrm{d}L}{\mathrm{d}l_{\delta}}=2\frac{L}{l_{\delta}}\frac{1}{1+\dfrac{l}{l_{\delta}\mu_r}} \tag{4-87}$$

可见，变气隙差动式电感灵敏度是单变气隙电感的两倍。

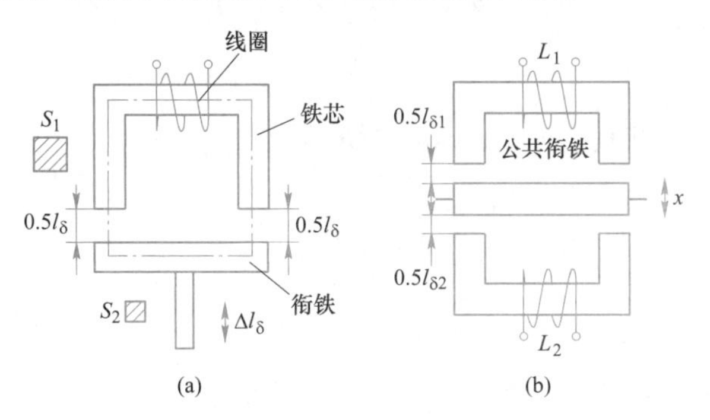

图 4-27 气隙型电感传感器及其差动结构示意图

（a）电感原理；（b）差动结构

自感应线圈等效电路及其传感器测定的交流电桥如图 4-28 所示。实际传感器中线圈包含纯电感外，还有串联的铜损、铁芯的涡流损耗等电阻 R 和并联的寄生电容 C，如图 4-28（a）所示，即常见的 LC 并联回路，其等效阻抗为：

$$Z=\frac{(R+\mathrm{j}\omega L)[(1/\mathrm{j}\omega C)]}{(R+\mathrm{j}\omega L)+1/(\mathrm{j}\omega C)} \tag{4-88}$$

由上式可知，自电感线圈等效阻抗与激励源频率有关。

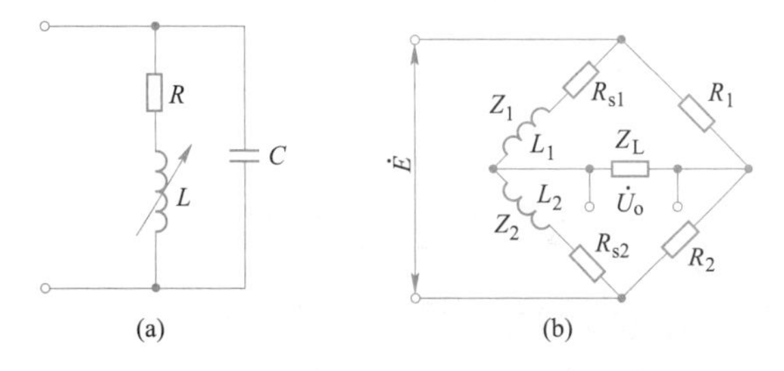

图 4-28 自感应线圈等效电路及其传感器的交流电桥

（a）感应线圈等效电路；（b）传感器交流电桥

图 4-28（b）给出传感器测定的交流电桥的一般形式，桥臂由阻抗元件组成，输出电压有：

$$\dot{U}_o=\frac{Z_L(Z_1Z_4-Z_2Z_3)\dot{E}}{Z_L(Z_1+Z_2)(Z_3+Z_4)+Z_1Z_2(Z_3+Z_4)+Z_3Z_4(Z_1+Z_2)} \tag{4-89}$$

当电桥平衡时，即 $Z_1Z_4=Z_2Z_3$，$\dot{U}_o=0$。若桥臂阻抗相对变化量分别为 $\Delta Z_1/Z_1$、

$\Delta Z_2/Z_2$、$\Delta Z_3/Z_3$ 和 $\Delta Z_4/Z_4$，且 $\Delta Z_i/Z_i$ $(i=1，2，3，4)$、负载阻抗 Z_L 为无穷大，取 $\varepsilon_Z = \Delta Z_1/Z_1 - \Delta Z_2/Z_2 - \Delta Z_3/Z_3 + \Delta Z_4/Z_4$，有 $\dot{U}_o \propto \varepsilon_Z$。

（1）单臂工作，即 $Z_1 \to Z_1 + \Delta Z_1$，Z_2、Z_3 和 Z_4 不变，有：

$$\dot{U}_o = \frac{(\Delta Z_1/Z_1)(Z_4/Z_3)\dot{E}}{(1 + Z_2/Z_1)(1 + Z_4/Z_3)} \tag{4-90}$$

即：

$$\dot{U}_o = \frac{\Delta R_{s1} + j\omega\Delta X_1}{R_{s1} + j\omega X_1} \frac{(Z_4/Z_3)\dot{E}}{(1 + Z_2/Z_1)(1 + Z_4/Z_3)}$$

其中，桥臂电抗为：

$$Z_1 = R_{s1} + jX_1 = |Z_1| e^{j\theta_1} \tag{4-91}$$

式中 θ_1——阻抗 Z_1 的相角，$\theta_1 = \arctan(X_1/R_{s1})$；

$|Z_1|$——阻抗 Z_1 的模，$|Z_1| = \sqrt{R_{s1}^2 + X_1^2}$。

若电桥用于测量纯电阻变化 $\Delta Z_1 = \Delta R_{s1}$，有：

$$\varepsilon_Z = \frac{\Delta R_{s1}}{R_{s1} + jX_1} = \frac{\Delta R_{s1}}{|Z_1| e^{j\theta_1}} = \frac{\Delta R_{s1}}{R_{s1}} \frac{R_{s1}}{|Z_1|} e^{-j\theta_1} = \varepsilon_{R_{s1}} \cos\theta_1 e^{-j\theta_1} \tag{4-92}$$

同理，可得纯电抗 X_1 的相对变化 $\Delta X_1 = X_1$，有：

$$\varepsilon_Z = \varepsilon_{X_1} \sin\theta_1 e^{j\left(\frac{\pi}{2} - \theta_1\right)} \tag{4-93}$$

可以看出，桥臂阻抗相对变化 ε_Z 不仅与 $\varepsilon_{R_{s1}}$ 和 ε_{X_1} 有关，还与相角 θ_1 有关。$\theta_1 = 0$ 时为纯电阻，$\theta_1 = \pi/2$ 时为纯电抗，如电感或电容。

（2）双臂工作，如差动，$Z_1 \to Z - \Delta Z$，$Z_2 \to Z + \Delta Z$，Z_3 和 Z_4 不变，如图 4-28（b）所示，$Z_3 = Z_4 = R$，有：

$$\dot{U}_o = \frac{\dot{E}}{2} \frac{\Delta Z}{Z} = \frac{\dot{E}}{2} \frac{\Delta R_s + j\omega\Delta L}{R_s + j\omega L} \tag{4-94}$$

输出电压幅值为：

$$U_o = \frac{\sqrt{\omega^2 \Delta L^2 + \Delta R_s^2}}{2\sqrt{R_s^2 + (\omega L)^2}} E \approx \frac{\omega \Delta L E}{2\sqrt{R_s^2 + (\omega L)^2}} \tag{4-95}$$

输出阻抗为：

$$Z_o = \frac{\sqrt{(R + R_s)^2 + (\omega L)^2}}{2} \tag{4-96}$$

式（4-94）经变换和整理后可以写成：

$$\dot{U}_o = \frac{\dot{E}}{2} \frac{1}{1 + 1/Q^2} \left[\frac{1}{Q^2} \frac{\Delta R_s}{R_s} + \frac{\Delta L}{L} + j \frac{1}{Q} \left(\frac{\Delta L}{L} - \frac{\Delta R_s}{R_s} \right) \right] \tag{4-97}$$

式中 Q——电感线圈的品质因数，$Q = \omega L/R_s$。

可以看出，电桥输出电压 $\dot{U}_o$ 包含着与电源 $\dot{E}$ 同相和正交两个分量。为简化问题，一般取品质因数 $Q \to \infty$ 或 $Q \to 0$ 两种特殊情况：

当 $Q \to \infty$ 时，有：

$$\dot{U}_o = \frac{\dot{E}}{2} \frac{\Delta L}{L} \tag{4-98}$$

当 $Q\to 0$ 时，交流电桥蜕变成电阻电桥，$\Delta Z=\Delta R_s$，有：

$$U_o=\frac{E}{2}\frac{\Delta R_s}{R_s} \tag{4-99}$$

变气隙型差动压力传感器结构实例如图 4-29 所示。当被测压力进入 C 形弹簧管时，弹簧管产生变形，带动衔铁运动，使得差动变压器的次级线圈 1 和线圈 2 中电感发生大小相等、符号相反的变化。这种变化通过桥式电路转换成电压输出。由于输出电压与被测压力之间成比例关系，只要知道测出的电压，就可以反推出测定压力。图中，电位器 R_P 和调机械零点螺钉用于调节差动变压器零点，前者通过电桥平衡，后者通过机械位置平衡。

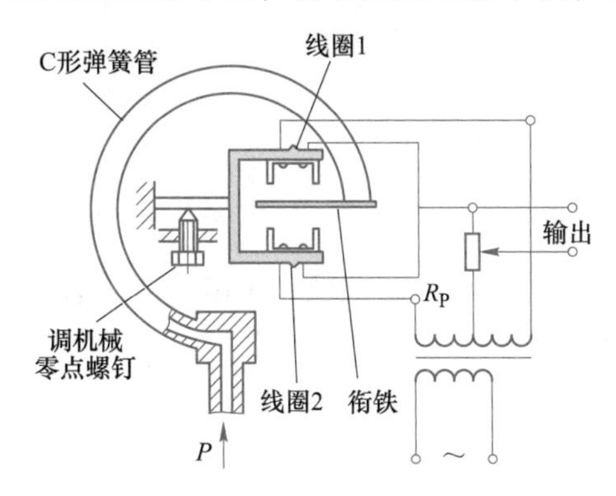

图 4-29 变气隙型差动压力传感器结构示意图

4.2.1.2 螺管型传感器

螺管型自感式传感器的敏感元件有单线圈和差动两种结构，如图 4-30 所示。单线圈螺管的电感结构元件主要有一只螺管线圈和一根圆柱形铁芯；差动线圈螺管的电感结构元件由两个差动线圈和一根圆柱形铁芯组成。

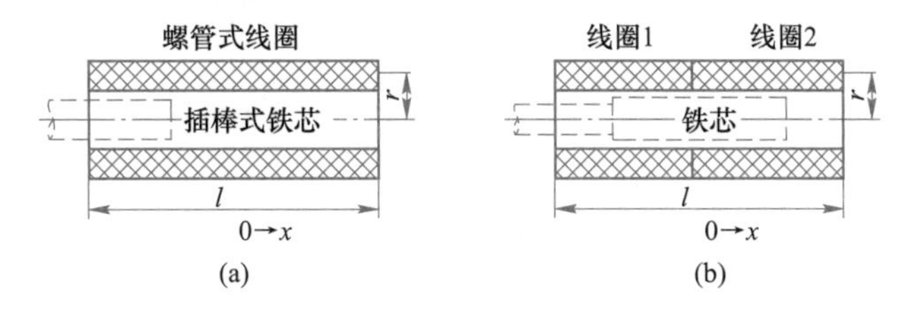

图 4-30 螺管型自感式传感器结构示意图

（a）单线圈结构；（b）差动式结构

对于单线圈螺管的电感元件，如图 4-30（a）所示，螺管长度和半径分别为 l 和 r。若 $r\ll l$ 时，可以认为轴向磁感强度是均匀的，空心螺管的自感应电感有：

$$L_0=\frac{\mu_0\pi N^2r^2}{l} \tag{4-100}$$

若插入一铁芯，半径为 r_c，长度为 l_c，磁导率为 $\mu_0\mu_r$，则线圈电感为：

$$L=\frac{\mu_0\pi N^2}{l^2}(lr^2+\mu_r l_c r_c^2) \tag{4-101}$$

当铁芯长度变化 Δl_c 时，线圈电感增加 ΔL，即：

$$L + \Delta L = \frac{\mu_0 \pi N^2}{l^2}[lr^2 + \mu_r(l_c + \Delta l_c)r_c^2] \tag{4-102}$$

电感变化量为：

$$\Delta L = \frac{\mu_0 \pi N^2}{l^2}\mu_r \Delta l_c r_c^2 \tag{4-103}$$

相对变化量为：

$$\frac{\Delta L}{L} = \frac{\Delta l_c}{l_c} \frac{1}{1 + \frac{l}{l_c}\left(\frac{r}{r_c}\right)^2 / \mu_r} \tag{4-104}$$

单线圈传感器灵敏度为：

$$K = \frac{\Delta L}{\Delta l_c} = \frac{\mu_0 \pi N^2}{l^2}\mu_r r_c^2 \tag{4-105}$$

可以看出，灵敏度随着线圈层数 N、铁芯半径 r_c 和相对磁导率 μ_r 增加而提高。

对于差动螺管电感元件，如图 4-30（b）所示，铁芯处于中间位置时两线圈的电感，有：

$$L_1 = \frac{2\mu_0 \pi N^2}{l^2}(lr^2 + \mu_r l_c r_c^2) \tag{4-106}$$

$$L_2 = \frac{2\mu_0 \pi N^2}{l^2}(lr^2 + \mu_r l_c r_c^2) \tag{4-107}$$

当铁芯向线圈 2 方向移动 Δl_c 时，线圈 2 中铁芯增加 Δl_c，电感增加 ΔL；线圈 1 中铁芯减少 Δl_c，电感减少 ΔL，两者大小相等、符号相反。总的电感量变化为：

$$L_2 - L_1 = 2\Delta L = \frac{4\mu_0 \pi N^2}{l^2}\mu_r \Delta l_c r_c^2 \tag{4-108}$$

有：

$$K = \frac{\Delta L}{\Delta l_c} = \frac{2\mu_0 \pi N^2}{l^2}\mu_r r_c^2 \tag{4-109}$$

可以看出，差动螺管电感元件比单个螺管电感元件灵敏度增加一倍。

作为例子，图 4-31 给出电感测微仪框图，它是采用差动螺管结构，除了螺管电感式传感器外，还包括测量电桥、交流放大器、相敏检波器、稳压电源及显示器等，用于精密微小位移测量。其中，两个差动线圈作为交流电桥的两个相邻桥臂。可以看出，其结构简单，容易装配，线性范围大。但是，由于空气隙大，磁路磁阻大，灵敏度较低，易受外部干扰；同时，也是由于磁阻大，为达到一定电感量，需要的线圈匝数多，因而分布电容大，线圈的铜损耗电阻也大，温度稳定性较差。另外，铁芯一般用软钢或铁淦氧磁性材料制作，损耗较大，线圈 Q 值较低。

4.2.2 互感应

互感应型电感传感器也称差动变压器式传感器，如图 4-32 所示，由初级线圈 P（激励线圈，相当于变压器原边）、次级线圈 S_1、S_2 和铁芯 b 组成。其中，两个次级线圈反相串

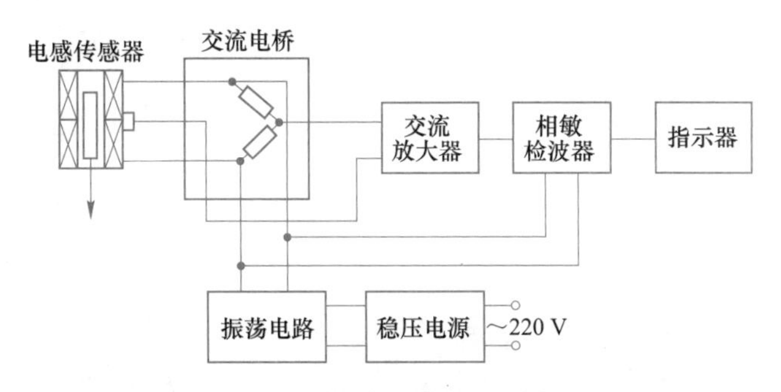

图 4-31　差动结构螺管电感测微仪构成框图

接，如图 4-33 所示，当初级线圈加上一定的交变电压 $\dot{E}_P$ 时，两个次级线圈分别产生感应电压 $\dot{E}_{S1}$ 和 $\dot{E}_{S2}$，大小与铁芯所处螺管内位置有关。由于 $\dot{E}_{S1}$ 与 $\dot{E}_{S2}$ 反相串接，输出电压 $\dot{E}_S = \dot{E}_{S1} - \dot{E}_{S2}$。当铁芯处于中心位置时，$\dot{E}_{S1} = \dot{E}_{S2}$，输出电压为零；当铁芯向上运动时，$\dot{E}_{S1} > \dot{E}_{S2}$；当铁芯向下运动时，$\dot{E}_{S1} < \dot{E}_{S2}$；运动过程中，$\dot{E}_S$ 变化是连续的，工作原理就是建立在互感变化的基础上。铁芯位置，从中心向上或向下移动时，输出电压 $\dot{E}_S$ 的相位变化 180°，如图 4-34 所示。但是，实际上的差动变压器，当铁芯处于中心位置时，输出电压不是零而是 E_0，称为零点残余电压，如图中虚线所示。影响 E_0 的原因有很多，如制作材料、工艺、铁芯长度、激磁频率等。

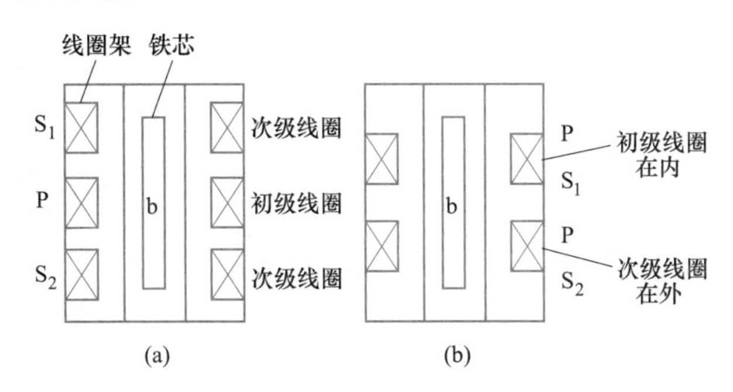

图 4-32　差动变压器结构示意图

（a）三段式；（b）两段式

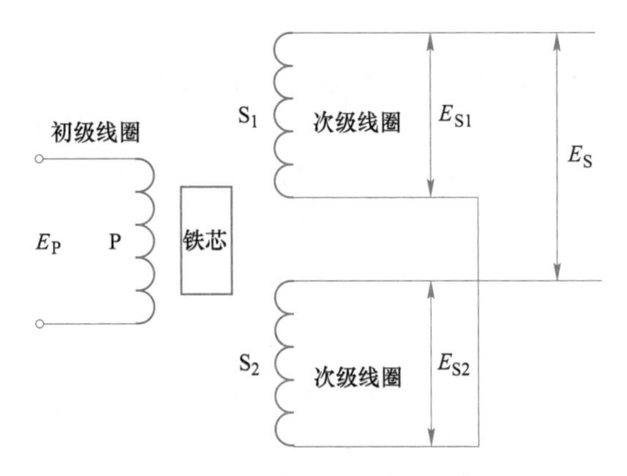

图 4-33　差动变压器线圈连线图

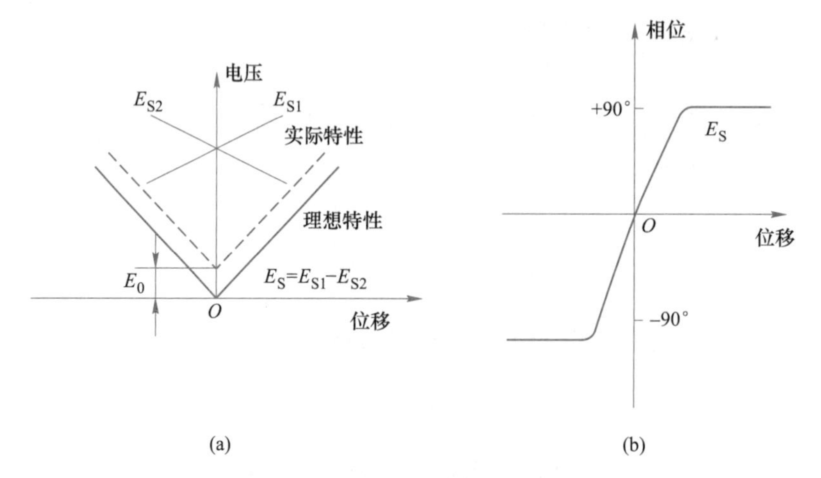

图 4-34 差动变压器的输出特性曲线
（a）电压-位移；（b）相位-位移

4.2.2.1 差动变压器等效电路

差动变压器的等效电路如图 4-35 所示，L_P、R_P 分别为初级线圈的电感与有效电阻；M_1、M_2 分别为初级线圈与两个次级线圈间互感；E_P、I_P 分别为初级线圈激励电压与电流；$E_{S1}(e_{S1})$、$E_{S2}(e_{S2})$ 分别为两个次级线圈感应电压；$E_S(e_S)$ 为输出电压；x 为铁芯偏离中心位置距离。由等效电路图，可以得到式（4-110）~式（4-113）的关系。

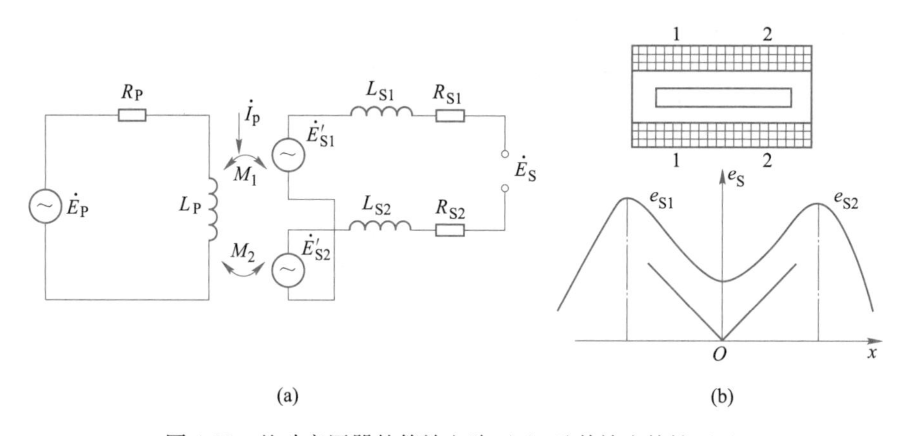

图 4-35 差动变压器的等效电路（a）及其输出特性（b）

$$\dot{I}_P = \frac{\dot{E}_P}{R_P + j\omega L_P} \tag{4-110}$$

$$\dot{E}_{S1} = -j\omega M_1 \dot{I}_P \tag{4-111}$$

$$\dot{E}_{S2} = -j\omega M_2 \dot{I}_P \tag{4-112}$$

$$\dot{E}_S = \frac{-j\omega(M_1 - M_2)\dot{E}_P}{R_P + j\omega L_P} \tag{4-113}$$

当铁芯处于中心平衡位置时，$M_1=M_2=M$，则 $E_S=0$；铁芯上升时，$M_1=M+\Delta M$，$M_2=$

$M-\Delta M$，则 $E_S=2\omega\Delta ME_P/\sqrt{R_P^2+(\omega L_P)^2}$，与 $\dot{E}_{S1}$ 同相；铁芯下降时，$M_1=M-\Delta M$，$M_2=M+\Delta M$，则 $E_S=-2\omega\Delta ME_P/\sqrt{R_P^2+(\omega L_P)^2}$，与 $\dot{E}_{S2}$ 同相；输出电压可以统一写成：$E_S=2\omega ME_P(\Delta M/M)/\sqrt{R_P^2+(\omega L_P)^2}=2E_{S0}(\Delta M/M)$，其中 $E_{S0}=\omega ME_P/\sqrt{R_P^2+(\omega L_P)^2}$，即铁芯处于中心平衡位置时，单个次级线圈的感应电压对某个差动变压器是定值。因此，差动变压器的输出感应电压与互感量的相对变化成正比。

4.2.2.2 频率与相位

从图 4-35（a）可知，当有一负载电阻 R_L 与差动变压器等效电路中次级线圈相连，感应电压 $\dot{E}_S$ 在 R_L 上产生的输出电压 $\dot{U}_o$ 为：

$$\dot{U}_o=\frac{R_L\dot{E}_S}{R_L+R_S+j\omega L_S} \tag{4-114}$$

式中 R_S，L_S——次级线圈总电阻和总电感，即 $R_S=R_{S1}+R_{S2}$，$L_S=L_{S1}+L_{S2}$。

把式（4-113）代入式（4-114）得：

$$\dot{U}_o=\frac{R_L}{R_L+R_S+j\omega L_S}\frac{-j\omega(M_1-M_2)\dot{E}_P}{R_P+j\omega L_P} \tag{4-115}$$

有：

$$U_o=|\dot{U}_o|=\frac{R_L}{\sqrt{(R_L+R_S)^2+(\omega L_S)^2}}\frac{\omega(M_1-M_2)E_P}{\sqrt{R_P^2+(\omega L_P)^2}} \tag{4-116}$$

$$\varphi=\arctan\frac{R_P}{\omega L_P}-\arctan\frac{\omega L_S}{R_L+R_S} \tag{4-117}$$

输出电压相位与激磁电压相位基本一致。但是，由于初级线圈是感抗性的，所以初级电流 $\dot{I}_P$ 相对于初级电压 $\dot{E}_P$ 滞后 α 角，如图 4-36 所示。因此，$\dot{E}_S$ 比 $\dot{E}_P$ 超前（$90°-\alpha$）相角，而负载 R_L 上取出电压 $\dot{U}_o$ 它又滞后于 $\dot{E}_S$ 几度，$\dot{U}_o$ 相角可以由式（4-117）求得，它的大小与激磁频率和负载电阻有关。

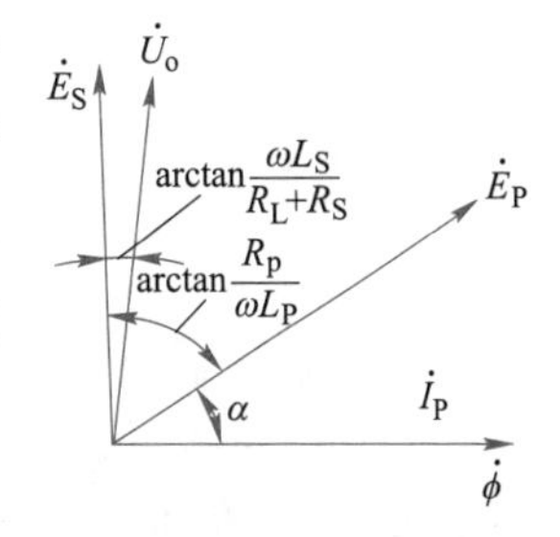

图 4-36 差动变压器相位图

4.2.2.3 差动变压器测速装置

作为一个例子，给出差动变压器测速装置工作原理框图，如图 4-37 所示，励磁电流由交流、直流同时供给，总电流强度有：

$$i(t)=I_0+I_m\sin\omega t \tag{4-118}$$

式中 I_0——直流电流强度；

I_m——交流电流强度幅值。

若差动变压器铁芯以一定速度（$v=dx/dt$）移动，差动变压器次级感应电势为：

$$E=-\frac{d[M(x)i(t)]}{dt} \tag{4-119}$$

式中　$M(x)$ ——初-次线线圈互感系数。

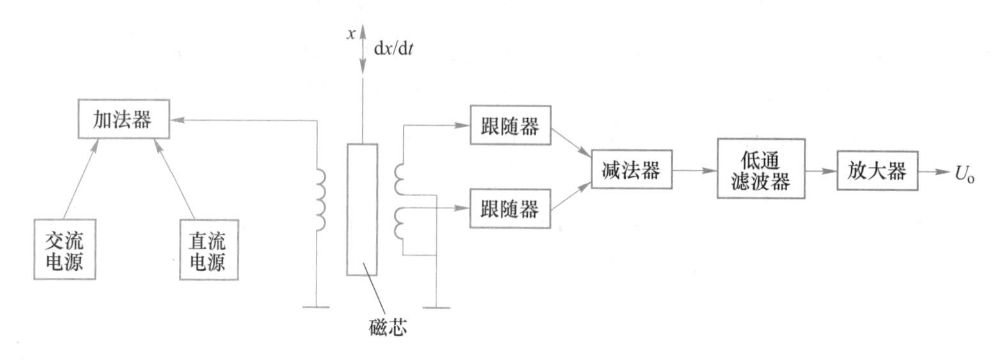

图 4-37　差动变压器测速装置原理框图

铁芯位移后，两个次级线圈获得互感系数，有：

$$M_1(x) = M_0 - kx \tag{4-120}$$

$$M_2(x) = M_0 + kx \tag{4-121}$$

其中，k 为比例系数，即 $\Delta M = kx$。把式（4-118）、式（4-120）和式（4-121）代入式（4-119），可以得到两个次级线圈的感应电动势：

$$E_1 = kI_0\frac{\mathrm{d}x}{\mathrm{d}t} + kI_\mathrm{m}\frac{\mathrm{d}x}{\mathrm{d}t}\sin\omega t - (M_0 - kx)I_\mathrm{m}\omega\cos\omega t \tag{4-122}$$

$$E_2 = -kI_0\frac{\mathrm{d}x}{\mathrm{d}t} - kI_\mathrm{m}\frac{\mathrm{d}x}{\mathrm{d}t}\sin\omega t - (M_0 + kx)I_\mathrm{m}\omega\cos\omega t \tag{4-123}$$

两式相减得：

$$\Delta E = E_1 - E_2 = 2kI_0\frac{\mathrm{d}x}{\mathrm{d}t} + 2kI_\mathrm{m}\frac{\mathrm{d}x}{\mathrm{d}t}\sin\omega t + 2kxI_\mathrm{m}\omega\cos\omega t \tag{4-124}$$

若用低通滤波器滤掉 ω 成分，可得到输出电压值：

$$E_\mathrm{V} = 2kI_0\frac{\mathrm{d}x}{\mathrm{d}t} \tag{4-125}$$

这样，通过输出电压值 E_V 可以确定出速度 v。如图 4-37 所示，通过跟随器获得两次级线圈的电流增益 E_1 和 E_2，经减法器获得 ΔE。然后，通过低通滤波器除掉 ω 成分得到 E_V，信号放大后，输出电压 U_o。

4.2.3　电涡流

金属导体置于变化的磁场中，内部产生感应电流，电流流线在导体内自动闭合，称为电涡流。电涡流大小与金属导体的电阻率 ρ、导磁率 μ、厚度 h、线圈与金属导体之间的距离 x 以及线圈的激磁电流角频率 ω 等参数有关，若保持其他参数恒定，对线圈作用中建立起电涡流大小与另外一个参数关系，奠定了电涡流传感器的测量原理。

电涡流传感器结构简单、灵敏度高、抗干扰能力强、检测线性范围大，而且具有非接触测量的优点，广泛应用于生产、生活和科学研究等各个领域，如测量位移、振动、厚度、转速、温度等参数。

如图 4-38 所示，一块金属导体板电导率为 σ、磁导率为 μ、厚度为 h、温度为 T，相邻一侧距离 x 处有一个半径为 r 的线圈。当线圈内通有交变电流 i_1 时，线圈周围空间产生一个交变磁场 H_1；同时，磁场中的金属板将产生感应电动势，形成电涡流 i_2，它产生一个磁场 H_2。由于磁场 H_2 对磁场 H_1 的反作用，导致线圈的电感、阻抗和品质因数发生变化。

例如，电涡流传感器中线圈和导体构成一个系统，线圈阻抗是一个多元函数，当激励线圈和金属导体材料确定后，线圈阻抗 Z 就成为距离 x 的单值函数，即：

$$Z = f(x) \tag{4-126}$$

这就是电涡流传感器测位移的原理。

4.2.3.1 电涡流传感器等效电路

电涡流传感器的等效电路，如图 4-39 所示，可以得到电路工作过程的方程组：

$$\begin{cases} R_1\dot{I}_1 + \mathrm{j}\omega L_1\dot{I}_1 - \mathrm{j}\omega \dot{M}\dot{I}_2 = \dot{U} \\ R_2\dot{I}_2 + \mathrm{j}\omega L_2\dot{I}_2 - \mathrm{j}\omega\dot{M}\dot{I}_1 = 0 \end{cases} \tag{4-127}$$

式中 R_1，L_1——线圈原有的电阻和电感；

R_2，L_2——电涡流等效短路环的电阻和电感；

ω——励磁电流的角频率；

M——线圈与金属体之间的互感系数；

$\dot{U}$——电源电压的向量；

$\dot{I}_1$——线圈电流的向量；

$\dot{I}_2$——导体涡流的向量。

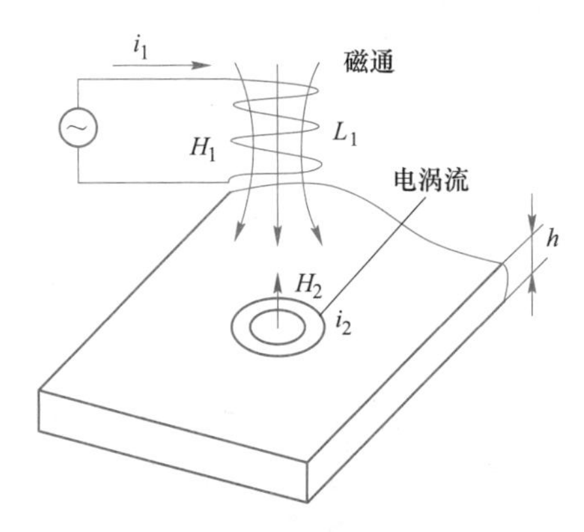

图 4-38 电涡流传感器原理示意图

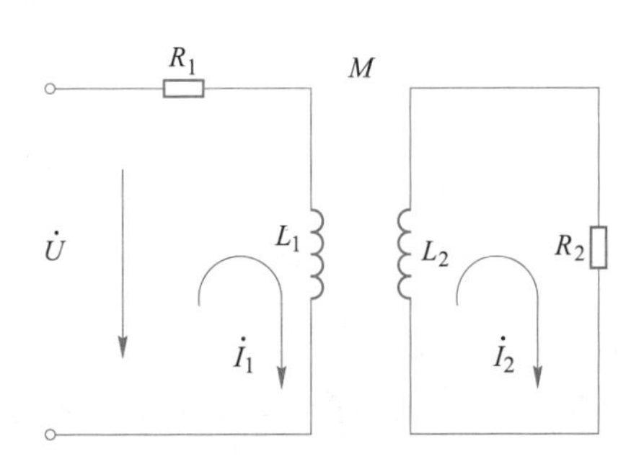

图 4-39 电涡流传感器等效电路

那么，线圈等效阻抗，有：

$$Z = \frac{\dot{U}}{\dot{I}_1} = R_1 + \frac{\omega^2 M^2 R_2}{R_2^2 + \omega^2 L_2^2} + \mathrm{j}\omega\left(L_1 - \frac{\omega^2 M^2 L_2}{R_2^2 + \omega^2 L_2^2}\right) \tag{4-128}$$

线圈受涡流影响后的等效电阻和等效电感分别为：

$$R_{eq} = R_1 + \frac{\omega^2 M^2 R_2}{R_2^2 + \omega^2 L_2^2} \tag{4-129}$$

$$L_{eq} = L_1 - \frac{\omega^2 M^2 L_2}{R_2^2 + \omega^2 L_2^2} \tag{4-130}$$

线圈的等效品质因数为：

$$Q_{eq} = \frac{\omega L_{eq}}{R_{eq}} = Q_0 \frac{1 - \omega^2 M^2 L_2 / [(R_2^2 + L_2^2) L_1]}{1 + \omega^2 M^2 R_2 / [(R_2^2 + L_2^2) R_1]} \tag{4-131}$$

式中 Q_0——线圈未受涡流影响时品质因数，$Q_0 = \omega L_1 / R_1$。

可以看出，传感器线圈的电阻、电感和品质因数的变化与导体的几何形状、电导率、磁导率等有关，也与线圈的几何参数、电流频率以及线圈与导体间距离有关。这样，可以固定其他变量，仅使一个变量变化，就可以构成与之对应的传感器。

4.2.3.2 调频与调幅原理

调频式涡流传感器测量原理如图 4-40 所示，涡流激励线圈接入 LC 振荡回路，当激励线圈与涡流导体距离 x 变化时，涡流作用下激励线圈电感也随之发生变化，导致振荡频率变化，有 $f = L(x)$。其中，频率可以由数字频率计直接测量，有：

$$f = \frac{1}{2\pi \sqrt{L(x) C}} \tag{4-132}$$

或者通过 f-U 变换，用数字电压表测量对应的电压。

为了避免输出电缆分布电容的影响，通常把 L、C 装在传感器内，使电缆分布电容并联在大电容 C_2、C_3 上，如图 4-41 所示，以减小对振荡频率 f 的影响。这个振荡器电路，包括电容三点式振荡器和射极输出器两部分。

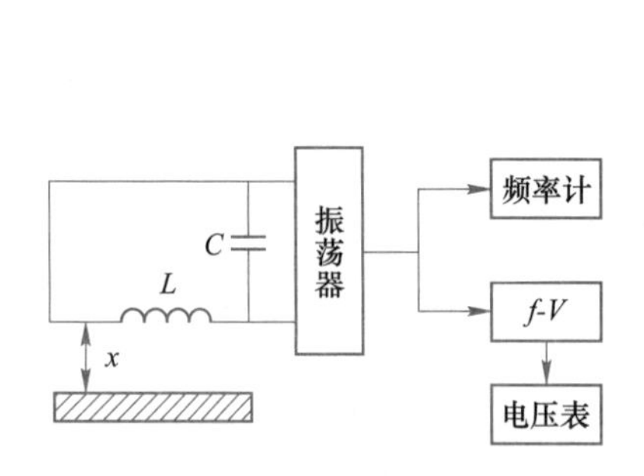

图 4-40 涡流传感器调频式测量原理

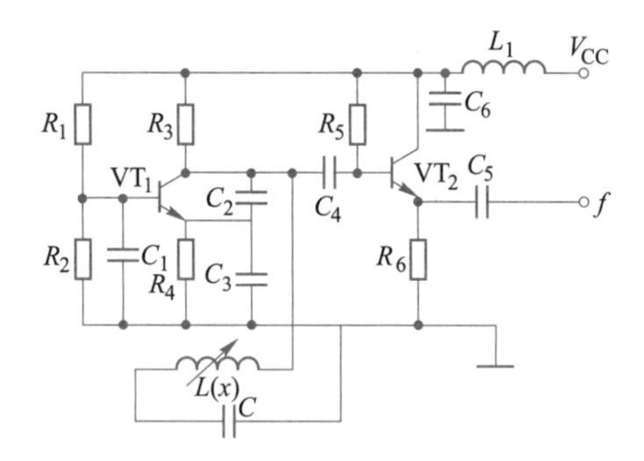

图 4-41 调频式涡流传感器电路接法

调幅式涡流传感器测量原理如图 4-42 所示，正弦波振荡器起到恒幅作用，给激励线圈 L 和电容器 C 并联谐振回路提供稳定频率 f_0 和激励电流 I_0，LC 回路输出电压为：

$$\dot{U}_o = I_0 \dot{f}(Z) \tag{4-133}$$

式中 Z——LC 并联谐振回路的电抗。

当线圈与涡流导体无关，LC 并联谐振回路频率为 f_0，回路呈现出最大电抗，输出电压也最大；当线圈与涡流导体作用，线圈等效电感 L 发生变化，即 L 随距离 x 变化而变化，出现回路失谐，导致输出电压降低。输出电压经放大、检波后，由指示仪表能直接显示出 x 值大小。

4.2.3.3 电涡流传感器结构

电涡流传感器结构如图 4-43 所示，多股漆包线或银线的线圈 1，绕在聚四氟乙烯骨架 2 上，呈扁平盘状。使用时，通过骨架衬套 3 安装在支架 4 上，5、6 是电缆和插头。传感器的非线性误差约为 3%，使用温度范围−15~80 ℃。

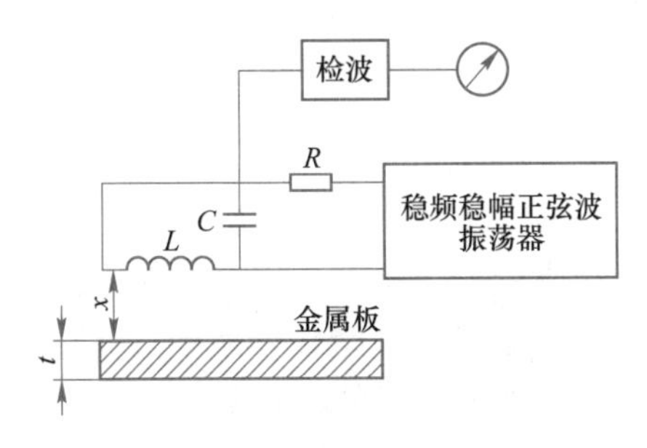

图 4-42 涡流传感器调幅式测量原理

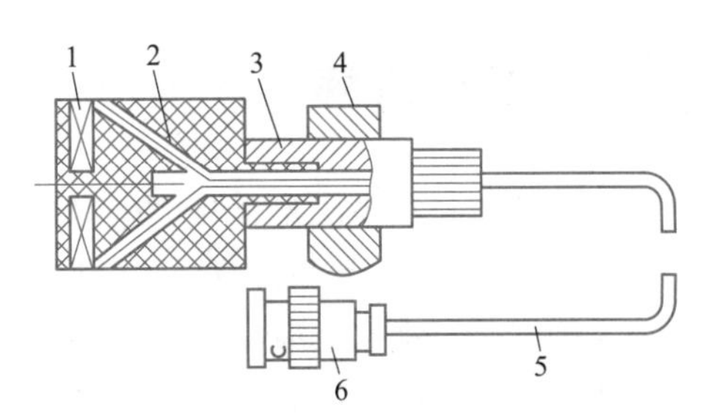

图 4-43 电涡流传感器结构
1—线圈；2—骨架；3—骨架衬套；
4—支架；5—电缆；6—插头

4.2.3.4 低频透射电涡流厚度传感器

一般来说，金属导体内电涡流贯穿深度与传感器线圈激励电流频率有关，频率越低，贯穿深度越厚。低频透射式电涡流测厚仪如图 4-44（a）所示，金属导体——被测金属材料两侧分别有发射线圈 L_1 和接收线圈 L_2。当振荡器产生低频电压 u_1 加到 L_1 两端，线圈中流过一个同频率的交流电流，并在周围产生一个交变磁场。如果两个线圈间不存在金属导体，L_1 磁场直接贯穿 L_2，L_2 线圈两端就会产生一个交变感应电动势 u_2。但是，当两个线圈间放置金属导体，L_1 产生交变磁场会在金属导体内形成涡流 i，它损耗 L_1 部分磁场能量，使其贯穿金属导体耦合到 L_2 的磁通量减少，从而引起感应电动势 u_2 下降。当激励频率 f、L_1 和 L_2 结构、匝数以及它们之间的相对位置一定时，线圈 L_2 中感应电动势 u_2 大小与金属导体厚度 t 成反比，如图 4-44（b）所示，构成测厚原理。

金属导体中产生的电涡流 i 大小，还与材料电阻率 ρ 有关，因此为了获得正确的测量结果，往往需要进行标样校正，同时保证温度恒定。其次，$u_2 \propto \exp(-t/\delta)$，其中 t 和 δ 分别为金属导体厚度和其内电涡流 i 贯穿深度，而 $\delta \propto \sqrt{\rho/f}$。所以，接收线圈电压 u_2 随着被测材料厚度 t 以负指数幂规律减小，如图 4-44（b）给出的变化曲线。当频率 f 确定后，δ 一定，u_2 仅与厚度 t 有关。但是，可以看出，不同 δ 值曲线的线性度是不一样的。因此，对于不同的材料，为了获得较好的线性度，应该选择适宜的激励磁场频率。

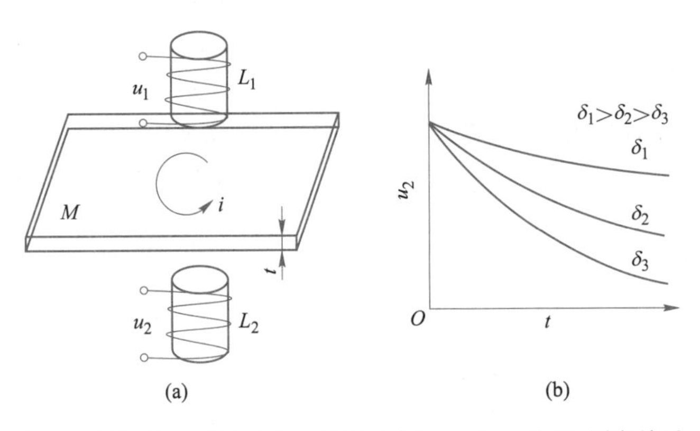

图 4-44 低频透射电涡流测厚仪结构示意图（a）和电压-厚度关系（b）

4.3 电容式传感器

电容式传感器是把被测量转化成电容量，建立起两者之间关系，以实现对被测量的测量。这种传感器可以用于检测位移、加速度、液位和成分等变化，具有诸多优点，如测量范围大、灵敏度高、动态响应时间短；同时，属于非接触测量，无摩擦存在，机械损失和自然热效应小，而且电极间相互吸引甚微，具有较高的精度。另外，它结构简单，以金属作为电极、无机材料作为绝缘支撑，适用性较强。

物理学上可知，两个平行的金属板作电极，两极间充满电介质，构成一个电容器。如果距离为 d、电极面积为 S、电介质常数为 ε，电容为：

$$C = \frac{\varepsilon S}{d} = \frac{\varepsilon_r \varepsilon_0 S}{d} \tag{4-134}$$

式中 ε_r，ε_0——介质材料的相对介电常数和真空介电常数，$\varepsilon = \varepsilon_r \varepsilon_0$，$\varepsilon_0 = 8.85\ \text{pF/m}$。

从式（4-134）可以看出，电容（C）取决于电极距离（d）、电极面积（S）和两极间介质性质（ε），如果保持其中两个不变，可以通过另一个参数（d，S 或 ε）变化与电容（C）建立起对应关系，奠定了传感器通过电容定量的理论基础。

4.3.1 变极距

4.3.1.1 变极距传感器

如图 4-45 所示，以空气为介质（ε）、两个极板面积为 S，其中极板 1 是可动的、极板 2 是固定的，极板 1 位置变化为被测量，建立起 $\Delta C = f(\Delta d)$ 关系，设计出变极距电容式传感器。

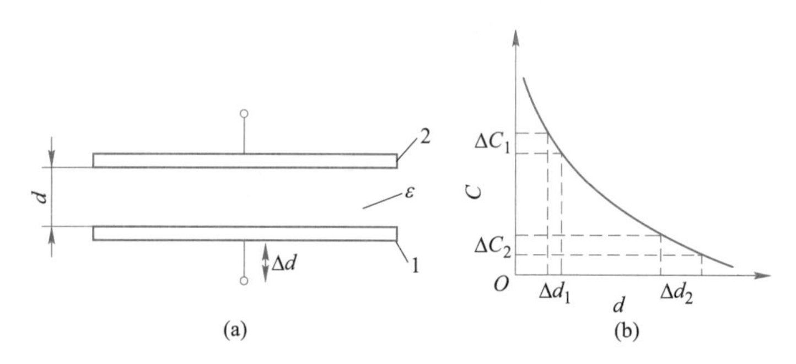

图 4-45 变极距电容式传感器原理（a）及 C-d 特性曲线（b）

1—可动极板；2—固定极板

初始距离为 d_0、空气介质 $\varepsilon \approx \varepsilon_0$，有：

$$C_0 = \frac{\varepsilon_0 S}{d_0} \tag{4-135}$$

当极距变化 Δd 时，通常 $\Delta d \ll d_0$，电容变化 ΔC，即：

$$C_0 + \Delta C = \frac{\varepsilon_0 S}{d_0 - \Delta d} \tag{4-136}$$

把式（4-135）代入式（4-136）得：

$$C_0 + \Delta C = C_0 \frac{1}{1 - \Delta d/d_0} \tag{4-137}$$

由于 $\Delta d/d_0 \ll 1$，利用 $1/(1-x) = \sum x^n (n = 0, 1, 2, \cdots, \infty)$，$x \to 0$ 泰勒级数展开，有：

$$\frac{\Delta C}{C_0} = \frac{\Delta d}{d_0}\left[1 + \frac{\Delta d}{d_0} + \left(\frac{\Delta d}{d_0}\right)^2 + \cdots\right] \tag{4-138}$$

可以看出，$\Delta C/C_0$与 Δd 之间并非线性关系。但是，略去高次项，得到近似关系式：

$$\frac{\Delta C}{C_0} \approx \frac{\Delta d}{d_0} \tag{4-139}$$

电容器静态灵敏度为：

$$K = \frac{\Delta C}{C_0}\frac{1}{\Delta d} = \frac{1}{d_0} \tag{4-140}$$

提高灵敏度应尽量减小极间距 d_0。另一方面，如果式（4-138）考虑到二次项，有：

$$\frac{\Delta C}{C_0} = \frac{\Delta d}{d_0}\left(1 + \frac{\Delta d}{d_0}\right) \tag{4-141}$$

非线性误差 δ_L为：

$$\delta_L = \frac{|(\Delta d/d_0)^2|}{|\Delta d/d_0|} = |\Delta d/d_0| \times 100\% \tag{4-142}$$

以上结果表明，增大相对位移 Δd 和减小极间距 d_0，相应地会增大非线性。

DWY-3 型振动、位移测量仪是一个非接触式测量仪器，用于测量旋转轴的回转精度和振摆、往复机构的运动特性和定位精度、机械构件的相对振动和相对变形以及工件尺寸和平直度等。它用一片金属板作为固定极板，被测量构件作为动极板组成电容器，如图 4-46 所示，给出测量旋转轴的回转精度和振摆原理示意图。测量时，调整好传感器与被测构件的原始极距 d_0，当旋转轴旋转产生径向位移 $\pm\Delta d$，如式（4-139）所示，相应地会产生电容变化 $\pm\Delta C$，DWY-3 型振动、位移测量仪可以直接指示出 Δd 大小，并显示出它的变化图像。

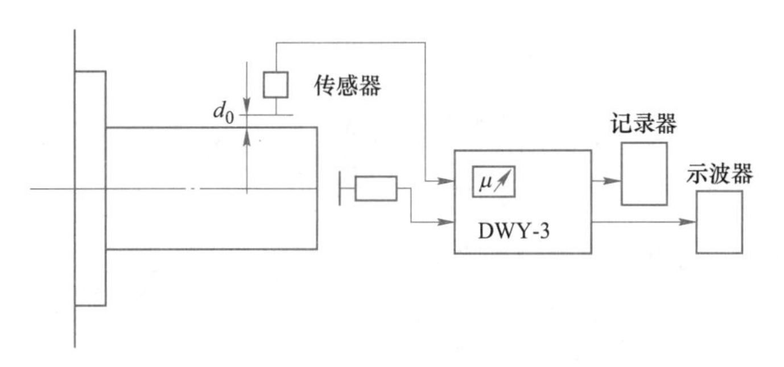

图 4-46 测量旋转轴的回转精度和振摆原理示意图

4.3.1.2 差动变极距传感器

差动结构下变极距电容式传感器如图 4-47 所示。其中，极板面积为 S，电介质的介电

常数为 $\varepsilon \approx \varepsilon_0$。极板与常规极板不同，它是由两个固定极板和中间一个动极板——三个极板构成的电容器 C_1 和 C_2 组成。

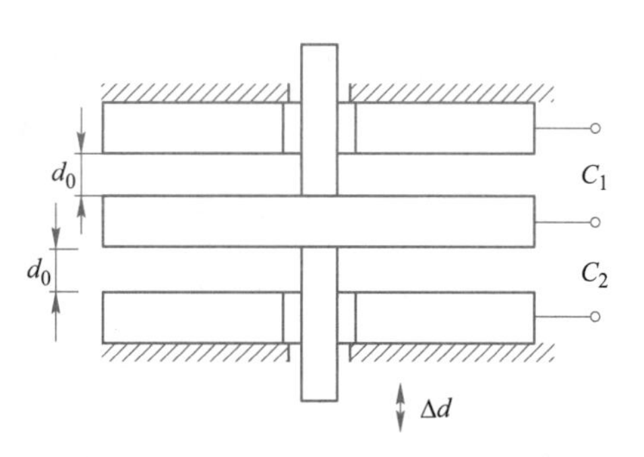

图 4-47　差动变极距电容式传感器原理

初始电容量相同，有：

$$C_{10} = C_{20} = \frac{\varepsilon_0 S}{d_0} = C_0 \tag{4-143}$$

当动极板位移 Δd 时，电容器 C_1 极距变为 $d_0 - \Delta d$；电容器 C_2 极距变为 $d_0 + \Delta d$。借助于式（4-137）和式（4-138），利用 $1/(1+x) = \sum(-1)^n x^n (n = 0, 1, 2, \cdots, \infty)$，$x \to 0$ 泰勒级数展开。分别有：

$$C_1 = C_0 \left[1 + \frac{\Delta d}{d_0} + \left(\frac{\Delta d}{d_0}\right)^2 + \left(\frac{\Delta d}{d_0}\right)^3 + \cdots\right] \tag{4-144}$$

$$C_2 = C_0 \left[1 - \frac{\Delta d}{d_0} + \left(\frac{\Delta d}{d_0}\right)^2 - \left(\frac{\Delta d}{d_0}\right)^3 + \cdots\right] \tag{4-145}$$

差动电容变化为：

$$\Delta C = C_1 - C_2 = C_0 \left[2\frac{\Delta d}{d_0} + 2\left(\frac{\Delta d}{d_0}\right)^3 + \cdots\right] \tag{4-146}$$

电容相对变化为：

$$\frac{\Delta C}{C_0} = 2\frac{\Delta d}{d_0}\left[1 + \left(\frac{\Delta d}{d_0}\right)^2 + \cdots\right] \tag{4-147}$$

由于 $\Delta d/d_0 \ll 1$，可以略去高次项，得：

$$\frac{\Delta C}{C_0} = 2\frac{\Delta d}{d_0} \tag{4-148}$$

ΔC 与 Δd 近似成线性关系。传感器的灵敏度 K，有：

$$K = \frac{\Delta C}{C_0}\frac{1}{\Delta d} = \frac{2}{d_0} \tag{4-149}$$

与式（4-140）相比，灵敏度增加一倍。差动结构下变极距传感器的相对非线性误差 δ_L，有：

$$\delta_L = \frac{\left|2\left(\frac{\Delta d}{d_0}\right)^3\right|}{\left|2\left(\frac{\Delta d}{d_0}\right)\right|} = \left(\frac{\Delta d}{d_0}\right)^2 \times 100\% \tag{4-150}$$

由于 $\Delta d/d_0 \ll 1$，非线性误差大大降低。

图 4-48 给出一种差动电容加速度传感器结构示意图，有两个固定极板，极板中间有一个用弹簧支撑的质量块，经磨平、抛光形成两个平面，与两个固定极板平行，作为可动极板。当传感器测量与极板垂直方向上加速度时，由于惯性作用，质量块在绝对空间维持相对静止，与两个

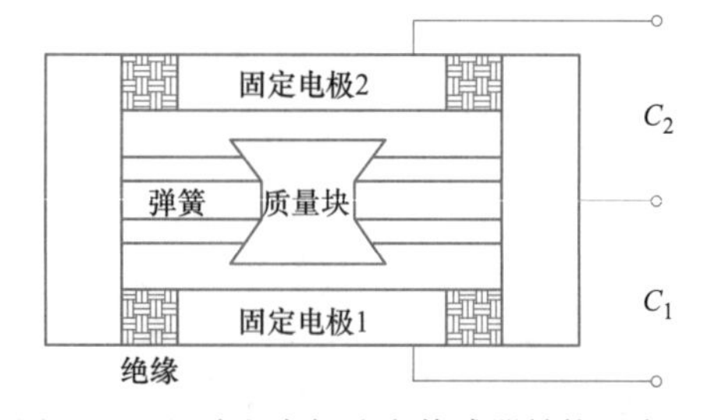

图 4-48　差动电容加速度传感器结构示意图

固定极板产生相对位移，其量与被测加速度成正比，导致 C_1、C_2 变化相反，形成差动电容。据此，测出电容变化量，推算出被测量，即位移加速度。

4.3.2 变面积

变面积电容传感器是根据固定极间距 d 和电介质性质 ε ［如式（4-134）所示］建立电容与电极面积关系，有线位移和角位移两种形式。

线位移电容器传感器原理如图 4-49（a）所示，当动极板移动 Δx 时，电极面积 S 改变 $b\Delta x$，其中 b 是极板宽度。电容器初始电容为：

$$C_0 = \frac{\varepsilon ab}{d} \tag{4-151}$$

式中 a ——极板长度。

移动后电容器电容为：

$$C_x = C_0 - \frac{\varepsilon b}{d}\Delta x \tag{4-152}$$

电容器变化量为：

$$\Delta C = -\frac{\varepsilon b}{d}\Delta x \tag{4-153}$$

灵敏度 K 为：

$$K = -\frac{\Delta C}{\Delta x} = \frac{\varepsilon b}{d} \tag{4-154}$$

可以看出，变面积线位移传感器是线性的，增大极板宽度 b 和减小极间距 d 可以提高灵敏度。

角位移电容器传感器原理如图 4-49（b）所示，当动极板有一位移 θ 时，电极面积改变（θ/π)S。其中，θ 是半圆极板边夹角，π 是半圆上面积 S 对应的角弧度。电容器的初始电容为：

$$C_0 = \frac{\varepsilon S}{d} \tag{4-155}$$

$\theta \neq 0$ 时，有：

$$C_\theta = C_0\left(1 - \frac{\theta}{\pi}\right) \tag{4-156}$$

电容器变化量为：

$$\Delta C = -C_0\frac{\theta}{\pi} \tag{4-157}$$

灵敏度 K 为：

$$K = -\frac{\Delta C}{\theta} = \frac{C_0}{\pi} \tag{4-158}$$

可以看出，角位移电容传感器输出特性也是线性的，灵敏度随着电介质性质 ε 和极板面积 S 增加、极间距减小而增加。

图 4-50 给出电容式频率计结构示意图，它是变面积电容式传感器的一个变形。图中，

1 为转动齿轮，作为电容器的动极板；2 是电容器的定极板，当齿轮转动时两极板间面积发生周期性变化，电容量也随之变化；3 是测量电路及信号处理电路，把电容量转换为脉冲信号；4 是频率计，把脉冲信号转换为数字信号输出。频率计显示的频率 f 与转速 n、齿轮数 z 之间关系为：

$$n = \frac{60f}{z} \tag{4-159}$$

把单位时间内电容量变化次数，即频率 $f(1/s)$，转化成转速，就起到一个传感器的作用。

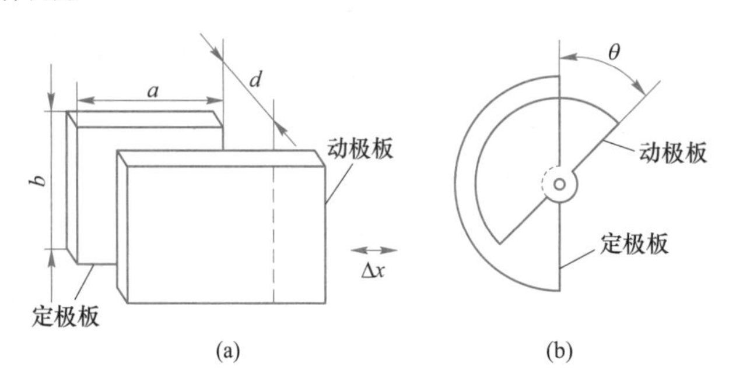

图 4-49　变面积电容传感器原理
（a）线位移；（b）角位移

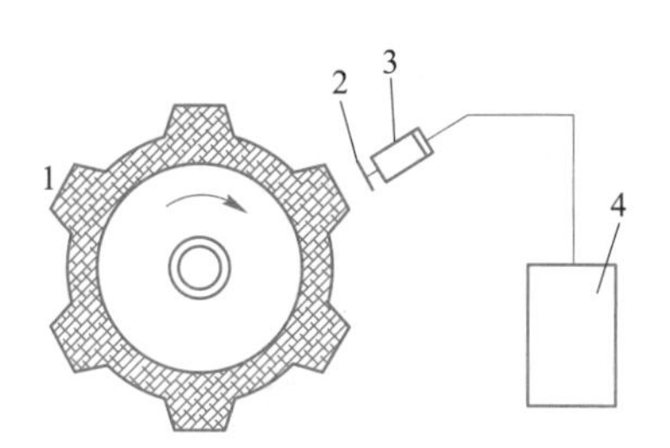

图 4-50　电容式频率计结构示意图
1—齿轮；2—定极板；
3—电容传感器；4—数据处理模块

4.3.3　变介质

变介质电容传感器拥有固定极间距 d 和电极面积 S，如式（4-134）所示，可以建立电容 C 与电极间电介质性质 ε 之间的关系。各种介质的介电常数不同，当其他介质取代空气时，电容量就随之发生变化。本节介绍测位移和测液位传感器。

4.3.3.1　测位移传感器

测位移变介质电容传感器原理如图 4-51 所示。电容器极板面积 $S = L_0 b_0$，其中 L_0、b_0 分别为极板的长和宽；d_0 为极间距；ε_0 为空气介质常数；ε_1 为被测物块介质常数；被测物块厚度亦为 d_0。电容器初始电容为：

$$C_0 = \frac{\varepsilon_0 S}{d_0} = \frac{\varepsilon_0 L_0 b_0}{d_0} \tag{4-160}$$

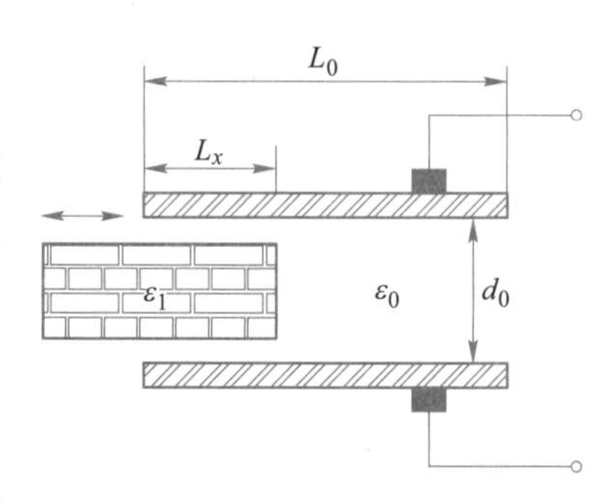

图 4-51　测位移变介质电容传感器原理

当被测物块进入电容器间隙长为 L_x 时，电容器电容为：

$$C_x = \frac{\varepsilon_0 L_0 b_0 + (\varepsilon_1 - \varepsilon_0) L_x b_0}{d_0} \tag{4-161}$$

电容器变化为：

$$\Delta C = \frac{(\varepsilon_1 - \varepsilon_0) L_x b_0}{d_0} \tag{4-162}$$

测位移变介质电容传感器灵敏度为：

$$K = \frac{(\varepsilon_1 - \varepsilon_0) b_0}{d_0} \tag{4-163}$$

可以看出，测位移变介质电容传感器的灵敏度，随着介质差值（$\varepsilon_1 - \varepsilon_0$）增加而增大。

4.3.3.2 测液位传感器

圆筒形电容器构成测液位原理如图4-52所示，它由两个套管组成，内套管外径为$2r$，外套管内径为$2R$，套管长L_0，空气的电介质常数为ε_0，被测液体电介质常数为ε_1。把圆筒形电容器垂直插入储液罐底，储液罐不存在液体时，电容器的初始电容量为：

$$C_0 = \frac{2\pi\varepsilon_0 L_0}{\ln(R/r)} \tag{4-164}$$

当储液罐内液体高度为L_x时，圆筒形电容器的电容量为：

$$C_x = \frac{2\pi\varepsilon_0 L_0}{\ln(R/r)} + \frac{2\pi(\varepsilon_1 - \varepsilon_0) L_x}{\ln(R/r)} \tag{4-165}$$

电容器变化量为：

$$\Delta C = \frac{2\pi(\varepsilon_1 - \varepsilon_0) L_x}{\ln(R/r)} \tag{4-166}$$

圆筒形电容器的灵敏度为：

$$K = \frac{2\pi(\varepsilon_1 - \varepsilon_0)}{\ln(R/r)} \tag{4-167}$$

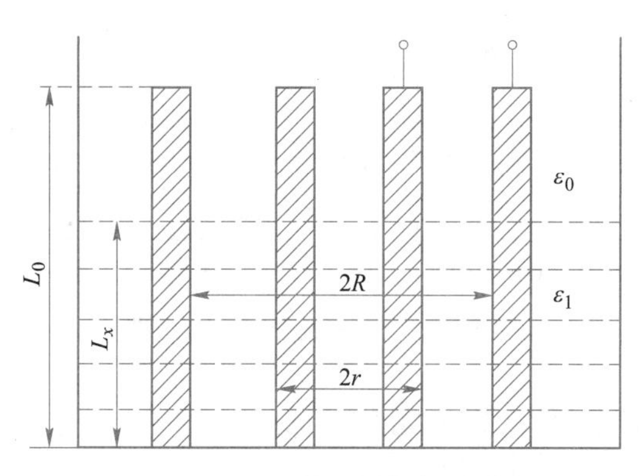

图4-52 测液位电容传感器原理

从式（4-165）和式（4-167）可以看出，灵敏度为常数，电容量C_x与液体深度L_x之间为线性关系。

图4-53所示为利用湿敏电容制成的电容式数字湿度计结构，上面有多孔Au电极，下面有铝电极作为固定极板，以及Al_2O_3吸湿层构成湿敏电容，它们与电阻R_0一起构成RC振荡器，当湿敏电容随湿度变化时，导致RC振荡器频率和幅度发生变化。其中，SiO_2膜和单晶硅分别起到绝缘和基底作用，两者介电常数是固定的。一路，经整形电路处理得到频率变化；另一路，经鉴频器处理得到幅度变化。两者一起送到单片机系统进行数据处理，在显示器上显示出结果。

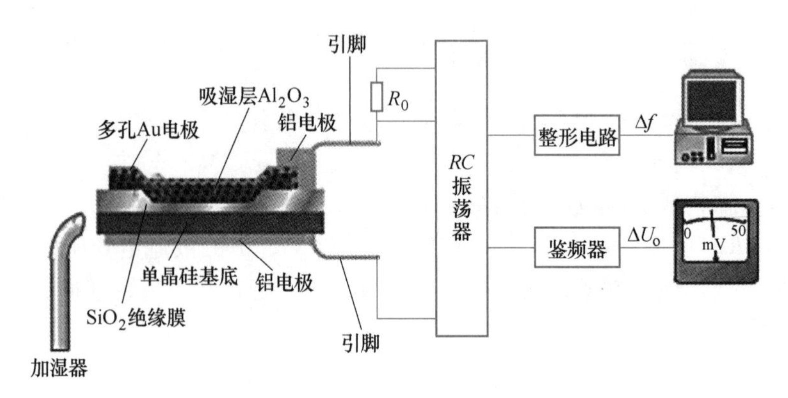

图 4-53 电容式数字湿度计结构示意图

4.3.4 等效电路

严格地讲，电容式传感器并不是一个理想电容，其中还包含有串、并联电阻和串联电感等，它的等效电路如图 4-54（a）所示。其中，R_P为一个并联电阻，来自极板间的电阻泄露和介质损耗，它在低频时影响较大，高频时影响较小；R_S为一个串联电阻，来自引线、电容器支架和极板损耗；L 是一个电感，来自电容器本身和外部引线消耗。试验表明，相比之下 R_S和 R_P是可以忽略不计；于是，电容器等效电路，就变成如图 4-54（b）所示。

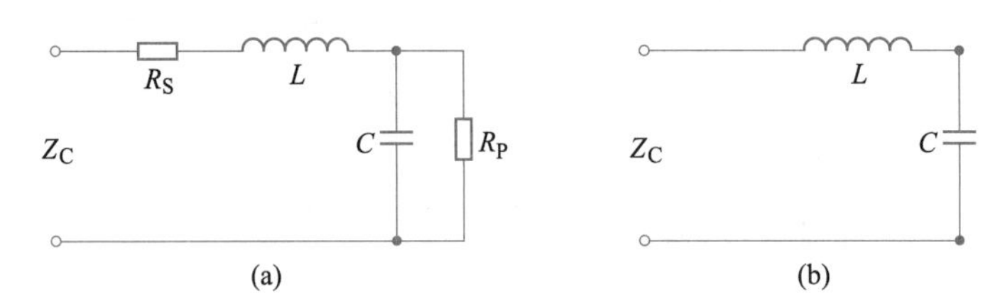

图 4-54 电容传感器的等效电路

由图 4-54（b）可得电容传感器的等效阻抗：

$$Z_C = j\omega L + \frac{1}{j\omega C} \tag{4-168}$$

式中 ω——激励电源角频率，$\omega = 2\pi f$；

f——激励电源的频率。

由于 $\omega L << 1/(\omega C)$，阻抗 $Z_C = 1/(j\omega C)$ 相当于一个电容。那么，可以定义一个等效电容。由式（4-168）变形可得：

$$Z_C = j\left(\omega L - \frac{1}{\omega C}\right) = \frac{1}{j\omega\left(\dfrac{C}{1 - \omega^2 LC}\right)} \tag{4-169}$$

有电感存在时，可以获得电容传感器的一个等效电容：

$$C_e = \frac{C}{1 - \omega^2 LC} \tag{4-170}$$

对式（4-170）微分，有：

$$\frac{\mathrm{d}C_e}{\mathrm{d}C} = \frac{1}{(1 - \omega^2 LC)^2} \tag{4-171}$$

式（4-170）与式（4-171）相除，整理后得：

$$\frac{\mathrm{d}C_e}{C_e} = \frac{\mathrm{d}C/C}{1 - \omega^2 LC} = \frac{\mathrm{d}C/C}{1 - (f/f_0)^2} \tag{4-172}$$

式中　f_0——等效 LC 电路的谐振频率，$f_0 = 1/(2\pi\sqrt{LC})$。

如果 $(f/f_0) \ll 1$，可得：

$$\frac{\mathrm{d}C_e}{C_e} \approx \frac{\mathrm{d}C}{C} \tag{4-173}$$

因此，降低激励源的频率，可以减小测量误差。

另外，电容传感器的电容值一般非常小，仅有几皮法至几十皮法，可以说是无法直接显示的，必须借助于测量电路把这个信号转化成电压、电流或频率信号，然后经信号放大、滤波等处理。

习　　题

4-1 一应变片的电阻 $R_0 = 120\ \Omega$，应变灵敏系数 $K_m = 2.05$，采用应变 $\varepsilon = 800\ \mu\mathrm{m/m}$ 传感元件。求：（1）ΔR；（2）直流电桥（惠斯通测量电桥）的非平衡输出电压 U_o。

4-2 一台等强度梁电子秤，如图 4-55 所示，$l = 100$ mm，$b_0 = 11$ mm，$h = 3$ mm，$E = 2.1\times10^4$ N/mm²，$K = 2$，接入直流四臂差动电桥，供桥电压 6 V，求其电压灵敏度（$K_U = U_o/F$）。当称重 0.5 kg 时，电桥输出电压 U_o 多大？

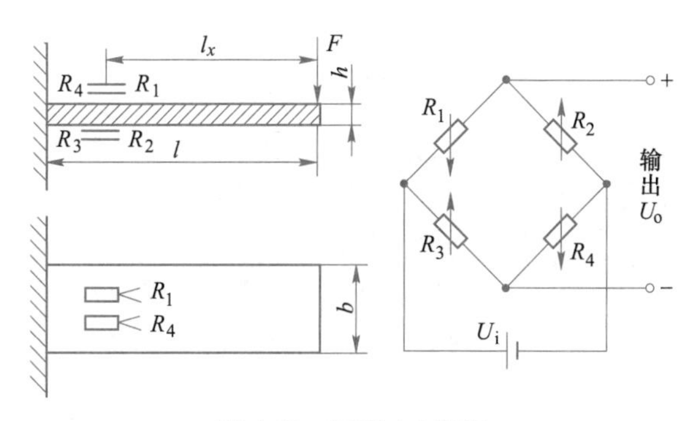

图 4-55　习题 4-2 附图

4-3 依据气体分子在半导体氧化物表面吸附，获得平衡浓度 C 与电阻值 R 定量关系：$\lg R = n\lg C + m$，分析 n 和 m 的物理意义，为什么？

4-4 试述变隙式电感传感器的结构、工作原理和输出特性，它具有哪些优点？

4-5 有一只差动电感位移传感器，已知电源电压 $U_{sr} = 4$ V，$f = 400$ Hz，传感器线圈铜电阻与电感量分别为

$R=40\ \Omega$，$L=30\ \text{mH}$，用两只匹配电阻设计成四臂等阻抗电桥，如图 4-56 所示。试求：（1）匹配电阻 R_3 和 R_4 的值；（2）当 $\Delta Z=10\ \Omega$ 时，分别接成单臂和差动电桥时输出电压值；（3）用向量图表明输出电压 $\dot{U}_{sc}$ 与输入电压 $\dot{U}_{sr}$ 之间的相位差。

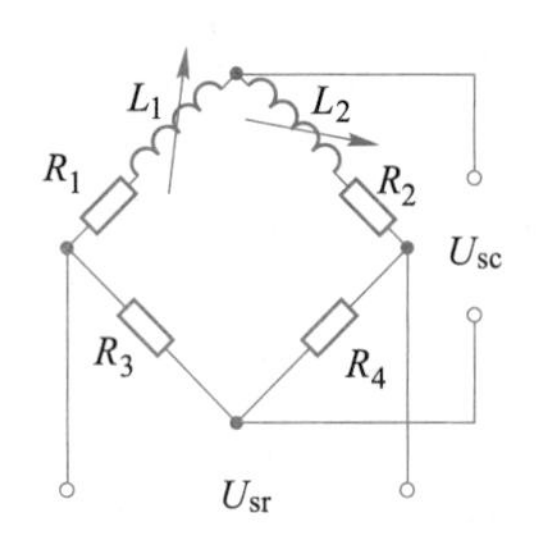

图 4-56　习题 4-5 附图

4-6 差动螺管式电感传感器，如图 4-57 所示，$l=160\ \text{mm}$，$r=4\ \text{mm}$，$r_c=2.5\ \text{mm}$，$l_c=96\ \text{mm}$，导线直径 $d=0.25\ \text{mm}$，电阻率 $\rho=1.75\times10^{-6}\ \Omega\cdot\text{cm}$，线圈匝数 $W_1=W_2=3000$ 匝，铁芯相对磁导率 $\mu_r=30$，激励电源频率 $f=3000\ \text{Hz}$。要求：（1）给出螺管内轴向磁场强度 H-x 分布图，根据曲线估计当 $\Delta H<0.2(W/l)$ 时，铁芯移动工作范围有多大？（2）估算单个线圈的电感值 L、直流电阻 R 和品质因数 Q；（3）当铁芯移动±5 mm 时，线圈的电感变化量 $\Delta L=$？（4）当采用交流电桥检测时，其电桥电源电压有效值 $E=6\ \text{V}$，要求设计电路具有最大输出电压值，画出相应桥路原理图，并计算出输出电压值。

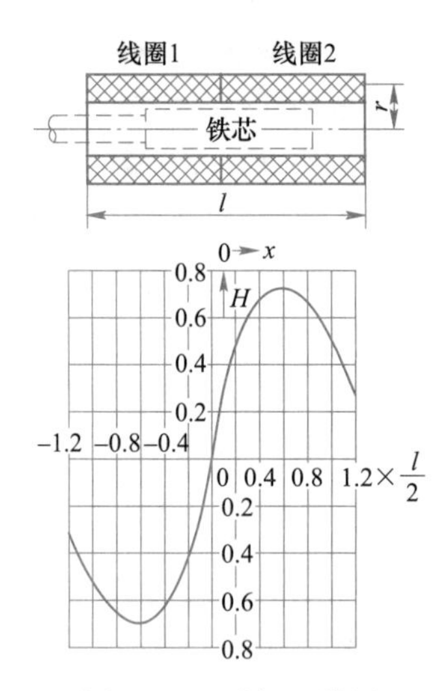

图 4-57　习题 4-6 附图

4-7 已知平板电容传感器极板间介质为空气，极板面积 $S=a\times a=2\ \text{cm}\times2\ \text{cm}$，间隙 $d_0=0.1\ \text{mm}$。试求：（1）传感器的初始电容值；（2）若装配关系，极板一侧间隙为 d_0，而另一侧间隙为 $d_0+b=0.11\ \text{mm}$，传感器初始电容值。

4-8 有一变隙差动电容传感器，结构如图 4-58 所示，选用变压器交流电桥作测量电路。差动电容器参数：$r=12\ \text{mm}$；$d_1=d_2=d_0=0.6\ \text{mm}$；空气介质 $\varepsilon=\varepsilon_0=8.85\times10^{-12}\ \text{F/m}$。测量电路参数：$u_{sr}=u=\dot{U}_{sr}=3\sin\omega t(\text{V})$。试求当动极板上输入位移（向上）$\Delta x=0.05\ \text{mm}$ 时，电桥输出端电压 u_{sc}。

4-9 柱体电容液位计测量非导电液体液位高度，如图 4-59 所示，已知内电极 1 外径 $2r=1$ cm，外电极 2 内径 $2R=3$ cm，被测液体的相对介电常数 ε_r 为 3，试求该液位计的灵敏度？当液位变化 $\Delta H=1.0$ cm 时，其电容变化多少？注：柱体电容器电容 $C=2\pi\varepsilon_0\varepsilon_r l/\ln(R/r)$，$l$ 为内外电极的覆盖长度。

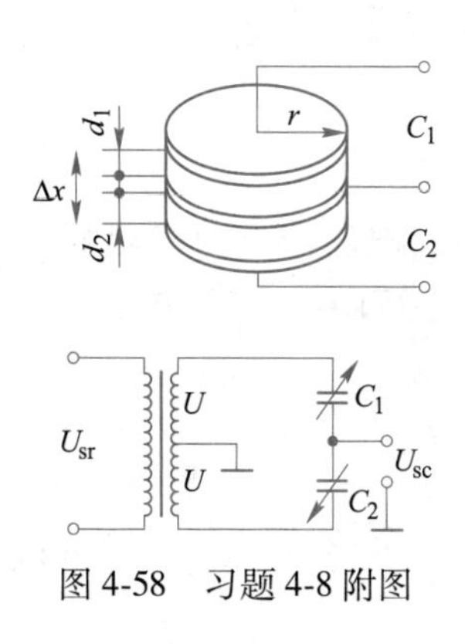

图 4-58　习题 4-8 附图

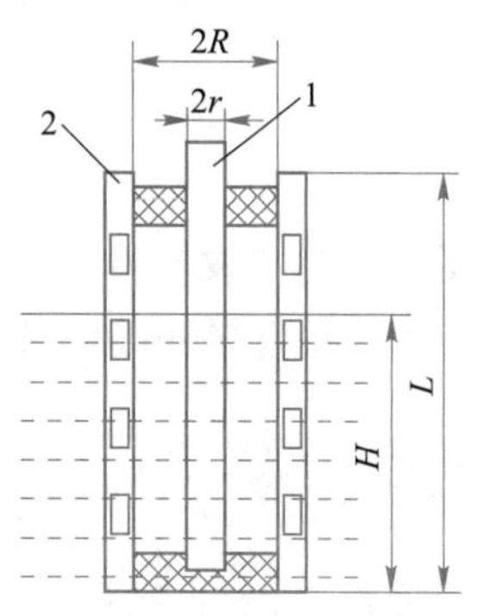

图 4-59　习题 4-9 附图

5 电量型传感器

电量型传感器也称为“发电传感器”，即电压、电流或电荷输出相关的传感器，属于能量转换型，这类传感器直接输出电量，其测量电路简单，使用方便。

5.1 电化学传感器

电化学传感器多数是借助于两极反应构建的一个浓差电池，用于检测未知一侧物质含量，如图5-1所示，它由固体电解质、参比电极和测量电极构成。

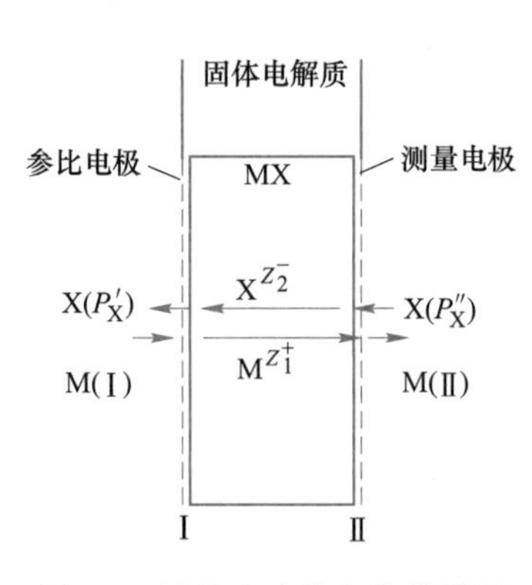

图5-1　浓差电池的电化学原理

固体电解质MX两侧装上像铂类的非电活性电极，由于两侧化学势不同，电极反应作用下固体电解质内出现单种离子迁移，两极间产生电势差。如果固体电解质内是阴离子传导，元素X气体分压P'_X、P''_X分别与两侧非活性电极接触。设$P'_X<P''_X$，则X从电极Ⅱ进入MX，从电极Ⅰ出去：

（1）电极Ⅱ上发生反应：

$$X + Z_2e^- \longrightarrow X^{Z_2^-} \tag{5-1}$$

Z_2是气体X变成$X^{Z_2^-}$离子得到的电子数量。反应导致电极Ⅱ上出现正电荷，达到平衡时产生电极电势φ_+。

（2）电极Ⅰ上发生反应：

$$X^{Z_2^-} \longrightarrow X + Z_2e^- \tag{5-2}$$

$X^{Z_2^-}$离子向气体X转换，电子残留在电极Ⅰ上显负电性，达到平衡时产生电极电势φ_-。其中，“平衡”是化学势与电动势作用的结果，化学势驱动离子迁移，电场势阻碍离子迁移。因此，固体电解质MX两侧形成一个电势差$E=\varphi_+-\varphi_-$，即浓差电池电动势，与两侧的化学势有关。

如果固体电解质内是阳离子传导，使元素M组分的M（Ⅰ）、M（Ⅱ）分别接触电极。设化学组分M（Ⅰ）>M（Ⅱ），则M从电极Ⅰ进入MX，从电极Ⅱ离开，有：

（1）电极Ⅰ上发生反应：

$$M \longrightarrow M^{Z_1^+} + Z_1e^- \tag{5-3}$$

Z_1是金属M变成$M^{Z_1^+}$离子给出的电子数量。电子残留在电极Ⅰ上显负电性，电极Ⅰ产生电极电势φ_-。

（2）电极Ⅱ上发生反应：

$$M^{Z_1^+} + Z_1e^- \longrightarrow M \tag{5-4}$$

M^{Z+}_{I}得到电子以 M 形式离去，电极Ⅱ显正电性，产生电极电势 φ_+。

同理，固体电解质 MX 两侧形成一个电势差 $E=\varphi_+-\varphi_-$，即浓差电池的电动势，与两侧的化学势有关。

5.1.1 化学势与电动势转换

CaO 稳定的 ZrO_2 作为固体电解质，即 CSZ（CaO stabilized ZrO_2 的缩写），它是一个氧离子导体。以此为例，介绍电动势与化学势的关系，至于它为什么能传导氧离子将在后面说明。

当固体电解质两侧电极与气相氧相平衡，已知 P'_{O_2}，测量 P''_{O_2}，如图 5-1 所示，构建浓差电池：

$$Cr,\ Cr_2O_3(P'_{O_2}),\ Pt(\text{I})\,|\,CSZ\,|\,Pt(\text{II}),\ O_2(P''_{O_2}) \tag{5-5}$$

这里，Cr 和 Cr_2O_3 混合物为参比电极，能给出固定的氧势 P'_{O_2}，即：

$$4/3Cr(s) + O_2(g) = 2/3Cr_2O_3(s) \quad \Delta G^{\ominus}_{Cr_2O_3} = RT\ln P_{O_2} \tag{5-6}$$

由于 $\Delta G^{\ominus}_{Cr_2O_3}$是温度的函数，表明 P'_{O_2}在一定温度下是已知的，选作参比电极；CSZ 是氧离子（O^{2-}）导体；Pt(Ⅰ) 和 Pt(Ⅱ) 是非电活性物质，分别作为参比电极和测量电极；Pt(Ⅱ) 周围氧分压 P''_{O_2}是被测对象。

测量时，当 $P''_{O_2}>P'_{O_2}$，两极上电极反应处于电化学平衡，即：

电极Ⅰ(-)：
$$2O^{2-} = O_2(g) + 4e^- \tag{5-7}$$
$$\bar{\mu}_{\text{I}} = \mu'_{O_2} + 4F\varphi_{\text{I}} \tag{5-8}$$

电极Ⅱ(+)：
$$O_2(g) + 4e^- = 2O^{2-} \tag{5-9}$$
$$\bar{\mu}_{\text{II}} = \mu''_{O_2} + 4F\varphi_{\text{II}} \tag{5-10}$$

电池反应：
$$O_2(P''_{O_2}) = O_2(P'_{O_2}) \tag{5-11}$$

式中 $\bar{\mu}_{\text{I}}$，$\bar{\mu}_{\text{II}}$——电极Ⅰ和电极Ⅱ上电化学势。

达到电化学平衡时，$\bar{\mu}_{\text{I}}=\bar{\mu}_{\text{II}}$，即 $\mu''_{O_2}+4F\varphi_{\text{II}}=\mu'_{O_2}+4F\varphi_{\text{I}}$，有：

$$E = \varphi_{\text{II}} - \varphi_{\text{I}} = -\frac{1}{4F}(\mu''_{O_2} - \mu'_{O_2}) \tag{5-12}$$

式中 φ_{II}，φ_{I}——电极Ⅱ和电极Ⅰ电极电势；

μ''_{O_2}，μ'_{O_2}——电极Ⅱ和电极Ⅰ上电极反应的化学势；

F——法拉第常数；

E——电池电动势。

$$\mu'_{O_2} = \mu^{\ominus}_{O_2} - RT\ln\frac{P'_{O_2}}{a^2_{O^{2-},\text{I}}} \tag{5-13}$$

$$\mu''_{O_2} = \mu^{\ominus}_{O_2} - RT\ln\frac{P''_{O_2}}{a^2_{O^{2-},\text{II}}} \tag{5-14}$$

达到平衡时，固体电解质内存在 $a_{O^{2-},\text{I}} = a_{O^{2-},\text{II}}$。把式（5-13）和式（5-14）代入式（5-12），有：

$$E = \frac{RT}{4F}\ln\frac{P''_{O_2}}{P'_{O_2}} \tag{5-15}$$

Pt(Ⅰ)一侧使用 Cr 和 Cr_2O_3 混合物为参比电极，给出固定的氧分压 P'_{O_2}。那么，测得电池电动势 E，就可以计算出氧分压 P''_{O_2}。

同理，利用固体电解质 CSZ 构建浓差电池，如式（5-16）所示，测量 Sn-Pb 合金中活度。在 CSZ 两侧分别装上 Sn-Pb(l)+SnO 和 Sn(l)+SnO。

$$\mathrm{Sn(l),\ SnO,\ Pt(I)\,|\,CSZ\,|\,Pt(II),\ Sn\text{-}Pb(l),\ SnO} \tag{5-16}$$

电极Ⅰ(-)上，有：

$$2\mathrm{Sn(l)} + \mathrm{O_2(g)} = 2\mathrm{SnO(s)} \tag{5-17}$$

$$2\mathrm{O^{2-}} = \mathrm{O_2(g)} + 4\mathrm{e^-} \tag{5-18}$$

两者相加，有电极反应：

$$\mathrm{Sn(l)} + \mathrm{O^{2-}} = \mathrm{SnO(s)} + 2\mathrm{e^-} \tag{5-19}$$

电极Ⅱ(+)上，有：

$$2\mathrm{SnO(s)} = 2\mathrm{Sn_{Sn\text{-}Pb}(l)} + \mathrm{O_2(g)} \tag{5-20}$$

$$\mathrm{O_2(g)} + 4\mathrm{e^-} = 2\mathrm{O^{2-}} \tag{5-21}$$

两者相加，有电极反应：

$$\mathrm{SnO(s)} + 2\mathrm{e^-} = \mathrm{Sn_{Sn-Pb}(l)} + \mathrm{O^{2-}} \tag{5-22}$$

电池反应：

$$\mathrm{Sn(l)} + \mathrm{O^{2-}(I)} = \mathrm{Sn_{Sn-Pb}(l)} + \mathrm{O^{2-}(II)} \tag{5-23}$$

达到电化学平衡时，固体电解质内有 $a^{\mathrm{I}}_{O^{2-}} = a^{\mathrm{II}}_{O^{2-}}$：

$$E = -\frac{1}{2F}(\mu_{\mathrm{Sn_{Sn-Pb}}} - \mu_{\mathrm{Sn}}) \tag{5-24}$$

取纯物质为标态，有：

$$\mu_{\mathrm{Sn_{Sn-Pb}}} = \mu^{\ominus}_{\mathrm{Sn}} + RT\ln a_{\mathrm{Sn_{Sn-Pb}}} \text{ 和 } \mu_{\mathrm{Sn}} = \mu^{\ominus}_{\mathrm{Sn}}$$

则：

$$E = -\frac{RT}{2F}\ln a_{\mathrm{Sn_{Sn-Pb}}} \tag{5-25}$$

测得式（5-25）中 E，便可计算出 $a_{\mathrm{Sn_{Sn-Pb}}}$。利用 Gibbs-Duhem 公式，有：

$$N_{\mathrm{Pb}}\mathrm{d}\ln a_{\mathrm{Pb_{Sn-Pb}}} + N_{\mathrm{Sn}}\mathrm{d}\ln a_{\mathrm{Sn_{Sn-Pb}}} = 0 \tag{5-26}$$

式中　N——摩尔分数。

同样，也可以求出 $a_{\mathrm{Pb_{Sn-Pb}}}$。

5.1.2 固体电解质

5.1.2.1 电解质选择

为快速获得稳定的电池电动势，必须满足以下条件：（1）固体电解质需要有较高的离子电导率，一般在 0.1 $S \cdot m^{-1}$ 以上。尽管，热力学上电导率下限没有理论依据，但电导率低时达到平衡时间长、响应慢，难以获得电动势读数；（2）固体电解质/参比电极及固体电解质/被测电极上反应需要达到平衡，否则检测出的是非平衡电势；（3）固体电解质内不允许有电子传导，否则离子移动不受电动势的制约，会降低电池电动势；（4）固体电解质不能与被测物质外的物质作用。

一般固体电解质可分为四类：（1）具有肖特基缺陷或弗兰克缺陷的自身缺陷结构，如氯化钠、氯化钾及氟化钙等；（2）在熔点以下发生有序-无序转变，无序相显示出高的传导性，如碘化银、碘化铷银及其硫酸锂等；（3）拥有层状构造和离子容易移动通路的格子结构，显示出离子超导性，如 β-Al_2O_3 和 NASICON 化合物等；（4）具有较大的不同价态离子固溶度，固溶之后能产生离子缺陷，如稳定化氧化锆等，属于添加低价离子产生阴离子传导。

5.1.2.2 点缺陷理论

A Kroger-Vink 符号

为了方便说明晶体缺陷的产生，F. A. Kroger-H. J. Vink 提出一套标记符号，包括主记号、上标和下标三部分，用来表征缺陷。其中，主记号表示占据位置的原子或空位，原子用化学符号来表示，空位用 V 来表示；下标表示原子或空位占据的位置，规则晶格结点位置用化学符号，晶格结点间的位置用 i 来表示；上标表示原子或空位所带的电荷，这种电荷相对规则晶格而言，“˙”表示一价有效正电荷，“′”表示一价有效负电荷，“×”对应于规则晶格而言，表示电中性，而电中性记号，通常省略。除了以上规则以外，对于电子缺陷的种类，还有两种特殊的记号。e′表示自由电子，h˙表示电子空穴。

例如，NaCl 结晶上的表示方法。规则晶格结点上的离子：Na_{Na} 和 Cl_{Cl}（省略了电中性记号）；规则晶格结点间的 Na^+ 离子：$Na_i^{\cdot}$，规则晶格结点间电荷是零，所以是一价的正电荷；Cl^- 空位：$V_{Cl}^{\cdot}$，相对正常位置 Cl^- 离子，缺位后是一价正电荷；置换 Na^+ 离子的 K^+ 离子：K_{Na}，两种离子具有相同的电荷，电荷为零；置换 Cl^- 离子的 O^{2-} 离子：O'_{Cl}，一价负电荷。缺陷与化学物质一样，遵循反应前后电荷种类和数量不变的法则。

B 离子晶体与缺陷

理想离子晶体所有符合规则的空间格子位置完全被离子占据，如图 5-2 所示，两个离子间作用力可以由下式近似表示：

$$F = 4\varepsilon\left(\frac{\delta}{d}\right)^{12} - 4\varepsilon\left(\frac{\delta}{d}\right)^{6} + \frac{z_1 z_2 e^2}{d} \tag{5-27}$$

式中 z_1，z_2——正、负离子电荷；

e——电量；

d——离子间距离；

ε，δ——具有能量和长度量纲的常数。

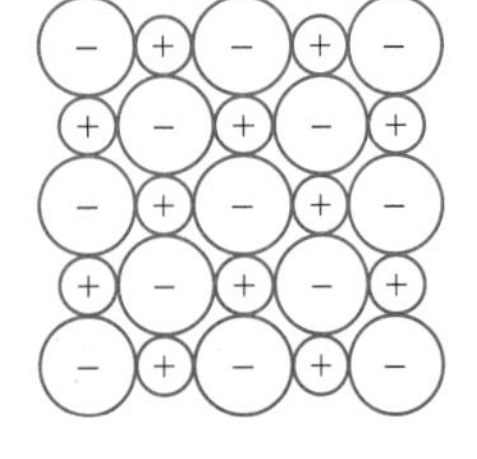

图 5-2 理想离子晶体 MX 示意图

第一、二项分别是电子云重叠产生的斥力和引力，第三项是静电引力或称库仑力。完全离子晶体中，可以想象离子移动是在周围异性离子包围的环境下进行的，可移动的空间非常小，以至于室温下大部分离子传导率小于 10^{-8} S · m^{-1}。

温度升高熵值增大，即便是纯晶体也会出现空位、间隙离子或置换型杂质等点缺陷以及晶界歪扭等面缺陷，它在固体离子传导中起着主要作用。点缺陷的主要形式如图 5-3 所示。图 5-3（a）出现阳离子空位（V'_M）。为了保持电中性，维持离子晶体内正、负电荷总量相等，形成等数量的阴离子空位（$V_X^{\cdot}$），两者成对出现，称之为肖特基缺陷，有：

$$\text{Null} = V'_M + V_X^{\cdot} \tag{5-28}$$

式中，Null 表示无缺陷状态。图 5-3（b）中，阳离子从晶格点移至晶格间，形成间隙阳离子（$M_i^{\cdot\cdot}$），同时晶格点上也形成阳离子空位（V''_M），这种缺陷称为弗伦克尔缺陷，有：

$$\text{Null} = V_M'' + M_i^{\cdot\cdot} \tag{5-29}$$

阳离子通常半径比阴离子小，较易形成间隙离子产生弗伦克尔缺陷，这是形成这种缺陷的重要条件。肖特基缺陷和弗伦克尔缺陷属于本征缺陷，而大量的离子晶体缺陷是杂质引起的，属于外因性缺陷。图 5-3（c）中，一个杂质离子 M_e^{2+} 置换一个离子晶体中离子 M^+形成 $M_{eM}^{\cdot}$。为了保持电中性，离子晶体内会产生一个阳离子空位（V_M'），如 KCl 中掺杂 $BaCl_2$ 时：

$$BaCl_2 \xrightarrow{KCl} Ba_K^{\cdot} + V_K' + 2Cl_{Cl}^{\times} \tag{5-30}$$

Ba^{2+}占据 KCl 中 K^+的晶格位置，作为电价补偿会产生一个 K^+阳离子空位 V_K'。相反，图 5-3（d）中，一个 M^+置换一个 M_e^{2+} 形成 M_{Me}'，为了保持电中性，会产生阴离子空位（$V_X^{\cdot}$），如 CaF_2 中掺杂 NaF 时：

$$2NaF \xrightarrow{CaF_2} 2Na_{Ca}' + 2V_F^{\cdot} + 2F_F^{\times} \tag{5-31}$$

构建缺陷方程的原则：（1）质量守恒；（2）位置（空间格子）守恒；（3）保持电中性。在电荷补偿机理上，无论哪一种都依赖于间隙离子和空位的相对稳定性。除了熔点附近外，大部分化合物内在性缺陷数量很少，很大程度上晶体内杂质决定着缺陷的类型和浓度。

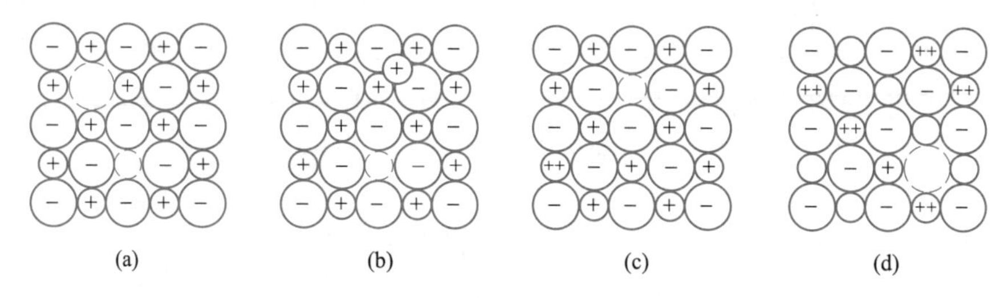

图 5-3　离子晶体的缺陷种类

（a）肖特基缺陷；（b）弗伦克尔缺陷；（c）（d）掺杂缺陷

5.1.2.3　电解质结构

A　氧离子导体

氧化铈（CeO_2）和氧化钍（ThO_2）从室温至熔点的温度范围内呈立方系萤石（CaF_2）型晶体构造，如图 5-4 所示，它们的特征是与碱土金属氧化物或 Y_2O_3 等稀土氧化物在相当宽广的组成范围内可以形成固溶体，如表 5-1 所示，这些异价离子掺杂可产生氧空位，形成氧离子导体。

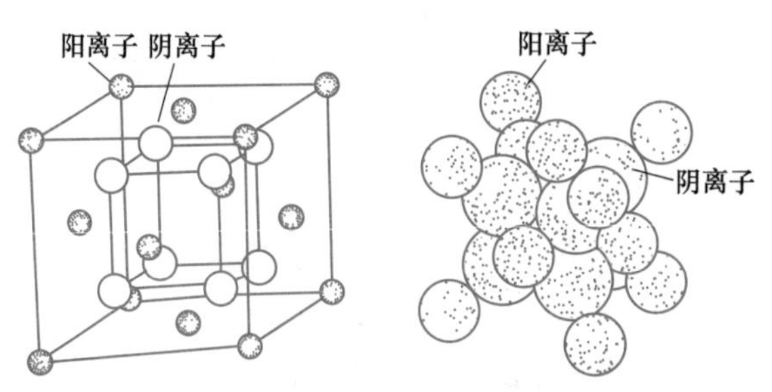

图 5-4　萤石型结构示意图

氧化锆其自身具有单斜、四方和立方晶型结构，室温下呈单斜晶系，高温下为四方晶系（>1500 ℃）畸变形萤石构造。固溶二价或三价的金属氧化物后，形成稳定化的萤石型面心立方结构，如当固溶 10%~20%CaO（摩尔分数）后呈立方系 CaF_2 型固溶体，直至熔点前仍呈稳定的萤石构造。因此，ZrO_2-CaO 系被称为氧化钙稳定化氧化锆（CSZ），结构如式（5-32）所示，存在着具有正 2 价电荷的氧离子空位（$V_O^{\cdot\cdot}$）。由于母体中阳离子 Zr^{4+} 是+4 价，而固溶阳离子 Ca^{2+} 是+2 价，当 Ca^{2+} 置换 Zr^{4+} 时保持电中性，就出现与 Ca^{2+} 相同数量的氧空位，如式（5-33）所示。

$$Zr_{1-x}Ca_xO_{2-x}(V_O^{\cdot\cdot})_x \tag{5-32}$$

$$CaO \xrightarrow{ZrO_2} Ca_{Zr}'' + V_O^{\cdot\cdot} + O_O^{\times} \tag{5-33}$$

表 5-1 萤石型固溶体的组成范围

MO_2-M′O 或 $M_2'O_3$	M′/M+M′
ZrO_2-CaO	0.12~0.2
ZrO_2-Y_2O_3	0.03~0.38
CeO_2-CaO	0~0.15
CeO_2-La_2O_3	0~0.32
CeO_2-Ga_2O_3	0~0.50
ThO_2-Y_2O_3	0~0.25

氧离子借助于氧空位（$V_O^{\cdot\cdot}$）移动，是 CSZ 等萤石型固溶体氧离子传导的本质，这一点从氧同位素^{18}O 的扩散和离子导电率 σ_i 相关性上已经得到确认。实际上，$V_O^{\cdot\cdot}$ 浓度小时，σ_i 随 $V_O^{\cdot\cdot}$ 浓度增加而增大，如图 5-5 所示。但是，σ_i 达到一定值后开始减小，这在溶液中也是常见，有人对这种现象进行过解释，认为 $V_O^{\cdot\cdot}$ 是+2 价的带电缺陷，与 Ca_{Zr}'' 接近产生库仑力形成复合体，即：

$$mCa_{Zr}'' + mV_O^{\cdot\cdot} = (Ca_{Zr}''V_O)_m^{\times} \tag{5-34}$$

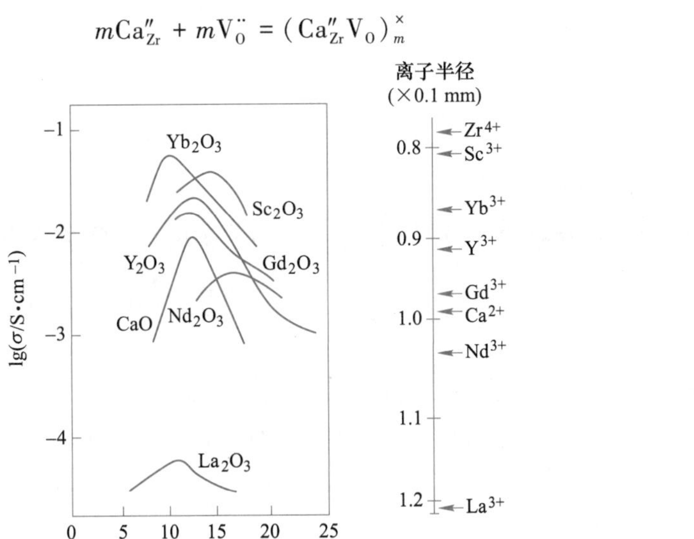

图 5-5 800 ℃时 ZrO_2-M_2O_3 或 MO 系固体电解质离子电导率与固溶量的关系

$(Ca_{Zr}V_O)^{\times}$呈电中性，导致氧离子穿过它周围Ca''_{Zr}离子间隙达到邻近$V_O^{\cdot\cdot}$概率减小，使导电率急剧下降。所以，图5-5中出现导电率达到最大值，而后减小的现象。另一种解释，随着CaO浓度增加，两个Ca^{2+}相邻概率增加，Ca^{2+}的离子半径（0.099 nm），比Zr^{4+}离子半径（0.078 nm）大约25%，显然O^{2-}通过它周围Zr^{4+}离子间隙的能量比通过Ca^{2+}离子间隙的能量小。根据萤石型面心立方结构，按一个氧离子被四个锆离子所包围计算，CaO含量由13%增到20%（摩尔分数），具有两个Ca^{2+}相邻的概率从7.7%增到17%。因此，电导活化能随CaO含量而增加，电导率随之减小。

从图5-5还可以看出，800 ℃下添加阳离子半径与母体氧化物Zr^{4+}的离子半径越接近，立方晶固溶体的电导率增加越明显。可以解释为，当Zr^{4+}离子被比它半径大的离子置换时，晶格畸变大，$V_O^{\cdot\cdot}$容易与置换离子M'_{Zr}或M''_{Zr}聚合。

固体电解质中离子导电占有绝对优势，但电子和电子空穴导电也不容忽视，特别是稳定化氧化锆等氧化物固溶体，必须考虑氧分压P_{O_2}和温度T可能引起的电子传导。低氧分压时，由反应

$$O_O^{\times} = \frac{1}{2}O_2 + V_O^{\cdot\cdot} + 2e' \tag{5-35}$$

产生电子e′。假定缺陷浓度很低，符合质量作用定律，式（5-35）反应平衡常数：

$$K = [V_O^{\cdot\cdot}][e']^2 P_{O_2}^{1/2} \tag{5-36}$$

根据式（5-32），$[V_O^{\cdot\cdot}]$由固溶体组成来决定，把K'设为常数，有：

$$[e'] = K' P_{O_2}^{-1/4} \tag{5-37}$$

假定电子移动速度不随浓度而变，σ_e与$P_{O_2}^{-1/4}$成正比。高氧分压时，由反应

$$\frac{1}{2}O_2 + V_O^{\cdot\cdot} = O_O^{\times} + 2h^{\cdot} \tag{5-38}$$

产生电子空穴$h^{\cdot}$。假定这个反应的平衡常数为K_1，符合质量作用定律，有：

$$K_1 = \frac{[h^{\cdot}]^2}{[V_O^{\cdot\cdot}]P_{O_2}^{1/2}} \tag{5-39}$$

设K''_1为常数，有：

$$[h^{\cdot}] = K''_1 P_{O_2}^{1/4} \tag{5-40}$$

σ_h与$P_{O_2}^{1/4}$成正比。进一步讲，$[V_O^{\cdot\cdot}]$充分大时，氧离子移动的离子传导占绝对优势下，可以认为电导率不随P_{O_2}而变。

固体电解质总电导率σ和P_{O_2}的关系。当把n作为由晶格缺陷类型来决定的常数，可以表示成：

$$\sigma = \sigma_{ion} + \sigma_e + \sigma_h = \sigma_{ion} + k_1 P_{O_2}^{-1/n} + k_2 P_{O_2}^{1/n} \tag{5-41}$$

式中　k_1，k_2——常数。

CSZ电导率与氧分压关系，如图5-6所示，同时也给出了YDT（Y_2O_3掺杂ThO_2）的结果，可以看出CSZ在低氧分压一侧是电子传导占优势，YDT在高氧分压一侧是电子空穴传导占优势。因此，对于氧化物固体电解质来说，重要的因素之一是下式表示的离子迁移数t_{ion}：

$$t_{ion} = \frac{\sigma_{ion}}{\sigma_{ion} + \sigma_e + \sigma_h} \tag{5-42}$$

一般要求固体电解质的离子迁移数大于0.99。

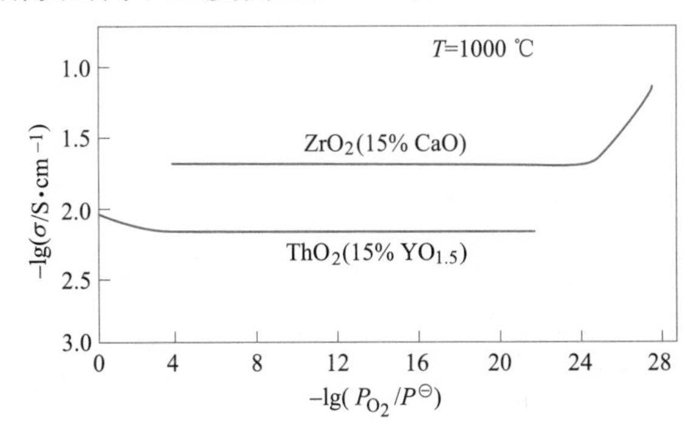

图 5-6 1000 ℃下 CSZ 和 YDT 电导率与氧分压的关系

B 钠离子导体

β-氧化铝（β-Al_2O_3）是一种具有二维导电性的钠离子导体，它是 $Na_2O \cdot 11Al_2O_3$ 组成的化合物，也泛指以 $M_2O \cdot xAl_2O_3$ 通式（$M=Na^+$，K^+，Rb^+，Ag^+，H_3O^+等，$x=5\sim11$）所代表的化合物，它属于六方晶系（$a=0.559$ nm，$c=2.253$ nm），如图 5-7 所示，与尖晶石具有同样的原子配置，O^{2-}成立方最密集堆积。而 Na_2O 层呈疏松堆积，Na^+占据 3 种位置，即 BR(Beevers-Ross) 位置、aBR(anti-Beevers-Ross) 位置和 mO (mid-oxygen) 位置，其中 BR 位置最稳定。低温下 Na^+优先占据 BR 位置，而高温下几个位置几乎无区别，使 Na^+处于一种半熔融状态，易于在层间传导，构成了 β-Al_2O_3 超离子传导的主要原因。

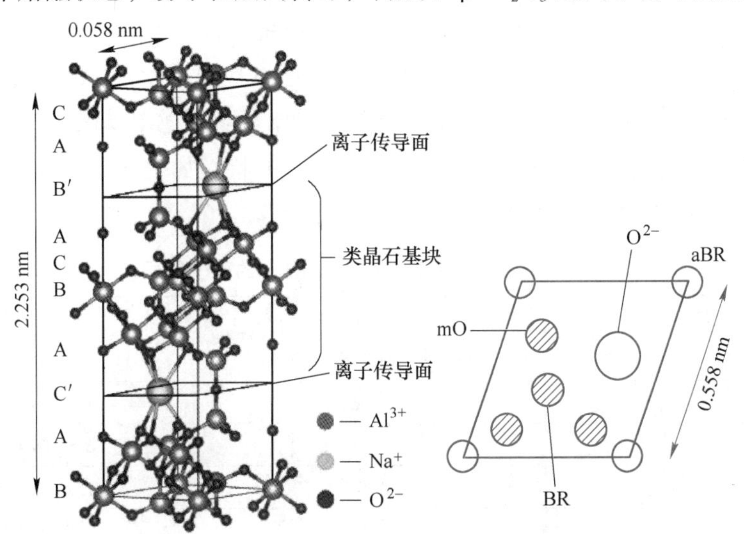

图 5-7 β-Al_2O_3 的晶体结构和离子传导面模型

Na^+占据三种位置：BR—BR 位置；aBR—反 BR 位置；mO—氧间位置

β''-Al_2O_3 与 $Na_2O \cdot 11Al_2O_3$ 构造类似，如图 5-8 所示，只是夹着的 Na_2O 尖晶石堆积方式不同，理想晶体组成为 $Na_2O \cdot 5.33Al_2O_3$，β''-Al_2O_3 比 β-Al_2O_3 中 Na^+含量高。相比之下，β''-Al_2O_3 有更高的导电率，但它是热力学准稳定相，加入 MgO 等第三成分后才能使其稳定；同时，Mg^{2+}等取代尖晶石块中 Al^{3+}，使得传导面上 Na^+浓度增加。因此，β''-

Al_2O_3 固体电解质多含 MgO 等，可写成 $Na_{1+x}M_xAl_{11-x}O_{17}$（M：Mg 等二价阳离子）。

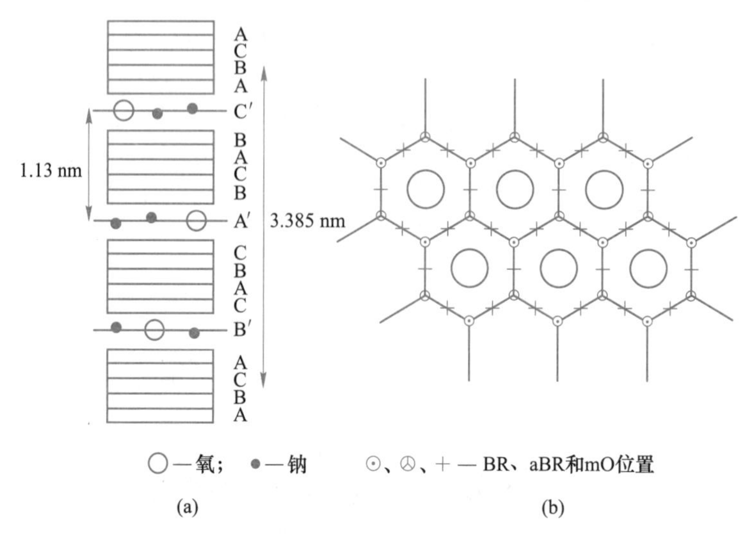

图 5-8 β″-Al_2O_3 的晶胞结构和离子传导面模型

（a）晶胞；（b）传导面

从 β-Al_2O_3 和 β″-Al_2O_3 结构可知，Na^+传导发生在晶体内的层间，具有各向异性特征。从单晶试样检测可知，垂直于 c 轴方向导电率为 1.4×10^{-2} S·cm^{-1}（25 ℃），而 c 轴方向则要小几个数量级。因此，随机取向的多晶集合烧结体的导电率比单晶体垂直于 c 轴方向的导电率要小。另外，导电率还受烧结体密度、粒界层析出物等影响，使导电率测定值不稳定。但是，温度的依存性很好，在-190～800 ℃之间，满足 $\sigma_i T = A\exp(-\Delta E_a/kT)$ 关系。用一价、二价或三价阳离子置换 β-Al_2O_3 中 Na^+，可制成多种离子导体，通常是将 β-Al_2O_3 或 β″-Al_2O_3 长时间浸入熔盐中进行。浸入后 β-Al_2O_3 的特性如表 5-2 所示，同为一价阳离子导体，导电率相差很大，其中 Na^+导体导电性最好。

表 5-2 各种离子置换的 β(β″)-Al_2O_3 的离子电导率①

置换离子	离子半径/nm	σ_i/S·cm^{-1}
Na^+	0.095	1.4×10^{-2}（25 ℃）
Li^+	0.060	1.3×10^{-4}（25 ℃）
K^+	0.133	6.5×10^{-5}（25 ℃）
Rb^+	0.148	1.2×10^{-6}（25 ℃）
Ag^+	0.126	0.67×10^{-2}（25 ℃）
Ba^{2+}	0.135	2×10^{-5}（200 ℃）
Pb^{2+}	0.132	6×10^{-2}（200 ℃）
Gd^{3+}	0.111	4×10^{-9}（200 ℃）

①详见参考文献［2］。

NASICON 以 Na^+-super ion conductor 而得名，即 Na^+ 超离子导体，它的结构是从 $NaZr_2P_3O_{12}$衍生而来的。$NaZr_2P_3O_{12}$属于菱方晶体结构，空间群为 R-3c，由 PO_4 四面体和

ZrO_6 八面体以顶点相连，形成三位骨架。其中，每个 ZrO_6 八面体与 6 个 PO_4 四面体相连；同时，每个 PO_4 四面体连接 4 个 ZrO_6 八面体，支撑起三维网络骨架，而 Na 离子占据了一个大的八面体间隙，如图 5-9 所示。从（100）方向上看，$NaZr_2P_3O_{12}$ 中 Na^+ 有两种结晶学上不等同的位置，分别位于 Na_1(M1) 和 Na_2(M2) 位置，如图 5-10 所示。其中，M1 位置处于两个 ZrO_6 八面体之间，沿 c 轴形成 $O_3ZrO_3NaO_3ZrO_3$ 结构，每两个之间以 PO_4 四面体相连，形成平行于 c 轴的“带”；在垂直于 c 轴方向，通过这些 PO_4 四面体，连接成三维骨架，M2 位置处于“带”与“带”之间。由于 M1 势能较 M2 低，Na^+ 全部处于 M1 位置，而 M2 位置是空的。但是，Na^+ 要从一个 M1 迁移到另一个 M1 位置，必须经过 M2 位置，要克服一定势垒，由于迁移活化能高，导致电导率不高。另一种化合物 $Na_4Zr_2(SiO_4)_3$，具有与 $NaZr_2(PO_4)_3$ 相同的骨架结构，但它的 M1 和 M2 位置全部被占满，使得 Na^+ 离子难以迁移，导电性更不好。Hong 等用这两个化合物制成 $Na_{1+x}Zr_2Si_xP_{3-x}O_{12}$ 固溶体，属于单斜晶系，使得 Na^+ 离子部分占据两种位置，活化能降低、电导率升高。当 $1.8 \leqslant x \leqslant 2.2$ 时，固溶体具有单斜结构，其电导率最高，通常称为 NASICON，其中 $x = 2.0$ 时，为 $Na_3Zr_2Si_2PO_{12}$，其 $\sigma_i(300\ ℃) = 0.2 \sim 0.3\ S \cdot cm^{-1}$，与最好的 Na^+ 导体 β''-Al_2O_3 相媲美。c 轴和晶胞体积，在 $x=2.2$ 附近达到最大值，如图 5-11 所示，对应于最高的电导率。

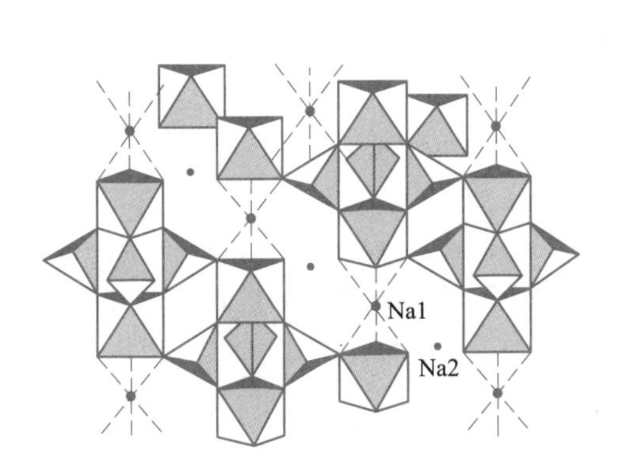

图 5-9 沿三方晶胞 $NaZr_2P_3O_{12}$ 的 a 轴投影图

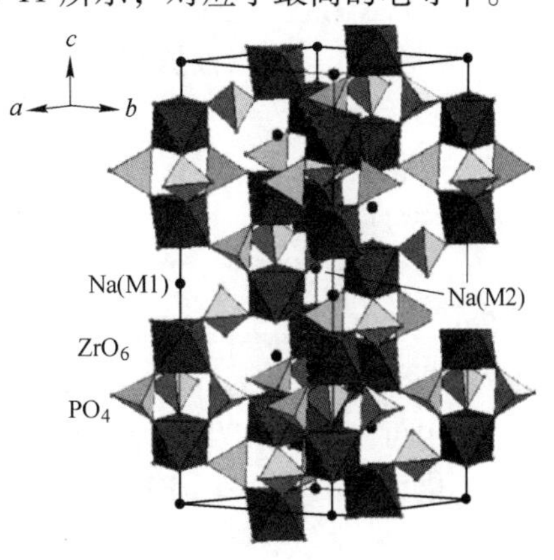

图 5-10 NASICON 结构中的两种不同位置

$NaZr_2P_3O_{12}$ 中 PO_4 四面体部分被较大的 SiO_4 四面体取代，引起晶格扭曲和体积膨胀，但结构仍完好无损。另一方面，相对 $NaZr_2P_3O_{12}$ 而言，$Na_3Zr_2Si_2PO_{12}$ 中 Na^+ 随机分布在 4e(0.50，0.95，0.50) 和 8f(0.83，0.10，0.70) 位置上，它把 $NaZr_2P_3O_{12}$ 中的 Na2(r) 位置，分裂成两个结晶学上不等同的 Na2(m)、Na3(m) 位置，即在单斜结构中有三个钠离子位置，Na1(m) 和 Na2(m) 或者 Na3(m) 之间形成了六边形“瓶颈”，如图 5-12 所示，由三个 ZrO_6 八面体、两个 SiO_4 四面体和一个 PO_4 四面体的边组成。横跨六边形中最短距离是 0.495 nm，大于 Na^+ 和 O^{2-} 直径之和（0.48 nm），

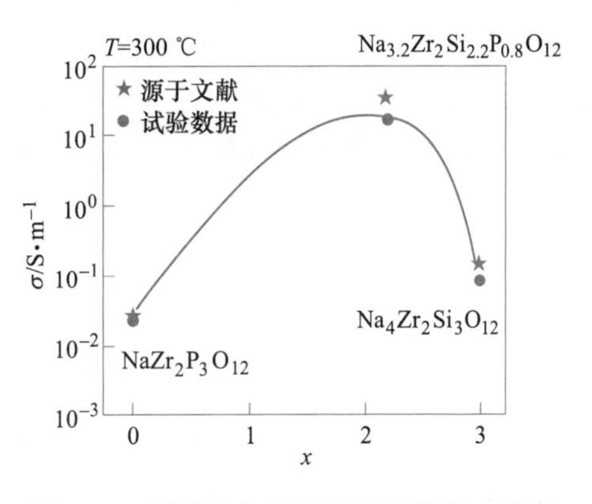

图 5-11 不同组成 NASICON 材料的电导率

即瓶颈尺寸大于传导离子和骨架阴离子半径和的两倍。

结晶化学上看，超离子导体一般具有以下结构特征：(1) 在刚性骨架中具有可供传导离子迁移的一维、二维或三维通道；(2) 通道具有适宜的大小，即瓶颈尺寸应满足传导离子传导；(3) 结构具有亚晶格无序，即晶格中扩散离子位置的数目大大超过扩散离子的数目，使离子在迁移过程中可以发生协同运动，从而降低迁移活化能；(4) 结晶学上不等同的位置能量上相近，以降低离子迁移时所需越过的势垒；(5) 刚性骨架内部具有较强的共价键使化合物稳定，迁移离子与刚性骨架之间具有较弱的离子键，使离子易于迁移。

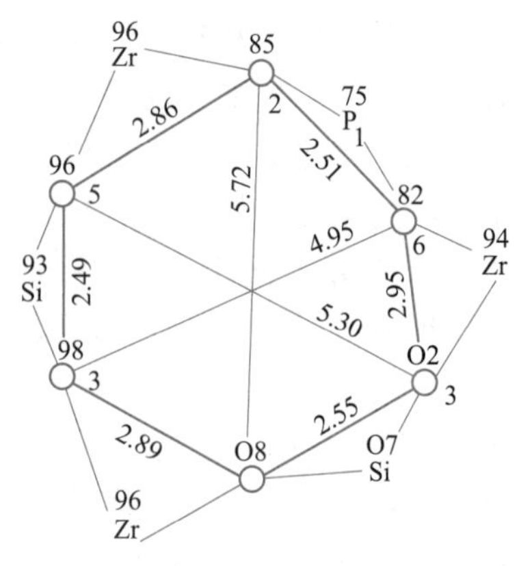

图 5-12 $Na_3Zr_2Si_2PO_{12}$的“瓶颈”

5.1.3 参比电极

参比物质选择是影响浓差电池性能重要因素之一。要求它在工作温度下电极反应能迅速达到平衡，同时参比电极自身是一种理想的良导体。在测氧的传感器上，参比物质选择相对比较容易，温度一定时通过金属-金属氧化物的混合物来固定氧分压。

参比电极体系，可以根据相律进行判断：

$$P + F = C + 2 \tag{5-43}$$

式中 P——相数；

F——自由度；

C——独立组分数。

以 Cu-Cu_2O 混合物为例，Cu、Cu_2O 及氧气三相共存，由于存在 $2Cu + 1/2O_2(g) = Cu_2O$ 反应，独立组分数是 2，代入式 (5-43)，$F=1$。当温度固定，自由度为零，即这时氧分压是一定的。当然，也可以使用空气或者 CO-CO_2 混合气体等替代金属和氧化物作为参比电极物质。这种情况下，借助于铂与电解质连接来实现。

另外，作为非氧体系，还可以选择含硫的 Cu-Cu_2S，含氢的 Ca-CaH_2，含碳的 Fe-Fe_3C，含磷的 Pt-PtP，以及含钠的 Au-Au_3Na 等参比电极物质。

保持金属活度一定，还可以通过使两种化合物达到平衡，来控制氧分压。取钠传感器为例，如图 5-13 所示。对于 Na_2O-Al_2O_3 系相图，如图 5-14 所示，两相共存的区域有两个。考虑相图接近 Al_2O_3 一侧区域，涉及 Na、O_2、Na_2O、Al、Al_2O_3 以及 $Na_2O \cdot 11Al_2O_3$ 六种物质，相互结合的独立反应数有 3 个：

$$2Na + \frac{1}{2}O_2 = Na_2O \tag{5-44}$$

$$2Al + \frac{3}{2}O_2 = Al_2O_3 \tag{5-45}$$

$$Na_2O + 11Al_2O_3 = Na_2O \cdot 11Al_2O_3 \tag{5-46}$$

当使用 $C=N-R$ 关系，C 是独立组分数，N 是物质数，R 是独立反应数，这里 $C=3$。由式 (5-43) 可以得到两相区域 $F=3$。当固定温度、压力和氧分压时，包含钠在内所有活度就确定了。使用 Cu-Cu_2O 和 Ni-NiO 等金属-金属氧化物的混合物来固定氧分压，也可以在大气中开放等。基于以上考虑，参比电极组装的传感器示意图，如图 5-13 所示。其中，

$Cu\text{-}Cu_2O$ 和 $\alpha+\beta\text{-}Al_2O_3$ 为参比电极，$\beta\text{-}Al_2O_3$ 为固体电解质。

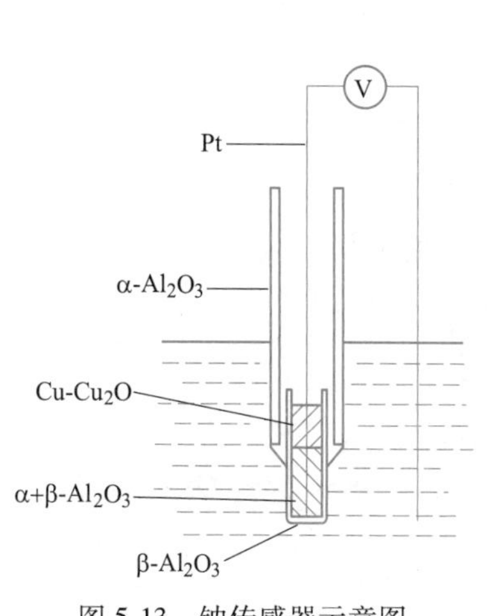

图 5-13 钠传感器示意图

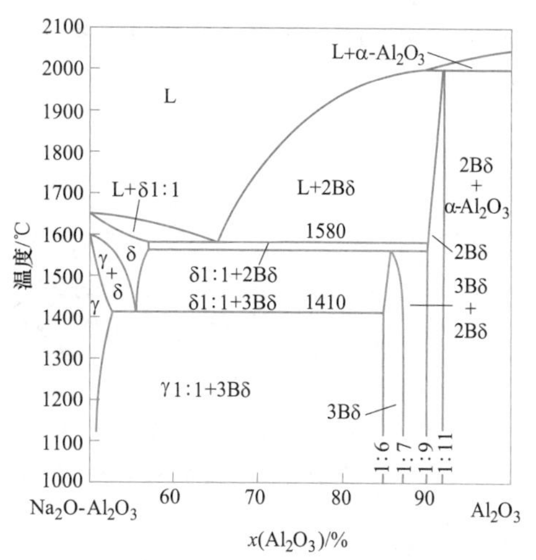

图 5-14 $Na_2O\text{-}Al_2O_3$ 系相图

5.1.4 电极引线

电极引线既不能与电极物质和固体电解质发生作用，又要保证它在所测的气相中稳定。而且，电极引线是良好的电子导体。

常采用Pt、PtRh、W、Mo、金属陶瓷和某些导电氧化物等，具体因使用条件而定。与气相、固相接触多用 Pt、PtRh、W 或 Mo 等导电性好，利用其惰性、且有较好的柔性便于操作；与金属熔体接触多用金属陶瓷，以防止或抑制金属溶解，如 W、Mo、Ni 或 Cr 等金属粉末与 MgO、ZrO_2 或 Al_2O_3 粉末混磨、成型烧结，以满足导电性、耐高温和机械强度。

两电极引线多采用同种材料，同时尽量与电极材料相同或相近，否则要考虑材料间热电势差或界面电势对电池电动势的影响。

5.1.5 应用实例

5.1.5.1 氧传感器

CSZ、MSZ 或 YSZ 氧离子传导的固体电解质分别是 CaO、MgO 或 Y_2O_3 稳定的 ZrO_2 材料，通过它可以组成氧浓差电池：

$O_2(P'_{O_2})$，Pt(Ⅰ)|固体电解质|Pt(Ⅱ)，$O_2(P''_{O_2})$

由式（5-15）可知：

$$E=\frac{RT}{4F}\ln\frac{P''_{O_2}}{P'_{O_2}} \tag{5-47}$$

如图 5-15 所示，固体电解质两侧附有多孔的铂黑电极。这样，已知 $P'_{O_2}(P^L_{O_2})$，根据 E 就可以计算出 $P''_{O_2}(P^R_{O_2})$。特别指出，浓差电池在高温下工作时，不允许固体电解质有气体透过，同时要求固体电解质保持离子迁移数 $t_{ion}\geq 0.99$。因此，如图 5-6 所示，高氧分压下使用 CSZ

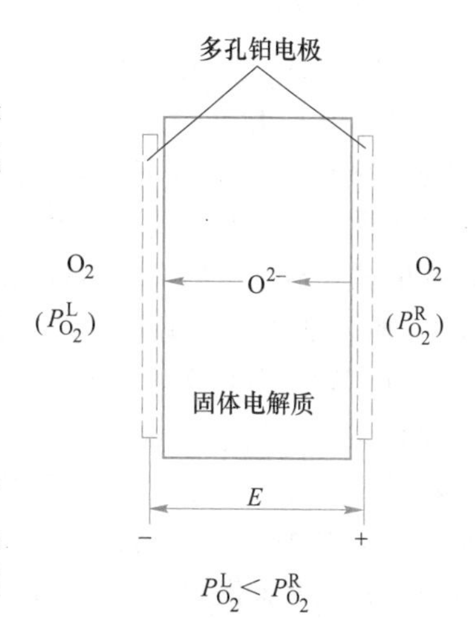

图 5-15 使用氧离子传导固体电解质的浓差电池示意图

是有利的；相反，低氧分压下使用 YDT 更适合，避免固体电解质内的电子或电子空穴导电，确保式（5-47）计算的准确性。图 5-16 和图 5-17 分别给出汽车尾气监测和钢液定氧的氧传感器。

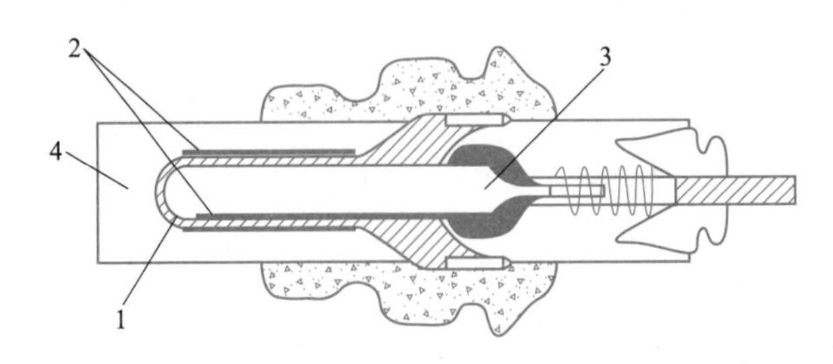

图 5-16 汽车用氧传感器断面示意图

1—YSZ 固体电解质；2—内外导体电极；3—参比空气端；4—尾气测量端

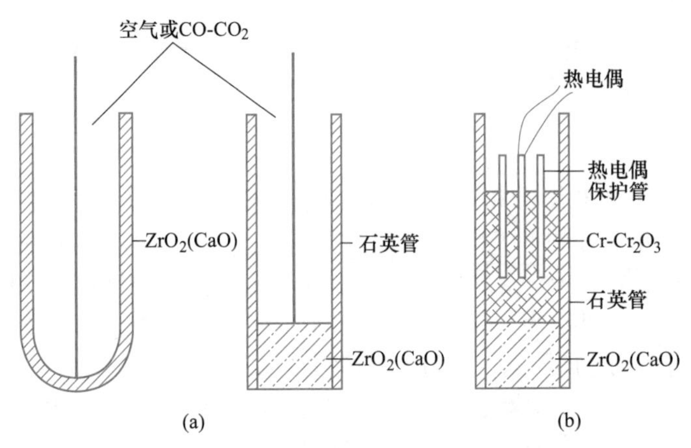

图 5-17 钢液定氧使用氧传感器断面示意图

（a）气相参比电极；（b）固相参比电极

这类氧传感器有较宽的氧分压和温度适用范围、响应速度快和在线连续测定等优点。但是，使用时还应注意电极间端电压偏离电池电动势的现象。氧气浓差电池中，参比电极与测量电极上氧分压是不同的，它是产生电池电动势主要来源，如果出现物理或电化学“短路”现象，会使电池端电压偏离电池电动势。物理“短路”：氧气以分子形态穿过固体电解质粒界、气孔、裂纹等造成气体泄漏；电化学“短路”：由于环境温度和氧分压影响发生式（5-35）和式（5-38）反应，固体电解质内出现电子和电子空穴，导致电子“短路”，两者都会使电池两端电压降低，偏离电池电动势。

（1）解决电化学“短路”问题。温度和氧分压导致的电子导电或电子空穴导电，它会因 t_{ion}减小，降低电动势 E 值。为了解决这个问题，有人提出使用双固体电解质，即 CSZ（CaO 稳定的氧化锆）和 YDT（Y_2O_3 掺杂的氧化钍），两者都是氧离子传导，如图 5-6 所示，1000 ℃下，分别在高氧分压和低氧分压下保持 $t_{ion} \geq 0.99$，两者结合可以拓展使用范围，有研究者提出如下电池：

$$O_2(P'_{O_2}),\ Pt(\text{I})\ |CSZ|Co,\ CoO|YDT|Pt(\text{II}),\ O_2(P''_{O_2})$$

其中，Co-CoO 起到一个缓冲层作用，它的平衡氧分压下确保 CSZ 和 YDT 两者 $t_{ion} \geq 0.99$，如图 5-18 所示。当试样环境气氛是高氧分压时，可以使用 CSZ 接近试样的环境，设置在图中 5 的位置，把 YDT 设置在图中 3 的位置；相反，当试样环境是低氧分压时，可以使用 YDT 接近试样的环境，设置图中 5 的位置，把 CSZ 设置在图中 3 的位置。这样，参比气体的氧分压选择在 $\log P_{O_2}/P^{\ominus} = -20 \sim -8$ 范围，就可以确保传感器中固体电解质在 $t_{ion} \geqslant 0.99$ 下工作，防止其内存在电子或电子空穴导电。

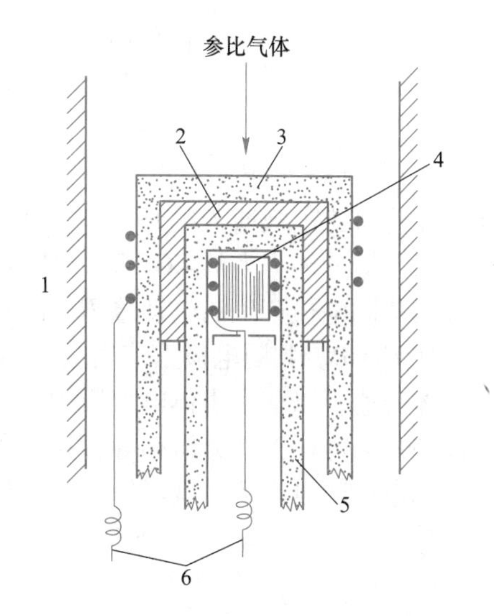

图 5-18　同心二重固体电解质氧传感器
1—电炉；2—缓冲层；3，5—固体电解质；4—试样；6—导线

（2）解决物理“短路”问题。气体流速对电池电动势影响可以表征固体电解质的物理“短路”现象。Clegg 等使用 CSZ 管，以空气为参比电极，通入不同流速 Ar 来测量电池电动势，如图 5-19 所示，发现电动势随着流速 $\dot{V}_{Ar}$ 增大逐渐达到最大值。初始 Ar 和流动 Ar 中氧分压分别为 $P^0_{O_2}$ 和 P_{O_2}，后者对应于各流速的电动势，氧气泄漏速率 $\dot{V}_{O_2}$ 可以用式（5-48）表示。用 P_{O_2} 与 $1/\dot{V}_{Ar}$ 作图，可以获得如图 5-19（b）的直线关系。从斜率可以得到氧气泄漏速率 $\dot{V}_{O_2}$，从截距可以得到初始氧分压 $P^0_{O_2}$。根据电动势与气体流速关系，Eteell、岩濑等研究认为测量中获得稳定的氧分压存在一个最小的流速。

$$P_{O_2} = \frac{\dot{V}_{O_2}}{\dot{V}_{Ar}} + P^0_{O_2} \tag{5-48}$$

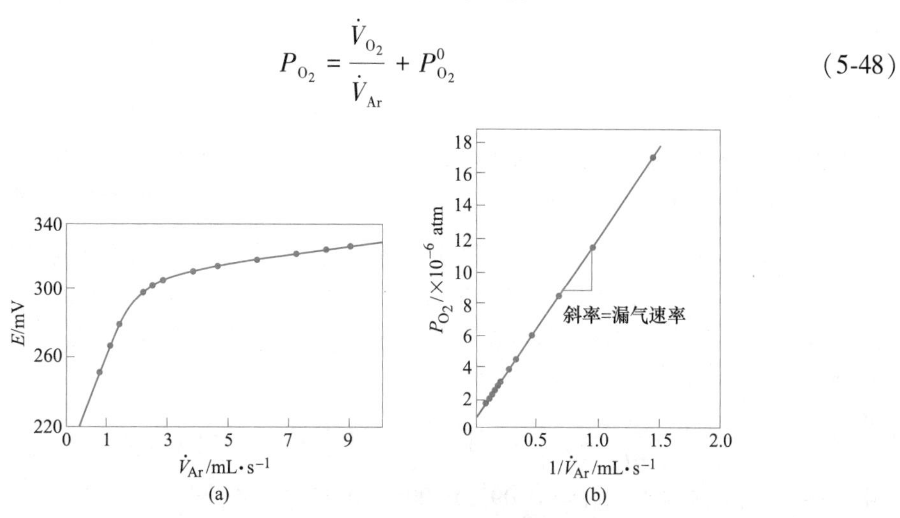

图 5-19　参比电极气体流速对电动势测定的影响

理论上讲，两极间氧分压差越大，氧气越容易通过固体电解质泄漏，选择参比电极非常重要。Fouletier 等借助于解决电化学“短路”的办法，也提出了一种通过两个电池组合解决氧气物理“短路”的方法，如图 5-20 所示，把两个一端开口的固体电解质管套在一起组成两个电池，称为减低压差测量的氧传感器，在测量电极（P_1）和参比电极（P_{ref}）之间设置一个共同电极（P_G），使之气氛尽量接近 P_1，这样就避免了氧气流入测量体系。为了减少两极间氧气泄漏，Sato 等也设计了类似电池，即：

空气，Pt|固体电解质|Pt，炉气氛围，Pt|固体电解质|Pt，试样

$$\leftarrow\ E_1\ \rightarrow \qquad\qquad \leftarrow\ E_2\ \rightarrow$$

$$\longleftarrow\qquad E \qquad\longrightarrow$$

称为对顶固体电解质管氧传感器，如图5-21所示，它是以炉气作为共同电极气氛。一方面，作为参比电极通入循环空气；另一方面，作为测量电极插入固体试样或通入气体试样；通入缓冲能力大的CO_2-CO、H_2O-H_2或CO_2-H_2等混合气体作为共同电极气氛。测量电极与共同电极产生的电动势E_2用高阻抗的电位差计测量，共同电极气氛组成可以自动控制使$E_2=0$。共同电极上使用缓冲能力大的气体，可以适当地加大共同电极和参比电极中气体流速，以减小固体电解质中氧气"物理"渗透的影响。另外，保持$E_2=0$，使测量电极和共同电极上氧分压相等，抑制了向测量电极一侧的氧气泄漏。这样，根据测量电极与参比电极间电动势，就可以求出试样的氧分压。

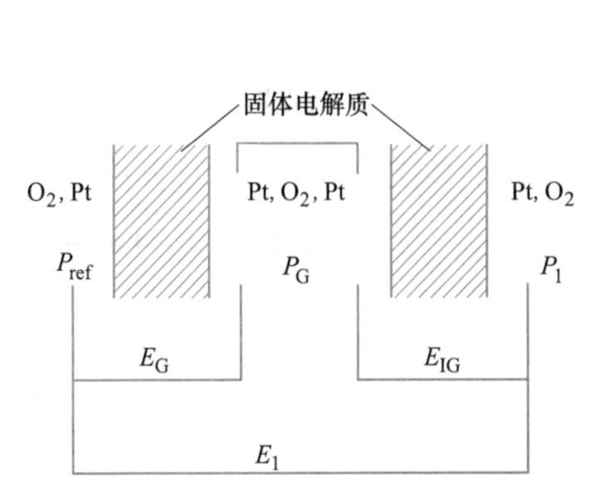

图5-20　减低差压测量氧传感器原理示意图

P_{ref}—参比极；P_G—共同电极；P_1—测量电极

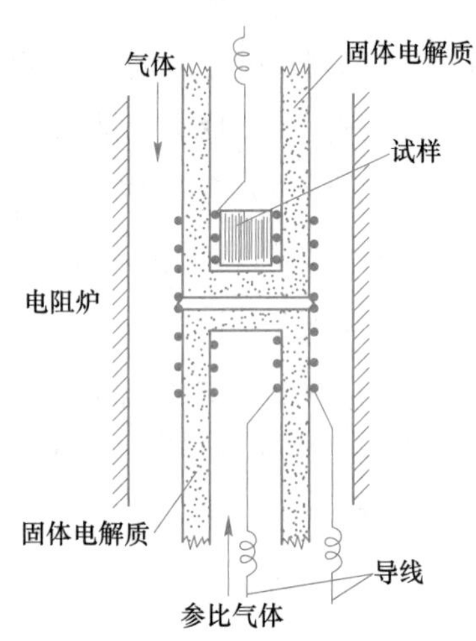

图5-21　对顶固体电解质管氧传感器示意图

（3）解决温差的影响。固体电解质在等温条件下操作，计算得到电池电动势，如式（5-47）所示。但是，当电池内存在温差时，也会产生热电动势变化。

假设：固体电解质两侧电极温度分别为T_1和T_2，氧分压分别为$P_{O_2}^{L}$和$P_{O_2}^{R}$，那么测得电动势：

$$E=\frac{1}{4F}[\mu_{O_2}(T_2,\ P_{O_2}^{R})-\mu_{O_2}(T_1,\ P_{O_2}^{L})]+\alpha(T_2-T_1) \tag{5-49}$$

式中　α——热电势系数，$\alpha=(0.095\pm0.005)$mV/℃。

制成等氧分压和非等温下的等热电势图，如图5-22所示。考虑热电势变化，氧传感器电池部分温度变化应尽可能小，必须放在等温带内。同时，为减少氧气的物理泄漏，应尽量增大气体流速，但流速过大也会带来电极的冷却，产生热电势变化。

（4）缩短响应时间。测量电极上氧分压变化时，尽可能由式（5-47）快速地显示出平衡电动势。例如，Fouletier等利用YSZ固体电解质构成的氧传感器进行不同压力的空气试验，初始压力和最终压力分别为$P_{initial}$和P_{final}，如表5-3所示。一般情况下，与增加压力相比，减少压力达到平衡时间的t_r更长。一般把达到平衡电动势值90%的t_r值定义为响应时间。

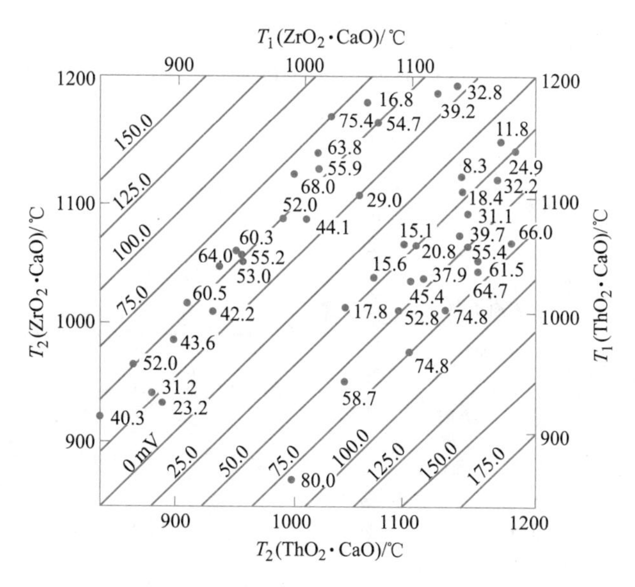

图 5-22 YDT 和 CSZ 两固体电解质等电动势图

[P_{O_2}=0.21 atm 下两电极（Pt）温度分别为 T_1 和 T_2，负极为高温侧]

表 5-3 不同温度下压力在两个值间可逆变化时达到平衡时间 t_r

压力/Torr①		达到平衡时间/s	
$P_{initial}$	P_{final}	550 ℃	650 ℃
760	40	120	10
40	760	75	5

①1 Torr = 1 mmHg = 1.33322×10^2 Pa。

响应时间从电极反应动力学角度反映氧传感器响应速率。电极反应过程涉及物质传输或电荷转移等控速环节。Pizzini 等认为氧化锆基固体电解质和多孔金属电极中氧气还原过程中阻力发生在电极-气体-电解质界面、电极-电解质界面和固体电解质内部（特别是内部粒界和闭气孔表面）三个地方，如图 5-23 所示。Fabry 等则认为，这其中电极-气体-电解质三相界面氧气的电极反应尤为突出，如图 5-24 所示。

对于图 5-24 中所示的物质传输，当化学物质扩散是控速步骤时，可在电流-电势极化曲线上观测到极限扩散电流。例如，Etsell 等通过下列电池：

$$Ar\text{-}O_2,\ H_2\text{-}H_2O \text{ 或 } CO\text{-}CO_2,\ Pt|CSZ|Pt,\ O_2$$

在 700~1100 ℃温度和较宽范围的氧分压下研究了电极反应的极化特性。O_2 和 Ar-O_2 气体流过电极 1000 ℃下电流-电势曲线如图 5-25 所示。阳极和阴极上存在纯氧时，电流-电势曲线呈直线关系，与固体电解质交流阻抗测量是一致的。对氧气稀薄的 Ar-O_2 混合气体，阳极过电势非常小；相对之下，Ar-O_2 混合气体中阴极过电势极大，特别是随着氧气浓度减少而显著增加，呈现扩散过电势，形成极限扩散电流。极限扩散电流，与 P_{O_2}成比例，可以认为 Ar-O_2 混合气体中阴极反应由铂黑电极中氧气扩散控速。另一方面，根据 Kleitz 等研究，极限扩散电流在 810 ℃下与 $P_{O_2}^{1/2}$ 成比例，认为解离的氧原子扩散是控速环节。

$CO-CO_2$ 组成混合气体时，观察到活化过电势，认为与式（5-50）反应有关。

$$CO_2 + 2e \longrightarrow CO + O^{2-} \tag{5-50}$$

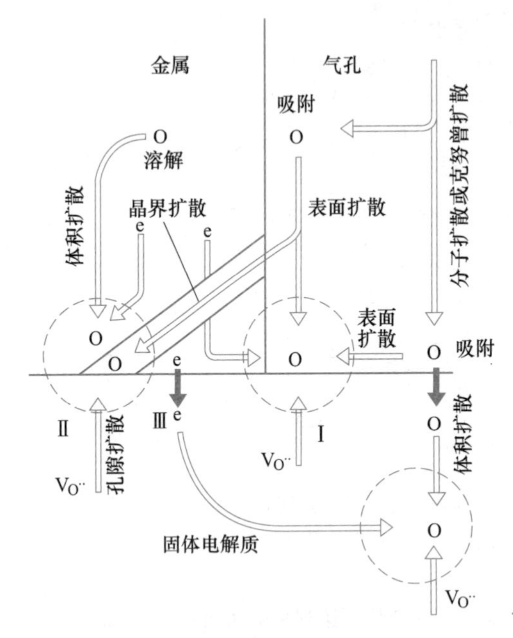

图 5-23 金属电极和固体电解质及其界面上电极反应可能控速步骤

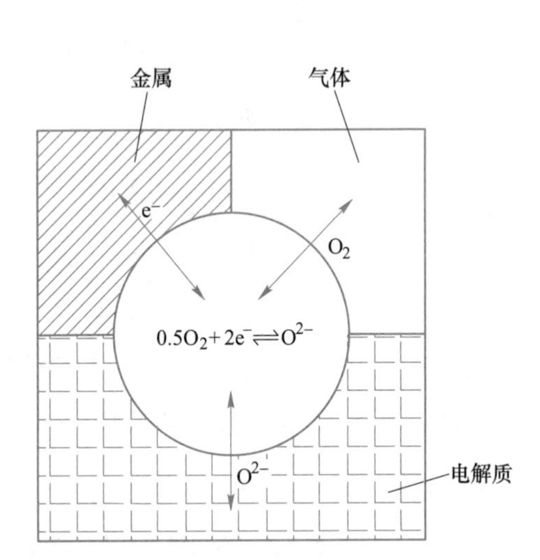

图 5-24 电极-气体-固体电解质三相界面上电极反应

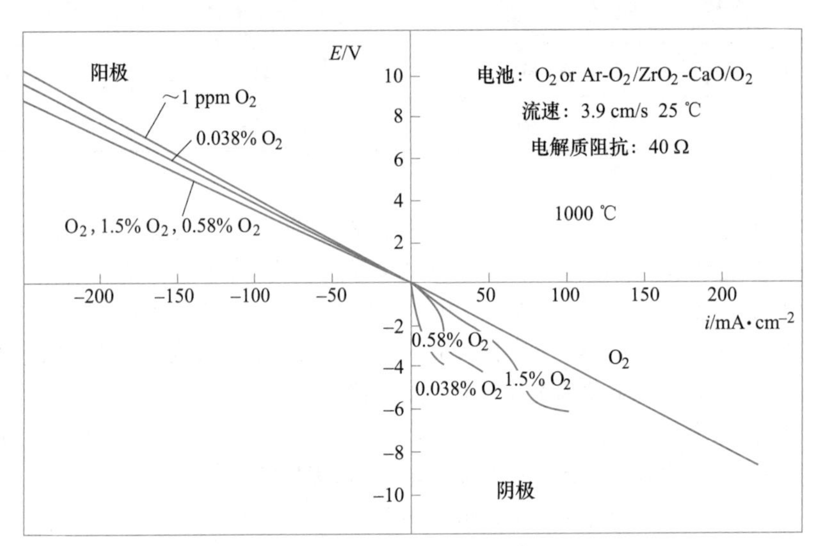

图 5-25 1000 ℃下 O_2 和 Ar-O_2 混合气体阳极和阴极极化特性

5.1.5.2 二氧化碳传感器

固体电解质 CO_2 传感器原理，1977 年由加拿大 Gauthier 较早提出：

$$Pt|固体电解质|Pt，碳酸盐，CO_2$$

采用 NASICON 为固体电解质，Na_2CO_3 等单一碳酸盐为辅助电极。但是，由于单一材料受共存水蒸气影响，导致传感器的灵敏度、响应特性和稳定性差，如图 5-26 所示。

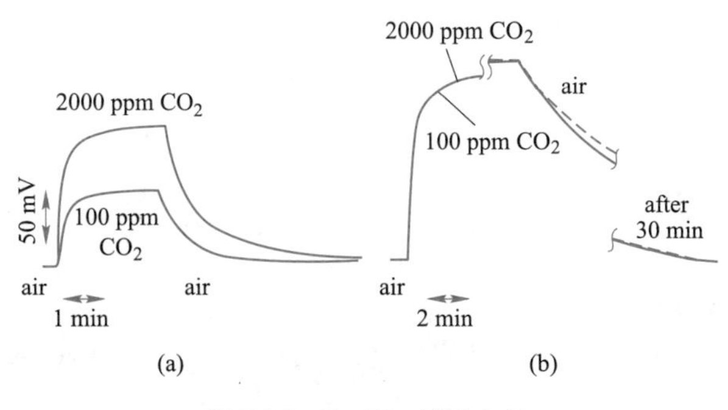

图 5-26 Na_2CO_3 辅助电极

(a) 干燥环境；(b) 湿润环境

Na_2CO_3 对水汽有一定的溶解性（1.3 g/100 gH_2O），致使传感器在湿气条件下需要较长的恢复时间。1990 年，日本九州大学报道改进的传感器，如图 5-27 所示。

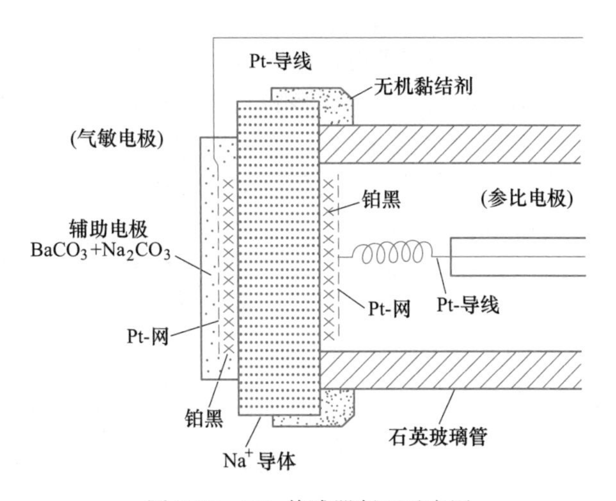

图 5-27 CO_2 传感器断面示意图

同样使用 NASICON 材料为固体电解质，辅助电极采用 $BaCO_3+Na_2CO_3$ 复合碳酸盐，发现双碳酸盐混合材料作电极时，响应时间较短（仅为几秒钟），水蒸气对试验结果影响也小，使传感器的抗水汽干扰能力获得了明显的提高，如图 5-28 所示。主要原因是单一材料熔点高，两种碳酸盐混合后熔点比单一材料的要低，促进了电极反应；同时，添加 $BaCO_3$ 后，自由 Na_2CO_3 减少，辅助电极耐水性得到改善，降低了水汽对传感器性能的影响。

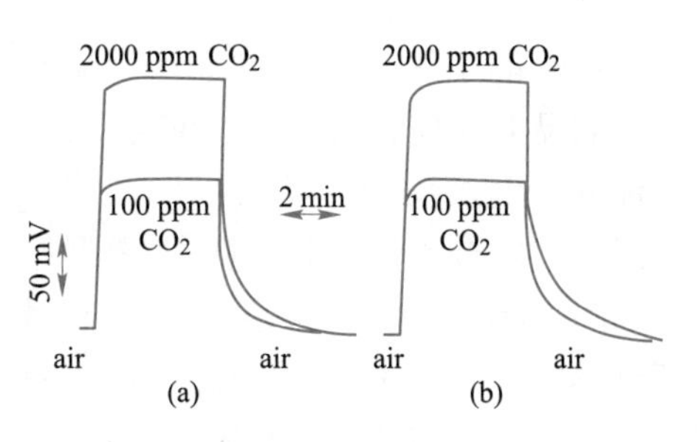

图 5-28 $BaCO_3$-Na_2CO_3 辅助电极

(a) 干燥环境；(b) 湿润环境

继 Maier 等提出开放电极体系之后，邱法斌等应用这种原理，1997 年提出一种平板型内热式固体电解质 CO_2 传感器，其结构如图 5-29 所示。

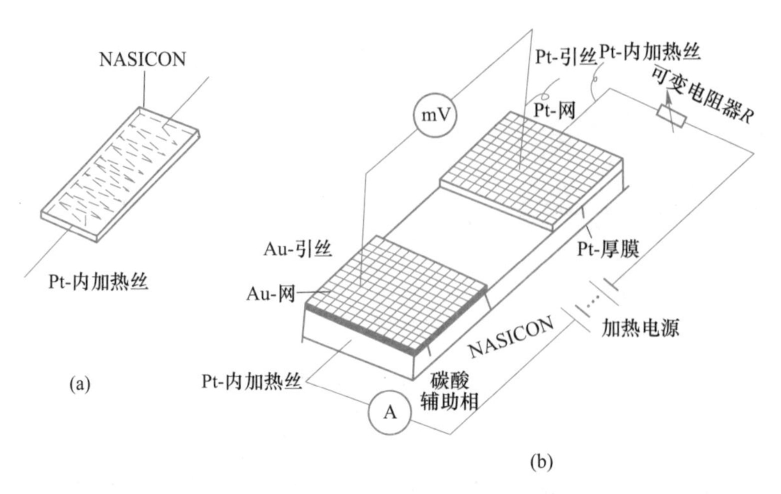

图 5-29 平面型内加热式 CO_2 传感器

（a）传感器坯片；（b）传感器结构

这种设计理念基于参比电极与辅助电极处于同一个平面。在测试时，两个电极上氧分压相同，使传感器电动势信号不受氧气浓度影响。消除了外热式传感器的不足，提高了加热效率，同时满足传感器小型化要求。结果表明，采用这种结构后，以二元碳酸盐 Li_2CO_3-$BaCO_3$ 为辅助电极材料，传感器对湿气电动势偏移仅为 5 mV。

为提高水蒸气下参比电极的稳定性，Kida 等把 $Bi_2Cu_{0.1}V_{0.9}O_{5.35}$ 作为氧离子渗透膜，应用到 NASICON 型 CO_2 传感器，取得了很好效果。选择 $Bi_2Cu_{0.1}V_{0.9}O_{5.35}$ + $La_{0.6}Sr_{0.4}Co_{0.78}Ni_{0.02}Fe_{0.2}O_3$ 混合导体，构成复合参比电极，250 ℃，时电导率为 0.001 S/cm，几乎是 YSZ 材料的 2 倍。同时，在 $Bi_2Cu_{0.1}V_{0.9}O_{5.35}$ 中同时添加少量钙钛矿型氧化物，来提高参比电极材料的电子导电性。由于钙钛矿材料在低温下就具有很好的电催化作用，也促进了电极反应，降低了传感器使用温度。复合参比电极 CO_2 传感器结构如图 5-30 所示，复合参比电极和敏感电极分别相对 Au 参比电极的电极电势随 CO_2 浓度的变化，如图 5-31 所示。据此，可以导出敏感电极相对复合参比电极的电极电势，即复合参比电极 CO_2 传感器的电动势。可以看出，复合参比电极相对 Au 参比电极的电极电势，几乎不随 CO_2 浓度变化，非常稳定，表明

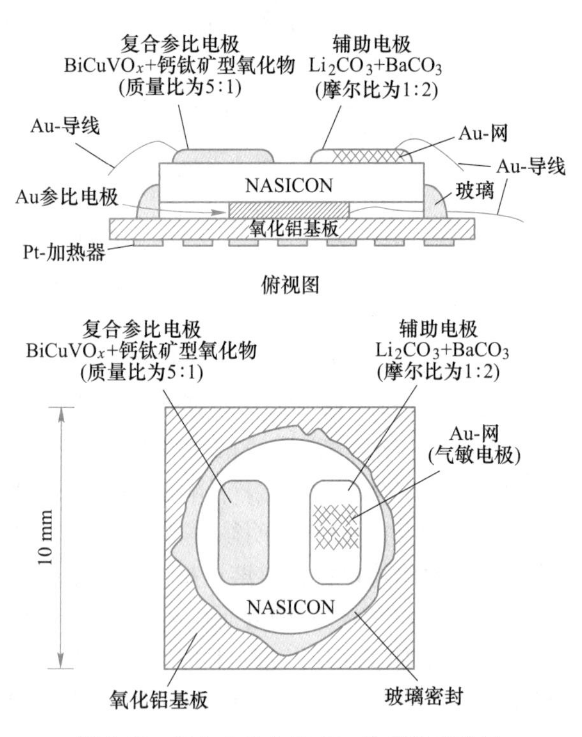

图 5-30 复合参比电极 CO_2 传感器示意图

$Bi_2Cu_{0.1}V_{0.9}O_{5.35}$与 CO_2 不发生作用。进一步，从敏感电极相对 Au 参比电极的电极电势随 CO_2 浓度变化可以看出，电极反应进行得非常平稳和顺畅，表明复合参比电极不影响传感器电极反应，乃至传感器的电动势。而且，传感器的抗水性也得到改善，如图 5-32 所示。即使在相对湿度高达 80%时，传感器的电势信号漂移值仅为 2.7 mV，而传统传感器的电势漂移值则为 11 mV。

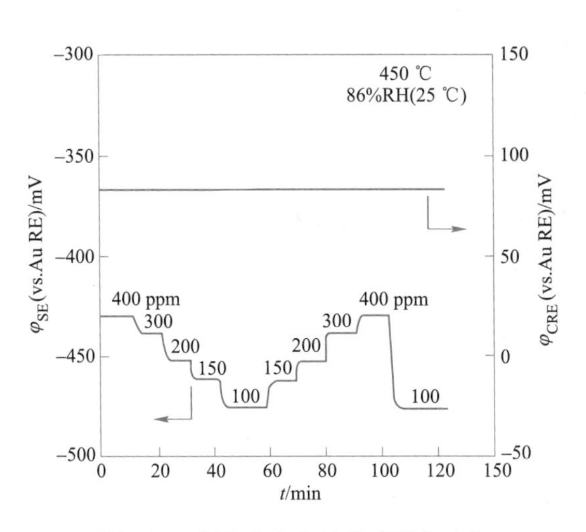

图 5-31 复合参比电极传感器电动势随 CO_2 浓度变化曲线

SE—敏感电极；RE—参比电极；CRE—复合参比电极

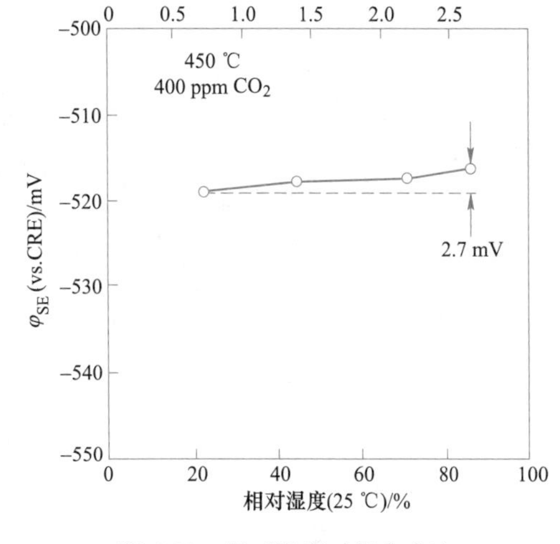

图 5-32 相对湿度对复合参比电极传感器的影响

Dang 等使用氧离子导体 $Bi_8Nb_2O_{17}$ 混合少量金属 Pt（质量分数约为 20%）覆盖 NASICON 表面位置，构成 $Bi_8Nb_2O_{17}$+Pt 参比电极，制作了平板式 CO_2 传感器，如图 5-33 所示，防止了参比电极边缘受到 CO_2 气体影响。便于对比，传统的参比电极 Pt 采用商用铂浆直接涂覆在指定位置。这种设计使辅助电极 Li_2CO_3-NASICON-Pt 同时对应于两种参比电极，结果更具可比性。

500 ℃下，两种参比电极结构传感器电动势与 CO_2 分压关系显示电动势与 CO_2 分压的自然对数具有线性关系，符合能斯特方程，计算出的电极反应电子转移数 $n=2.0$，与式（5-51）是一致的。

$$Li_2CO_3 = 2Li^+ + CO_2 + 1/2O_2 + 2e^- \tag{5-51}$$

相比之下，Pt 金属作为参比电极时，计算出电子转移数 $n=1.9$，观察到高浓度时电动势与 CO_2 分压关系偏离了直线，表明浓度高于 60%时，已经不能正确地测量出 CO_2 分压。高 CO_2 浓度条件下，参比电极上产生了碳酸盐，导致电动势信号减小。而使用 $Bi_8Nb_2O_{17}$+Pt 参比电极 CO_2 传感器则没有出现这种现象，认为环境中 CO_2 被氧离子传导层隔开，不能与 NASICON 产生的 Na_2O 接触，消除了碳酸盐生成的可能性，提高了传感器的检测上限。

500 ℃下测定干燥和潮湿条件两种电极结构传感器的抗水特性，结果如图 5-34 所示。可以看出，使用 $Bi_8Nb_2O_{17}$-Pt 作电极时，响应时间和恢复时间分别为 57 s 和 65 s，而以 Pt 作电极时响应时间和恢复时间分别为 47 s 和 60 s，两者差别不大，反映出 $Bi_8Nb_2O_{17}$材料

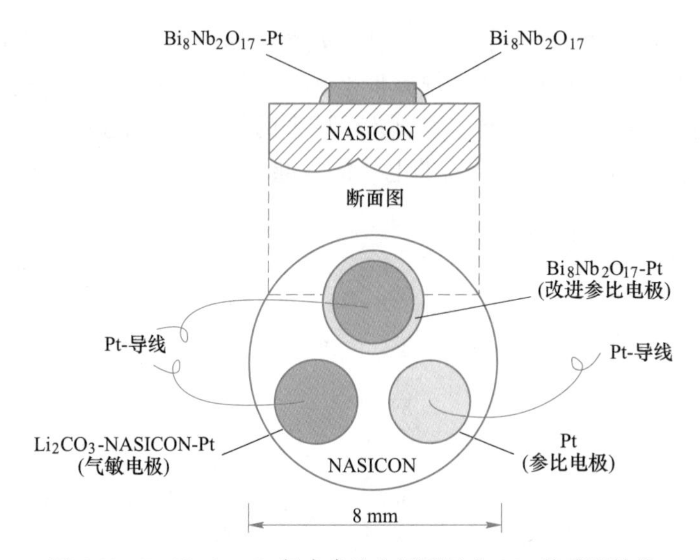

图 5-33 $Bi_8Nb_2O_{17}$+Pt 复合参比电极平板式 CO_2 传感器结构

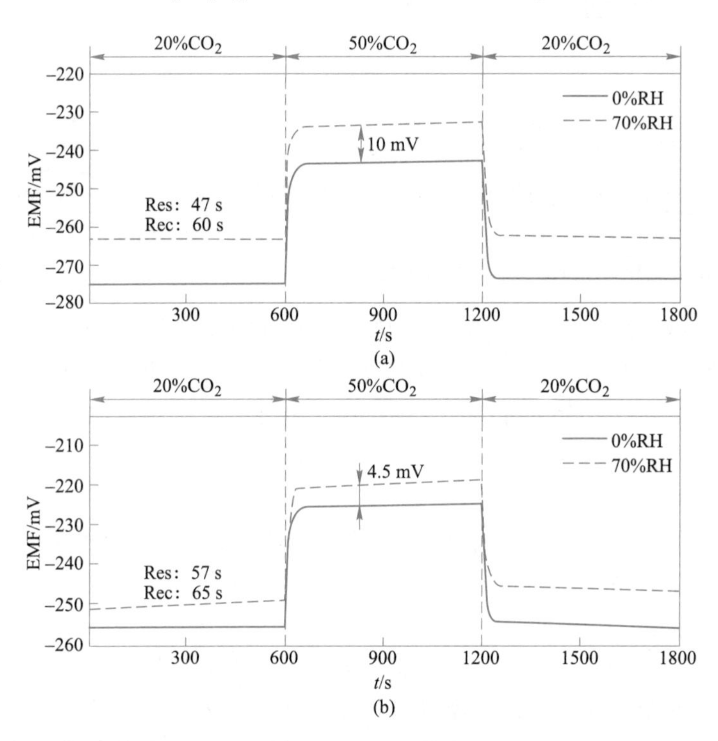

图 5-34 水汽下不同参比电极 CO_2 传感器电动势响应曲线

（a）Pt；（b）$Bi_8Nb_2O_{17}$-Pt

具有很好的氧离子传导性。更重要的是，使用 $Bi_8Nb_2O_{17}$-Pt 电极，使传感器的抗水性明显改善，电动势值漂移量仅为 4.5 mV；而 Pt 电极时，电势值漂移为 10 mV。

对辅助电极也进行了改进，如图 5-35 所示，Li_2CO_3-NASICON-Pt 被称作一体化辅助电极，它减轻了 Li_2CO_3 与 NASICON 间界面应力，更重要的是把电极反应从二维界面扩展到三维空间，增加了电极反应的三相点（TPB），如图 5-36 所示，提高了传感器的动态性能。

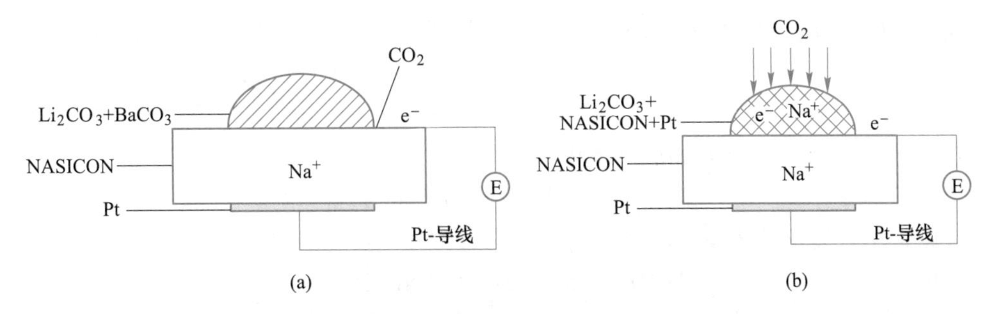

图 5-35 传统型（a）与一体化型（b）两种辅助电极比较

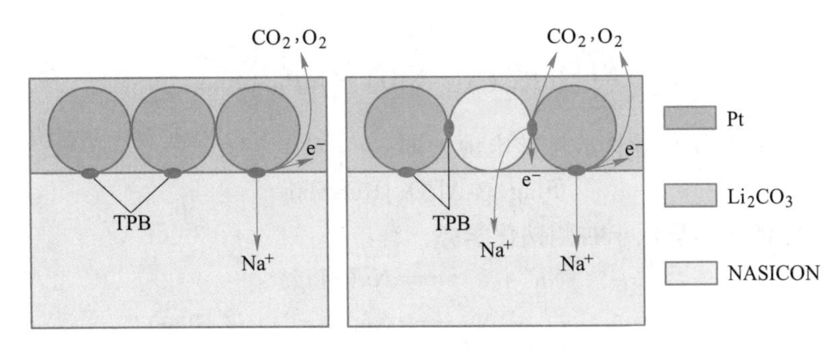

图 5-36 两种辅助电极上电极反应三相点示意图

5.1.5.3 熔渣活度传感器

图 5-37 所示是一个熔渣活度传感器的例子。它使用 3 支固体电解质管、一种具有已知活度的参比渣和与参比渣平衡的金属液，其中 2 支 MSZ 管和 1 支 $\beta\text{-}Al_2O_3$ 管，它们分别具有氧离子传导和钠离子传导功能。以此，来测定硅酸钠熔体中氧化钠活度。

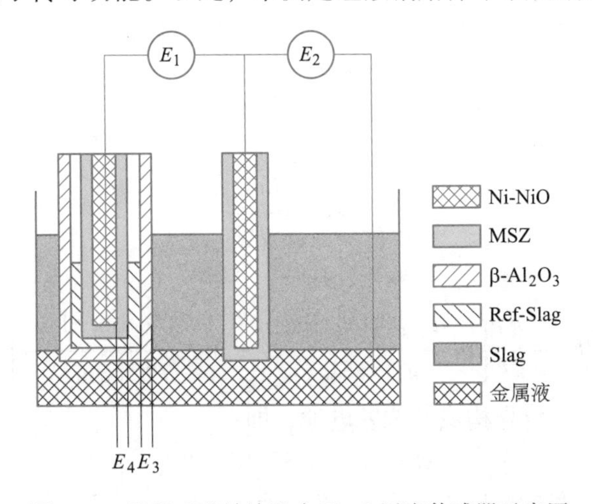

图 5-37 测量硅酸钠熔渣中 Na_2O 活度传感器示意图

浓差电池构成如下：

$$\text{Ni, NiO}\,|\,\text{MSZ}\,|\,\text{Slag}\,|\,\beta\text{-Al}_2\text{O}_3\,|\,\text{Ref-Slag}\,|\,\text{MSZ}\,|\,\text{Ni, NiO}^{❶}$$

$$E_2 \qquad\qquad E_3 \qquad\qquad E_4$$

❶Ni，NiO—Ni 和 NiO 的混合物；Slag—硅酸盐熔体；Ref-Slag—参比渣。

其中，E_1 与 E_2、E_3 和 E_4 分别为三种固体电解质内外电动势差，三者之间存在如下关系：

$$E_1 = E_2 + E_3 + E_4 \tag{5-52}$$

对于 E_2，由氧离子传导构成浓差电池，即：

$$\text{Ni, NiO} \mid \text{MSZ} \mid \text{Slag}$$

假设：左侧氧化学势高于右侧氧化学势，有：

正极（左）： $1/2O_2 + 2e^- \longrightarrow O^{2-}(\text{Ni, NiO})$

负极（右）： $O^{2-} \longrightarrow 1/2O_2 + 2e^-(\text{Slag})$

则：

$$E_2 = \frac{RT}{2F}[\ln P_{O_2}^{1/2}(\text{Ni, NiO}) - \ln P_{O_2}^{1/2}(\text{Slag})] \tag{5-53}$$

对于 E_3，由钠离子传导构成浓差电池，即：

$$\text{Slag} \mid \beta\text{-Al}_2\text{O}_3 \mid \text{Ref-Slag}$$

假设：左侧钠化学势低于右侧钠化学势，有：

正极（左）： $Na^+ + e^- \longrightarrow Na(\text{Slag})$

负极（右）： $Na \longrightarrow Na^+ + e^-(\text{Ref. Slag})$

则：

$$E_3 = \frac{RT}{F}[\ln a_{Na}(\text{Ref. Slag}) - \ln a_{Na}(\text{Slag})] \tag{5-54}$$

根据反应：

$$Na_2O \longrightarrow 2Na + 1/2O_2$$

有：

$$K = \frac{a_{Na}^2 P_{O_2}^{1/2}}{a_{Na_2O}}$$

可得：

$$a_{Na} = \sqrt{\frac{K a_{Na_2O}}{P_{O_2}^{1/2}}}$$

代入式（5-54），有：

$$E_3 = \frac{RT}{2F}\left[\ln\frac{a_{Na_2O}(\text{Ref. Slag})}{a_{Na_2O}(\text{Slag})} - \ln\frac{P_{O_2}^{1/2}(\text{Ref. Slag})}{P_{O_2}^{1/2}(\text{Slag})}\right] \tag{5-55}$$

对于 E_4，由氧离子传导构成的浓差电池，即：

$$\text{Ref-Slag} \mid \text{MSZ} \mid \text{Ni, NiO}$$

假设：左侧氧化学势高于右侧氧化学势，有：

正极（左）： $1/2O_2 + 2e^- \longrightarrow O^{2-}(\text{Ref-Slag})$

负极（右）： $O^{2-} \longrightarrow 1/2O_2 + 2e^-(\text{Ni, NiO})$

则：

$$E_4 = \frac{RT}{2F}[\ln P_{O_2}^{1/2}(\text{Ref. Slag}) - \ln P_{O_2}^{1/2}(\text{Ni, NiO})] \tag{5-56}$$

根据式（5-52）~式（5-56），得：

$$E_1 = \frac{RT}{2F}[\ln a_{Na_2O}(\text{Ref. Slag}) - a_{Na_2O}(\text{Slag})] \tag{5-57}$$

以上，P_{O_2}(Ni，NiO）可以根据 $2Ni+O_2 = 2NiO$ 反应 $\Delta G^{\ominus}$ 计算获得，把它代入式（5-53）和式（5-56）能分别求出熔渣和参比渣中氧分压 P_{O_2}(Slag）和 P_{O_2}(Ref. Slag)。这样，把以上结果代入式（5-55），再联立式（5-55）和式（5-57），即可解出 a_{Na_2O}(Slag)。

5.2 磁电传感器

磁电传感器是基于电磁感应原理，通过磁电相互作用把被测量（振动、位移和转速等）转换成感应电动势的传感器。

依据电磁感应定律：

$$E = -N\frac{d\Phi}{dt} \tag{5-58}$$

式中 E——感应电动势，V；

N——线圈匝数；

Φ——穿过线圈的磁通量，Wb；

t——时间，s。

可以看出，感应电动势 E 是由磁通量的变化率 $d\Phi/dt$ 决定的。磁通量 Φ 变化，与磁铁与线圈之间相对运动、磁路中磁阻变化和恒定磁场中线圈面积变化等因素有关，利用这些特征设计出不同类型的磁电式传感器。可以说，磁电式传感器是一种机-电能量转换型传感器，它的电路简单、性能稳定、输出信号强，以及输出阻抗小，具有一定频率响应范围（10~1000 kHz），适合于振动、转速、扭矩等的测量。

5.2.1 磁电效应

磁电式传感器主要有恒磁通式和变磁通式两种。恒磁通式由永久磁铁、线圈、弹簧、金属骨架和壳体等组成，如图 5-38 所示；变磁通式由被测旋转体、测量齿轮、线圈、软铁和永久磁铁等组成，如图 5-39 所示。

5.2.1.1 恒磁通

恒磁通式传感器操作原理如图 5-38 所示，当磁路系统产生恒定直流磁场，磁路中的工作气隙是固定不变的，因而气隙中的磁通也是恒定，运动部件是线圈 3 或永久磁铁 4，电磁阻尼是由金属骨架 1 与磁场发生相对运动形成的。当壳体 5 随被测振动体一起振动，由于弹簧 2 较软，运动部件质量相对较大，振动频率足够高（远高于传感器的固有频率 ω_n）时，运动部件惯性很大，来不及跟随振动体一起振动，近于静止不动，振动能量几乎全部被弹簧 2 吸收；永久磁铁 4 与线圈 3 之间的相对运动速度接近于振动体振动速度。线圈与永久磁铁之间相对运动，使线圈切割磁力线产生与运动速度 v 成正比

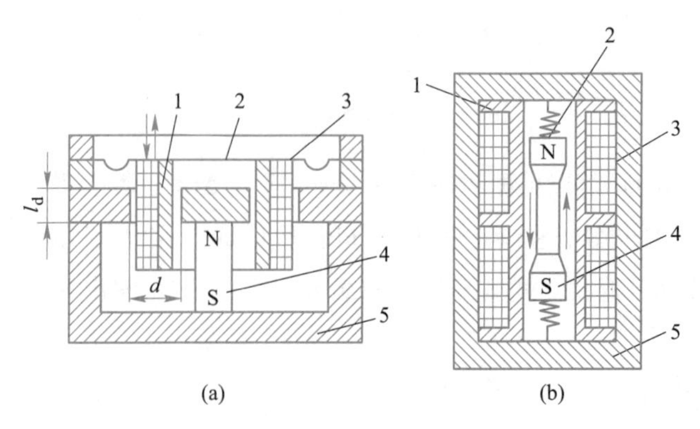

图 5-38 恒磁通式磁电传感器

（a）线圈运动；（b）磁铁运动

1—金属骨架；2—弹簧；3—线圈；4—永久磁铁；5—壳体

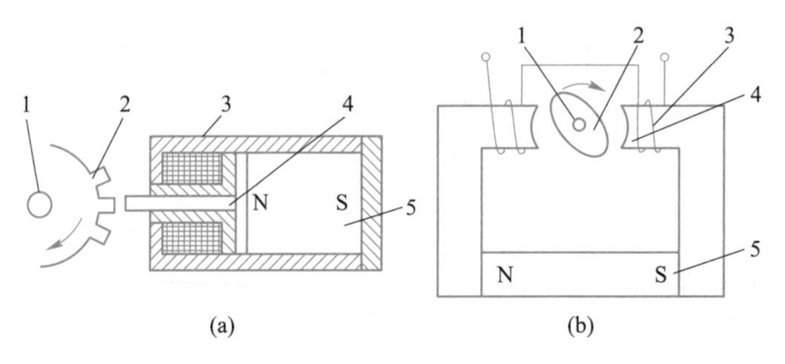

图 5-39 变磁通式磁电传感器

（a）开磁路；（b）闭磁路

1—被测旋转体；2—测量齿轮；3—线圈；4—软铁；5—永久磁铁

的感应电动势 E：

$$E = -NB_0 l_0 v \tag{5-59}$$

式中 N——线圈处于工作气隙磁场中的匝数；

B_0——工作气隙中磁感应强度；

l_0——每匝线圈的平均长度。

这类传感器能直接测量线速度，稍加转换就可以测量位移或加速度。由于速度与位移、加速度存在微分与积分关系，如在感应电动势的测量回路中接入一个积分电路，就可以测得位移；如在测量电路中接入一个微分电路就可以测得加速度。

5.2.1.2 变磁通

变磁通式传感器操作原理如图 5-39 所示，有开磁路和闭磁路两种，常用来测量旋转体的角速度。

开磁路变磁通式传感器如图 5-39（a）所示，线圈 3 和永久磁铁 5 静止不动，测量齿轮 2（导磁材料制成）安装在被测旋转体 1 上，随之一起转动。每转过一个齿，传感器磁路磁阻变化一次，磁通也就变化一次，线圈 3 中产生的感应电动势变化频率 f 等于测量齿轮 2 齿数 Z 与转速 n(r/min) 的乘积：

$$f = Zn/60 \tag{5-60}$$

闭磁路变磁通式传感器如图 5-39（b）所示，被测旋转体 1 带动椭圆形测量齿轮 2 在磁场气隙中等速转动，使气隙平均长度周期性变化，磁路的磁阻、磁通也随之变化，从而在线圈 3 产生周期性感应电动势，其频率 f 与测量齿轮 2 的转速 n(r/min) 成正比：

$$f = n/30 \tag{5-61}$$

变磁通式磁电传感器的输出电动势取决于线圈中磁场变化率，与被测转速成一定比例关系。如转速太低，输出电动势小；另外，高速轴上安装齿轮较危险。所以，这类传感器有一定的频率上下限，一般频率范围在 50~100 kHz。

由磁电式传感器原理可知，传感器的主要功能部件由三个部分组成，即磁路系统、线圈和运动机构，其中磁路系统产生一个恒定直流磁场，一般采用永久磁铁，以减小占有体积；线圈与磁场中磁通作用产生感应电动势；运动机构促成线圈与磁场的相对运动。

5.2.2 磁电传感器应用

5.2.2.1 振动速度传感器

地震检波器是磁电传感器的一种，如图 5-40 所示，由磁铁、线圈和弹簧片组成。磁铁具有很强的磁性，是检波器的主要部件；线圈由铜漆包线绕在框架上，引出两个输出端；弹簧片由特制的磷青铜制成的，它具有一定形状和线性弹性系数，使线圈与塑料盖连在一起；线圈与磁铁形成相对运动物体（惯性体）。当地面存在机械振动时，线圈相对磁铁运动而切割磁力线，线圈中产生感应电动势，大小与线圈和磁铁间相对运动成正比。因此，线圈输出的电信号与地面机械振动速度变化规律是一致的。

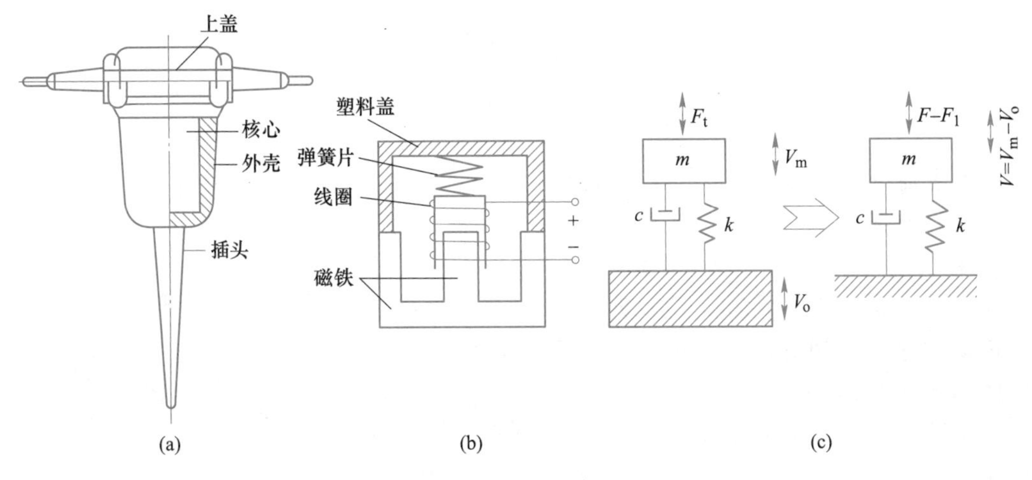

图 5-40 地震检波器

（a）外形图；（b）结构图；（c）等效图

地震检波器与图 5-40（c）中质量-弹簧-阻尼系统等效，它是一个二阶机械系统。其中，V_o 为传感器外壳的运动速度，等于被测物体运动速度；V_m 为传感器惯性质量块（线圈及框架）的运动速度；V 为惯性质量块相对外壳的运动速度，即 $V=V_m-V_o$。设 $x_0(t)=x_m\sin\omega t$，其运动方程为：

$$m\frac{\mathrm{d}V(t)}{\mathrm{d}t}+cV(t)+k\int V(t)\mathrm{d}t=-m\frac{\mathrm{d}V_o(t)}{\mathrm{d}t} \tag{5-62}$$

由于：

$$\frac{\mathrm{d}V_o(t)}{\mathrm{d}t}=\frac{\mathrm{d}^2x_o(t)}{\mathrm{d}t^2}=-x_m\omega^2\sin\omega t=-\omega^2x_o(t) \tag{5-63}$$

有：

$$m\frac{\mathrm{d}V(t)}{\mathrm{d}t}+cV(t)+k\int V(t)\mathrm{d}t=m\omega^2x_o(t) \tag{5-64}$$

对比式（2-86）典型的二阶测量系统表达式，有：

$$\frac{\mathrm{d}V(t)}{\mathrm{d}t}+2\zeta\omega_nV(t)+\omega_n^2\int V(t)\mathrm{d}t=K\omega_n^2x_o(t) \tag{5-65}$$

式中　ω_n——传感器系统固有频率，$\omega_n=\sqrt{k/m}$；

ω——被测振动的角频率；

ζ——传感器系统的阻尼比，$\zeta=c/(2\sqrt{km})$；

K——静态灵敏度，$K=(\omega/\omega_n)^2$；

m——惯性体质量；

k——弹簧的弹性系数；

c——传感器系统的阻尼。

参照幅频特性［式（2-89）］和相频特性［式（2-90）］，有：

$$A(\omega)=\frac{(\omega/\omega_n)^2}{\sqrt{\left[1-\left(\frac{\omega}{\omega_n}\right)^2\right]^2+4\zeta^2(\omega/\omega_n)^2}} \tag{5-66}$$

$$\phi(\omega)=-\arctan\frac{2\zeta(\omega/\omega_n)}{1-(\omega/\omega_n)^2} \tag{5-67}$$

磁电式速度传感器的频率响应特性曲线如图5-41所示。

从图5-41可以看出，$\zeta=0.5\sim0.7$、$\omega\gg\omega_n$时，$A(\omega)$趋于恒值（1），即质量块与振动体之间的相对速度接近于被测振动物体的绝对速度。

对于结构已确定的磁电式传感器，输出感应电动势E与相对运动速度$V(t)$成正比，即$E=NB_0l_0V(t)$，而$V(t)$可以度量被测振动速度$V_0(t)$，这就是磁电式速度传感器可以测量振动速度的原理。

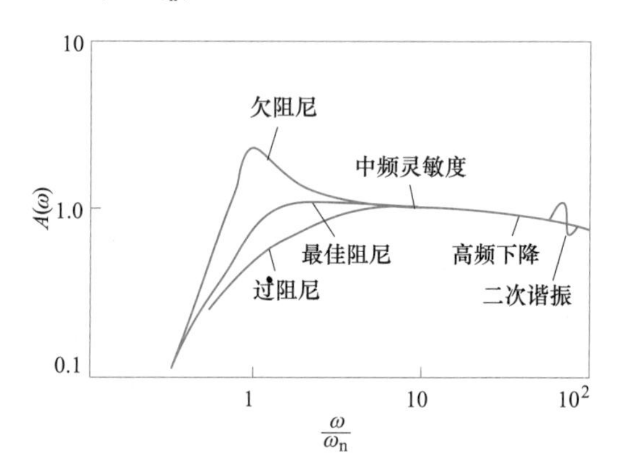

图5-41　磁电式速度传感器的频率特性

磁电式速度传感器实际使用时，$\omega>(7\sim8)\omega_n$，这种传感器的固有频率较低，一般$\omega_n=10\sim15$ Hz，甚至更低。磁电式振动传感器测量参数是振动速度，若在测量电路中接入积分电路，则其输出与位移成正比；若在测量电路中接入微分电路，则其输出与加速度成正比。这样，磁电式传感器就可以测量振动的位移和加速度。

5.2.2.2 扭矩传感器

磁电扭矩传感器结构如图5-42所示。传感器转子（包含线圈）固定在被测轴上，传感器定子（永久磁铁）固定在传感器外壳。转子和定子上有两者一一对应的齿和槽。

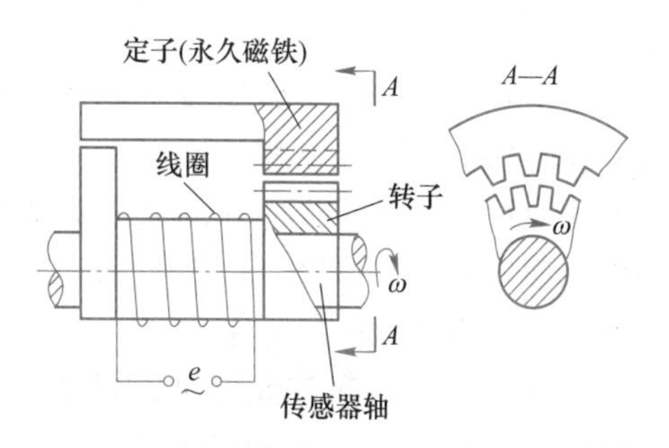

图5-42 磁电扭矩传感器结构示意图

测量扭矩时，需用两个完全相同的传感器，将它们的转轴（包括线圈和转子）分别固定在被测轴的两端，而传感器外壳固定不动。安装时，一个传感器的定子齿与其转子齿相对，另一个传感器定子槽与其转子齿相对。当被测轴无外加扭矩时，转轴没有负荷，扭转角 φ 为零，若转轴以一定角速度 ω 旋转，两个传感器产生两个幅值、频率均相同，而相位差为180°的近似正弦波感应电动势。当转轴加上负荷感受扭矩时，轴的两端产生扭转角 φ。因此，两传感器输出的感应电动势将因扭矩而有附加相位差 φ_0。扭转角 φ 与感应电动势相位差 φ_0 关系为：

$$\varphi = \varphi_0 / n \tag{5-68}$$

式中 n——传感器定子、转子齿数。

经测量电路，将相位差转换成时间差，就可以测出扭转角 φ，进而测出扭矩。根据材料力学可知，弹性轴扭转角 φ(rad) 与转递轴的扭矩 M_k(N·m) 有下列关系：

$$\varphi = \frac{M_k l}{GI_p} \tag{5-69}$$

则：

$$M_k = \frac{GI_p}{l}\varphi = k\varphi \tag{5-70}$$

式中 G——剪切弹性模量，N/m²；

I_p——惯性矩，m⁴；

l——被测转轴长度，m；

k——由材料性质、形状等因素决定的常数，$k = GI_p / l$。

磁电式扭矩传感器从两个转子线圈输出信号之间的相位差确定扭矩数值；同时，还可以从其中任一输出信号频率确定被测轴转速。因而，这种相位差式扭矩传感器配接仪表，可以用数字表同时显示扭矩和轴的转速。

5.3 霍尔传感器

霍尔传感器属磁敏传感器的一种，它利用半导体的霍尔效应实现磁电转换。霍尔效应是1879年由霍尔发现的，20世纪50年代以后被用于磁场测量，由于微电子技术发展，被广泛应用。由于霍尔传感器具有灵敏度高、线性度好、稳定性好、体积小和耐高温等特性，用于非电量电测、自动控制、计算机装置和现代军事技术等各个领域。

5.3.1 霍尔效应

霍尔效应：把一块金属或半导体薄片垂直放在磁感应强度 B 磁场中，沿着垂直于磁场方向通过电流 I 时，薄片的另一对侧面间产生电动势 U_H，如图 5-43 所示，称 U_H 为霍尔电动势，薄片为霍尔元件。

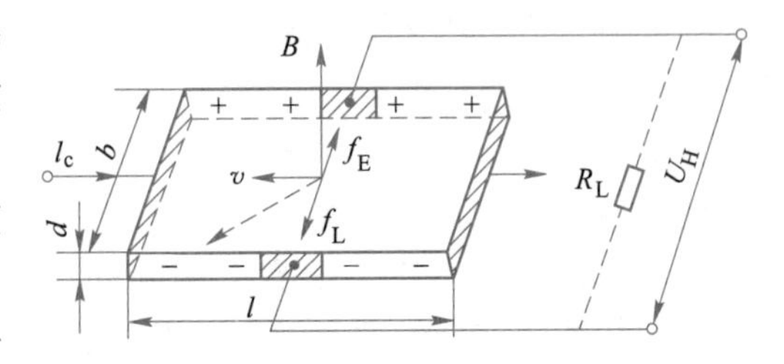

图 5-43 霍尔效应示意图

当电流 I_e 通过霍尔元件时，假设载流子为带负电的电子，它沿电流相反方向运动，令其平均速度为 v。依据左手定则：伸开左手，使大拇指跟其余四指垂直，并且在都跟手掌在同一平面内，让磁力线穿过手掌心，四指指向电流方向，则大拇指所指就是洛伦兹力的受力方向。磁场中运动的电子将受到洛伦兹力 f_L：

$$f_L = evB \tag{5-71}$$

式中 e——电子所带电荷量；

v——电子运动速度；

B——磁感应强度。

在洛伦兹力 f_L 作用下，运动电子以抛物线形式偏转至霍尔元件一侧，形成电子积累。同时，相对一侧形成正电荷积累，建立起霍尔电场 E_H。该电场对电子施加一电场力 f_E：

$$f_E = eE_H = eU_H/b \tag{5-72}$$

式中 b——霍尔元件宽度；

U_H——霍尔电压。

f_E 与 f_L 方向相反，当电子积累达到动态平衡时，两者相等，两侧形成稳定的电势，即霍尔电势 U_H。当达到动态平衡时，$f_E=f_L$，则：

$$evB = -eU_H/b \tag{5-73}$$

由于 $J=-nev$（n 为载流子浓度），则电流强度为：

$$I = -nevbd \tag{5-74}$$

式中 d——霍尔元件厚度。

代入式（5-73），有：

$$U_H = \frac{IB}{ned} = R_H\frac{IB}{d} = K_H IB \tag{5-75}$$

式中 R_H——霍尔系数，$R_H=1/ne$；

K_H——霍尔元件灵敏度，$K_H=R_H/d=1/(ned)$。

霍尔电压与载流子（电子或电子空穴）的运动速度有关，即与载流体中载流子的迁移率 μ 有关，由于 $\mu=v/E_1$（E_1 为电流方向上的电场强度），材料电阻率 $\rho=1/ne\mu$，霍尔系数与载流体材料电阻率 ρ 和载流子迁移率 μ 的关系为：

$$R_H = \rho\mu \tag{5-76}$$

可以看出，只有 ρ 和 μ 都大的材料才适合于制造霍尔元件，才能获得较大的霍尔系数和霍尔电压。适宜作为霍尔元件的半导体材料如表 5-4 所示。霍尔电压除与材料载流子迁移率和电阻率有关外，同时还与霍尔元件的几何尺寸有关，霍尔元件灵敏度 K_H 与 d 呈反比，霍尔元件厚度越小灵敏度越高，一般取 $d=0.1$ mm 左右；霍尔元件的宽度 b 减小将会使 U_H 下降。

表 5-4 霍尔元件的材料特性

材料	迁移率$\mu/cm^2 \cdot V^{-1} \cdot s^{-1}$		霍尔系数 R_H /$cm^2 \cdot ℃^{-1}$	禁带宽度 E_g /eV	霍尔系数温度特性 /% · ℃$^{-1}$
	电子	空穴			
Ge1	3600	1800	4250	0.60	0.01
Ge2	3600	1800	1200	0.80	0.01
Si	1500	425	2250	1.11	0.11
InAs	28000	200	570	0.36	-0.1
InSb	75000	750	380	0.18	-2.0
GaAs	10000	450	1700	1.40	0.02

5.3.2 霍尔元件电路

霍尔元件基本应用电路如图 5-44 所示，控制电流 I_c 由电源 E 供给，调节 R_A 控制电流 I_c 的大小，霍尔元件输出接负载电阻 R_L，R_L 可以是放大器的输入电阻或测量仪表的内阻。由于霍尔元件必须在磁场 B 与控制电流 I_c 作用下才会产生霍尔电势 U_H，应用中可以把 I_c 和 B 的乘积、I_c，或者 B 作为输入信号，则霍尔元件的输出电势分别正比于 I_cB、I_c 或 B。通过霍尔元件电流 I_c 为：

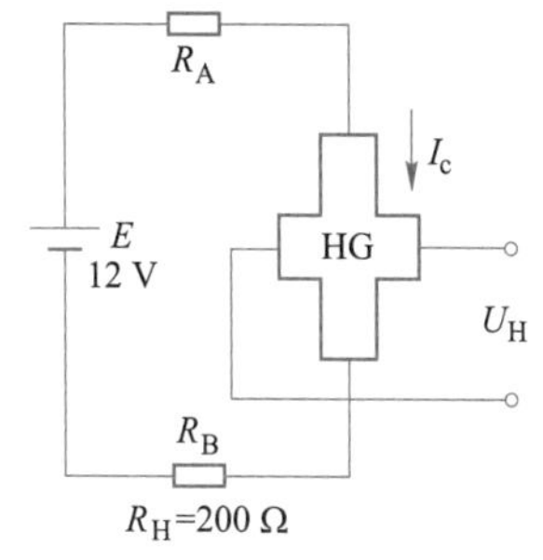

图 5-44 霍尔元件基本应用电路

$$I_c = \frac{E}{R_A + R_B + R_h} \tag{5-77}$$

则：

$$R_A + R_B = \frac{E - I_c R_h}{I_c} \tag{5-78}$$

由于霍尔元件电阻 R_h 是变化的，会引起电流变化，可能使霍尔电压失真。为此，外接电阻（R_A+R_B）要大于 R_h，可以抑制 I_c 电流的变化。

霍尔元件偏置电路如图 5-45 所示。图 5-45（a）是无外接偏置电阻电路，适用于 R_h 较大的霍尔元件，霍尔电流 $I_c=E/R_h$，磁阻效应（霍尔元件内阻随磁场增加而增加的现象）影响较大；图 5-45（b）和图 5-45（c）分别是在电源正端和电源负端与霍尔元件之间串接偏置电阻 R 电路，适用于 R_h 较小的霍尔元件，若 $R \gg R_h$，磁阻效应影响小且为恒流驱动，$I_c=E/(R+R_h)$。前两者，$U_H=R_hI_c/2$，U_H 较小；后者，$U_H=(R_h/2+R)I_c$，U_H 较大。

霍尔元件驱动方式如图 5-46 所示，控制电流上有恒流驱动和恒压驱动两种。为使温度影响小，一般使用 GaAs 或 Ge 霍尔元件时采用恒流驱动；使用 InSb 霍尔元件时采用恒压驱动。采用恒流驱动，元件电阻大小与 I_c 大小无关，线性度好；而采用恒压驱动时，随着磁场强度增加，线性度变坏。恒流驱动时，霍尔元件灵敏度随工艺因素有较大变动（主要是对厚度 d 控制）；采用恒压驱动时，根据式（5-75）关系，霍尔电压为：

$$U_{\mathrm{H}}=R_{\mathrm{H}}\frac{IB}{d}=R_{\mathrm{H}}\frac{U_{\mathrm{c}}}{R_{\mathrm{h}}}\frac{B}{d}=\frac{R_{\mathrm{H}}}{\rho}\frac{b}{l}U_{\mathrm{c}}B \tag{5-79}$$

式中 ρ——电阻率；

R_{H}——霍尔常数；

l，b，d——霍尔几何尺寸；

R_{h}——霍尔元件输入电阻；

U_{c}——驱动电压；

B——磁感应强度。

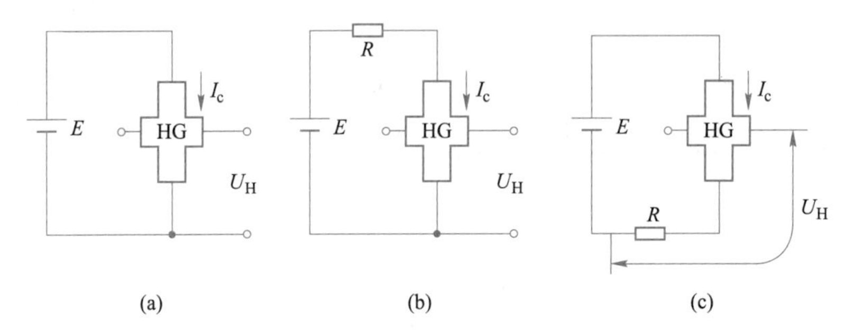

图 5-45 霍尔元件偏置电路

（a）无外接电阻；（b）与电源正端串联；（c）与电源负端串联

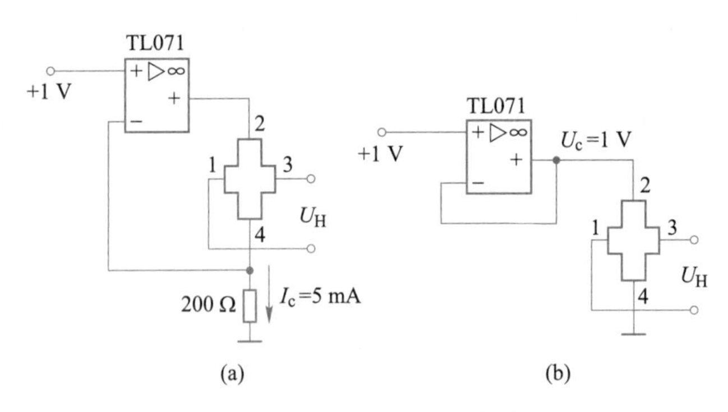

图 5-46 霍尔元件驱动方式

（a）恒流驱动；（b）恒压驱动

从式（5-79）可以看出，已无厚度 d，故灵敏度变动率较小。因此，霍尔元件的恒压驱动特性与恒流驱动特性正相反，二者各有优缺点，一般根据工作要求选择驱动方式。

为了获得较大的霍尔输出电势，可采用几片叠加的连接方式，如图 5-47 所示，有直流供电和交流供电两种。对于直流供电，输出电势 U_{H} 为单片的两倍；对于交流供电，控制电流端串联，各元件输出端接输出变压器 B 的初级绕组，次级绕组便有霍尔电势信号叠加值输出。

霍尔电势一般在毫伏数量级，实际使用时输出电路必须加差分放大器，如图 5-48 所示，有线性测量和开关状态两种使用方式。当霍尔元件作线性测量时，通常选用灵敏度低一点儿、不等位电势小一点儿、稳定性和线性度好的霍尔元件。例如，选用 $K_{\mathrm{H}}=5\ \mathrm{mV/(mA \cdot kGs)}$，控制电流 5 mA 的霍尔元件作线性测量元件，若要测量 1 Gs～10 kGs 的磁场，则霍

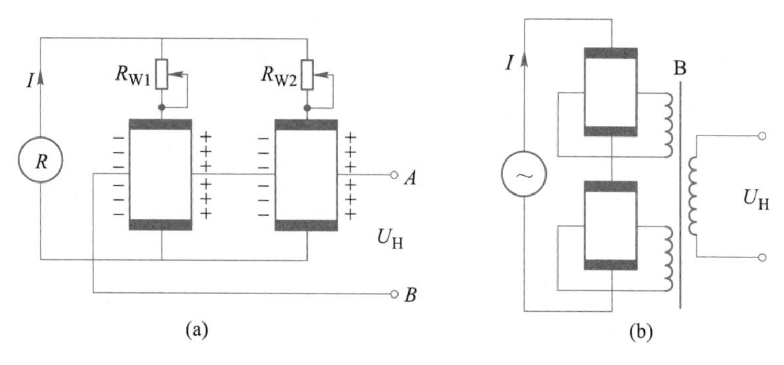

图 5-47 霍尔元件叠加连接方式
（a）直流供电；（b）交流供电

尔元件输出电势 U_H 范围为：

$$U_{H,\ min} = 5\left(\frac{mV}{mA \cdot kGs}\right) \times 5(mA) \times 10^{-3}(kGs) = 25(\mu V)$$

$$U_{H,\ max} = 5\left(\frac{mV}{mA \cdot kGs}\right) \times 5(mA) \times 10(kGs) = 250(mV)$$

故选择低噪音的放大器作为前级放大。

当霍尔元件作开关使用时，要选择灵敏度较高的霍尔元件，例如，选用 $K_H = 20\ mV/(mA \cdot kGs)$、控制电流 2 mA，采用 2 mm×3 mm×5 mm 的钐钴磁钢霍尔元件作开关使用元件，施加一个距离器件为 5 mm 的 3 kGs 的磁场，则霍尔元件输出电势 U_H 为：

$$U_H = 20\left(\frac{mV}{mA \cdot kGs}\right) \times 2(mA) \times 3(kGs) = 120(mV)$$

这时选用一般的放大器即可满足。

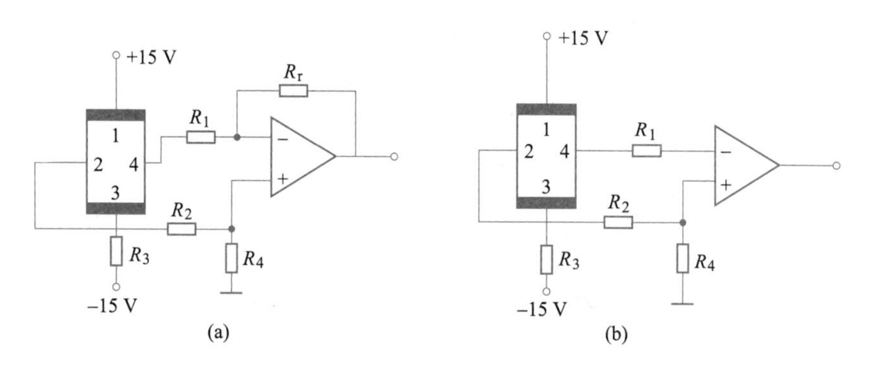

图 5-48 GaAs 霍尔元件的输出电路
（a）线性应用；（b）开关应用

5.3.3 集成霍尔器件

霍尔元件及其放大电路、温度补偿电路和稳压电源等集成在一个芯片上构成独立器件——集成霍尔器件，组成集成器件后，不仅尺寸紧凑便于使用，而且有利于减小误差和改善稳定性。

霍尔线性集成器件的输出电压与外加磁场强度在一定范围内呈线性关系，有单端输出和双端输出（差动输出）两种电路，如图 5-49 所示，如美国 Spragun 公司生产 UGN 系列霍尔线性集成器件 UGN3501T、UGN3501U、UGN3501M 和国产 CS3500 系列霍尔线性集成器件。T、U 两种型号为单端（3 脚）输出，1、2、3 分别为电源端、接地端和输出端；M 为双端（8 脚）输出，1、8 为输出端；3、4 分别为电源端和接地端；5、6、7 为外接补偿电位器；2 为空脚端。

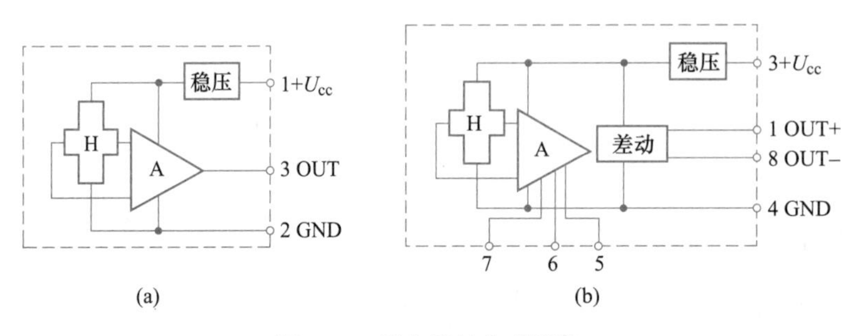

图 5-49 霍尔线性集成器件

（a）单端输出；（b）双端（差动）输出

霍尔开关集成器件如图 5-50（a）所示，由霍尔元件、放大器、施密特整形电路和集电极开路输出等部分组成，工作特性和工作电路分别如图 5-50（b）和图 5-50（c）所示。对于霍尔开关集成器件，不论是集电极输出还是发射极输出，其输出端均应接负载电阻，取值一般以负载电流适合的参数规范为准。工作特性有一定磁滞，可以防止噪声干扰，使开关动作更可靠。B_{OP}为工作点“开”的磁场强度，B_{RP}为释放点“关”的磁场强度。

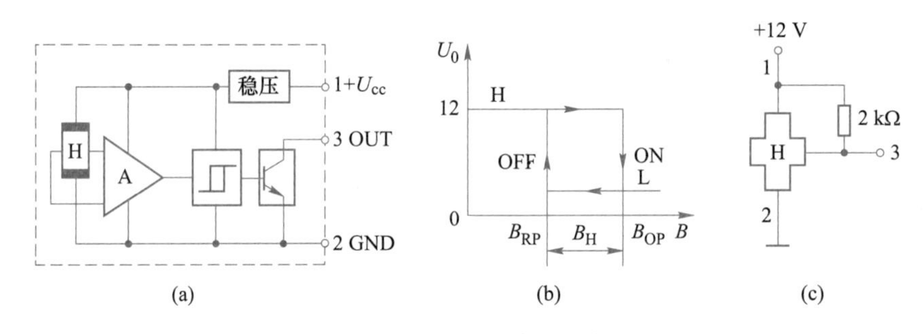

图 5-50 霍尔开关集成器件

（a）组成框图；（b）工作特性；（c）工作电路

5.3.4 霍尔传感器应用

霍尔传感器的尺寸小、外围电路简单、频率响应宽、动态特性好和使用寿命长。因此，被广泛地应用于测量、自动控制及信息处理等领域。

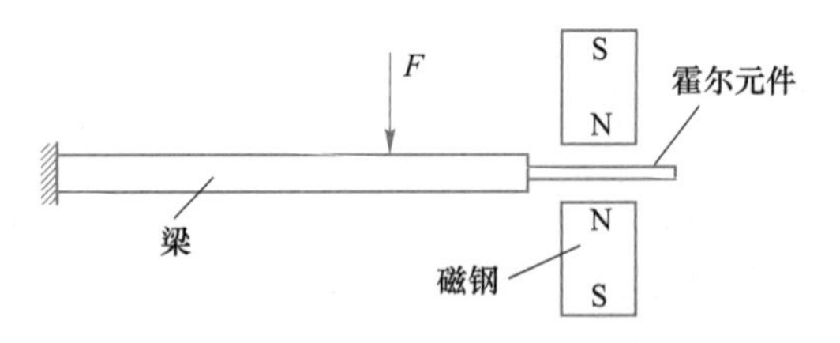

图 5-51 霍尔力传感器结构原理示意图

5.3.4.1 力的测量

霍尔力传感器结构如图 5-51 所示，当力

F 作用在悬臂梁上时，悬臂梁发生变形，霍尔器件将输出电压 U_H，即霍尔电压或霍尔电动势。U_H 的大小与力 F 成正比，通过测试电压即可获得力的大小。力与电压输出有一些非线性时，可采用电路或单片机软件来补偿。

5.3.4.2 加速度测量

霍尔加速度传感器结构如图 5-52（a）所示。两块永久磁铁的同极相对放置，将线性霍尔元件或集成霍尔器件置于中间，其磁感应强度为零，这个位置可以作为位移的零点。当霍尔器件在 y 轴方向位移 Δy 时，霍尔器件有一个电压 U_H 输出。只要测出 U_H、位移 $\Delta y(x)$ 和时间 t 的关系，依据加速度 $a=\mathrm{d}^2x/\mathrm{d}t^2$ 就可以求出 a 与 U_H 的关系。这种加速度传感器在 $(-14\sim14)\times10^{-2}$ m/s^2 范围内，其输出霍尔电压 U_H 与加速度 a 之间有较好的线性关系，如图 5-52（b）所示。

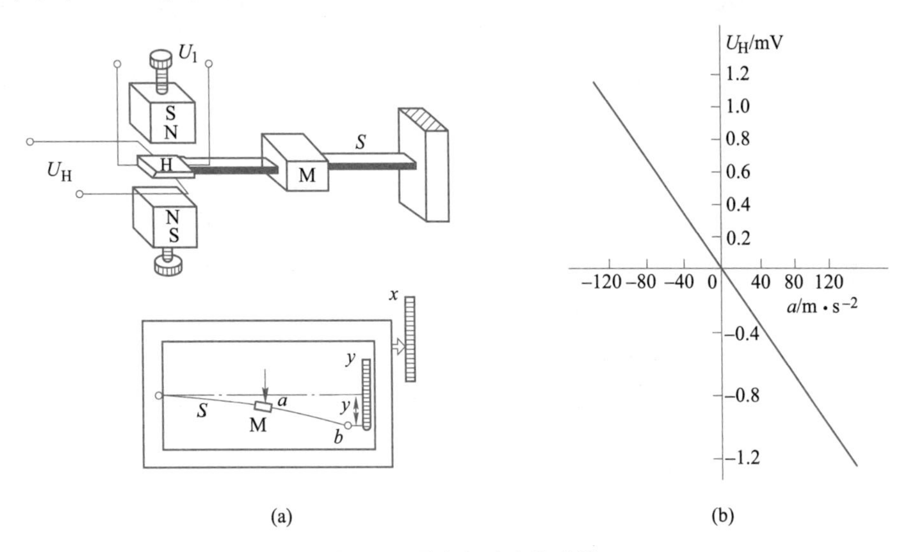

图 5-52 霍尔加速度传感器

（a）结构原理示意图；（b）电压与加速度关系

5.3.4.3 电流强度测量

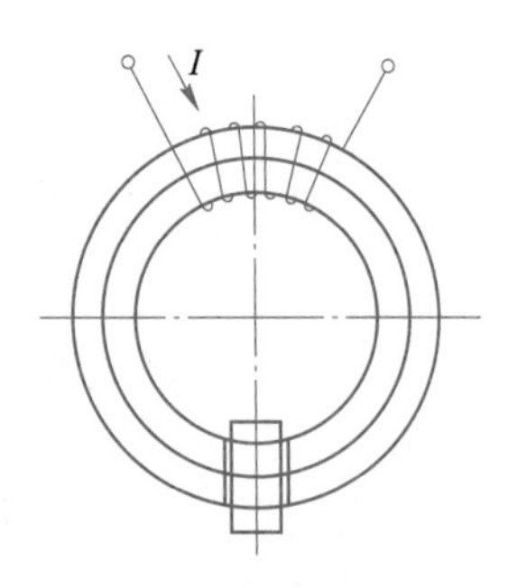

图 5-53 霍尔电流传感器结构原理示意图

霍尔电流传感器结构原理如图 5-53 所示，标准软磁材料圆环中心直径为 40 mm，截面积为 4 mm×4 mm（方形）；圆环上有一缺口，放入霍尔器件 UGN3501M；圆环上绕有一定匝数线圈，并通过检测电流产生磁场，则霍尔器件上有信号输出。

根据磁路理论 $U_H=K_HIB$，可以计算出当线圈为 9 匝、电流为 20 A 时可产生 0.1 T 的磁场强度，当 UGN3501M 传感器电流 $I=1$ mA、灵敏度 $K_H=14$ mV/(mA · mT)，则在 0~20 A 电流范围内，其输出电压变化为 1.4 V；若线圈为 11 匝、电流为 50 A 时可产生 0.3 T 的磁场强度，在 0~50 A 电流范围内，其输出电压为 4.2 V。

5.3.4.4 功率测量

由式（5-75）可知，U_H 与 I、B 的乘积成正比，如果 I 和 B 两个独立变量，霍尔器件就是一个简单实用的模拟乘法器。如果 I 和 B 分别与某一负载两端的电压和电流有关，则霍尔器件便可用于测量负载功率，霍尔功率传感器原理如图 5-54 所示。负载 Z_L 所取电流 i 通过铁芯线圈产生交变磁感应强度 B，电源电压 u 经过降压电阻 R 得到交流电电流 i_c 流过霍尔元件，则输出电压 u_H 便与电功率 P 成正比，即：

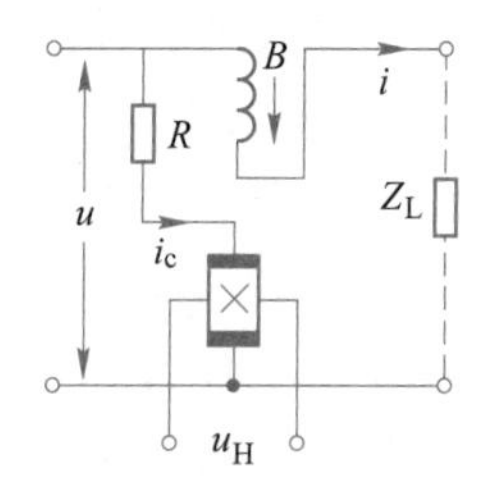

图 5-54 霍尔功率传感器原理示意图

$$\begin{aligned} u_H &= K_H i_c B = K_H K_i U_m \sin(\omega t) K_B I_m \sin(\omega t + \varphi) \\ &= K U_m I_m \sin(\omega t)\sin(\omega t + \varphi) \end{aligned} \tag{5-80}$$

则霍尔电压 u_H 的平均值为：

$$u_H = \frac{1}{T}\int_0^T u_H \mathrm{d}t = \frac{1}{T}\int_0^T K U_m I_m \frac{1}{2}[\cos\varphi - \cos(2\omega t + \varphi)]\mathrm{d}t = \frac{1}{2} K U_m I_m \cos\varphi \tag{5-81}$$

$$u_H = \frac{1}{2} K U_m I_m \cos\varphi = K_P U I \cos\varphi = K_P P \tag{5-82}$$

有功功率 P 为：

$$P = UI\cos\varphi \tag{5-83}$$

式中 K_H——霍尔灵敏度；

K_i——与降压电阻 R 有关的系数；

K_B——与线圈有关的系数；

K——总系数，$K=K_H K_i K_B$；

U_m，I_m——电源电压与负载电流幅值；

φ——与负载 Z_L 有关的功率角。

若图 5-54 中电阻 R 改用电容 C 代替，使 i_c 移相 90°，则可测无功功率 P'：

$$u'_H = \frac{1}{2} K_P U_m I_m \sin\varphi = K_P P' \tag{5-84}$$

即：

$$P' = \frac{1}{2} U_m I_m \sin\varphi \tag{5-85}$$

5.4 热电传感器

热电偶可以说是热电传感器最简单的一种，它基于金属的热电效应，将温度变化转化为电势变化。自 19 世纪发现热电效应以来，人们就把它用于 100~1800 ℃测温，特殊情况下也可以适当扩大测量范围，具有结构简单、使用方便、精度高和动态性能好等优点，也便于信号处理和远程传输。

5.4.1 热电效应

热电效应是 1823 年塞贝克（Seebeck）发现的热-电动势间关系，也称为塞贝克效应，即两种金属导体（金属或合金）A 和 B 组成一个闭合回路，如图 5-55 所示，若两接触点温度不同（T，T_0），则在闭合回路中就产生电流，表明两接触点之间有电势存在，这种现象称为热电效应。两接触点之间电势称为热电势或塞贝克电势，用 $E_{AB}(T, T_0)$ 表示。T 与 T_0 之间温差越大，热电势也越大；而且，热电势与温差之间存在一个稳定关系，属于一个平衡值，也称为热电动势。

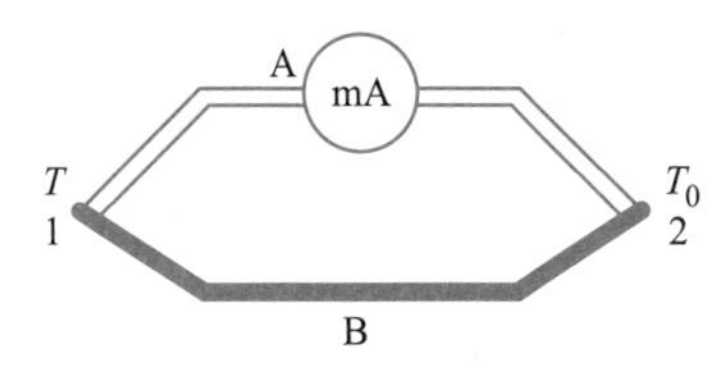

图 5-55 热电效应

测量温度时，一个接触点置于被测温度场（T）中称为测量端，一个接触点置于某一恒定温度（T_0）位置，称为参考端、自由端或冷端。由于一个接触点处 T_0 温度恒定，那么 T 与 T_0 之间温差就与热电势大小有关，可以获得温度 T 具体值，即热电偶测温原理。

研究发现，热电势 $E_{AB}(T, T_0)$ 由两部分组成：一部分是两种不同金属导体的接触电势，又称珀尔贴（Peltier）电势；一部分是单一金属导体的温差电势，又称汤姆逊（Thomson）电势。

5.4.1.1 接触电势

当两种自由电子密度的 A、B 金属导体接触时，由于电子势能不同，自由电子会从密度大的一侧移向密度小的一侧，使界面上形成一个电场，如图 5-56 所示，同时电场作用下也抑制了两导体间电子移动，最后达到一个动态平衡，即接触电势，它与温度和两种导体特性有关，这种现象称作珀尔贴效应。

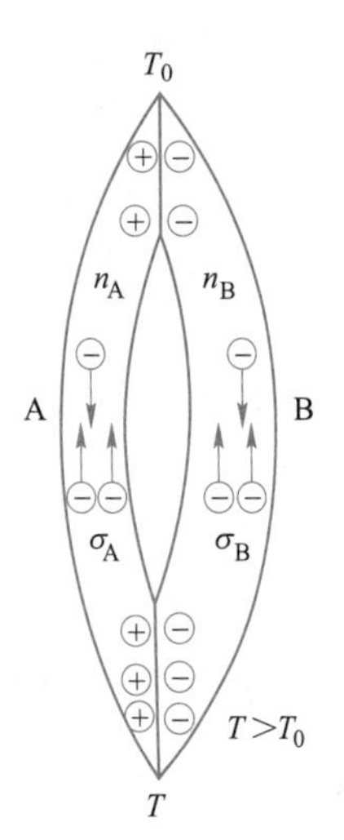

图 5-56 接触电势与温差电势产生示意图

温度 T 和 T_0 的两接触点处接触电势为：

$$E_{AB}(T)=\frac{kT}{e}\ln\frac{n_A}{n_B} \tag{5-86}$$

$$E_{AB}(T_0)=\frac{kT_0}{e}\ln\frac{n_A}{n_B} \tag{5-87}$$

式中 k——玻耳兹曼常数，1.38×10^{-23} J/K；

e——电子电量，1.6×10^{-19} C；

n_A，n_B——A、B 材料的自由电子密度。

那么，闭合回路总的接触电势，有：

$$E_{AB}(T)-E_{AB}(T_0)=\frac{k(T-T_0)}{e}\ln\frac{n_A}{n_B} \tag{5-88}$$

5.4.1.2 温差电势

当同一金属导体两端温度不同，有 $T>T_0$，其内形成一个温度梯度，由于热端较冷端电子有较大的动能，导致电子从热端向冷端移动，使导体内形成一个电场，如图 5-56 所示。同样，导体内电场对电子移动存在着抑制作用，达到动态平衡时，冷热两端电势差即温差电势，这种现象称作汤姆逊效应。

两种金属导体 A、B 两端的温差电势为：

$$E_A(T, T_0)=\int_{T_0}^{T}\sigma_A\mathrm{d}T \tag{5-89}$$

$$E_B(T, T_0)=\int_{T_0}^{T}\sigma_B\mathrm{d}T \tag{5-90}$$

式中 σ_A，σ_B——金属 A、B 的汤姆逊系数。

那么，闭合回路总温差电势，有：

$$E_A(T,T_0)-E_B(T,T_0)=\int_{T_0}^{T}(\sigma_A-\sigma_B)\mathrm{d}T \tag{5-91}$$

5.4.1.3 热电偶热电势

两种金属导体组成热电偶回路，当 $T>T_0$ 时，总的热电势可根据式（5-88）和式（5-91）获得：

$$E_{AB}(T,T_0)=E_{AB}(T)-E_{AB}(T_0)+\int_{T_0}^{T}(\sigma_A-\sigma_B)\mathrm{d}T=\frac{k(T-T_0)}{\mathrm{e}}\ln\frac{n_A}{n_B}+\int_{T_0}^{T}(\sigma_A-\sigma_B)\mathrm{d}T \tag{5-92}$$

从上式可知，热电偶两个导体材料相同，由于 $n_A=n_B$ 和 $\sigma_A=\sigma_B$，两接触点温度不同也不会产生热电势；即便两导体材料不同，但两接触点温度相同，有 $T=T_0$，也不会产生热电势。仅当热电偶中两接触点不同，由于 n_A、n_B、σ_A 和 σ_B 是温度的函数，即 $E_{AB}(T,T_0)=E(T)-E(T_0)$。当 T_0 保持不变，$E(T_0)$ 为常数 c，则 $E_{AB}(T,T_0)$ 仅是热电偶热端温度的函数，即：

$$E_{AB}(T,T_0)=E(T)-c=f(T) \tag{5-93}$$

以上即热电偶测温的工作原理。

确定测量 T_0 端接触点处电势的连接极性时，按规定失去电子为正，得电子为负，$E_{AB}(T,T_0)$ 中，写在前面的 A、T 分别为正极端和热端温度，写在后面的 B、T_0 分别为负极端和冷端温度。判别极性也比较简单，用直流电表连接冷端后，将热端稍许加热，若输出数字为正值，则接法正确。

5.4.2 热电偶基本规则

5.4.2.1 均质导体定律

两种均质金属导体组成的热电偶，其热电势大小与导体的直径、长度及其上温度分布无关，只与导体材料和两端温度有关。据此，导体材料均匀性是衡量热电偶质量的重要指标。

5.4.2.2 中间导体定律

A、B 导体组成的热电偶回路中，把冷端 T_0 断开接入第三导体 C 作为中间导体，如图 5-57 所示，只要中间导体两端温度相同，对热电偶热电势无影响，即：

$$E_{AB}(T,T_0)=E_{ABC}(T,T_0) \tag{5-94}$$

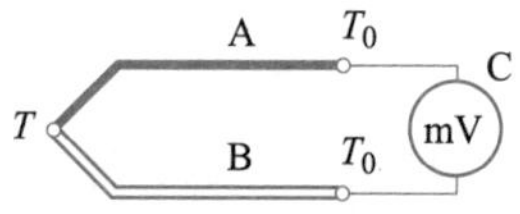

A T_0 C T mV B T_0

图 5-57 热电偶测温的中间导体示意图

尽管如此，第三导体不宜采用与 A、B 导体热电性质相差较大的材料，否则一旦导体 C 两端温度发生变化，热电偶热电势将会受到影响。

5.4.2.3 连接导体定律

A、B 导体组成的热电偶回路中，分别与导线 A′和 B′相连接，其接点温度分别为 T、T_n 和 T_0，如图 5-58 所示，则整个回路热电势等于 A、B 热电偶的热电势 $E_{AB}(T,T_n)$ 与连接导线 A′、B′在温度为 T_n、T_0 时热电势 $E_{A'B'}(T_n,T_0)$ 的代数和，即：

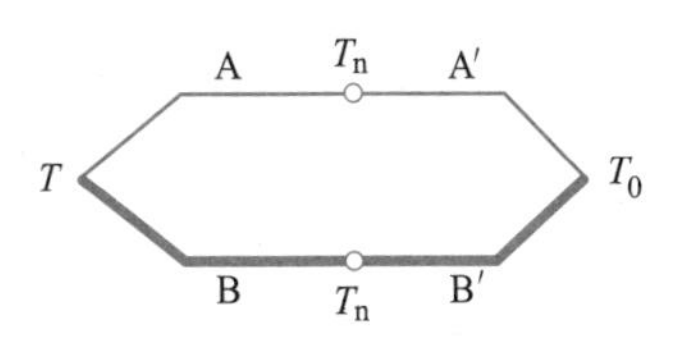

图 5-58 连接导体示意图

$$E_{ABA'B'}(T, T_n, T_0) = E_{AB}(T, T_n) + E_{A'B'}(T_n, T_0) \tag{5-95}$$

这构成了热电偶延伸冷端导线温度补偿的基础。

5.4.2.4 中间温度定律

当连接导体定律式（5-95）中 A′与 A、B′与 B 分别相同，则有：

$$E_{AB}(T, T_0) = E_{AB}(T, T_n) + E_{AB}(T_n, T_0) \tag{5-96}$$

即，热电偶在温度 T、T_0 时热电势 $E_{AB}(T, T_0)$ 等于热电偶在 T、T_n 和 T_n、T_0 时相应的热电势 [$E_{AB}(T, T_n)$ 和 $E_{AB}(T_n, T_0)$] 的代数和，即中间温度定律，T_n 为中间温度。热电偶分度表中热电势值是根据冷端温度 0 ℃制成的，当实际测量中冷端温度不为 0 ℃时，即可利用该定律和分度表值对工作温度 T 进行修正。

5.4.2.5 参考电极定律

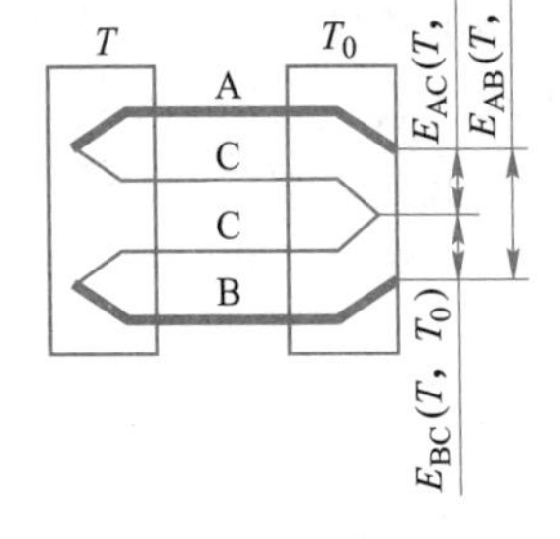

图 5-59 参考电极定律示意图

如果两种导体 A、B 分别与第三种导体 C 组合成热电偶的热电势分别为 $E_{AC}(T, T_0)$ 和 $E_{BC}(T, T_0)$，则导体 A、B 热电偶的热电势 $E_{AB}(T, T_0)$ 是前两者之差，即：

$$E_{AB}(T, T_0) = E_{AC}(T, T_0) - E_{BC}(T, T_0) \tag{5-97}$$

即，参考电极定律，如图 5-59 所示。据此，可以方便地选取一种或几种热电偶电极作为参考电极，确定材料热电特性，从而大大简化了热电偶的选配工作。

5.4.3 热电偶种类和结构

5.4.3.1 热电偶类型

热电偶类型决定于热电极材料，它对应于不同温度和测量精度。一般对热电极材料要求有以下几个方面：（1）热电势足够大、测温范围宽、线性好；（2）性能稳定，包括热电性能和理化性能；（3）电阻率 ρ 和电阻温度系数 α 小；（4）易加工、复制性好；（5）价格低廉。各种热电极材料特性，如表 5-5 所示。

表 5-5 各种可选电极材料的物理性质

材料名称	化学成分	与铂丝相配热电势 (100 ℃)/mV	适用温度/℃		电阻温度系数 /℃$^{-1}$
			长期	短期	
镍	100%Ni	-1.54~-1.49	1000	1100	(6.21~6.34)×10^{-3}
镍铝	95%Ni-5%(Al, Si, Mn)	-1.02~1.38	1000	1250	1.0×10^{-3}
镍铝	97.5%Ni-2.5%Al	-1.02	1000	1200	2.4×10^{-3}
铁	100%Fe	+1.8	600	800	(6.25~6.57)×10^{-3}
铜	100%Cu	+0.76	350	500	4.33×10^{-3}
康铜	60%Cu-40%Ni	-3.5	600	800	-0.04×10^{-3}
康铜	55%Cu-45%Ni	-3.6	600	800	-0.01×10^{-3}
考铜	56%Cu-44%Ni	-4.0	600	800	-0.1×10^{-3}
考铜	56.5%Cu-43%Ni-0.5%Mn	-4.0	600	800	-0.12×10^{-3}

续表 5-5

材料名称	化学成分	与铂丝相配热电势(100 ℃)/mV	适用温度/℃		电阻温度系数/$℃^{-1}$
			长期	短期	
镍铬	80%Ni-20%Cr	+1.5~2.5	1000	1100	0.14×10^{-3}
镍铬	90.5%Ni-9.5%Cr	+2.71~3.13	1000	1250	0.41×10^{-3}
铂	100%Pt	0			$(3.92\sim3.98)\times10^{-3}$
铂铑	90%Pt-10%Rh	+0.64	1300	1600	1.67×10^{-3}
银	100%Ag	+0.72	600	700	4.1×10^{-3}
钨	100%W	+0.79	2000	2500	$(4.21\sim4.64)\times10^{-3}$

常用的热电偶类型有以下几种。

(1) 铂铑(70%Pt-30%Rh)-铂铑(94%Pt-6%Rh)热电偶，分度号为 B 型，最高测温为 1600 ℃，短期可达 1800 ℃，材料性能稳定，测量精度高。但是，在还原性气氛中易被侵蚀，低温时热电势较弱。

(2) 铂铑(90%Pt-10%Rh)-铂(100%Pt)热电偶，分度号为 S 型，最高测量温度为 1300 ℃，短期可达 1600 ℃，材料性能稳定，测量精度高，但在还原性气氛中易被侵蚀。

(3) 镍铬(9%~10%Cr-0.4%Si-90%Ni)-镍硅(2.5%~3.0%Si-0.6%Co-97%Ni)热电偶，分度号为 K 型，最高测量温度为 1000 ℃，短期可达 1300 ℃，热电势较 B、S 型热电偶大，但材料稳定性和测量精度较 B、S 型热电偶差，还原性气氛中易被侵蚀。

(4) 镍铬(9%~10%Cr-0.4%Si-90%Ni)-考铜(56%~57%Cu-43%~44%Ni)热电偶，分度号为 E 型，测温范围为-200~1000 ℃，优点是热电势大，仅适合在氧化性气氛或惰性气氛下工作。

(5) 铜(100%)-康铜(55%Cu-45%Ni)热电偶，分度号为 T 型，测温范围为-200~400 ℃，优点是热电势大、精度高、复现性好，但铜易氧化，在氧化性气氛中使用不宜超过 300 ℃。

以上提到的热电偶技术参数如表 5-6 所示。

表 5-6 常用热电偶的技术参数

热电极特性					温度范围/℃	
化学成分	极性	熔点/℃	电阻率/$\times10^{-8}\ \Omega\cdot m$	电阻温度系数(0~100 ℃)/$\times10^{-5}℃^{-1}$	长期	短期
70%Pt-30%Rh	+				1600	1800
94%Pt-6%Rh	-					
90%Pt-10%Rh	+	1853	19	167	1300	1600
100%Pt	-	1772	9.8~10.6	392~398		
90%Ni-9%~10%Cr	+	1500	9.5~10.5	14	1000	1200
97%Ni-2.5%~3%Si	-					
90%Ni-9%~10%Cr	+	1500	9.5~10.5	14	-200~600	800
43%~44%Ni-56%~57%Cu	-	1250	49	10		
100%Cu	+	1084	1.56~1.68	433	-200~200	300
55%Cu-45%Ni	-	1222	49	1		

除此之外，还有铁-铜镍热电偶，分度号为J型，测温范围为-200~800 ℃，可用于还原性气氛或惰性气氛，优点是热电势大、灵敏度高、线性好，但铁极易氧化；铱-铱合金热电偶，常用有铱铑（50%Ir-50%Rh）-铱钌（10%Ir-90%Ru）热电偶、铱铑（60%Ir-40%Rh，40%Ir-60%Rh）-铱（100%Ir）热电偶，能在氧化性环境下测温高达2100 ℃，而且热电势与温度线性好，但价格昂贵；钨铼热电偶，有钨铼（97%W-3%Re）-钨铼（75%W-25%Re，80%W-20%Re）热电偶，使用温度范围为300~2000 ℃，主要用于惰性气氛或还原性气氛，但抗氧化性极差；金铁-镍铬热电偶，主要用于低温测量，可在2~273 K范围内使用，灵敏度约为10 μV/℃；钯（100%Pd）-铂铱（85%Pt-15%Ir）热电偶，是高输出热电势的热电偶，1398 ℃时热电势为47.255 mV，比铂铑（90%Pt-10%Rh）-铂（100%Pt）热电偶的热电势高3倍以上。

5.4.3.2 热电偶结构

把两热电极一端焊接在一起就构成了热电偶，为防止两热电极间短路，中间部分通常用耐高温材料绝缘，如图5-60所示。依据不同工作环境，同时考虑测温和保护就产生多种多样的热电偶结构。

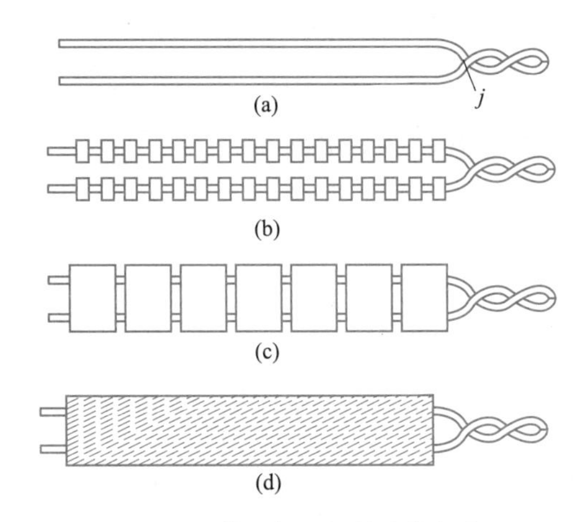

图5-60 热电偶电极的绝缘方式

（a）裸线；（b）单孔绝缘子；（c）双孔绝缘子；（d）石棉绝缘管

（1）保护套管热电偶。这种热电偶装在一端封闭的保护套管内部。测量时，测量端（焊接点）一侧插入被测对象内部，保护套管起着与被测环境隔离的作用，防止气氛对热电偶电极侵蚀或灰尘污染等，但保护套管也会使热电偶对温度响应滞后，应尽量选择热传导阻力小的保护套管。保护套管热电偶结构如图5-61所示，由热电极、绝缘套管、保护套管、接线盒和安装法兰等组成。

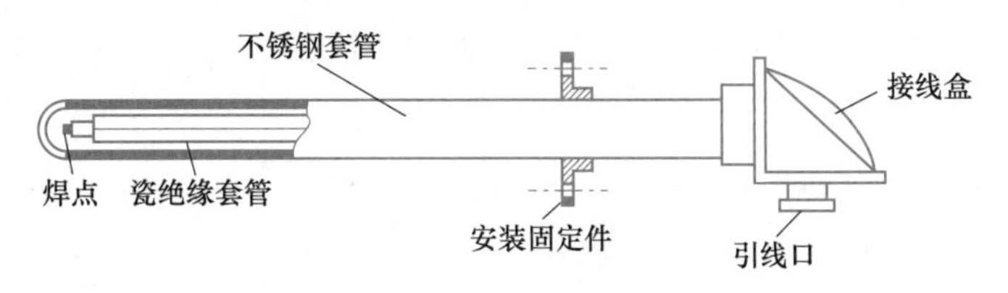

图5-61 保护套管热电偶

(2) 铠装热电偶。为尽量消除热电偶热传导阻力，应选择热传导性能好的金属材料（不锈钢或高温合金等）作为保护套，或直接把热电偶接点裸露在被测环境里，如图 5-62 所示。其中，图 5-62（a）中选择金属保护管为一电极，中心电极与外套焊接一起构成热电偶；图 5-62（b）中两电极接点与金属保护管焊接一起构成热电偶；图 5-62（c）中两电极接点与金属保护管之间用绝缘材料隔离构成热电偶；图 5-62（d）中两电极接点暴露在金属保护管外面构成热电偶；图 5-62（e）中焊接一个金属保护帽，把暴露在外的接点保护起来构成热电偶。这样的铠装热电偶有着共同特点：小型化、对环境温度反应快、柔性好、机械性能好和耐冲击等。

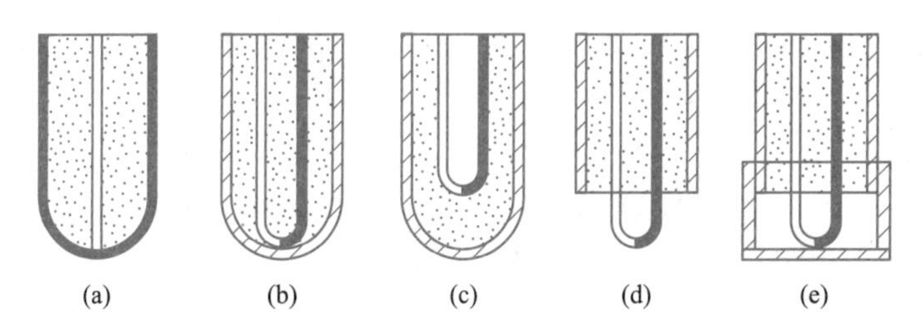

图 5-62 铠装热电偶结构

（a）单芯；（b）双芯；（c）与底绝缘；（d）露头；（e）露头外加保护

(3) 薄膜热电偶。薄膜热电偶把热电极材料沉积在绝缘基板上，如图 5-63 所示。如金属薄膜可以是铁-铜镍、铜-康铜、镍铬-考铜、镍铬-镍硅、铂铑-铂等，厚度为 0.01～0.1 μm，绝缘极板可以是云母、陶瓷等，它非常适合于测量表面温度和微小面积温度，热惯性小、反应速度快。

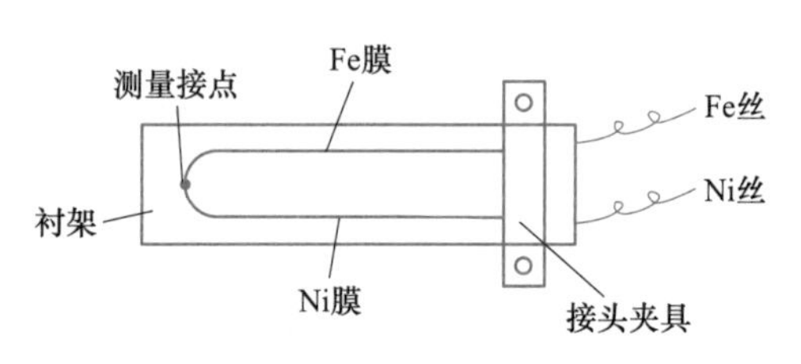

图 5-63 铁-铜镍薄膜热电偶

5.4.3.3 热电偶分度表

热电偶分度表是为了便于标定和测量温度，给出具体的电阻值和热电势值，表 5-7～表 5-10 分别给出铂电阻（分度号为 Pt100）、铂铑 10-铂热电偶（分度号为 S）、铂铑 30-铂铑 6 热电偶（分度号为 B）和镍铬-镍硅（镍铝）热电偶（分度号为 K）的分度表，以供阅读时参考，更详细的请查阅相关书籍。

表 5-7 铂电阻分度表（分度号 Pt100）$R_0=100.00\ \Omega$，$R_{100}/R_0=1.385$

温度/℃	0	10	20	30	40	50	60	70	80	90
	电阻值/Ω									
-200	18.49	—	—	—	—	—	—	—	—	—
-100	60.25	56.19	52.11	48.00	43.37	39.71	35.53	31.32	27.08	22.80
-0	100.00	96.09	92.16	88.22	84.27	80.31	76.32	72.33	68.33	64.30
0	100.00	103.90	107.79	111.67	115.54	119.40	123.24	127.07	130.89	134.70
100	138.50	142.29	146.06	149.82	153.58	157.31	161.04	164.76	168.46	172.16
200	175.84	179.51	183.17	186.32	190.45	194.07	197.69	201.29	204.88	208.45

续表 5-7

温度/℃	0	10	20	30	40	50	60	70	80	90
	电阻值/Ω									
300	212.02	215.57	219.12	222.65	226.17	229.67	233.17	236.65	240.13	243.59
400	247.04	250.48	253.90	257.32	260.72	264.11	267.49	270.86	274.22	277.56
500	280.90	284.22	287.53	290.83	294.11	297.39	300.65	303.91	307.15	310.38
600	313.59	316.80	319.99	323.18	326.35	329.51	332.66	335.79	338.92	342.03
700	345.13	348.22	351.30	354.37	357.42	360.47	363.50	366.52	369.53	372.52
800	375.51	378.48	381.45	384.40	387.34	390.26	—	—	—	—

表 5-8 铂铑 10-铂热电偶分度表（分度号为 S）（参考端温度为 0 ℃）

工作端温度/℃	0	10	20	30	40	50	60	70	80	90
	热电动势/mV									
0	0.000	0.055	0.113	0.173	0.235	0.299	0.365	0.432	0.502	0.573
100	0.645	0.719	0.795	0.872	0.950	1.029	1.109	1.190	1.273	1.356
200	1.440	1.525	1.611	1.698	1.785	1.873	1.962	2.051	2.141	2.232
300	2.323	2.414	2.506	2.599	2.692	2.786	2.880	2.974	3.069	3.164
400	3.260	3.356	3.452	3.549	3.645	3.743	3.840	3.938	4.036	4.135
500	4.234	4.333	4.432	4.532	4.632	4.732	4.832	4.933	5.034	5.136
600	5.237	5.339	5.442	5.544	5.648	5.751	5.855	5.960	6.064	6.169
700	6.274	6.380	6.486	6.592	6.699	6.805	6.913	7.020	7.128	7.236
800	7.345	7.454	7.563	7.672	7.782	7.892	8.003	8.114	8.225	8.336
900	8.448	8.560	8.673	8.786	8.899	9.012	9.126	9.240	9.355	9.470
1000	9.585	9.700	9.816	9.932	10.084	10.165	10.282	10.400	10.517	10.635
1100	10.754	10.872	10.991	11.110	11.229	11.348	11.467	11.587	11.707	11.827
1200	11.947	12.067	12.188	12.308	12.429	12.550	12.671	12.792	12.913	13.034
1300	13.155	13.276	13.397	13.519	13.640	13.761	13.883	14.004	14.125	14.247
1400	14.368	14.489	14.610	14.731	14.852	14.973	15.094	15.215	15.336	15.456
1500	15.576	15.697	15.817	15.937	16.057	16.176	16.296	16.415	16.534	16.653
1600	16.771									

表 5-9 铂铑 30-铂铑 6 热电偶分度表（分度号为 B）（参考端温度为 0 ℃）

工作端温度/℃	0	10	20	30	40	50	60	70	80	90
	热电动势/mV									
0	-0.000	-0.002	-0.003	0.002	0.000	0.002	0.006	0.011	0.017	0.025
100	0.033	0.043	0.053	0.065	0.078	0.092	0.107	0.123	0.140	0.159
200	0.178	0.199	0.220	0.243	0.266	0.291	0.317	0.344	0.372	0.401
300	0.431	0.462	0.494	0.527	0.561	0.596	0.632	0.669	0.707	0.746

续表 5-9

工作端温度/℃	0	10	20	30	40	50	60	70	80	90
	热电动势/mV									
400	0. 786	0. 827	0. 870	0. 913	0. 957	1. 002	1. 048	1. 095	1. 143	1. 192
500	1. 241	1. 292	1. 344	1. 397	1. 450	1. 505	1. 560	1. 617	1. 674	1. 732
600	1. 791	1. 851	1. 912	1. 974	2. 036	2. 100	2. 164	2. 230	2. 296	2. 363
700	2. 430	2. 499	2. 569	2. 639	2. 710	2. 782	2. 855	2. 928	3. 003	3. 078
800	3. 154	3. 231	3. 308	3. 387	3. 466	3. 546	3. 626	3. 708	3. 790	3. 873
900	3. 957	4. 041	4. 126	4. 212	4. 298	4. 386	4. 474	4. 562	4. 652	4. 742
1000	4. 833	4. 924	5. 016	5. 109	5. 202	5. 297	5. 391	5. 487	5. 583	5. 680
1100	5. 777	5. 875	5. 973	6. 073	6. 172	6. 273	6. 374	6. 475	6. 577	6. 680
1200	6. 783	6. 887	6. 991	7. 096	7. 202	7. 308	7. 414	7. 521	7. 628	7. 736
1300	7. 845	7. 953	8. 063	8. 172	8. 283	8. 393	8. 504	8. 616	8. 727	8. 839
1400	8. 952	9. 065	9. 178	9. 291	9. 405	9. 519	9. 634	9. 748	9. 863	9. 979
1500	10. 094	10. 210	10. 325	10. 441	10. 558	10. 674	10. 790	10. 907	11. 024	11. 141
1600	11. 257	11. 374	11. 491	11. 608	11. 725	11. 842	11. 959	12. 076	12. 193	12. 310
1700	12. 426	12. 543	12. 659	12. 776	12. 892	13. 008	13. 124	13. 239	13. 354	13. 470
1800	13. 585									

表 5-10 镍铬-镍硅（镍铝）热电偶分度表（分度号为 K）（参考端温度为 0 ℃）

工作端温度/℃	0	10	20	30	40	50	60	70	80	90
	热电动势/mV									
-0	-0. 000	-0. 392	-0. 777	-1. 156	-1. 527	-1. 889	-2. 243	-2. 586	-2. 920	-3. 242
+0	0. 000	0. 397	0. 798	1. 203	1. 611	2. 022	2. 436	2. 850	3. 266	3. 681
100	4. 095	4. 508	4. 919	5. 327	5. 733	6. 137	6. 539	6. 939	7. 338	7. 737
200	8. 137	8. 537	8. 938	9. 341	9. 745	10. 151	10. 560	10. 969	11. 381	11. 793
300	12. 207	12. 623	13. 039	13. 456	13. 874	14. 292	14. 712	15. 132	15. 552	15. 974
400	16. 395	16. 818	17. 241	17. 664	18. 088	18. 513	18. 938	19. 363	19. 788	20. 214
400	16. 395	16. 818	17. 241	17. 664	18. 088	18. 513	18. 938	19. 363	19. 788	20. 214
500	20. 640	21. 066	21. 493	21. 919	22. 346	22. 772	23. 198	23. 624	24. 050	24. 476
600	24. 902	25. 327	25. 751	26. 176	26. 599	27. 022	27. 445	27. 867	28. 288	28. 709
700	29. 128	29. 547	29. 965	30. 383	30. 799	31. 214	31. 629	32. 042	32. 455	32. 866
800	33. 277	33. 686	34. 095	34. 502	34. 909	35. 314	35. 718	36. 121	36. 524	36. 925
900	37. 325	37. 724	38. 122	38. 519	38. 915	39. 310	39. 703	40. 096	40. 488	40. 897
1000	41. 269	41. 657	42. 045	42. 432	42. 817	43. 202	43. 585	43. 968	44. 349	44. 729
1100	45. 108	45. 486	45. 863	46. 238	46. 612	46. 985	47. 356	48. 726	48. 095	48. 462
1200	48. 828	49. 192	49. 555	49. 916	50. 276	50. 633	50. 990	51. 344	51. 697	52. 049
1300	52. 398									

5.4.4 热电偶应用

5.4.4.1 热电势测量

热电偶将温度变换成热电势信号并通过仪表显示出来。现在，常用仪表有伺服式温度表和数字式温度表两种。

（1）伺服式温度表。“伺服”本意是随指令而动，伺服式温度表可以理解为校准式温度表，常用的有 UJ31 低电势电位差计，分辨能力在 μV 数量级，它的工作原理如图 5-64 所示，初始时 R_H 和 R_I 为零。首先，开关转向标准档，调节可调电阻至 R_I，利用标准电池 E_B 使检流计 G 指针指向零，校准工作电流 I_1，有：

$$I_1R_B = E_B$$

$$E = I_1(R_B + R_I)$$

有：

$$R_B = \frac{R_IE_B}{E - E_B}$$

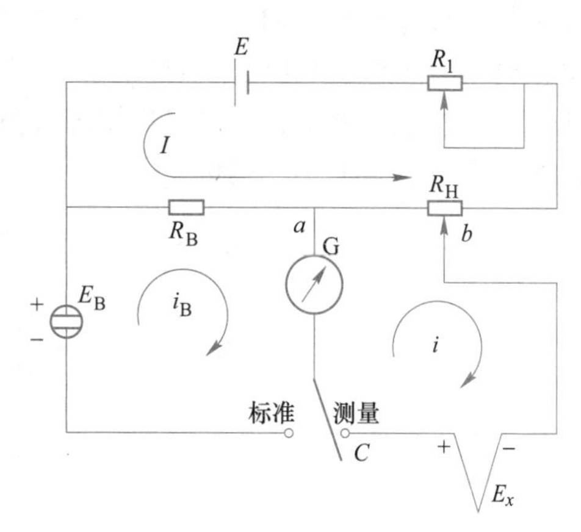

图 5-64 电位差计工作原理图

已知固定电阻 R_B。然后，开关转向测量挡，调节可调电阻至 R_H，使检流计 G 指针指向零，测量工作电流 I_2，有：

$$I_2R_H = E_x$$

$$E = I_2(R_B + R_I + R_H)$$

可得：

$$E_x = \frac{ER_H}{R_B + R_I + R_H}$$

可以看出，电阻 R_I 和 R_H 测量以及检流计灵敏度是影响精度的关键。

使用伺服式温度表时，为了自动地移动 R_H 的触点来跟踪 E_x 变化，采用一套小功率伺服系统。当被测电势 E_x 发生变化时，不平衡电压引起伺服系统工作，移动 R_H 的触点可以改变 R_H 值，直至达到新的平衡状态。

（2）数字式温度表。要实现温度数字测量和显示，或组成温度的巡检系统，或向计算机控制系统提供温度信号，要对热电偶的热电势进行数字化处理，它的基本环节是 A/D 转换。

首先，热电偶输出的热电势信号一般在 mV 数量级，进行 A/D 转换前要经过高增益的直流放大，常用数字放大器。

其次，热电偶的热电特性一般是非线性的，要满足显示值与测量值两者直接对应须采用线性校正，多用硬件校正法，即非线性校正装置。当然，带有计算机或微处理器的测量系统，非线性校正工作也可通过这些系统自身完成，该方法即软件校正法。

5.4.4.2 冷端处理与补偿

热电偶的热电势取决于热电极材料和接点温度。热电偶的标准分度表是在冷端处于

0 ℃条件下测得的热电势值，当冷端温度随环境发生变化时，就会引入误差。因此，必须对冷端进行处理和补偿。

（1）延长导线法。最简单的办法是延长导线使冷端远离热端，使之不受环境温度影响。当然，热电偶自身能解决这个问题更好。否则选择补偿导线，如图 5-65 所示，要求补偿导线与热电偶的热电极材料具有相同或相近的热电特性，同时保证补偿导线与热电偶两个接点温度相同。对于贵重金属热电极，如 $PtRh_{10}$-Pt(S 型)、WRe_5-WRe_{20}热电偶的热电极材料，正极（$PtRh_{10}$，WRe_5）补偿导线可以选择金属铜，负极（Pt，WRe_{20}）补偿导线可以选择铜镍合金，与仪表连接导线可以选择铜线，但补偿导线与铜导线接头应该置于冰水混合物的 0 ℃恒温器内。

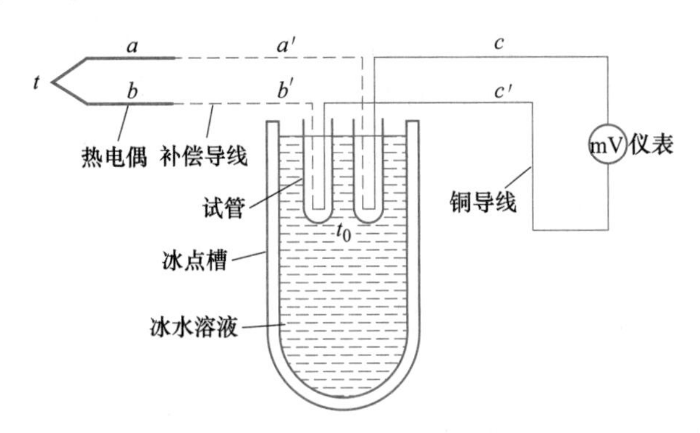

图 5-65 热电偶延长线与零点恒温设置

（2）冷端温度修正法。热电偶测温时，当冷端温度不为零（$T_0 \neq 0$ ℃）而是某一温度 T_n，测得热电势是 $E_{ab}(T, T_n)$。但是，标准分度表的热电势是对应 $E_{ab}(T, T_0)$，根据中间定律，有：

$$E_{ab}(T, T_0) = E_{ab}(T, T_n) + E_{ab}(T_n, T_0)$$

只要加上 $E_{ab}(T_n, T_0)$ 便可把 $E_{ab}(T, T_n)$ 修正为实际相对零点的热电势 $E_{ab}(T, T_0)$。例如，用 $PtRh_{10}$-Pt(S 型) 热电偶测某一温度 T，冷端处于室温环境 $T_n = 21$ ℃，测得热电势 $E_{ab}(T, T_n) = 0.465$ mV，查得热电偶分度表 $E_{ab}(21, 0) = 0.119$ mV，则：

$$E_{ab}(T, 0) = E_{ab}(T, 21) + E_{ab}(21, 0) = 0.584 \text{ mV}$$

再用 0.584 mV 查分度表得 $T = 92$ ℃。

（3）冷端温度自动补偿法。常用的冷端温度自动补偿方法是电桥补偿法。通过电桥，用温度变化时的不平衡电压去消除冷端温度变化对热电偶热电势的影响。如图 5-66 所示，一个不平衡电桥输出端串联在热电偶回路中，桥臂电阻 R_1、R_2、R_3 和限流电阻 R_w 使用锰铜材料，电阻值几乎不随温度变化，而 R_{Cu}（铜材料）电阻温度系数较大，电阻值随温度升高而增大。工作时，使 R_{Cu}与热电偶冷端处于同一温度环境。0 ℃下 R_{Cu}与桥臂电阻 R_1、R_2、R_3 相等，电桥处于平衡状态，电桥输出电压 $U_{ab} = 0$，对热电势没有影响；若 $T_0 > 0$ ℃时，热电偶冷端温度随环境温度变化，热电势将减小 ΔE，同时 R_{Cu}增大，破坏了电桥平衡，出现 $U_{ab} > 0$，即 a 点为负、b 点为正。这时，U_{ab}与 $E_{ab}(T, T_0)$ 同向串联，使输出值得到补偿。当限流电阻 R_w 选择适当，有 $U_{ab} = \Delta E$，就可以避免 $T_0 \neq 0$ ℃变化对测量值的影响。例如，电桥采用 4 V 直流供电，可在 0~40 ℃或-20~20 ℃范围内起到补偿作用，当

然两个范围内 R_w 值是不同的。另外，不同材质热电偶所配的限流电阻 R_w 也不一样，必须重新调整。

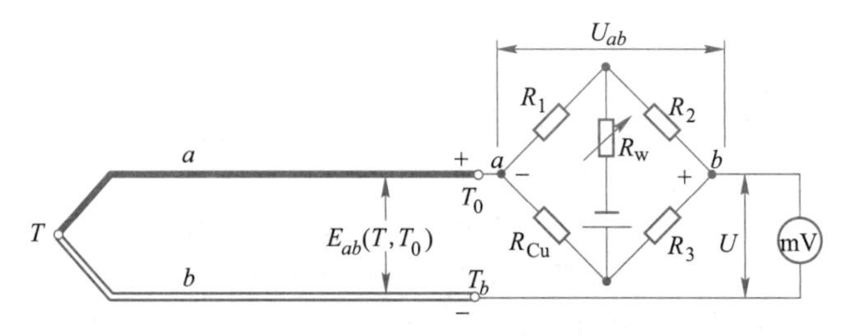

图 5-66　冷端温度电桥补偿线路

5.4.4.3　K 型热电偶测温集成

K 型热电偶测温电路如图 5-67 所示。集成温度传感器由 AD592、78 L05、R_R、R_{P2} 组成基准接点（冷接点）补偿电路；R_{11} 和 C_1 组成输入滤波电路；A_1 构成放大电路；AD538、R_4、R_7、R_6 和 R_8 构成线性化电路；R_3 和 R_5 用来获得−7.6 mV 的偏置电压。

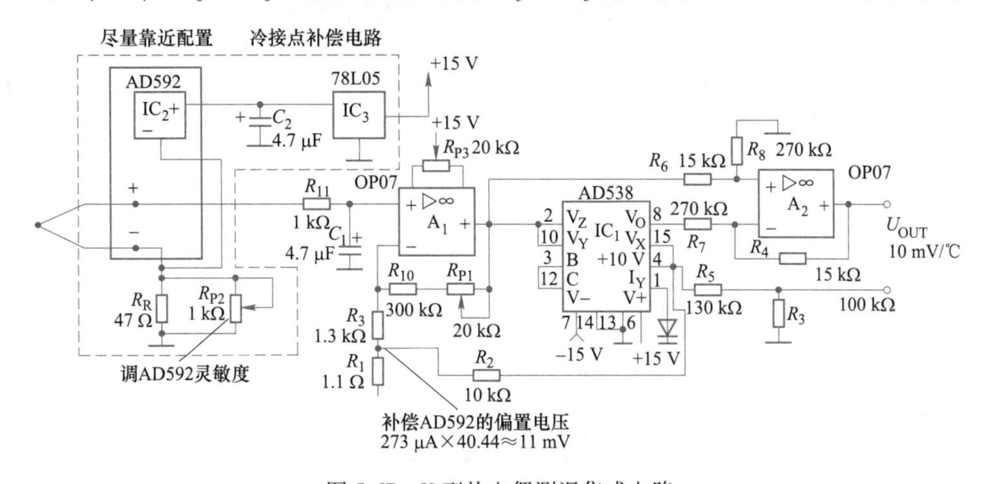

图 5-67　K 型热电偶测温集成电路

AD592 灵敏度为 1 μA/℃，对温度系数为 40.44 μV/℃的 K 型热电偶基准热接点进行补偿，它通过基准电阻 R_R 把 AD592 输出电流转换成电压。用 R_{P2} 调节 R_R 上的压降，使 1 μA/℃电流变为 40.44 μV/℃电压，即 $R_R//R_{P2}=40.44\ \Omega$。AD592 在 0 ℃时输出电流为 273.2 μA，当环境温度为 T 时，输出电压为：

$$[273.2(\mu A)+1(\mu A/℃)\times T(℃)]\times 40.44(\Omega)=[11048+40.44\times T(℃)](\mu V)$$

其中，第一项为误差电压（0 ℃基准电压），第二项为热电偶冷端补偿电压。误差电压可在后面放大电路中通过 R_1、R_2 对 AD538 的 V_x 输出 10 V 电压分压来消除。

习　题

5-1 用氧化钇稳定的氧化锆（YSZ）作为固体电解质构成氧浓差电池：

$$O_2(R),\ Pt\,|\,YSZ\,|\,Pt,\ O_2(L)$$

已知空气为参比电极的氧分压 $P_{O_2}(R)$ = 0.0213 MPa，其中R和L分别表示固体电解质层的左右两侧。(1) 写出氧分压和电池电动势之间的关系式；(2) 被测气体中氧分压为0.1317 kPa，计算出1000 K下电池电动势。

5-2 电化学式传感器的参比电极有几种类型，在选择参比电极上应注意哪些事宜？

5-3 如何构建固体电解质内传导离子与被测组分的平衡关系？试归纳出存在的几种类型，举例说明。

5-4 简述恒磁通和变磁通磁电式传感器的工作原理。

5-5 已知恒磁通磁电式速度传感器的固有频率为10 Hz，质量块重2.08 N，气隙磁感应强度为1 T，单匝线圈长度为4 mm，线圈总匝数1500匝，试求弹簧刚度 k 值和电压灵敏度 K_u[mV/(m/s)]。

5-6 试述霍尔效应的定义与霍尔传感器简单的工作原理。

5-7 某霍尔元件 $l \times b \times d$ = 10 mm×3.5 mm×1 mm，沿 l 方向通以电流 I = 1.0 mA，在垂直于 lb 面方向加有均匀磁场 B = 0.3 T，传感器的灵敏度系数 K_H 为22 V/(A·T)，试求其输出霍尔电势及载流子浓度。

5-8 有一霍尔元件，其灵敏度 K_H = 1.2 mV/(mA·kGs)，把它放在一个梯度为5 kGs/mm磁场中，如果额定控制电流是20 mA，设霍尔元件在平衡点附近作±0.1 mm的摆动，问输出电压范围是多少？

5-9 镍铬-镍硅热电偶灵敏度为0.04 mV/℃，把它放在1200 ℃环境处，若以指示仪表作为冷端，此处温度为50 ℃，试求热电势大小。

5-10 热电偶温度传感器输入电路如图5-68所示，已知铂铑-铂热电偶在0~100 ℃之间变化时，其平均电势波动为6 μV/℃，桥路中供桥电压为4 V，三个锰铜电阻（R_1、R_2、R_3）阻值均为1 Ω，铜电阻 R_{Cu} 的电阻温度系数为 α = 0.004/℃，已知当温度为0 ℃时电桥平衡，为了使热电偶的冷端温度在0~50 ℃范围其热电势得到完全补偿，试求可调电阻的阻值 R_5。

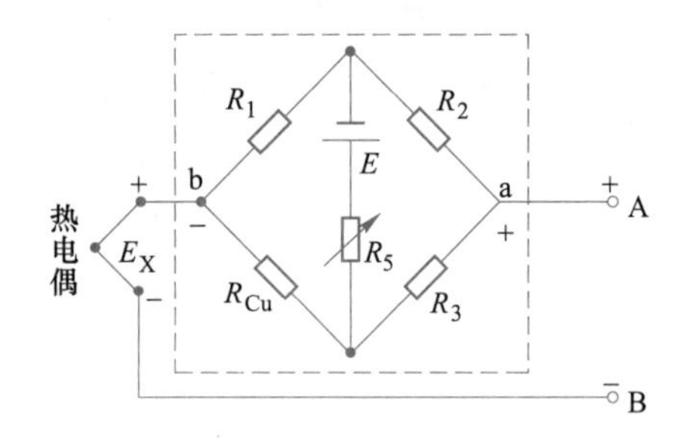

图5-68　习题5-10附图

6 光电型传感器

光电型传感器最初仅基于光电效应，后来拓展到光纤和光通信技术，检测时通过光量转换成电量的原理构成传感器，其输出电量可以是模拟量也可以是数字量，传感器主体由光源、光通路、光电器件和测量电路四部分组成。

6.1 光电效应与热辐射定律

6.1.1 光电效应

光电效应是指在高于特定频率的电磁波光照射下，物质内部的电子吸收能量后逸出原来轨道形成电流，即光生电。通常，依据入射光线频率高低产生的现象不同，分为外光电效应和内光电效应两类。

6.1.1.1 外光电效应

光线照射在某一物体上，使体内电子逸出物体表面的现象，称作外光电效应，逸出电子称为光电子。这类产生光电子的器件有光电管和光电倍增管。

由物理学可知，每个光子具有一定的能量：

$$E = h\nu \tag{6-1}$$

式中 h——普朗克常数，$6.626\times10^{-34}\ \mathrm{J\cdot s}$；

ν——光的频率，s^{-1}。

可以看出，光的频率越高，也就是说波长越短，光子具有的能量就越大。

一束光照射到物体上，相当于一连串具有一定能量的光子轰击这个物体，体内电子吸收入射光子能量后，一部分用于电子逸出物体表面的逸出功 A_0，一部分变成电子动能 $\frac{1}{2}mu_0^2$，即：

$$h\nu = \frac{1}{2}mu_0^2 + A_0 \tag{6-2}$$

式中 m——电子质量；

u_0——逸出电子的初速度。

由式（6-2）可知，能否产生光电子取决于入射光子能量是否大于物体电子的逸出功 A_0。当然，这种电子逸出功是因物质种类而不同，即每种物质对应一个光子的临界频率 ν_0 或临界波长 λ_0，有：

$$\lambda_0 = hc/A_0 \tag{6-3}$$

式中 c——光子速度，$c=\nu\lambda=29.98\times10^7\ \mathrm{m/s}$。

对于同一种物体来说，逸出电子与光子自身频率或波长有关，与光子密度（光强）无关。一旦入射光达到了临界频率 ν_0，产生光电子数量或光电流才与入射光强度成正比。由式（6-2）可知，逸出物体表面的光电子初始动能 $E_k = \frac{1}{2}mu_0^2$，外光电器件即使没有外加阳极电压也会产生光电流。所以，为了使光电流为零，常常需要外加一个负的截止电压，它与入射光的频率成正比。

6.1.1.2 内光电效应

光线照射在某一物体上，使其体内电导发生变化或产生电动势的现象，称作内光电效应，两者也分别称为光电导效应和光生伏特效应。

光电导效应是指物体电子吸收光子能量从键合状态过渡到自由状态，引起物体电导率发生变化，基于这种效应的光电器件有光敏电阻。当光照射在本征半导体材料上，价带上电子被激发到导带上去，同时价带上形成电子空穴，导致材料电导率增大。而且，光线越强，电导率增加越大。但是，为了实现这种能级跃迁，入射光子能量 E 必须大于材料的能带间隙 E_g，入射光产生光电效应的临界波长为：

$$\lambda_0 = hc/E_g \tag{6-4}$$

光生伏特效应是指物体在光线作用下产生一定方向电动势，基于这种效应的光电器件有光电池和光敏晶体管。主要有两种类型：（1）两种半导体接触或形成 PN 结，当光线照射其接触区域时，如果光子能量大于能量间隙 E_g，使价带电子跃迁到导带，产生电子-电子空穴对。对于 PN 结来说，在电场作用下激发电子移向 N 区侧，被激发电子空穴移向 P 区侧，从而使 P 区带正电，N 区带负电，形成光电动势。（2）当半导体光电器件受光照不均匀时，光照部分吸收入射光子能量产生电子-电子空穴对，载流子浓度比未受照射部分载流子浓度大，载流子就要迁移，如果电子迁移率比电子空穴的大，电子空穴扩散不明显，出现电子向未被照射部分迁移，造成光照部分带正电，未被照射部分带负电，产生光电动势。

6.1.2 热辐射定律

6.1.2.1 基尔霍夫定律

1859 年古斯塔夫·基尔霍夫（Gustav Kirchhoff）提出描述物体的辐射能与吸收系数的关系，即基尔霍夫热辐射定律。根据基尔霍夫定律，物体向周围发射辐射能同时，也吸收周围物体发射的辐射能，一定温度下与外界的辐射处于热平衡时，单位时间内从单位面积发射出的辐射能 E_R 为：

$$E_R = \alpha E_0 \tag{6-5}$$

式中 α——物体吸收系数；

E_0——绝对黑体在相同温度下的发射本领，是一个常数。

从式（6-5）可知，处于同一温度下各种物体的辐射本领正比于它的吸收本领。

6.1.2.2 斯特藩-玻耳兹曼定律

约瑟夫·斯特藩（Jozef Stefan）和路德维希·玻耳兹曼（Boltzmann）在 1879 年和 1884 年各自独立提出绝对黑体辐射能与温度的关系，被称为斯特藩-玻耳兹曼定律（Stefan-Boltzmann Law）。根据斯特藩-玻耳兹曼定律，物体温度越高，向外辐射能量越多，单位时间内单位面积上辐射的总能量 E_R 为：

$$E_R = \sigma\varepsilon T^4 \tag{6-6}$$

式中 T——物体的绝对温度，K；

σ——斯特藩-玻耳兹曼常数，$5.67\times10^{-8}\ \mathrm{W/(m^2\cdot K^4)}$；

ε——比辐射率，即相同温度、相同波长下实际物体与绝对黑体两者辐通量的比值，通常 $\varepsilon<1$，黑体的 $\varepsilon=1$。

6.1.2.3 维恩位移定律

1893 年威廉·维恩（Wilhelm Wien）通过黑体辐射实验数据总结出维恩位移定律。根据维恩（Wien）位移定律，热辐射电磁波的辐射能谱峰值波长 λ_m 与物体自身的温度成反比，即：

$$\lambda_m = 2898/T \tag{6-7}$$

式中 λ_m——辐射能谱峰值波长，μm；

T——物体的绝对温度，K。

可以看出，随着温度升高，峰值波长向短波方向移动。黑体发射的波长和温度的分布曲线如图 6-1 所示，一般物体热辐射特性与此相似。

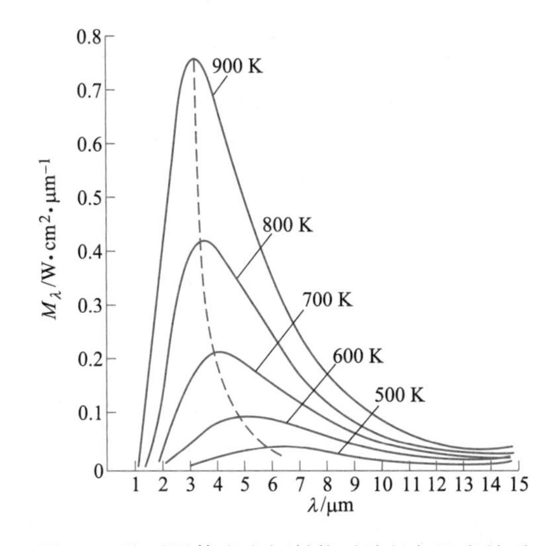

图 6-1 绝对黑体发出辐射能时波长与温度关系

6.2 光源与光电器件

光源是光电传感器必不可少的组成部分，它保证光电传感器性能的发挥。光电传感器对光源的要求集中在以下几个方面：（1）光线足够强；（2）光束均匀；（3）发热量小；（4）合适的光谱范围。光是一种电磁波，其谱图如图 6-2 所示。

6.2.1 光源

光源可以由各种发光器件产生，也可以是物体辐射光。常见的人造光源有热辐射光源、气体放电光源、电致发光光源和激光光源等。

6.2.1.1 热辐射

热辐射光源是利用物体升温产生光辐射形成的。一般来讲，物体温度越高，辐射能量越强，辐射光谱波长越短。这种方法产生光源很方便，可以借助于电流流过导体时释放出

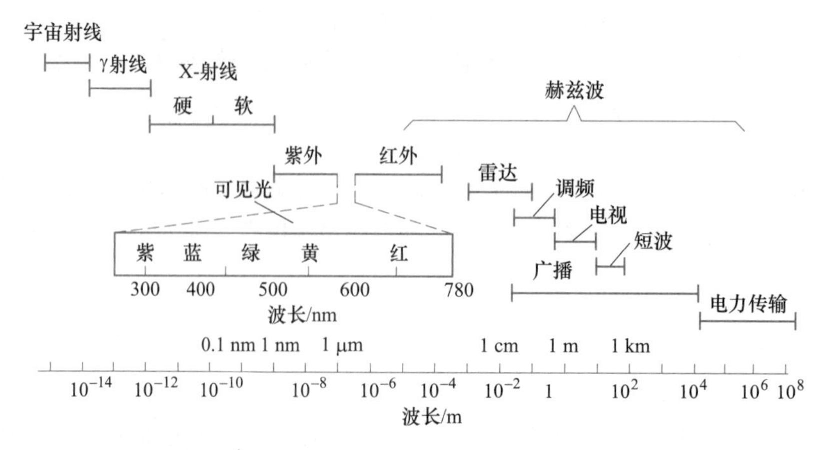

图 6-2 电磁波谱图

热量来实现，如钨丝灯和卤钨灯等。它们的特点是：光源谱线丰富，涵盖可见光和红外光，峰值约在近红外区，适用于大部分传感器。但是，其发光效率偏低，一般仅有 15%的光谱处在可见光区；发热量大，通常超过 80%能量转化为热能。另外，热辐射光源寿命短，一般为 100 h 左右，且易碎、电压高，使用时有一定危险。

6.2.1.2 气体放电

气体放电光源是利用气体分子受激发后放电而发光的。电流通过置于气体中的两极时，两极间会放电发光。气体放电光源光谱不连续，这与气体种类及放电条件有关。一般来讲，原子辐射光谱呈现出许多分离的线光谱（明条纹）；分子辐射光谱呈现出一段段的带光谱。改变气体成分、压力、阴极材料和放电电流，可以得到某一光谱范围的辐射源。气体放电光源有碳弧、水银弧、钠弧和氙弧等。

6.2.1.3 电致发光

电致发光光源是发光材料在电场下激发而发光的，它将电能转化成光能。利用这个原理制成的器件称为电致发光器件，如发光二极管、半导体激光器和电致发光屏灯。发光二极管（LED，light emitting diode），是一种电致发光半导体器件，具有体积小、功耗低、寿命长、响应快和便于集成等优点。

6.2.1.4 激光

激光光源由增益介质、泵浦源和谐振腔三部分组成。增益介质粒子（分子、原子或离子）在泵浦源作用下，被激励到高能级的激发态，造成高能级激发态上的粒子数多于低能级激发态上的粒子数，形成粒子数反转。粒子从高能级跃迁到低能级时，产生光子。如果光子在谐振腔作用下，返回到增益介质而诱发出同样性质的跃迁，则产生同频率、同方向、同相位的辐射。如此靠谐振腔的反馈放大循环下去，往返振荡，辐射不断增强，最终即形成强大的激光束输出。这种激光，具有单色性好、方向性强、亮度高、相干性好等优点，通常是各类气体、固体或半导体激光器产生的频率单一的光。

6.2.2 光电器件

光电器件是根据光电效应制作而成的，也称光敏器件。它的种类主要有光电管、光电倍增管、光敏电阻、光敏二极管与三极管、光电池和光控晶闸管等。

6.2.2.1 光电管

光电管有真空和充气两类，它们结构相似，玻璃泡内装两个电极，有光电阴极和光电阳极，其中真空光电管内部是真空的，而充气光电管内部充有少量惰性气体，如氦或氖等。光电阴极贴附在玻璃泡内壁或半圆筒形金属内侧，其上涂有发射材料；光电阳极用单根或环状金属丝安装在玻璃泡中央，光电阴极光敏感一侧面对光电阳极，如图 6-3 所示。对于真空光电管，光电阴极受到适当波长的光线照射时发射光电子，被中央带正电的光电阳极所吸引，在外电路便产生电流 I。对于充气光电管，光电阴极受到适当波长的光线照射时发射光电子，光电子流向光电阳极途中撞击惰性气体分子使其电离，致使光电流增加，可以提高光电管的灵敏度，但由于它受温度影响较大，其稳定性比真空光电管差。

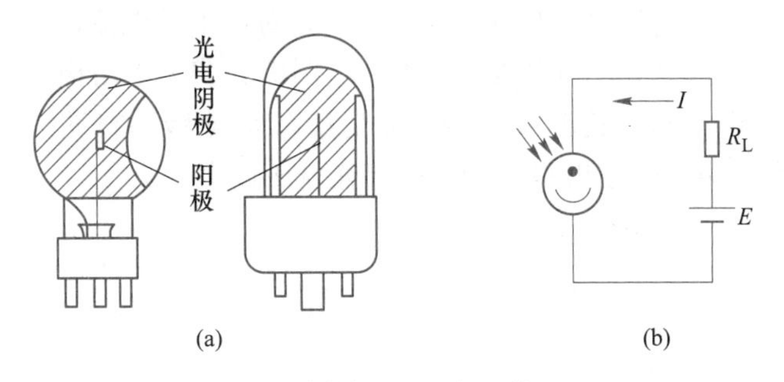

图 6-3 光电管结构（a）与工作原理（b）

对于光电阴极材料不同的光电管，它们的临界频率 ν_0 不同，可用于不同波长的光谱范围。对于白光光源，阴极常选择锑铯（Cs_3Sb）材料，它的临界频率 $\lambda_0=0.7\ \mu m$，转换效率可达 25%~30%；对于红外光源，阴极常选择银氧铯（AgOCs）材料，它的临界频率 $\lambda_0=1.2\ \mu m$，对红外线较灵敏，特别是在近红外区（0.75~0.80 μm）灵敏度存在一个极大值；对于紫外光源，阴极常选择锑铯（CsSb）和镁镉（GeMg）材料。另外，锑钾钠铯材料阴极，适用范围与可见光比较接近，而且光谱范围较宽（0.30~0.85 μm），灵敏度也高。高于临界频率的入射光照射到阴极上，也不是每个光子都能激发出光电子，一定波长的光子照射到物体表面，表面发射出光电子平均数，通常用百分数来表示量子效率，它反映了该波长光照下物体光电效应的灵敏度。

当入射光的频率和强度一定时，阳极上电压与电流的关系称为伏安特性，如图 6-4（a）所示，当阳极电压较低时，会有部分被激发出光电子到达不了阳极，出现随着阳极电压升高，光电流增大。当阴极发射出光电子能全部到达阳极，光电流就不再变化，称为饱和状态。但是，对于充气光电管，阳极电压继续升高，出现气体分子电离，会导致阳极电流继续升高，如图 6-4（b）所示。

当光电管的阳极与阴极之间电压、入射光频率一定，同时保证阳极电压足够大，即光电管处在饱和电流下工作，光电管阳极电流随着入射光强度（光通量）而增大，如图 6-4（c）所示。其中，AgOCs 阴极曲线是金属作基底涂有银氧铯阴极的光电特性，线性比较好；锑铯阴极曲线是玻璃壳上涂有锑铯阴极的光电特性，当入射光太大时出现非线性。一般用单位光通量下产生的饱和光电流表示光电管的灵敏度，单位为 A/lm。

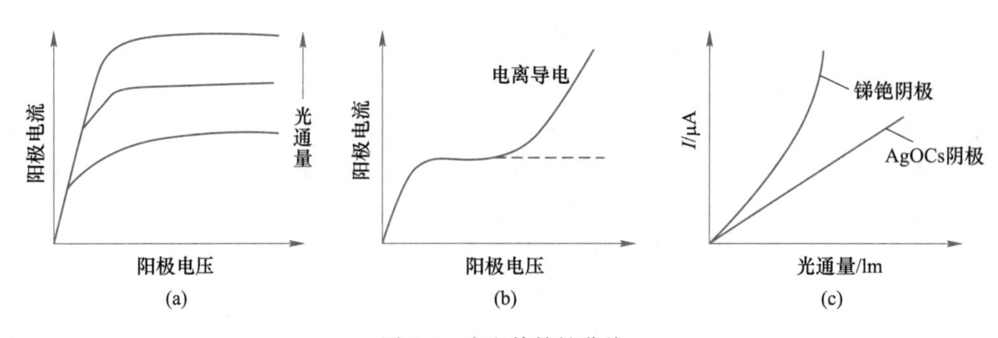

图 6-4 光电管特性曲线

（a）真空伏安特性；（b）充气伏安特性；（c）光电管光电特性

6.2.2.2 光电倍增管

光电倍增管是对产生的光电流自身放大，而不是对产生后电流放大，这样可以避免放大引起噪声。它的工作原理如图 6-5 所示，由光电阴极、若干倍增极和光电阳极组成。例如，阴极用半导体光电材料锑铯制成，倍增极是在镍或铜-铍的衬底涂上锑铯材料，倍增极一般为 11~14 级，多的可达 30 级，阳极收集光电子输出电流。

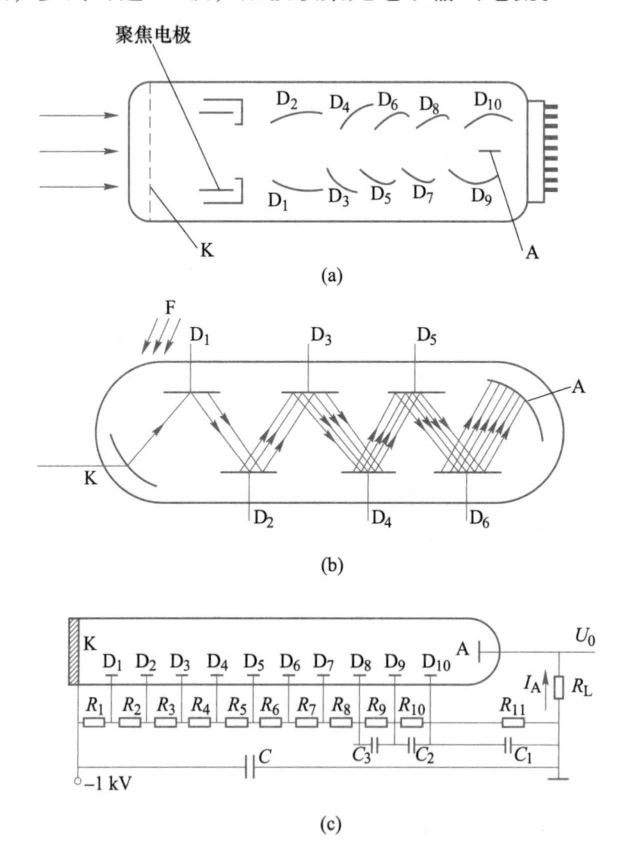

图 6-5 光电倍增管结构与工作原理

（a）结构图；（b）原理图；（c）供电电路

光电倍增管工作时，每个倍增极和阳极均加上电压，由 K 开始，D_1、D_2、D_3、…，到阳极 A，电位依次升高。当入射光在光电阴极上激发出光电子，由于各极间均有电场存在，光电子被加速后轰击第一倍增极，产生更多的“二次光电子”，依次增加，这些光电子最后被阳极所收集，在外电路形成电流。光电倍增管常用的供电电路如图 6-5（c）所示，各倍增极的电压从分压电阻 R_1、R_2、R_3、…上获得，总的外加电压一般在 700~3000 V，相邻倍增电极间电压为 50~100 V，通常电源正极接地，由光电管阳极输出电压 U_0。

如果倍增电极二次电子发射系数为 σ，即一个光电子产生二次光电子的倍数，有 n 个倍增极，则倍增系数 $M=\sigma^n$，阳极电流为：

$$I = i\sigma^n \tag{6-8}$$

式中 i——光电阴极的光电流。

倍增系数 M 与所加电压有关，一般为 10^5~10^8，电压波动，倍增系数也会随之变化。因此，要求电压越稳越好，以减小测量误差。

一个光子在阴极上能激发出的光电子数，叫作光电阴极的灵敏度，而一个光子在阳极上产生的平均电子数称为光电倍增管的灵敏度。光电倍增管放大倍数或灵敏度，如图 6-6 所示，极间电压越高，灵敏度越高，但是极间电压过高，会使阳极电流不稳，导致测量产生误差。

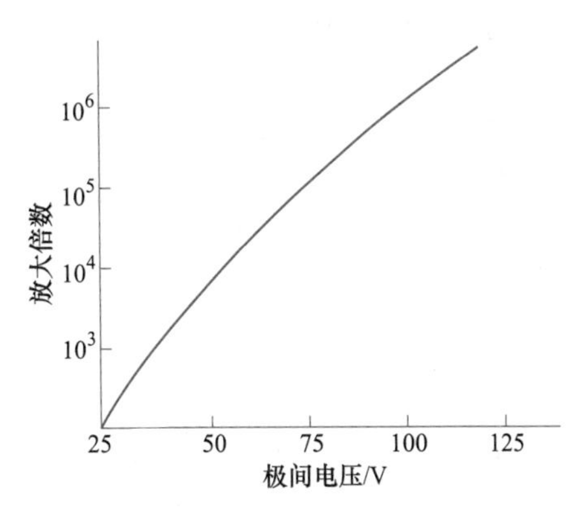

图 6-6 光电倍增管特性曲线

6.2.2.3 光敏电阻

光敏电阻由一种均质半导体光电导层构成，如图 6-7（a）所示，是一个金属封装的硫化镉（CdS）光敏电阻结构，主体是安装在绝缘衬底上，光电导体薄层与两个电极相连；为了提高光电导体与电极接触，通常采用叉指电极［图 6-7（b）］以增加灵敏度；两电极间加一个直流偏压或交流偏压［图 6-7（c）］；光电导体材料吸水会影响灵敏度，通常光电导体被严密低封装在玻璃壳内。无光照时，光敏电阻的阻值很大，电路电流很小；当光敏电阻受到适当范围内光照射时，光电导体吸收光子产生内光电效应，其电阻急剧减小，电路电流迅速增加。

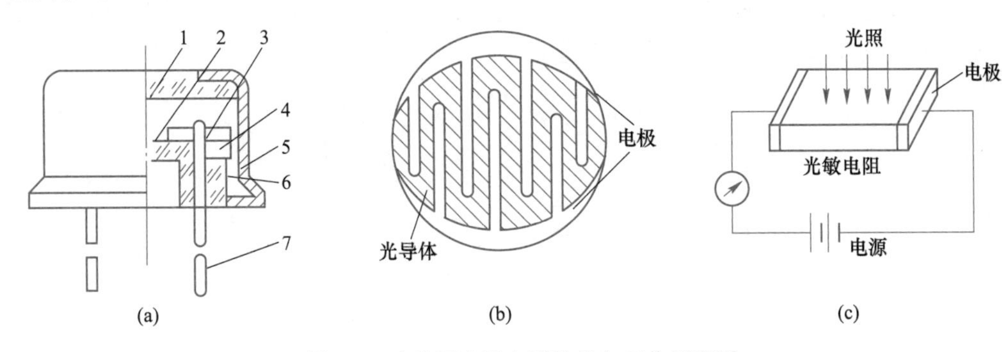

图 6-7 硫化镉光敏电阻结构与工作原理图

1—玻璃；2—光电导层；3—电极；4—绝缘衬底；5—金属壳；6—绝缘玻璃；7—引线

光敏电阻两端加有电压，全暗环境下两极之间也会有一定的电流，称为暗电流；与此相对应，光照下流过的电流称为亮电流，亮电流与暗电流之差称为光电流。光敏电阻两端所加电压与光电流之间关系称为伏安特性，如图 6-8 所示。可以看出，光敏电阻的伏安特性符合欧姆定律，而且不同光强度下斜率不同，即光敏电阻阻值随光强度而增大，但两者之间关系通常不是线性的，因此它不宜作为测量元件使用。另外，光敏电阻有最大额定功率限制，超过额定电压或额定电流都会导致光敏电阻被永久性破坏。光敏电阻的光电流对于光照射变化存在一定的惰性，时间上有一个滞后，这就是光电导的弛豫现象，通常用响应时间来表示。如图 6-9 所示，分为上升时间 t_1 和下降时间 t_2，一般光敏电阻的响应时间在几十至几百毫秒，它与光敏材料和光照强度有关。这里，响应时间按变化行程 63%的时间计算。

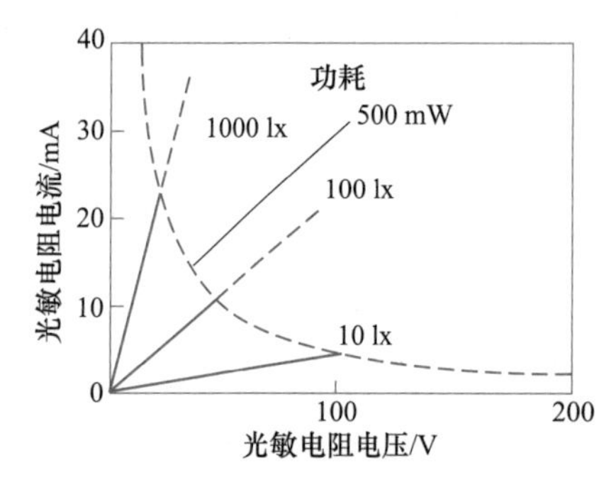

图 6-8　硫化镉光敏电阻的伏安特性

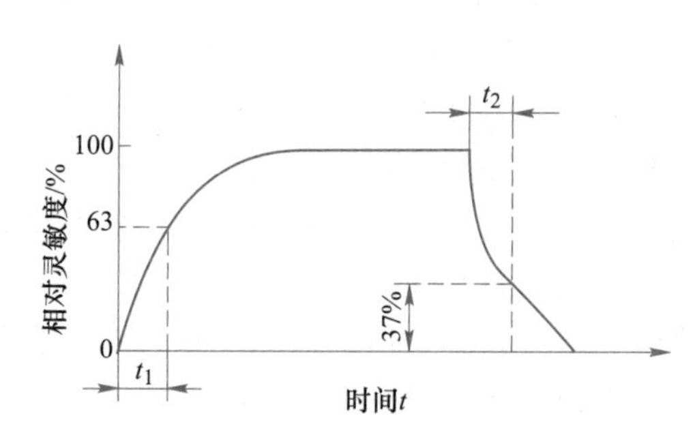

图 6-9　光敏电阻的响应时间曲线

光敏电阻与其他半导体器件一样，它的特性受温度影响较大，温度升高暗电流变大，灵敏度下降，同时光谱特性上也会向短波方向移动。一般情况下，制成的光敏电阻需要在加温、光照和负载条件下进行 1 至 2 周的老化，性能才能逐渐趋向稳定。

6.2.2.4　光敏二极管与三极管

光敏二极管同普通半导体二极管类似，如图 6-10 所示，主体是一个具有光敏特性的 PN 结，封装在透明玻璃壳内，它在电路中处于反向偏置状态，无光照射时反向电阻很大，相当于光敏二极管截止；当有光照射在 PN 结上，受到光子轰击，半导体内被束缚的价带电子吸收光子能量被激发到导带，产生光生电子-空穴对，使载流子浓度增加，通过 PN 结反向电流也随之增加，形成光电流，相当于光敏二极管导通。如果入射光强度变化，光生电子-空穴也相应变化，外电路的光电流也会随之变化。

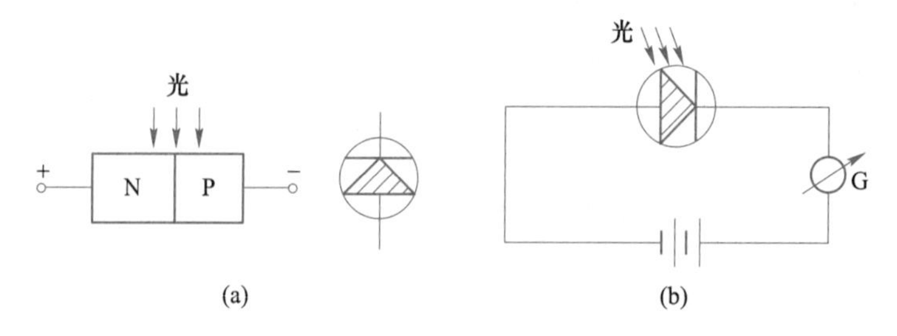

图 6-10　光敏二极管结构（a）与工作原理（b）

光敏三极管与光敏二极管结构类似，如图 6-11 所示，主体有两个 PN 结，但通常只有两个引出极，相当于普通三极管的集电结用光敏二极管替代。这样，三极管基极开路，集电结反偏，发射结正偏。当无光照时，三极管集电结因反偏，集电极与基极间有反向饱和电流 I_{cbo}，该电流流入发射结放大，使集电极与发射极之间有穿透电流 $I_{ceo}=(1+\beta)\ I_{cbo}$，即光敏三极管的暗电流，其中 β 是电流放大系数。当有光照射到光敏三极管集电结附近基区时，与光敏二极管受光照一样，产生光生电子-空穴对，使集电结反向饱和电流增加，即光敏三极管的光电流。光敏三极管利用了普通三极管的功能，相当于把光敏二极管光电流放大了（1+β）倍，提高了灵敏度。

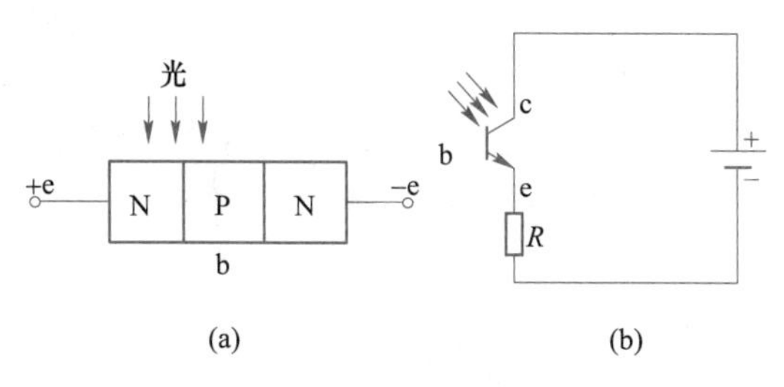

图 6-11 NPN 型光敏三极管结构（a）与工作原理（b）

光敏二极管和光敏三极管的伏安特性如图 6-12 所示，可以看出光敏三极管的光电流比同管型光敏二极管的光电流大百倍。而且，在零偏压时，光敏二极管有光电流输出，而光敏三极管则没有。但是，在光照特性上，如图 6-13 所示，光敏二极管光照特性曲线线性较好，适合作检测元件，而光敏三极管在光照强度小时，光电流随光照强度增加较小，而在大电流（光照强度达到几千勒）时则有饱和现象。因此，光敏三极管不适合于在弱光和强光下检测。另一方面，图 6-14 给出光电三极管的温度特性曲线，尽管温度对光电流影响较小，但对暗电流影响较大，通常在电子线路设计时对暗电流采用温度补偿，以消除输出误差。

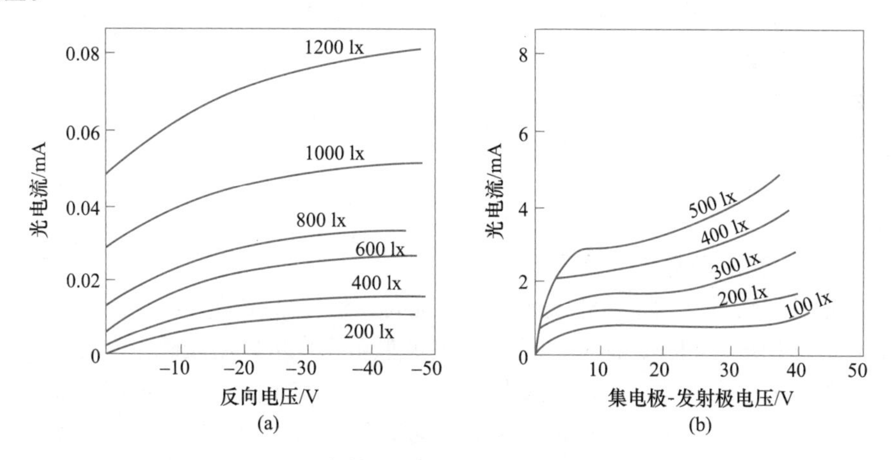

图 6-12 硅光敏二极管与光敏三极管的伏安特性

（a）光敏二极管；（b）光敏三极管

6.2.2.5 光电池

光电池是一种直接将光能转换为电能的光电器件，它的种类很多，以半导体材料加以区别，有硒光电池、锗光电池、硅光电池、氧化亚铜光电池、砷化镓光电池、磷化镓光电池等。因半导体材料不同，适应的光谱波长范围是不同的，如硅光电池的光谱响应峰在

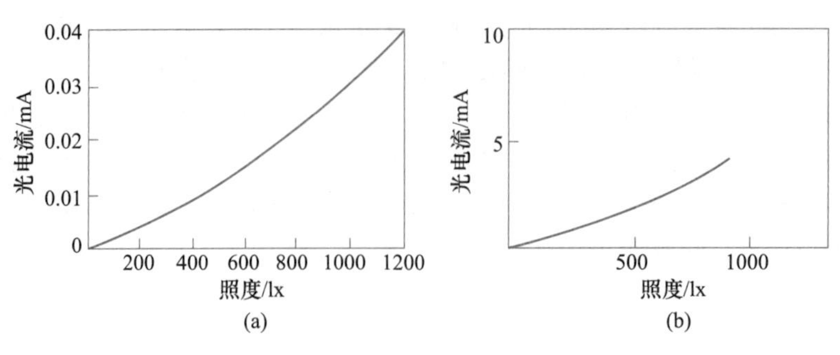

图 6-13　硅光敏二极管与光敏三极管的光照特性

（a）光敏二极管；（b）光敏三极管

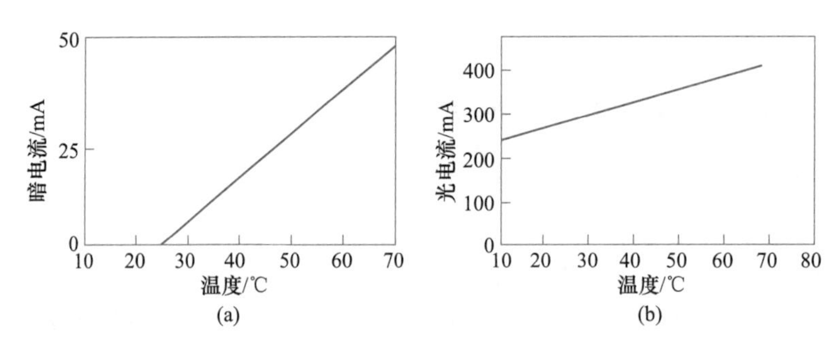

图 6-14　光敏三极管的温度特性曲线

（a）暗电流；（b）光电流

800 nm 附近，响应范围为 400～1200 nm；硒光电池的光谱响应峰在 500 nm 附近，响应范围为 380～750 nm。其中，硅光电池应用最广，得益于它的一系列优点，如稳定性好、光谱响应范围宽、频率特性好、能量转换效率高、耐高温辐射和价格便宜等。硅光电池结构如图 6-15（a）所示，主体是在 N 型硅片上扩散硼形成 P 型透光层，两层分别引出正极和负极。为了防止表面反射，提高能量转化效率，受光面上进行氧化处理形成二氧化硅保护膜。同样，向 P 型硅片扩散 N 型杂质也可以制成硅光电池。

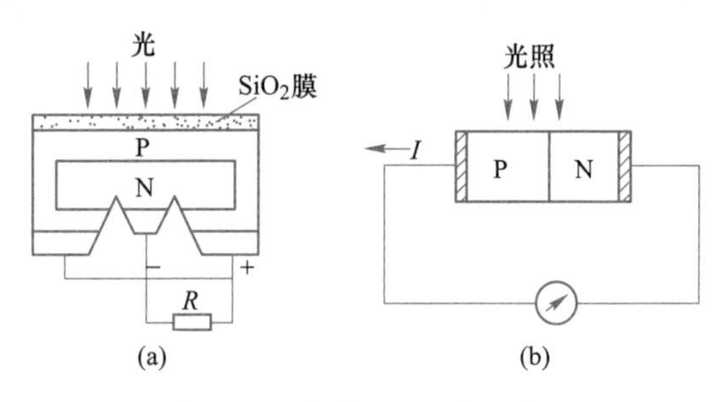

图 6-15　硅光电池结构（a）与工作原理（b）

当光照射到 PN 结上时，受光子激发形成光生电子-空穴对，在 PN 结电场作用下，N 区光生电子空穴向 P 区迁移，P 区的光生电子向 N 区迁移，导致 N 区聚集负电荷，P 区聚集正电荷，两端出现电位差。如果把电极引线连接起来，外电路就会有电流通过，如图 6-15（b）所示；如果把电极引线断开，就可测到光生电动势。

硅光电池的开路电压和短路电流与光照强度关系曲线如图 6-16（a）所示。可以看出，短路电流在很大范围内与光照强度间呈线性变化；但是，开路电压与光照强度成非线性关系，而且达到 2000 lx 时趋于饱和。因此，硅光电池作为测量元件时常使用电流源，而不使用电压源。如图 6-16（b）所示，当负载电阻为 100 Ω 时，光照强度在 0～1000 lx 范围内变化，光照特性是比较好的。

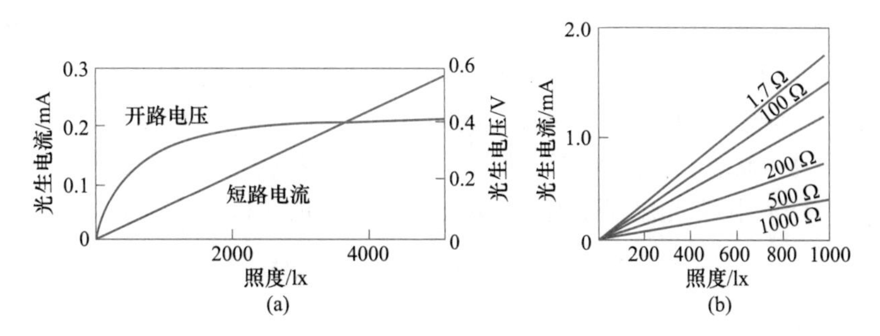

图 6-16 硅光电池开路电压和光生电流与光照强度的关系

（a）开路电压与短路电流；（b）不同负载下光生电流

光电池的温度特性关系到测控仪器的温度漂移，影响测量或控制精度等。硅光电池开路电压和短路电流的关系如图 6-17 所示。可以看出，温度上升 1 ℃时开路电压降低 3 mV，而短路电流仅增加 2×10^{-6} A，表明短路电流随温度变化相对缓慢得多。但考虑测量和控制精度，最好保证温度恒定或采用温度补偿措施。

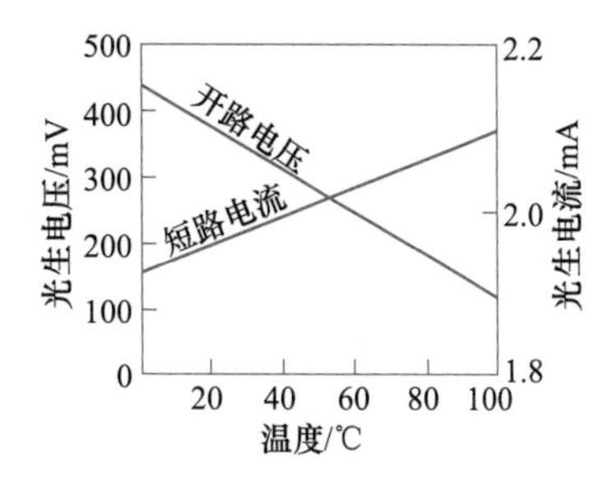

图 6-17 硅光电池的温度特性

（光照强度为 1000 lx）

6.2.2.6 光控晶闸管

光控晶闸管是利用光信号控制电路通断的开关元件，如图 6-18 所示，它是三端四层结构。四层结构中，有三个 PN 结，即 J_1、J_2、J_3，如图 6-18（a）所示，可视为两个三极管，PNP 和 NPN，如图 6-18（b）所示。进一步考虑光敏区的作用，等效电路如图 6-18（c）所示，无光照时，光敏二极管 VD 无光电流，三极管 T_2 基极电流仅仅是 T_1 的反向饱和电流，在正常的外加电压下处于关断状态。一旦有光照射，光电流将作为 T_2 基极电流。如果 T_1、T_2 的放大倍数分别为 β_1、β_2，则 T_2 集电极得到的电流是光电流 I_P 的 β_2 倍，即 $\beta_2 I_P$，它是 T_1 基极电流，因而在 T_1 集电极上又产生一个电流 $\beta_1\beta_2 I_P$，又成为 T_2 基极电流。这样，循环反复，产生强烈的正反馈，整个器件就变为导通状态。

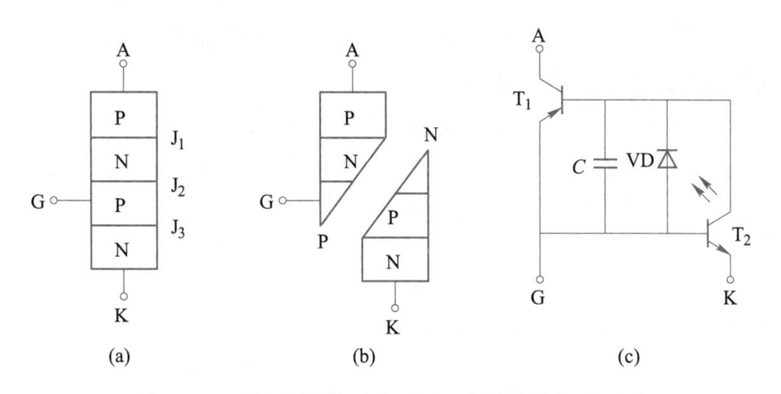

图 6-18 光控晶闸管（a）（b）及其等效电路（c）

控制极 G 既可以由电信号触发也可以由光信号触发，触发后 A、K 间处于导通状态，直至电压下降过零时关断。

如果在 G 和 K 之间接一个电阻，必将分去一部分光敏二极管产生的光电流，这时要使晶闸管导通就必须施加更强的光照强度，可以起到调整器件触发灵敏度的作用。

光控晶闸管的伏安特性如图 6-19 所示，其中 E_0、E_1、E_2 表示依次增大的光照强度，曲线 0—1 段为高阻状态，器件尚未导通；1—2 段为关断至导通的过渡状态；2—3 段为导通状态。可以看出，随着光照强度增大，由关断到导通的转折电压变小。

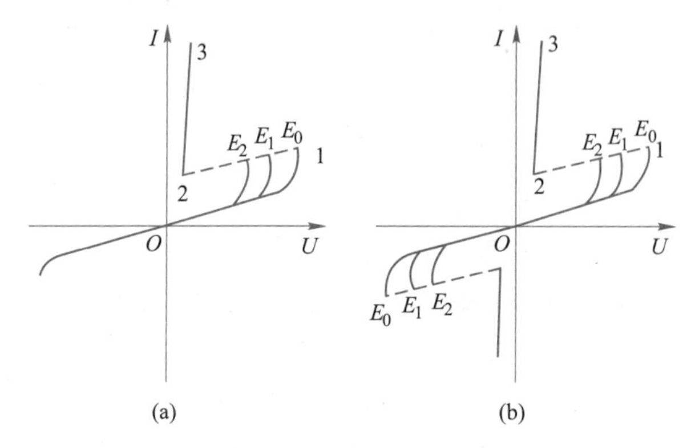

图 6-19 光控晶闸管伏安特性

（a）单向；（b）双向

光控晶闸管和发光二极管配合，还可以构成固态继电器，体积小、无火花、寿命长、动作快，并且有良好的电路隔离作用，在自动化领域得到广泛应用。

6.3 光电传感器

光电传感器在非接触式检测和控制上应用比较广泛，按输出量性质，大致可分为模拟式和脉冲式两种。

6.3.1 模拟式

模拟式光电传感器建立起光电元件光子通量与被测量的关系，依据光电流是被测量函数的原理，光电传感器进行工作。模拟式光电传感器根据建立的关系不同，有透射式、反射式、遮光式和辐射式等，如图 6-20 所示。

（1）透射式，如图 6-20（a）所示，被测物位于恒定光源与光电器件之间，光子透过物体进行传播，部分光子被吸收，使光电器件上光照强度发生变化。由此，可以测量气体、液体和固体物质的透明度、浑浊度、浓度等参数。

（2）反射式，如图 6-20（b）所示，恒定光源与光电元件位于同一侧，光子投射到被测物并被反射到光电元件，反射光子强度取决于反射表面性质、状态和光源之间距离等。由此，可以测量物体表面的反射率、粗糙度、距离、位置、振动、表面缺陷等参数。

（3）遮光式，如图 6-20（c）所示，被测物位于恒定光源与光电器件之间，光源发射的光经被测物遮去一部分，从而改变了光电器件接收到的光子强度，光照强度与被测物形状、光路中位置等有关。由此，可以测量物体位移、振动、速度、孔径、狭缝尺寸、细丝直径等参数。

（4）辐射式，如图 6-20（d）所示，被测物自身发出一定强度的光，直接投射到光电元件上或通过一定的光路作用到光电元件上，当被测物发生变化时，辐射出的光性质也会随之发生变化，如光的强度、光谱特性等。由此，可以测量辐射温度、光谱范围和放射线强度等参数。

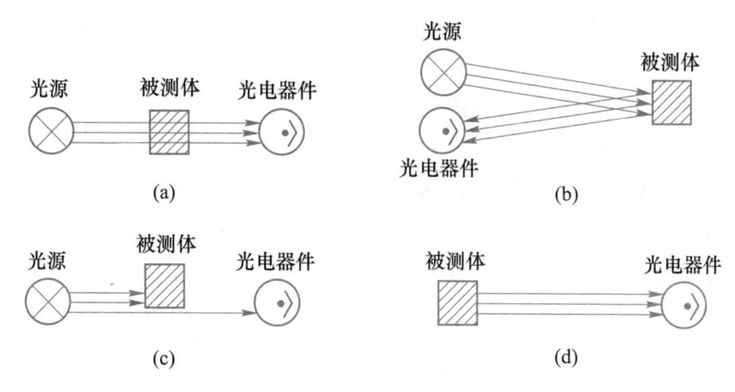

图 6-20 模拟式光电传感器的工作方式

（a）透射式；（b）反射式；（c）遮光式；（d）辐射式

作为应用实例，给出光电式带材跑偏仪原理及其测量电路，如图 6-21 所示，是用于冷轧生产过程中防止输送带钢跑偏的一种装置，起到检测带材跑偏并提供纠偏信号的作用。这种装置主要由光电式边缘位置传感器、测量电路和放大器等组成。

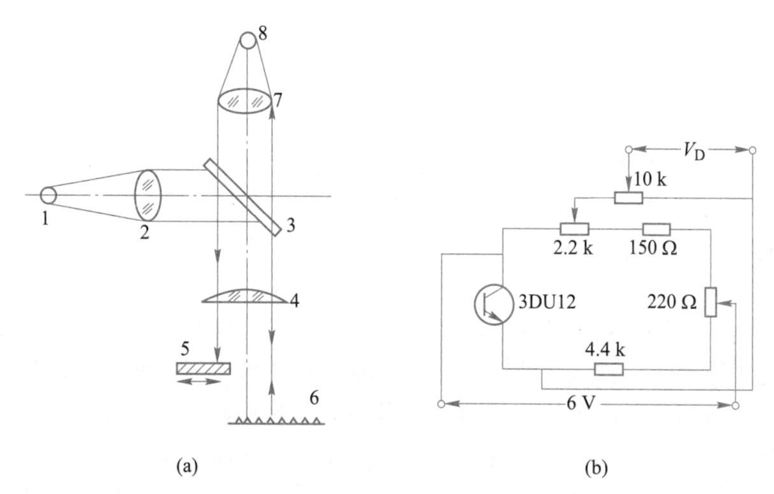

图 6-21 光电式带材跑偏仪原理（a）及测量电路（b）

1—白炽灯；2—双凸透镜；3—半透膜反射镜；4—平凸透镜；5—带材；6—角矩阵反射镜

7—双凸透镜；8—光敏三极管

光电式边缘位置传感器如图 6-21（a）所示，由白炽灯光源、光学系统和光电器件（硅光敏三极管）组成。工作时，白炽灯 1 发出的光经双凸透镜 2 汇聚，然后经半透膜反射镜 3 反射，使光路折射 90°，经平凸透镜 4 会聚后成平行光。这光束，由带材 5 遮挡一部分，另一部分射到角矩阵反射镜 6，被反射后又经平透镜 4、半透膜反射镜 3 和双凸透镜 7 汇聚到光敏三极管 8 上。光敏三极管（3DU12）接在测量电桥的一个桥臂上，如图 6-21（b）所示。

当带材边缘处于平行光束的中间位置时，如图 6-22 所示，电桥处于平衡状态，其输出信号为零；当带材向左偏移时，遮光面积减少，角矩阵反射回去的光束强度增大，输出电流信号为$+\Delta I$；当带材向右偏移时，反射回去的光束强度减小，输出信号电流为$-\Delta I$。电流变化信号为 ΔI，经放大器放大作为控制电流信号，通过执行操作来纠正带材的偏移。

其中，角矩阵反射镜利用直角棱镜的全反射原理，将许多个小的直角棱镜拼成矩阵，发挥它的优点，可在安装精度不太高或有振动的环境下使用。如果是平面镜，只有当入射光与镜面垂直时，反射光才能沿入射方向返回，而角矩阵反射镜则能始终保持反射光与入射光平行，如图 6-23 所示，入射光 a 与直角棱镜的平面垂直时，反射光 a'与入射光 a 平行；入射光 b 与直角棱镜的平面不垂直时，反射光 b'仍然与入射光 b 平行。这样，对一束平行投射光，即使安装精度不高、有一定倾角，在投射位置都可以接收到反射光。

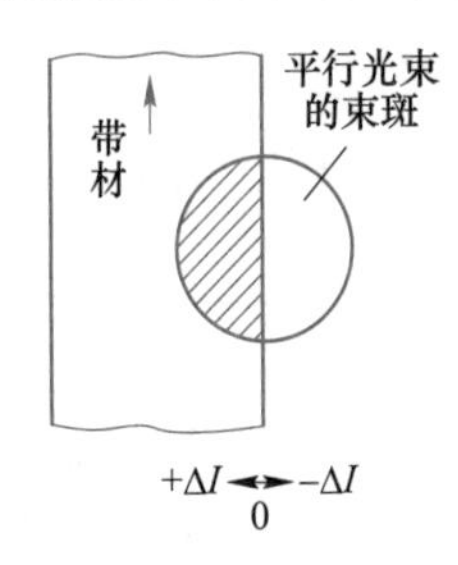

图 6-22 带材跑偏引起光照强度变化

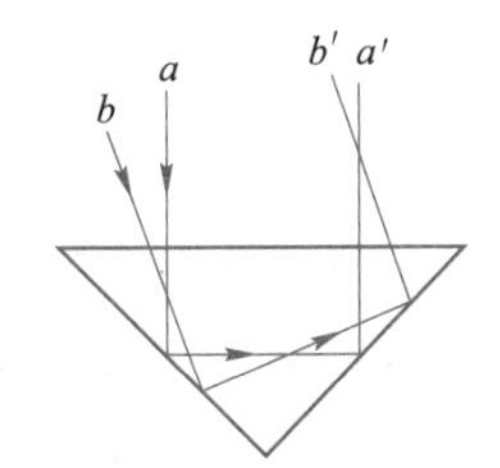

图 6-23 角矩阵反射器原理

6.3.2 脉冲式

利用光电器件受光照“有”与“无”两种不同状态，给控制电路输出“通”与“断”开关信号，这种传感器对光照特性的线性度要求不高，但光电器件灵敏度要高，主要用于零件或产品的自动计数、光控开关、电子计算机的光电输入设备、光电编码器以及光电报警装置等。

作为应用实例，给出光电转速表的工作原理，如图 6-24 所示。图 6-24（a）给出反射型光电式转速表原理图，被测转动轴 1 上沿圆周方向按均匀间隔贴成黑白反射面，光源 3 发射的光线经双凸透镜 2 成为均匀平行光，照射到半透膜反射镜 6 上；部分光线被反射，经聚光透镜 7 照射到被测轴；该轴旋转时反射光经聚焦透镜 5 聚焦后，照射到光电器件 4 上产生光电流信号。由于被测转动轴 1 上有黑白间隔，转动时将获得与转速及黑白间隔数相关的反射光脉冲以及与之相应的电脉冲。当间隔数一定时，电脉冲数与转速成正比，电脉冲送至数字测量电路，即可计数。图 6-24（b）给出直射型光电转速表的工作原理图，在待测转动轴 1 上安装一个调制盘，调制盘上带有小孔或小齿，调制盘两边分别设置光源和光电器件。调制盘随轴转动，当光源发出的光通过小孔或齿缝时照射到光电器件上就会产生一个电脉冲。转轴连续转动，光电器件就会输出与转速和调制盘孔数或齿缝数成正比的电脉冲数。如果调制盘上孔数或齿缝一定时，电脉冲数与转速成正比，电脉冲送至数字测量电路，即可计数。例如，假设黑条纹（或白条纹）与调制盘齿数（或孔数）为Z，若测得频率为f赫兹，则被测转速为$n=60f/Z$（r/min）。

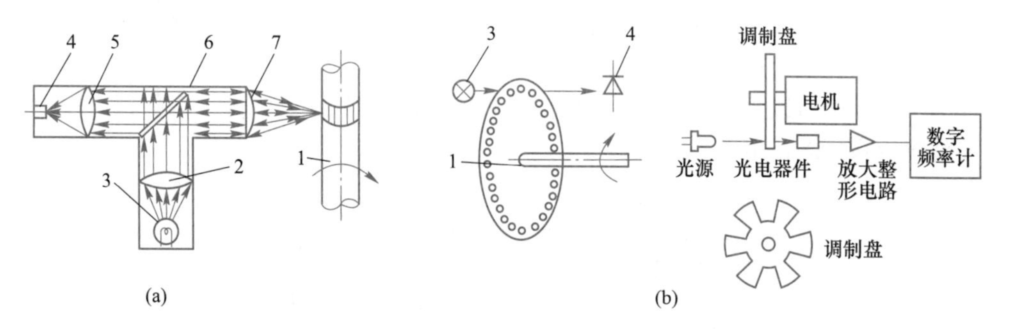

图 6-24 光电式转速表工作原理示意图
（a）反射型；（b）直射型
1—转动轴；2—双凸透镜；3—光源；4—光电器件；5—聚焦透镜；6—半透膜反射镜；7—聚光透镜

光电式转速表的光电脉冲转换电路如图 6-25 所示。当光照射到光敏三极管 VT_1 上，产生光电流，使 R_1 上电压降增大，导致晶体管 VT_2 导通，触发晶体管 VT_3 和 VT_4 组成的射极耦合触发器，使 U_o 为高电位；反之，U_o 为低电位。该脉冲信号 U_o 被送到计数电路进行计数。

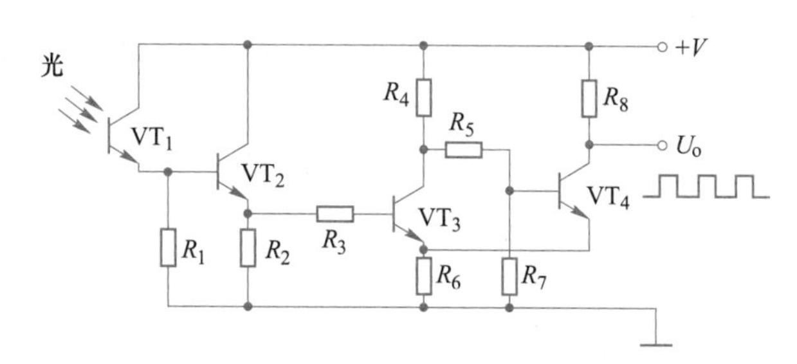

图 6-25 光电脉冲转换电路

6.4 光纤传感器

光导纤维简称光纤，是一种传输光的导体，属 20 世纪 70 年代重要发明之一。由于光纤具有信息传输量大、抗干扰能力强、保密性好、重量轻、尺寸小、灵敏度高、柔软和成本低等优点，光纤通信已被国际公认为很有发展前途的通信手段，为实现多媒体通信提供了必要条件。同时，光纤传感器也得到迅速发展，目前已有数十种光纤传感器来测量位移、压力、温度、流量、液位、电场和磁场等。

6.4.1 光纤结构与传导

光纤结构如图 6-26 所示，由纤芯（芯子）、包层和保护层组成。纤芯位于中央，用高折射率（n_1）玻璃材料制成，直径只有几十微米；纤芯外包层，用低折射率（n_2）玻璃或塑料制成的，外径约为 100～200 μm。光纤最外层是保护层，它的折射率居中（n_3），即

$n_2<n_3<n_1$，这种结构属于阶跃型光纤，其特点断面上折射率分布高低界面清楚。与此相对应，还有梯度型光纤，其断面折射率分布是从中央到表皮，折射率从高到低变化，它能保证入射到光纤内的光波集中在纤芯传输。从光的传输速率上看，折射率 n 等于光在真空和介质传输速率的比值，即 $n=c/v$，有 $v_2>v_3>v_1$。其中，c 和 v 分别为通过真空和介质中的光速。那么，光纤之所以采用这种结构，主要考虑利用光的全反射原理，以保证入射到光纤内的光波集中在纤芯传输。

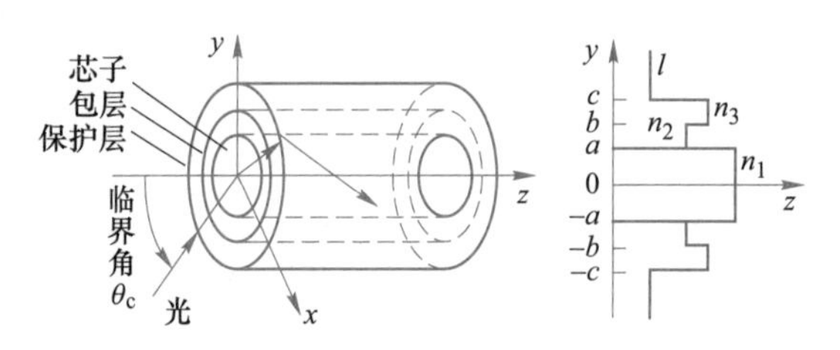

图 6-26　光纤结构示意图

根据几何光学折射定律（Snell's Law）可知，对于折射率一定的两种介质，入射角正弦与折射角正弦比值是一个常数，且从光速大的进入光速小介质中光的折射角小于入射角；反之，从光速小的进入光速大介质中光的折射角大于入射角。

光纤传输利用了全反射原理，如图 6-27 所示，入射光 AB 与光纤轴线 OO 相交交角为 θ_i；在端面入射后，折射至纤芯与包层界面 C 点，形成光线 BC，折射角为 θ_j，与 C 点界面法线 DE 成 θ_k 角；再由界面折射至包层内，形成光线 CK，与 DE 成折射角 θ_r。根据折射定律和已知条件 $v_0>v_2>v_3>v_1$，有 $\theta_i>\theta_j$，$\theta_k<\theta_r$。同时，有：

$$n_0\sin\theta_i = n_1\sin\theta_j \tag{6-9}$$

$$n_1\sin\theta_k = n_2\sin\theta_r \tag{6-10}$$

有：

$$\sin\theta_i = \frac{n_1}{n_0}\sin\theta_j = \frac{\sqrt{n_1^2 - n_2^2\sin^2\theta_r}}{n_0} \tag{6-11}$$

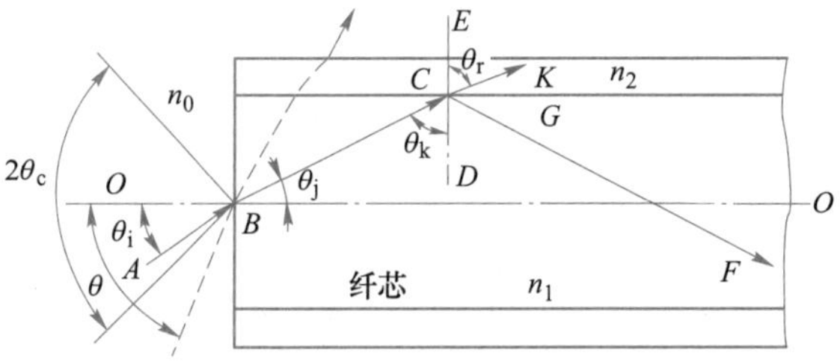

图 6-27　光纤中光传导原理示意图

取空气折射率 $n_0=1$，同时取 $\theta_r=\pi/2$，即光线不再逃离的临界状态，有 $\theta_i=\theta_c$，光线 CK 变为 CG，式（6-11）变为：

$$\sin\theta_c = \sqrt{n_1^2 - n_2^2} = NA \tag{6-12}$$

式中　NA 即 numerical aperture，纤维光学中把 $\sin\theta_c$ 定义为数值孔径。

进一步简化，由于 n_1 与 n_2 相差较小，取 $n_1+n_2=2n_1$，则有：

$$\sin\theta_c = NA = n_1\sqrt{2\Delta} \tag{6-13}$$

式中 Δ——相对折射率，$\Delta=(n_1-n_2)/n_1$。

可以看出，当 $\theta_i<\theta_c=\arcsin NA$ 时，光线发生全反射，沿纤芯传播。而且，NA 越大，满足全反射的入射光范围越宽，入射光与光纤之间耦合效率越高。但是，$v_2>v_3>v_1$，纤芯中 v_1 小会造成能耗增大。因此，一般要求 $0.2\leqslant NA\leqslant 0.4$。

6.4.2 传感器结构与类型

光纤传感器是把被测量转变为可测量光信号的一种装置，由光源、敏感元件、光纤、和信号处理系统构成。

光纤传感器可分为功能型和传光型两类。功能型光纤传感器是利用光纤本身的某种敏感特性或功能制成的传感器，如图 6-28（a）所示；传光型光纤传感器仅利用光纤起传导光的作用，要在光纤端面附加其他敏感元件构成传感器，如图 6-28（b）所示。

传光型传感器还可细分为两种：一种是把敏感元件置于发射与接收光纤之间，在被测对象的作用下使敏感元件遮断光路或使光穿透率发生变化，这样接收光量变化便成为被测对象调制后的信号；一种是在光纤终端设置“敏感元件+放光元件”组合体，敏感元件感受被测对象并将其变为电信号后作用于发光元件，以发光元件的强度信号作为测量信息。

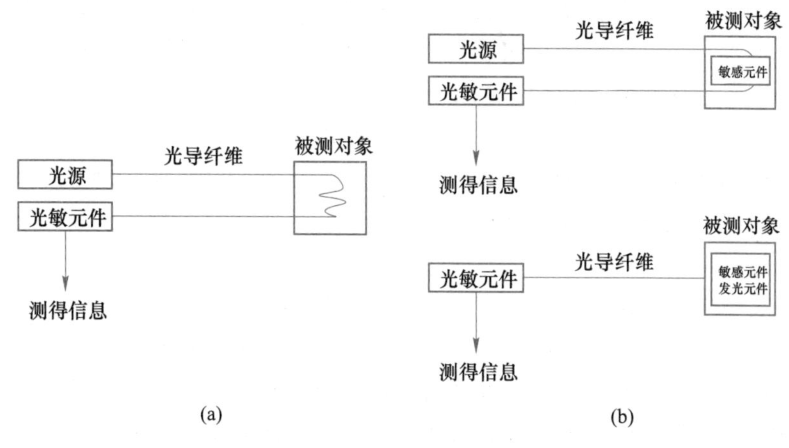

图 6-28 光纤传感器类型

（a）功能型；（b）传光型

6.4.3 光纤传感器应用

6.4.3.1 光纤开关

光纤开关比较简单，但测量精度不高，在位移测量中仅能反映极限位置，输出信号是跳变信号。

光纤开关定位装置如图 6-29 所示。其中，图 6-29（a）为光纤计数装置，工件随着传送带移动时，工件每挡光一次，接收光

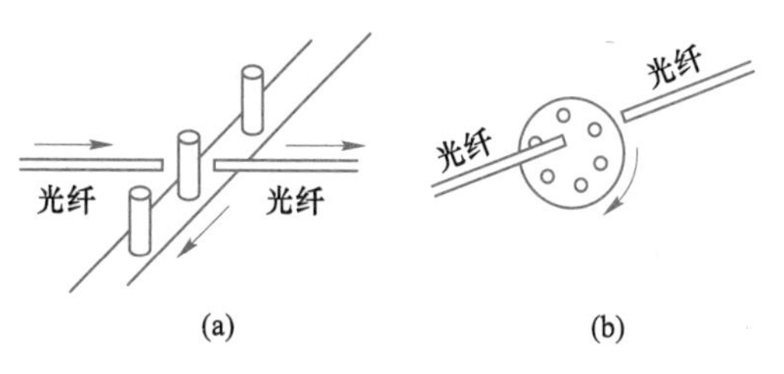

图 6-29 光纤开关定位原理

（a）光纤计数；（b）编码盘

纤端得到一个暗光脉冲信号，用计数电路或显示装置记录下来；图 6-29（b）是编码盘装置，转动盘上有透光孔。当孔与光纤对准时，接收光纤端就有明光脉冲输出，通过孔位变化对光强进行调制和光脉冲信号计数，可以测定角位移或转速。

6.4.3.2 位移干涉仪

光纤干涉位移传感器，比较典型的有迈克尔逊（Michelson）光纤干涉仪，其原理如图 6-30 所示。使用 He-Ne 激光器 1 作为光源，用半透膜反射镜 2 作为分束器把光分为两路：一路进入光纤参考臂 7 作为参考光束；一路进入测量臂，经双凸透镜 3 至可移动四面体棱镜 5、反射镜 4 与参考光束会合于全息干涉板 6，发生干涉。如果被测物位移引起四面体棱镜 5 移动，如图中箭头所示，导致光纤参考臂和测量臂光程差变化，引起干涉条纹移动。干涉条纹的移动量，可以反映出被测物位移大小。

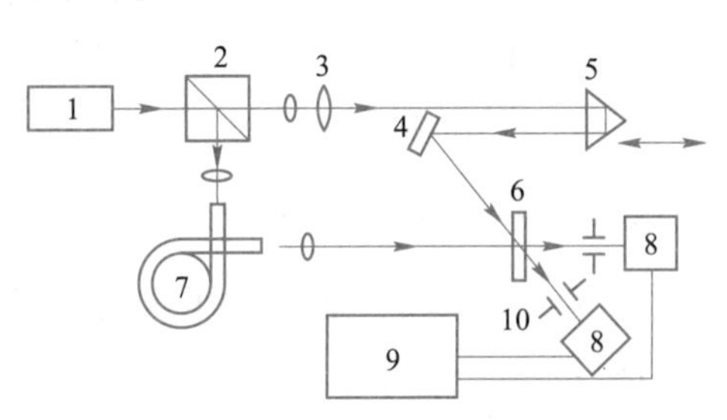

图 6-30 迈克尔逊光纤位移干涉仪原理图

1—He-Ne 激光器；2—半透膜反射镜；3—双凸透镜；4—反射镜；5—四面体棱镜；6—全息干涉板；7—光纤参考臂；8—光探测器；9—信号处理系统；10—光阑

参考臂和测量臂两束光，在全息干涉板 6 上形成干涉条纹的全息照片，它们之间起到光学补偿的作用，由于参考光路是多模光纤，光束通过后波面发生畸变，引起干涉条纹扭曲，使用全息照片补偿后，干涉条纹恢复为直条纹。通过全息照片得到的两个干涉图形，可以用两个独立的光探测器 8 检测。如果分别调节两个光阑 10 使两路干涉条纹明暗变化相差 90°，根据两个探测器得到的信号，可以判断出四面体棱镜移动方向。

使用 He-Ne 激光束作为光源，参考臂使用光纤，这种干涉仪能够测量远距离的位移变化，测量臂很长时，光纤干涉仪的体积也不是很大。

6.4.3.3 加速度传感器

光纤加速度传感器常用的有马赫-泽德（Mach-Zehnder）干涉仪，如图 6-31 所示。He-Ne 激光器 1 产生的光束，通过分束器 2 分成两束光：一束透射光，作为参考光束；一束反射光，作为测量光束。测量光束，经透镜 4 耦合进入单模光纤 5，单模光纤紧紧缠绕在一个顺变柱体 7 上，顺变柱体上端固定有质量块 6。顺变柱体作加速运动时，质量块 m 的惯性力使顺变柱体变形，从而使绕在柱体上单模光纤被拉伸，引起光程（相位）变化。参考光束，经反射镜 3 反射后在分束器 11 处，与相位变化的激光会合，产生干涉效应。在相互垂直的位置放置的两个光探测器 12 分别接收到明暗相反的干涉信号，两路电信号由差动

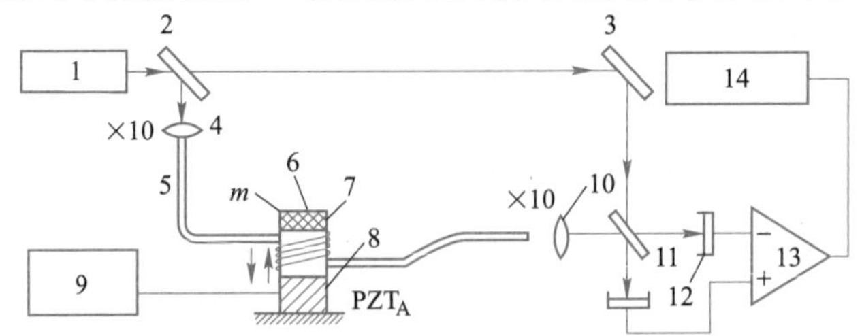

图 6-31 马赫-泽德干涉仪原理图

1—激光器；2，11—分束器；3—反射镜；4，10—透镜；5—单模光纤；6—质量块；7，8—顺变柱体；9—驱动器；12—光探测器；13—差动放大器；14—频谱仪

放大器 13 处理，用频谱仪 14 分析出干涉信号（加速度）变化的频率。试验时，顺变柱体下放置一个可驱动压电变送器来提供振动源，由驱动器 9 进行驱动。图 6-32 给出干涉仪的输出电压和外加加速度的关系曲线，两者具有很好的线性关系。

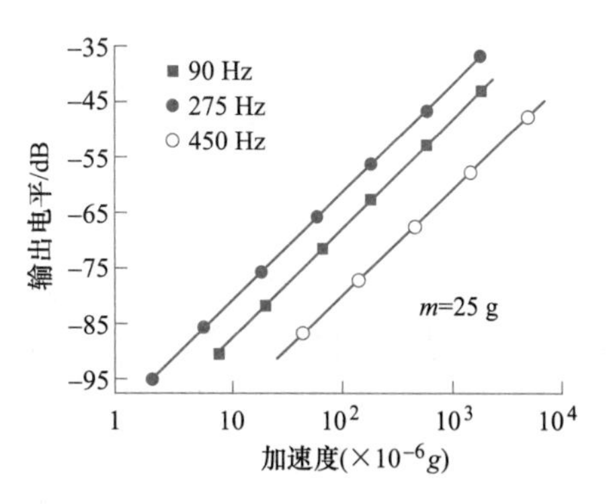

图 6-32　马赫-泽德干涉仪输出电平与外加加速度关系

6.4.3.4　振动传感器

一个检测垂直表面振动分量的光纤传感器原理如图 6-33 所示。可以看出，要检测的振动分量引起振动体反射点 P 运动，使两激光束之间产生相关的相位调制。激光束，通过分束器，一部分激光射到振动体上一个点（P），其反射光作为信号光束，经分束器反射到光探测器；另一部分激光射到部分透射面上一个点（R），其反射作为参考光束，经分束器也反射到光探测器。信号光束，受到垂直振动分量 $U_{\perp}\cos\omega t$ 的调制，振动体使反射点 P 靠近或远离光纤，从而改变了信号光束的光路长度，相应地改变了信号光束与参考光束的相对相位，两者之间的相位差为：

$$\Delta\varphi = \frac{4\pi}{\lambda}U_{\perp}\cos\omega t \tag{6-14}$$

式中　λ——激光波长；

ω——光波圆频率。

解调和检测如式（6-14）给出相位调制，能得到上述相应的振动分量振幅。图 6-33 所示的光纤振动传感器用于测量 2.5 MHz 石英谐振器，垂直和面内振幅分别测到 1×10^{-6} μm 和 5×10^{-6} μm，线性都很好。频率测量范围为 1 kHz~30 MHz，可测频率上限主要取决于光检测系统的增益、带宽及噪声等。光纤振动传感器的空间分辨率取决于光纤的入射光在振动体上能聚焦点大小，目前的聚焦点直径一般能到几十微米。

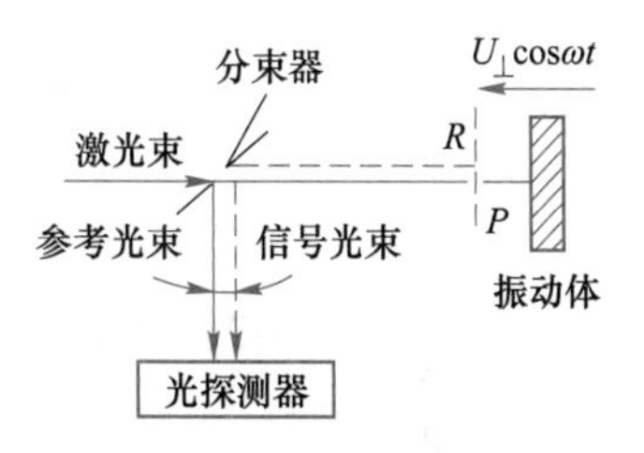

图 6-33　垂直表面振动分量光纤传感器原理图

6.4.3.5　温度传感器

半导体吸光型光纤温度传感器装置和感温元件如图 6-34 所示。把一根光纤切断，两个端面间夹上一块半导体感温薄片（如 GaAs 或 InP），它的透光强度随温度而变化，光纤外面加一个细钢管保护。把半导体感光薄片，设置在测温位置，当光纤一端输入一恒定强度的光，光纤另一端接收光的强度将随被测温度而改变。根据光探测器输出的电量，便能测定感温薄片处温度。

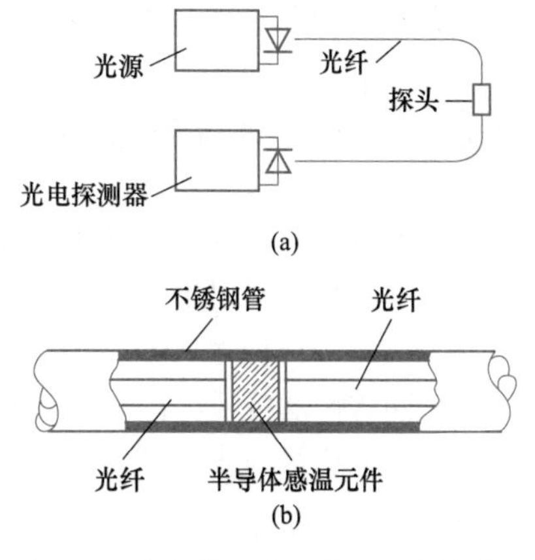

图 6-34　半导体吸光型光纤温度传感器
（a）传感器装置；（b）感温元件

半导体材料的透光率与温度关系曲线如图 6-35 所示，当温度升高时透光率曲线向波长增加方向移动。一般来说，半导体材料的吸光率与其禁带宽度

E_g 有关，多数半导体材料的禁带宽度 E_g 随温度 T 升高成线性减小，导致透光率曲线边沿波长 λ_g 随温度升高向长波方向移动。

6.4.3.6 测速传感器

光纤型激光多普勒（Doppler）测速传感器原理如图 6-36 所示，与传统激光测速方法不同，激光束以及运动微粒散射信号中光的传输与耦合是通过光纤实现的。这样，较好地解决了光路校直问题，也提高了光路抗干扰能力，扩展了应用范围。

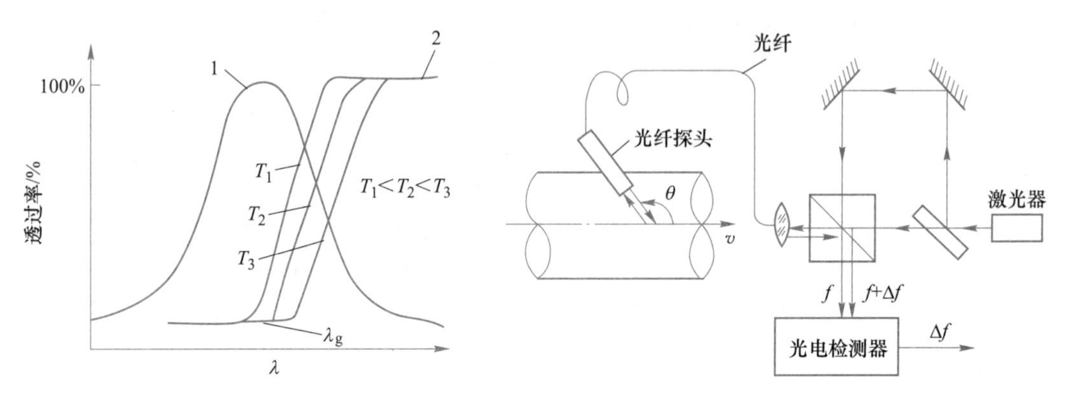

图 6-35 半导体透光率特性
1—光源光谱分布；2—透光率曲线

图 6-36 光纤型激光多普勒测速传感器原理图

这种装置，沿管中心夹角 θ 方向把光纤探头插入管道，光纤一端射出的激光被运动流体微粒散射，产生多普勒频移，散射光信号由同一个光纤耦合回传，与原信号光重叠产生频率差。运动微粒散射光信号多普勒频移为：

$$\Delta f = 2nv\cos\theta/\lambda \tag{6-15}$$

式中 n——运动物质折射率；

v——微粒运动速度；

θ——光纤探头插入角，即射出光线与流体运动方向的夹角；

λ——激光波长。

这样，当被测介质折射率 n、激光波长 λ 和光纤探头插入角 θ 一定时，则多普勒频移 Δf 直接反映了管道内流体的流速 v。

6.5 红外探测与传感器

理论上讲，自然界中的物体只要高于绝对零度都会向外辐射能量，即有热辐射存在；而且，温度越高，辐射出能量越多、波长越短。从图 6-2 可知，红外线也是一种电磁波，比可见光波长略长，为 0.8~40 μm，是一种肉眼不可见的光线，它具有与可见光相近的性质，如相同的传播特征——干涉、衍射、偏振、散射和吸收等特性，服从反射定律和折射定律。另外，从紫外线、可见光光线到红外线，辐射产生的热效应逐渐增大。

6.5.1 红外探测器

红外探测器是把红外辐射能转换成电信号的光敏器件，它是红外检测系统的关键部件。常用红外探测器有热探测器和光子探测器两类。

6.5.1.1 热探测器

热探测器利用入射红外辐射引起探测器的温度变化，通过温度敏感特性转换成电信号，达到探测红外辐射的目的。它的优点是响应波段宽，可在室温下工作，使用简单。但它响应慢、灵敏度低，一般用于低频调制情况。

（1）热敏电阻型。热敏电阻型探测器结构如图 6-37（a）所示，热敏电阻由锰、镍、钴的氧化物混合后烧结而成，制成薄片状。当红外辐射照射在热敏电阻上，它的温度升高，电阻值减小。这样，通过热敏电阻值变化可以确定入射红外辐射的强弱，以此测得产生红外辐射物体的温度。测量电路如图 6-37（b）所示，R 接收红外辐射，R_b 不接收红外辐射，作为补偿元件，可以推导出热敏电阻 R 与输出电压 U_o 关系：

$$U_o = \frac{E(R_b - R)R_L}{R_L R_b + R_L R + R R_b}$$

据此，依据斯特藩-玻耳兹曼定律可以反推出红外辐射物体辐射出热量变化。

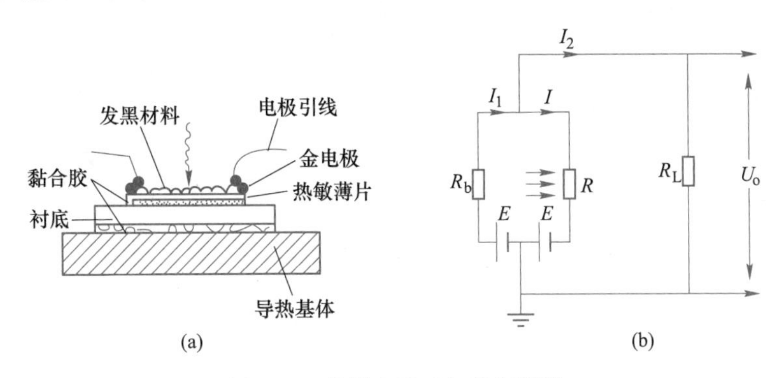

图 6-37 热敏电阻型红外探测器

（a）探测器结构；（b）测量电路

（2）热电偶型。热电偶型探测器是把多个微型热电偶串联集成在很小的面积上，入射红外线照射在工作端，参考端处于掩蔽处，获得热电动势。现在，利用薄膜技术制作的微型热电偶，可在 4.7 mm×5.6 mm 面积上集成 300 个以上工作端，总电阻为 1～25 kΩ，直流输出为 1～2 V/W，时间常数为 20～40 ns。热电偶的正极材料以铜、银、碲、硒、硫的混合物，负极材料选择硒化银和硫化银混合物，较为理想，也可以使用铋和锑制作热电偶。但是，工作端必须经过黑化处理，以增强对红外辐射能吸收。黑化处理是在真空系统中充氮后蒸金，得到胶体黑层，尽可能对光谱无选择性、接近绝对黑体。窗口材料对透光波长有一定选择性，可根据接收不同波长进行更换，如玻璃可用于 0.3～2.8 μm，熔融石英可用于 0.18～3.4 μm，多晶硅可用于 25～300 μm 等。

热电偶型探测器的优点，是对频率或波长辐射没有选择性，而且响应均匀，无突出的峰值；存在的缺点是时间常数大，不宜于光照高速变动条件下使用。

（3）热释电型。热释电效应是当物质温度变化时，表面上随之产生电荷变化的现象。类似物质有很多，如压电陶瓷和陶瓷氧化物，其中钽酸锂（$LiTaO_3$）、硫酸三甘钛（LATGS）及锆钛酸铅（PZT）制成的热释电型红外传感器较多。但是，热释电元件与其他光敏元件不同，表面上极化电荷一旦出现，很快就会与环境中电荷中和或漏泄。因此，使用时必须调制成脉冲照射，使表面电荷周期性出现，取出交变电信号的幅值来检测光的强度。

热释电型红外传感器的结构如图 6-38（a）和（b）所示，由敏感元件、场效应管、高阻电阻、滤光片等组成，保护壳内充入氮气封装。敏感元件是用红外热释电材料（如 PZT）制成很小的薄片，再在薄片两面镀上电极，构成两个反向串联有极性的小电容（采用双红外敏感元件），且在受光面加上黑色膜。当入射红外线顺序地照射到两个元件时，由于两个元件反向串联，输出是单元件的两倍。同时，也是由于反向串联，可以消除因环境温度波动引起的影响，起到温度补偿作用。热释电红外敏感元件的内阻极高（可达 $10^{13}\Omega$），输出电压信号也很弱，一般需要阻抗变换和信号放大，否则不能有效地工作。热释电红外传感器电路如图 6-38（c）所示，场效应管用来构成源极跟随器；高阻值电阻 R_g 的作用是释放栅极电荷，使场效应管安全正常工作；R_s 为负载电阻。源极输出接法时，源极电压约为 0.4～1.0 V。

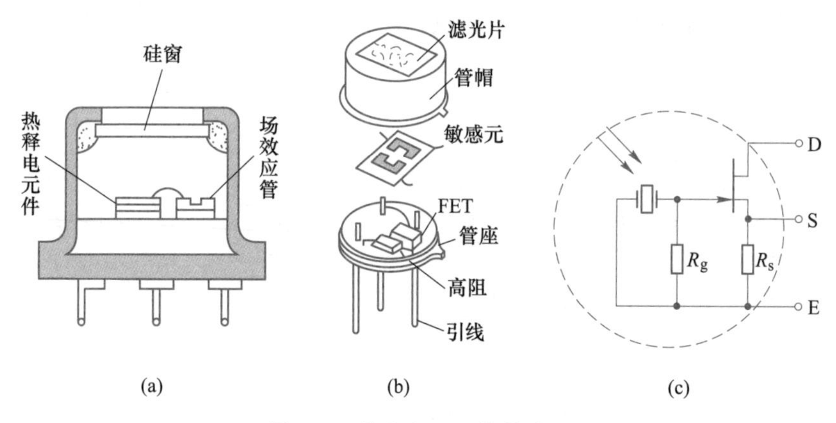

图 6-38 热释电型红外传感器

（a）外部结构；（b）内部结构；（c）测量电路

一般热释电红外传感器在 0.2～20 μm 光谱范围可以使用。但是，基于不同检测的需要，要求光谱响应范围向狭窄方向发展，以提高灵敏度，如用于人体探测和防盗报警时，要求滤光片能有效地选取人体的红外辐射。根据维恩位移定律，人体体温约为 36 ℃，其辐射的峰值波长为 $\lambda_m = 2898/309\ \mu m = 9.4\ \mu m$，即人体辐射在 9.4 μm 处最强，红外滤光片可选取 7.5～14 μm 波段。

由于热释电敏感元件材料介电常数很大，在等效电路中相当于 *RC* 并联阻抗。因此，它的灵敏度与入射光的调制频率有关，频率过高灵敏度会降低。热释电材料的居里温度 T_c 也是限制使用温度的重要因素，例如硫酸三甘钛 $T_c = 49$ ℃、锆钛酸铅 $T_c = 360$ ℃和钽酸锂 $T_c = 660$ ℃。

6.5.1.2 光子探测器

光子探测器是利用入射光照射在某些半导体材料使之产生光子效应，通过测定材料的电学性质变化，获得红外辐射的强弱信息。光子探测器的优点，是灵敏度高、响应速度快，具有较高的响应频率；不足的一面，是需要在低温下工作，而且探测波段较窄。

光子探测器有内光电探测器和外光电探测器两种。外光电探测器，如前面所介绍的光电管和光电倍增管；内光电探测器又分为光电导探测器、光生伏特探测器和光磁探测器三种。

(1) 光电导探测器（PC 器件）。某些半导体材料，如硫化铅（PbS）、硒化铅（PbSe）、锑化铟（InSb）和碲镉汞（HgCdTe）等，当红外辐射照射其上能使导电率增加，即光电导现象，利用这种现象制成的探测器称为光电导探测器。

使用光电导探测器时，需要制冷和加上一定偏压，否则会使响应频率降低、噪声大、响应波段窄，甚至于损坏红外探测器。如图 6-39 所示，给出光电导红外探测器的光电转换电路，图中 R 为光电导半导体电阻，R_L 为负载电阻，M 为红外光调制盘。

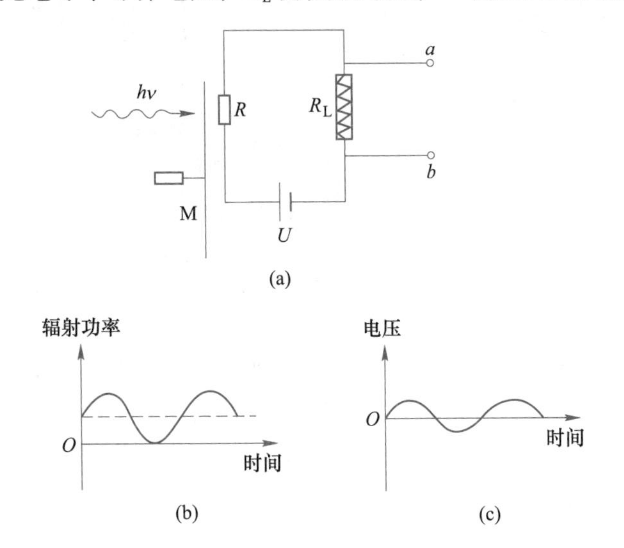

图 6-39　红外光电转换电路（a）及功率、电压变化（b）（c）

(2) 光生伏特探测器（PU 器件）。某些半导体材料，如砷化铟（InAs）、锑化铟（InSb）、碲锡铅（PbSnTe）和碲镉汞（HgCdTe）等，当红外辐射照射其上时，光照部分吸收入射光子能量产生电子-电子空穴对，与未照射部分相比载流子浓度大，体内出现浓度梯度。若电子迁移率比空位大，就造成光照部分带正电，未照部分带负电，形成电动势。利用这种效应制作的红外探测器，称为光生伏特型红外探测器。

(3) 光磁电探测器（PEM 器件）。当红外辐射照射到某些半导体材料表面时，受能量作用表面产生电子-电子空穴对，若设置一个磁场，两者荷电性质不同，则电子与空位则各偏向一方，产生开路电压，这种现象称为光电磁效应。利用这种效应制作的红外探测器称为光磁电探测器。光磁电探测器的响应波段可达 7 μm 左右，时间常数小，响应速度快，不用加偏压，内阻低、噪声小，有良好的稳定性和可靠性。但是，它的灵敏度偏低，低噪声前置放大器制作困难，一定程度上影响了它的使用。

6.5.2 红外传感器

6.5.2.1 测温传感器

红外测温，具有较多的优点，如适合于远距离、非接触测量；响应速度快，可达毫秒、微秒级；由于辐射能量与温度成四次方关系，灵敏度高；应用范围广，可从零下几十摄氏度到零上几千摄氏度等。红外测温仪分低温（100 ℃以下）、中温（100~700 ℃）和高温（700 ℃以上）三种。

红外测温仪结构如图6-40所示，主要由光学系统、调制器、探测器、放大器和指示器等组成。

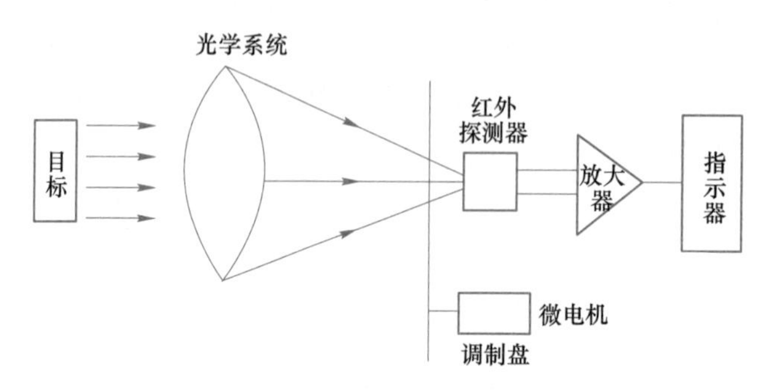

图6-40 红外测温仪结构原理

光学系统有透射式和反射式两种。透射式部件是用红外光学材料制成的，依据使用的红外波长进行选择，如高温波段在0.67~3 μm，常用一般光学玻璃或石英等光学材料；中温波段在3~5 μm，采用氟化镁、氧化镁等热压光学材料；低温波段在5~14 μm，采用锗、硅和硫化锌等光学材料。一般镜片表面蒸镀红外增透层，一方面滤掉不需要的波段，另一方面增大有用波段的透射率。反射式部件多用凹面玻璃反射镜，表面镀金、铝或镍铬等红外波段反射率高的材料。

调制器是把红外辐射调制成交变辐射的装置，一般用微电机带动一个齿盘或等距离孔盘，通过齿盘或孔盘旋转，切割入射辐射使之投射到红外探测器上的辐射信号成交变的，便于处理，以获得较高的信噪比。

红外探测器是接收调制后的目标辐射并转换为电信号的器件，选用类型通常根据目标辐射的波段与能量来确定。

系统还需要有一个标准黑体，作为校准用。测量时，探测器的视场要轮流地对准目标和标准黑体，随时校准和标定仪器的灵敏度。

6.5.2.2 成像传感器

红外测温是了解空间某一点的温度后，以此推广物体表面的平均温度，但研究人员有时更想了解物体表面的温度分布，以研究物体结构、内部缺陷等。红外成像就是把物体的温度分布转换成图像，直观、形象地显示出来。现在常用的红外成像装置有红外变像管、红外摄像管、电荷耦合摄像器件等。

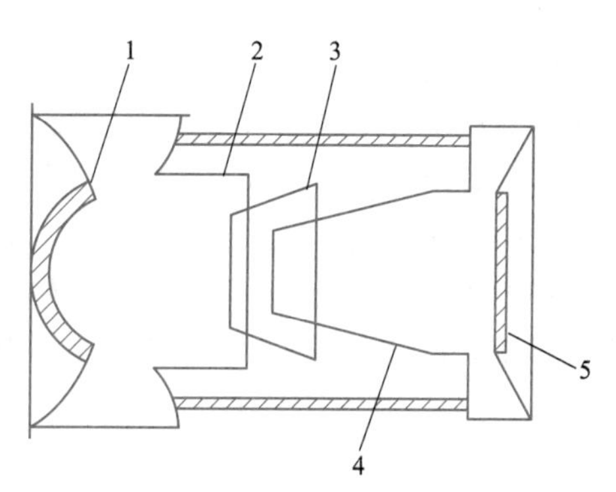

图6-41 红外变像管结构示意图
1—光电阴极；2—引管；3—屏蔽环；4—聚焦加速电极；5—荧光屏

红外变像管是把物体红外图像变成可见图像的电子真空器件，主要由光电阴极、电子光学系统和荧光屏三部分组成，如图6-41所示，三者被封装在高真空玻璃壳内。当物体的红外辐射通过物镜照射到光电阴极上，光电阴极表面的红外敏感材料——蒸涂的半透明银氧铯接收辐射后发射出光电子，电子密度分布与表面的辐照强度成正比，即与物体发射的红外辐射成正比。光电子在电场作用下加速飞向荧光屏，其上的荧光物质受到高速电子轰击便发出可见光。可见光的强度与轰击的电子密度成比例，即与物体红外辐射分布成比例。通过观察荧光屏上明暗度，就可以知道物体各部位温度情况。

红外摄像管是把物体的红外辐射转换成电信号，经过电子系统放大处理，再还原为光学图像的成像装置。红外摄像管有光电导摄像管、硅靶摄像管和热释电摄像管等。其中，热释电摄像管应用较多，它工作波段长、不用制冷、结构简单、价格低廉。热释电摄像管的结构如图 6-42 所示，靶面是一块热释电材料薄片，接收辐射的一面覆盖一层可透过红外辐射的导电膜。经过调制的红外辐射经光学系统聚焦成像在靶上时，靶面吸收红外辐射，温度升高并释放出电荷。靶面各点热释电与靶面各点温度成正比，而靶面各点温度又与靶面上红外辐照强度成正比。当电子束在外加偏转磁场和纵向聚焦磁场的作用下扫过靶面时，就得到与靶面电荷分布相一致的视频信号。从导电膜取出视频信号，送到视频放大器进行放大，再送进控制显像系统，屏幕上就可以显示出与物体红外辐射相对应的热像图。热释电效应只在温度变化时才能发生，温度稳定时热释电消失。因此，相对静止物体必须在辐射调制后才能成像；相反，对于运动的物体可在无调制的情况下成像。

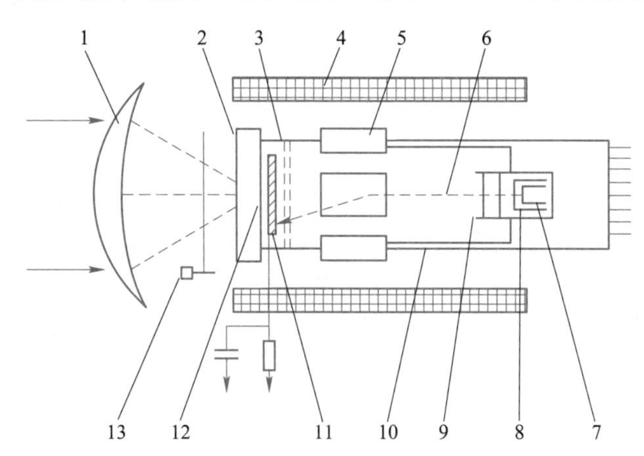

图 6-42　热释电摄像管结构简图

1—锗透镜；2—锗窗口；3—栅网；4—聚焦线圈；5—偏转线圈；6—电子束；7—阴极；8—栅极；9—第一阳极；10—第二阳极；11—热释电靶；12—导电膜；13—斩光器

电荷耦合摄像器件（charge-coupled device）简称 CCD，它分为一维和两维的，前者用于位移、尺寸的检测，后者用于传递平面图形、文字，具有集成度高、分辨率高、固体化、低功耗及自扫描能力等一系列优点。

CCD 图像传感器主要由光电转换和电荷读出两部分组成。CCD 器件是利用 MOS（金属氧化物半导体）电容光敏元件实现像素的光电转换。在 P 型硅衬底上通过氧化形成一层氧化硅，然后涂上小面积金属铝作为电极（栅极），形成金属-氧化物-半导体结构，如图 6-43 所示。P 型硅里存在较多的载流子是电子空穴，而少数载流子是电子，当电极上施加一个超过金属电极与衬底间界面电势的正电压，电场透过氧化硅绝缘层对这些载流子作用——排斥空穴、吸引电子。由于没有源极向衬底提供电子空穴，电极下形成 P 型空穴耗尽区，对电子来说是一个势能很低的区域，一旦进入就不能复出，故称电子势阱。

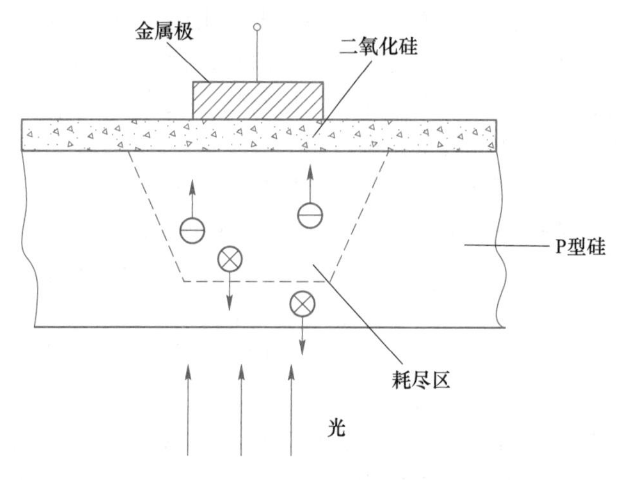

图 6-43 CCD 基本结构示意图

当器件受到光照射，光子能量被半导体吸收，由于内光电效应产生电子-空穴对，这时出现的电子被吸收存贮在势阱中，存贮电子量与光强度成正比。这样，相当于把光子强度转化成电荷数量，实现了光电转换。以上结构实质上是一个微小 MOS 电容，用它构成像素，光强产生积累电荷的“感光”，又可通过像素留在电容里使电荷不等构成“潜影”。若能设法把各个电容里电荷依次传送到其他处，再组成行和帧并经过“显影”，就实现了图像传递。

一帧图像的像素总数太多，只能用串行方式依次传送，用 CCD 器件扫描实现串行化传送并不复杂，如图 6-44（a）所示，只需外加多相脉冲转移电压，依次对并列的各个电极施加电压就能办到。其中，φ_1、φ_2、φ_3 是相位依次相差 120°的三个脉冲源，波形都是前沿陡峭后沿倾斜。按不同时刻 $t_1 \sim t_5$ 分析各自作用，如图 6-44（b）所示，排成直线的一维 CCD 器件里电极 1~9 分别接在三相脉冲源上，电极 1~3、电极 4~6 和电极 7~9 分别

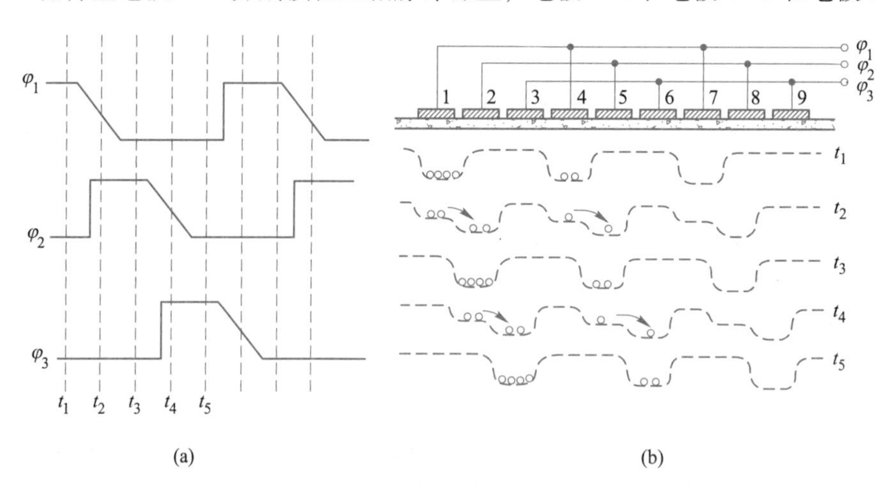

图 6-44 CCD 电荷转移原理

（a）转移电压；（b）转移过程

视为一个像素。在 t_1 时刻，φ_1 为正的，表明受到光照，电极 1 下出现势阱并收集到负电荷（电子）；同时，电极 4 和电极 7 下也出现势阱，但因光强不同，收集到的电荷不等。在 t_2 时刻，φ_1 电压已下降，φ_2 电压最高，电极 2、5、8 之下势阱最深，原先贮存在电极 1、4、7 下方电荷部分转移到电极 2、5、8 下方。到时刻 t_5，上述电荷已全部向右转移一步。以此类推，时刻 t_5 时，势阱已转移到电极 3、6、9 下方。二维 CCD 则有多行，在每一行末端，设置有接收电荷并加以放大的器件，如图 6-45 所示。此器件所接收的顺序，是先接收距离最近的右方像素，然后依次接收到来的左方像素，直到整个一行的各像素都传送完。如果只是一维的，可以再进行光照，重新传送新的信息；如果是二维的，则开始传送第二行，直至一帧图像信息传完，才可再进行光照。

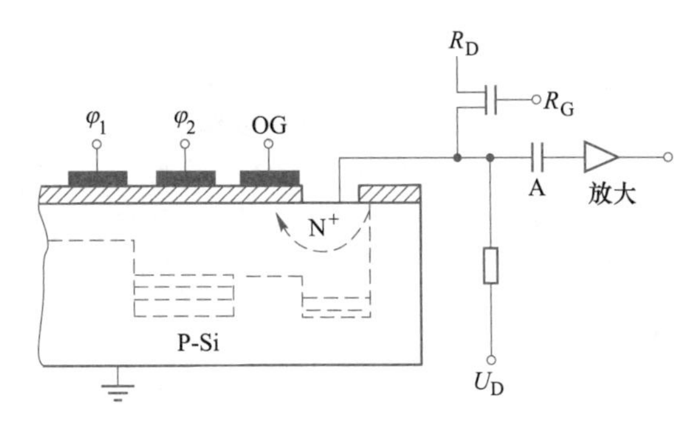

图 6-45 CCD 电荷输出电路

同一个 CCD 器件，既可按并行方式同时感光形成电荷潜影，又可以按串行方式依次转移电荷完成传送任务。但是，分时使用同一个 CCD 器件时，在转移电荷期间不应该再受光照，以免多次感光破坏原有图像，因此，有感光时不能转移，转移时不能感光，需要设置一个快门，限制工作速度。因此，现在通用的办法，是把两个任务分配给两套 CCD 来完成，即感光用的 CCD 有窗口，转移用的 CCD 是被遮蔽的。感光完成后，把电荷并行转移（电注入）到专供传送 CCD 里串行送出。这样就省去了快门，解决了传送速度问题。

目前，市场上销售的 CCD 器件，一维的有 512、1024、2048 位，单元距离有 15 μm、25. 4 μm 和 28 μm 等；二维的有 256×320、512×340 和 2340×1728 像素等。

6.5.2.3 气体传感器

许多化合物的分子在红外波段都有吸收带，而且因物质分子不同，所在吸收带波长和吸收强弱是不同的。据此可以识别物质分子的类型和含量。这里，作为例子仅给出红外 CO_2 传感器。

CO_2 气体传感器就是利用 CO_2 对波长 4. 3 μm 红外辐射有很强的吸收特性来测量气体浓度的，它包含采气和测量两个部分，如图 6-46 所示，由红外光源、调制系统、标准气室、测量气室和红外探测器等组成。标准气室充满了不含 CO_2 的气体（或 CO_2 含量固定）；测量气体经采集装置进入测量气室；调节红外光源，使其分别通过标准气室和测量气室；利用干涉滤光片滤光，只允许 CO_2 吸收带的红外光通过，波长范围为（4. 3±0. 15）μm，滤光后进入红外探测器。假设标准气室内气体不含 CO_2，当进入测量气室的气体也不含 CO_2 时，则红外光源的辐射光经两气室后完全相同，相当于红外探测器接收一束恒定不变的红外辐射光；当进入测量气室的气体含有一定量 CO_2，射入具有（4. 3±0. 15）μm 波长的红外辐

射光被测量气室中 CO_2 部分吸收，导致测量气室出来的红外辐射光强度减弱，而且随着 CO_2 含量增加，减弱程度增大。经调制盘调制，红外探测器接收交替两束不等的红外辐射光后，将输出一个交变信号。经电子系统处理与标定，根据输出信号的大小判断出被测气体的 CO_2 含量。

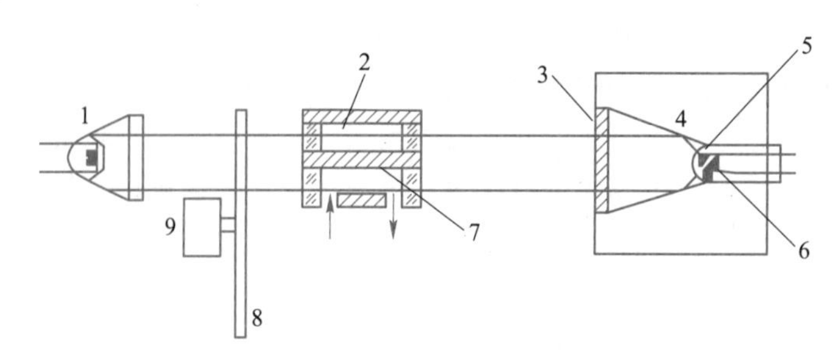

图 6-46 红外 CO_2 气体传感器原理图

1—红外光源；2—标准气室；3—干涉滤光片；4—反射光锥；5—锗浸没透镜；6—红外探测器；7—测量气室；8—调制盘；9—驱动电机

6.5.3 探测器与传感器应用

6.5.3.1 人体探测报警

人体探测报警器采用热释电红外传感器。探测执行过程框图和探测电路分别如图 6-47 和图 6-48 所示。

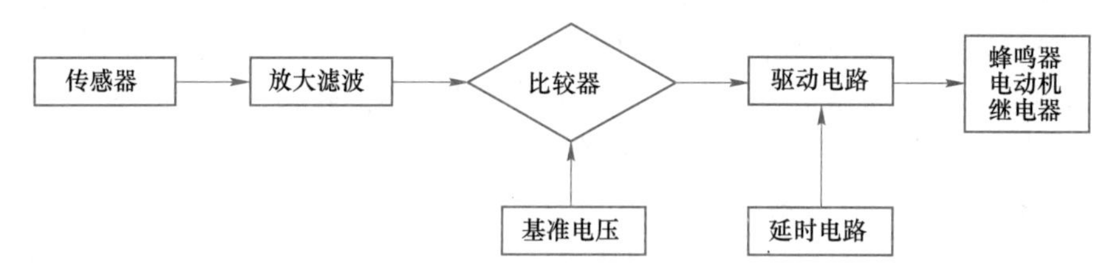

图 6-47 人体探测电路框图

检测放大电路由热释电传感器 SD02 及滤波放大器 A_1、A_2 等组成。SD02 原理可参考图 6-48。R_2 作为 SD02 的负载，传感器信号经 C_2 耦合到 A_1 上。运放 A_1 组成第一级滤波放大电路，它是一个低通滤波器，低频放大倍数约为 $A_{F1}=R_6/R_7=27$，截止频率为：

$$f_{01}=\frac{1}{2\pi R_6 C_4}=1.25\ \text{Hz}$$

A_2 也是低通放大器，放大倍数约为 $A_{F2}=R_{10}/R_7=150$，截止频率为：

$$f_{02}=\frac{1}{2\pi R_{10} C_8}=0.23\ \text{Hz}$$

经两级放大后，0.2 Hz 左右的信号被放大到 4050 倍左右。

R_1、C_1 为退耦电路；R_3、R_5 为偏置电路，将电源的一半作为静态值，使交流信号在静态值上下变化。经 A_1 放大，信号经电容 C_5 耦合后输入放大器 A_2，A_2 在静态时输出约为 4.5 V DC，C_3、C_9 为退耦电容。

围绕 A_3 是一个比较器电路，调节 R_p 使比较器同相端电压在 2.5~4 V 变化，左右着报

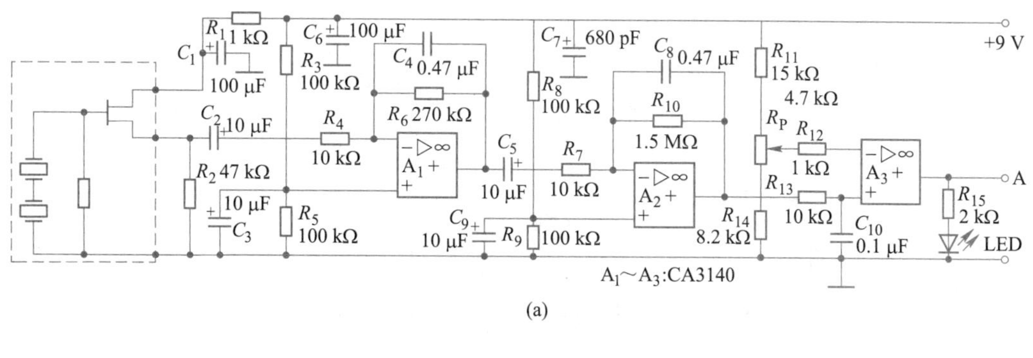

(a)

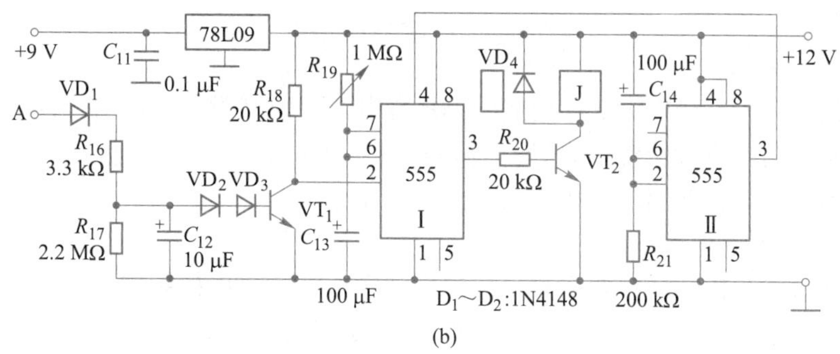

(b)

图 6-48 热释电红外传感器人体探测电路

（a）检测、放大和比较；（b）延时及驱动

警器的灵敏度。在无报警信号输入时，比较器反相端电压大于同相端，比较器输出为低电平；当有人进入时，比较器翻转，输出为高电平，LED 亮；当人体运动时，就会输出一串脉冲信号。

图 6-48（b）中 VT_1、555 Ⅰ 和 VT_2 组成一个驱动电路，当 A 端输入一个脉冲信号，C_{12}将有少量充电，若没有再来脉冲信号，C_{12}将通过 R_{17}放电而结束；若有人在报警区内移动，则会产生一串脉冲信号，使 C_{12}不断充电，当达到一定电压时，使 VT_1 导通，输出一个低电平。这个低电平输入 555 Ⅰ 组成的单稳态电路的 2 脚，使 555 Ⅰ 触发，3 脚输出一个高电平，从而使 VT_2 导通，使继电器吸合，控制报警器。单稳态的暂态时间由 R_{19}及 C_{13}决定，调节 R_{19}可以改变暂态时间，即报警时间长短。

555 Ⅱ 组成一个延时电路，当接通电源的瞬间，555 Ⅱ 的 2、6 脚处于高电平（C_{14}来不及充电），3 脚输出为低电平，它与 555 Ⅰ 的 4 脚相连，刚通电瞬间 555 Ⅰ 的 4 脚为低电平，单稳态电路不能工作。延时时间取决于 C_{14}及 R_{21}，这一段延时时间内，若有人在报警区内移动而不能报警。延时结束后，555 Ⅱ 的 3 脚为高电平，555 Ⅰ 才开始正常工作。

6.5.3.2 自动门控制

自动门的功能是：当人走到门前时，它自动打开，人走过后它能自动关闭。自动门控制电路如图 6-49 所示。

电路中 Ⅰ 、Ⅱ 部分与图 6-48 相同。它的功能是：当有人走进门时，比较器 A_3 输出一串脉冲信号，门里、门外分别安装有传感器，使人无论进出，门都能自动开关。

VD_1、VD_2 组成一个或门，无论 Ⅰ 、Ⅱ 哪个有信号输出或者两者都有信号，使 VT 导

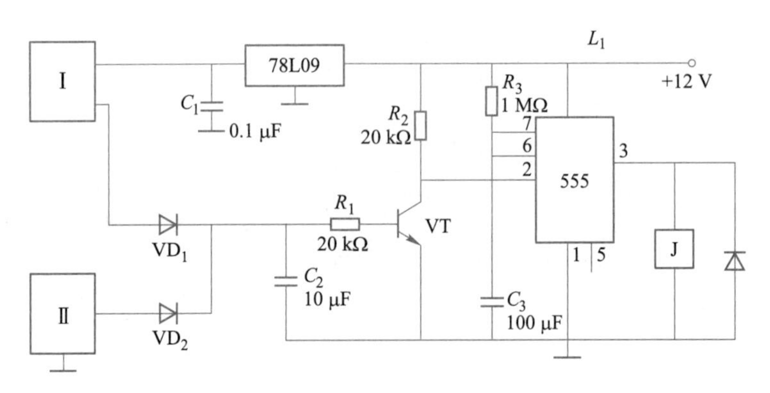

图 6-49 自动门控制电路

通输出一个低电平，它触发由 555 构成的单稳态电路，使其脚 3 输出一个高电平，导致继电器吸合，驱动门电机旋转使门打开。暂态时间，由 R_3、C_3 决定，暂态结束后 3 脚转为低电平，继电器释放，使驱动电机反转，门自动关上。

6.5.3.3 集成红外探测报警

随着科技进步，传感器控制电路逐渐向集成发展，使器件控制简单、成本低、操作可靠、实用性强。本节介绍热释电传感器 SD5600 与红外控制电路 TWH9511 组成的探测报警器，如图 6-50 所示。

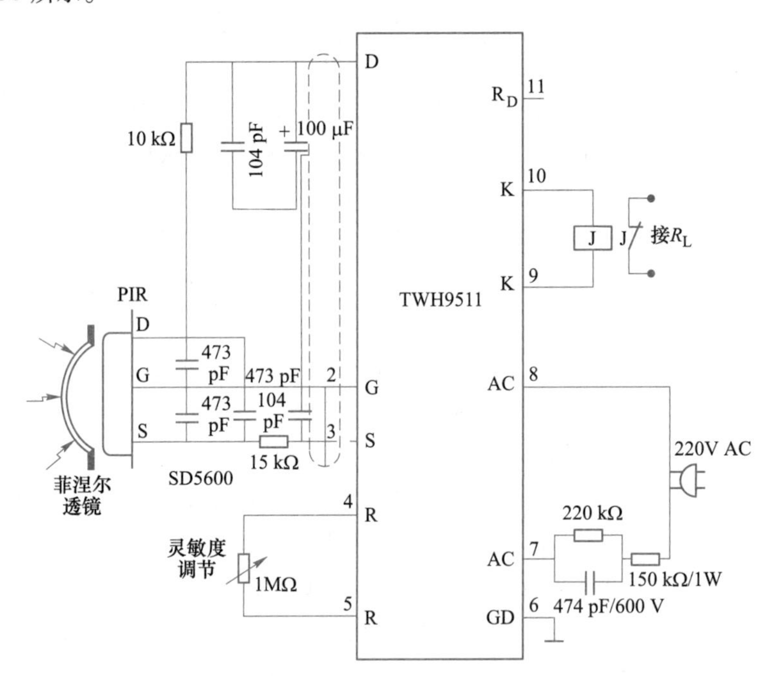

图 6-50 集成红外探测-报警电路

SD5600 光电传感器是光电二极管、放大器、施密特电路及稳压源组合的集成模块，内部结构如图 6-51 所示。当具有一定能量的光照射到 SD5600 光电传感器上，模块内晶体管导通，输出端 OUT 输出一个低电平；相反，当光能量低于一定值时，模块内晶体管不导通，OUT 输出一个高电平。

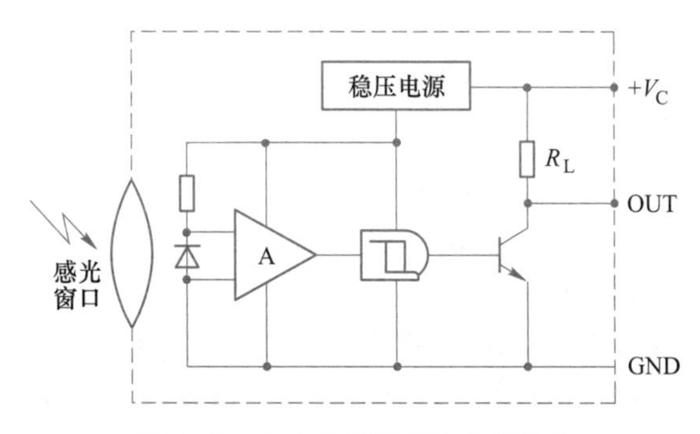

图 6-51 光电传感器模块内部结构

TWH9511 是 TWH 系列 PIR（热释电红外传感器）控制电路，如图 6-52 所示，采用 CMOS（互补型金属氧化物半导体）数字电路及微型元件固化封装而成，具有性能指标高、一致性好、外围电路简单、安装方便和无须调试等特点。TWH9511 属于交流供电继电器输出型，为便于区别，同图也给出 TWH9512 和 TWH9513，分别属于交流供电可控硅输出型和直流供电集电极输出型。三者对应的引脚功能列于表 6-1。

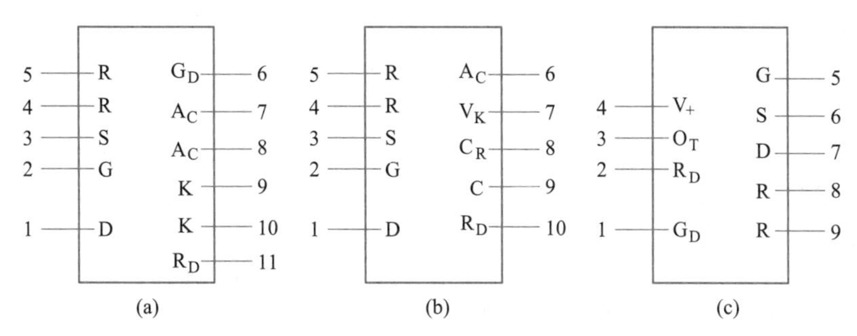

图 6-52 TWH 系列 PIR 控制电路集成模块引脚图
（a）TWH9511；（b）TWH9512；（c）TWH9513

表 6-1 TWH 系列 PIR 控制电路模块引脚功能

引脚名	说明	引脚名	说明
D	内部 9 V 稳压输出，供 PIR 传感器用	A_C	220 V 交流输入端
G	传感器探头负电源，内部放大级公共端	C	220 V 交流降压输入端
S	传感器信号输入端	V_+	9 V 直流供电端
R	灵敏度调节，外接 300 kΩ~1 MΩ 电阻	R_D	使能端，可外接电平控制或光控接口
K	输出端，接≥400 Ω 负载（如继电器线圈）	C_R	交流过零信号检测输入端
V_K	触发输出端，直接驱动 1~20 A 双向可控硅	G_D	电路公共端
O_T	电平输出端，可输出≤100 mA 电流		

TWH95 系列控制电路内部设计有两个高阻抗输入低噪声运放放大器，总增益限制在 67 dB 之内，灵敏度可通过外接电阻进行调整。有一个比较器，放大电路由内部 4 V 稳压

电路供电，设有温度补偿电路，它使增益不会随外界温度改变而变化。这种电路还能抑制热气团流动所产生的红外干扰，误报率低，其探测距离达 12 m 以上。配有使能控制端 R_D，该脚悬空时为自动状态，接入光控元件可使电路白天待机，晚上恢复自动工作。

集成红外探测-报警电路工作原理：接通电源后，电路处于开机延时状态，PIR 传感器加电预热 45 s 延时结束，电路进入自动检测状态。当有人进入探测区，人体辐射出红外线被 PIR 传感器探测到，输出幅度约 1 mV，频率在 0.3~7 Hz（与人体移动速度及透镜型号有关）的微弱信号，经高频滤波和阻抗匹配网络馈入控制电路输入端 S，再由内部两级带通选频放大后，送至窗口比较器进行电压比较，输出触发电平。此触发信号，通过内部系统计数、延时、控制处理及驱动电路，推动继电器，去控制发声或发光报警装置。探测器灵敏度，由 4、5 脚的可变电阻调节；9、10 脚接继电器线圈，线圈的直流电阻应大于或等于 400 Ω，或串联电阻达到使电流限制在 40 mA 以下。传感器与 TWH9511 的三根引线，应采用屏蔽电缆，以防止噪声杂波的干扰。

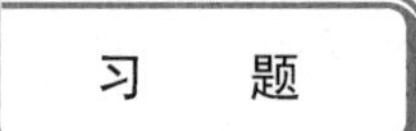

习 题

6-1 什么是外光电效应和内光电效应？

6-2 简述光电管的结构及其光谱特性、伏安特性和光电特性。

6-3 试述光电倍增管的结构和工作原理与光电管的异同点。若入射光子为 10^3 个（1 个光子等效于 1 个电子电量），光电倍增管共有 16 个倍增极，输出阳极电流为 20 A，且 16 个倍增极二次发射电子数按自然数平方递增，试求光电倍增管的电流放大倍数和倍增系数。

6-4 光电转速传感器的测量原理，是将被测轴的转速变成相应的频率脉冲信号，然后测出脉冲频率即可测得转速的数值。试根据这一思路画出光电转速传感器检测变换部分的工作原理图，注明图中的光电转换元件选用哪种光电器件比较合适，为什么？

6-5 试述光纤传感器所用的光纤结构和传光原理。

6-6 有一迈克尔干涉仪，用平均波长为 634.8 nm、线宽 0.0013 nm 镉红光光源，初始位置时光程差为零，然后慢慢移动系统中可移动四面体棱镜，直到条纹再消失。求该镜子必须移动多少距离，它相当于多少个波长？

6-7 试说明有关辐射的基尔霍夫定律、斯特藩-玻耳兹曼定律和维恩位移定律各自所阐述的侧重点是什么？

6-8 利用红外探测仪如何检测温度场，如何检测温度差？

6-9 试设计一个红外控制的电动开关自动控制电路，并叙述其工作原理。

7 生物型传感器

生物型传感器是把生物现象转化成电信号的装置，由换能器（敏感元件）、检测器（转换元件）和电源构成，广泛地用于医学、医疗、环境、生化防御以及食品安全等领域。其中，在医学领域主要用于药物研制、阐述生物机理以及生物分子间相互作用；在医疗领域主要用于疾病诊断、疾病预测和基因筛选等；在环境领域用于检测过敏原或污染物等；在生化防御领域主要针对炭疽、蓖麻毒素等；在食品安全领域用于检测霉菌等有害微生物。

根据被检测对象的特点，生物传感器包含添加标记物和无标记物两种检测类型。所谓标记物，通常为发色团、荧光或者酶，它直接附着在反应分子上，针对生成物起作用的，用于放大信号，如图 7-1（a）所示，酶联免疫吸附测定（enzyme-linked immunosorbent assays，ELISA）。当然，添加标记不仅会增加检测时间和成本，也会影响反应过程，使检测过程复杂化。尤其当目标分析物是未知的时，添加标记检测就不能进行。相反，无标记检测，如图 7-1（b）所示，既能降低成本和检测时间，同时能对反应过程提供实时定量信息。但是，无标记物时一定要保证信号真正来自分析物，而不是非特异性方面响应。一般来讲，生物现象是来自生物间互补的结合反应。无标记物时，结合反应功能主要依赖于换能器，须进行生物活性表面处理，使其能够捕捉目标分子，与目标分子反应产生变化，使换能器表面变化激发出一种检测信号。

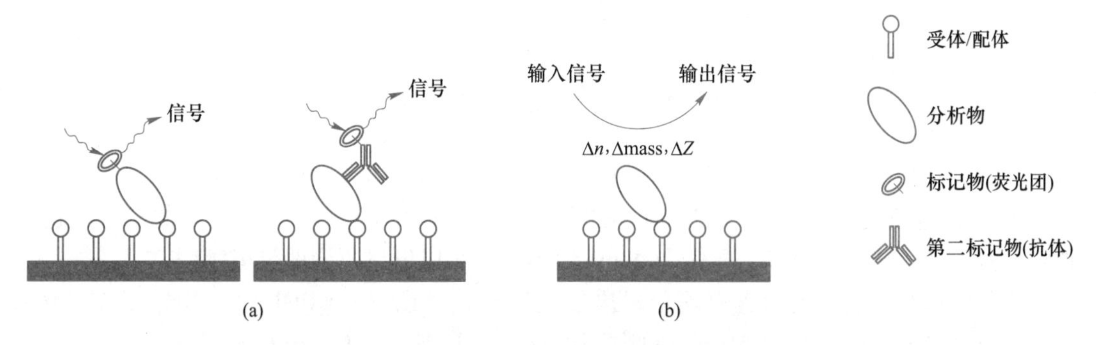

图 7-1　有标记物和无标记物生物传感器检测机制示意图

（a）荧光标记分析物或探针（抗体）标记物；（b）无标记物，n—折射率，mass—质量，Z—阻抗

生物活性表面通常由一种或多种生物分子组成，如寡核苷酸、多肽、适配体、噬菌体和糖类，可以通过非特异性吸附，或者特异性共价结合方式与传感器相连接。其中，共价结合的活性基团可以是原生生物分子，也可以是通过分子生物学或合成技术引入的基团。

换能器机理可从电化学、力学和光学等方面进行解释，限于篇幅本书仅讨论电化学机理。除了换能器外，生物传感器检测还需要一些辅助器件，如泵、通道等，因为首先需要把试样输送到敏感区，其次，才是对产生的信号进行分析。

7.1 蛋白质的组成、结构与性质

生物传感器可以说是一种化学传感器，它通过蛋白质来识别目标分子。其中，两类蛋白质与生物传感器密切相关，即酶和抗体。另外一种广泛应用的是聚核酸，又称多聚核苷酸，简称核酸。

通常，根据自然特征设计酶、抗原和核酸来完成特殊任务，依赖于它们与其他生物材料的特异性作用。总之，利用这类化合物赋予生物传感器的选择性。

7.1.1 蛋白质

7.1.1.1 氨基酸

蛋白质是一种聚合物，基本单位是氨基酸，按不同顺序和构型组成不同的蛋白质。α-氨基酸的结构如图 7-2 所示，由氢原子、羟基和氨基酸官能团附在中心碳原子上构成。氨基酸差异源于第四组基团特征 R 残基（侧链）。最简单的氨基酸是甘氨酸（glycine），R 是氢原子；其他氨基酸的 R 可以是脂族基（如丙氨酸 alanine，$—CH_3$）、酸基（如门冬氨酸 aspartic acid，$—CH_2COOH$）、碱基（如赖氨酸 lysine，$—(CH_2)_4NH_2$）、非离子极性基（如丝氨酸 serine，$—CH_2OH$）或疏水芳香基（如酪氨酸 tyrosine 和色氨酸 tryptophan）。特异的侧链，给出每个氨基酸特殊尺寸和形状，引入一些性质像疏水性或亲水性、酸或碱、正或负电荷、残基的极性特征等。除甘氨酸外，其他氨基酸都是中心碳原子和四个不同基团相结合，从而使分子具有不同的对称结构和绕偏光面旋转性质，即旋光的能力。

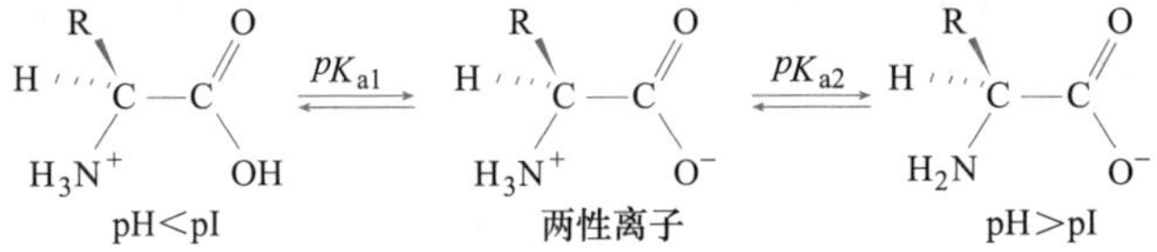

pH<pI ⇌(pK_{a1}) 两性离子 ⇌(pK_{a2}) pH>pI

图 7-2 α-氨基酸及其质子化平衡

从化学性质上看，氨基酸残基可分为三大类：（1）非极性的侧链，如烷基和芳基；（2）无电荷的极性侧链，如羟基、酰胺基、酚基和巯基；（3）带电荷的极性侧链，如羧基和氨基。同一种氨基酸，因介质 pH 值不同，可以形成不同的带电基团。

每个氨基酸分子，至少含有两个去质子或质子化基团（—COOH 和$—NH_2$），在溶液中的质子化状态依赖于溶液 pH 值，如图 7-2 所示。羟基（—COOH）离子化常数（pK_a）大约是 2；而质子化氨基（$—NH_3^+$）离子化常数在 9 和 10 之间。由于电感应作用，离子化常数依赖于侧链结构。当质子化—裂解处于平衡状态，pH>pI 时，羟基离子化变成$—COO^-$，pH<pI 时，氨基质子化变成$—NH_3^+$。中性溶液中，两者基团都以离子化形式存在，而大多分子是以复合离子形式（两性离子）存在。氨基酸分子处于两性离子形式时，pH 作为等电位点（pI）存在。一旦侧链含有可离子化基团，附加的质子化平衡就开始移动。

蛋白质结构测定中，尤为重要的氨基酸是半胱氨酸，即 $R=—CH_2—SH$，如图 7-3 所示。两种半胱氨酸，通过氧化反应结合到一起，形成一种二硫化物键（—S—S）。蛋白质骨架中，不同的半胱氨酸之间如同存在一个桥，有助于稳定蛋白质分子三维结构。另外，二硫化物桥可以被想象为连接两个分离、独立的蛋白质宏观分子的链。

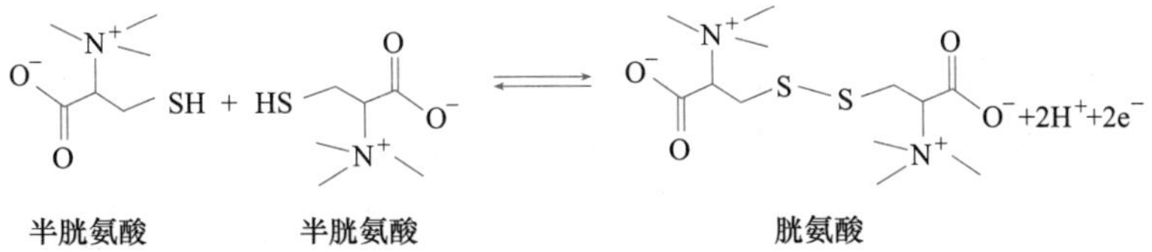

图 7-3 半胱氨酸氧化聚合形成胱氨酸

7.1.1.2 化学组成

每种蛋白质都有自身独特的氨基酸序列，它由基因编码决定。一个氨基酸分子的羟基和另一个氨基酸分子的氨基间除去一个水分子，如图 7-4 所示，将生成一个可在酰胺中找到的类似键，称之为肽键，形成产物叫二肽（缩二氨酸）。这种二肽，可以结合另一种氨基酸形成三肽。如图 7-4 所示的反应顺序，导致多肽生成，如图 7-5（a）所示，聚合成大分子。可以说，所有蛋白质都是多肽。多肽和蛋白质中，通过肽键—CO—NH—基结合成独立的氨基酸。但是，聚合后大分子只含有一个游离 α-氨基和一个游离 α-羧基。所以，这两个基团不像上述 R 那样，在蛋白质性质中仅起很小的作用。在—CO—NH—基中，使氮原子单独电子对离位给出 C—N 键，显示部分双键特征，如图 7-5（b）所示，限制了 C—N 键旋转形成平面结构，如图 7-5（c）所示。

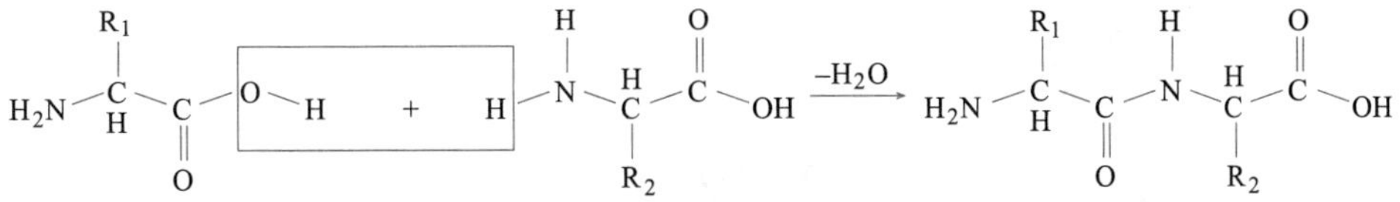

图 7-4 两种氨基酸分子凝聚产生二肽

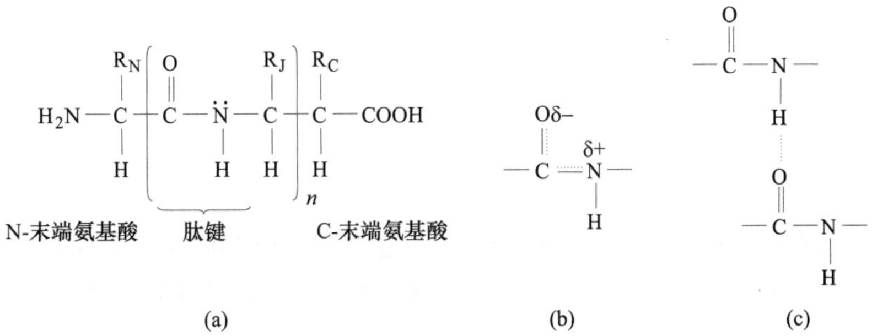

图 7-5 多肽化学结构

（a）多肽聚合结构；（b）肽连接共振结构；（c）氢键连接两个肽

7.1.1.3 分子结构

蛋白质结构研究中，从肽晶体中找到了肽键的大小和形状。然后，构造精确模型时找到了与蛋白质 X 射线衍射花样相适合的结构。

（1）一级结构——肽键。蛋白质的一级结构是由许多 α-氨基酸氨基和羧基脱水、形成肽键（—CO—NH—）聚合成一条长链——肽链或多肽链，如图 7-5（c）所示。肽晶体

X 射线衍射研究表明，肽键是平面和反位的，如图 7-6 所示。蛋白质中所有肽键结构几乎是相同的，由于氮的弧对电子明显离域进入羧基氧一方，导致 C—N 键缩短和具有双键性质。键扭转时，可使之断裂；同时，失去 75~88 kJ/mol 离域能。肽键这两个特征，对蛋白质结构起着决定性作用。

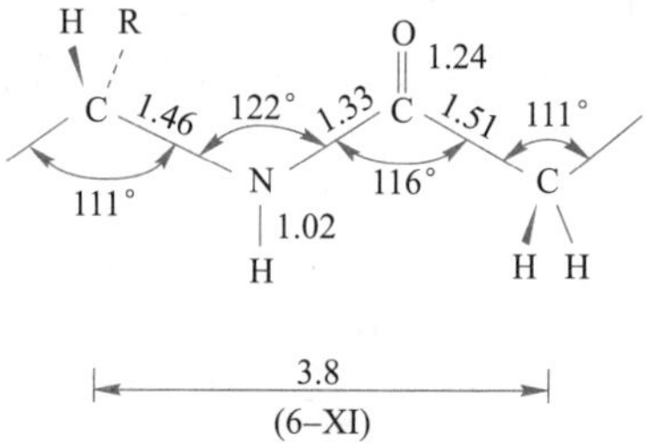

图 7-6　肽键（距离单位，×0.1 nm）

（2）二级结构——α-螺旋、β-褶片和氢键。多肽骨架中不同部分氢键作用是不同的，二级结构可分两类：α-螺旋和 β-褶片。对于 α-螺旋，Pauling 和 Corey 认为稳定蛋白质分子折叠至少应该满足以下四点：1）肽链骨架中，由 CO 和 NH 基团形成的氢键数应最多；2）肽键应是平面的；3）氢键附近 O、H 和 N 原子应位于一线上；4）结构移动应按一定的原子空间发展，即 C、N 和 C 原子应在线性方向的一定区间内有规律地重复。图 7-7（a）给出了满足这些条件的 α-螺旋结构，每圈有 3.6 个残基，5 圈形成一个重复，螺旋角为 26 °，螺距为 0.54 nm。对于 β-褶片，如图 7-7（b）所示，多肽碎片在一起相互平行。有时，β-褶片还可将邻近的不同多肽链连接一起，形成 β-片状结构，如图 7-7（c）所示。

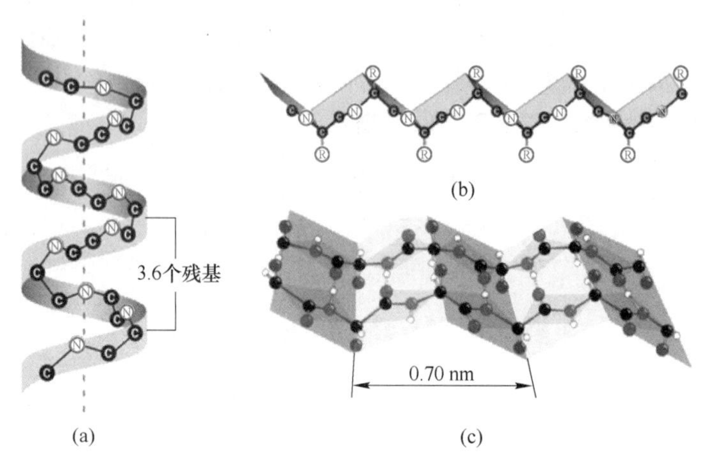

图 7-7　蛋白质的二级结构

（a）α-螺旋；（b）β-褶片；（c）β-片状

大部分蛋白质有一种或两种这样的结构，但这绝不是所有肽骨架都成有序排列的，有时蛋白质仅含 80%有序结构。另外，还出现小部分螺旋圈被大量随意折叠的肽骨架隔开的情况。

（3）三级结构。线状、螺旋状以及褶片状的一级、二级结构，由于近邻残基的多种力相互作用，进一步卷曲、折叠成三维空间结构，即所谓三级结构。可以认为，带电荷的极性基团，因周围环境 pH 值不同带有电荷或不带电荷，通过静电引力或斥力作用，螺旋发生折叠和扭转；不带电荷的极性基团，有形成共价键的能力，使分子形成稳定交联和一定空间结构。除此之外，一些含—OH 基团的残基，还能与侧链上羰基形成氢键，起到稳定空间结构作用。

蛋白质三级结构，如图 7-8（a）所示，这种特异性蛋白质，也包含有非共价键附着小的、非蛋白质化合物（二氢叶酸和 $NADP^+$）。

（4）四级结构。几个到数十个相同或不同的单体堆积而成的聚合体或生物大分子，就是蛋白质的四级结构。三级结构单元组成四级结构时，包含多种力的作用，四级结构还能集聚成分子数量高达数十至数百万的超结构。通过多肽分子结合，如图 7-8（b）所示，给出高血红蛋白的四级结构，四个不同链组成一种四聚体，即两个类似的 α 链和两个类似的 β 链。许多蛋白质是与多糖类（糖蛋白）或脂类（脂肪蛋白）混合在一起的。

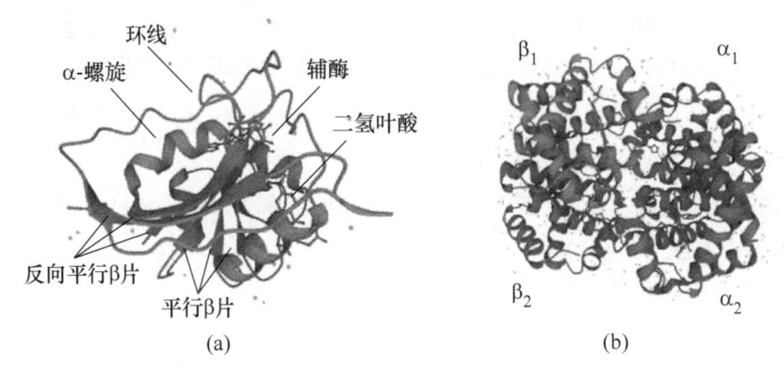

图 7-8 大肠杆菌二氢叶酸还原酶的三级结构（底物—二氢叶酸；辅酶—$NADP^+$）（a）和高血红蛋白的四级结构（b）

7.1.2 酶

酶（enzyme）是一种生物蛋白质，有着明确的化学结构，它与底物（substrate）成键，具有催化功能，能促进生物转化，但不影响化学平衡，仅能降低反应活化能。

酶的催化与中间产物及底物形状和结构有关，如图 7-9 所示，酶与底物作用形成化学键，使底物体内的键结合变弱，使之易于发生反应；酶能使中间产物稳定，防止中间产物恢复到初始状态；当反应物多于一种，酶也能通过特异性的化学键，进行类似反应，达到同一状态。另外，酶活性位置还有运送粒子的作用，如反应中需要的电子或氢离子。因此，生物化学中，广泛地使用酶化技术，测定酶自身或它的底物，评估反应速率、反应物或生成物浓度。例如，生物传感器设计中，利用酶与底物的特异性关系，把固定酶作为转能器进行识别，计量被测物浓度，如图 7-10 所示。底物和附加反应物从试样溶液扩散到敏感层，发生酶化反应，通过测量产物或过剩反应物，可以监测反应过程。

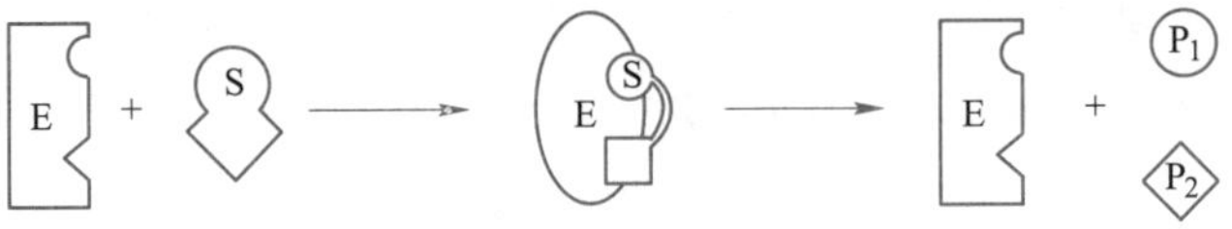

图 7-9 酶催化底物转化机理

E—酶；S—基底；P_1，P_2—产物

酶的名称由“底物名”和“反应形式”加“ase”组成，通过酶的名称能直观地了解何种化合物承受何种反应，如氧化-还原酶中醇类分子中氢转移到 $NAD(P)^+$（烟酰胺腺嘌呤二核苷酸，辅酶）反应，其中底物为醇和 $NAD(P)^+$，反应为氧化-还原反应，称作醇：$NAD(P)^+$氧化还原酶，物理意义一目了然，但是名称过长，也常简称为醇脱氢酶。

通常依据催化的化学反应，将酶分为六类：（1）氧化-还原酶，作为氧化-还原反应催化剂；（2）转移酶，能使官能团发生转移；（3）水解酶，与核酸、多糖、脂肪等构成生物消化、代谢等；（4）裂解酶，催化裂解反应并形成双键；（5）异构酶，作为各种异构化反应催化剂；（6）连接酶，催化两个分子之间的联结，例如使ATP（腺苷三磷酸）转变成ADP（腺苷二磷酸）和无机磷酸盐，或AMP（腺苷-磷酸）和无机焦磷酸，这类酶具有合成性质，同时利用焦磷酸键水解产生的能量。这里，仅介绍与生物型传感器相关的几种酶。

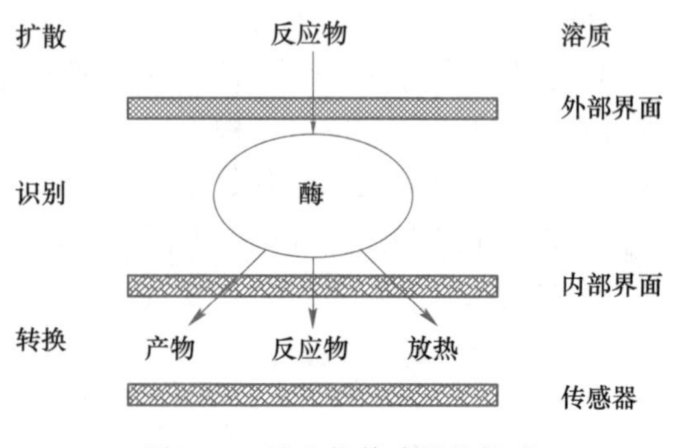

图 7-10　酶生物传感器的构成

7.1.2.1　氧化-还原酶

A　氧化酶

FAD 氧化酶（FAD，黄素腺嘌呤二核苷酸）是一种比较常见的氧化酶，以分子氧作为电子和氢离子受体。例如，葡萄糖氧化酶催化葡萄糖氧化，以 FAD 作为电子和氢离子输送者，如图 7-11 所示。糖尿病检测和食品分析中，葡萄糖是一种备受关注的化合物，它具有相对低的价格和优异的稳定性。所以，生物传感器发展上葡萄糖-葡萄糖氧化酶体系备受青睐。表 7-1 中归纳了传感器应用中与 FAD 相关的氧化酶。其中，乳酸盐氧化酶（lactate oxidase）依赖于黄素单核苷酸基（FMN），它以氧作为辅助底物产生过氧化氢。可以说，许多化合物检测是利用 FAD 氧化酶基传感器来完成的。当然，氧也可以被人工电子受体所取代，独立进行操作。例如，一些氧化酶可以产生无机气体，像氨或二氧化碳，检测这些气体及它们的解离产物（例如，NH_4^+ 或 H^+）是另一种途径。

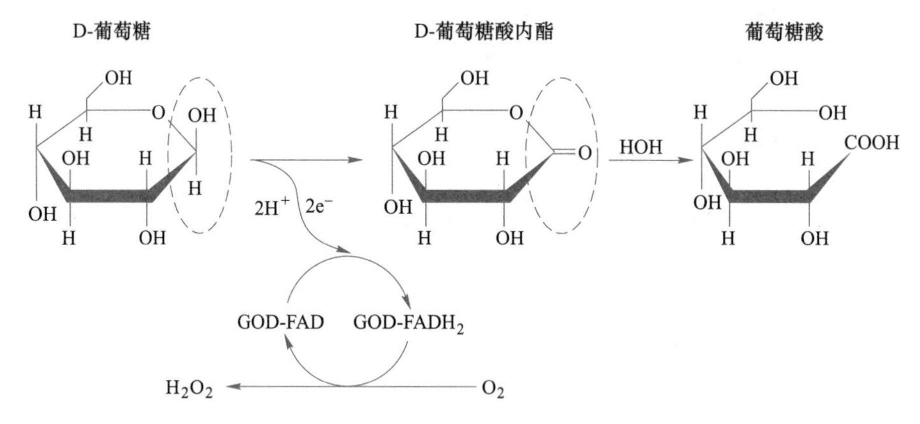

图 7-11　葡萄糖氧化酶（GOD）催化葡萄糖氧化

FAD 和 $FADH_2$—辅成基的氧化和还原形式

检测生物活性化合物或酚类污染物，广泛地使用含铜氧化酶系列，如表 7-2 所示。其中，酚氧化产物是一种可还原性醌，它可以通过电化学进行测量。铜酶可以直接传导电子给电极，提供了电化学转换方法；漆酶能催化苯二酚氧化，常应用于检测环境污染的传感器。

表 7-1 生物传感器中 FAD 氧化酶

酶	反应	应用
葡萄糖氧化酶（β-D-葡萄糖：氧）	如图 7-11 所示	临床、食品工业
半乳糖氧化酶（D-半乳糖：氧）	D-半乳糖+O_2→D-半乳己基二醛糖+H_2O_2	食品工业
胆固醇氧化酶（胆固醇：氧）	胆固醇+O_2→胆汁烯-3-酮+H_2O_2	临床
单胺氧化酶（胺：氧）	$RCH_2NHR'+H_2O+O_2 \to RCHO+R'NH_2+H_2O_2$	临床、食品工业
L-氨基酸氧化酶（L-氨基酸：氧）	L-氨基酸+H_2O+O_2→a2 氧代酸+NH_3+H_2O_2	临床
乳糖氧化酶（S-乳糖：氧）	乳糖+O_2→醋酸盐+CO_2+H_2O	临床、食品工业

表 7-2 生物传感器中含铜氧化酶

酶	反应	应用
L-抗坏血酸氧化酶（L-抗坏血酸：氧）	L-抗坏血酸盐+$1/2O_2$→脱氢抗坏血酸盐+H_2O	食品工业
酪氨酸酶（单酚，丙氨酸：氧）	L-酪氨酸+丙氨酸+O_2→丙氨酸+多巴醌+H_2O	临床、环境
儿茶酚氧化酶（1,2-苯二酚：氧）	儿茶酚+$1/2O_2$→1,2-苯醌+H_2O	临床、环境
漆酶（苯二酚：氧）	4（苯二酚）+$1/2O_2$→4(苯并半醌)+H_2O	环境

过氧化物酶属于另一类氧化酶，它以电子供体形式传送电子给过氧化氢（或有机过氧化物）。在过氧化酶中，辅成基属于血红素型，常见有辣根过氧化酶（HRP），它可以从还原试剂中获得电子，如亚铁氰化物、酚、氢醌、邻苯和对苯二胺、抗坏血酸盐、碘化物或二茂铁等。过氧化酶催化反应过程，如式（7-1）至式（7-3）所示。

$$\text{酶}(Fe^{3+}) + H_2O_2 \longrightarrow \text{化合物 I} \tag{7-1}$$

$$\text{化合物 I} + AH_2 \longrightarrow \text{化合物 II} + AH^{\cdot} \tag{7-2}$$

$$\text{化合物 II} + AH_2 \longrightarrow \text{酶}(Fe^{3+}) + AH^{\cdot} + H_2O \tag{7-3}$$

式中，$AH^{\cdot}$ 和 AH_2 分别为自由基和底物分子。

在第一阶段，酶中铁血红素辅成基与过氧化氢或有机过氧化氢物作用，失去两个电子被氧化，导致化合物 I（氧化态+5 价）生成，它由氧铁酰离子（$Fe^{4+}=O$）和卟啉 π 离子自由基构成。接着，化合物 I 从供体底物分子 AH_2 接受一个电子，形成化合物 II（氧化态+4 价）。在第三阶段，化合物 II 与第二个 AH_2 反应，获得一个电子被还原，酶恢复到原来状态。因此，总反应为：

$$RO—OR' + 2AH_2 \xrightarrow{\text{过氧化酶}} ROH + R'OH + 2AH^{\cdot} \tag{7-4}$$

R 和 R′表示有机残基或氢原子。最终产物依赖于底物的特征。有机电子供体，像芳香胺和酚类化合物氧化成自由基 $AH^{\cdot}$，而铁氰化物（II）无机底物，被夺走一个电子被氧化。反应（7-1）和（7-2）像电化学反应（原电池阴极作为电子供体）一样，或通过直接电子传输，或通过氧化还原介质。两种情况下，电解电流都与溶液中过氧化物浓度相关。过氧化酶传感器用于定量过氧化物或电子供体底物，也可用于定量抑制剂，像 CN^- 和 F^-。

B 脱氢酶

脱氢酶在含—CHOH 基底物和辅酶间完成氢阴离子（H^-）转移，等价于一个质子和两个电子交换。那么，与 NAD^+（烟酰胺腺嘌呤二核苷酸，辅酶Ⅰ）或 $NADP^+$（烟酰胺腺嘌呤二核苷酸磷酸，辅酶Ⅱ）相关的脱氢酶，转化乙醇为羰基化合物，如式（7-5）所示。

$$RR'CH—OH + NAD^+ \xrightleftharpoons{\text{脱氢酶}} RR'C=O + NADH + H^+ \tag{7-5}$$

超过 250 种酶属于脱氢酶，因此脱氢酶在生物传感器中的应用范围非常广，表 7-3 中给出生物传感器中常用的几种脱氢酶。脱氢酶基生物传感器的原理上是通过电化学反应或光吸附/辐射检测辅助因子以氧化或还原形式完成信号转换。由于氢离子参与反应，检测 pH 是一种最简单的转换方法。有氨基酸脱氢酶时，通过适宜的探针检测氨（或铵），也能提供一种辅助的检测方法。

表 7-3 生物传感器中常用的与 NAD^+ 相关的脱氢酶

酶	反应	应用
醇脱氢酶（乙醇：NAD^+）	如式（7-5）所示	发酵、食品工业
葡萄糖脱氢酶［β-D-葡萄糖：$NAD(P)^+$］	β-D-葡萄糖+NAD^+→D-葡萄糖酸-1,5-内酯+NADH+H^+	临床、食品工业
乳酸脱氢酶（S-乳酸盐：NAD^+）	乳酸盐+NAD^+→丙酮酸盐+NADH+H^+	临床、食品工业
L-氨基酸脱氢酶（L-氨基酸：NAD^+）	L-氨基酸+H_2O+NAD^+→2-氧化酶酸盐+NH_3+NADH+H^+	临床、食品工业
谷氨酸脱氢酶（L-谷氨酸：NAD^+）	L-谷氨酸+H_2O+NAD^+→2-酮戊二酸盐+NH_3+NADH+H^+	发酵、食品工业

7.1.2.2 水解酶

水解酶能催化像酯键或肽键等的化学键水解。常用的水解酶有以下几种。

乙酰胆碱酯酶（AChE）与神经元功能相关，有分解神经递质乙酰胆碱的能力，如图 7-12 所示。多种除草剂或军用毒气含有 AChE 抑制剂，因而可利用 AChE 传感器检测有害化合物。由于水解产生氢离子，AChE 传感器也可以通过检测 pH 变化进行信号转换。在电流传感器应用上，衍生物取代自然底物，容易产生检测产物。硫代胆碱 $HS(CH_2)_2N^+(CH_3)_3$ 产生于水解反应，能通过电化学氧化进行检测。

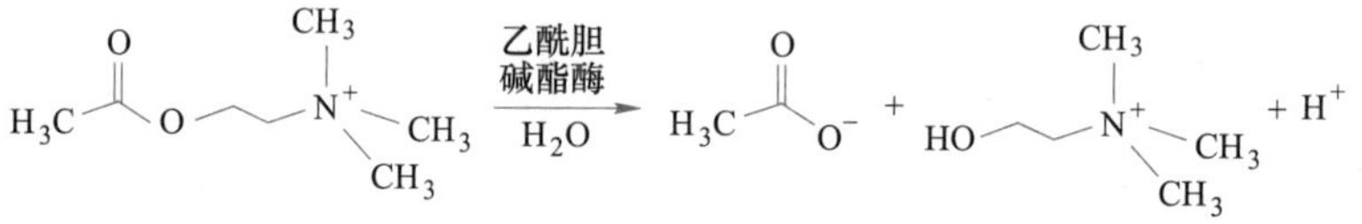

乙酰胆碱 $\xrightarrow[H_2O]{\text{乙酰胆碱酯酶}}$ 醋酸盐 + 胆碱 + H^+

图 7-12 乙酰胆碱的酶催化水解

脲酶（酰胺水解酶）可以催化尿素水解，如图 7-13 所示，广泛地用于尿素和酶抑制剂的检测。适宜的 pH 下，或有氨或有二氧化碳生成，可以通过探测这些气体进行信号转换。

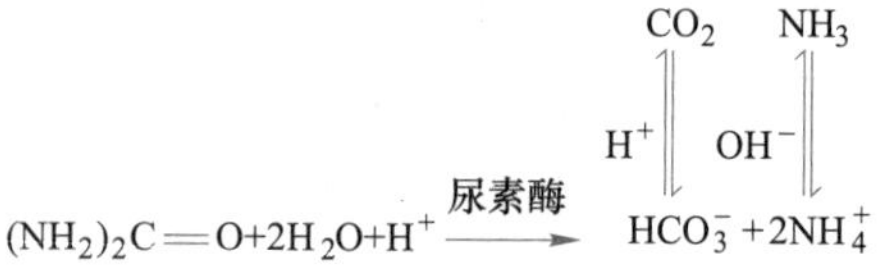

$$(NH_2)_2C=O+2H_2O+H^+ \xrightarrow{\text{尿素酶}} HCO_3^- +2NH_4^+$$

（HCO_3^- 经 H^+ ⇌ CO_2；NH_4^+ 经 OH^- ⇌ NH_3）

图 7-13 尿素的酶催化水解

碱性磷酸酶（ALP），有从多种磷酸盐酯中移去磷酸盐基的功能，如核苷酸、蛋白质和生物碱等。ALP 催化脱磷酸化作用如式（7-6）所示。

$$R—O—PO_3H_2 + H_2O \xrightarrow{ALP} R—OH + H_3PO_4 \tag{7-6}$$

ALP作为微生物的屏蔽酶，通过抑制酶反应，对污染检测非常有用；在免疫力传感器中，常作为一种转换标记。

7.1.2.3 裂解酶

除参与水解和氧化反应之外，裂解酶较多用于催化各种化学键破裂。如草酸脱羧酶传感器可以检测相关临床草酸，它把草酸（HOOC—COOH）转化成甲酸（HCOOH）和二氧化碳，如式（7-7）所示，可以通过二氧化碳探针进行检测。

$$HOOC—COOH \xrightarrow{\text{草酸脱羧酶}} HCOOH + CO_2 \tag{7-7}$$

有趣的裂解酶是L-天冬氨酸酶，它能把天冬氨酸（$C_4H_7NO_4$）转换成反丁烯二酸（$C_4H_4O_4$）盐产生氨，通过氨探针就可以进行检测。

7.1.2.4 辅因子

除了有单一蛋白质组成的简单酶外，还有蛋白质和各种辅酶、辅基组成的结合酶，称作全酶。辅因子与酶蛋白结合形式和强度因酶而异，通常把共价键与蛋白质结合，在反应溶液内不易解离的辅因子称为辅酶，金属离子被认为是金属酶的一种辅酶，也称为活性剂。辅因子与蛋白质间的作用如图7-14所示。辅因子是有机分子起着辅酶作用，作为辅基被紧紧地绑在蛋白质结构上。如果移去辅因子，保留的底物被称作酶蛋白（脱辅酶）。若辅因子是一种独立的底物，为参与催化过程被临时地绑定在酶上，也称为辅酶。

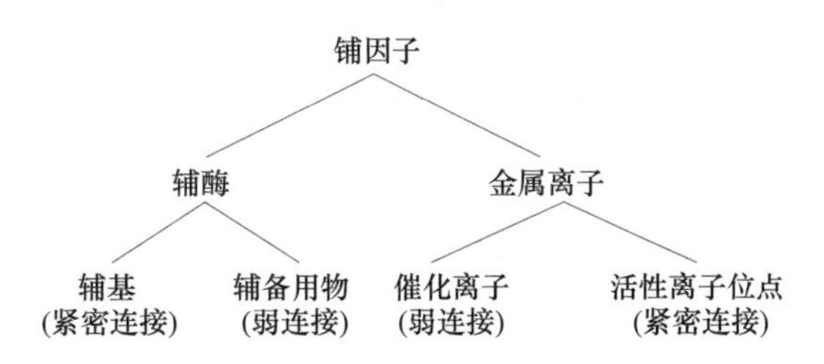

图7-14 辅因子及其与蛋白质间作用示意图

在早期研究中，常常把“辅基”用于那些与酶能牢固结合的分子，而把“辅酶”用于那些松弛连接的分子，这种区分可以说仅是理论上的。从催化角度看，有时可以起离解作用的辅酶实际上并不起催化作用，因为反应时它先和某一底物以化学计量结合成一种新的底物，后者在第二个酶作用下才能重新转化成真正的“活化状态”。例如，ATP在各种增磷反应中，均要先给底物一个磷酸残基使之转化成ADP，再在第二个酶作用下重新生成ATP：

$$ATP + \text{葡萄糖} \longrightarrow ADP + \text{葡萄糖-6-磷酸酯} \tag{7-8}$$

因此，这些辅酶仅起到辅底物作用，而辅基则不同。例如，一个FAD分子在氧化反应中，从底物取走两个氢原子变成$FADH_2$，第二个底物在同一酶分子上反应时，即能重新转化成FAD：

$$FAD + H_2 \longrightarrow FADH_2 \tag{7-9}$$

目前，被普遍接受的概念是：除了酶蛋白之外，凡是对催化作用有贡献的非蛋白质小分子，不管它们结合程度以及反应过程中变化，统称为辅酶或辅因子。

最简单的辅酶通过配位键或静电键，把金属离子附在蛋白质侧链。这样，一个活化剂金属离子协助活性位置形成一个适宜结构，或者活化剂金属离子参与底物成键到活性位置。有时，过渡金属离子起着电子运送者的作用，如脲酶中镍，就属于酶活性位置结构的一部分。

一个紧紧地绑着辅因子，如黄素腺嘌呤二核苷酸（FAD），在各种氧化还原酶中是作为一个辅基出现的，如图 7-15 所示，通过氧化还原反应在酶和底物间运送电子和氢离子。还原型黄素二核苷酸（$FADH_2$）形式的电化学氧化是生物传感器中电化学转换产生信号的基础。但是，由于 FAD 中心被蛋白质骨架所包围，仅当使用特殊材料构成的电极时，才可能完成电子直接输送。否则，只能借助于检测氧化还原介质进行信号转换，即在 $FADH_2$ 中心和金属或石墨电极之间传导电子。

作为一个辅酶的例子，烟酰胺腺嘌呤二核苷酸（NAD^+）由两个磷酸盐基连接两个核苷酸组成。其中，烟酰胺附在一端，腺嘌呤附在另一端，如图 7-16 所示。NAD^+ 在氧化还原酶催化反应中起着电子和质子运送者作用。在这样的环境下，NAD^+/NADH 间进行底物和电极间电子交换，才能产生响应电流。

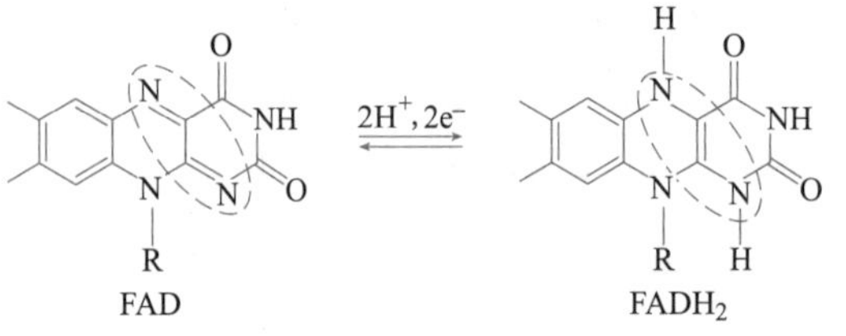

FAD　$\xrightarrow{2H^+, 2e^-}$　$FADH_2$　　　NAD^+　$\xrightarrow{H^+, 2e^-}$　NADH

R—$FAD/FADH_2$ 单位的残基　　　R— 辅酶分子残基

图 7-15　FAD 活性部分的氧化还原反应　　　图 7-16　烟酰胺腺嘌呤二核苷酸

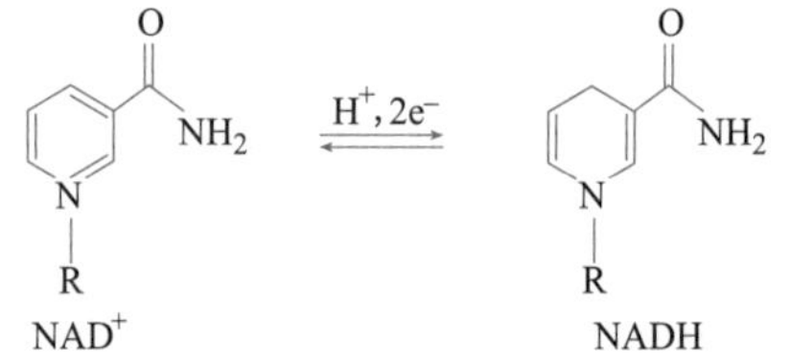

作为一个辅因子的例子，吡咯喹啉醌（PQQ），如图 7-17 所示，它在一些细菌酶中产生，作用类似于 NAD^+。PQQ 通过钙离子附在蛋白质羟化物上，使底物（如乙醇）临时与活性位置成键。

在氧化还原酶中，血红素型是一种比较有代表性的辅基，如图 7-18 所示，它由大的卟啉环中心配位一个铁原子组成。铁原子在几个氧化态间变化，起着电子供体/受体的作用。辅因子在酶生物传感器中应用较多，更多的辅因子发生在生物体内。

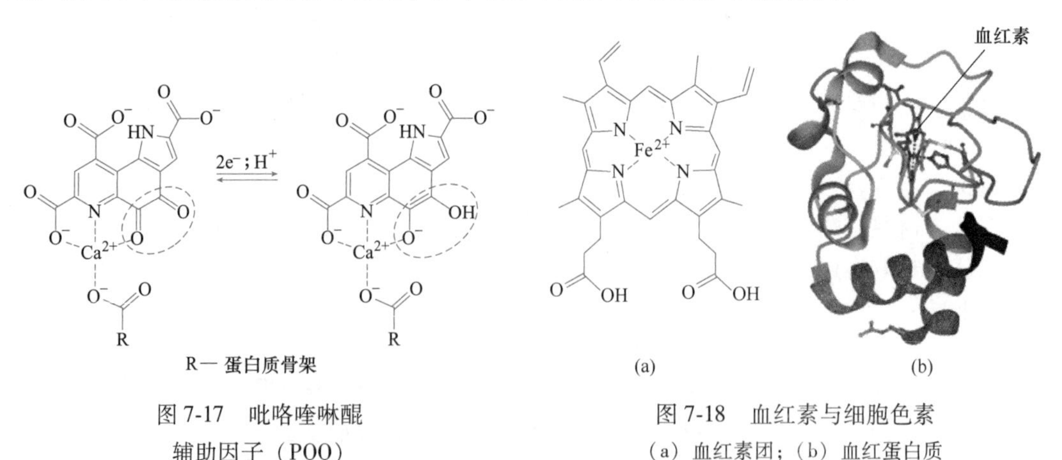

图 7-17　吡咯喹啉醌辅助因子（PQQ）

图 7-18　血红素与细胞色素
（a）血红素团；（b）血红蛋白质

7.1.3 抗体与受体

两种物质间通过非共价作用产生亲和力，形成一个分子聚合体，通常被称为络合物。络合物在生物体中比较常见，它与重要的生理功能密切相关。络合物结合强度是由非共价键多样性决定的，一般用稳定常数（亲和常数）来表示。非共价键结合特征，赋予了结合过程的可逆性。研究表明，这种特异性是由两种物质结构在空间上互补引起的，它起到识别受体的作用，促进了其在分析应用上发展。与亲和力作用密切相关的是免疫分析，它主要基于抗体、抗原和受体。其中，抗体是由抵抗病原体的生物组织分泌出的、具有保护作用的一种蛋白质；受体是能与细胞内信号分子结合引起细胞功能变化的生物大分子，在化学刺激响应上起着关键作用。

7.1.3.1 抗体

抗体与抗原是一个相对概念，抗体是由人体免疫系统产生的，可结合抗原的一种免疫球蛋白，而抗原则源于人体自身或外来的物质。其中，外来的抗原，如病毒、细菌和寄生虫等，它能诱导人体免疫系统产生抗体；自身的抗原，如接种疫苗，人体免疫系统将它误认为它来自外界，故也会产生抗体。一种具有代表性的抗体是免疫球蛋白类（Ig），它是血浆中富含的一类蛋白质，如免疫球蛋白 G(IgG)。当微生物或外来蛋白质进入生物组织，免疫系统就产生抗体，附加到抗原形成免疫络合物。免疫系统通过识别抗原触发另一个过程，使外来物从生物组织中除去。

典型的抗体分子具有 Y-形状，如图 7-19 所示，它由四个蛋白质链组成，两个轻链分子约重 25 kD，两个重链分子约重 50 kD。这些子单元体是由非共价键和硫桥组成的四元结构。抗体分子中，有不变（C）和可变（V）两部分。其中，不变部分的氨基酸序列在任何抗体中都是相似的，属于特异性类（如 IgG）；可变部分的氨基酸序列是可变的，使之能进行特异抗原识别。Fc（可结晶碎片）位置通过与免疫体系内 Fc 受体和其他组元特异性成键，确保每个抗体为给定的抗原产生适宜的免疫力响应。这样，抗体起到一个标记作用，触发不同的生理过程，导致抗原解构。Y 臂含有与抗原成键位置，因此，能识别外来物质特异性。抗体这个位置，称作抗原键（Fab）。变量部分成型为抗体决定簇，这个位置直接与抗原作用。

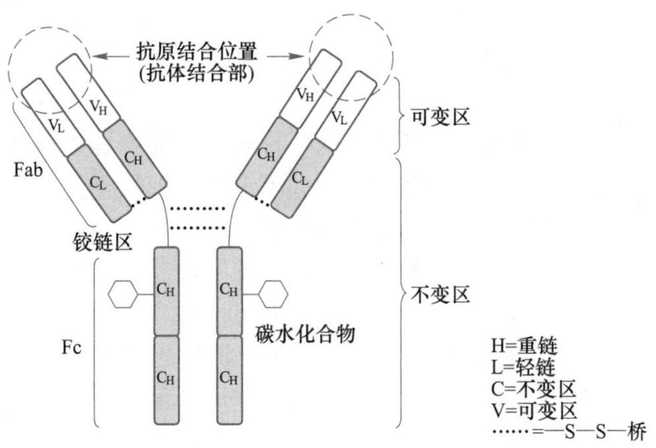

图 7-19 免疫球蛋白质 G 抗体示意图

图 7-20 给出了抗体与含有抗原混合物间相互作用，其中抗体能与抗原碎片反应的位置称作抗原决定部（表位）。可以看出，只有合适表位的抗原与抗体相互作用，才能形成一种强的抗体-抗原络合物，研究人员也是通过对这种络合物的检测来实现抗原的识别和定量。

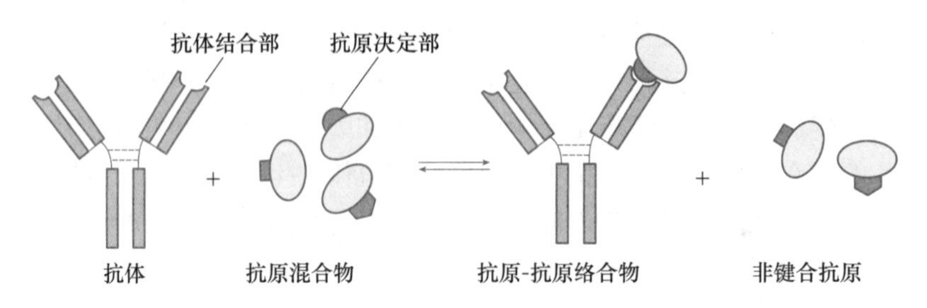

图 7-20　抗体与抗体-抗原络合物中抗原混合物的特异性作用

通过抗原接种，动物体内可以产生抗体，使接种动物的血清含有抗原混合物，显示出对抗原各种表位的特异性，如制备克隆抗体。实际上，从细胞培养产生的单克隆抗体，仅能与一种特异性抗原表位成键。

从免疫行为上看，抗原可分为两类，即完全抗原和部分抗原。完全抗原通过自身能诱导出免疫响应，通常是大分子蛋白质或多糖体。一种完全抗原可以有几个相同或不同的抗原表位，每一种都能与特异性抗体反应，也称为多决定性抗原。这样的抗原生物体接种产生多克隆血清，如图 7-21 所示；部分抗原是一种小分子化合物，不能独自诱出免疫响应，仅在连接到载体（蛋白质）才会出现，如有激素、药物、过敏原和有机环境污染物等后，当接种到生物组织等后，部分抗原-载体能一起诱导出免疫响应。

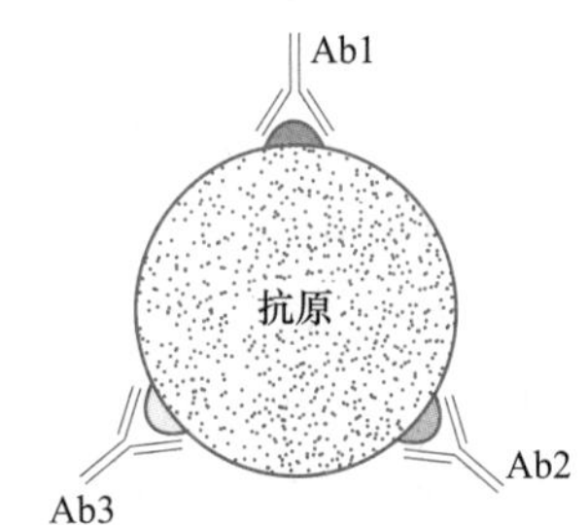

图 7-21　多决定性抗原与多克隆抗体（Ab1、Ab2 和 Ab3）作用

抗体与抗原结合是一个错综复杂的过程，包含着各种作用。首先，通过扩散把两个伙伴带到最近和适宜的位置，由于抗原表位与抗体结合部位距离小于 10 nm 时静电引力才变得有效，缩短反应物之间距离，排除水分子，两者之间形成氢键。当处于非常短的距离时，范德华力才起作用。非极性基可以通过疏水性作用在水环境下相互聚合。这些作用的相互影响，结合空间辅助，解释了抗体-抗原成键的高选择性。

7.1.3.2　受体

生物化学中，受体与配体是生命活动中的一种耦合，受体是生物进化中形成并遗传下来的，而配体能对相应的受体起激励作用，引起特定的生理效应。

受体是镶嵌在血浆膜或细胞胞浆的蛋白质分子，它附着特定种类的信号分子，如位于细胞膜的受体——胆碱受体、肾上腺受体等；位于胞浆内受体——皮质激素受体、性激素受体等，而配体是能与受体特异性结合的物质，它可以是离子或小分子化合物，如神经传递物质（神经递质）、激素、药物或毒素等，一些能诱导起作用的配体被称为兴奋剂；另一些不产生响应、仅仅阻止受体变化的配体，则称作阻断剂。

配体有内源性配体和外源性配体两种。其中，内源性配体（如肾上腺素）在生物体中通过与受体成键触发生理过程，人体的许多功能是通过受体产生的独特响应，如特定的兴奋剂或阻断剂在体内起着信息作用，在内外细胞交流中受体是一个重要的媒介；外源性配体（兴奋剂和阻断剂）导致生理响应上的刺激或抑制。例如，通过药物、毒素或生物碱产生作用。外源性配体的成键是化学受体与配体分子中一个或少量小原子团作用，但对其他分子结构不敏感。这个行为与抗体的行为成鲜明对比，抗体则具有更多的选择性。

化学受体可以用于生物传感器，或置入细胞内或从生物制备中分离。首先选择依赖于在化学刺激作用下像兴奋剂一样起作用发展起来的电信号（作用电势）检测，通过监测化学刺激引起的微生物细胞响应完成兴奋剂的化学敏感性研究。这样，可以改变细胞环境中pH 值，可用于药物筛选领域。独立受体一般通过蛋白质固定方法附着在转换器表面，择优并入磷脂膜或脂质体（模仿细胞膜），根据免疫机制进行配体的直接或竞争式检测。

前景看好的受体是蛋白质离子通道，它的特征是离子渗透，触发化学激励产生响应，如图 7-22 所示，有两种不同离子通道响应机制：（1）配体物理阻碍或打开分子内通道，如图 7-22（a）所示；（2）静电吸引或排斥，调节膜的渗透性，如图 7-22（b）所示。响应值对应离子传输中，检测离子穿过膜或改变局部电状态（电压、电流或电容），实现识别与定量。它的优点是打开通道产生放大，能通过相对多的离子。典型的配体门——离子通道，是尼古丁乙酰胆碱受体，它是由五个部分组成，围绕中心孔洞对称排列。当乙酰胆碱与受体成键，改变受体结构，导致孔洞打开。这个孔洞能使 Na^+ 离子沿电化学梯度方向流动。

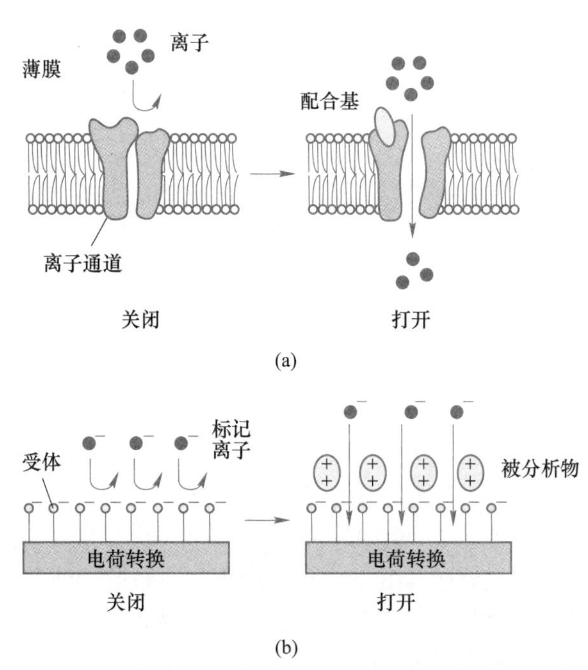

图 7-22 离子通道传感器原理

（a）通道开关调节；（b）膜静电调节

7.1.4 核酸

核酸是有生命生物的关键化合物，它能提供储存和传递基因信息。生物试样中，核酸组成和含量测量是生物学和医学中的重要任务，可以说核酸传感器是生物科学和技术的主要研究领域之一。这类传感器中，核酸起着受体和分析物的作用。此外，核酸也可以与一定数量的小分子和蛋白质作用，拓展它的应用，如生物传感器中用于此类化合物作为受体，涉及领域非常宽，不仅仅涉及生物医学，也涉及环境监测、食品工业和法医科学等。

7.1.4.1 结构与性质

核酸是一类生物聚合物，属于多聚核苷酸类，如脱氧核糖核酸（DNAs）和核糖核酸（RNAs），它包含基因信息储存和遗传。DNAs 和 RNAs 以核苷酸为基础单元，由嘌呤碱或嘧啶碱、核糖或脱氧核糖和磷酸三种物质组成，如图 7-23（a）所示。根据糖的不同，核苷酸有核糖核苷酸和脱氧核苷酸两类；根据碱基的不同，又有腺嘌呤核苷酸（腺苷酸，AMP）、鸟嘌呤核苷酸（鸟苷酸，GMP）、胞嘧啶核苷酸（胞苷酸，CMP）、尿嘧啶核苷酸（鸟苷酸，UMP）、胸腺嘧啶核苷酸（胸苷酸，TMP）及次黄嘌呤核苷酸（肌苷酸，IMP）等。自然核酸中发现的碱基，有腺嘌呤、鸟嘌呤、胞嘧啶、胸腺嘧啶和尿嘧啶，如图 7-23（b）所示。其中，RNA 中主要有四种类型的核苷酸：AMP、GMP、CMP、UMP；而 DNA 中主要有四种类型脱氧核苷酸：dAMP、dGMP、dCMP 和 dTMP。

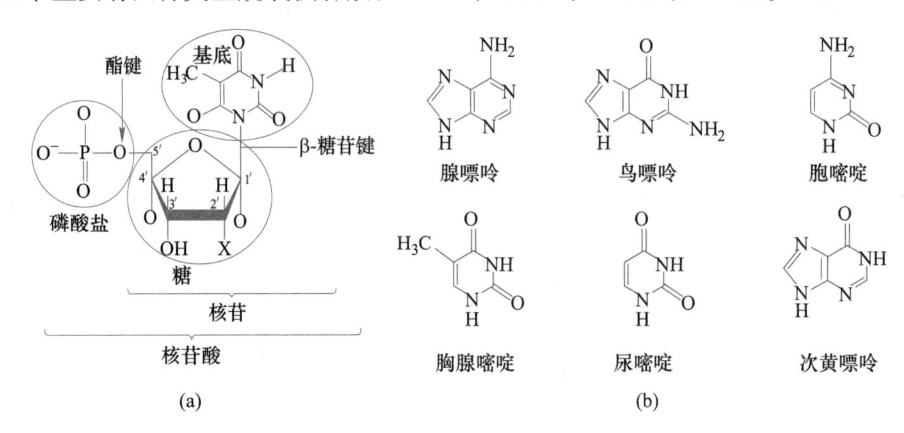

图 7-23 核苷酸结构（a）和典型的碱基（b）
（X 分别是 DNA 中 H 和 RNA 中 OH）

从名字上显而易见 DNAs 和 RNAs 在结构上的差异，在于多聚核苷酸中糖的组分，戊糖（核糖）是 RNAs 中的糖，2′-脱氧核糖是 DNAs 中的糖，如图 7-23（a）所示，进一步糖加上碱基结合形成一个核苷，核苷与磷酸合成核苷酸。核苷酸的记号通过碱基名字中第一个大写字母确定下来，即 A、G、C、T 和 U。

核酸结构中，核苷酸通过磷酸盐残基使聚合物连接，磷酸盐残基附在糖的一部分 3′和 5′碳键上，如图 7-24 所示，如图中箭头所示，沿链方向从 5′到 3′被记录。多聚核苷酸（聚核酸）中，碱基顺序给出了核酸的主结构。主结构的简化符号，通过记号 d 或 r，分别表示 DNAs 和 RNAs，逐个排列核苷酸首字母顺序（从 5′开始）。有时，在碱基记号中插入记号 p 表示磷酸盐链接。那么，一个简单标准结构（ss-核酸）表示为：

5′CpGpCpGpApApTpTpCpGpCpG

或更简单：

d(CGCGAATTCGCG)　或　r(TCGCGCGCGAAT)

两个互补的聚核酸链，通过 A-T 对和 C-G 对的氢键形成一个双链，如图 7-25（a）所

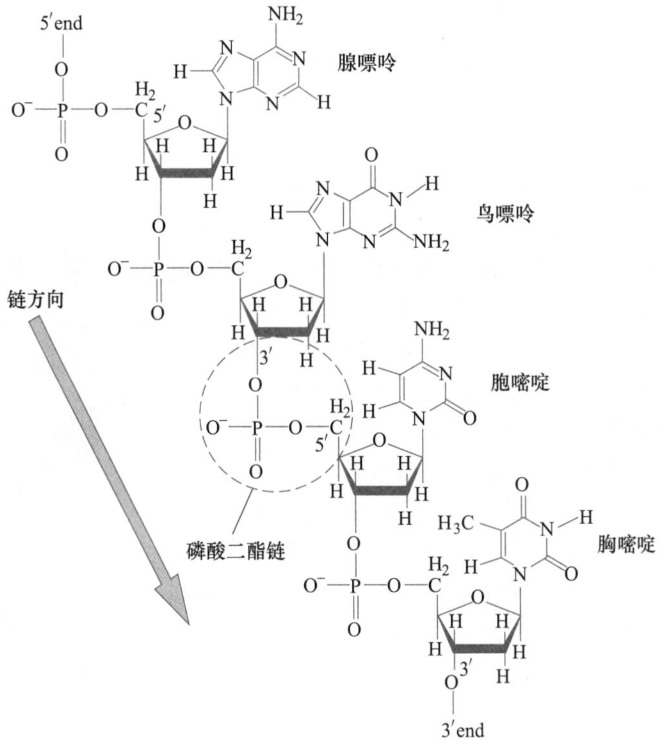

5′end
腺嘌呤
鸟嘌呤
链方向
胞嘧啶
磷酸二酯链
胸嘧啶
3′end

图 7-24 聚核苷酸串（DNA 柱结构）

5′end
3′end
3′end
5′end
(a)
2 nm
3.4 nm
大沟
小沟
(b)

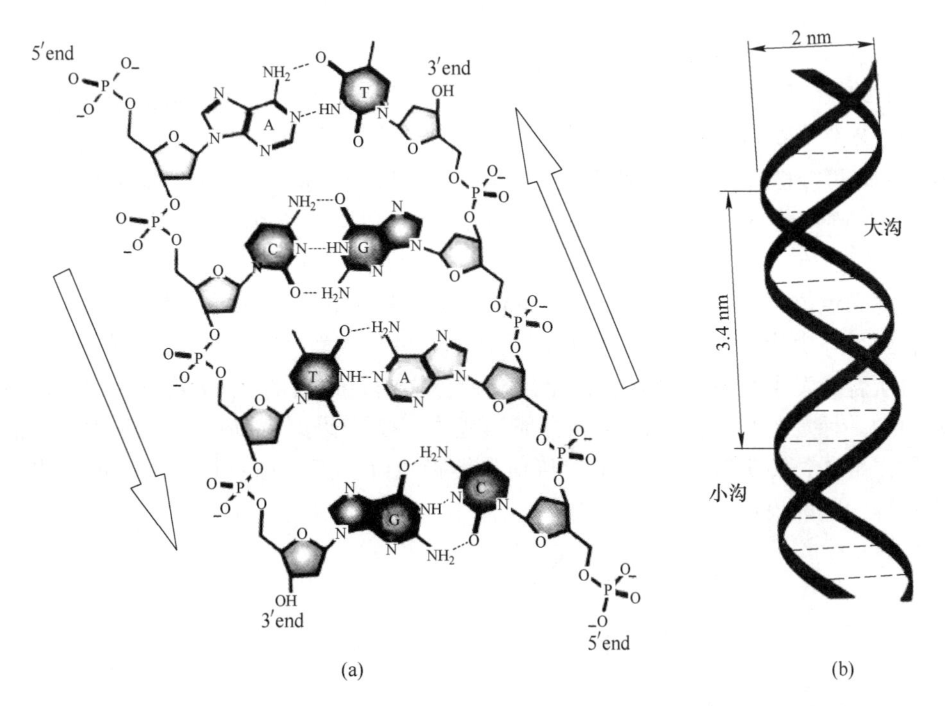

图 7-25 两个反向平行聚苷核酸排结合的 DNA 结构（a）和糖-磷酸盐骨架 DNA 双螺旋示意图（b）
（虚线表示碱基间氢键）

示。互补的碱基间相互作用序列，给出核酸次结构，碱基对产生一个双排（ds），折叠成一个双螺旋，如图 7-25（b）所示，一个典型的 DNA 结构。一个反向平行双排次序（ds-核酸）可以表示成：

5′CGCGAATTCGCG

3′GCGCTTAAGCGC

聚核酸在结构上的变化很大，含双排结合。另一方面，根据 Watson-Crick 模型，一个单聚核酸可以折叠进入分子内部，形成稳定的特定结构，如图 7-26 所示，像一个发夹。三维空间中，核酸分子形成第三结构，具有沟槽，如图 7-25（b）所示，这在核酸与蛋白质或小分子作用中发挥着重要作用，它通过形状附着和非共价键稳定产生络合物。

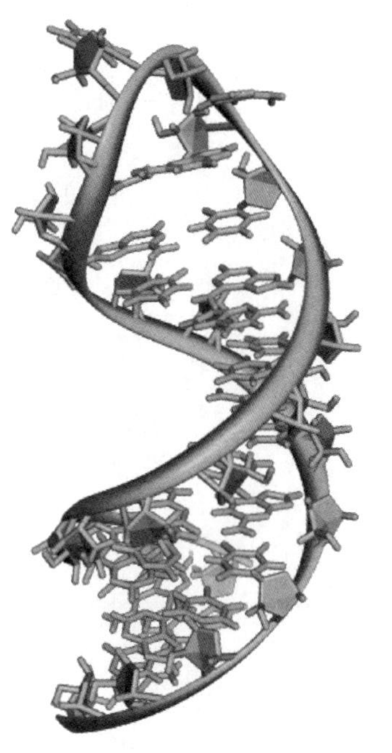

图 7-26 信使 RNA 前驱体的发夹环

由于核酸链中磷酸盐一部分带有负电荷，聚核酸也是聚阴离子，所以 Na^{+} 和 Mg^{2+} 等阳离子是稳定结构的关键。

在温度和 pH 值极端条件下，DNA 双链分子双螺旋的氢键断开，称作变性过程中的两链分离。当加热状态下达到这种结果，称作 DNA 熔化，存在一个固定的熔化温度 T_m，这时仅有 50%DNA 呈现出双链形式。如果条件变化到自然状态，两个 DNA 链可能重新连接恢复双螺旋，即变性—复性过程，也可能伴随单链第三结构出现。

生物细胞中，核酸是储存和传递信息的一种介质，它使用核酸中碱基序列，产生一个氨基酸序列，构成生物细胞需要的特异性蛋白质。换句话说，每个蛋白质的主结构，是通过称作基因的核酸碎片进行编译的。基因中，通过三个核碱基（密码）序列表示每个氨基酸。在给定种类中，特定的基因结构个体间可能稍有变化。每种特定基因形式被称为等位基因。例如，加密头发颜色在等位基因中，它对应着每个个体，仅显示出与其他个体相似等位基因的微小偏差。

DNA 分子中储存的基因信息是以蛋白质（染色质）复杂结合体形式存在，构成染色体。伴随着染色体，每个基因位于一个特定位置，称为位点。细胞再生过程中，DNA 分子被复制到另外生物元，产生相同的 DNA 分子。另一方面，在信使 RNA（mRNA）控制下，蛋白质合成发生在核糖体内。转化到核糖体之前，合成的 RNA 是作为 DNA（复制）相关基因的一种复制品。蛋白质生物合成过程中，从密码语言到氨基酸序列遗传信息转换，被称作翻译，图 7-27 中归纳出遗传信息转换机理。遗传信息控制下，蛋白质生物合成过程被称为基因表达。

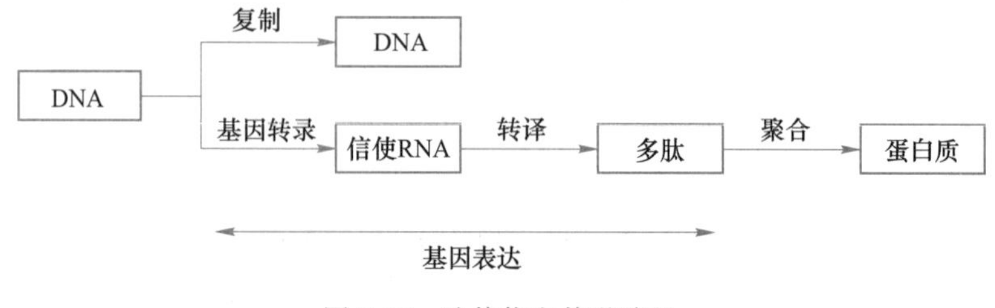

图 7-27 遗传信息传递路径

通常，各种自然资源的聚核酸被有效地用于传感器，但许多情况下要求合成寡（聚）核苷酸。这项技术，首先通过共价把核苷酸连接到固体底物（如控制孔玻璃或大孔聚苯乙烯）；然后，根据预测定序列组装下一个核苷酸并完成链延伸。最后，通过连接底物的沟槽释放出多核苷酸。使用这项技术，也可以直接在换能器表面上固定多核苷酸。

7.1.4.2 核酸仿制

经医学和分子生物学研究，除了自然核酸外，合成核酸类似物也得以应用。这样的类似物可以包含一个或多个可选的核酸自然组元。肽核酸（PNAs）中，通过一个多肽链置换磷酸盐-糖骨架，使亚甲基羟基连接它们的碱基，如图7-28所示。尽管骨架结构不同，组元可以根据 Watson-Crick 模型规律进行成键。由于 PNAs 含有无电荷的磷酸盐簇，PNA/DNA 间没有静电排斥，结合力强于 DNA 和 DNA 间结合力。与自然核酸相比，具有更高的熔化温度。

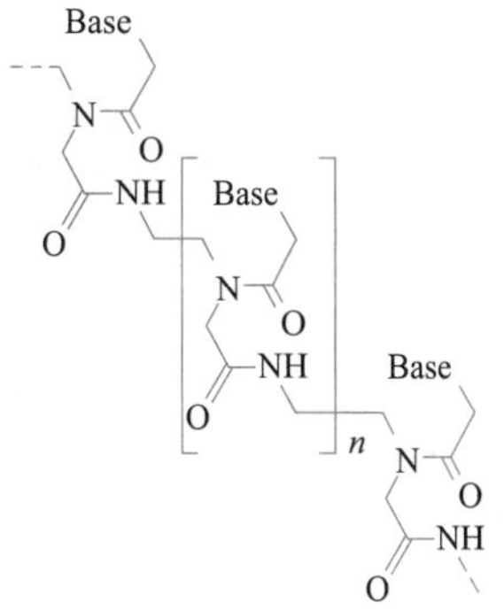

图 7-28 肽核酸结构（PNAs）

如果 pH 值足够高时，碱基-碱基间氢键可以被配位的金属离子桥置换，例如 T—Hg—T、A—Zn—T 和 G—Zn—C，键的位置上可以激发碱基去质子化，使碱基间辅加键生成，这不符合 Watson-Crick 模型，但据此开发出了使用碱基或寡核苷酸为受体的金属离子传感器。

核酸类似物，可以通过插入非规范碱基进行合成，给出了不同的碱基间和碱基堆栈等性质。这种例子中，含有普通核酸与规范碱基的连接。

7.2 识别与转换

7.2.1 蛋白质识别

生物体内，蛋白质能连接特定的配体形成聚合体，起到受体作用，被称为络合物，它们通过非共价键结合，大量聚集赋予其稳定性。图7-29是一个小糖分子与蛋白质抗生素构成络合物的例子，它通过疏水键和氢键稳定络合物。这种络合物通过分子在化学和几何上互补，获得较高的特异性。但是，作为受体位置，空间配置上它们也不是一成不变的，常常出现构象重排以适应配体。

与生物传感器应用密切相关的蛋白质有酶和抗体。生物化学反应中，酶作为催化剂起作用。反应的第一阶段，配体的特异性键与酶活性位置结合。当形成了络合体，配体进行化学反应，释放出反应产物使之留出受体位置，进一步接收配体分子。只要配体有效，就能重复催化循环。在酶作用下进行催化转化的化合物被称为酶的底物。严格地讲，酶-底物间作用不存在平衡，但它受化学动力学制约。当使用酶为生物传感器的识别元时，它的任何物理反应和化学反应，都可以用于检测反应过程和研究转化结果。

抗体是一种蛋白质，产生于生物免疫系统，它保护生物有效地对抗抗原。抗体通过非共价键选择性地与抗原成键，这种作用可以达到化学平衡，常用热力学函数来描述络合体的稳定性。生物传感器中，相对配体来讲，抗体起着受体的作用，而配体本身就是被测物，有时也可以使用抗原作为配体测定抗体，或通过物理作用（像物质变化）或信号标

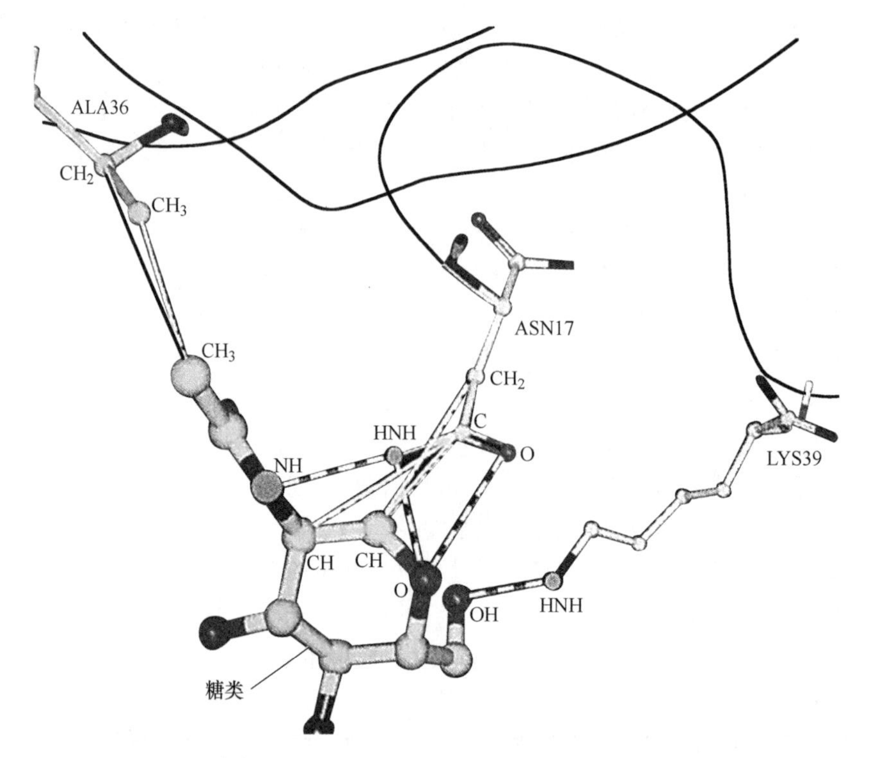

图 7-29　一种糖类（2-乙酰氨基-2-脱氧-a-D-吡喃葡萄糖）与抗生素成键
直线—疏水键；虚线—氢键

记（例如，荧光标签附于反应物），使络合物能够被检测，以实现信号转换。

7.2.2 酶的转换

7.2.2.1　转换方法

能量的转换形式主要考虑物理和化学作用对识别过程的有效性。物理作用，像热或离子传导变化，属于一般的转换方法，原则上可以应用于任何酶传感器。但是，这些转换方法缺少选择性。化学作用，依赖于酶反应中化合物浓度的检测，制约因素是检测方法的有效性。如果缺少条件，可以考虑一些附加反应的转化机制，以达到检测化合物的目的。

如图 7-30 所示，给出葡萄糖氧化酶存在时葡萄糖氧化主要过程和葡萄糖传感器能量转换策略，它通过底物（葡萄糖）和酶的氧化态（GOD_{ox}）形成中间络合物，实现底物-酶间电子传输；然后，络合物进行化学转换，以还原态形式（GOD_{red}）释放出反应产物和酶。为了酶进一步发挥作用，通过电子交换反应使之变回 GOD_{ox}形式。自然介质中，这一阶段的电子供体是溶解氧，作为反应产物生成过氧化氢，如路径Ⅰ所示。转换过程中，通过探针检测敏感层中氧或过氧化氢浓度。但是，这种方法要求在试样内加入氧和 pH 缓冲液作为辅助试剂。其次，通过 GOD_{red}直接电化学氧化，重新生成 GOD_{ox}，电解电流起到响应信号的作用，获得无试剂葡萄糖生物传感器，如路径Ⅱ所示。第三种方法，借助于氧化介质（M_{ox}），伴随酶一起存在于传感器结构中，如路径Ⅲ所示，通过电子传递把 GOD_{red}氧化成 GOD_{ox}，同时介质变成还原态形式（M_{red}）；最后，通过电化学反应，把形成的还原介质（M_{red}）再转化成 M_{ox}，提供了响应电流。主要产物是葡萄糖酸内酯，它水解成葡萄糖酸盐离子，诱导出 pH 值变化，如路径Ⅳ所示。据此进行检测，达到了能量转换的目的。另外，也可以考虑集成附加反应的转换机制。例如，有催化剂存在时，过氧化氢可以与碘化物离子反应，通过碘化物传感器实现能量转换。

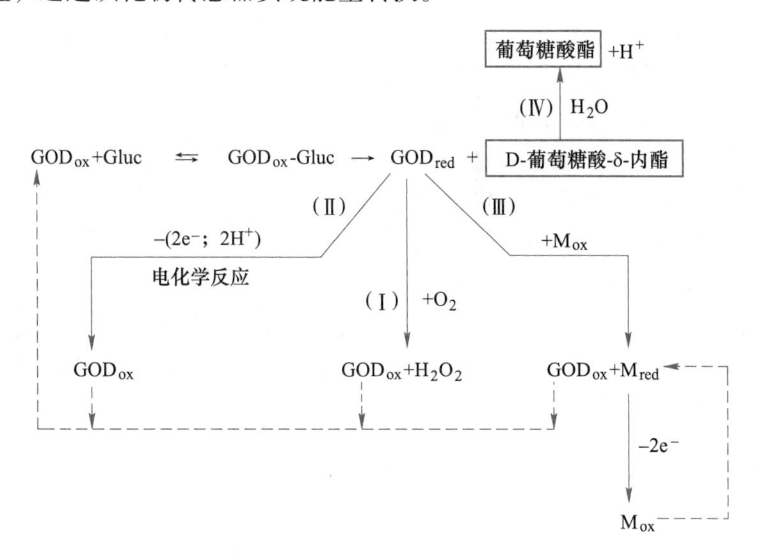

图 7-30 葡萄糖氧化酶传感器的转换方法

GOD，Gluc—葡萄糖氧化酶和葡萄糖缩写

酶-底物相对应的适宜方法，有不同的能量转换方式。作为一种选择性转换方法，最好对应反应产物特异性响应，但是满足理想的特异性响应是很难的。很多情况下，试样自身组分与能量转换相干扰。为了避免这类误差，可以考虑对响应信号进行修正，如使用一种不含酶的参比传感器，获得响应背景信号。从传感器获得的总响应信号中减去背景信号。或者，选择一种具有选择性渗透膜，阻止试样中干扰组分到达转换区域。因此，酶传感器研究中一个关键问题，是找到与特异性识别反应相适宜的能量转换过程，以获得可靠的传感器信号，这就要求与试样组成和操作条件相适应。另外，一些酶反应会释放气体，如氨或二氧化碳，也可以通过探针检测这些气体作为响应信号。

7.2.2.2 多酶转换

在酶测定中，把可测量产物的反应称作指示剂反应。如果有反应对特异性底物无效，可以通过第二种酶的催化反应，使初始产物转化成可测量化合物（称作指示剂物质）。这种情况下，主反应称为辅助反应；而次反应，发挥着指示剂反应功效。

在酶传感器的开发中，已经证明了多酶体系应用是成功的。在敏感层中，集成葡萄糖氧化酶与转化酶，在葡萄糖传感器基础上提出了一种蔗糖传感器。其中，转化酶催化蔗糖水解成 D-果糖和 α-与 β-葡萄糖混合物，再通过葡萄糖传感器检测后者的产物，进一步采用含葡萄糖变旋酶，改善这种机制，转换 α-葡萄糖到 β-葡萄糖。这样的酶传感器被称为序列传感器，它包含两个酶层：第一层含辅助酶，与试样溶液相接触；与此相对应，下一层含有指示酶，与能量转换器相通。

为了除去干扰物，常常在生物传感器中引入附加酶，以上提到的蔗糖生物传感器，它不仅对蔗糖自身响应，而且也对生物和食品中葡萄糖响应。为除去葡萄糖干扰，在转化酶层前构筑一个葡萄糖氧化酶层。在这层中，葡萄糖被氧化，使之到达指示酶层前从反应物流中除去。

通过加入第二种酶的方法，可以使敏感性能得到大大改善，以满足底物再循环。图 7-31 给出了乳酸盐传感器原理。乳酸盐氧化酶（LOD）催化下，乳酸盐离子借助于氧，被氧化成丙酮酸酯。接着，在乳酸盐脱氢酶（LDH）作用下，恢复初始分析物分子，促进了再循环过程，提高了耗氧或过氧化物生成的响应信号，这就是所说的化学增益。

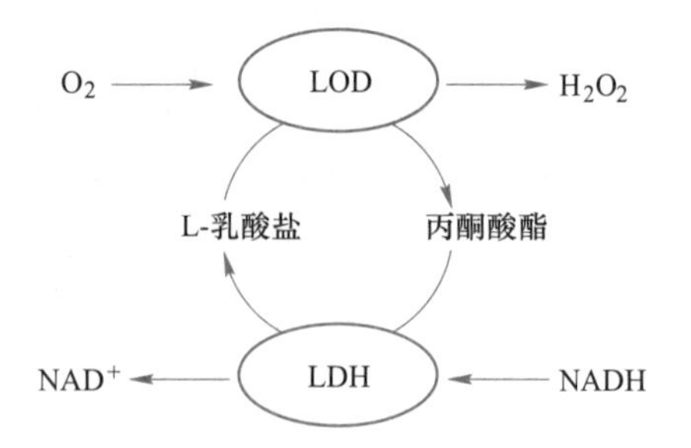

图 7-31 乳酸盐传感器中底物再循环的化学增益

LOD—乳酸盐氧化酶；LDH—乳酸盐脱氢酶

研究表明，集成更多的酶进入敏感层，可以拓展酶传感器应用领域。但是，这样的方法应该谨慎使用，由于多酶传感器更容易受干扰，各种因素波动都会影响酶的功效（例如，酶退化，抑制作用或对 pH 变化的敏感性等）。

7.2.3 抗体转换

7.2.3.1 无标记

免疫检测是一种基于抗体-抗原络合物的测量。一些检测方法通常是把受体固定在底物表面进行识别。因此，络合物形成引起的物理变化，可以说能方便能量转换。最容易想到的是质量变化，可以用质量敏感装置进行检测，如石英晶体微电子天平。另一方面，络合物生成，显著地改变了表层与光束的作用行为，如对应络合物生成响应，敏感层的折射指数发生变化，引出对被测物浓度检测。抗体和抗原是一种负载颗粒，它们与被测物结合会改变局部电荷分布，用电化学方法也可以检测它们的影响。

制约无标记亲和力传感器操作的最大问题，是识别过程中有限的选择性，由于存在被测物与受体或底物的非特异性作用。这些相互作用会显著地损害传感器选择性。一些杂质非特异性成键，可能阻碍被测物成键，或产生一些错误的增殖信号。

处理真正的生物试样时，选择性特别重要，有时被测物浓度可能非常低，甚至低到类似于杂质浓度。当然，这个问题通过被测物预先分离是可以解决的，但是分离可能是一个非常耗时的过程。为缓解这个问题，测量前常把传感器暴露在阻断剂中，适宜条件下使阻断剂吸附在非特性成键位置；同时，希望它不占据受体成键位置。防生物附着剂，如聚乙二醇，可以围绕着敏感层附着到底物表面，以防止非特异性结合消耗被测物。可以在金底物上通过烷硫醇或它的衍生物化学吸附来获得类似的作用。

有一个截然不同的方法，是减去传感器响应的非特异性部分。但是，采用这个机制应该特别小心，在定量上它还没有一个固定可循的规则。另外，通过在读信号前清洗传感器，除去非特异性结合分子也可以改善选择性，通常非特性分子比被测物吸附更松散些。

7.2.3.2 有标记

比较灵敏而可靠的免疫测量方法是使用有标记的免疫试剂。它通过抗体-抗原成键，把标记带给络合物，使之承担记录反应程度的任务。常用标记是放射性同位素、发光化合物和酶。

放射性同位素标记能满足极灵敏的测量，但存在危害，应尽量避免使用。相比之下，发光标记比较常用。简言之，发光意味着通过激发分子释放出光。例如，通过光吸附激发分子发光（光致发光，如荧光），或通过特定反应使产物发出化学荧光或生物荧光等。另外，酶反应可以产生信号放大，而且也能异常灵敏地进行表征。下面以酶标记为例，进行主要介绍。

酶标记能量转换原理如图 7-32 所示，把抗原试样与酶标记的抗体一起进行培养，使之生成络合物。然后，从未反应标记抗体中分离出络合物，再与底物溶液一起培养。选择底物使之通过酶催化反应生成一种可测量产物。这样，可以通过一些方法可以评估络合物的量，也就是被测物浓度，这就是通常讲的酶传感器。

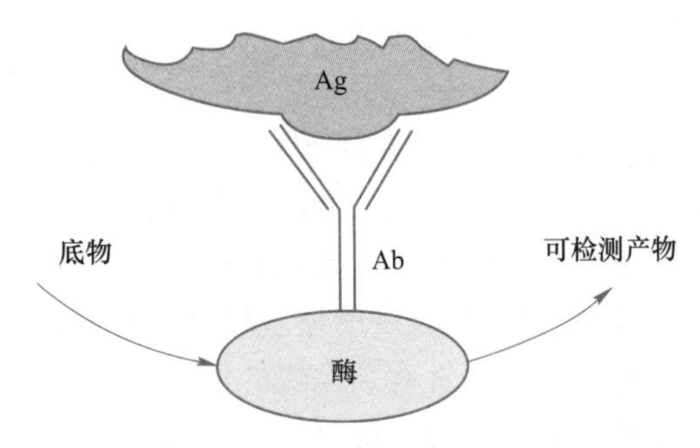

图 7-32 酶标记免疫检测中抗体-抗原络合物测量
Ag—抗原；Ab—抗体

为促进络合物分离，在固态底物表面固定受体，如一个微孔滴定板。使用固定抗体和酶标记的测量方法，通常称为酶联免疫测定法（简称 ELISA）。

可以从酶与络合物结合的量推断出被测物的浓度；通过加入底物评估它，使酶反应在预定时间段内完成；改变 pH 值，从中性到碱性（加入一定量浓度碱基）使反应停止，用适当的方法检测产物浓度；可测定的产物量，与局部酶浓度成正比。为满足以上条件，要求底物浓度充分高，能使酶反应在零级反应动力学下进行。

零级反应动力学条件下，酶化反应的反应速率也是络合物生成量的指示剂。这种基于反应速率的方法，方便用于酶联免疫传感器。在形式上，这种传感器是酶传感器与免疫识别体系的结合，用于检测出与 Ab：Ag 络合物结合酶的总量。

在选择标记酶和底物上，标记酶应具有高特异性活性、高稳定性以及与免疫试剂容易结合的可能性，而底物是可测量的产物，同时也方便地使用酶，尽可能多地利用活性底物。

使用酶标记时，应该特别慎重。例如，大尺度的酶分子会带来一些特殊的问题。在空间上，有抑制受体-被测物间作用的趋势，改变抗体的第三结构，干扰特异性成键，以及增加与杂质非特异性作用等。因此，应促进酶与免疫试剂连接，维持每个活性位置的活性。同时，酶-抗体连接也可以改善标记物扩散和减少底物基体渗透性。

7.2.3.3 固定方法

从识别和转换中的制约因素以及抗体结构的特殊性考虑，蛋白质固定常用方法有吸附、缠绕、交联和共价结合等，这些多数能用于免疫试剂。另外，直接的固定方法，依赖于磁珠标记到目标化合物，它通过厚膜磁沉积可以在传感器工作区上形成连接图案。

一些能量转换依赖于传感器表面性质变化，它对应于光学敏感、质量敏感和电容敏感方法。把受体以单分子层固定在底物表面，也应注意界面上保持适宜的受体分子方向，使之有较高的成键能力。

抗体固定中，亲和素-生物素体系为单分子层存在。这种方法中，亲和素先被附着到底物，通过亲和作用与生物素标记抗体成键。能量转换中，抗体多层功能化也获得满意结果，甚至采用随机方向抗体也获得好的敏感性。这种情况下，使用惰性蛋白质，通过缠绕或交联方式，可以获得 1~50 μm 的厚膜受体。

7.2.4 核酸识别与转换

7.2.4.1 识别中受体

A 杂化聚核酸

以寡（聚）核苷酸为受体，通过杂化过程互补链进行识别，如图 7-33 所示。它把识别组分（杂化受体探针）附着到固态底物，与含有单链目标聚核酸试样一起培养。目标物-探针对进行完善排列，生成稳定的双链；相反，出现不完善排列，将产生不稳定的双链。一个约 25 个核苷酸长度的适宜探针，特异性上可以识别非常长的聚核酸（聚核苷酸）。与长探针相比，短探针有杂化快的优势。而且，长的多核苷酸探针，也趋向于自身折叠，有阻止杂化过程的作用。同时，一个较长的探针倾向于更多的选择，如与目标物中较长序列结合等。在敏感界面和目标核酸之间，引入 4~6 个不完善排列，就能阻止杂化和排斥变体。理论上讲，一个不完善排列是可以检测出变体的。

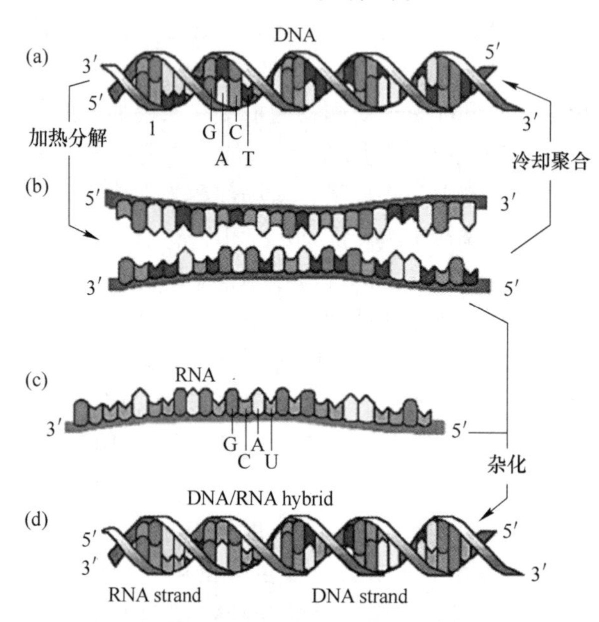

图 7-33　DNA 的热变性和互补 RNA 次序的杂化

（a）双链 DNA；（b）两个单链 DNA；（c）互补 RNA；（d）DNA-RNA 络合物

为了产生杂化，应保持探针链垂直朝向底物表面。一般来讲，疏水性或正电性表面，分别通过与碱基或骨架作用，能促进平行朝向。相反地，负电性表面，通过静电排斥会迫使探针垂直朝向底物表面。

通过物理变化可以检测出杂化，如质量或界面光学性质变化。或者，通过标记的方法，如经杂化，把荧光或电化学活性化合物等带到换能器的活性区，进行间接转化，如图 7-34 所示。

杂化伴随杂化对象在底物材料上非特异性吸附，可能引起背景响应，加入大分子质量

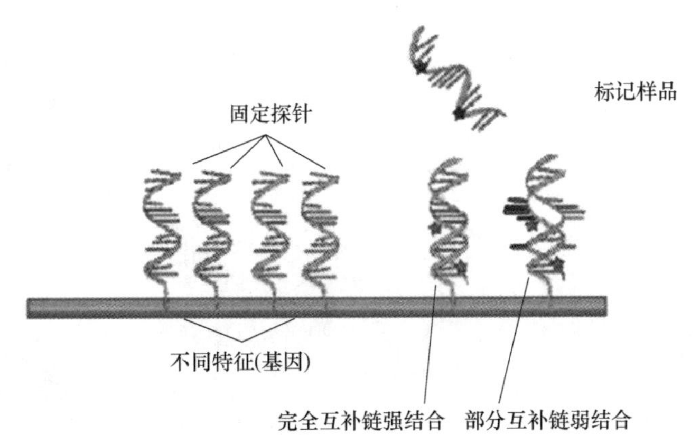

图 7-34 杂化对象聚苷酸与表面固定探针杂化及其转化

聚合物（Denhardt 溶液）可以缓解，使固态底物上非特异性键位置得到饱和。杂化测量上，高的阳离子浓度是必要的，以减弱聚核酸链间静电斥力。但是，当使用肽核酸时，阳离子作用就不明显了。

杂化是一个相对慢的过程，两个低聚核酸多位置相互作用，同时伴随着分子结构中游离基变化。杂化对象扩散到固定在固态底物上的探针表面，这引入一个附加的动力学限制因素。而且，与均相中发生的过程相比，固定探针是不动的，导致杂化过程显著地迟缓。为了给出探针一些移动自由度，推荐使用长而柔的间隔臂附到表面。DNA 传感器的响应时间备受关注，其中杂化速率就是一个重要限制性因素。响应时间，在优化条件下可以是几分钟；反之，也可以是几个小时，特别是在非常低的杂化对象浓度下尤为明显。

B 非核苷酸化合物

非核苷酸可以与核酸作用，通过非共价键形成相对稳定的络合物。这个过程，能干扰 DNA 功能（即，遗传信息的存储和转递），广泛地用于癌症治疗、病毒性疾病或消毒等。借助类似的目的，也用于核酸受体传感器中非核苷酸化合物识别。

非核苷酸化合物通过插入小分子与 DNA 形成络合物。在 DNA 碱基对之间，当配体的尺寸和化学特征适应，就发生插入现象，如图 7-35（a）所示。优化的插入，是以平面形式，使多环分子带正电荷，如原黄素，见图 7-35（b）。插入过程按如下方式进行：在含矿物水溶液中，静电作用下吸引阳离子到聚阴离子 DNA；配体置换阳离子，以平衡 DNA 电荷，与 DNA 外表面形成一个弱的静电键；从这个位置，配位在碱基对之间，找到疏水性环境滑进去，离开 DNA 周围外部的亲水性环境。通过周围平面配体与碱基对的范德华力和氢键来稳定随后的结构。插入结果是导致配体两侧的碱基对间距离增加，使螺旋拓展，也带来螺旋产生稍许扭曲，如图 7-35（a）所示。

选择小分子插入，使 DNA 满足电化学活化或光学上可被测量的条件。这个可用于作为标记检测 DNA 双链。DNA 沟槽中，可以容纳大的和不对称的分子，通过范德华力和碱基附近的氢键，使之通过位置选择性来稳定结构。图 7-35（c）给出柔红霉素成键示意图，它通过插入与小沟槽作用。

通过平面碎片插入，大量金属螯合物能识别 DNA 中特异性位置；相反，大块、非平面部分络合物，紧贴大沟槽的壁和平面，起着双链核酸光学或电化学指示剂作用。

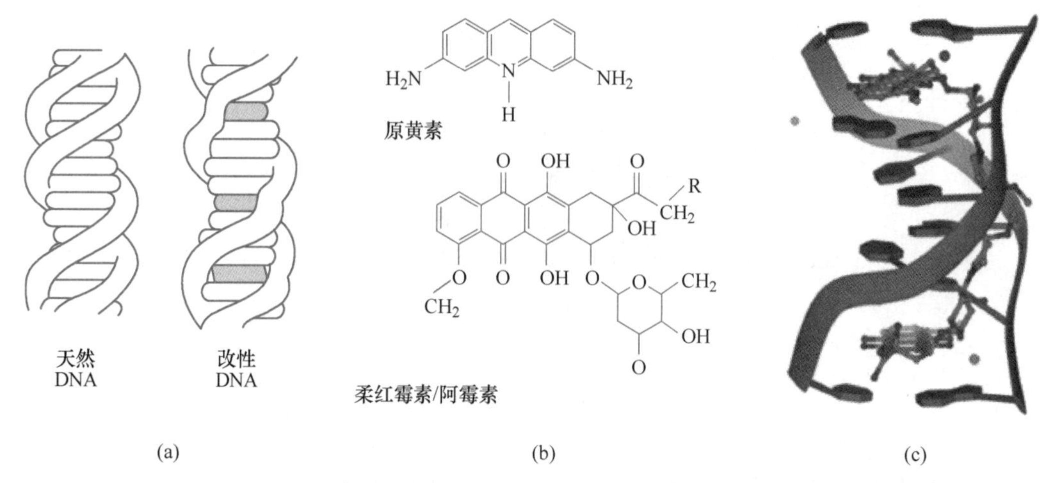

图 7-35 小分子（配体）在 DNA 螺旋中插入成键（a）；插入有机分子：原黄素、柔红霉素（R=H）和阿霉素（R=OH）（b）；d（CGATCG）双链中插入两个柔红霉素分子（c）

许多药物以及诱变污染物起着 DNA 插入化合物作用，使之可识别这些分析物，DNA 传感器得以发展。另外，插入物也证明了 ds-核酸附加标记能量转换是可行的。

C 核酸适配体

核酸适配体是合成的核酸，它显示出对蛋白质或小分子化合物的选择性亲和力。这些化合物在治疗应用上被大量研究。同时，由于特异性被测物与适配体具有较高的亲和力，其作为受体在生物传感器开发中备受重视。

设计适配体上，通过探索与特定化合物特异性成键得到发展。如图 7-36（a）所示，给出对氨茶碱小分子具有亲和力的适配体，应用于治疗呼吸疾病的药，在适配体分子中插入功能标记，折叠口袋为小分子存在提供一个空间；图 7-36（b）给出了一个蛋白质的

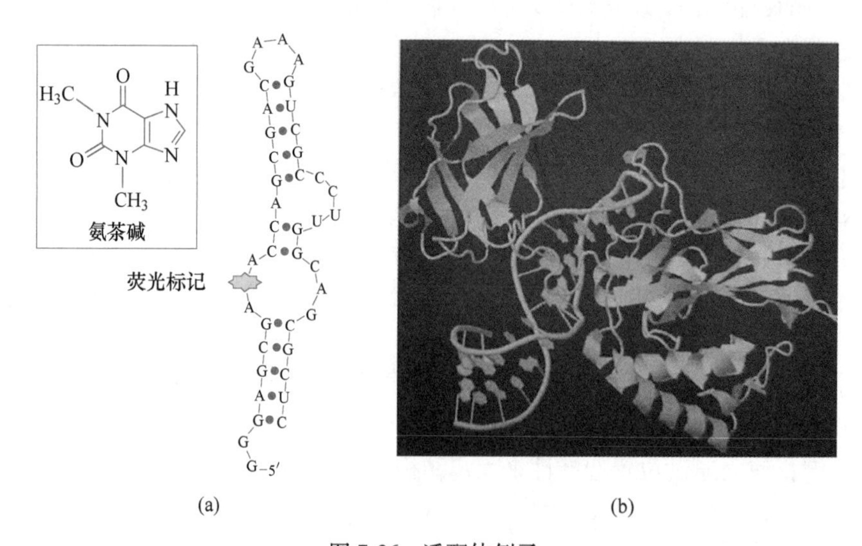

图 7-36 适配体例子

（a）抗茶碱适配体，在后骨架中插入特殊荧光标记；（b）一种蛋白质结构-RNA 适配体络合物

RNA 适配体络合物，由于特殊的二次结构，使适配体分子与蛋白质终端成键。因此，鸟嘌呤安置到螺旋边缘，与主沟槽一起形成蛋白质成键表面。

亲和力传感器中，适配体发挥着与抗体类似的作用。但是，与抗体相比显示出一系列优势，它可以通过化学合成奠定了低成本；而且，比抗体更稳定，容易改性，还能固定在固态底物上。完成识别功能后，除集成或选择性损失外，适配体还可以有效地进行再生。

单细胞（克隆）抗体以抗原决定簇选择形式，连接杂化分子的不同适配体，使之变得更有效。例如，图 7-37 给出两个适配体部分杂化，负载在每一个臂上，构成一个抗原决定簇特异性成键位置。蛋白质分子附着到两者的适配体臂，使络合物的选择性和稳定性增强。

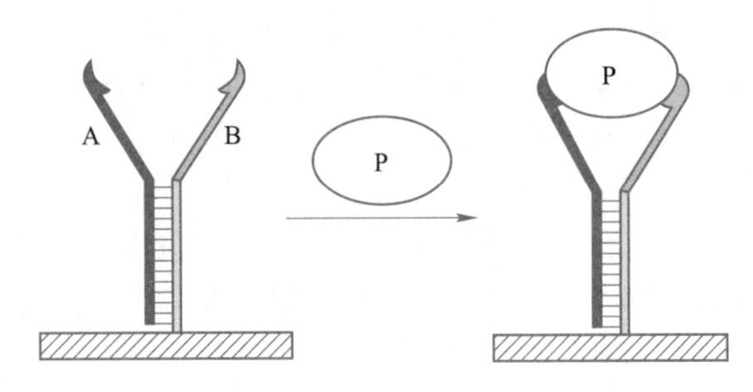

图 7-37 两个局部杂化抗原决定簇选择性适配体（A，B）与蛋白质成键示意图

适配体-被测物识别有几种方法，如图 7-38 所示。适配体和抗原，可以同时在三明治结构中使用，起着亲和力试剂作用。

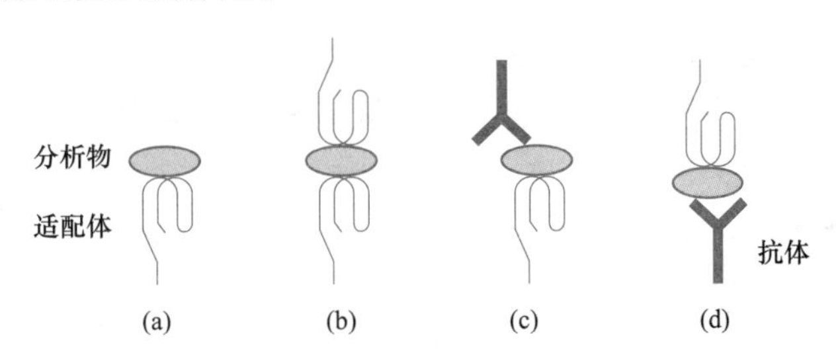

图 7-38 适配体基传感器可能构成的几种结构

（a）单个位置；（b）两个适配体双位置；（c）（d）一个适配体和一个抗原混合三明治

适配体是亲和力传感器中一种促进剂或抗体的辅助剂，它的应用展现出很大优势，它能以简单或调整的方式快速合成。但是，与抗体相比，适配体更稳定，更耐多分析-再生循环，显示出较低的非特异性结合习性。例如，RNA 适配体，与生物试样接触，使酶催化不同程度地衰减。另外，氟基或氨基取代糖 2′位置—OH，稳定寡核苷酸，会抑制反应进行。

7.2.4.2 探针固定

探针固定是制作 DNA 碎片的关键一步，已经把它应用到 DNA 传感器。其中，静电吸附、共价连接、化学吸附或亲和反应，是附着核酸探针到固态表面最常见的方法。采用聚合物（聚苯乙烯、聚丙烯酰胺和尼龙）、无机材料（玻璃、碳和金）和生物有机材料（纤维素和甲壳胺）等作为底物来固定探针。当然，也可用相似的方法来固定适配体。探针固定的另一种方法是在换能器表面上直接合成探针。这种方法消耗时间短，但还不能实现产物提纯和常规纯度检测。

A 静电吸附

静电吸附固定，是把核酸附着到底物表面的一种简易方法。尽管非共价作用有助于探针吸附，但最常用的方法是利用正电荷表面和负电荷吸附物骨架间静电作用。它通过静电作用于多磷酸盐残存物，以近乎平行表面方向，使寡核苷酸连接到—NH^{3+}功能化的固态支撑物。如果正电荷溶胶附到底物，溶胶内通过终端磷酸盐残存物配位，连接寡核苷酸，这几乎垂直于表面方向。

在碳材料上吸附制作电化学 DNA 传感器，也引起了人们对各种碳材料（如玻璃碳和热解石墨）和复合碳材料（碳膏、刚性的碳复合材料或丝网印刷基底）的研究兴趣。通过自由碱基与表面疏水性作用，引发玻璃碳上单排序列吸附，由于碱基隐藏在双螺旋结构，很难以双排形式吸附。原则上，为了创造氧化功能（—OH^-，—COO^-），以提高氢键吸附，碳电极吸附前要充分氧化。电极上，通过正电荷极化进行吸附，利用与寡核苷酸骨架的静电作用，提高表面覆盖率。

吸附可以产生有用的结合分子，同时也会出现误排，这是清洗也解决不了的。因此，大部分固定探针所占位置，都不利于杂化，导致效果不好。尽管如此，静电吸附也被认为是强化固定的一种方法，特别是一次性丝网印刷传感器气敏材料。这类传感器，先天灵敏度差，可以通过聚合酶链式反应进行改性。

B 自组装

自组装固定基于硫氢基与金自发反应形成较强的 S—Au 键。通常，以二硫化物形式提供含硫的核苷酸，如$DNA\text{-}(CH_2)_3S\text{—}S\text{-}(CH_2)_3\text{-}OH$，避免使用前硫氢基退化。探针化学吸附前，通过二硫苏糖醇还原，解离二硫化物键。随后，通过巯基醇化学吸附进行探针固定，如巯基乙醇，如图 7-39 所示，防止寡核苷酸的非特异性吸附换能器表面。但是，特别要注意升温过程会使 S—Au 键变弱。

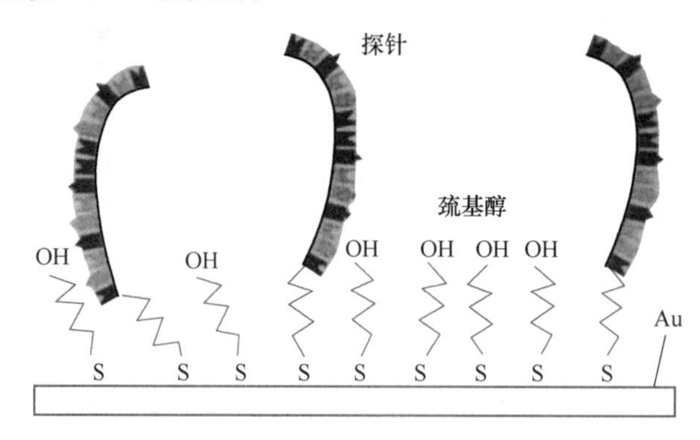

图 7-39 金表面自组装固定寡核苷酸探针

S—Au 自组装，能使探针单点附着，给出构象迁移，产生相对高的杂化速率。由于简单，巯基自组装是一种常用的探针固定方法。

C 聚合

聚合固定是通过吡咯的电化学聚合，在碳电极上把寡核苷酸结合到聚吡咯层。由于聚合物骨架带有正电荷，与阴离子的寡核苷酸以静电形式连接。作为选择性静电成键，使探针与聚合物骨架共价连接，完成吡咯与嫁接探针分子共聚合，如图 7-40 所示。吡咯单体 $m+n$ 超过 20000 时产生聚合，以满足探针充分移动。这种方法适合在连续传导表面（金，硅）或可单独寻址的导电点上一步完成。

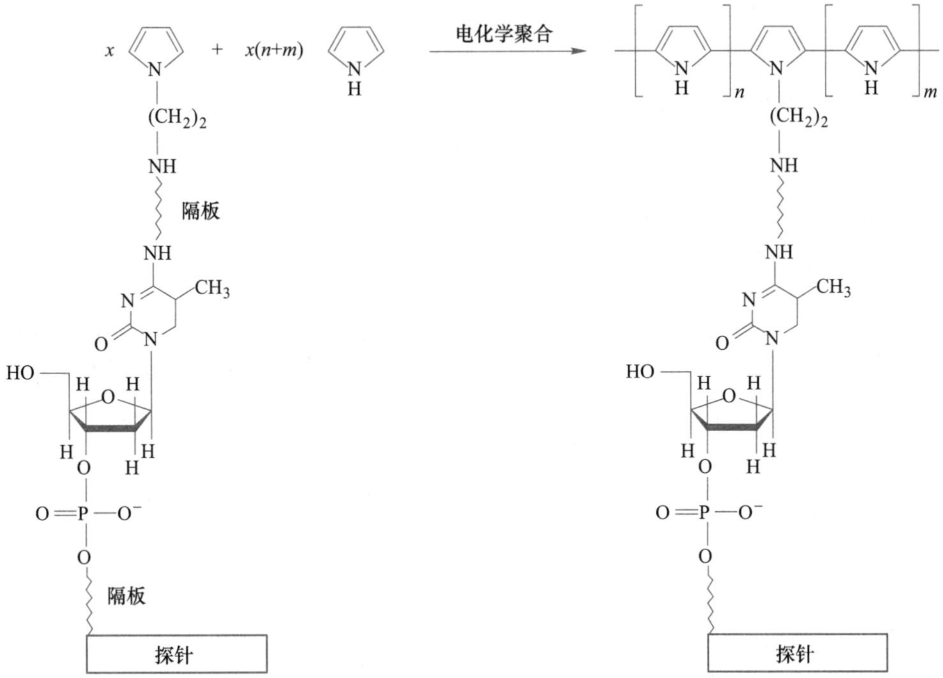

图 7-40 聚吡咯链上嫁接核酸探针

寡核苷酸探针与氧化还原水凝胶结合，以满足酶标记与下层电极交换电子。这种情况下，应该注意使探针充分移动，以保证杂化阶段有效地反应。

D 功能化表面共价固定

共价固定是探针与固态底物共价成键。尽管，这种方法可能会带来高耗时和高成本，但产生凸凹不平的识别层，适合于多方面应用。因此，需要在底物表面上先生成适宜的功能化基，以促进探针的横向连接。

核酸共价固定常用羧基、胺基和羟基，它通过硝酸和重铬酸钾混合物充分氧化，使碳表面与羧基一起功能化。用有机硅烷负载各种功能，可以修饰硅、玻璃和碳表面，使之容易横向连接。因此，对表面暴露的羟基材料，如玻璃、纤维素和预处理的碳，通过与胺基硅烷［APTES，$H_2N(CH_2)_3Si(OC_2H_5)_3$］反应进行胺基修饰。通过氧化和水解制备硅氧化物层产生羟基后，可以用相似方法处理硅表面。通过末端上功能化的具有反应性巯基自组装，可以修饰金、铟-锡氧化物。例如，通过氨-巯基［$HS-(CH_2)_n-NH_2$］自组装，可以与胺基一起修饰金表面。通过吡咯及其衍生物（3-羧吡咯）电化学共聚合，能制备出功能化聚合物层。

就探针成键位置而言，它可以是一个预存在的基团，如鸟嘌呤中末端磷酸盐残基或外环胺基，合成探针使之连接末端，如胺基或短的鸟嘌呤序列。

图 7-41（a）给出了通过碳二亚胺活化，磷酸盐末端与胺衍生物底物连接，产生磷酰

胺键。例如，作为中间产物稳定剂，在甲基咪唑和 N-羟基琥珀酰亚胺（NHS）存在下进行反应。通过鸟嘌呤连接，与羧基功能化表面共价成键，如图 7-41（b）所示。这种方法，使碳二亚胺活化得以实现，同胺栓系探针效果一样好。羰基二咪唑（CDI）存在时，可以获得胺栓系探针与羟基修饰表面成键，如图 7-41（c）所示。

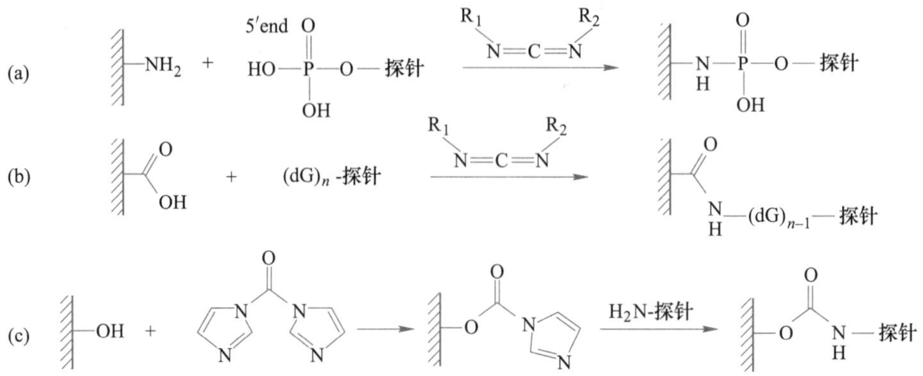

图 7-41 探针与功能化底物的共价固定

（a）探针与-NH_2 功能化底物成键；（b）与羧基修饰底物成键；（c）与羟基功能化底物成键

E 亲和反应

亲和素-生物素连接非常稳定，是组装 DNA 传感器的基础。这种固定方法，可以把生物素标记的寡核苷酸探针，嫁接到表面成键的亲和素或链霉亲和素。但是，表面上蛋白质层，也可能被诱导成非特异性成键，对传感器灵敏性和选择性产生负作用。通过蛋白质固定方法，也可以固定生物素。通过化学吸附或电聚合，能分别合成生物素-拴系硫烷烃或吡咯单体进行固定。亲和素-生物素作用，也常用于寡核苷酸-酶链接。在这里，酶的功能是作为一种反应性杂化受体。

F 聚核酸-纳米颗粒络合物

纳米颗粒用于标记、结构组分或其他用途，被广泛地用于核酸传感器。以上的固定方法，都适用于功能化纳米颗粒核酸。近期较多研究的材料，有金属纳米颗粒、半导体纳米颗粒、碳纳米管和磁纳米颗粒。

金纳米颗粒为改善基因测量提供了各种可能性，如探针-杂化对象杂化的底物、光学标记，或化学辅助的催化中心等。巯基连接探针的化学吸附，能直接固定在金纳米颗粒上。也可以考虑通过适当反应，在探针横向连接上使金纳米颗粒与生物素或胺一起功能化。

通过碳二亚胺活化方法，横向连接羧基到纳米管终端，使胺基连接核酸与碳纳米管成键。垂直排列的碳纳米管，使 DNA 阵列和传感器上核酸探针空间优化。在多壁碳纳米管上固定，获得高密度探针分子，使终端上具有更多状态的成键位置。

核酸与磁纳米颗粒成键，便于通过磁场作用进行分离、纯化和识别。为使核酸附着到纯磁体或氧化硅覆盖磁体上，纳米颗粒先与胺基硅烷反应，使之与—NH_2 键一起功能化。然后，使用戊二酸醛，附着胺衍生的核酸上。考虑核酸的亲和素-生物素连接，也可以选择磁纳米颗粒与亲和素一起功能化。

7.2.4.3 转换方法

核酸受体识别本质上是一个亲和反应。可以认为，核酸识别用到的转换过程，类似于竞争免疫传感器。同样，DNA 传感器的响应功能，类似于非竞争免疫传感器，高被测物浓度下显示出饱和趋势。

A 无标记

像亲和力传感器一样，识别过程中识别层物理状态变化，可以直接用于无标记转换。通过物质敏感转换，可以测量物质变化；光学方法，可以测量光学性质变化，如折射指数等。无标记转换方法系列，依赖于核酸中核碱基的电化学活性。

核酸探针与被测物两者都是聚阴离子，它们在电极上杂化提高了表面负电荷，排斥阴离子氧化还原探针，如 $[Fe(CN)_6]^{3-/4-}$ 等。静电排斥，抑制了氧化还原探针的电化学反应，提高了电荷传递阻力，具体大小可以通过电化学阻抗谱进行测量。

B 有标记

各种类型的转换标记，广泛地用于核酸传感器中，通过光学或电化学方法，间接地进行测量。下面介绍几种，用于杂化传感器标记转换。

有些过程，依赖于对识别阶段产生的络合物信号标记的选择性结合。图 7-42 给出一个实际过程，被测物比探针长，可持续到识别单排碎片。使用标记的寡核苷酸（信号探针），可以补偿悬挂碎片，使之附着到二次杂化过程中初始络合物，构成一个可测量的标记物，以评估识别过程。这种技术通常被称为三明治杂化。

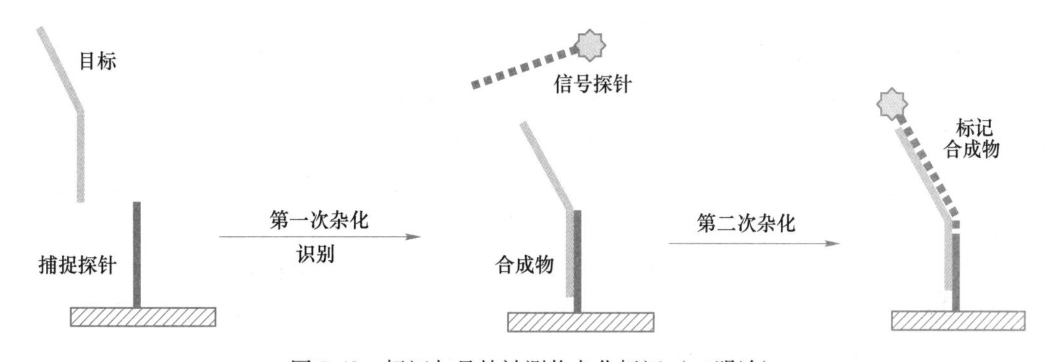

图 7-42 标记与悬挂被测物杂化标记（三明治）

图 7-43 给出另一类识别标记方法，依赖于标记插入物的设置。这种方法可能比三明治杂化缺少特异性，但它仅要求使用普通的化学试剂，避免了寡核苷酸标记合成。

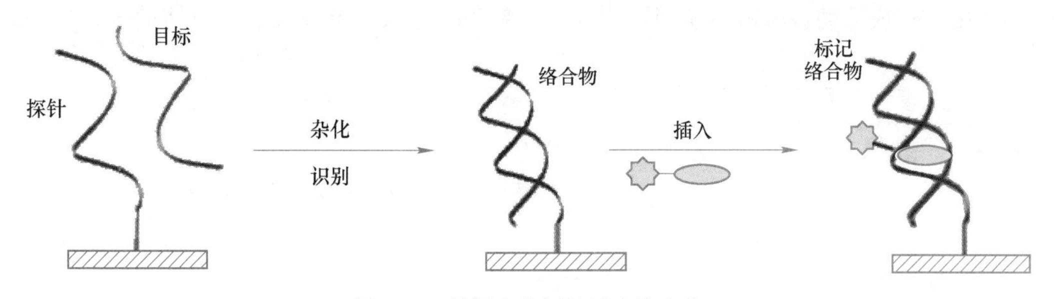

图 7-43 使用杂化标记插入络合物

常用的转换方法依赖于发卡型探针，如图 7-44 所示。探针分子含有辅助的外周茎（血干），它通过形成碱基对，来稳定发卡结构。附着在链终端的标记，显示出特异性，决定于转换表面或发卡二次终端位置（空间上解决了转换）。如果电化学标记紧邻电极，可以从下层电极上接收电子。探针识别碎片位于环区，当杂化带来发卡结构倒塌，能移动标记到一个瞬间活性位置。所以，电化学转换情况下，移动标记远离电极表面，电流流动会被干扰（信号中断）。设想出另一种策略，基于杂化后结构变化“产生信号”，杂化后信号增强，更具优势，获得好的信噪比。

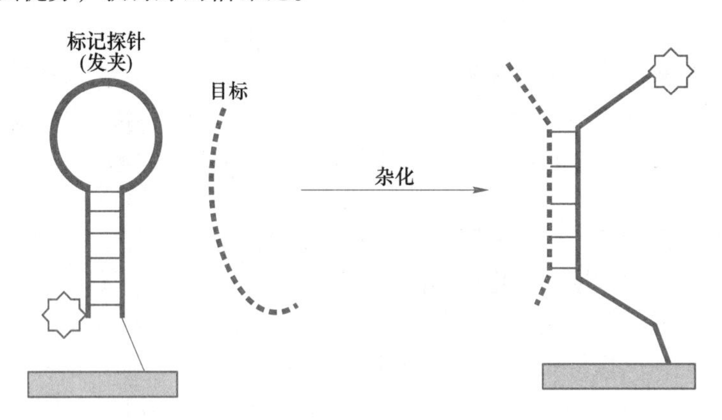

图 7-44 发卡型探针 DNA 杂化传感器结构

C DNA 增益

有时，会遇到有效 DNA 被测量浓度非常低，为保证核酸传感器定量可靠，操作规程中必须引入放大，来提高灵敏度。最直接的方法，是依赖于酶标记。酶的高转换，能增大本征信号，如单一标记就可以在单位时间里产生大量产物。

放大方法基于聚合酶链反应（PCR）增加初始目标物，通过酶催化反应，提高测量前被测物 DNA 量。

PCR 包含一个聚合酶和两个偶联剂。聚合酶是一种酶，它催化聚核酸聚合，如同一个辅助的模板。这个反应的最终产物由模板和新合成的辅助聚核酸双螺旋构成。PCR 中，使用热稳定的 Taq 聚合酶，它使反应能在高温下进行；同时，随着快的反应速率。偶联剂是一种短链，它能辅助模板的特异性排列。这种方法如图 7-45 所示，包含三个基本阶段：首先，初始 ds-核酸被改性，使之打开螺旋的链，要加热到 90~96 ℃获得解离。其次，约 50~55 ℃时通过偶联剂杂化，使偶联剂与 ss-DNA 分子中辅助序列结合。最后，72 ℃、聚合酶作用下合成辅助核酸链。从偶联剂开始，聚合酶可以读出模板链，与辅助核苷酸一起

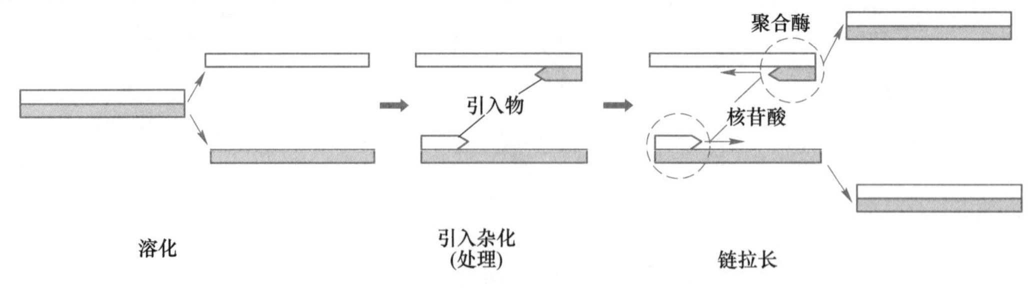

图 7-45 聚合酶链反应（PCR）示意图

排列。它的产物是两种新双螺旋，每一个都由初始链加上新组元。这个过程，可以重复循环多次，最终产物分子数量是 2^n 个，n 是循环次数。每个循环仅用 13 min，1 h 内可以完成初始 DNA 数百万次复制。PCR 过程中，可以引入标记到新合成的序列，它通过反应中标记核苷酸来实现。

使用增益完成基因测定，形成的 DNA 片如同自然或人工增益产物一样。例如，通过聚合酶链反应或连接酶链反应可以进行增益，也有通过自然基因重复进行增益的。

被测物初期培养是 PCR 最直接的应用，通过杂化后 PCR 可以改善灵敏度。最终，把络合物作为模板，使用探针作为引物及垂悬被测物部分，杂化后作用于 PCR。例如，在目标物 ss-碎片上通过 PCR 生长出辅助链，转换过程中会增加物质信号变化。

进一步，二次链的模板聚合，给探针-被测量络合物加入多个转换标记提供可能性，如图 7-46 所示。为了使结构内含有标记，伴同三种普通核苷酸，可以有效地制作一个标记核苷酸进入聚合过程。随之，获得响应值的增益，每个都关联着多个标记发出的被测物信号。

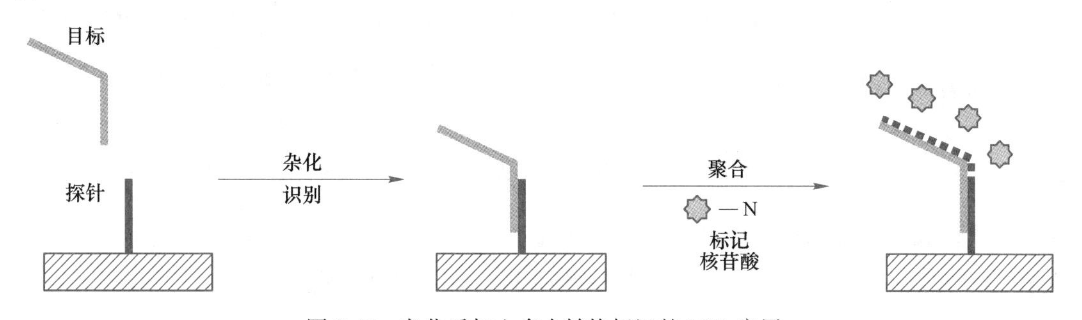

图 7-46 杂化后加入多个转换标记的 PCR 应用

7.3 酶传感器

电流葡萄糖传感器，是 Clark 和 Lyons 在 1962 年提出的，这迈出了令人叹服的第一步。氧化酶基电流传感器发展经历了三个主要阶段。氧化酶催化反应主要机制：

$$S + O_2 + 2H^+ + 2e^- \xrightarrow{\text{氧化酶}} P + H_2O_2 \tag{7-10}$$

式中 S，P——酶反应的底物和产物。

第一代传感器，依赖于氧消耗或过氧化氢生成的电化学测量。第二代传感器，引入人工电子受体（氧化还原媒介）来置换氧，在生物催化层中伴随酶一起配置，而传感器与溶液中附加试剂无关。接着，酶到电极间电子传导研究中诞生了第三代无媒介传感器。

电流酶传感器特色应用是葡萄糖传感器，广泛用于糖尿病监测和工业应用系列，也开发了其他分析上电流酶传感器，用于各种应用，如医学、生物技术、食品、饮料工业和环境监测。

7.3.1 电流酶传感器原理

最直接的物质-电流转换，依赖于自然辅助底物（或称共基底）测量，如氧化酶催化反应中氧，在氧探针膜和附加半透膜之间通过捕捉酶溶液构成一个传感器，如图 7-47（a）

所示，这里的 S 和 P 分别为葡萄糖和葡萄糖酸内脂。葡萄糖随着溶解氧一起扩散进入酶（E）层，经催化底物转换，导致氧浓度降低；剩余的氧，进一步扩散到电极表面，在这里它被还原产生响应电流。用氧探针响应值与无底物情况下的响应值比表示葡萄糖浓度。更进一步地发展，使用各种固定方法，在结构材料中配置酶。尽管是成功的，但这种转换机制也带来很多缺点，如氧探针对试样中不可控的氧浓度变化非常敏感，特别是在生物体内应用。另外，溶液 pH 值也只能由 pH 值缓冲系统来控制。

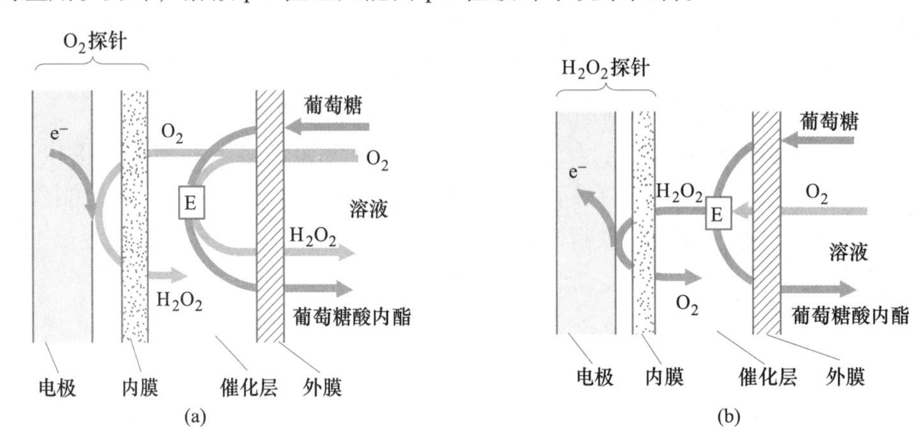

图 7-47 基于氧（a）和过氧化氢（b）扩散电流酶传感器

另外一种转换选择物是基于过氧化氢测量，它通过电化学阳极反应，如图 7-47（b）所示。H_2O_2 也是一种酶转化产物，它扩散到阳极，经极化被氧化成水：

$$H_2O_2 \longrightarrow H_2O + 1/2O_2 + 2e^- \tag{7-11}$$

但是，在过氧化物的氧化势下会出现内在性干扰，如尿酸盐、抗坏血酸盐和醋氨酚等，也将发生阳极反应，产生偏置电流。当干扰是负离子，制作一个由正离子交换器组成的外膜（如 Nafion），可以避免这些反应。该外膜，仅渗透小的中性分子，如葡萄糖和氧气，但排斥负离子。

缓解电活性物质干扰的另一种方法，通过催化剂，如普鲁士蓝，可以减轻过氧化物的氧化势。这种催化剂，可以集成进丝网印刷技术。但是，pH>7 时普鲁士蓝不稳定，限制了它与酶的结合。有报道，通过普鲁士层的电化学制备，可以改善它在 pH 区域的稳定性。

可选择的催化剂有过氧化物酶，它与氧化酶一起结合到敏感层。过氧化氢产生于底物转换，它氧化过氧化物酶。然后，通过直接传导或借助于介质，使电极获得电子。这样，把葡萄糖氧化酶和辣根过氧化酶固定在碳纳米管上，就能获得葡萄糖双酶传感器。同样，通过 Nafion 外置膜的办法，可以防止负离子干扰。这种传感器，施加零电势下对葡萄糖测量也显示出较高的选择性，同时抑制了干扰。

把类似一系列氧化酶，应用于这种转换方法，能够测量大量的化合物，如葡萄糖、乳糖、氨基酸、胆固醇和酚类。这类电流传感器的配置，如图 7-48 所示。

尽管依赖于氧供应，由于这种转换方法比较简单，在新酶固定方法或纳米材料应用上仍具有较大的吸引力。一个纳米材料应用的例子，如图 7-49 所示，给出一个碳纳米管网络结构生长在多孔 Al_2O_3 层内，与金覆盖的钯纳米管接触，它是通过微波等离子强化的化学沉积，在氧化铝孔中独立地生长出碳纳米管。为实现生物功能化，通过硫氰酸-金连接琥珀酰亚胺十一酸酯，再共价固定葡萄糖氧化酶到这个层。在 0.5 V vs Ag/AgCl 下，通过过氧化氢的阳极反应进行转换，可以获得了优异的敏感性（5.2 μA · mM^{-1} · cm^{-2}）和检测极限（1.3 μM），线性响应值范围也拓展到超过 4 个数量级。令人满意的结果，可以归于高酶负载和降低扩散电阻。同时，低活性点密度，防止独立扩散层重叠，也确保了自由基扩散发生，有助于提高物质传输速率。

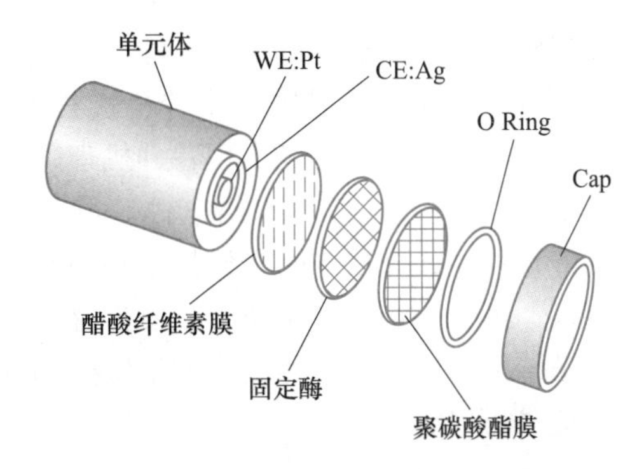

图 7-48 O_2 或 H_2O_2 测量电流传感器

WE—工作电极；CE—对极

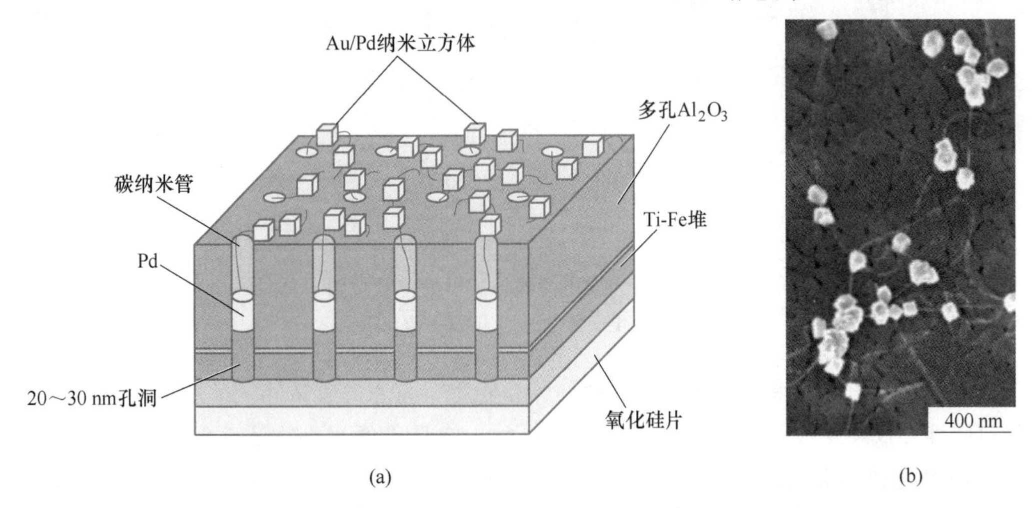

图 7-49 纳米管强化碳纳米管网络结构（a）和场发射电镜照片（b）

7.3.2 间接电子传导酶传感器

7.3.2.1 转换机制

为了缓解传感器依赖于氧供应，引入人工电子受体（介质 M_O）作为氧底物，反应机制如下：

$$S + E_O \xrightleftharpoons{k_1,\ k_{-1}} ES \xrightarrow{k_2} P + E_R \tag{7-12}$$

$$E_R + mM_O \xrightarrow{k_M} E_O + mM_R \tag{7-13}$$

$$M_R \xrightarrow{E_O} M_O + ne^- \tag{7-14}$$

在亲和力作用下，底物（S）与酶的氧化态（E_O）形成络合物 ES。从酶活性位置（E_O）传输电子给底物，使底物转化成产物（P），酶活性位置转化成酶的还原态（E_R）。接着，电子传输给电子受体，即氧化形式介质 M_O，酶活性位置再生恢复成氧化酶形式（E_O）；同时，产生还原形式介质 M_R。在电极上，进一步进行电化学反应，再恢复成 M_O 物质。总的反应过程，由从底物到电极经过酶和传导介质分段电子转移构成。通过反应（7-14）完成转化，电化学反应产生响应电流。除了氢离子可能包含在底物转换外，这个过程对于任何反应物都是独立的。

介质传导电流传感器的电子转移过程如图 7-50 所示，电荷交换转移到电极是关键，它依赖于生物催化层，可能出现各种机理，如把介质加入试样溶液，通过扩散达到生物催化层，电子通过 M_R 扩散传递给电极。但是，像这样的传感器并不是真正无试剂传感器，在生物催化层中，介质与酶它们最好在一起。通常，使用复合传导材料，如碳膏或丝网印刷碳墨水，结合酶和介质制作成介质传感器。这种情况，在介质分子和传导颗粒间，通过依次电子传递，实现电子传输。如果敏感部分仅由少量的分子层构成，介质到电极的直接电子传输是可以完成的。

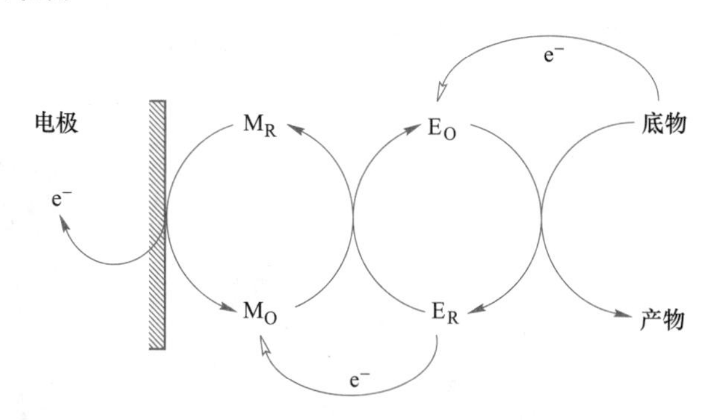

图 7-50 介质电流酶传感器反应示意图

空心箭头—电子转移；实心箭头—电化学反应

开发介质电流传感器的关键是介质选择。介质应完成的首要条件，是从酶获得电子的热力学可能性，这要求介质的标准电极电势相对酶一定是正的。生物体系氧化还原过程的研究，它通过各种标准电极电势表征，发现了多种介质。另外，适宜的介质应该是稳定的，能与固定技术兼容；而且，最好与氢离子无关。更进一步，介质在酶再生［式（7-13）］和介质再生［式（7-14）］阶段，应该显示出尽可能高的反应速率。最好，电化学反应［式（7-14）］应该属于（快速）可逆类型。为了满足这个过程，电极极化时电势应该尽量靠近介质氧化还原对的标准电极电势。这样，具有相对较低的标准电势介质，比较好实施，可以避免具有电化学活性的杂质组分干扰。如果设计生物体内使用的传感器，还应该注意防止毒性介质渗漏到生物组织。

介质电流传感器一个常见的干扰，是来自溶解氧，在反应［式（7-13）］中它与介质竞争，可能会引起响应电流偏差。如果介质浓度非常高，酶再氧化［式（7-13）］和电子传递非常快，可以缓解这种干扰。通过固定选择性渗透材料中酶，阻止氧接近酶，可以防止氧干扰。这样的情况，可以使用与氧无关的酶取代氧化酶。其中，PQQ-相关葡萄糖脱氢酶，就是电流酶传感器中比较好用的葡萄糖氧化酶。

如图 7-51 所示，给出基于氧化还原酶，如酪氨酸酶、漆酶和过氧化酶的酚醛化合物传感器。被测物（酚醛化合物）随着一种氧化剂，从溶液中扩散到酶层发生酶反应，与电极反应一起，被测物在两种氧化态中循环。过氧化酶中，氧化剂是过氧化氢；漆酶或酪氨酸酶中，氧化剂是氧气。

这个结构，基于酶氧化反应，使用脱氢酶（如纤维二糖脱氢酶或 PQQ 葡萄糖脱氢酶）开发出还原基传感器。这种情况下，酚醛被测物在电极上首先被氧化，产物通过酶从适宜

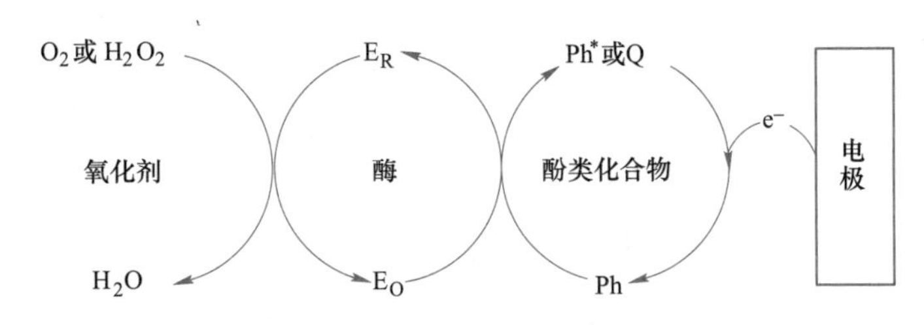

图 7-51 电流酚醛传感器反应机理

E_R，E_O—酶的还原和氧化形式；Ph，Ph*，Q—酚醛分子、酚氧自由基和醌形式

的底物接收电子。为实现被测物的电化学反应，氧化基一方要在相对低的电势（-0.1~0 mV vs. Ag/AgCl）下还原；而还原基一方则需要相对高的阳极极化（0.3~0.4 mV vs. Ag/AgCl）下氧化。因此，存在被电化学活性杂质干扰的风险。

像抗坏血酸，底物循环受还原剂支配。这项工作，可以通过第二种酶来完成，把电化学反应产物转换成酶的底物。这样，通过电化学聚合，经共固定多酚氧化酶和辣根过氧化酶，构建成酚醛传感器。其中，酶转化酚醛到醌，是经电化学还原至邻苯二酚，过氧化酶催化转化邻苯二酚到醌，近期已建立起双酶传感器的理论模型。像这样酚醛化合物，在水中是不溶的，可以被萃取出来，使之进入有机溶剂；然后，通过适当传感器，在萃取液中进行定量。

7.3.2.2 传导介质

A 无机化合物

较早作为传导介质被试用的有铁氰化物离子 $Fe(CN)_6^{3-}$，在无氢离子参与情况下它获得一个电子被还原成亚铁氰化物 $Fe(CN)_6^{4-}$。像这样的阴离子介质，很容易通过静电吸引到正电荷基体（如被氧化的聚吡咯）形成络合物。铁氰化物与碳纳米管一起进入丝网印刷结构，能提高电子传输速率。铁氰化物适合制作一次性传感器，由于操作时间非常短，介质泄漏就不是问题。

金属氧化物，如 Fe_3O_4、Fe_2O_3、MnO_2 和 SnO_2，混合在碳膏或丝网印刷墨水中表现出良好的介质性能。但是，铂族金属化合物，特别是 IrO_2，能使传感器在相当低的电势下操作。甲壳胺络合物中掺入酶和 Fe_3O_4 纳米颗粒，构建了一种酪氨酸酶基邻苯二酚传感器。这种情况下，能获得高酶负载，产生甲壳胺多孔结构。同时，介质纳米颗粒的高比表面积，也使酶-介质反应有较高的反应速率。

B 有机化合物

在氧化还原酶基生物传感器中，有机物氧化还原对是一类可取的介质。那么，苯醌和它的衍生物以及其他二醌（如 1,2-萘醌-4-硫磺盐），如图 7-52（a）所示，成功地应用于介质传感器。许多有机介质，是从氧化还原滴定分析中氧化还原指示剂（氧化还原颜料）中选出的。这一类，分别属于吩嗪、吩哑嗪和吩噻嗪的衍生物，如图 7-52（b）~（d）所示。

这些介质的氧化还原反应，涉及氢离子传输，标准电极电势与 pH 相关。如图 7-52 所示，苯醌经历了与 $2e^-$、$2H^+$ 反应，剩余化合物经历 $2e^-$、H^+ 反应。试样 pH 值，通过 pH 缓冲液来控制。当选择这类介质，应注意在光或氧作用下可能出现不稳定性。

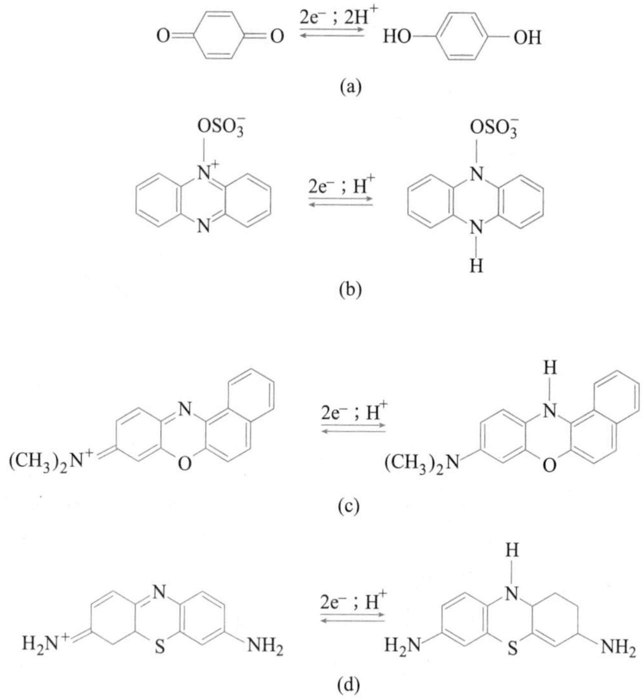

图 7-52 电流酶传感器中使用与 H^+ 相关有机化合物介质

（a）苯醌；（b）吩嗪甲酯硫酸盐；（c）麦尔多拉蓝；（d）甲基蓝

另一种有机介质，是非饱和、异类杂原子化合物，它的离子或自由基形式，是通过共轭π轨道体系电荷离域来稳定的。这种结构，导致化合物经历与 H^+ 无关的氧化还原反应。典型的例子，有四氰基对醌二甲烷（TCNQ）和四硫富瓦烯（TTF），如图 7-53 所示。第一种化合物是电子受体；第二种化合物是电子供体。两者都经历了两个单独电子传递反应，先产生一价自由基离子，其后是两价离子。每个氧化还原阶段的标准电势，依赖于溶液中溶剂特征和平衡离子，导致仅含第一阶段电子传递在生物传感器应用中出现。

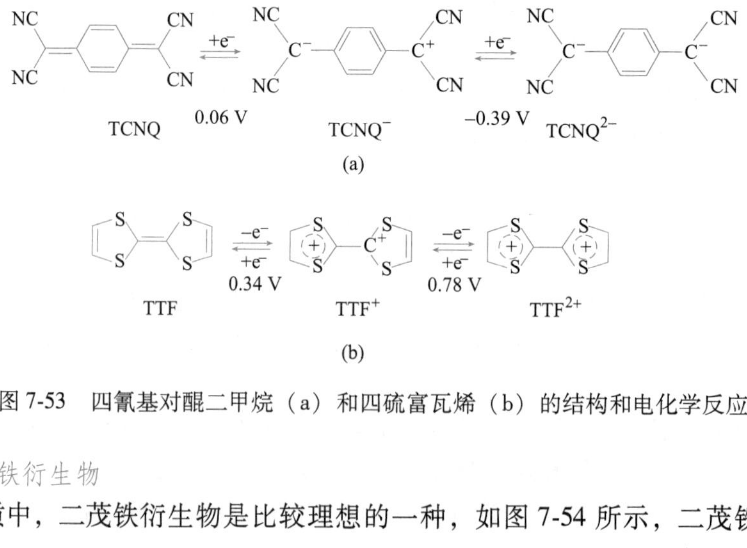

TCNQ ⇌(+e⁻, 0.06 V) $TCNQ^-$ ⇌(+e⁻, −0.39 V) $TCNQ^{2-}$

(a)

TTF ⇌(−e⁻/+e⁻, 0.34 V) TTF^+ ⇌(−e⁻/+e⁻, 0.78 V) TTF^{2+}

(b)

图 7-53 四氰基对醌二甲烷（a）和四硫富瓦烯（b）的结构和电化学反应

C 二茂铁衍生物

各种介质中，二茂铁衍生物是比较理想的一种，如图 7-54 所示，二茂铁是具有环戊二烯基芳香阴离子铁电荷转移络合物，化学键产生于配体π轨道到铁离子空轨道的部分电子转移。还原与氧化形式上电化学互换，以+165 mV（vs. SCE）半波电势可逆进行，它们的溶解度和标准电势，通过加入一个置换基给配体进行调节。其中，电子吸引基（像羧基或芳香基）增加标准电势；电子排斥基（像羟基或胺基）使标准电势移向更负。尽管，二茂铁自身可溶于水，但它的溶解度可以通过加入疏水性置换基而减小。家庭使用的最初葡萄糖传感器，就是以二茂铁为介质。

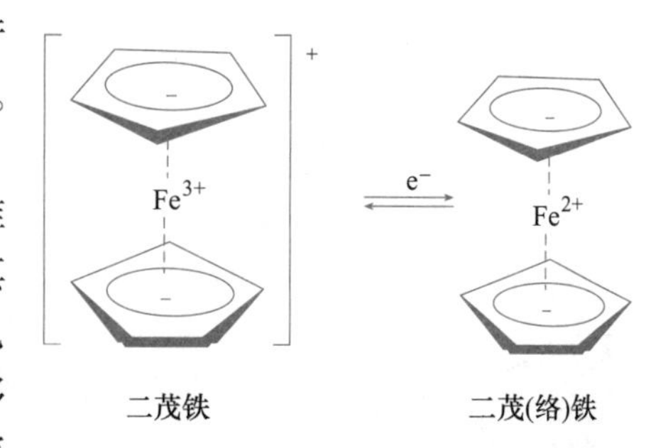

图 7-54　二茂铁的结构和氧化还原反应

二茂铁介质传感器制作，相当直接。通过甲苯溶液挥发，在碳电极表面上先沉积不溶于水的二茂铁（如1,1′-二甲基二茂铁）。然后，通过适宜的方法固定酶，如共价键或吸附。最后，用选择性渗透膜来覆盖敏感层。或者，把酶和介质两者结合进碳膏或丝网印刷结构。

丝网印刷技术，特别适合于电流酶传感器批量生产。如图 7-55 所示，它是葡萄糖或酒精传感器上的配置，使用具有 4-二茂铁苯酚 PQQ 相关脱氢酶作为电子传递介质。首先，通过2，4，7-三硝基-9-芴酮（TNF）电化学聚合形成选择性渗透膜，使之覆盖在碳墨层上。其次，从丙酮内吸附介质到碳墨上。然后，用戊二醛横向连接固定酶。其中，聚合（TNF）覆盖，是为阻止电活性杂质到达电极，以改善测量极限。

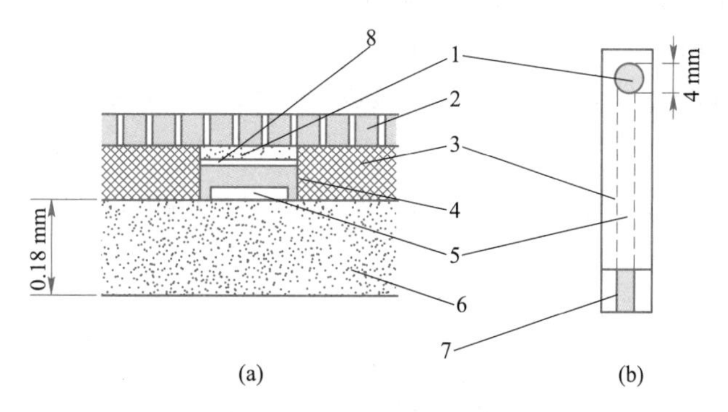

图 7-55　丝网印刷的电流酶传感器

（a）横断面；（b）普通视图

1—酶层；2—半透涤纶膜；3—绝缘膜；4—碳墨层；5—银连线；
6—聚对苯二甲酸乙二醇酯膜；7—接触区；8—选择渗透聚合物（TNF）膜

图 7-56 给出葡萄糖氧化酶共价结合金电极和金纳米颗粒的生物催化剂，它构建了一个平台，使之通过靠近酶分子处硫醇键增补二茂铁，用来改善从还原酶到电极的电子传递过程。

通过二茂铁一元羟基酸到氨基硅烷衍生碳纳米管的碳二亚胺对，获得了碳纳米管葡萄糖传感器。其中，生物催化剂层是在石墨电极上浇铸甲壳胺和葡萄糖氧化酶溶液衍生出碳纳米管悬浮液制备的。传感器响应值如图 7-57 所示，可以看出溶解氧能引起负偏差。

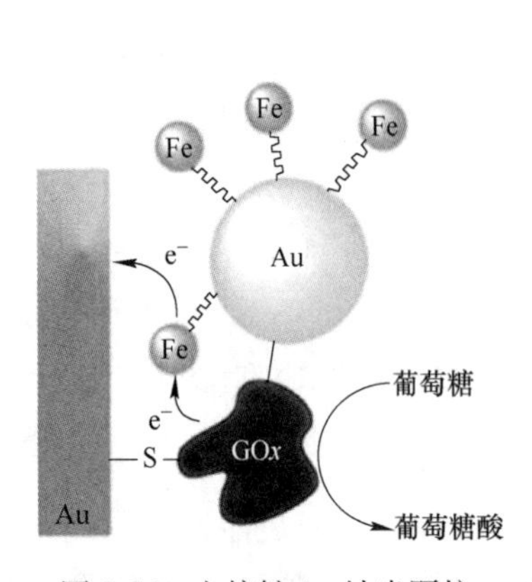

图 7-56　电接触 Au 纳米颗粒-葡萄糖氧化酶构成的电极

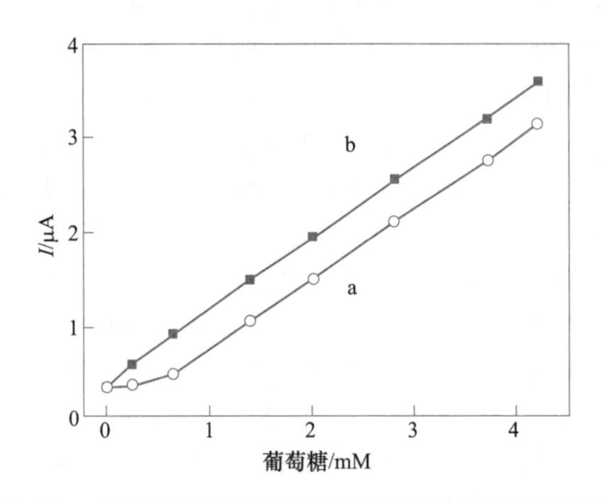

图 7-57　二茂铁碳纳米管为介质葡萄糖传感器的校正曲线
a—有氧存在；b—无氧存在

D　氧化还原聚合物

最初电子传导依赖于介质，它以独立分子形式随机地分布在生物催化剂层内。之后，为更有效地发挥介质作用，把介质部分固定在聚合物骨架上，通过共价键连接酶，如图 7-58（a）所示，它从构建聚乙烯基吡啶开始。首先，聚合物中部分吡啶残余物，经锇络合物协调，固定到生成的氧化还原聚合物上，如图 7-58（b）所示。进一步，衍化残余的吡啶，通过共价键使之固定酶。产生的宏观分子结构，含有酶和锇络合物介质附着到骨架上，如图 7-58（a）所示。另外，它含有部分电荷，赋予亲水性，提供聚合物网络水化作用，促进了底物到酶的通路，产生的材料被称为氧化还原水凝胶。

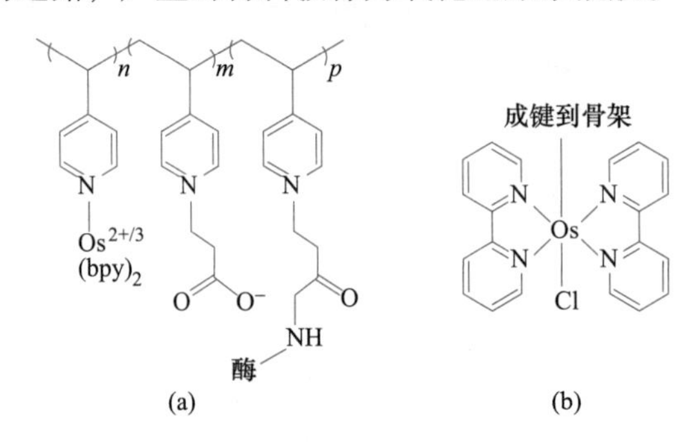

图 7-58　酶连线的一般表示法
（a）聚合物骨架和功能团；（b）氧化还原中心/介质—[Os 联苯啶 Cl]$^{2+/3+}$络合物

这样的结构，通过介质靠近酶的活性位置，促进了从酶到介质的电子传导，尽管空间上防止了直接接触。进一步讲，少量的聚合物单层中，电子可以直接从介质传递给电极。但是，对于较厚的体系中，为完成氧化还原中心与电极间电子交换，一定会发生不同类型的电子传递，如渗透电子跳跃、长链式移动和短链式移动等。因此，电子传导，很大程度上依赖于介质与骨架间空间连接的适宜度。由于体系内维持电中性，电子传导可能受限于相向离子扩散。也就是说，氧化还原聚合物集成的酶是一种导线酶。

其他的聚合物，如聚硅氧烷、聚氧乙烯，被认为是用来构建更适宜的亲水性结构。各种介质，如二茂铁、四硫富瓦烯、苯醌和紫罗碱的研究，多是探索它们的特殊标准电极电势和与特殊酶的相容性。

文献报道，给出了氧化还原水凝胶酶传感器测定氧化酶和脱氢酶底物的各种应用，展现出氧化还原水凝胶在电流酶传感器制备生物催化层中是一种不可多得的材料，它的使用保证了高的介质浓度和快的电子传导，尽管它仍比底物扩散慢得多。

氧化还原水凝胶也适用于制作多酶传感器。如图 7-59 所示，这种设计中，第一种酶层转化被测物 A 到产物 B，产物 B 进一步作为底物起到第二种酶作用，通过氧化还原聚合物连线到电极。这种方法，它在被测物测量中不参与酶催化的氧化还原反应。

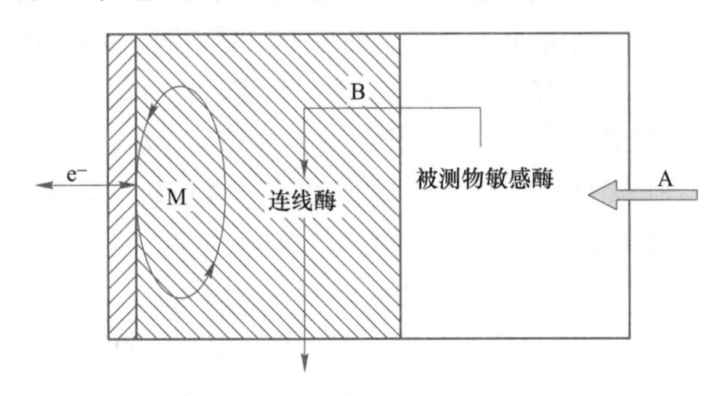

图 7-59 基于酶连线的双酶传感器

非常有趣的是，也可使用锇氧化还原聚合物，满足革兰氏阳性微生物枯草杆菌和电极间有效的电子交换，开发出电流琥珀酸脱氢酶传感器。

E 导电聚合物

导电聚合物，在电流酶传感器中有各种用途。一个简单应用涉及导电聚合物，如聚吡咯或聚苯胺作为缠绕基体来固定酶。当氨基附着到聚合物骨架上，通过共价连接，在酶固定上起结合位点作用。

更进一步的应用，是借助于导电聚合物形成氧化还原水凝胶的骨架。如图 7-60 所示，有酶存在时，吡咯及其单体电化学共聚合，三维聚合结构中含有 PQQ 相关的葡萄糖脱氢酶，同时伴有锇联吡啶。酶表面上，通过亲和作用聚合形成自由基正离子反应，有固定酶作用。

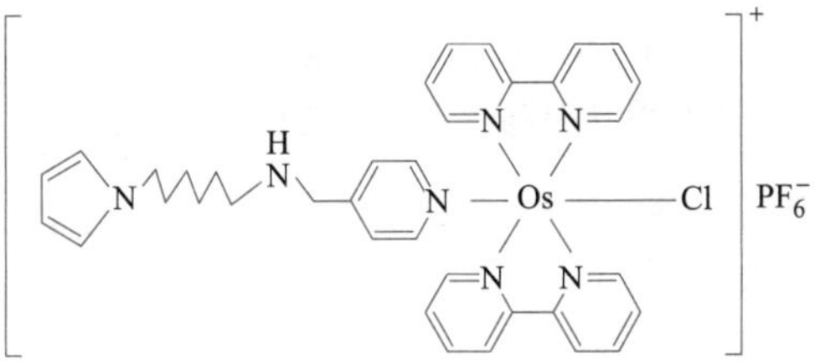

图 7-60 锇联吡啶衍生的吡咯单体用于共聚合合成氧化还原水凝胶

一些多功能酶，如吡咯喹啉醌（PQQ）和血红素 C 基乙醇脱氢酶，可以实现电子传递给聚吡咯骨架。因此，设计出酶传感器聚吡咯覆盖电极，而不需要氧化还原介质。但是，使用这种方法，产生酶的功能是有限的。

7.3.3 直接电子传导酶传感器

如果传感器不依赖于共底物或介质，也能满足氧化还原酶的嫁接基和电极间直接电子传递，将会大大简化传感器制作，下面介绍几种方法。

7.3.3.1 导电有机盐电极

使用导电有机盐电极，可以满足氧化还原酶的直接电子传导。这类化合物由电子供体和电子受体结合而成，如图 7-61 所示，有四硫富瓦烯（TTF）和四氰基对醌二甲烷（TCNQ）。氰甲烷中，两种化合物直接反应可以制备 TTF-TCNQ 盐，这种产物是一种平面分子，它具有离域化π轨道，能拓展到分子平面的上面和下面。在结构上，固态 TTF-TCNQ 盐分别由供体和受体的正离子和负离子隔离块堆积而成。部分电子传导，保证了交替的供体-受体堆积块间相对稳定成键。这种化合物是电荷传导化合物，显示半导体性质。

有几种办法，可以制备 TTF-TCNQ 电极。使用单晶或压块的纯化合物，或像碳膏电极一样，把细的有机半导体与惰性油均匀混合产生一种导电浆。更直接制备导电盐修饰电极的方法是把一种盐溶液加在石墨电极表面上使溶剂慢慢蒸发。

导电盐电极的电势窗由化学反应来决定。电中性溶液中，在比+0.4 V vs. SCE 更正的电势下，氧化 $TCNQ^-$成为电中性的 TCNQ，它不溶于水、残留在电极表面；在比-0.2 V 更负电势下还原，释放出 TTF 和 $TCNQ^-$。因此，在它们之间调节工作电势，不允许超出极限范围；否则，电极表面可能被非溶性分解产物所覆盖。

导电盐电极酶传感器的适用性，通过各种黄素酶已被验证，如葡萄糖氧化酶、D-氨基酸氧化酶和 L-氨基酸氧化酶传感器，分别实现了葡萄糖和氨基酸的测量。通过吸附固定酶到电极表面，用渗透膜覆盖敏感层，获得较宽的线性响应范围，其中渗透膜内受扩散控速。丝网印刷技术，适合于这类传感器制作，经表征显示出具有较好的长期稳定性。

使用非导电聚合物（聚吡咯）膜集成 TTF-TCNQ，制作一次性葡萄糖传感器，如图 7-61 所示。通过绝缘聚合物膜，使 TTF-TCNQ 晶体长大，形成具有较大比表面积的枝状结构，它仅在葡萄糖浓度低于 1×10^{-3} mol/L 时，检测出氧干扰。电活性物质，如抗坏血酸、尿酸、半胱氨酸和醋氨酚，给出非常低的信号或检测不到。这些，归诸于负电荷聚合物的保护作用，有效地阻止了阴离子干扰。因此，导电有机盐电极，促进了测量生物中各种被测物电流酶传感器开发。

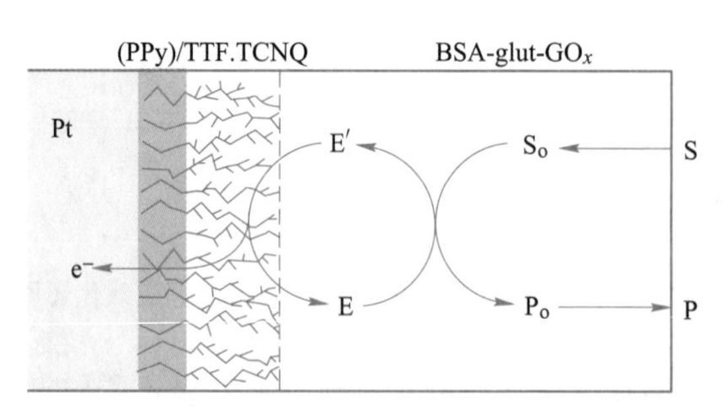

图 7-61 绝缘聚吡咯膜内集成 TTF-TCNQ 制备一次性葡萄糖电极示意图

(PPy)/TTF. TCNQ—聚吡咯内集成 TTF. TCNQ 膜；BSA-glut-GO_x—戊二醛和牛血清蛋白固定葡萄糖氧化酶

7.3.3.2 FAD-血红素酶直接电子传导

纤维二糖脱氢酶基乳糖传感器上，报道了一种直接电子传导机制。结构上，纤维二糖脱氢酶，含有两个嫁接基：一个 FAD（黄素腺嘌呤二核苷酸）和一个血红素细胞色素（CDH）。第一个催化阶段，含 FAD 部分催化乳糖转化，如图 7-62 所示，它通过内部电子传递给血红素基，进一步传递电子给电极，实现了 FAD 循环，完成检测/转换阶段。值得重视的是，这种机制也能完成电子直接传递给普通电极材料，如金等。

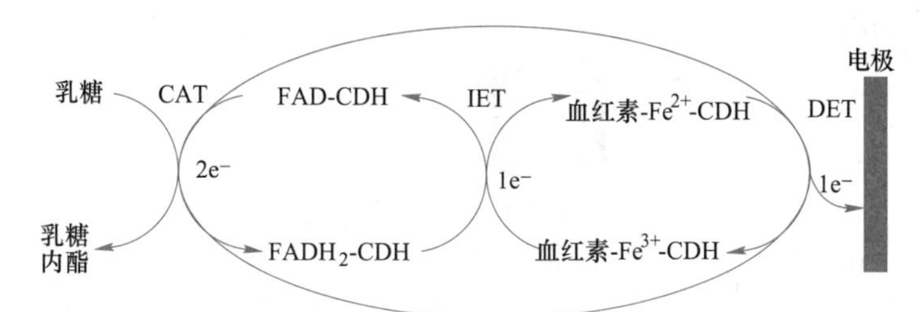

图 7-62 乳糖生物传感器中纤维二糖脱氢酶、电极界面上反应机制

CAT—酶催化反应；IET—体内电子传递；DET—电化学反应

在燃料电池型葡萄糖生物传感器中，巧妙地探索了纤维二糖脱氢酶的特殊结构，它通过一种传统的燃料，如葡萄糖，自发的电化学氧化产生电流，它的机制与图 7-62 类似，阳极反应由葡萄糖脱氢构成，使用纤维二糖脱氢酶为催化剂；阴极反应是胆红素氧化酶催化下氧还原。这个燃料电池在合成磷酸盐缓冲液或人的血清中起作用，促进了它在生物体内应用。

7.3.3.3 纳米材料直接电子传导

为了满足电极和酶活性位置间直接电子传递，科研人员也尝试了通过集成酶和纳米颗粒实现生物催化层结构调制，如图 7-63 所示，给出金纳米颗粒的应用。在机制 A 中，金纳米颗粒被 FAD 衍生物功能化，使之与载脂葡萄糖氧化酶作用重构酶，实现纳米颗粒-酶连接。进一步，通过金纳米颗粒，使络合物与二硫酚修饰的金电极桥接。在机制 B 中，在二硫酚修饰的金电极上，首先组装纳米颗粒 FAD；然后，在其层上重构酶。两种方法，都能产生线状葡萄糖氧化酶单层，结果表明，都具有非常快的电子传递，在 mM 区域较宽的范围内葡萄糖浓度呈线性响应值，而且不受溶解氧干扰。

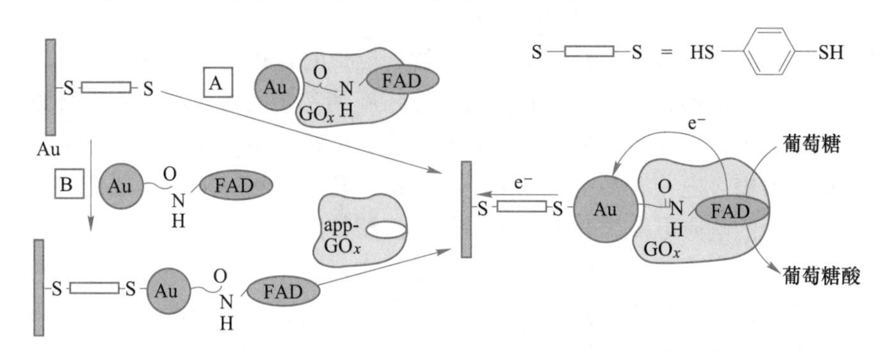

图 7-63 实现电子直接传递到下层金电极的葡萄糖氧化酶-金纳米颗粒连接自组装

FAD—黄素腺嘌呤二核苷酸；GO_x—葡萄糖氧化酶

碳纳米管研究表明，它也适合酶和电极间直接电子传递导。如图 7-64 所示，给出了一种碳纳米管葡萄糖传感器酶连线的制作方法。这种方法中，通过自组装单层半胱胺［图 7-64（a）］覆盖修饰金电极；接着，通过酰胺缠绕羧基团［图 7-64（b）］，共价附着到 120 nm 单壁碳纳米管。进一步，为了增补葡萄糖氧化酶到碳纳米管上，采用两个不同的固定流程。其 I 中，葡萄糖氧化酶自身附着到碳纳米管层［图 7-64（c）］；其 II 中，附着 FAD 嫁接基到碳纳米管［图 7-64（d）］。接着，通过脱辅酶与 FAD 修饰电极［图 7-64（e）］作用，重构酶。

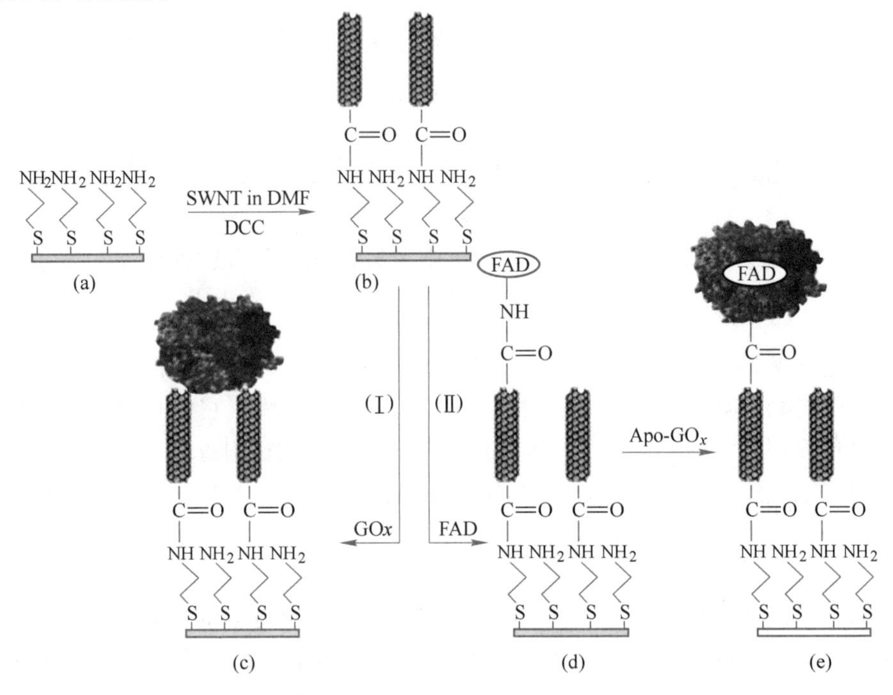

图 7-64 通过碳纳米管实现葡萄糖氧化酶连线修饰金电极制作主要步骤（a→c 或 e）
（a）自组装单层半胱胺；（b）酰胺缠绕羧基团；（c）葡萄糖氧化酶附着到碳纳米管层；
（d）附着 FAD 嫁接基到碳纳米管；（e）脱辅酶与 FAD 修饰电极作用

以上两个例子，描述了酶固定和纳米材料连接的一般性原理，它是通过脱辅酶和催化剂分子间亲和反应进行的，称之为酶的重构。

总之，使用不同的技术和材料，可以实现酶和电极间直接电子交换。这种方法，避开了一些复杂性问题。值得一提，这方面研究已经拓展到含铜蛋白质和木质素分解氧化还原酶，展现出直接电子传递在电流酶传感器制作上具有广阔应用前景。

电流酶传感器中，电流转换上有三种主要方法。利用自然辅助因子或产物的电化学活性，监测这些组分的响应电流，开发出第一代电流酶传感器。在敏感层中引入介质，使传感器不受试剂干扰，也方便了操作。由于电化学反应可以循环介质，在操作过程也不产生消耗，这就是第二代电流酶传感器。两者的特征，是在电极和酶活性位置之间间接地通过自然或人工辅助因子实现电子交换。进一步，在没有介质条件下实现电极与酶间直接发生电子交换，这就是第三代电流酶传感器设计思想，它有效地利用了特殊的有机半导体为电极。

7.4 免疫传感器

免疫传感器依赖于生物体免疫响应中含有的物种。为了移除病原体和其他外来物种，有机体通过一系列生理过程，来识别和消灭入侵者。免疫分析现在已成为一种常用的诊断方法。

免疫敏感元件中，包含的化合物通常不具有电化学活性，电流免疫传感器依赖于标记，或是电化学活性化合物，或是氧化还原酶。其中，合成受体（如分子印迹聚合物）也为小分子测量以及使用稳定材料置换贵重、不稳定抗体提供了良好的契机。

7.4.1 免疫传感器原理

理论上，均相或异相形式都可以进行免疫测量。后者选择，是依赖于固定在固态底物上受体，免疫传感器主要利用了这种特征。

直接免疫分析检测抗原，它主要使用标记抗体，把抗体加入试样。通过洗去过剩的抗体，检测产生的标记络合物。而两种间接免疫分析检测抗原，是基于固定受体，引入标记试剂。依照通常实践，它假设免疫分析中使用单克隆抗体。

非竞争检测如图 7-65（a）所示，它依赖于两种单克隆抗体，任何一个都能连接抗原的特异性表位。第一种抗体是固定的受体；第二种抗体是标记信号抗体（次生抗体）。第一步，把试样溶液与受体一起培养，使抗体-抗原作用达到平衡。然后，洗掉试样，加入信号抗体溶液。把信号抗体连接到先前形成的络合物，产生标记的三元络合物。移去以上溶液后，读出由固定标记产生的信号，来推断出抗原浓度。这种技术的“过剩试剂”设计，源于实际过程，仅受体总量（试剂）一部分与分析物反应。

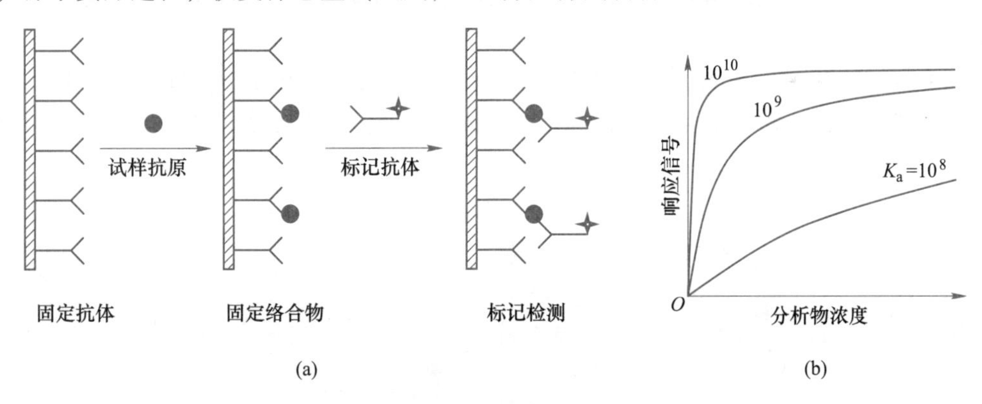

图 7-65 过剩试剂免疫测量

（a）测量顺序；（b）K_a 值的校正图

为了导出响应函数，可以认为受体 R 和分析物（配体）A 可逆成键形成络合物 C，有：

$$A + R \longrightarrow C \tag{7-15}$$

成键过程可能非常快，通常接近扩散控速。用 C_a、C_r 和 C_c，分别表示 A，R 和 C 的浓度。那么，聚合（ν_a）和解离（ν_d）过程反应速率分别为：

$$\nu_a = k_a C_a C_r \tag{7-16}$$

$$\nu_d = k_d C_c \tag{7-17}$$

式中 k_a，k_d——聚合和解离的速率常数。

达到平衡时，正逆反应速率相等，给出聚合常数：

$$K_a = C_c / C_a C_r = k_a / k_d = K_d^{-1} \tag{7-18}$$

K_a 表示络合物的聚合常数，用来表征络合物聚合强度；相反，K_d 表示络合物的解离常数，K_a 是 K_d 的倒数。式（7-18）中浓度是平衡时浓度（C_a，C_r），与初始浓度（C_a^0 和 C_r^0）不同。但是，相对受体来讲，分析物参与反应的有效量质量分数很小，假设分析物浓度是一个常数（$C_a \approx C_a^0$）。相反，受体浓度发生显著变化，平衡值变成 $C_r = C_r^0 - C_c$。代入式（7-18），整理后络合物浓度为分析物浓度的函数，有：

$$C_c = C_a C_r^0 / (K_d + C_a) \tag{7-19}$$

这个方程类似于 Langmuir 等温吸附关系式，给出络合物浓度随分析物浓度呈非线性增加，在高浓度下逐渐趋向于一个极限值，如图 7-65（b）所示。当 $C_a \ll K_a$，即非常低的分析物浓度下近似地接近一个线性关系。可以看出，线性响应范围，随着 K_a 增加移向低浓度，呈现出非常强的分析物-受体间作用趋势。处理抗体-抗原体系时，式（7-19）仅在均相、单克隆抗体和忽略非特异性成键条件下成立。但是，在非常低分析物浓度下不能维持 $C_a \approx C_a^0$ 时，实际曲线会偏离式（7-19）。尽管，校正图仅在特征上处于一个线性近似区域，但对分析应用也是非常有帮助的。由于分析物浓度可以拓展到非常宽的范围，通常把校正图画成对数刻度。

为了获得最好的灵敏度，通常在体系接近平衡时读出免疫传感器响应值。但是，识别过程达到平衡状态可能非常慢，需要较长的培养时间。因此，短的响应时间和高的灵敏度是矛盾的，有时无法同时满足。如果使用具有高亲和力的抗体，则有助于获得满意的灵敏度。

竞争测定，如图 7-66 所示，采用标记分析物。加入一个已知量的标记分析物到试样中，与试样分析物一起竞争有限的受体位置。洗去试样，对固定络合物中含有标记分析物产生的信号进行定量。

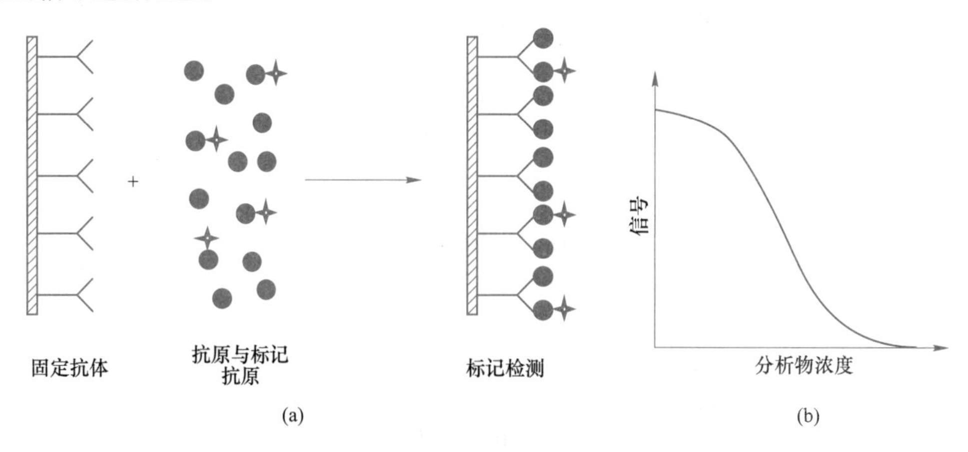

图 7-66 竞争免疫测量

（a）测量顺序；（b）校正图

竞争检测中，直接的分析物（A）和标记分析物（A^*）与受体位置成键时，等机会竞争产生两种络合物，分别为 C 和 C^*：

$$A + R \longrightarrow C \tag{7-20}$$

$$A^* + R \longrightarrow C^* \tag{7-21}$$

由于亲和力上没有差别，两个反应平衡常数是相同的，有：

$$K_a = C_c / C_a C_r = C_c^* / C_a^* C_r \tag{7-22}$$

假设受体达到饱和，有：

$$C_c + C_c^* = C_r^0 \tag{7-23}$$

从原理上讲，根据方程通过 C_c^* 浓度可以定量出分析物信号。但是，精确解是复杂的，通常只能获得近似结果。因此，假设每一种配体与受体成键过程浓度不变（$C_a \approx C_a^0$，$C_a^* \approx C_a^{*0}$）；另一方面，平衡时受体是饱和的，如式（7-23）所示。在这些条件下，标记络合物浓度为：

$$C_c^* = C_r^0 / [1 + C_a^0 (C_a^{*0})^{-1}] \tag{7-24}$$

可以看出，A^* 浓度不变时，信号随着分析物浓度增加而逐渐减小；分析物过剩时，趋近于零，这时标记配体几乎没有机会与受体成键。另一方面，在分析物浓度非常低时，$C_a \approx C_a^0$ 不能维持，实际曲线偏离式（7-24）描述的形状。因此，实际响应曲线，像图 7-66（b）中描述的那样，适宜浓度下才显示出线性工作范围。

以上的讨论，假设抗原被定量。但是，也可以采用以上方法，以适当的抗原为受体，进行抗体测量。

7.4.2 酶连接电流传感器

由于一种信号标记产生大量的可测量产物，使酶标记能设计出非常灵敏的免疫传感器。例如，水解酶（碱性磷酸酶、β-半乳糖苷酶）和氧化酶（过氧化物酶、葡萄糖氧化酶和漆酶）都适合于这类应用。举一个普通的例子——碱性磷酸酶，它催化 p-氨基苯基磷酸盐（PAPP）的脱磷酸，产生 p-氨基酚（PAP），PAP 可以通过电化学反应进行测量，如图 7-67 所示。通过 PAP 电化学循环，也改善了测量限制。

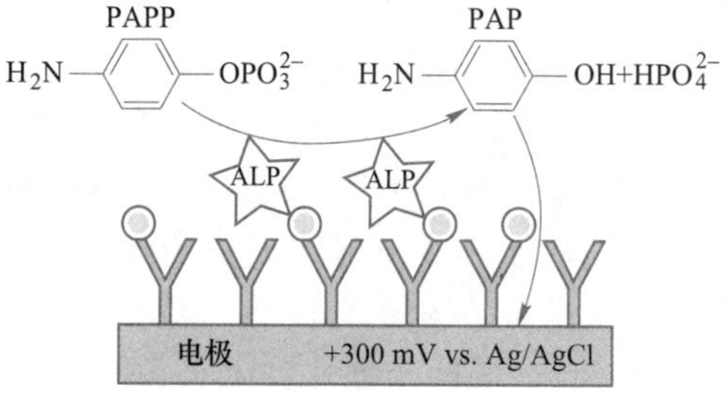

PAPP　PAP

H_2N—⟨苯环⟩—OPO_3^{2-}　H_2N—⟨苯环⟩—$OH + HPO_4^{2-}$

ALP　ALP

电极　+300 mV vs. Ag/AgCl

(a)

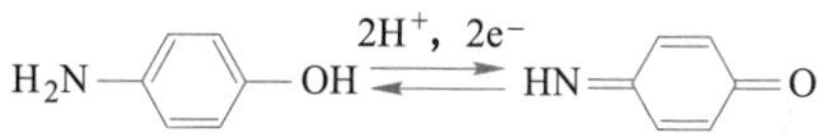

H_2N—⟨苯环⟩—OH $\underset{}{\overset{2H^+,\ 2e^-}{\rightleftharpoons}}$ HN=⟨苯环⟩=O

(b)

图 7-67　碱性磷酸酶（ALP）标记的电流免疫传感器

（a）转换机理；（b）PAP（p-氨基酚）电化学反应

氧化还原酶标记，为开发电流免疫传感器提供了各种机会。例如，图 7-68（a）给出酶连接竞争式免疫传感器原理。把酶标记类似分析物，加入含有分析物试样，通过免疫反应把酶带到电极表面附近，催化底物转化成电化学活性产物，进行电化学反应产生响应电流。

把三明治结构应用到电流免疫传感器，如图 7-68（b）所示。这种结构中，电极表面上分析物与固定的受体反应形成二元络合物；然后，通过酶标记二次抗体与二元络合物成键，在酶基底上生成电化学活性产物。这种产物的电化学反应以电流形式提供了传感器响应。

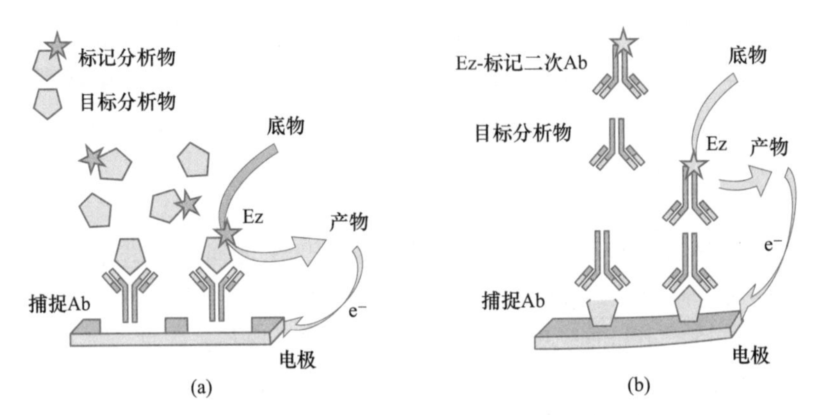

图 7-68 抗体测量中氧化还原酶（Ez）标记电流免疫传感器

（a）竞争免疫测定；（b）三明治免疫测定

氧化酶标记下产物可能是过氧化氢，它能通过溶解氧还原生成。所以，为获得自由氧的免疫传感器，常常借助于电传导介质，如二茂铁衍生物或氢醌。在敏感部分结合进酶标记，使免疫传感器起到单分子层酶构成的电流酶传感器作用。因此，它在外扩散控制条件下起作用。由于酶负载量相对很低，这种装置具有优势，在零级动力学机制下进行反应，产生响应值与界面上存在的酶量成正比。由于分析物浓度决定着酶标记量，响应电流它是浓度的函数。

丝网印刷技术可以降低一次性传感器制作成本。实践表明，它用于制作电流免疫传感器非常方便，如图 7-69（a）所示，给出的测定 2,4-二氯苯乙酸农药传感器，它构建在丝网印刷转换器片（Ⅰ）上，含有工作电极和 Ag/AgCl 参比电极，通过绝缘层覆盖的银浆线路与测量仪器相连接。捕捉抗体，固定在电极表面，或者缠绕在尼龙网片（Ⅱ）上，在测量前与换能器组装一起。为适应小体积试样，把一个微型容器（Ⅲ）附着在工作面积上。由于设计这样的传感器，以竞争结构形式工作，辣根过氧化物酶与分析物分子结合，伴同氢醌和过氧化氢一起加入试样。氢醌被催化氧化成 p-苯醌，当它在电极上被还原返回氢醌，还原电流就表示出响应信号。作为一个竞争结构形式测定，响应电流随着分析物浓度增加而减小，如图 7-69（b）所示。使用类似制作技术，在一个单片上能制作多个传感器，同时可以进行不同试样测量。

7.4.3 免分离电流传感器

以上方法要求信号评估前先洗掉标记化合物，对于自动分析系统来说理论上不是问

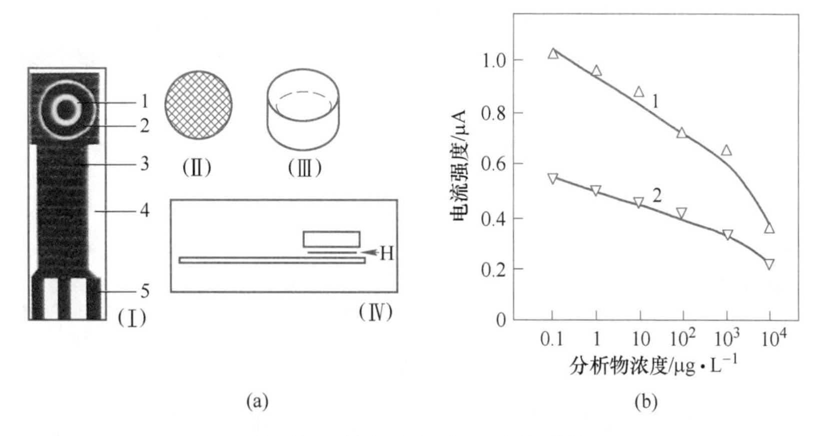

图 7-69 丝网印刷电流免疫传感器

(a) 传感器构成：1—工作电极；2—参比电极；3—绝缘层；4—陶瓷基底；5—连接柱；
Ⅰ—丝网印刷条；Ⅱ—固定抗体尼龙网片；Ⅲ—塑料管作成小容器；Ⅳ—传感器组装；
(b) 测定 2,4-二氯苯氧乙酸农药结果：1—最大电流；2—稳态电流

题。但是，避开分离步骤无疑可以简化规程，缩短分析时间。

使用氧化还原酶作标记，采用适当的设计是可以省去分离工序。通过传导介质，氧化还原酶完成从底物到电极的电子传递，是把传导介质固定在氧化还原聚合物内，以满足酶的连接。电极表面上，把捕捉受体与氧化还原聚合物组装一起，可以获得免疫传感器的敏感层。再通过标记试剂与免疫络合物成键，把酶带进敏感层，促进了电子传递，这样电流与表面酶浓度成正比。但是，溶液酶很难在表面上获得一个适宜的成键方向，不具有操作性。因此，通过监测没有分离标记试剂前的电流，氧化还原聚合物传感器可以测出空间分辨率。例如，它可以区分溶解的标记物质和含在免疫络合物中的相同物质的不同。

基于这个原理，如图 7-70 所示，给出一种竞争机制电流传感器。抗体与氧化还原聚合物结合，而酶标记分析物加入试样；在抗体成键过程中，它与分析物自身竞争。因此，随着分析物浓度减少，带给表面的酶量增加。理论上，这种机制中含在免疫络合物内酶，通过氧化还原聚合物，把电子传递给电极，能促进底物转化。

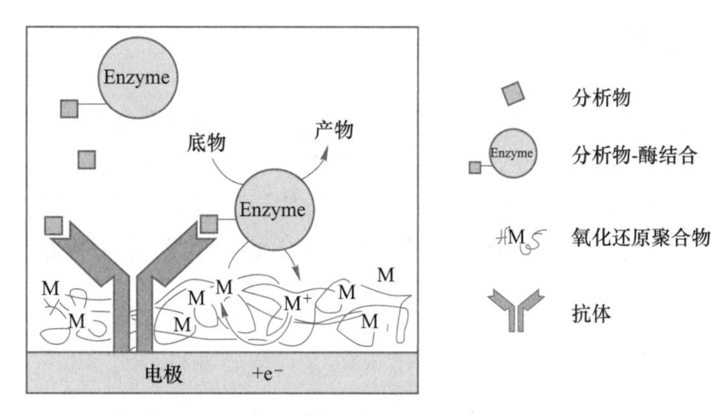

图 7-70 酶连接转换电流传感器

一个免分离三明治结构电流传感器如图 7-71 (a) 所示，电极表面上通过亲和素-生物

素连接，受体抗体固定在氧化还原聚合物基体内。分析物与受体成键后，加入过氧化物酶标记信号抗体，就形成三明治络合物。含在络合物内酶，通过氧化还原聚合物，催化与电子传导相连的过氧化氢还原。这个过程中，溶液酶的贡献可以忽略。作为一个特例，为了生成反应需要的过氧化氢，也常把胆碱氧化酶与敏感层集成一起。

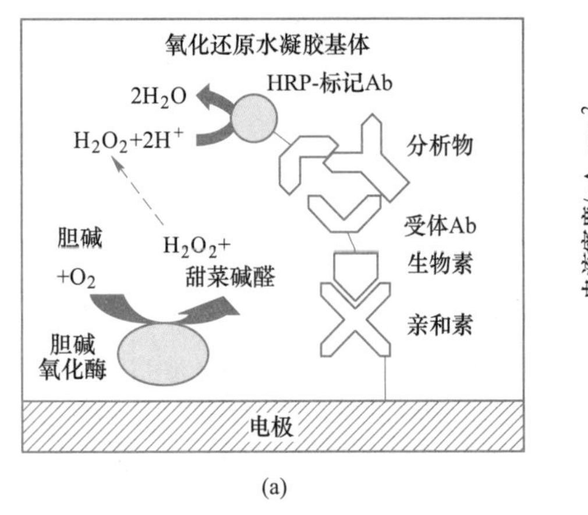

(a)

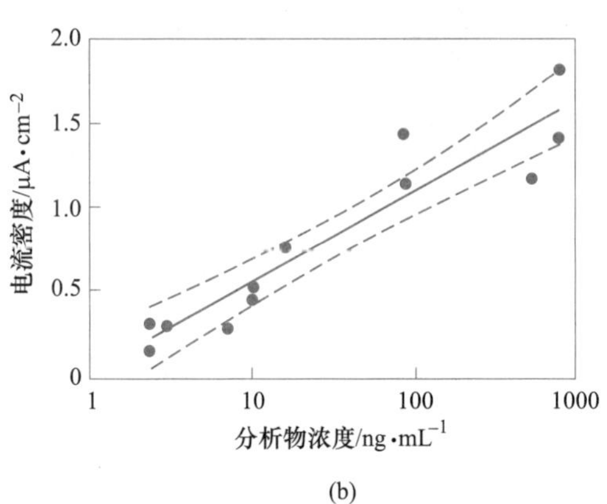

(b)

图 7-71 免分离三明治结构电流传感器

（a）传感器结构：HRP—辣根过氧化物酶，Ab—抗体；（b）响应函数：虚线—95%置信区间极限，实线—拟合曲线

用亲和素、氧化还原聚合物和胆碱氧化酶修饰的电极，构成一个通用平台，加入适宜的生物素标记抗体，也可以测定特定的被测物。兔子 IgG 测定是一个典型响应函数，如图 7-71（b）所示，半对数作图显示出一个线性趋势，几乎可以延伸到三次幂的数量级。

严格地讲，溶液中酶对总电流的贡献，也不能完全被消除。溶液中，标记试剂和氧化还原聚合物间随机作用，可能存在某种影响，引起电流波动。这是图 7-71（b）中试验点围绕着平均趋势呈一定离散的主要原因。为了减小这个影响，标记抗体与抗原浓度比，不应该超过 4∶1。这种配置中，提供了从酶活性位置到电极中间电子传导，而溶液相内的酶标记，没有贡献给传感器响应值，也就不需要被洗掉。

7.5 核酸传感器

核酸传感器的产生电流有几种途径：首先，核碱基自身具有电化学活性；其次，转换原理上有自显示和氧化还原标记两种。其中，使用介质给活性核碱基传导电子，可以获得较高的灵敏度，但需要谨慎地构造探针，防止介质传导直接贡献给总电流。使用氧化还原标记可以避免这个问题，如使用氧化还原酶或非生物催化剂作为标记，可以提高响应信号。

7.5.1 核酸碱基电化学反应

核酸传感器检测中最直接的转换方法，源于核酸碱基的电化学反应，这种碱基含在核酸序列中，本身具有电化学活性。Paletek 在使用汞电极时较早地注意到核酸的电化学活性，发现电化学响应源于腺嘌呤和胞嘧啶还原，而电化学活性对核酸结构和形态变化较为敏感。因此，电化学反应构成了评估 DNA 杂化、损伤和变性的基础。

汞电极的研究奠定了核酸电化学的基础，揭开了电势分析上应用的序幕。尽管如此，液态汞电极并不适合开发生物传感器，取而代之，固态电极成了实际上电化学转换的替代品。固态电极适合核酸碱基的阳极反应转换，特别是鸟嘌呤和腺嘌呤。这些化合物以及核苷和核苷酸类，在较宽 pH 范围、石墨电极上能产生明显的电压信号。鸟嘌呤的阳极反应如图 7-72 所示，包含两个连续的 2 电子转换过程。但是，产物（Ⅲ）不稳定，随后蜕变成另一种产物。

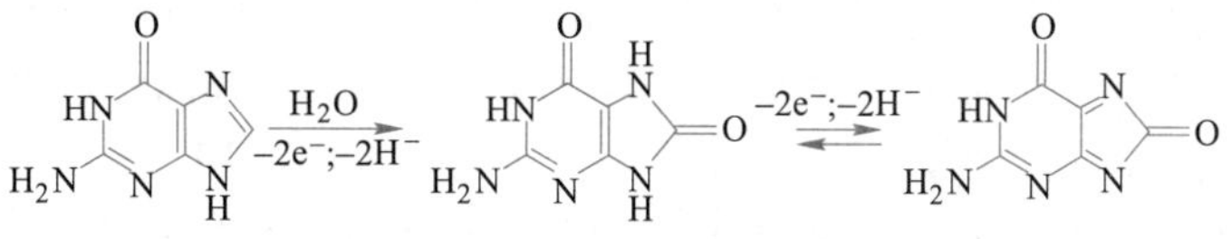

(Ⅰ) $\xrightarrow[-2e^-;-2H^-]{H_2O}$ (Ⅱ) $\underset{}{\overset{-2e^-;-2H^-}{\rightleftharpoons}}$ (Ⅲ)

图 7-72 鸟嘌呤的电化学氧化

鸟嘌呤和腺嘌呤的阳极反应，如图 7-73 所示，给出小牛鼓膜 DNA 的循环伏安曲线，分别对应裸玻璃碳电极（曲线 1）、玻璃碳电极上覆盖非离子表面活性剂二十六烷基氢磷酸盐（DHP）（曲线 2）、玻璃碳电极上用多壁碳纳米管（MWCNT）和 DHP 修饰（曲线 3）和事先吸附积累了 DNA 后 MWCNT 和 DHP 修饰电极（曲线 4）。其中，曲线 4 清楚地显示出鸟嘌呤和腺嘌呤氧化阳极峰。图 7-73 也呈现出较大的背景电流，这是核酸中核酸碱基阳极反应的一般特征。这种现象，严重地损害了检测极限。

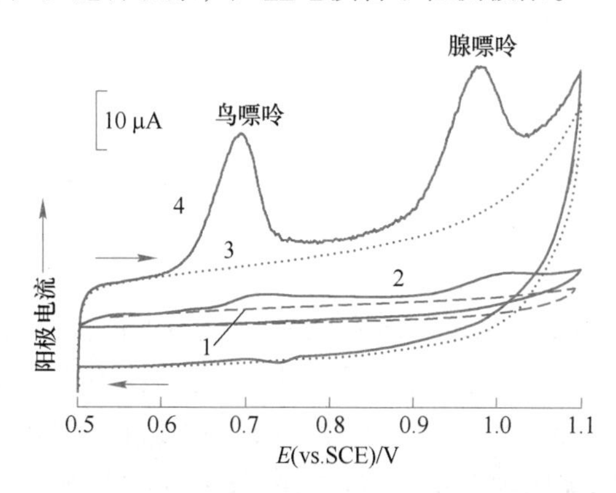

图 7-73 玻璃碳电极上 50 μg/ L 浓度小牛鼓膜 DNA 溶液的循环伏安曲线（0.1 V/s）

1—裸玻璃碳电极；2—DHP 覆盖电极；3—MWNT-DHP 覆盖电极；4—电极 3 表面经 2 min 的 DNA 积累

对背景干扰，初步消除的方法是采用碳膏电极，通过倒数导数计时电势法，取代线性扫描伏安法，来检测电化学反应。这种方法，能获得优异的信噪比（信号与背景电流比），检测极限可达到 0.5 mg/L。

7.5.2 自指示杂化电流传感器

直接电流转换源于电极固定核酸探针杂化后，被测物中鸟嘌呤残基的电化学氧化。但是，如果鸟嘌呤存在于探针中也会参与反应，引起干扰的背景电流。用肌苷取代鸟嘌呤合成探针，可以避免这个问题。肌苷不是电化学活性物质，背景电流非常低。基于这个原理，开发出一种厚膜杂化核酸传感器制作方法。其中，最好的定量方法是倒数微分计时电势法，验证了它适用于定量微量 DNA 和检测病原体的微生物。

尽管如此，当处理实际试样时，有些杂质，如配位不好、非补偿低聚物、染色体 DNA、RNA 和蛋白质等，也会与被测物中鸟嘌呤一起参与电化学氧化，提高了背景电流，导致灵敏度降低。弥补这方面的不足，可以通过连接探针分子到磁珠，来控制溶液相杂化。磁珠标记混合物可以被磁体吸引到电极表面，也可以用同样方法使之与杂质分离。

直接测量鸟嘌呤的主要缺点，来自电化学反应速率慢，导致标准电势法中峰电流小和灵敏度低。解决这个问题，可以借助于介质氧化机制，如图 7-74（a）所示，杂化后通过静电作用，把带有正电荷氧化还原介质附着到双链。比较适宜的介质是金属螯合络合物，如图 7-74（b）所示，有 $[Ru(bypy)_3]^{2+}$、$[C(phen)_3]^{3+}$、$[Cr(bypy)_3]^{3+}$（bypy＝2，2′α、α′双吡啶）和 phen＝邻菲咯啉，或染色燃料 Hoechst 33258，如图 7-74（c）所示。介质进行电化学氧化，伴随着与鸟嘌呤的反应，在这个过程中它是一个电子供体。实际的电化学反应中仅含介质，因此它是一个非常快的电化学反应。与直接鸟嘌呤氧化相比，可以想象出会提高灵敏度。

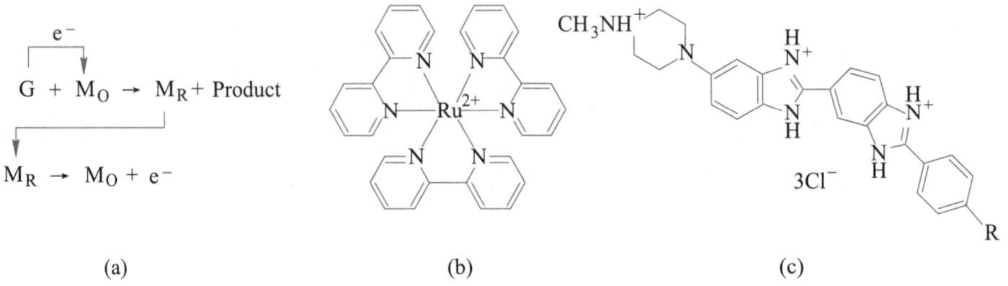

图 7-74 （a）鸟嘌呤（G）的介质电化学氧化，M_R 和 M_O—氧化还原介质；（b）三联吡啶钌（Ⅱ）（$[Ru(bypy)_3]^{2+}$）；（c）染色染料 Hoechst 33258（R＝—OH）

碳纳米管为改进电流 DNA 传感器设计提供了很大的空间。以碳纳米管为探针底物，基于介质鸟嘌呤氧化的 DNA 传感器，如图 7-75 所示。这种方法中，多壁碳纳米管是在溅射 Ni 催化位点的 Cr 层上生长。为赋予产物的化学、机械稳定性，把碳纳米管镶嵌在经化学气化沉积的 SiO_2 层内。这个绝缘层，使每个纳米管在阵列中起着独立的电极作用。应用机械抛光和随后的电化学腐蚀使之变短，使碳纳米管位于 SiO_2 基体中等同平面上。仅纳米管的末端负载羟基，使其保持裸露状态。这样，在 20 μm×20 μm 金属位点上，可以形成大约 70 个纳米管。接着，通过酰胺与羟基成键，把 900 个探针附着到纳米管末端。为杂化被测物，使用大约 300 碱基聚合酶链反应（PCR）增益。每个目标物分子，含有大约 70 个固有的鸟嘌呤碱基，产生充分大氧化电流，它可以使用非常低的纳米电极密度。这种转换，使用三联吡啶钌（Ⅱ）为介质，依赖于鸟嘌呤残基氧化。

通过多扫描交流伏安法获得传感器的响应信号，产生一个峰形电流-电势曲线。第一次扫描的峰电流 I_1，由两个电化学过程共同产生的，即介质鸟嘌呤氧化和自由介质氧化。由于鸟嘌呤氧化是一个不可逆过程，第二次扫描仅产生与自由介质反应相关的电流（I_2）。

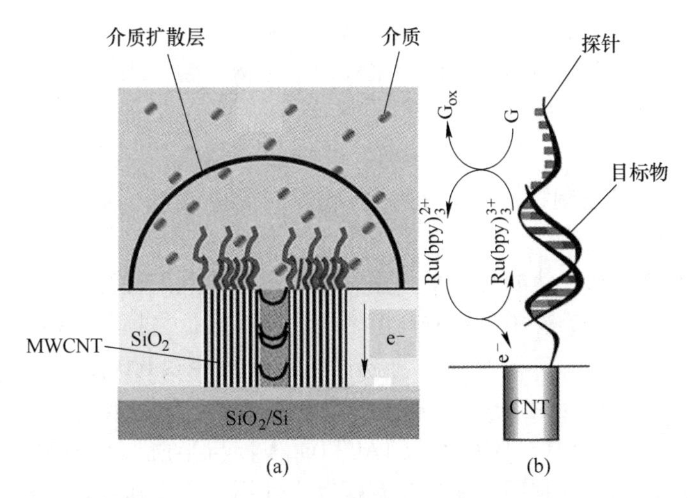

图 7-75 鸟嘌呤 $[Ru(bypy)_3]^{2+}$ 氧化检测的多壁碳纳米管电流杂化传感器

（a）传感器示意图；（b）杂化目标物中鸟嘌呤（G）碱基介质电化学氧化反应机制

因此，真实的响应值由 $I_1 - I_2$ 获得。

这种方法诞生了一种制作技术，它获得了非常灵敏的传感器，可以检测到约 300 个杂化被测物，接近了荧光基微矩阵技术的检测极限。这样的灵敏度，可以满足于 mRNA 体外直接测量。

7.5.3 酶标记电流传感器

酶作为标记，也广泛地用于核酸传感器，由于它具有高周转率，而且价格便宜，如辣根过氧化酶、葡萄糖氧化酶和碱性磷酸酶，备受青睐。当响应电流与杂化成键的酶浓度成比例时，可以获得一个适宜的校正图，它的前提是反应受动力学步骤控速。

根据这种机制，开发出了酶连接 DNA 传感器，如图 7-76 所示。这种方法中，通过自组装把乙硫醇终端探针附着到金丝网印刷电极；同时，在 5′端用生物素标记被测物。用链霉亲和素共轭酶（碱性磷酸酶）与杂化标记作用，通过链霉亲和素-生物素亲和反应，与杂化被测物成键。之后，洗掉溶液酶，留下底物（α-萘基磷酸酯）进行酶水解，生成电化

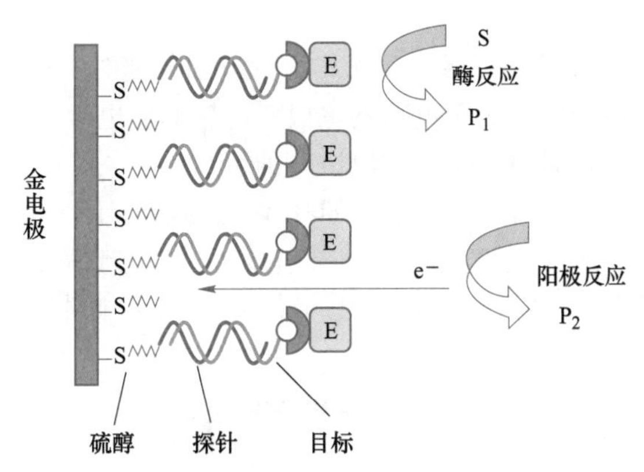

图 7-76 基于酶与被测物成键构成的电化学酶-DNA 传感器

学活性产物 P_1。这种产物，经电化学氧化成 P_2，提供了响应电流，通过微分脉冲伏安法进行检测。这种机制，需要使用亲和标记来标记被测物。聚合酶链反应前，要加入标记的核苷酸到反应混合物，进行标记。

介质酶传感器原理，也可应用于 DNA 生物传感器。一个简单的方法是借助于介质（如二茂铁）附着到被测物，经杂化带介质进入表层。然后，加入一种合适的酶和它的底物到溶液，记录响应电流。

通过氧化还原聚合物，使酶与电极相连，带来意想不到的优势。特别是，利用氧化还原聚合物保护电极表面，溶液中阻止它与电活性物质接触，去掉了转换步骤前冲洗或分离的必要。这样的传感器如图 7-77 所示，金超微电极（直径≤100 μm）上形成敏感层。首先，在金电极表面自组装半胱胺；以聚氧乙烯双缩水甘油醚为媒介，使—NH_2 终端探针[（5′→3′）：NH_2—C_6—ATTCGACAGGGATAGTTCGA] 与半胱胺中—NH_2 基连接。然后，其上生长出锇氧化还原水凝胶层，使它含有探针。使用单增李斯特氏菌的生物素标记序列作为探针，控制低核苷酸序列，由（5′→3′）：生物素-TCGAACTATCCCTGTCGAAT 组成。酶是生物素标记的葡萄糖氧化酶。杂化发生在氧化还原聚合物形成的基体内，它带生物素标记的被测物进入表层。然后，这个标记与亲和素标记的酶成键杂化。

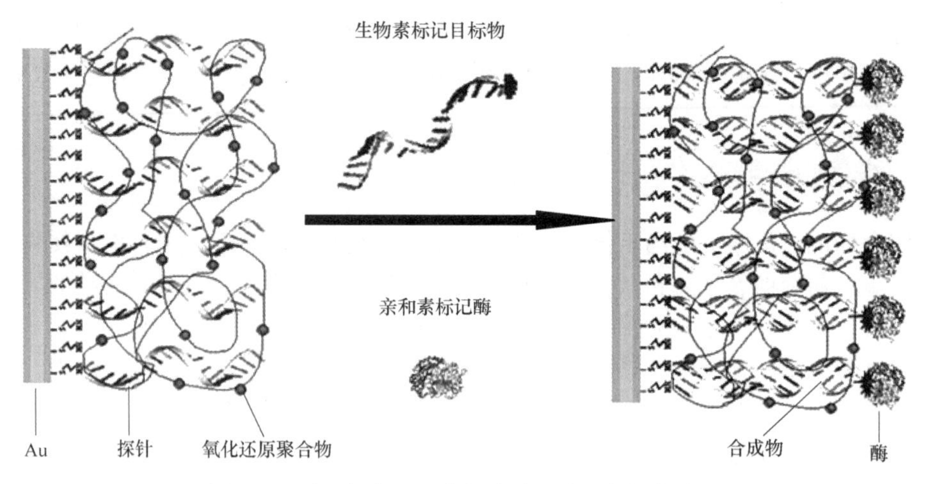

图 7-77　基于氧化还原水凝胶酶连接的杂化传感器

为评估杂化，加入底物（葡萄糖）到试样溶液。葡萄糖的酶氧化释放出电子，通过氧化还原聚合物层，传递电子给带有正电荷的电极，产生响应电流。很明显，响应值是有效杂化量的函数；其次，它也是试样中被测物浓度的函数。

为校正和测量，在 pH = 7.4、含 0.02 mol/L 葡萄糖和 0.15 mol/L NaCl 试样中，恒定电势（-0.35 V vs. Ag/AgCl）下记录了稳态的电流。用电流对被测物浓度对数作图，校正图在 10^{-14} ~ 10^{-4} mol/L 范围是线性的。由于传感器尺寸非常小，测量试样体积仅约 10 μL。

习　题

7-1 什么是生物传感器？试述添加标记物和无标记物在生物传感器上的优缺点。

7-2 为什么有人说生物传感器是一种化学传感器？其中，酶、抗原和核酸的特异性起着什么作用？
7-3 核苷酸有哪三种结构？叙述 DNAs 和 RNAs 的差别。
7-4 试述抗体与抗原的关系，如何利用酶和抗体构建生物传感器？
7-5 试述核酸的识别、固定与转换机理以及各自的作用。
7-6 传导介质在酶传感器中重要性是什么？改善电子传导有哪几种途径？
7-7 第一代、第二代和第三代酶传感器主要特征是什么？说明其进步所在。
7-8 免疫传感器中如何固定酶标记，免分离标记的前提是什么，纳米颗粒和分子印迹聚合物提高免疫传感器性能的理论依据是什么？
7-9 试述核酸传感器的电流转换途径及其原理，酶标记起什么作用？

8 智能型传感器

智能型传感器是一种敏感元件与微处理器结合的产物，它兼有信息检测、判断与处理功能。较早的智能型传感器是把传感器输出信号处理与转化通过接口传送到微处理机来进行。随后，发展到以微处理器为核心，把信号处理电路、存储器及接口电路集成到一块芯片上，同时借助于电子计算机，使传感器具有一定的人工智能，这得益于测试技术进步，使智能型传感器逐渐向微型化、一体化、阵列化和数字化发展。这样，使操作更方便、更人性化，具有自诊断、记忆与信息处理、数据存储、多参数测量、网络通信、逻辑思维以及判断等功能。

与传统传感器相比，智能型传感器具有以下几个特点：(1) 对传感器零位和增益进行校正，对非线性和温度漂移进行补偿，提高了传感器检测精度；(2) 软件对传感器工作状态进行检测，依据自校正和自诊断结果，给出故障原因或操作提示，方便了问题处理；(3) 同时测量多种物理量和化学量，依据复合敏感功能获得多角度信息，提高了测量的准确度；(4) 使用了微处理器，容易实现数字化、标准化以及网络化，便于数据存储、记忆和信息处理；(5) 通过接口端与控制端和输出端相连，方便自动控制、报警和显示等。

8.1 智能型传感器结构

智能型传感器的结构形式，归纳起来大致有非集成化、集成化和混合式三种结构。

8.1.1 非集成化

非集成化结构是把 n 个传统传感器、多路开关、信号处理电路、微处理器系统等组合起来形成一个整体，在原有技术基础上产生的一种最经济、最快捷的智能化形式，如图 8-1 所示，它把传感器输出信号进行放大并转换成数字信号送入微处理器；然后，再由微处理器通过数字总线接口接在控制对象。进一步，配备通信、控制、自校正、自补偿、自诊断等智能化软件，构成了智能型传感器。

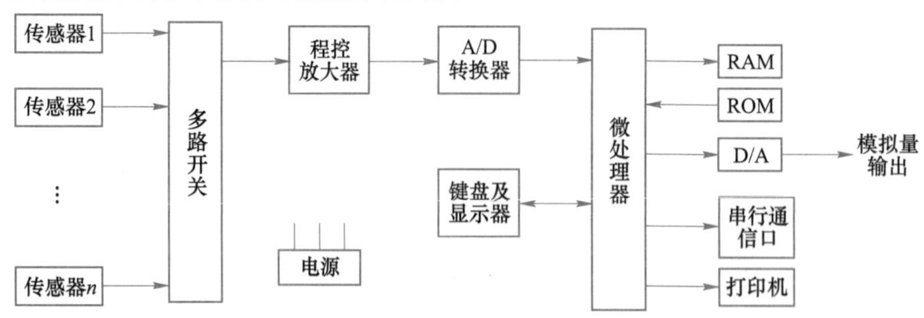

图 8-1　非集成化智能型传感器结构框图

近年来发展的模糊传感器，就是一种非集成化的智能型传感器。模糊传感器是在经典数字测量基础上，经过模糊推理和知识合成，模拟人类自然语言符号描述形式输出测量结果。模糊传感器的“智能”，在于可模拟人类感知的全过程，除具有智能型传感器的一般功能外，还具有学习推理和适应环境的能力。另外，模糊传感器还具有与系统交换信息及自我管理、调节的能力。模糊传感器的突出特点是具有丰富、强大的软件，以实现学习功能、符号产生及单元处理，能在专家系统指导下学习和进行符号推理与合成，具有可训练性。通过学习与训练，模糊传感器能适应不同测量环境和任务。

8.1.2 集成化

集成化结构采用微机械加工技术和大规模集成电路工艺技术，以硅为基本材料制作敏感元件、信息调理电路、微处理器单元，并将它们集成在一块芯片上，其外形如图 8-2 所示。

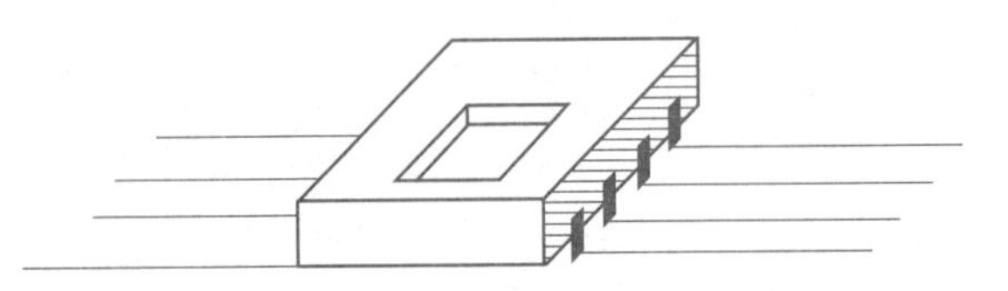

图 8-2　集成化结构智能型传感器外形示意图

微机械加工技术源于集成电路工艺，如材料生长、扩散、离子注入、外延、光刻、腐蚀等。智能型传感器中，微机械加工技术主要用来制作传感器的敏感单元，而集成电路工艺则用来制作传感器的电路部分，两者结合使敏感元件与电子线路集成在同一芯片上（或二次集成在同一外壳内）。

随着微电子技术的飞速发展，微米-纳米技术问世，大规模集成电路工艺技术的日臻完善，集成电路器件的密集度越来越高，使各种数字电路、模拟电路、微处理器、存储器电路等芯片的性价比大幅度提高。它的进步促进了微机械加工技术发展，形成了与传统的经典传感器制作完全不同的现代传感器工艺技术。例如，以硅材料为基础，采用微米级的微机械加工技术和大规模集成电路工艺，实现了各种仪表传感器的微米级尺寸化，由此制作的智能型传感器突出特点是：微型化、一体化、多功能、数字化，使用方便。

8.1.3 混合式

尽管集成化智能型传感器具有显著的优点，但一块芯片上能实现的智能化效果并非都是必要的；而且，一旦成型就不容易更换，若其中一个部件出现问题，需要更换整块芯片；同时，内部参数也不允许调整，灵活性差。所以，多数工程上更偏爱采用混合式结构。

依据需要，混合式结构把各个集成化块，如敏感元件、信号处理电路、微处理器单元、数字总线接口等，以不同组合集成在两块或三块芯片上，装在一个外壳里，如图 8-3 所示，给出几种混合模式。其中，集成化敏感单元包括敏感元件及变换器；智能信号调理电路包括多路开关、仪表放大器、模/数转换器（ADC）等；微处理器单元包括数字存储器（EPROM、ROM、RAM）、I/O 接口、微处理器、数/模转换器（DAC）等。

形式上，图 8-3（a）是三块芯片封装在一个外壳里；图 8-3（b）、（c）和（d）仅有两块芯片封装在一个外壳里。功能上，图 8-3（a）和图 8-3（c）中含有特别的信息调理电路，具有部分智能化功能，如零点自动校正、自动温度补偿；而图 8-3（b）和图 8-3（d）由于不需要这类功能，就没有必要加进零点校正电路和温度补偿电路，以节省制作成本。因此，它在使用上有更大的灵活性。

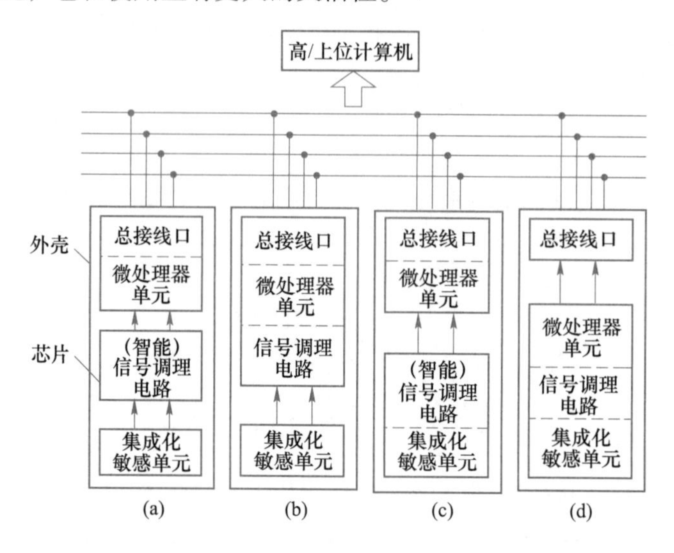

图 8-3 混合式智能型传感器几种形式

8.2 实现智能化方法

8.2.1 解决主要问题

对于智能型传感器，无论哪种结构，都是通过传感器与微处理器或电子计算机结合，克服传感器自身不足，获得高稳定性、高可靠性、高分辨率和高适应的能力。从实现智能化过程看，寻求最少硬件条件下发挥强大的软件优势，赋予传感器智能化功能。

测量系统的线性度是影响传感器测量精度的一个重要因素。智能型传感器系统具有非线性自动校正功能，它可消除整个传感器的非线性系统误差。智能化非线性自动校正技术是通过软件来实现的，不需要在改善传感器测量每个环节上耗费精力，仅要求输入-输出特性上具有重现性。

在智能化软件程序引导下，智能型传感器可以实时进行自动零点校正、数据校准和标定，排除系统误差和环境干扰因素，如环境温度、电源电压波动等，提高了测量精度和数据稳定性。采用这种智能化技术，使测量精度仅依赖于标准量，消除测量系统不稳定带来的烦恼，它要求每一个测量环节都具有高稳定性和高重复性，只需把主要精力集中在获得高精度、高稳定性上。

把有用信息从混杂有噪声的信号中提取出来，是传感器测量系统的主要任务之一，即排除干扰与噪声。如前所述，智能型传感器系统具有数据存储、记忆和信息处理功能，可以通过信号转换与调理进行数字滤波、相关分析、统计处理等，来消除偶然误差、排除内外干扰，把有用信号从噪声中提取出来，使智能型传感器具有高的信噪比与高的分辨率。因此说，智能型传感器集获取信息与处理信息于一体，跨越了传统上“传感器”与“仪器”的界限。

通过自补偿技术，可以改善传感器系统的动态特性。同时，使其频率响应特性向更高或更低频段扩展。特别是，在不能完善实时自校准的情况下，能消除传感器因工作条件、环境参数发生变化引起的系统性漂移，如零点漂移、温度漂移等。自补偿与信息融合技术有一定程度的交叠，信息融合有更深、更广的内涵，它不仅可以消除干扰，还可以开发多功能传感器，采用传感器阵列多信息融合技术，来提高对目标参量的选择性与识别能力。

智能型传感器还能够根据工作条件的变化，自动选择改换量程，定期进行自身校验、故障报警、自行诊断等多项操作，以保证系统可靠性。

另外，智能型传感器不但可以给出数据测量结果，还可以将目标参量的分布状况进行图像处理和显示。

8.2.2 自动测试系统

自动测试系统（ATS）常指依靠具有计算和处理能力的控制器（电子计算机），能按程序自动生成及改变输入信号（激励源），自动控制被测对象输入端及输出端的通断，以构成不同的测试方案，并自动测量与记录输出信号，自动对测量数据进行处理，自动显示并打印结果；同时，能在测试过程中做出各种复杂的分析、统计、判断、处理，具有进行自校正和自检查功能，以及自诊断和自修复功能的自动化系统。可以看出，它对智能型传感器工作来说，像人体的“神经脉络”一样，在完成每个动作过程中是不可或缺的。

自动测试系统是在标准的测控系统和仪器总线（CAMAC、GPIB、VXI、PXI 等）基础上组建而成的，具有高速度、高精度、多功能、多参数和宽测量范围等特点，由测量装置、测试总线和测试软件三部分组成。

8.2.2.1 GPIB 总线

通用接口总线 GPIB（general purpose interface bus）是美国 HP 公司在 1972 年推出的，被 IEEE 和 IEC 等组织认可而广泛使用。它是一种数字式 8 位并行通信接口，其数据传输速率可达 1Mbit/s，总线支持一台系统控制器（如 PC 计算机）和多达 10 台以上附加测量装置。各器件之间，通过一根含 24 或 25 芯的集装通信缆联系起来，通信缆两端有一个阳性和一个阴性连接器，这种设计便于器件间线型和星型连接，如图 8-4 所示。通用接口总线 GPIB，使用负逻辑（标准的 TTL 电平），任一根线上都以零逻辑代表“真”条件（即低有效），这样做的重要原因之一是负逻辑方式能提高对噪声的抵御能力。通信缆线通过专用标准连接器与测试装置连接。连接器及其引脚定义如图 8-5 所示。

GPIB 采用字节串行/位并行协议，通过连接总线传输信息实现通信。输送信息，分器件信息和连接信息两种。前者，通常叫作数据或数据信息，包括各种器件专项信息，如编程指令、测量结果、机器状态或数据文档等，它们通过 GPIB 或 ATN 总线（Attention，IEEE488/IEC625 接口总线）进行“无申报”传送；后者，通常被称为命令或命令信息，执行对总线和寻址/非寻址器件进行初始化及对器件模式进行设置（局部或远程）等，这些信息通过 ATN 总线进行“有申报”传送，数据信息通过 8 位导向数据线在总线上从一个器件传往另一个器件。一般使用 7 位 ASCII 码进行信息交换，8 根数据线（DIO1～

DIO8）传送数据信息和命令信息，所有命令信息和大多数数据信息都是用上述 7 位 ASCII 码，第 8 位则不用或仅用于奇偶校验。ATN 总线用于辨别所传送的是数据信息还是命令信息。

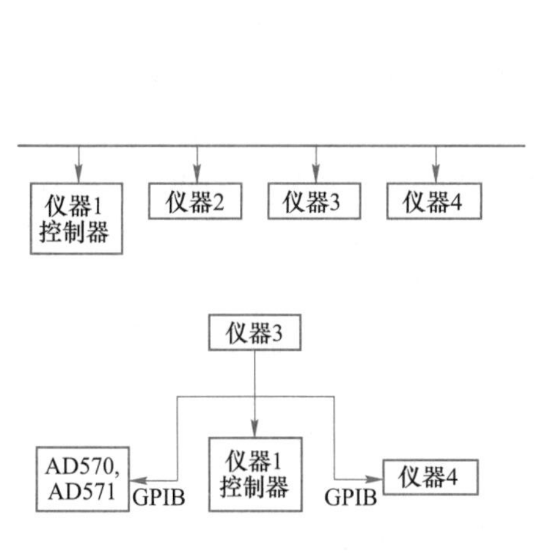

图 8-4 GPIB 两种布线结构

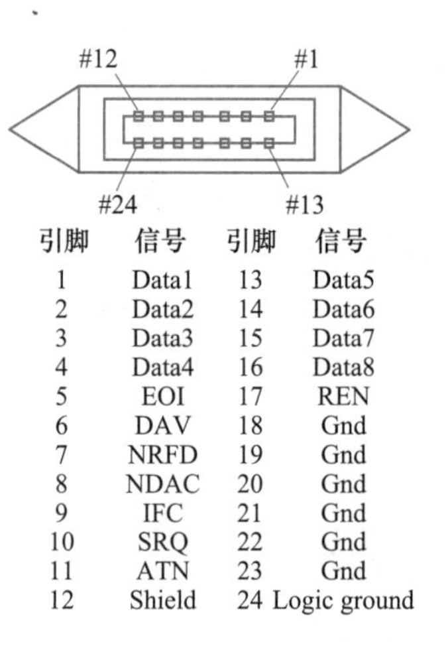

图 8-5 IEEE488. 1 连接器引脚说明

GPIB 涉及的全部有关器件，可以形象地分为控者、讲者和听者三大类。控者，指明谁是讲者，谁是听者，如果 GPIB 系统以 PC 为核心，则 PC 就是系统的控者，在 PC 中安装专用接口卡来完善其功能。若系统中采用多个 PC，其中任何一个都可能是控者，但只能有一个执行控者，必须加以定义，可通过设置接口卡上的跳线或编写软件来完成。讲者，指发送数据到其他器件的器件。听者，指接收发送数据的器件。多数 GPIB 器件，都可充当讲者和听者，但有些器件只能做讲者或听者。但是，用作控者的 PC 可以同时扮演上述三个角色，表 8-1 列出了讲者和听者的功能。

表 8-1 讲者和听者的地位及其相互关系

讲　者	听　者
被控者指定去讲	被控者指定去听
将数据放到 GPIB 上	读出由讲者送到 GPIB 上的数据
一次只能有一个器件被寻址讲话	每次可有多台器件被寻址为听者

IEEE488. 1 标准提供了 11 种接口功能，可以在任何 GPIB 器件中实现。各种器件用户，可任意使用它们来实现各种功能，可通过 1、2 或 3 个字母构成标识符，描述特定功能。如表 8-2 所示，简要地给出了这些接口功能，而所有的功能子集都由 IEEE488. 1 标准作了详细描述。每个子集，可以通过在上述字组后添加一个数字来识别。

表 8-2 GPIB 接口功能简表

GPIB 接口功能	助记符	说　明
讲者或扩展讲者	T、TE	作为讲者的器件必备的能力
听者或扩展听者	L、LE	作为听者的器件必备的能力

续表 8-2

GPIB 接口功能	助记符	说明
控者	C	允许一个器件向 GPIB 上的其他器件发送地址、统一命令和已定地址的命令。也包括执行一次投选来确定申请服务的器件的能力
握手源	SH	提供一个有能力正确地输送综合报文的器件
握手受者	AH	提供一个有能力正确接收远距离综合报文的器件
远距离/局域	AL	允许器件在 2 个输入信息之间进行选择。“局域”对应于面板控制，“远距离”对应于来自总线的输入信息
服务申请	SR	允许一个器件异步地申请来自控制器的服务
并行查询	PP	控者收到总线上的服务请求后，并行查询请求服务的器件
设备清理	DC	它与“服务申请”的区别在于它要求控者委托它预先进行一次并投选
设备触发器	DT	允许一个器件具有它自身的（由讲者在总线上启动的）基本操作
驱动器	E	此码描述用在一个器件上的电驱动的类型

GPIB 有 16 条信号线和 8 条地回送线，被总线上所有器件所分享，其中 16 条信号线被分成三组：8 条数据线、5 条接口管理线和 3 条握手线。

数据线以并行方式输送数据，每根线传送 1 位，前 7 位构成 ASCII 码，后 1 位作其他用，如奇偶校验等。

接口管理线管理着 GPIB 中信号传输，5 条线各有分工。接口清除线（interface clear，IFC）由系统控制者控制，用于控制总线的异步操作，是 GPIB 主控复位线。注意线（attention，ATN）供执行控者使用，用于向器件通告当前数据类型，即申报型或不申报型。申报型指总线上的信息被翻译成一个命令信息；非申报型指总线上的信息被翻译成一个数据信息。远距离使能线（remote enable，REN）由控者用来把器件置入到远距离状态，由系统控者申报的。终止或识别线（end or identify，EOI）由某些器件停止它们的数据输出，讲者在数据的最后一位之后发出 EOI 申报，听者在接到 EOI 后立即停止读数，这条线还用于并行查询。服务请求线（service request，SRQ），当一个器件需要向执行控者提出获得服务的要求时发出此信号，执行控者必须随时监视 SRQ 线。

握手线异步地控制各器件之间信息字节传输，三线连锁握手模式保证了数据上信息字节正确无误地发送和接收，三条握手线分别代表三种含义。NRFD 线（not ready for data）指出一个器件是否已准备好接收一个数据字节，此线由所有正在接受命令（数据信息）的听者器件来驱动。NDAC 线（not data accepted）指出一个器件是否已收到一个数据字节，此线由所有正在接收（数据信息）的听者器件来驱动，此握手模式下该传输率以最慢的执行听者为准，因为讲者要等到所有听者都完成工作。在发送数据和听者接受之前，NRFD 应置于“非”。DAV 线（data valid）指出数据线上的信号是否稳定、有效和可以被器件验收，当控者发送命令信息和讲者发送数据信息时，都要申报一个 DAV。三线握手时序如图 8-6 所示。

对于总线命令，线上所有器件必须监视 ATN 线，并在 200 ns 内做出响应。当 ATN 为“真”时，所有器件都接收数据线上的数据信息，把命令作为统一命令来接收。这些统一命令，可以是单线式的，如 ATN、IFC、REN 或 EOI，也可以是多线式的，如命令是数据

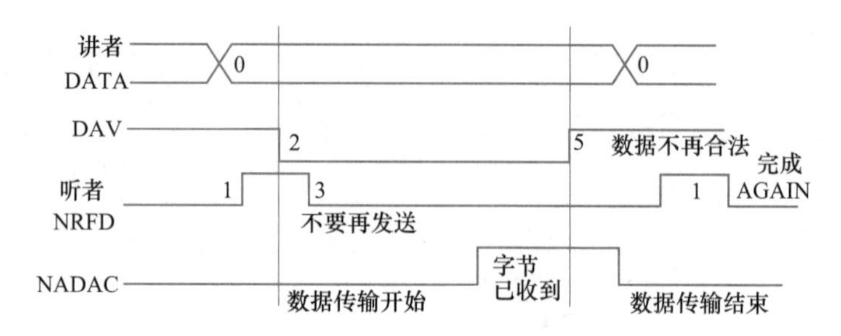

图 8-6 握手线三者执行数据接收的时序关系

线上的编码的字。一般命令都有对应地址，它们只对有地址的器件有意义。一个控制器可使用这些命令来指定讲者和听者（发送讲地址和听地址）或取消讲者和听者（发送不讲命令和不听命令），把一个器件设置到一个预先针对它而指定的状态，使之能查询并确定要求（并行查询结构，串行查询使能命令）。多线命令和被寻址命令如表 8-3 所示。

表 8-3 多线命令和被寻址命令

多线命令	代号	被寻址命令	代号
器件清理	DCL	分组执行启动	GET
局域清理	LLO	被选器件清除	SDC
序列查询使能	SPE	转向局域	GTL
序列查询使能取消	SPP	并行查询配置	PPC
并行查询设置解除	PPU	执行控制	TCT

尽管每个数据传输过程都由控者来启动，但当系统确定讲者后它可以独立工作。控者起一个电话交换台的作用，把讲者和听者线路接通。若某个器件要求成为讲者，如需要传送数据或修改一个错误，则须向控者提出申报。提出申报后，通过 SRQ 线向控者发出中断触发信号。控者接到申报后，启动一个查询过程来依次寻址（按照地址去查询目标）每个器件，以发现申报 SRQ 的器件（可以是一个或多个）。查询方法分串行式和并行式两种：串行查询，是以被寻址到的器件为讲者，向控者发送一个状态字节来表明自己是否要注意；并行查询，是所选定的器件有可能发送一个状态位到预先指定的数据线上，并行查询的启动方法是同时用 ATN 和 EOI 线做申报。

8.2.2.2 VXI 总线

VXI 总线（VMEbus extensions for instrumentation）是一些测试和测量公司在 1987 年推出的另一种总线结构，它把测量仪器、主机架、固定装置、计算机及软件集为一体，是一种电子插入式工作平台。VXI 总线来源于 VME（versa module eurocard）总线结构，VME 总线是计算机总线结构和必要的通信协议相配合，数据传输率可达 40 Mbit/s，可以满足高吞吐量的仪器系统。VXI 总线的信息传输设备，具有 IEEE488 仪器方便使用的特点，如 ASCII 编程等；同时，直接用二进制的数据进行编程和通信，有与 VME 相同的 VXI 寄存器（register based device），如图 8-7 所示。每个 VXI 总线有两个必备功能：一是 0 号槽功能，它负责管理底板结构；二是资源管理程序，每当系统加电或复位时，这个程序在对各个模块进行配置，以保证能正常工作。

VXI 总线结构包括主体模块、电源、插座、模块连接、通信协议、冷却和抗电磁干扰等部分。VXI 总线规定了四种模块，如图 8-8 所示，两个较小的模块 A 和 B 是标准的 VME 总线模块，两个尺寸较大的模块 C 和 D 是 VXI 所特有的。为了适应性能更高的器件，能完全屏蔽敏感电路，VXI 总线结构中配备了供仪器使用的其他资源，如供模拟和 ECL（emitter coupled logic）电路使用的电源电压、供测量同步和测量触发使用的器件总线等。此外，还有模拟求和总线和一组用于模块与模块之间通信的本地总线。VXI 总线结构还制定了一组标准化的通信协议，以保证它能协调地工作，完成自动配置、资源管理和设备之间互相通信等，VXI 总线及其模块对 EMC（electro magnetic compatibility，电磁兼容）也有严格规定，防止因辐射能量过大而妨碍总线的正常工作和其他模块的电性能。

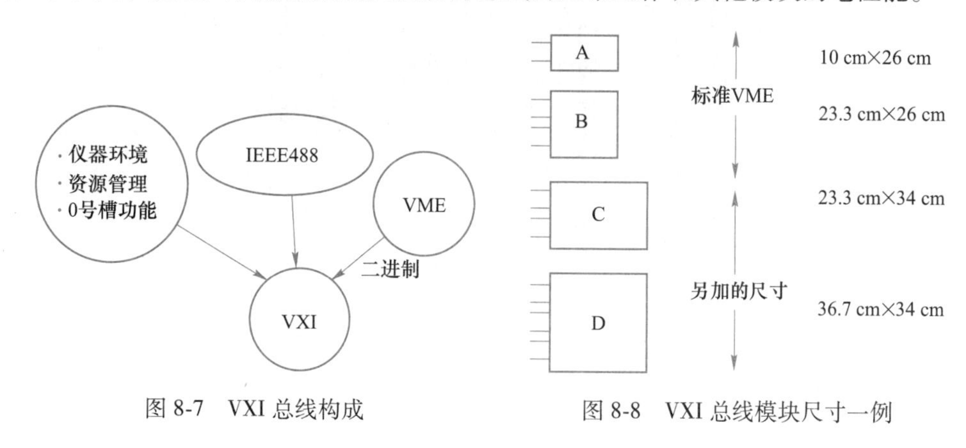

图 8-7　VXI 总线构成

图 8-8　VXI 总线模块尺寸一例

VXI 总线结构规定了三种 96 芯的双列直插（DIN）连接插座，分别为 P1、P2 和 P3，如图 8-9 所示。P1 是专用插座，含有数据传输总线、中断线及电源线等。P2 连接插座是可选的，除了 A 模块外，其他模块都要配备。P2 连接插座把数据传输总线扩展到 32 位，并增加了许多其他资源，包括 4 组额外的电源电压、本地总线、模块识别总线（用来确定 VXI 总线模块所在的插槽号码）和模拟求和总线（一种电流求和总线）。此外，还有 TTL（transistor-transistor logic gate）/ECL 触发总线（和 4 个规定的触发协议一起）和 10 MHz差分 ECL 时钟信号（缓冲后供各插槽使用）。P3 连接插座也是可选的，只有 D 型模块才配备这种连接插座。P3 比 P2 又增加了 24 条本地总线、ECL 触发总线和 100 MHz 时钟及星型触发总线，供精确同步之用。如果 VXI 主机支持扩展的 P2 或 P3 连接插座，则测量启动和同步需要的时钟及触发信号，由位于左边的 0 号插槽来提供支持，也就说 0 号插槽模块既要管总线的通信，又要提供 IEEE488 接口，以便用外部的控制器进行控制。因此，这样模块可称为命令模块、IEEE488 接口或资源管理模块。本地总线是邻近模块之间

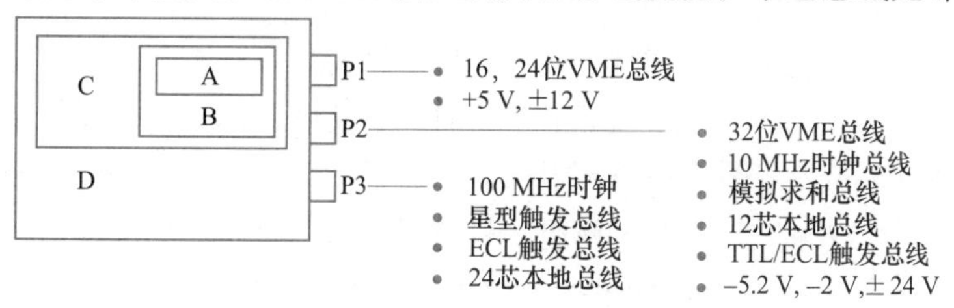

图 8-9　VXI 总线的三种双列直插插座

进行通信的总线，它能使 VXI 总线测量系统的功能增加，是一种非常灵活的链式总线结构，如图 8-10 所示。实际上，VXI 总线中每个内部插槽都有一组非常短的 50 Ω 传输线，使两边和相邻插槽相互连通。本地总线，通过 P3 连接插座能在相邻模块间实现专门的快速通信。

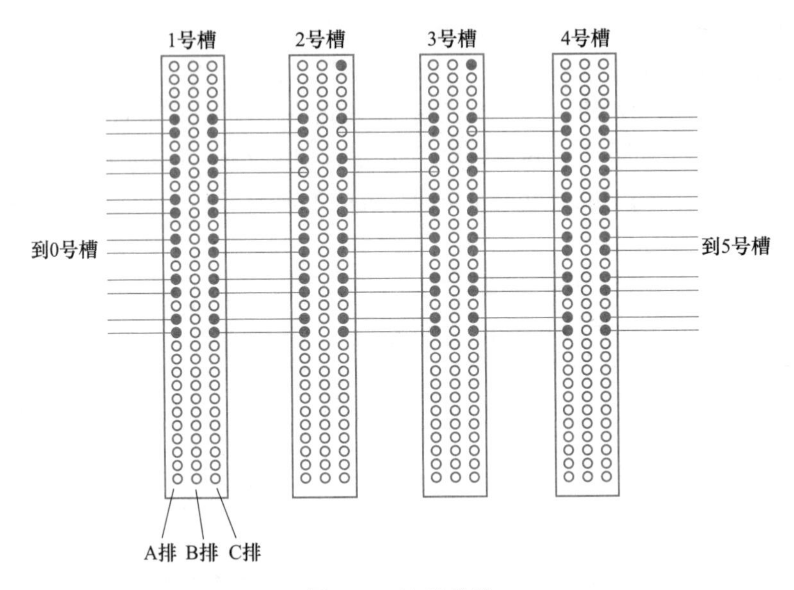

图 8-10 本地总线

VXI 总线标准中，为本地总线定义了 5 种信号类型，可以用于 TTL 电平的信号、ECL 电平的信号和三种模拟电平的信号。为了模块间不相互干扰和系统能正常、稳定地工作，VXI 总线还对模块电磁兼容性、组合系统冷却、各组供电电源也都有具体要求。特别是，电源在提供稳定电压时，若要求电流发生突然变化，电源供电能力势必会改变；若电源具有较大的感应负载（在开关式电源中是常见的），输出电压就会因继电器对动态电流需求而发生变化，感应出来的噪声就会进入使用统一电源的其他模块，影响其性能。因此，VXI 总线结构对动态电流有明确的规定，如表 8-4 所示，以保证所选择的模块不会在电源线上感应出较大的起伏噪声，以免影响其他模块的电性能。

表 8-4 VXI 总线电源参数要求

直流输出电压/V	+5	+12	−12	+24	−24	−5.2	−2
直流电流峰值/A	60	12	12	12	10	60	30
动态电流峰值/A	9.0	2.5	2.5	5.0	5.0	8.5	4.5

通信是 VXI 总线的重要组成部分之一，VXI 总线结构中规定了几种设备类型、相应的通信协议和通信方式；同时，还规定了系统的配置实体，称之为资源管理程序。VXI 总线设备，共有四种类型，包括寄存器基设备、消息基设备、存储器设备和扩展存储器设备。本节主要介绍具有 VXI 自身特点的两种，即寄存器基设备和消息基设备。

寄存器基设备（register based device）是最基本的 VXI 总线设备，常用来作简单器件和开关模块的基础部分。寄存器基设备的通信，它通过寄存器的读写操作来完成，优点是速度快，因为寄存器基设备是在硬件控制上进行通信。这种高速度通信可使测试系统的吞吐量大大提高。寄存器基的模块，由于价格低廉而被广泛采用，但用二进制的命令编程有许多不便。为此，VXI 总线把寄存器基设备分别配置成用命令者（commander）和被命令者（servant）来解决这一问题，向命令者（其一寄存器基设备）发送高级 ASCII 码器件指令，它会对这些命令进行解析，并向被命令者（另一寄存器基设备）发送相应的二进制信息。

消息基设备，一般都要使用微处理器，是 VXI 总线系统中智能化程度较高的设备。消息基设备配有公共通信单元和字符串行协议，保证与其他消息基的模块进行 ASCII 级通信，也便于多厂家的仪器相互兼容。由于要解析 ASCII 消息，消息基设备的通信速度会受到一定影响；同时，设备成本也要高。字符串行协议要求每次只能传送一个字节，而且必须要主板上的微处理器加以解析，通信速度只限于 IEEE488 接口速度。然而，消息基的模块中，有时也包括有寄存器基通信方式，化解通信上速度慢的瓶颈现象。VXI 总线结构中，定义了 IEEE488 总线到 VXI 总线的接口，对消息在两者之间传送路径做了描述，可以认为这是一种特殊的消息基设备，能把 IEEE488 总线消息转换成 VXI 总线的字符串行协议，供嵌入式消息基的仪器解析。

资源管理程序在 VXI 总线中的逻辑地址为 0，是消息基的命令发布者，它负责完成系统配置的任务，如设置共享的地址空间、管理系统自检、建立命令者/被命令者体系等，然后就可交付使用。

在 VXI 总线标准中，提供了 IEEE488 主寻址、副寻址和嵌入式寻址三种寻址方式。无疑，这三种方式与 VXI 总线中消息基仪器是兼容的，IEEE488 总线到 VXI 总线接口的设备可以采用任何一种寻址方式。在主寻址方式下，主控制器把 VXI 总线上每个器件都作为一个独立的 IEEE488 来对待，有唯一的 IEEE488 地址，也有专用的命令和相应方式、状态字节和状态存储器。任何能在 IEEE488 仪器上运行的软件包、软件工具或驱动程序都可以不做修改地在 VXI 总线模块上等效运行，唯一需要改的是地址。在副寻址方式下，与主寻址方式相似，它利用 IEEE488 总线副地址的寻址功能。通常情况下，一个 IEEE488 总线到 VXI 总线的接口设备，只对主地址做出响应，而把相应的副地址变成一个唯一的 VXI 总线器件。和主寻址方式一样，当把 VXI 总线的可寻设备的数目从 30 扩展到 900 多个时，副寻址方式仍保持了与 IEEE488 应用程序的兼容性，保证了多机箱系统中有足够的寻址空间。另外，一旦在 VXI 总线接口模块上设定了主地址，在 IEEE488 仪器和附加的 VXI 总线设备之间就不会发生主地址冲突，有助于系统集成。目前，标准的 IEEE488 接口芯片，都可以高性能地处理多重寻址方式。嵌入式寻址方式下，单个的主地址可以代表这个机箱，而用嵌入在消息中的原文字串来识别消息的接收者，这种寻址技术，还能通过 RS-232（计算机通信串行接口，对应 COM1 和 COM2）或其他没有寻址协议的链路对器件寻址。但是，嵌入式寻址方式，如果在 IEEE488 系统中使用，在性能和兼容性方面还存在着严重的缺点。嵌入式寻址技术，要求 VXI 总线中的接口模块要在内部存储每一个命令串，并要求普遍地检查语法，分析和确定串的匹配；然后，再把命令串重新放给相应的模块。虽然，这种方式也能用于某些 RS-232 和其他串行链路，但这种额外花费的时间会严重影响整个测试系统的吞吐量。与副寻址方式比较，这种方式的不足就更加明显，而副寻址方式使用硬件解码，立即就能识别出消息的接收者。

8.2.2.3 PXI 总线

PXI 总线（PCI extension for instrumentation）是美国 NI 公司于 1997 年推出的测控仪器总线标准，以 PCI（peripheral component interconnect）计算机局部总线（IEEE1014）为基础的模块仪器结构。

PXI 与 VXI 规范要求相似，包括电源系统、冷却系统和安插模块槽位的一个标准机箱，模块尺寸分别与 VXI 的 A 和 B 相同。相当于 VXI 的零槽，称之为系统槽，位于总线的最左边，主控模块只能向左扩展自身的扩展槽，而不能向右扩展而占用器件模块插槽。PXI 器件模块，安装在右边预留的 7 个槽内；同时，用户可以在第一个外围插槽（系统插槽的相邻槽），安装一个可选的星型触发控制器，为其他外围模块提供非常精确的触发信号，如图 8-11 所示。

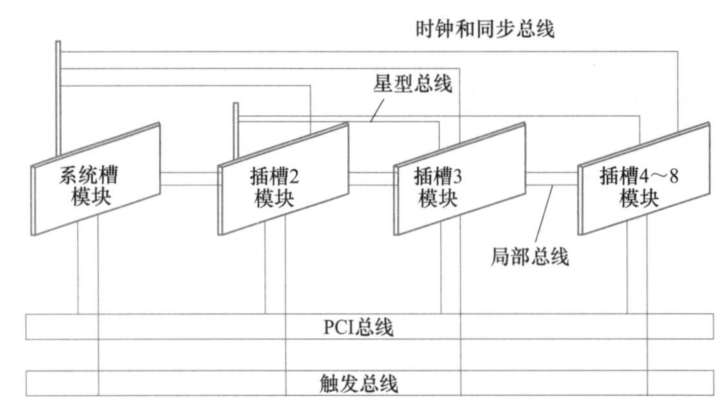

图 8-11 PXI 总线结构图

PXI 总线具有 PCI 总线的性能和特点，32/64 位数据传输能力及分别高达 132 Mbit/s（32 位）和 264 Mbit/s（64 位）的数据传输速度，支持 3.3 V 系统电压、PCI-PCI 桥路扩展和即插即用。另外，增加了专门的系统参考时钟、触发总线、星型触发线和模块间的局部总线，来满足高精度的定时、同步与数据通信要求。所有这些总线位于 PXI 总线背板，其中星型总线是在系统槽右侧的第一个器件模块槽，它与其他 6 个器件槽之间分别配置的一条唯一确定的触发线。PXI 总线也定义了星型触发系统，与 VXI 不同，它通过 1 槽传送精确的触发信号，用于模块间精确定时。为了满足测控模块的需要，PXI 总线通过 J1 连接器提供了 33 MHz 的系统时钟，通过 J2 连接器提供了 10 MHz 的 TTL 参考时钟信号、TTL 触发总线和 12 引脚的局部总线，这样同步、触发和时钟等功能的信号线均可直接从 PXI 总线上获得，而不需要繁多的连线和电缆。

PXI 操作系统把 Windows 2000/98 作为系统软件框架，控制器需要安装工业标准应用编程接口，如 LabVIEW、LabWindows/CVI、Visual C/C++或 Borland C++，以实现工业应用。PXI 总线也要求所有厂商为自己开发出的测试器件提供相应软件驱动程序，让用户从烦琐的驱动程序工作中解脱出来。

另外，虚拟仪器软件体系结构（virtual instrument software architecture，VISA）已经广泛地用于计算机测试领域，PXI 规范了已经定义的 VXI、GPIB、USB 等的设置和控制，以实现虚拟仪器软件体系结构。

8.2.2.4 Arduino 开源平台

这是2005年M. Banzi和D. Cuartielles在开放原始码Simple I/O界面基础上构建的，它使用类似Java、C语言的Processing/Wiring开发环境，形成Arduino电路板硬件和Arduino IDE程序开发环境软件，Arduino IDE可以在Windows、Macintosh OS X和Linux操作系统上运行。

Arduino电路板硬件，能通过各种传感器来感知环境，通过控制灯光、马达和其他装置来反馈、影响环境。电路板上的微控制器，可以通过Arduino编程语言来编写程序，编译成二进制文件，录进微控制器。Arduino的编程是通过Arduino编程语言（基于Wiring）和Arduino开发环境（基于Processing）来实现的。Arduino电路板如图8-12所示，是一个带有微处理器、电源和通信接口总线。用起来比较方便，从Arduino网站下载软件包到计算机，连通电路板的电源（USB提供）和计算机，运行程序Arduino-sketch，就能进入Arduino IDE程序开发环境。

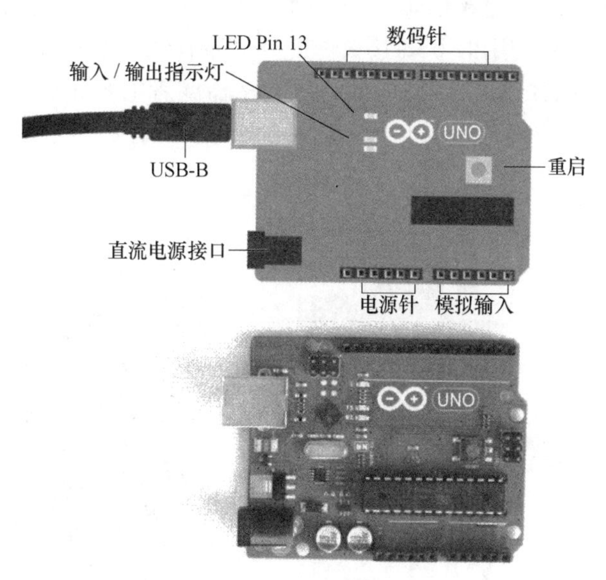

图8-12 Arduino电路板

Arduino程序结构如图8-13所示，开始是在setup（）中执行编码。然后，在结束之前执行loop（）中编码。程序中，（1）当系统启动时，执行setup（）；（2）配置数据线D13为输出模式，使程序可以控制它；（3）启动程序结束后，执行loop（）编码，可以反复重复调用；（4）设置数据线D13是高电位，它表示Arduino给出数据线+5 V；（5）一个延迟过程，使之保持原状态，这里D13处于高电位，以至于Arduino控制“L”LED灯亮；下一个延迟过程，电位是低的，“L”LED关闭。延迟时间是1 s(1000 ms)，亮、关都是1 s，反复循环。

8.2.2.5 Raspberry Pi 微处理器

Raspberry Pi微处理器是英国一家公司在2012年推出的，体积仅信用卡大小，搭载ARM（Advanced RISC Machine）架构处理器，具有运算、文字处理、电子表格、媒体中心等多种功能。内装Linux操作系统，支持Fedora、Debian和Arch Linux ARM以及自带系统

Example 2-1. **blink.ino**

```
// blink.ino - blink L LED to test development environment
// (c) BotBook.com - Karvinen, Karvinen, Valtokari
void setup() {  // ❶
  pinMode(13, OUTPUT);  // ❷
}

void loop() {   // ❸
  digitalWrite(13, HIGH);        // ❹
  delay(1000);  // ms    // ❺
  digitalWrite(13, LOW);
  delay(1000);
}
```

图 8-13 Arduino 程序结构

Raspberry Pi OS，操作系统存储在 SD 卡上，可以自己烧录替换。在接口方面，Raspberry Pi 提供了可供键盘和鼠标使用的 USB 接口。此外，还有快速上网接口、SD 卡扩展接口以及 1 个 HDMI 高清视频输出接口，可与计算机显示器或者电视相连。Raspberry Pi 工作电压为 5 V/3 A，从一个 micro USB 接口输入。Raspberry Pi 主板结构，如图 8-14 所示。

图 8-14 Raspberry Pi 主板结构

A Raspberry Pi 安装与命令

启动 Raspberry Pi 前，先要安装 Linux 系统，即从 Raspberry Pi 网站上下载 NOOBS_vX_Y_Z. zip，解压到 SD 卡中。然后，连接 Raspberry Pi、鼠标、显示器、SD 和电源，直接能看到进入 Linux 系统的画面。点击“Raspbian [RECOMMEND]”，选择语言和键盘类型，安装完毕，选择“OK”重新启动，注册并输入密码，就可以出现如图 8-15 所示的画面，即 Raspberry Pi 的 Linux 系统。

图 8-15 Raspberry Pi 的 Linux 系统

其次，Raspberry Pi OS 是在 Linux 基础上建立的，了解 Linux

命令和 CLI（command-line interface）使用是必要的，即如何利用编码来启动和控制进程。这些内容，可以通过命令提示符（$）输入进入程序。尽管，它可以是即时、一次性的，但也一定符合一定规则要求。双击桌面上 LXTerminal 图标，进入 CLI，出现命令提示符（$），等待命令输入。例如，输入 pwd→打印现在执行目录（printing working directory）；输入 ls 并回车↵列表执行目录中文件；输入 nano foo. txt→编辑和创建 foo. txt 文件。其中，可以通过空格键和箭头键编辑命令，按控制键+X 是保存。使用 sudo 命令，可以改变系统设置，系统配置的文件在/etc/目录中；用户配置，在用户自己的目录/home/pi/下。但是，考虑 Linux 系统安全，修改系统文件是有权限的，一般用户只可修改/home/和/tmp/中文本文件。安装附加软件，也需要有修改根目录的权限。因此，安装其他软件之前，需要通过网络使用命令 sudo apt-getupdate 查询一下有效软件列表。通过编辑/sys/目录中文本文件，可以控制 Raspberry Pi 输入与输出。

从软件包文件库中可以安装任何程序，使用 sudo apt-get-y install ipthon 可以安装 ipython（Python 语言和可视化试验的一个非常有用的工具），其中-y 参数相当于告诉软件包管理者“OK”。软件包管理者（apt）可以为用户做任何事情，这样就可以使用 ipthon。但是，exit（）会把用户带回命令提示符（$），用户可以输入文字建立 python 名字或程序名字。当看到 ipthon 命令提示符，如“In［1］:”，就可以输入 python 命令。

B Raspberry Pi 输入与输出

GPIO 线（general-purpose input and output，一般用途上输入与输出）把电子器件与 Raspberry Pi 连接起来，它不涉及使用权限的，可以根据服务功能不同时地在相同线上配置输入或输出。它的服务功能，包括信息输出（开关 LED 灯）、数字电位器（检测是否开关或传感器是否工作）、短脉冲信息输入（在距离传感器上的应用）、模拟电阻（压力、光和温度的模拟电阻传感器）和 I2C 与 SPI 等工业标准规程（视频控制器和模数转换器）等。

通过一个例子来检验 Raspberry Pi 输入与输出是否正常，即 Hello GPIO 试验，它由 Raspberry Pi 多功能微处理器、阴阳跳线、无焊接面板、470 Ω 电阻和一个 LED 灯组成，如图 8-16（a）所示。其中，在 Raspberry Pi 关闭情况下，把 LED 灯与限流电阻固定在面板上，并串联在 GPIO 27 线与地线之间，确认无误后接通电源。

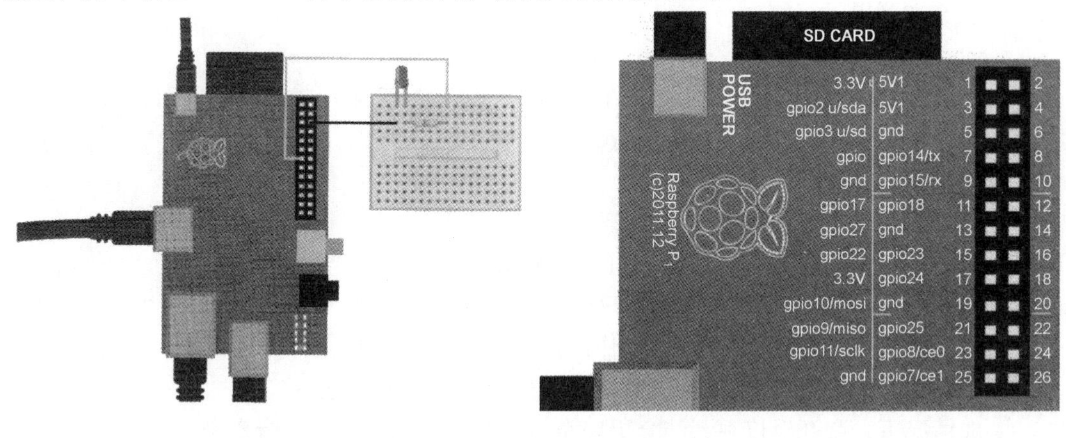

(a) (b)

图 8-16 Hello GPIO 实验连线图

（a）硬件构成；（b）GPIO 编号

GPIO 线有两组数字，它包括功能和物理位置，如图 8-16（b）所示，给出两者转换，左边 GPIO 线功能（GND，GPIO 27），右边显示着物理位置（1 到 26）。物理针的流水编号 1 到 26，告诉在哪里插跳线；另一组功能编号，属于 GPIO 号码，如 GPIO 27 与物理针 13 相连（用一根短线连接电阻），可以帮助我们找到地线 GND、+5 V 和+3. 3 V。

若通过 CLI 控制 GPIO，首先尝试从根目录输出，然后使用它，这样每次就不需要涉及 sudo 权限问题，通过文件来控制 Linux 中每一件事。主体 GPIO 处理器（一个软件控制 Linux 与 GPIO 对话），通过可视的/sys/文件系统，使 GPIO 开放可用。这样，简单编辑或其他途径改变这些文本文件，就可以控制 GPIO。在这点上，不需要图标用户界面，可以通过 LXTerminal CLI 做任何事情，双击它的图标就可以进入界面。转到这个针，先输出它，配置成“out”模式；然后，写数字“1”给它。所有这些，都是通过编辑文本文件完成的。

若不用编辑器来写文件，首先是如何显示文本文件，可以使用下面的命令打印文本文件到终端，即：

$ echo“Hello BotBook”

这种办法显示的文本，可以间接地覆盖一个文件，要特别注意，以免覆盖任何重要的文件，如：

$ echo“Hello BotBook” >foo. txt

如果 foo. txt 文件不存在，它会建立一个；如果它存在，也不提醒就会自动被覆盖。可以使用 >（间接）操作器送任何命令输出到一个文本文件，用 cat 命令可以看到文件里面内容：

$ cat foo. txt

Hello BotBook

如何点亮 LED 灯？先使用一下 sudo 命令。输入 sudo -i 获得一个根框架（root shell），这项任务仅需要使用一下 root shell，当用完输入 exit，会看到提示符变成#。特别注意，作为根输入的，弄错可能破坏操作系统。开始 root shell 之后，输出 GPIO 线 27 是可以控制它（输入文本到提示符#右侧）：

echo“27” >/sys/class/gpio/export

这就建立了可供闪 LED 灯的新可视文件。其次，设置线 27 输出模式，于是可以开关它。

echo“out” >/sys/class/gpio/gpio27/direction

现在，在线上开灯：

echo“1” >/sys/class/gpio/gpio27/value

LED 灯应该亮了。当欣赏一会儿亮灯，把它关闭：

echo“0” >/sys/class/gpio/gpio27/value

这样，就完成了开关 LED 灯的工作。但这些都是在根目录框架下进行的，结束后应注意输入 exit 退出，提示符转到$，表明现在转为一般用户框架下工作。

一般情况下，避开根权限系统会更安全、更稳定，现在 Linux 版本中，设备附带系统里使用 udev 来控制，udev 是一个规则系统，当设备接通后能正常运行。如果有 Linux 下 Android App，当手机与计算机连接，可以建立一个 udev 规则去修改权限。如果在 Linux 上使用 Arduino，可以加到 dialout 组获得 USB 串行通路。正常情况下，通过用户 root 和组 root 拥有/sys/class/gpio/中 GPIO 文件，可以看到如何写 udev 规则到改变组到“dialout”。然后，将许可组在/sys/class/gpio/下进行读与写文件。最后，会使文件夹组固定，以至于新建立的文件和文件夹在它之下，也被“dialout”组拥有。Linux 中所有体系范围配置是在/etc/之下，同样 udev 配置在/etc/udev/之下。首先，打开具有 sudoedit 的编辑器，就可以建立一个新的规则文件：

$ sudoedit/etc/udev/rules. d/88-gpio-without-root. rules

加入图 8-17 所示的文本进文件，要注意 udev 规则对打字错误非常敏感。其中，(1) 这个解释说明文件的目的；(2) 设置两个根目录下的拥有者和 dialout 组；(3) 在两个目录上设置粘贴位标志；(4) 在目录上配置许可允许 dialout 组成员读和写。以数顺序执行这个规则，但这只是对 GPIO 目录的影响。因此，数的顺序并不是关键。保存文件，使用 Ctrl-X，按 y，然后按 Enter。

Example 1-1. 88-gpio-without-root.rules

```
# /etc/udev/rules.d/88-gpio-without-root.rules - GPIO without root on Raspberry Pi  # ❶
# Copyright 2013 http://BotBook.com
# ❷
SUBSYSTEM=="gpio", RUN+="/bin/chown -R root.dialout /sys/class/gpio/"
SUBSYSTEM=="gpio", RUN+="/bin/chown -R root.dialout /sys/devices/virtual/gpio/"
# ❸
SUBSYSTEM=="gpio", RUN+="/bin/chmod g+s /sys/class/gpio/"
SUBSYSTEM=="gpio", RUN+="/bin/chmod g+s /sys/devices/virtual/gpio/"
# ❹
SUBSYSTEM=="gpio", RUN+="/bin/chmod -R ug+rw /sys/class/gpio/"
SUBSYSTEM=="gpio", RUN+="/bin/chmod -R ug+rw /sys/devices/virtual/gpio/"
```

图 8-17 sudoedit 编辑器建立文本例

使用新的规则，重新启动 udev 进程，用下面命令触发新的规则：

$ sudo service udev restart

$ sudo udevadm trigger-subsystem-match = gpio

接下来，是检查所有权是否正确：

$ ls-lR/sys/class/gpio/

这个列表应该多次提到“dialout”组，参数-l 意思是显示一个长的列表（带有拥有者、组、许可），参数-R 意思是也递归地列出目录内容。

现在，看一下不同 root 的 GRIO 运行，提示符“$”显示作为普通用户在运行。

$ echo “27” >/sys/class/grio/unexport

$ echo “27” >/sys/class/grio/export

$ echo “out” >/sys/class/grio/gpio27/direction

$ echo “1” >/sys/class/grio/gpio27/value

这时，LED 灯应该亮了。也可以让灯关闭，采用下面命令：

$ echo “0” >/sys/class/grio/gpio27/value

若仅限于/sys/中读写文件，可以从 Python 中使用 GPIO。通常，都从“Hello World”开始，进入操作环境。使用编辑器建立下面文件：

$ nano hello. py

保存文件（使用 Ctrl-X，按 y，然后按 Enter），运行程序：

$ python hello. py

Hello world

现在运行 Python GPIO，让闪亮 LED 灯连接到 GPIO 线 27。如果没有完成图 8-16 所示的试验，先把线连接上。保存图 8-18 编码到 Raspberry Pi 上 led_hello. py 文件里，然后运行它：

$ python led_hello. py

Blinking LED om GPIO 27 once. . .

```
Example 1-2. led_hello.py
# led_hello.py - light a LED using Raspberry Pi GPIO
# (c) BotBook.com - Karvinen, Karvinen, Valtokari

import time      # ❶
import os

def writeFile(filename, contents):       # ❷
        with open(filename, 'w') as f:   # ❸
                f.write(contents)

# main

print "Blinking LED on GPIO 27 once..."          # ❹

if not os.path.isfile("/sys/class/gpio/gpio27/direction"):        # ❺
        writeFile("/sys/class/gpio/export", "27")        # ❻

time.sleep(0.1)
writeFile("/sys/class/gpio/gpio27/direction", "out")     # ❼

writeFile("/sys/class/gpio/gpio27/value", "1")  # ❽
time.sleep(2)   # seconds          # ❾
writeFile("/sys/class/gpio/gpio27/value", "0") # ❿
```

图 8-18 建立运行 Python GPIO 文本例

图 8-18 的程序中，（1）输入需要的库函数，每个库都对应库同名的 namespace（名字空间），以至于需要的所有命令从时间开始以字符形式存在，如 time. sleep（2）。（2）为了写文件定义一个新的辅助函数，这个函数仅在召唤时运行。（3）进入 Python 中文件常用途径是利用“with”语法，自动地处理除特殊情况外比较接近的文件。open（）中文件名字可能是在/sys/class/gpio/gpio/direction 里，w 意思是为了写而打开它。这建立一个新的文件作为 f，它在实际文件操作中使用。（4）尽管想闪亮 LED 灯，这是一个好的想法，在屏幕上打印点儿什么以确认程序运行，在 Python 中是不被识别的，Python 打印出踪迹错误消息，以告之运行错误。（5）检查线已经不输出了。第二次运行，导致了“IOError：[Errno 16] Device or resource busy.”。检查条件的这种形式，有时被称作“asking for permission”。另外一种形式，不适用在这里，称作“ask for forgiveness”和“try...except”。这里用“asking for permission”更适合，所以使用条件语句使程序更简单。（6）输出指针，

建立所有文件都是为了控制指针，如 direction 和 value。(7) 想写设置指针的开与关，设置方向为“out”；如果想读这个值，可设置为“in”。如果与 Arduino 属于同一系列，记住一个 Arduino 简单命令 pinMode ( )。(8) 设置值为“1”点亮 LED，“1”的意思指针设置为 3.3 V，属于 Raspberry Pi GPIO 指针高电位。(9) 等 2 s 时间，对函数或变量设置这样单元是一个好的想法，以至于读编码时容易理解意图。在这一时间里，针停留在它们现在状态，GPIO 27 是“1”，点亮 LED。(10) 设置值为“0”，关闭 LED 灯。

8.2.3 虚拟仪器系统

测量仪器主要有数据采集、数据分析和数据显示等功能，所谓虚拟仪器（virtual instrument，VI）是美国公司（NI）首先提出的，它是集计算机技术、通信技术和仪器测量技术于一体的模块化仪器，已逐渐形成一种发展趋势。“虚拟”是指虚拟仪器面板是虚拟的，测量功能是由软件编程来主导的。在虚拟仪器系统中，利用 PC 运算能力、图形环境和在线辅助功能，建立良好的人机交互性能的虚拟仪器面板，完成对仪器的控制、数据分析和显示。虚拟仪器系统中，硬件仅仅是解决信号输入与输出问题，主要是软件运行的物理环境，软件才是整个仪器的核心。它打破了制造厂家定义仪器的性质和功能，给用户提供一个充分发挥才能和想象力的空间。

虚拟仪器技术被引入到计算机辅助测试领域，使数据采集和控制自动化技术发生了重大变革，由硬件技术和软件技术逐渐构建起虚拟仪器系统，大大提高了工作效率，同时也拓展了创新技术的环境。现在，虚拟仪器呈现出两条发展趋势：一是沿 GPIB→VXI→PXI 总线方式，主要用于大型高精度集成系统；二是沿微机插卡式→LPT 并行口式→串口 US B 式→IEEE 的 1394 口方式，主要用于普及型相对廉价系统。智能传感器更偏向于应用虚拟仪器技术后一种。

8.2.3.1 构成与种类

虚拟仪器通常有硬件设备与接口、驱动软件和虚拟仪器面板组成，如图 8-19 所示。硬件设备与接口是以计算机为基础的内置功能插卡、通用接口总线卡、串行接口卡、VXI 总线仪器接口和测试器件等构成的。驱动软件是直接控制各种硬件接口的驱动程序，通过底层设备驱动软件与配置的仪器系统进行通信。虚拟仪器面板是在计算机屏幕上显示与配置的仪器面板操作元素相对应的各种控件，控件上集成了对应器件的程控信息，用户使用鼠标或触动虚拟仪器面板如同直接操作器件一样，完成人机对话。

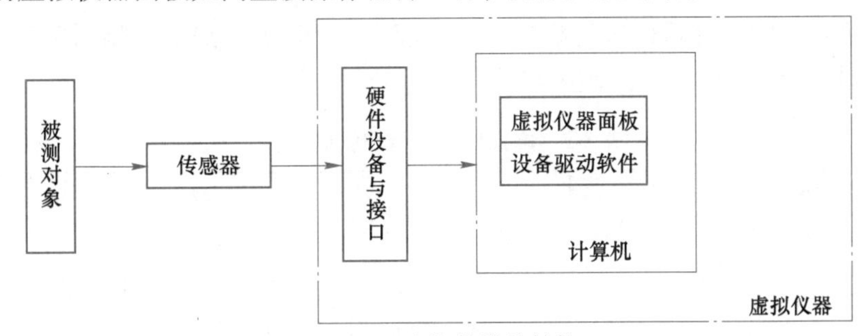

图 8-19 虚拟仪器的结构

抽象出来，一台仪器完成功能主要有：(1) 信号输入——进行信号调整并把模拟信号转换成数字信号，便于信息存储；（2）信号输出——把量化的数据信号转换成模拟信号及必要的信号调理；（3）数据处理——在微处理器或数字信号处理器（DSP）按要求完成一定的指令。把具有以上功能几个通用模块组建起来，就构成一种虚拟仪器。虚拟仪器，利用通用仪器的硬件平台，运行不同的测试软件构成了不同功能的仪器。例如，如图 8-20 所示，一台频谱分析仪，包括一个输入部分和一个数据处理部分；一台任意波形发生器，包括输出部分和一个数据处理部分。

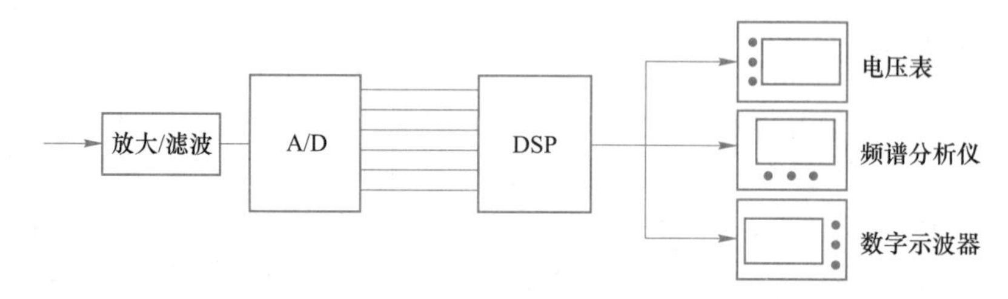

图 8-20　虚拟仪器实例

虚拟仪器与传统仪器在使用和功能上的比较如表 8-5 所示。相比之下，虚拟仪器主要有以下优点：（1）测量精度高、重现性好。使用嵌入式数据处理器，可以建立一些功能型数学模型，如 FFT 和数字滤波器，不再需要因随时间漂移而定期校准的分立式模拟硬件，避免了辅助硬件的引入误差。（2）测量速度快。测量输入信号的几个特性，如电平、频率和上升时间，只需一个量化的数据模块，要测量的信号特性就能被数据处理器计算出来，它把多种调试结合一起，缩短了测量的时间。而在传统仪器系统中，必须把信号连接到某一台仪器去测各个参数，因而受电缆长度、阻抗、仪器校准和修正因子的影响。（3）减少开关、电缆数量。所有信号，具有一个公用的量化通道，允许各种测量使用同一校准和修正因子。这样，使复杂的开关矩阵和信号电缆减少，信号也不必切换到多个仪器上。（4）缩短系统组建时间。所有的通用模块支持相同的公用硬件平台，当测试系统要增加一个新功能时，只需要增加软件来执行新的功能或增加一个通用模块来扩展系统的测量范围。（5）易于扩展测量功能。仪器功能可由用户产生，它不再是深藏于硬件中而不可改变的，为提高测试系统的性能，可方便地加入一个通用模块或更换一个模块，而不用购买一个完全新的系统。

随着微处理器发展和采用总线方式不同，虚拟仪器可分为以下五种：（1）PC 总线插卡式的虚拟仪器；（2）并行口式的虚拟仪器；（3）GPIB 总线式的虚拟仪器；（4）VXI 总线式虚拟仪器；（5）PXI 总线式虚拟仪器。

表 8-5　虚拟仪器与传统仪器比较

传统仪器	虚拟仪器
功能由仪器厂商定义	功能由用户自己定义
与其他仪器设备的连接十分有限	面向应用的系统结构，可方便地与网络、外设及其他应用连接
图形界面小，人工读数，信息量小	展开全汉化图形界面，计算机读数及分析处理
数据无法编辑	数据可编辑、存储、打印
硬件是关键部分	软件是关键部分

续表 8-5

传统仪器	虚拟仪器
价格昂贵	价格低廉（是传统仪器的$\frac{1}{10}$~$\frac{1}{5}$）
系统封闭、功能固定、扩展性低	基于计算机技术开放的功能块可构成多种仪器
技术更新慢（周期 5~10 年）	技术更新快（周期 1~2 年）
开发和维护费用高	基于软件体系的结构，大大节省开发维护费用

8.2.3.2　系统组成

虚拟仪器系统组成，如图 8-21 所示，有计算机、虚拟仪器软件、硬件接口或测试仪器。其中，硬件接口，包括数据采集卡、IEEE488 接口（GPIB）卡、串/并接口卡、VXI 控制器/接口卡、插卡仪器及其他接口卡。

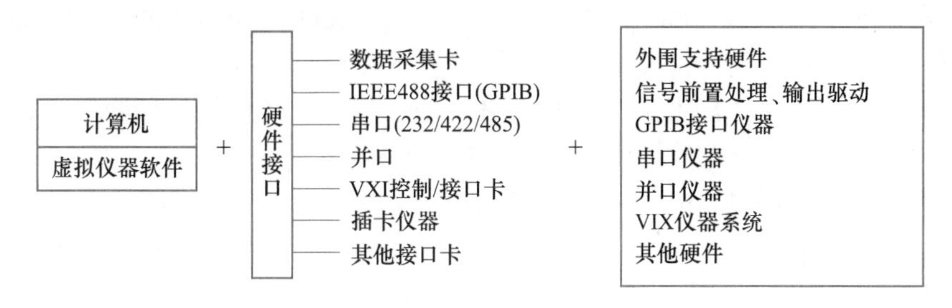

图 8-21　虚拟仪器系统组成

虚拟仪器常用的接口形式是数据采集卡，它具有灵活、低成本的特点，其功能是把数据采集到计算机，或再由计算机把数据输出给受控对象。数据采集卡，配以计算机平台和虚拟仪器软件，便可构成数字万用表、信号发生器、示波器、动态信号分析仪等多种测量和控制仪器。许多中高档仪器都配有串口/并口和 GPIB 通信口等，一般串口 RS232 只能作单台仪器与计算机连接，GPIB 是仪器系统互连总线规范，速度可达 1 Mbit/s。

通过 GPIB 接口卡、串口/并口，可以实现仪器与计算机互连，完成仪器间相互通信，从而形成多台仪器构成的自动测试系统。GPIB 技术，可以说是虚拟仪器技术发展的第一阶段，它把可编程仪器与计算机紧密地联系起来。这样，使电信号测量，由独立的手工操作的单台仪器向组成大规模自动测试系统方向迈进。

VXI 自动测试系统可以说是虚拟仪器技术中更高的一个层次。VXI 仪器系统把若干仪器模块插入具有 VXI 总线机箱内，仪器模块自身没有操作系统和显示面板，它通过计算机来控制和显示，解决了 GPIB 传输速度慢的问题。另外，它还具有开放式结构，即插即用（VXIplus&play）、虚拟仪器软件体系（VISA）等规范，使得用户在组建 VXI 系统时可以不拘限于某一厂家仪器模块，便于优化系统。插卡仪器指带计算机总线接口的专用插卡。例如，数据信号处理板（DSP）、网卡、传真卡和传真软件构成的“虚拟传真机”等。

8.2.3.3　软件开发平台

给定计算机和仪器硬件后，构造和使用虚拟仪器的关键是应用软件，它应该具备以下几个功能：（1）与仪器硬件接口连接；（2）虚拟仪器的用户界面；（3）集成的开发环境；（4）仪器数据库。

A 虚拟仪器的软件实现

虚拟仪器软件的框架，从底层到顶层有三个部分，包括 VISA 库、仪器驱动程序和应用软件。其中，VISA（virtual Instrumentation software architecture，虚拟仪器软件体系结构）库，实质是标准的 I/O 函数库及其相关规范的总称。它驻留于计算机系统之中，执行仪器总线的特殊功能，是计算机与仪器之间软件层连接，以实现对仪器的程控。对仪器驱动程序开发者来说，是一个可调用的操作函数集。仪器驱动程序是完成某一个特定仪器控制与通信的软件程序集，它是应用程序到仪器控制的桥梁。每个仪器模块都有自己的仪器驱动程序，仪器厂家以源代码的形式提供给用户。应用软件建立在仪器驱动程序之上，直接面对操作用户，提供直观友好的测控操作界面、丰富的数据分析与处理功能，来完成自动测试任务。

虚拟仪器应用软件编写，大致可分为两种方式：一是应用通用编程软件进行编写，例如有 Microsoft 公司的 Visual Basic 和 Visual C++、Borland 公司的 Delphi、Sybase 公司的 PowerBuilder 等；二是应用专业图形化编程软件进行开发，如 HP 公司的 VEE、NI 公司的 LabVIEW 和 LabWindows/CVI 以及工控组态软件等。另外，还包括通用数字处理软件，如用于数字信号处理的各种功能函数，像频域分析的功率谱估计、FFT、FHT、逆 FFT、逆 FHT 和细化分析等；如时域相关分析、卷积运算、反卷运算、均方根估计、差分积分运算和排序，以及数字滤波等，这些功能函数为用户进一步扩展虚拟仪器功能提供了开发基础。

B 虚拟仪器软件的开发平台

表 8-6 给出各类虚拟仪器编程软件比较。在开发、推广图形化编程技术上，主要采用 LabVIEW（laboratory virtual instrument engineering workbench）虚拟仪器开发平台，它基于图形开发、调试和运行程序的集成环境，实现了真正的虚拟仪器概念。这个软件面向大众，应用这个平台，通过定义和连接代表各功能模块的图表，可以方便、迅速地建立起高水平的应用程序。

表 8-6 各类虚拟仪器编程软件的比较

软件	特点	支持系统	性价比
Visual Basic Delphi	易学、使用简单；面向对象的可视化编程软件；它的图形控件工具能生成复杂的多窗口用户界面而不必编写复杂的代码；可创建自己的 ActiveX 控件，以及多线程和线程安全 ActiveX 部件	Windows，UNIX	价格适中，开发周期长
HP VEE	用于仪器控制、测量处理和测试报告的图形化编程语言；自动选找与计算机相连的仪器，自动管理所有的寻址操作；具有直观、丰富的显示界面；不必编写代码就可以进行数据采集与分析；具有多种数学运算与分析功能，从最基本的数学运算到数字信号处理和回归分析	Windows，UNIX	价格适中

续表 8-6

软件	特点	支持系统	性价比
LabVIEW	仪器控制与数据采集的图形化编程环境；直观明了的前面板用户界面和流程图式的编程风格；内置的编译器可加快执行速度；内置 GPIB、VXI、串口和插入式 DAQ 板的库函数；内容丰富的高级分析库，可进行信号处理、统计、曲线拟合以及复杂的分析工作；利用 ActiveX、DDE 以及 TCP/IP 进行网络连接和进程通信；可应用于 Windows 31/95/NT、Mac OS、Sun、HP-UX 以及 Concurrent 实时计算机	Windows、DOC	价格较低，通用性好
LabWindows/CVI	使用 ANSI C 编程语言建立实用仪器的交互式开发环境；可视化开发工具自动产生程序大纲和调用函数，从而降低编码错误、加快程序开发速度；集成化 C 语言编程工具，包含 32 位的 C 编译器、连接程序、调试程序，以及代码产生实用程序；直观明了的图形编程器，可建立用户 GUI 界面；可用于 Windows 31/95/NT 操作系统以及 SUN SPARC 工作站的 Solaris 操作系统；用于 HP-UX 的运行时间库	WindowsOS/2	价格低，通用性强
组态软件	利用系统软件提供的工具，通过简单形象的组态工作。实现所需的软件功能，具有数据采集和处理、动态数据显示、报警、自动控制、历史数据库、报表、图形、宏调用等功能以及专用程序开发环境。提供支持 3000 点的控制点。一般对硬件的要求相对严格，程序逻辑相对固定，但实现相对容易，可靠性高	Windows NT 以上	根据系统规模的大小，价格差别较大

LabVIEW 虚拟仪器开发平台，具有以下功能：

（1）使用可视化技术建立人机界面，针对测试和过程控制领域，提供了大量的仪器面板的控制对象，如表头、旋钮、图表等。用户还可通过控制编辑器，对现有对象进行修改。

（2）程序检查错误不需要先编译，可以自动查错，包括错误类型、原因及位置。

（3）提供程序调试功能，用户可以在源代码中设置断点，单步执行源代码；在源代码中的数据流连线上设置探针，在程序运行过程观察数据流的变化；在数据流程图中，以较慢运行速度，根据连线上显示的数据值检查程序运行的逻辑状态。

（4）继承了传统的结构化和模块化编程优点，对建立复杂应用和代码可重复使用来说，非常有用。

（5）支持多种系统平台，如 Macintosh Power、SunSPARC、Windows 95 和 Windows NT 等系统平台上都可以使用，应用程序具有可移植性。

（6）提供动态链接库（DLL）接口和属性节点（CIN），用户可以在 LabVIEW 上使用其他软件编译的模块，是一个开放式开发平台。

（7）大量函数库可供用户直接调用，从基本的数学函数、字符串处理函数、数组运算函数和文件 I/O 函数，到高级数字信号处理系统和数值分析函数；从底层的 VXI 仪器、数据采集和总线接口硬件的驱动程序，到各大厂家的 GPIB 仪器的驱动程序，都有现成的模块帮助用户开发自己的系统。

LabVIEW 基本程序单位是一个 VI（virtual instrument），简单测试可以由一个 VI 完成，而复杂测试应用，可通过 VI 之间结构层次来调用，如图 8-22 所示，LabVIEW 中 VI 相当于常规语言中程序模块，可以实现软件重复使用。

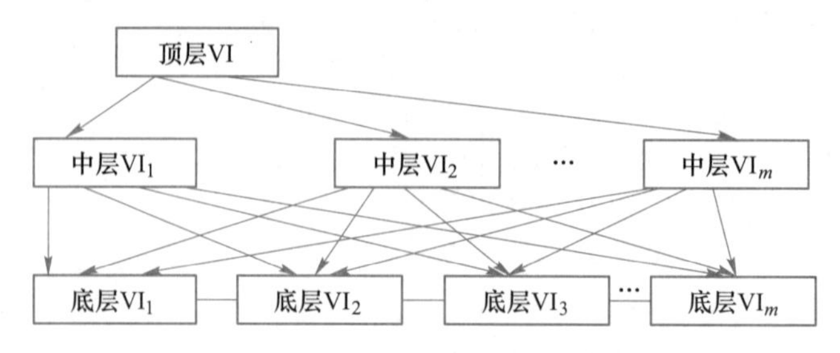

图 8-22　基本程序单位（VI）之间层次调用

面板是用户测试时主要输入与输出界面，用户通过控制菜单在面板上选择控制与显示机制，从而完成被测试设置及结果显示，其中控制包括各种类型的输入，如数字输入、布尔输入、字符串输入等，显示包括各种类型的输出，如图形、表格等。各个 VI 的建立、存取、关闭等管理操作也均由面板上的命令菜单来完成。

LabVIEW 中每一个 VI 均由面板（front panel）和框图（block diagram）两部分组成，如表 8-7 所示。其中，框图是测试人员根据测试方案及测试步骤，进行测试编程的界面。用户可以通过功能（function）选项，选择不同的图形化程序模块，组成相应的测试逻辑，这里不仅包含一般语言的基本要素，如算术及逻辑函数、数组及串操作等，而且还包含与文件输入输出、数据采集、GPIB 及串口控制相关的专门模块。

表 8-7　LabVIEW 基本程序单位 VI 组成

面板	框图
通过 Controls 定义输入输出 数字型 布尔型 串与表 选择列表 数组与结构图 路径与文件表示符	通过 Function 完成图形 程序结构与常量 算术与逻辑函数 三角与对数函数 比较函数 类型转换函数 串操作 数组操作 文件操作 对话框操作 与其他代码接口 与仪器设备接口

一般来讲，LabVIEW 编程环境有两种运行状态，即编程状态（edit）和运行状态（run），两种构成了平台环境。编辑状态下，可创建自己的 VI，对面板和框图进行编辑和修改；运行状态下，可动态调试程序，观察数据流程，运行 VI 进行测试。

除了 LabVIEW 之外，还有一种虚拟开发平台 LabWindows/CVI，它基于 ANSI C、交互式 C 语言的集成开发平台，以 LabWindows/CVI4.0 为例，主要有以下特点：（1）基于 ANSI C，不用学复杂的 C++就可实现 Windows 95/NT3.1 下编程；（2）与 C/C++兼容，可实现 32 位用户库、目标模块、DLL 的相互调用；（3）可直接生成 32 位 DLL，并可以被 LabVIEW 调用；（4）提供各种方便的界面生成、编程、调试工具，使得编程、调试轻松进行；（5）提供丰富的数值分析、数据信号处理函数库；（6）提供 GPIB、VXI、RS232、数据采集卡及网络连接功能；（7）免费获得数百种源码 GPIB、VXI、RS232 仪器驱动程序。

8.3 智能型传感器应用

8.3.1 电压传感器

AttoPilot 是一个小的电压和电流检测电路板模块，如图 8-23 所示，尺寸为 4 mm×15 mm×19 mm。通过测量一对平行的分流电阻的电压降来确定 DC 电流。如果通过 Arduino 或 Raspberry Pi 模块，把测定电压和电流显示出来，即完成了电压表或电流表功能。

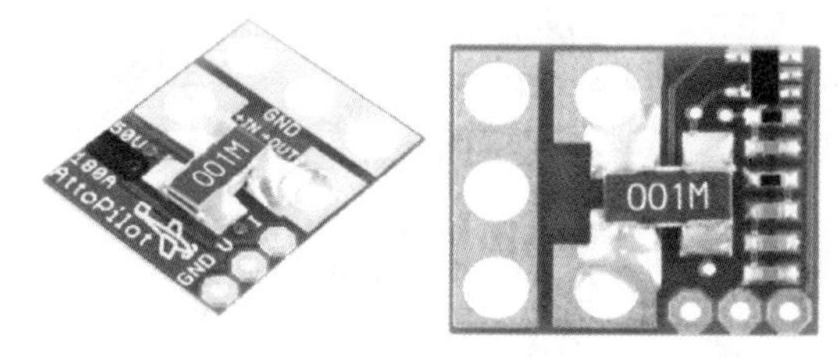

图 8-23 AttoPilot 电压与电流检测模块

如何解决检测电路板与 Arduino 或 Raspberry Pi 间量程问题？取 AttoPilot 电压和电流检测电路板额定电压和电流分别为 13.6 V 和 45 A，它有两个模拟输出口；同时，考虑 Arduino 和 Raspberry Pi 输出前要转换成 3.3 V。这样，Arduino 和 Raspberry Pi 上显示电流值需要设置转换系数：3.3 V 输出/45 A 测量 = 73.3 mV/A；45 A 测量/3.3 V 输出 = 13.6363 A/V 输出。例如，实际测量电流值，需要把从 AttoPilot 输出接口读出值 0.05 V 乘以 13.6363，即：

$$0.05(\mathrm{V})\times 13.6363(\mathrm{A/V})=681(\mathrm{mA})$$

Arduino 和 Raspberry Pi 上显示电压值也需要设置转换系数，即 13.6 V 测量/3.3 V 输出 = 4.1212 V/V 输出。实际测量电压，需要把从 AttoPilot 输出接口读出值 1.213 V 乘以 4.1212，即：

$$1.213(\mathrm{V})\times 4.1212=5(\mathrm{V})$$

AttoPilot 模块与 Arduino 模块连接，如图 8-24 所示，同时设置程序，如图 8-25 所示。

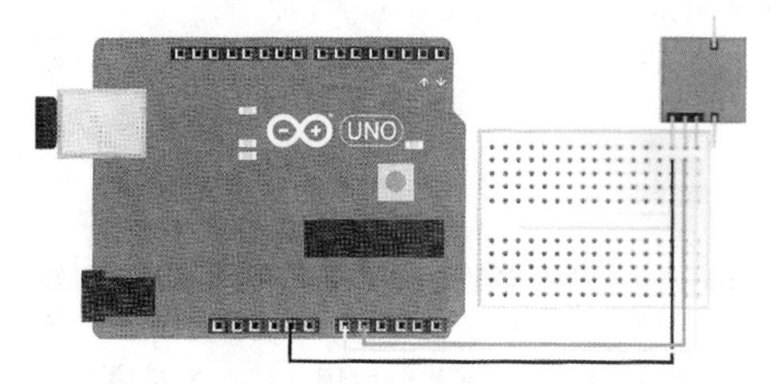

图 8-24 AttoPilot 模块与 Arduino 模块连接

Arduino 内运行 AttoPilot 电压程序，如图 8-25 所示，其中：（1） analogRead ( ) 模拟读数最大值是 1023，计算读数作为最大值读数的百分率；（2） 5 V 是 Arduino 的 analogRead ( ) 模拟读数的最大电压，它与 1023 相对应；（3） 45 A 测量/3. 3 V 输出 = 13. 7 A/V是转换系数；（4） 返回以 A 为单位电流；（5） 电压转换系数为测量最大值/输出最大值。

Example 10-1. attopilot_voltage.ino

```
// attopilot_voltage.ino - measure current and voltage with Attopilot 13.6V/45A
// (c) BotBook.com - Karvinen, Karvinen, Valtokari


int currentPin = A0;
int voltagePin = A1;

void setup()
{
  Serial.begin(115200);
  pinMode(currentPin, INPUT);
  pinMode(voltagePin, INPUT);
}

float current()
{
  float raw = analogRead(currentPin);
  Serial.println(raw);
  float percent = raw/1023.0;    // ❶
  float volts = percent*5.0;     // ❷
  float sensedCurrent = volts * 45 / 3.3;       // A/V  // ❸
  return sensedCurrent; // A     // ❹
}

float voltage()
{
  float raw = analogRead(voltagePin);
  float percent = raw/1023.0;
  float volts = percent*5.0;
  float sensedVolts = volts * 13.6 / 3.3;       // V/V  // ❺
  return sensedVolts;  // V
}

void loop()
{
  Serial.print("Current: ");
  Serial.print(current(),4);
  Serial.println(" A");
  Serial.print("Voltage: ");
  Serial.print(voltage());
  Serial.println(" V");
  delay(200); // ms
}
```

图 8-25　Arduino 内运行 AttoPilot 电压程序例

AttoPilot 模块与 Raspberry Pi 模块连接，如图 8-26 所示，同时设置程序，如图 8-27 所示。其中，MCP 是模数转换器，如图 8-28 所示，MCP300X 是一种体积小、高性能和低能耗的 10 位模数转换器，特别适合嵌入式控制应用，其中 X 是输入通道，它具有 SPI(Serial

Peripheral Interface，串行处设接口）界面，可以把它加到PICmicro微处理器，经常被用于数据采集、仪器多通道数据记录器、工业PC、电机控制和传感器等。

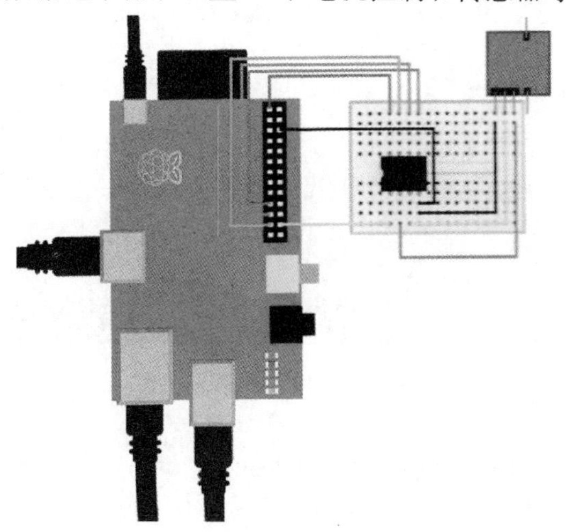

图8-26 AttoPilot模块与Raspberry Pi模块连接

Example 10-2. attopilot_voltage.py

```
# attopilot_voltage.py - measure current and voltage with Attopilot 13.6V/45A
# (c) BotBook.com - Karvinen, Karvinen, Valtokari
import time
import botbook_mcp3002 as mcp   # ❶

def readVoltage():
        raw = mcp.readAnalog(0,1)        # ❷
        percent = raw / 1023.0   # ❸
        volts = percent * 3.3   # ❹
        sensedVolts = volts * 13.6 / 3.3        # V/V   # ❺
        return sensedVolts      # V

def readCurrent():
        raw = mcp.readAnalog(0,0)
        percent = raw / 1023.0
        volts = percent * 3.3
        sensedCurrent = volts * 45.0 / 3.3      # A/V # ❻
        return sensedCurrent    # A

def main():
        while True:
                voltage = readVoltage()
                current = readCurrent()
                print("Current %.2f A" % current)
                print("Voltage %.2f V" % voltage)
                time.sleep(0.5) # s

if __name__ == "__main__":
        main()
```

图8-27 Raspberry Pi内运行AttoPilot电压程序例

Raspberry Pi内运行AttoPilot电压程序，其中：（1）输入MCP3002模数转换器芯片的

图 8-28 MCP 模数转换器

库（botbook_mcp3002. py），它像 attopilot_voltage. py 一样，在相同的目录里；（2）读第二个通道，AttoPilot 电压和电流检测输出是连接不同的通道；（3）1023 是读模拟 read Analog（）的最大值，它与 3.3 V 相对应；（4）Raspberry Pi 3.3 V 的最大 GPIO 电压；（5）与 Arduion 一样计算出的转换系数，电压转换系数为 V 测量最大值/V 输出最大值；（6）转换系数为 45 A 测量/3.3 V 输出 = 13.7 A/V。

8.3.2 霍尔磁力传感器

霍尔磁力传感器模块 KY-024 如图 8-29 所示，尺寸为 32 mm×11 mm×20 mm，集成有 LM393 和 3144 霍尔传感器磁感应探头，工作电压为 5 V。有四个引出端子，两根是霍尔元件的偏置电流输入端，两根是霍尔电压输出端。如果两输出端构成外回路，就会产生霍尔电流。在半导体薄片两端通以控制电流 I，并在薄片的垂直方向施加磁感应强度为 B 的匀强磁场，则在垂直于电流和磁场的方向上，将产生电势差为 U_H 的霍尔电压。

霍尔磁力传感器模块与 Arduino 模块连接如图 8-30 所示，同时设置相应程序，如图8-31 所示。Arduino 模块内运行霍尔磁力传感器程序，如图 8-31 所示，其中，（1）设置初始值，它不能作为读传感器的一个结果。如果看到这个值，就提示存在问题，需要调试；（2）这是没有磁场时一个初始模拟读值，传感器报告 527，仪器说明书给出 500（初始值），可能是对应 5 V 的逻辑水平。当没有磁场时，如果在 Arduino 串行监视器看到不同值，可以调节零水平参数；（3）尽管它不是一个电阻，霍尔传感器却像模拟电阻传感器一样工作。

图 8-29 霍尔磁力传感器模块

霍尔磁力传感器模块与 Raspberry Pi 模块连接，如图 8-32 所示，同时设置程序，如图 8-33 所示。Raspberry Pi 内运行霍尔磁力传感器程序，如图 8-33 所示。其中，（1）botbook_ mcp3002. py 库，在这个程序的相同目录下，安装 spidev 库，由

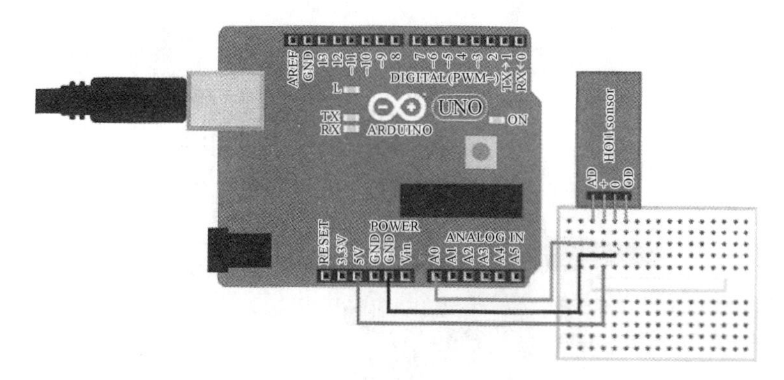

图 8-30　霍尔磁力传感器模块与 Arduino 模块连接

Example 10-3. ***hall_sensor.ino***

```
// hall_sensor.ino - print raw value and magnets pole
// (c) BotBook.com - Karvinen, Karvinen, Valtokari

const int hallPin = A0;
int rawMagneticStrength = -1;   // ❶
int zeroLevel = 527;    // ❷

void setup() {
  Serial.begin(115200);
  pinMode(hallPin, INPUT);
}

void loop() {
  rawMagneticStrength = analogRead(hallPin);    // ❸
  Serial.print("Raw strength: ");
  Serial.println(rawMagneticStrength);
  int zeroedStrength = rawMagneticStrength - zeroLevel;
  // If you know your Hall sensor's conversion from
  // voltage to gauss then you can do it here
  // zeroedStrength * conversion
  Serial.print("Zeroed strength: ");
  Serial.println(zeroedStrength);
  if(zeroedStrength > 0) {
    Serial.println("South pole");
  } else if(zeroedStrength < 0) {
    Serial.println("North pole");
  }
  delay(600); // ms
}
```

图 8-31　Arduino 模块内运行霍尔磁力传感器程序

botbook_mcp3002 提供；（2）当没有磁场影响传感器时，零水平是读模拟 readAnaloog（）初始输出，对于霍尔磁力传感器给出 388，仪器说明书给出对应 5 V 逻辑水平的初始值是 500。与这个相对应，3.3 V 零水平给出 330，即 500/(3.3/5) = 330。如果没有磁场存在，在程序输出中看到不同的初始值，需要改变零水平参数的值。

安装 spidev 库，是由于 MCP3002 模数转换器使用 SPI 协议比较复杂，但可以安装 spidev 库去处理它。需要输入 spidev 库，还包括 Raspberry Pi 上电压表编码和各种模拟电阻式传感器。在 Raspberry Pi 上打开终端，安装前提条件：

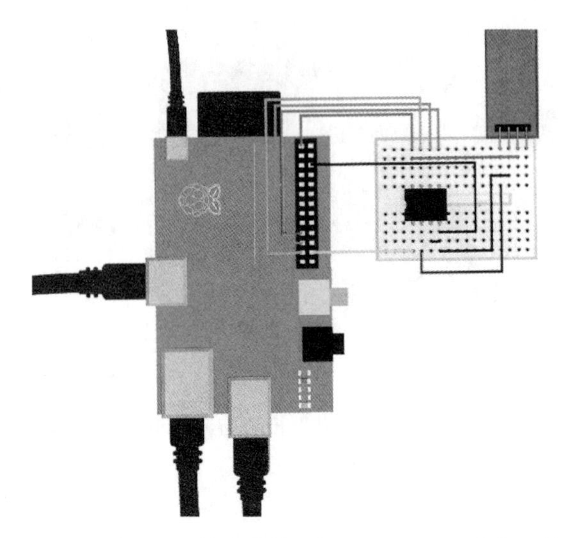

图 8-32　霍尔磁力传感器模块与 Raspberry Pi 模块连接

Example 10-4. hall_sensor.py

```
# hall_sensor.py - print raw value and magnets pole
# (c) BotBook.com - Karvinen, Karvinen, Valtokari
import time
import botbook_mcp3002 as mcp    # ❶

zeroLevel = 388 # ❷

def main():
  while True:
        rawMagneticStrength = mcp.readAnalog()
        print("Raw strength:  %i " % rawMagneticStrength)
        zeroedStrength = rawMagneticStrength - zeroLevel
        print("Zeroed strength: %i " % zeroedStrength)
        if(zeroedStrength > 0):
                print("South pole")
        elif(zeroedStrength < 0):
                print("North pole")
        time.sleep(0.5)

if __name__ == "__main__":
  main()
```

图 8-33　Raspberry Pi 内运行霍尔磁力传感器程序

$ sudo apt-get update

$ sudo apt-get-y install git python-dev

从它的版本控制台下载最新版本：

$ git clone https：//github. com/doceme/py-spidev. git

$ cd py-spidev/

安装它到测试系统：

$ sudo python setup. py install

接下来，保证在 Raspberry Pi 上能运行 SPI。首先，确认它不能运行。用命令 sudoedit/

etc/modprobe. d/raspi-blacklist. conf 编辑/etc/modprobe. d/raspi-blacklist. conf 和清楚这一行：

Blacklist spi-bcm2708

保存文件，按 Ctrl-X，输入 y 后按 Enter 键。为了不通过根目录可以进入 SPI，按如下：

#/etc/udev/rules. d/99-spi. rules-SPI without root on Raspberry Pi

Copyright 2013 http://BotBook. com

SUBSYSTEM = = "spidev" , MODE = "0666"

复制 udev 文件到下面：

$ sudo cp 99-spi. rules/etc/udev/rules. d/99-spi. rules

重新启动 Raspberry Pi，打开 LXTerminal，确认可以看到 SPI 设备和它的所有权是对的：

$ ls-l/dev/spi *

列表应该显示出两个文件，它们应该列出 crw-rw-rwT 许可。如果不是，重新仔细检查以上过程。现在，就可以使用 MCP3002 芯片和 Raspberry Pi 上 SPI 设备。

8.3.3 红外避障传感器

一个红外避障传感器外观如图 8-34 所示，可用于机器人躲避前面的障碍物用，它由一对红外信号发射与接收二极管组成。发射管发射一定频率的红外信号，接收管接收这种频率的红外信号，当传感器检测方向上遇到障碍物（反射面）时，红外信号反射回来被接收管接收，经处理后信号通过模数转换接口返回到机器人，机器人就可以利用红外线的返回信号识别周围环境。

红外避障传感器与 Arduino 连接，如图 8-35 所示；对应的配置程序如图 8-36 所示。如图 8-36 所示，其中，（1）打开 Arduino 串口监视器（Tools→Monitor），串口监视器与传感器必须选择相同速度，最快速度是 115200 bit/s。如果 USB 接口不稳定或线比较长，可以变成 9600 bit/s。（2）红外线传感器就像一个按钮，与读传感器相连。（3）打印传感器指针的状态，用以排除错误。（4）“0”状态表示发现物体，点亮 Arduino 上 LED 等，显示发现障碍物。（5）loop（）中总应该设置一些延迟，阻止开关全时间内 100%使用 Arduino 的 CPU。

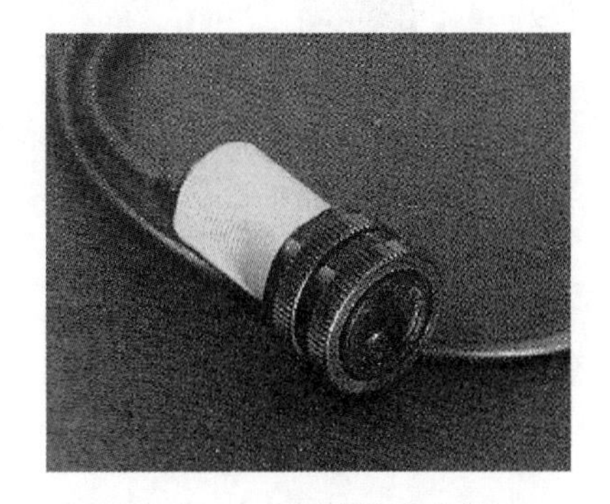

图 8-34　红外避障传感器外观

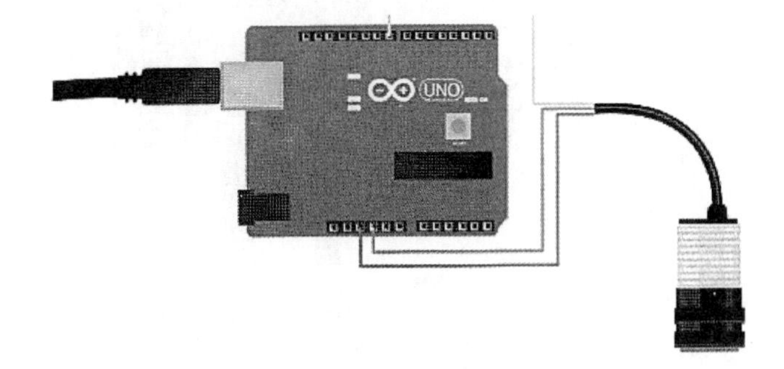

图 8-35　红外避障传感器与 Arduino 连接

红外避障传感器与 Raspberry Pi 连接，如图 8-37 所示；对应的配置相应程序如图 8-38

Example 3-5. *adjustable_infrared_sensor_switch.ino*

```
// adjustable_infrared_sensor_switch.ino - print detection to serial and light LED.
// (c) BotBook.com - Karvinen, Karvinen, Valtokari

const int sensorPin = 8;
const int ledPin = 13;

//Sensor value
int switchState = 0;

void setup() {
  Serial.begin(115200); // ❶
  pinMode(sensorPin, INPUT);
  pinMode(ledPin, OUTPUT);
}

void loop() {
  switchState = digitalRead(sensorPin); // ❷
  Serial.println(switchState);  // ❸
  if(switchState == 0) {
    digitalWrite(ledPin, HIGH);
    Serial.println("Object detected!"); // ❹
  } else {
    digitalWrite(ledPin, LOW);
  }
  delay(10); // ms      // ❺
}
```

图 8-36　红外避障传感器在 Arduino 连接配置程序

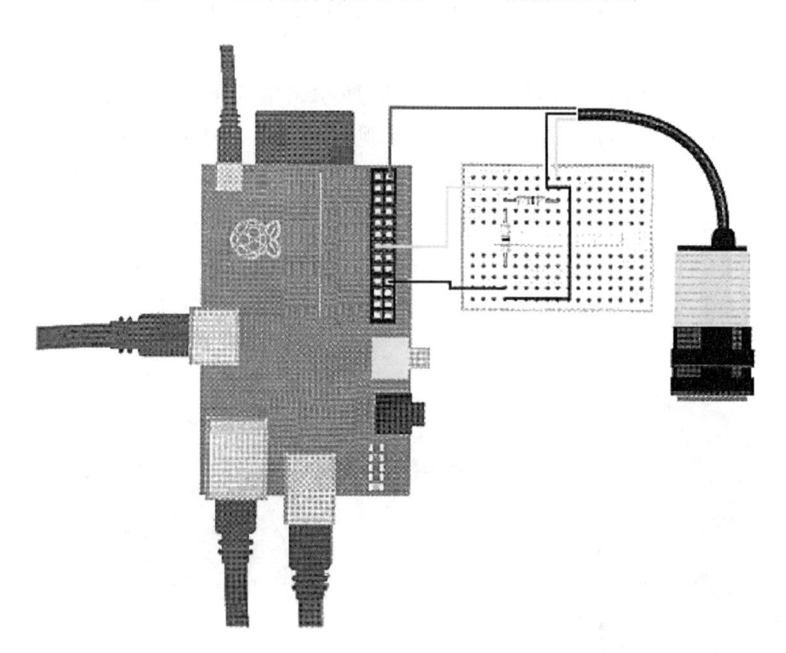

图 8-37　红外避障传感器与 Raspberry Pi 连接

所示。如图 8-38 所示，其中，（1）输入 botbook_gpio 库，作为编码它必须在相同的目录下，需要确认 botbook_gpio. py 与 adjustable-infrared-sesor-switch. py 存在相同目录。在有效的试样编码中，可以从 http：//makesensors. botbook. com 上找到这个目录。（2）配置指针

与开关相连，把它设置输入模式。（3）读指针的状态，用参数 x 存储它。（4）如果指针电位是低的，表示在范围内检测到障碍物。

Example 3-6. adjustable-infrared-sensor-switch.py

```
# adjustable-infrared-sensor-switch.py - read infrared switch
# (c) BotBook.com - Karvinen, Karvinen, Valtokari
import time
import botbook_gpio as gpio     # ❶

def main():
        switchPin = 27
        gpio.mode(switchPin, "in")        # ❷
        x = gpio.read(switchPin)          # ❸
        if( x == gpio.LOW ):     # ❹
                print "Something is inside detection range"

        else:
                print "There is nothing inside detection range"
        time.sleep(0.1)

if __name__ == "__main__":
        main()
```

图 8-38 红外避障传感器在 Raspberry Pi 连接配置程序

8.3.4 SnO_2型气体传感器

由于金属氧化物半导体气敏传感器灵敏度高、响应速度快、稳定性好、制作成本低等优势，广泛应用于工业、医疗、生活等领域。但是，由于气体在半导体材料上吸附的原因，此类传感器对工作温度控制精度要求很高，直接影响气体浓度的测量结果。

这里给出一个 SnO_2厚膜型气体传感器的温度控制和气体浓度显示一体化设计实例，如图 8-39 所示，主要由微处理器模块、输入模块、输出模块和被控对象构成。

微处理器模块，选取 STC12C5A60S2 作为控制系统核心，工作电压 3.3 V 和 5 V，它与其他模块之间进行通信和数据处理。

输入模块包括按键模块和信号采集。其中，按键模块选取四个按键，分别与微处理器 P1.2、P1.3、P1.4 和 P1.5 相连，为微处理器提供设定温度；信号采集接收 Pt100 热敏电阻和 SnO_2气敏电阻信号，经 ADS1115 模数转换器把模拟信号转化为数字信号输入微处理器进行数据处理，获得实际温度和气体浓度信息。

输出模块包括液晶显示和数控调压。其中，液晶显示，选取 JLX12864，工作电压为 5 V，尺寸为 44.5 mm×40.8 mm×4.5 mm，采用 4 线 SPI 串行接口与微处理器 P3.3、P3.4、P3.5、P3.6 和 P3.7 相连，给出设定温度、实际温度和气体浓度值；数控降压由 LM2596-ADJ 可调降压芯片与两个 X9C102 数字电位器串联的变阻器构成。前者，可输出电压为 1.5 ~10.5 V；后者，阻值变化范围为 80 ~ 2000 Ω。微处理器对数据进行处理，获得电压输出值，调节电位器位置，为金属陶瓷加热片输出加热电压。

被控对象由金属陶瓷加热片和 SnO_2气敏元件组成，如图 8-40 所示。其中，金属陶瓷加热片，使用温度范围为 200 ~ 500 ℃，尺寸为 10 mm×10 mm×1.2 mm，用一个 Pt100 电阻固定在加热片背面，经导线获取反馈的电阻值，经微处理器的数据处理，转换成实际温度信号。通过丝网印刷法，在 SnO_2 气敏元件的加热片正面烧制成 Pt 叉指电极。作为气敏材料，SnO_2 与黏结剂混合成浆料，在叉指电极上印刷厚膜，600 ℃烧结 4 h。性能检测时，经叉指电极两端导线引出反馈电阻信号，经微处理器数据处理，转换成气体浓度信号。

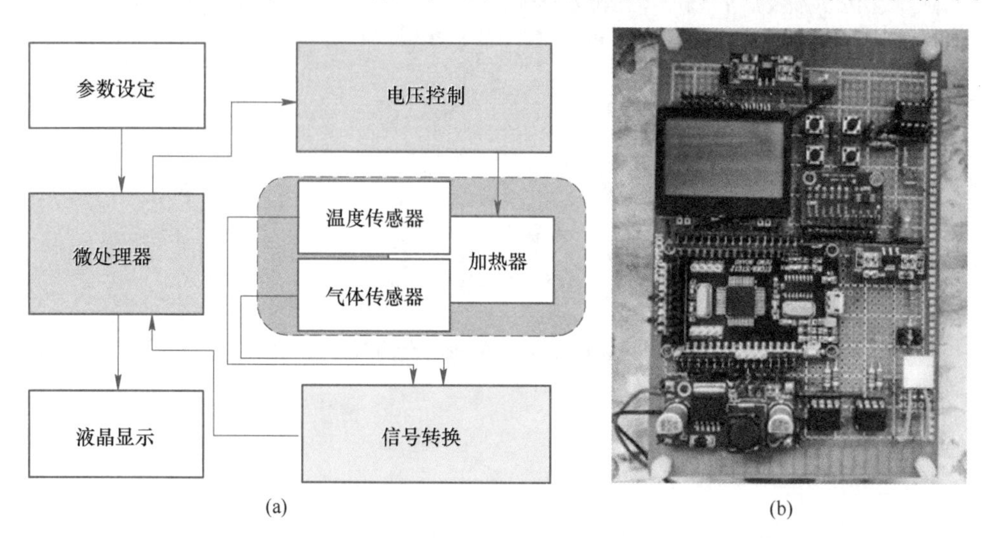

图 8-39　SnO_2 厚膜型气体传感器的温度控制和气体浓度显示一体化设计实例

（a）控制框图；（b）控制模块连接

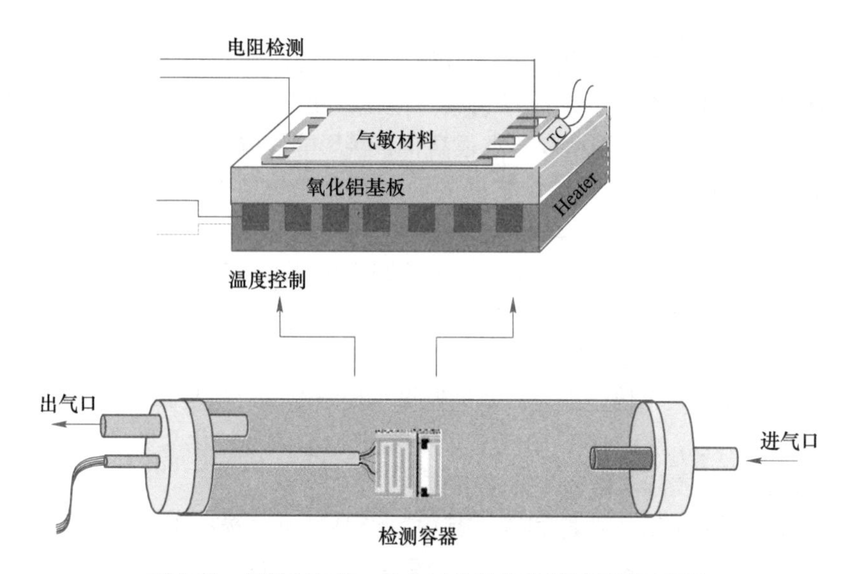

图 8-40　气敏与加热一体化元件结构和测量环境示意图

软件程序流程如图 8-41 所示。首先，系统接通后先执行初始化程序，进行初始化；其次，执行按键输入程序，设置工作温度；然后，启动信号采集程序，微处理器通过设定温度和实际温度比较，经 PID 温控程序计算出输出电压：

$$\Delta u_n = K_P(e_n - e_{n-1}) + K_I e_n + K_D(e_n - 2e_{n-1} + e_{n-2})$$

式中　K_P，K_I，K_D——PID 控温的比例、积分和微分系数；

Δu_n——微处理器第 n 次采集时电压输出变化量，V；

e_n，e_{n-1}，e_{n-2}——设定温度分别与第 n、$n-1$、$n-2$ 次采集时温度差值,℃，采集周期为 0.2 s。

同时，设定温度和实际温度，即时显示在液晶显示器上，并存储数据。温度稳定后，启动气体浓度采集程序，微处理器进行数据处理，随后即时把气体浓度显示在液晶显示器上，并存储数据。

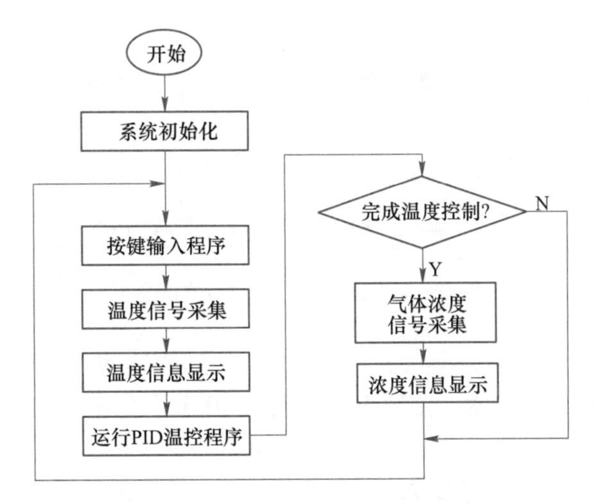

图 8-41　温度控制和气体浓度显示一体化软件程序流程图

8.3.5 动态压力校准机

以动态压力校准机设计为例，介绍虚拟仪器在自动测试中的应用。动态压力校准机的机械部分由油缸、重锤、重锤导轨、挂锤系统、托锤系统和机架等构成；工作原理：通过重锤在一定高度处自由下落，撞击油缸上活塞，使缸内液体压缩，重锤动能逐渐转化为液体压力势能，动能为零时液体压力达到峰值；其后，受反作用力影响，被压缩的液体膨胀推动活塞及重锤向上运动，液体压力逐渐降低，直到活塞恢复到起始位置，其值减到零。因此，重锤下落打击活塞一次，即可在液压缸内产生一个半正弦性压力脉冲。这样，动态压力校准机就构成了半正弦压力发生器。

半正弦压力脉冲，可用于三个校准用途：(1) 通过压力峰值，对塑性敏感元件进行校准，消除动态误差；(2) 通过压力变化测量，对高压传感器进行动态校准，获得灵敏度等参数；(3) 通过温度控制，对高温和低温进行准动态校准，获得温度修正函数。

为了使半正弦压力发生器工作可靠并完成其相应功能，需要在其上安装各种检测开关和传感器。压力发生器油缸、重锤组件是半正弦压力发生器的主要部分，其他部分是为了保证主要部分正常工作而设置的。考虑压力检测精度要求，产生的压力脉冲由 4 只传感器来获取。为完成上述功能，建立了如图 8-42 所示的测控系统，以工控型计算机作为全系统的控制、调度中心。半正弦压力发生器的控制工作，由西门子 SIMATICS7-200 PCL 来承担，作为全系统控制、调动中心的工控微型计算机，通过 PLC（programmable logic controller，可编程逻辑控制器）单元间接地控制动态压力发生器动作和获取半正弦压力发生器状态。工控微型计算机对 PLC 的控制是通过 RS-485 串行总线来完成的。电荷放大器和电荷校准器，是通过 NI 公司的 GPIB 总线来控制的。其中，设置电荷校准器是为了消除电荷放大器增益漂移的影响。数据采集卡是美国 NI 公司的 PCI-MIO-16E-1 产品，它具有 16SE/8DI、12 位模拟输入、2 路 12 模拟输出、2 个 24 位定时器计数器、8 条数字 I/O 信号线和 0.5 ~100 的可编程增益等特点。

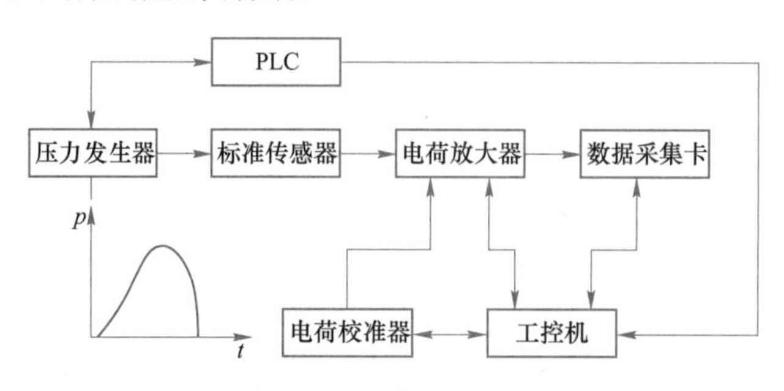

图 8-42　动态压力校准机虚拟测试系统

采用 LabVIEW 图形化编程环境，设计了动态压力标定系统的虚拟仪器系统。系统测控软件，采用了模块化编程技术，主要有三大类共 10 余个程序，其中每个程序都是相对独立的模块，可单独调用。第一类是针对系统的主要功能的测控软件，即铜球、铜柱（试样）动态标定的测控软件及传感器静态标定测控软件；第二类是配套性试验操作的测控软件，如测压系统静态标定、压电式压力监测系统电标定、压电测量通道零漂监测过程的软件；第三类是动态标定后制表软件，如铜球、铜柱压力对照表编制以及高低温修正表编制软件。这里仅介绍主要的软件系统。

（1）系统静态标定软件。对铜球、铜柱动态标定之前，应先对压力检测系统（共四个通道）进行静态标定。这个软件主要完成的功能有：1）设置电荷放大器的工作参数；2）设置数据采集卡的工作参数；3）计算测量系统中静态工作方程及系统精度，包括系统误差发现与修正、粗大误差判断与剔除等；4）用表格和图形形式，输出标定数据及各特性参数。

这个软件，具有控制、采样、预处理、按通道分解数据和数据处理等功能；应用于压力测量系统静态标定中，能即时给出测量系统静态特征曲线、工作直线以及静态特征指标；省去了繁杂数据记录等中间过程，同时具有相关的帮助说明或提示。

（2）电荷放大器电标定软件。当实施静态标定及动态压力检测数据出现异常时，需对标准压力检测系统的处理和采集环节实施电标定。这个软件完成的主要功能有：1）设置电荷放大器和电荷校准器的工作参数；2）设置数据采集卡工作参数，每个通道做三次电标定试验，自动记录电标定时的输出信号；3）把各通道的电标定输出结果，包括每次试验的试验值和平均值，自动保存以备调用。

这个软件，具有控制、采集和数据处理等功能。当第 1 通道电标定完成时，自动标定第 2 通道，以此类推，完成电标定后，能即时给出第 4 通道电荷放大器的响应值（阶跃曲线的平台）、脉宽等特征值，并连同电荷校准器的参数保存在数据文件中，以便打印或编辑等操作。另外，它还具备相关的帮助说明或提示。

（3）动态标定过程数据采集软件。用于铜球、铜柱动态标定过程中采集压力测量系统的数据，并做必要的处理。这个软件完成的主要功能有：1）设置电荷放大器工作参数；

2）设置数据采集卡的工作参数，包括输入各通道的灵敏度系数；3）控制各机构动作，如挂架定位、启动无杆气缸，带动托锤架拖动重锤向上运动，使重锤接近挂锤架、电磁铁加电吸住挂锤、托锤架下降到最低点、电磁铁断电释放重锤；4）采集 4 个压力检测通道数据及实时处理；5）数据存取与输出；6）铜球或铜柱一致性判断。

但是，面板上仅按“落锤控制”和“实验”两个开关，即可完成一次试验，这是一个比对式标定过程，用标准传感器测得的压力峰值作为标准值对器件进行标定。因此，它也适合于对其他传感器比对式标定。

习　题

8-1 简述智能传感器的定义、分类和主要功能。

8-2 比较集成化、非集成化和混合式智能传感器的优缺点。

8-3 比较 GPIB、VXI 和 PXI 总线的不同点。

8-4 什么是虚拟仪器，虚拟仪器有何特点？简述其软件组成结构。

8-5 试分析 Arduino 开源电子原型平台与 Raspberry Pi 多功能微处理器在使用上各自的优势和不足。

8-6 “智能传感器是传统的传感器技术与计算机技术相结合的产物”，谈谈你对这句话的看法。

8-7 根据单片智能传感器的结构，设计一个单片温度智能传感器，要求能实时显示环境的温度，误差为±0. 1 ℃。

8-8 图 8-43 给出 APMS-10G 智能化混浊度传感器系统的内部框图，试根据该框图分析其是用哪一种方式实现智能化的，该智能化混浊度传感器系统除了混浊度以外还可以测量哪些物理量？

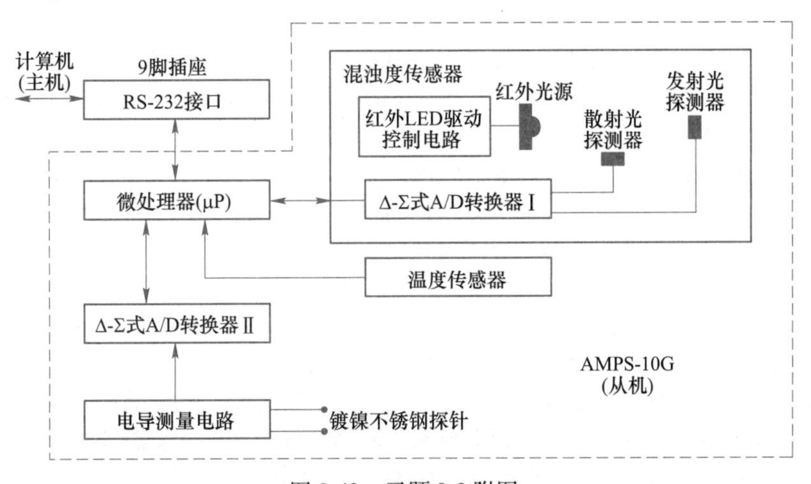

图 8-43　习题 8-8 附图

参 考 文 献

[1] 林祖纕．快离子导体 [M]．上海：上海科技出版社，1983.

[2] 工藤徹一，笛木和雄．固体离子学 [M]．董治长，译．北京：北京工业大学出版社，1986.

[3] 苏勉曾，谢高阳．固体化学及其应用 [M]．上海：复旦大学出版社，1989.

[4] 清山哲郎．化学传感器化学 [M]．董万堂，译．北京：工业出版社，1990.

[5] 王常珍．固体电解质和化学传感器 [M]．北京：冶金工业出版社，2000.

[6] 王雪文，张志勇．传感器原理及应用 [M]．北京：北京航空航天大学出版社，2003.

[7] 何道清．传感器与传感器技术 [M]．北京：科学出版社，2003.

[8] 刘亮．先进传感器及其应用 [M]．北京：化学工业出版社，2004.

[9] 陈艾．敏感材料与传感器 [M]．北京：化学工业出版社，2004.

[10] 沙占友．智能传感器系统设计与应用 [M]．北京：电子工业出版社，2004.

[11] 孙建民，杨清梅．传感器技术 [M]．北京：清华大学出版社，2005.

[12] 张岩，胡秀芳，张济国．传感器应用技术 [M]．福建：福建科学技术出版社，2005.

[13] 张洪润，张亚凡，邓洪敏，等．传感器原理及应用 [M]．北京：清华大学出版社，2008.

[14] Deric P J. Biomedical Sensors [M]. Momentum Press，LLC，2010.

[15] 卢艳军，刘利秋，王艳辉，等．传感器与测试技术 [M]．北京：清华大学出版社，2012.

[16] Banica F G. Chemical Sensors and Biosensors Fundamentals and Applications [M]. United Kingdom：John Wiley & Sos，Ltd，2012.

[17] Tero K，Kimmo K，Ville V. Make：Sensors [M]. Maker Media，CA 95472，2014.

[18] 杜洪艳，尤正书，侯秀梅．复变函数与积分变换 [M]．北京：机械工业出版社，2014.

[19] 何兆湘，黄兆祥，王楠．传感器原理与检测技术 [M]．武汉：华中科技出版社，2019.

[20] 杨帆，吴晗平，田斌．传感器原理及其应用 [M]．北京：化学工业出版社，2021.

[21] 张兼戎．固体电解质 ZrO_2 氧传感器分析高温有氧体系中 CO 的研究 [D]．长沙：湖南大学，2001.

[22] 王利伟．平面旁热式甲烷气敏元件的研制 [D]．沈阳：沈阳工业大学，2002.

[23] 杨媚．致密扩散层极限电流型氧传感器的研究 [D]．北京：北京科技大学，2004.

[24] 刘凤敏．SnO_2 及其复合氧化物气体传感器的修饰改性研究 [D]．长春：吉林大学，2005.

[25] 何芝强．PID 控制器参数整定方法及其应用研究 [D]．杭州：浙江大学，2005.

[26] 简家文．钇稳定 ZrO_2 固体电解质氧传感器的研究 [D]．成都：电子科技大学，2006.

[27] 魏广芬．基于微热板式气体传感器的混合气体检测及分析 [D]．大连：大连理工大学，2006.

[28] 张蕾．烧结型乙炔和甲醛气体传感器的研制 [D]．长春：吉林大学，2006.

[29] 邱美艳．薄膜型气体传感器的研究与制备 [D]．天津：河北工业大学，2007.

[30] 黄利华．纳米 SnO_2 厚膜的 H_2S 气敏特性研究 [D]．武汉：华中科技大学，2007.

[31] 撒继铭．光纤 CO 气体传感器的理论建模及设计实现 [D]．武汉：华中科技大学，2007.

[32] 葛泳．氧传感器用固体电解质材料和绝缘材料合成与性能的研究 [D]．北京：北京科技大学，2010.

[33] 于勤勤．SnO_2 基多孔纳米固体 CO 传感器的研究 [D]．济南：山东大学，2011.

[34] 宋凯．金属氧化物半导体气体传感器气体检测关键问题研究 [D]．哈尔滨：哈尔滨工业大学，2011.

[35] 张岩．基于金属氧化物气体传感器的矿井气体检测技术研究 [D]．北京：中国矿业大学，2012.

[36] 党恒耀．NASICON 基 CO_2 传感器电极结构及性能研究 [D]．北京：北京科技大学，2012.

[37] 单科．Y，Fe 共掺杂钛酸锶混合导体导电性能的研究 [D]．北京：北京科技大学，2013.

[38] 邓永永．新型异质结可见光响应光催化剂的制备及性能表征 [D]．温州：温州大学，2013.

[39] 王丽伟. 半导体金属氧化物纳米材料的合成、改性与气敏性能研究 [D]. 天津：南开大学，2014.

[40] 方香. 以 SnO_2 粉末为源制备 SnO_2 纳米结构及其发光特性研究 [D]. 济南：山东师范大学，2014.

[41] 殷锡涛. SnO_2 基 CO 传感器气敏性和选择性的基础研究 [D]. 北京：北京科技大学，2015.

[42] 曲奉东. 复合及掺杂对 NiO 纳米材料的甲苯、二甲苯气敏性能改进的研究 [D]. 长春：吉林大学，2015.

[43] 胡瑞金. SnO_2 及 In_2O_3 的表面修饰及其气敏特性研究 [D]. 大连：大连理工大学，2015.

[44] 黄双龙. p-型半导体氧化物掺杂改善 SnO_2 基传感器气敏特性的研究 [D]. 北京：北京科技大学，2016.

[45] 陈宜军. SnO_2 薄膜型气体传感器加热元件变系数 PID 控温研究 [D]. 北京：北京科技大学，2016.

[46] 王庆吉. 高性能改性 SnO_2 半导体氧化物型气体传感器的研究 [D]. 长春：吉林大学，2017.

[47] 杨天野. 金属氧化物半导体微纳结构制备与快速响应气敏性能研究 [D]. 长春：吉林大学，2018.

[48] 孟凡俭. 掺杂与异质结协同增效 SnO_2 基材料 CO 气敏性能的基础研究 [D]. 北京：北京科技大学，2023.

[49] 张立生. SnO_2 基气体传感器定量 CO、H_2 浓度的温度调制方法研究 [D]. 北京：北京科技大学，2023.

[50] Anantharamulu N, Rao K K, Rambabu G, et al. A wide-ranging review on nasicon type materials [J]. Jornal of Materials Science, 2011, 46: 2821-2837.

[51] Aono H, Imanaka N, Adachi G. High Li^+ conducting ceramics [J]. Accounts of Chemical Research, 1994, 27: 265-270.

[52] Aono H, Sadaoka Y, Montanaro L, et al. Humidity influence on the CO_2 response of potentiometric sensors based on NASICON pellets with new compositions, $Na_2Zr_{2-(x/4)}Si_{2-x}P_{1+x}O_{12}$ ($x=1.333$) [J]. Journal of the American Ceramic Society, 2002, 85: 585-589.

[53] Avner R, Scott J L, Harry L T, et al. Temperature-independent resistive oxygen sensors based on $SrFe_xTi_{1-x}O_{3-\delta}$ solid solutions [J]. Sensors and Actuators B, 2005, 108 (1/2): 223-230.

[54] Amini A, Bagheri M A, Montazer G A. Improving gas identification accuracy of a temperature-modulated gas sensor using an ensemble of classifiers [J]. Sensors and Actuators B, 2013, 187: 241-246.

[55] Aika B, Amoa B. Influence of the Aluminium Doping on the Physical and Gas Sensing Properties of SnO_2 for H_2 Gas Detection [J]. Sensors and Actuators B, 2021, 340: 129633.

[56] Akhir M A M, Rezan S A, Mohamed K, et al. Synthesis of SnO_2 nanoparticles via hydrothermal method and their gas sensing applications for ethylene detection [J]. Materials Today: Proceedings, 2019, 17 (3): 810-819.

[57] Ayesh A I. Metal/metal-oxide nanoclusters for gas sensor applications [J]. Journal of Nanomaterials, 2016, 2016: 1-17.

[58] Abdullah Q N, Yam F K, Hassan J J, et al. High performance room temperature GaN-nanowires hydrogen gas sensor fabricated by chemical vapor deposition (CVD) technique [J]. International Journal of Hydrogen Energy, 2013, 38 (32): 14085-14101.

[59] Ayaka H, Shinji T, Nobuhito I. A new catalytic combustion-type carbon monoxide gas sensor employing precious metal-free CO oxidizing catalyst [J]. ISIJ International, 2015, 55 (8): 1699-1701.

[60] An D, Liu N, Li Y, et al. Synthesis of Sm doped SnO_2 nanoparticles and their ethanol gastraces detection [J]. Ceramics International, 2021, 47: 26501-26510.

[61] Al-Hashem M, Akbar S, Morris P. Role of oxygen vacancies in nanostructured metal-oxidegas sensor: a review [J]. Sensors and Actuators B, 2019, 301: 126845.

[62] Ahn M W, Park K S, Heo J H, et al. Gas sensing properties of defect-controlled ZnO-nanowire gas sensor

[J]. Applied Physics Letters, 2008, 93 (26): 263103.

[63] Abrinaei F, Hosseinnejad M T, Shirazi M, et al. Characterisation of nanostructured SnO_2 thin films synthesised by magnetron sputtering and application in a carbon monoxide gassensor [J]. Journal of Chemical Research, 2016, 40 (7): 436-441.

[64] Ayushi P, Anjali S, Monika T, et al. Carbon monoxide (CO) optical gas sensor based on ZnO thin films [J]. Sensors and Actuators B, 2017, 250: 679-685.

[65] Bing Y, Zeng Y, Feng S, et al. Multistep assembly of Au-loaded SnO_2 hollow multilayered nanosheets for high-performance CO detection [J]. Sensors and Actuators B, 2016, 227: 362-372.

[66] Bai J L, Luo Y B, An B X, et al. Ni/Au bimetal decorated In_2O_3 nanotubes for ultra-sensitive ethanol detection [J]. Sensors and Actuators B, 2020, 311: 127938.

[67] Bloch E D, Hudson M R, Mason J A, et al. Reversible CO binding enables tunable CO/H_2 and CO/N_2 separations in metal-organic frameworks with exposed divalent metal cations [J]. Journal of the American Chemical Society, 2014, 136: 10752-10761.

[68] Busacca C, Donato A, Faro M L, et al. CO gas sensing performance of electrospun Co_3O_4 nanostructures at low operating temperature [J]. Sensors and Actuators B, 2019, 303: 127193.

[69] Bagheri M, Hamedani N F, Mahjoub A R, et al. Highly sensitive and selective ethanol sensor based on Sm_2O_3-loaded flower-like ZnO nanostructure [J]. Sensors and Actuators B, 2014, 191: 283-290.

[70] Bagheri M, Khodadadi A A, Mahjoub A R, et al. Strong effects of gallia on structure and selective responses of Ga_2O_3-In_2O_3 nanocomposite sensors to either ethanol, CO or CH_4 [J]. Sensors and Actuators B, 2015, 220: 590-599.

[71] Boehme I, Weimar U, Barsan N. Unraveling the surface chemistry of CO sensing with In_2O_3 based gas sensors [J]. Sensors and Actuators B, 2021, 326: 129004.

[72] Bhardwaj N, Pandey A, Satpati B, et al. Enhanced CO gas sensing properties of Cu doped SnO_2 nanostructures prepared by a facile wet chemical method [J]. Physical Chemistry Chemical Physics, 2016, 18: 18846-18854.

[73] Barsan N, Weimar U. Conduction model of metal oxide gas sensors [J]. Journal of Electroceramics, 2001, 7 (3): 143-167.

[74] Barsan N, Koziej D, Weimar U. Metal oxide-based gas sensor research: How to? [J]. Sensors and Actuators B, 2007, 121: 18-35.

[75] Barsan N, Simion C, Heine T, et al. Modeling of sensing and transduction for p-type semiconducting metal oxide based gas sensors [J]. Electroceramics, 2010, 25 (1): 11-19.

[76] Barsan N, Hübner M, Weimar U. Conduction mechanisms in SnO_2 based polycrystalline thick film gas sensors exposed to CO and H_2 in different oxygen backgrounds [J]. Sensors and Actuators B, 2011, 157: 510-517.

[77] Belda C, Fritsch M, Feller C, et al. Stability of solid electrolyte based thick-film CO_2 sensors [J]. Microelectronics Reliability, 2009, 49: 614-620.

[78] Baliteau S, Sauvet A L, Lopez C, et al. Characterization of a NASICON based potentiometric CO_2 sensor [J]. Journal of European Ceramic Society, 2005, 25: 2965-2968.

[79] Biskupski D, Herbig B, Schottner G, et al. Nanosized titania derived from a novel sol-gelprocess for ammonia gas sensor applications [J]. Sensors and Actuators B, 2011, 153: 329-334.

[80] Berberich M S, Zheng J G, Weimar U, et al. The effect of Pt and Pd surface doping on the response of nanocrystalline tin dioxide gas sensors to CO [J]. Sensors and Actuators B, 1996, 31: 71-75.

[81] Berberich M S, Zdralek M, Weimar U, et al. Pulsed mode of operation and artificial neural network

evaluation for improving the CO selectivity of SnO gas sensors [J]. Sensors and Actuators B, 2000, 65: 91-93.

[82] Bahrami B, Khodadadi A. Enhanced CO sensitivity and selectivity of gold nanoparticles doped SnO_2 sensor in presence of propane and methane [J]. Sensors and Actuators B, 2008, 133: 352-356.

[83] Batzill M. Surface science studies of gas sensing materials: SnO_2 [J]. Sensors, 2006, 6: 1345-1366.

[84] Bulpitt C, Tsang S C. Detection and differentiation of C_4 hydrocarbon isomers over the Pd-SnO_2 compressed powder sensor [J]. Sensors and Actuators B, 2000, 69: 100-107.

[85] Burgués J, Marco S. Low power operation of temperature-modulated metal oxide semiconductor gas sensors [J]. Sensors, 2018, 18 (2): 339.

[86] Chen H, Zhao Y, Shi L, et al. Revealing the relationship between energy level and gas sensing performance in heteroatom-doped semiconducting nanostructures [J]. ACS Applied Materials and Interfaces, 2018, 10 (35): 29795-29804.

[87] Cabot A, Arbiol J, Cornet A, et al. Mesoporous catalytic filters for semiconductor gas sensors [J]. Thin Solid Films, 2003, 436: 64-69.

[88] 陈长伦，何建波，刘伟，等. 电化学式气体传感器的研究进展 [J]. 传感器世界，2004，4 (4): 11-15.

[89] Chen A, Huang X D, Tong Z F, et al. Preparation, Characterization and gas-sensing properties of SnO_2-In_2O_3 nanocomposite oxides [J]. Sensors and Actuators B, 2006, 115: 316-321.

[90] Chakraborty S, Sen A, Maiti H S. Selective detection of methane and butane by temperature modulation in iron doped tin oxide sensors [J]. Sensors and Actuators B, 2006, 115: 610-613.

[91] Cabot A, Arbiol J, Cornet A, et al. Mesoporous catalytic filters for semiconductor gas sensors [J]. Thin Solid Films, 2006, 436: 64-69.

[92] Conner Jr W C, Falconer J L. Spillover in heterogeneous catalysis [J]. Chemical Reviews, 1995, 95 (3): 759-788.

[93] Chu J, Li W, Yang X, et al. Identification of gas mixtures via sensor array combining withneural networks [J]. Sensors and Actuators B, 2020: 129090.

[94] Choi N J, Shim C H, Song K D, et al. Classification of workplace gases using temperature modulation of two SnO_2 sensing films on substrate [J]. Sensors and Actuators B, 2002, 86 (2/3): 251-258.

[95] Chang X, Xu S, Liu S, et al. Highly sensitive acetone sensor based on WO_3 nanosheets derived from WS_2 nanoparticles with inorganic fullerene-like structures [J]. Sensors and Actuators B, 2021, 343: 130135.

[96] Chen X, Zhao L, Tian X, et al. A novel electrochemiluminescence tetracyclines sensor based on a $Ru(bpy)_3^{2+}$-doped silica nanoparticles/nafion film modified electrode [J]. Talanta, 2014, 129: 26-31.

[97] Cheng Y W, Yang Z, Wei H, et al. Progress in carbon nanotube gas sensor research [J]. Acta Physico Chimica Sinica, 2010, 26 (12): 3127-3142.

[98] Choi J Y, Oh T S. CO sensitivity of La_2O_3-doped SnO_2 thick film gas sensor [J]. Thin Solid Films, 2013, 547 (29): 230-234.

[99] Chen C L, He J B, Liu J H. Development of novel electrochemical CO gas sensor [J]. Journal of Transducer Technology, 2004, 23 (5): 32-35.

[100] Cao Z, Cao X, Liu X, et al. Effect of Sb-Ba codoping on the ionic conductivity of $Li_7La_3Zr_2O_{12}$ ceramic [J]. Ceramics International, 2015, 41 (5): 6232-6236.

[101] Choi N J, Lee H K, Moon S E, et al. Stacked-type potentiometric solid-state CO_2 gassensor [J]. Sensors and Actuators B, 2013, 187: 340-346.

[102] Chethana D M, Thanuja T C, Mahesh H M, et al. Synthesis, structural, magnetic and NO_2 gas sensing

property of CuO nanoparticles [J]. Ceramics International, 2021, 47: 10381-10387.

[103] Choi J D, Choi G M. Electrical and CO gas sensing properties of layered ZnO-CuO sensor [J]. Sensors and Actuators B, 2000, 69: 120-126.

[104] Choi K I, Kim H R, Lee J H. Enhanced CO sensing characteristics of hierarchical and hollow In_2O_3 microspheres [J]. Sensors and Actuators B, 2009, 138 (2): 497-503.

[105] Chen K, Zhou Y, Jin R R, et al. Gas sensor based on cobalt-doped 3D inverse opal SnO_2 for air quality monitoring [J]. Sensors and Actuators B, 2022, 350: 130807.

[106] Chesler P, Hornoiu C, Mihaiu S, et al. Tin-Zinc oxide composite ceramics for selective CO sensing [J]. Ceramics International, 2016, 42 (15): 16677-16684.

[107] Cantalini C, Wlodarski W, Sun H, et al. NO_2 response of In_2O_3 thin film gas sensors prepared by sol-gel and vacuum thermal evaporation techniques [J]. Sensors and Actuators B, 2000, 65 (1): 101-104.

[108] Cheng Z, Song L, Ren X, et al. Novel lotus root slice-like self-assembled In_2O_3 microspheres: synthesis and NO_2-sensing properties [J]. Sensors and Actuators B, 2013, 176: 258-263.

[109] Choi U S, Sakai G, Shimanoe K, et al. Sensing properties of SnO_2-Co_3O_4 composites to CO and H_2 [J]. Sensors and Actuators B, 2004, 98: 166-173.

[110] Choi U S, Sakai G, Shimanoe K, et al. Sensing properties of Au-loaded SnO_2-Co_3O_4 composites to CO and H_2 [J]. Sensors and Actuators B, 2005, 107: 397-401.

[111] Chen W G, Li Q Z, Gan H L, et al. Study of CuO-SnO_2 heterojunction nanostructures forenhanced CO gas sensing properties [J]. Advances in Applied Ceramics, 2014, 113 (3): 139-146.

[112] Chang S P, Chang S J, Lu C Y, et al. A ZnO nanowire-based humidity sensor [J]. Superlattices and Microstructures, 2010, 47: 772-778.

[113] Chikhale L P, Patil J Y, Rajgure A V, et al. Co-precipitation synthesis of nanocrystalline SnO_2: Effect of Fe doping on structural, morphological and ethanol vapor responseproperties [J]. Measurement, 2014, 57: 46-52.

[114] Choi S W, Kim S S. Room temperature CO sensing of selectively grown networked ZnO nanowires by Pd nanodot functionalization [J]. Sensors and Actuators B, 2012, 168: 8-13.

[115] Cho N G, Woo H S, Lee J H, et al. Thin-walled NiO tubes functionalized with catalytic Pt for highly selective C_2H_5OH sensors using electrospun fibers as a sacrificial template [J]. Chemical Communications, 2011, 47: 11300-11302.

[116] Chen L Y, Bai S L, Zhou G J, et al. Synthesis of ZnO-SnO_2 nanocomposites bymicroemulsion and sensing properties for NO_2 [J]. Sensors and Actuators B, 2008, 134: 360-366.

[117] Cho S Y, Jang D, Kang H, et al. 10 nm scale WO_3/CuO heterojunction nanochannel for anultra-sensitive chemical sensor [J]. Analytical Chemistry, 2019, 91 (10): 6850-6858.

[118] 陈伟根，李倩竹，徐苓娜，等 . CuO-SnO_2纳米传感器的 H_2检测特性研究 [J]. 仪器仪表学报, 2013, 34 (10): 2244-2250.

[119] Du Y, Gao S, Mao Z H, et al. Aerobic and anaerobic H_2 sensing sensors fabricated by diffusion membranes depositing on Pt-ZnO film [J]. Sensors and Actuators B, 2017, 252: 239-250.

[120] Du H, Wang J, Su M, et al. Formaldehyde gas sensor based on SnO_2/In_2O_3 hetero-nanofibers by a modified double jets electrospinning process [J]. Sensors and Actuators B, 2012, 166: 746-752.

[121] Du H Y, Wang J, Sun Y H, et al. Investigation of gas sensing properties of SnO_2/In_2O_3composite hetero-nanofibers treated by oxygen plasma [J]. Sensors and Actuators B, 2015, 206: 753-763.

[122] Du X, George S M. Thickness dependence of sensor response for CO gas sensing by tin oxide films grown using atomic layer deposition [J]. Sensors and Actuators B, 2008, 135: 152-160.

[123] Du N, Zhang H, Ma X Y, et al. Homogeneous coating of Au and SnO_2 nanocrystals oncarbon nanotubes via layer-by-layer assembly: A new ternary hybrid for a room-temperature CO gas sensor [J]. Chemical Communications, 2008, 46: 6182-6184.

[124] Dewyani P. Highly sensitive and fast responding CO sensor based on Co_3O_4 nanorods [J]. Talanta, 2010, 81: 37-43.

[125] Dang H Y, Guo X M. Investigation of porous counter electrode for the CO_2 sensing properties of NASICON based gas sensor [J]. Solid State Ionics, 2011, 201: 68-72.

[126] Dang H Y, Guo X M. Characteristics of NASICON based thick film CO_2 sensor attached with integrated auxiliary electrode [J]. IEEE Sensors Journal, 2012, 7: 2430-2434.

[127] Dang H Y, Guo X M, Hang Y P, et al. Structure and properties of NASICON synthesized by two different zirconium salts [J]. International Journal of Minerals, Metallurgy and Materials, 2012, 19: 768-773.

[128] Dang H Y, Guo X M. Characteristics and performance of NASICON based CO_2 sensorusing $Bi_8Nb_2O_{17}$ plus Pt as solid-reference electrode [J]. Sensors and Actuators B, 2013, 178: 163-168.

[129] Dubbe A. Fundamantals of solid state ionic micro gas sensors [J]. Sensors and Actuators B, 2003, 88: 138-148.

[130] Deng S, Liu X, Chen N, et al. A highly sensitive VOC gas sensor using p-type mesoporous Co_3O_4 nanosheets prepared by a facile chemical coprecipitation method [J]. Sensors and Actuators B, 2016, 233: 615-623.

[131] 邓永和，谢治民，刘艳辉．掺杂对 WO_3基气敏元件敏感特性的影响 [J]. 传感器与微系统，2008，27 (2): 21-23.

[132] Esfandyarpour B, Mohajerzadeh S, Famini S, et al. High sensitivity Pt-doped SnO_2 gas sensors fabricated using sol-gel solution on micromachined (100) Si substrates [J]. Sensors and Actuators B, 2004, 100: 190-194.

[133] Epifani M, Forleo A, Capone S, et al. Hall effect measurements in gas sensors based on nanosized Os-doped sol-gel derived SnO_2 thin films [J]. IEEE Sensors Journal, 2003, 3: 827-834.

[134] Firooz A A, Mahjoub A R, Khodadadi A A. Highly sensitive CO and ethanol nanoflower-like SnO_2 sensor among various morphologies obtained by using single and mixed ionic surfactant templates [J]. Sensors and Actuators B, 2009, 141 (1): 89-96.

[135] Fan K, Qin H, Wang L, et al. CO_2 gas sensors based on $La_{1-x}Sr_xFeO_3$ nanocrystalline powders [J]. Sensors and Actuators B, 2013, 177: 265-269.

[136] Fenton D E, Parker J M, Wright P V. Complexes of alkali metal ions with poly (ethyleneoxide) [J]. Polymer, 1973, 14 (11): 589.

[137] Fernandez L, Guney S, Gutierrez-Galvez A, et al. Calibration transfer in temperaturemodulated gas sensor arrays [J]. Sensors and Actuators B, 2016, 231: 276-284.

[138] 冯帅博，胡博，李博，等．气体传感器发展现状与展望 [J]. 化工管理，2020 (2): 14-15.

[139] Fu H F, Hou C L, Gu F B, et al. Facile preparation of rod-like Au/In_2O_3 nanocompositesexhibiting high response to CO at room temperature [J]. Sensors and Actuators B, 2017, 243: 516-524.

[140] Feng G, Xuan W, Bermak A, et al. Dual transduction on a single sensor for gasidentification [J]. Sensors and Actuators B, 2019, 278: 21-27.

[141] Fang G, Liu Z, Liu C, et al. Room temperature H_2S sensing properties and mechanism of CeO_2-SnO_2 sol-gel thin films [J]. Sensors and Actuators B, 2000, 66: 46-48.

[142] Fergus J W. A review of electrolyte and electrode materials for high temperatureelectrochemical CO_2 and SO_2 gas sensors [J]. Sensors and Actuators B, 2008, 134: 1034-1041.

[143] 付文强，赵东标，赵世超．基于 BP 神经网络优化自抗扰 PMSM 高精度速度控制 [J]. 微特电机，2020，48（12）：54-58.

[144] Fukui K, Nakane M. CO gas sensor based on Au-La_2O_3 loaded SnO_2 ceramic [J]. Sensors and Actuators B, 1995, 24-25: 486-490.

[145] Francis M, Daddah B O, Tardy P, et al. Planar LiSICON-based potentiometric CO_2 sensors: Influence of the working and reference electrodes relative size on the sensing properties [J]. Sensors and Actuators B, 2005, 107 (2): 695-707.

[146] Giuseppe D D, Catini A, Comini E, et al. Optimizing MOX sensor array performances with a reconfigurable self-adaptive temperature modulation interface [J]. Sensorsand Actuators B, 2021, 333: 129509.

[147] Goodenough J B, Hong Y P, Kafalas J A. Fast Na^+-ion transport in skeleton structures [J]. Materials Research Bulletin, 1976, 11 (2): 203-220.

[148] Gauthier M, Chamberland A. Solid-state detectors for the potentiometric determination of gaseous oxides [J]. Journal of the Electrochemical Society, 1977, 124 (10): 1579-1583.

[149] Gu J, Zhang B, Li Y, et al. Synthesis of spindle-like Co-doped $LaFeO_3$ porousmicrostructure for high performance n-butanol sensor [J]. Sensors and Actuators B, 2021, 343: 130125.

[150] Gerasimov G N, Gromov V F, Ikim M I, et al. Structure and gas-sensing properties of SnO_2-In_2O_3 nanocomposites synthesized by impregnation method [J]. Sensors and Actuators B, 2020, 320: 128406.

[151] Ghasdi M, Alamdari H. CO sensitive nanocrystalline $LaCoO_3$ Perovskite sensor preparedby high energy ball milling [J]. Sensors and Actuators B, 2010, 148: 478-485.

[152] Ghasdi M, Alamdari H, Royer S, et al. Electrical and CO gas sensing properties of nanostructured $La_{1-x}Ce_xCoO_3$ perovskite prepared by activated reactive synthesis [J]. Sensors and Actuators B, 2011, 156: 147-155.

[153] Guo L, Shen X, Zhu G, et al. Preparation and gas-sensing performance of In_2O_3 porous nanoplatelets [J]. Sensors and Actuators B, 2011, 155 (2): 752-758.

[154] Guo L, Shen Z, Ma C, et al. Gas sensor based on MOFs-derived Au-loaded SnO_2 nanosheets for enhanced acetone detection [J]. Journal of Alloys and Compounds, 2022, 906: 164375.

[155] Gu F, Li C, Han D, et al. Manipulating the defect structure (VO) of In_2O_3 nanoparticles for enhancement of formaldehyde detection [J]. ACS Applied Materials&Interfaces, 2018, 10 (1): 933-942.

[156] Guo W, Huang L, Zhang J, et al. Ni-doped SnO_2/g-C_3N_4 nanocomposite with enhanced gas sensing performance for the effective detection of acetone in diabetes diagnosis [J]. Sensors and Actuators B, 2021, 334: 129666.

[157] Gauzzi A, Mathieu H J, James J H, et al. AES, XPS and SIMS characterization of $YBa_2Cu_3O_7$ superconducting high Tc thin films [J]. Vacuum, 1990, 41 (4/5/6): 870-874.

[158] Gerblinger J, Lampe U, Meixner H. Cross-sensitivity of various doped strontium titanatefilms to CO, CO_2, H_2, H_2O and CH_4 [J]. Sensors and Actuators B, 1994, 18-19: 529-534.

[159] Galatsis K, Cukrov L, Wlodarski W, et al. p-and n-type Fe-doped SnO_2 gas sensors fabricated by the mechanochemical processing technique [J]. Sensors and Actuators B, 2003, 93: 562-565.

[160] 郭红霞，吕敬德，王岭，等．致密扩散障碍层极限电流型氢传感器 [J]. 无机化学学报，2008，24（10）：1631-1635.

[161] Galstyan V, Comini E, Kholmanov I, et al. A composite structure based on reduced graphene oxide and metal oxide nanomaterials for chemical sensors [J]. Beilstein Journalof Nanotechnology, 2016, 7:

1421-1427.

[162] Gao P X, Wang Z L. Self-assembled nanowire-nanoribbon junction arrays of ZnO [J]. TheJournal of Physical Chemistry B, 2002, 106 (49): 12653-12658.

[163] Giancaterini L, Cantalini C, Cittadini M, et al. Au and Pt nanoparticles effects on the optical and electrical gas sensing properties of sol-gel-based ZnO thin-film sensors [J]. IEEE Sensors Journal, 2015, 15 (2): 1068-1076.

[164] Guo X M, Zhao J T, Yin X T. Sensitivity and selectivity of SnO_2-based sensor for CO and H_2 detections [J]. Advances in Science and Technology, 2017, 99: 40-47.

[165] Gosangi R, Gutierrez-Osuna R. Active temperature modulation of metal-oxide sensorsfor quantitative analysis of gas mixtures [J]. Sensors and Actuators B, 2013, 185: 201-210.

[166] He Y, Quan B, Wang B, et al. Fabrication and characterization of NASICON-based CO_2 gas sensor [J]. Rare Matel Materials and Engineering, 2006, 35: 132-135.

[167] He Y, Quan B, Wang B, et al. Investigation of miniature CO_2 gas sensor based on NASICON [J]. Russian of Electrochemistry, 2007, 43: 1351-1356.

[168] Hong Y P. Crystal structures and crystal chemistry in the system NASICON [J]. Materials Research Bulletin, 1976, 11: 173-182.

[169] Hong Y P. Crystal structure and ionic conductivity of $Li_{14}Zn(GeO_4)_4$ and other new Li^+ superionic conductors [J]. Materials Rescarch Bulletin, 1978, 13 (2): 117-124.

[170] Hong Y P, Kafalas J A, Bayard M. High Na^+-ion conductivity in $Na_5YSi_4O_{12}$ [J]. Materials Research Bulletin, 1978, 13 (8): 757-761.

[171] Holzinger M, Maier J, Sitte W. Fast CO-selective potentiometric sensor with openreference electrode [J]. Solid State Ionics, 1993, 86-88: 1055-1062.

[172] Hyodo T, Furuno T, Kumazuwa S, et al. Effect of electrode materials on CO_2 sensing properties of solid-electrolyte gas sensors [J]. Sensors and Materials, 2007, 19: 365-376.

[173] Hung N L, Kim H. Enhancement of CO gas sensing properties in ZnO thin films depositedon self-assembled Au nanodots [J]. Sensors and Actuators B, 2010, 151: 127-132.

[174] Huang J R, Li G Y, Huang Z Y, et al. Temperature modulation and artificial neural network evaluation for improving the CO selectivity of SnO_2 gas sensor [J]. Sensors and Actuators B, 2006, 114: 1059-1063.

[175] Hahn S H, Barsan N, Weimar U, et al. CO sensing with SnO_2 thick film sensors: Role ofoxygen and water vapour [J]. Thin Solid Films, 2003, 436: 17-24.

[176] Hwang S J, Choi K I, Yoon J W, et al. Pure and palladium-loaded Co_3O_4 hollow hierarchical nanostructures with giant and ultraselective chemiresistivity to xylene and toluene [J]. Chemistry-A European Journal, 2015, 21 (15): 5872-5878.

[177] Hussain Z, Salim M A, Khan M A, et al. X-ray photoelectron and auger spectroscopy study of copper-sodium-germanate glasses [J]. Journal of Non-Crystalline Solids, 1989, 110 (1): 44-52.

[178] Huang H, Tian S, Jing X, et al. Needle-like Zn-doped SnO_2 nanorods with enhancedphotocatalytic and gas sensing properties [J]. Nanotechnology, 2012, 23 (10): 105502.

[179] Huang J R, Li G Y, Huang Z Y, et al. Temperature modulation and artificial neural network evaluation for improving the CO selectivity of SnO_2 gas sensor [J]. Sensors and Actuators B, 2006, 114 (2): 1059-1063.

[180] Huang X, Wang L, Sun Y, et al. Quantitative analysis of pesticide residue based on thedynamic response of a single SnO_2 gas sensor [J]. Sensors and Actuators B, 2004, 99 (2/3): 330-335.

[181] Huang J, Wang L, Gu C, et al. Preparation of porous SnO_2 microcubes and their enhanced gas-sensing property [J]. Sensors and Actuators B, 2015, 207: 782-790.

[182] Herrero-Carrnn F, Yanez D J, de Borja Rodriguez F, et al. An active, inverse temperature modulation strategy for single sensor odorant classification [J]. Sensors and Actuators B, 2015, 206: 555-563.

[183] Han L, Yu C, Xiao K, et al. A new method of mixed gas identification based on aconvolutional neural network for time series classification [J]. Sensors, 2019, 19 (9): 1960.

[184] Hosoya A, Tamura S, Imanaka N. A catalytic combustion-type carbon monoxide gassensor incorporating an apatite-type oxide [J]. ISIJ International, 2016, 56 (9): 1634-1637.

[185] Hjiri M, Dhahri R, Omri K, et al. Effect of indium doping on ZnO based-gas sensor for CO [J]. Materials Science in Semiconductor Processing, 2014, 27: 319-325.

[186] Hjiri M, Bahanan F, Aida M S, et al. High performance CO gas sensor based on ZnO nanoparticles [J]. Journal of Inorganic and Organometallic Polymers and Materials, 2020, 30 (10): 4063-4071.

[187] HaidukY S, KhortA A, Lapchuk N M, et al. Study of WO_3-In_2O_3 nanocomposites for highlysensitive CO and NO_2 gas sensors [J]. Journal of Solid State Chemistry, 2019, 273: 25-31.

[188] Hübner M, Simion C E, Haensch A, et al. CO sensing mechanism with WO_3 based gas sensors [J]. Sensors and Actuators B, 2010, 151 (1): 103-106.

[189] Hübner M, Simion C E, Stanoiu A T, et al. Influence of humidity on CO sensing with p-type CuO thick film gas sensors [J]. Sensors and Actuators B, 2011, 153: 347-353.

[190] Hübert T, Boon-Brett L, Black G, et al. Hydrogen sensors-A review [J]. Sensors and Actuators B, 2011, 157: 329-352.

[191] Hieu N V, Khoang N D, Trung D D, et al. Comparative study on CO_2 and CO sensing performance of LaOCl-coated ZnO nanowires [J]. Journal of Hazardous Materials, 2013, 244: 209-216.

[192] Hirotaka T, Taro U, Kai K, et al. CO-sensing properties of a NASICON-based gas sensor attached with Pt mixed with Bi_2O_3 as a sensing electrode [J]. Electrochimica Acta, 2015, 155: 8-15.

[193] Hossein-Babaei F, Amini A. A breakthrough in gas diagnosis with a temperature-modulated generic metal oxide gas sensor [J]. Sensors and Actuators B, 2012, 166: 419-425.

[194] Hosseini-Golgoo S M, Bozorgi H, Saberkari A. Comparing success levels of different neural network structures in extracting discriminative information from the response patterns of a temperature-modulated resistive gas sensor [J]. Measurement Scienceand Technology, 2015, 26 (6): 065103.

[195] Howard M A, Clemens O, Kendrick E, et al. Effect of Ga incorporation on the structure and Li ion conductivity of $La_3Zr_2Li_7O_{12}$ [J]. Dalton Transactions, 2012, 41 (39): 12048-12053.

[196] Han D M, Li X H, Zhang F M, et al. Ultrahigh sensitivity and surface mechanism of gassensing process in composite material of combining In_2O_3 with metal-organic frameworks derived Co_3O_4 [J]. Sensors and Actuators B, 2021, 340: 129990.

[197] Ho C T, Weng T H, Wang C Y, et al. Tunable band gaps of $Co_{3-x}Cu_xO_4$ nanorods with various Cu doping concentrations [J]. RSC Advances, 2014, 4 (38): 20053-20057.

[198] Hsu K C, Fang T H, Tang I T, et al. Mechanism and characteristics of Au-functionalized SnO_2/In_2O_3 nanofibers for highly sensitive CO detection [J]. Journal of Alloys and Compounds, 2020, 822: 153475.

[199] Henshaw G S, Ridley R, Williams D E. Room-temperature response of platinised tin dioxidegas-sensitive resistors [J]. Journal of the Chemical Society, 1996, 92 (18): 3411-3417.

[200] Hung N L, Kim H, Hong S, et al. Enhancement of CO gas sensing properties in ZnO thin films deposited on self-assembled Au nanodots [J]. Sensors and Actuators B, 2010, 151: 127-132.

[201] 韩元山，王常珍，田彦文，等. LaF_3 基固体电解质 CO/CO_2气体传感器 [J]. 东北大学学报，

2004, 25 (3): 265-268.

[202] Hu J C, Wang H P, Chen M P, et al. Constructing hierarchical SnO_2 nanoflowers forenhanced formaldehyde sensing performances [J]. Materials Letters, 2020, 263: 126843.

[203] Hu J, Wang X, Zhang M, et al. Synthesis and characterization of flower-like MoO_3/In_2O_3 microstructures for highly sensitive ethanol detection [J]. RSC Advances, 2017, 7 (38): 23478-23485.

[204] Haron W, Wisitsoraat A, Wongnawa S. Nanostructured perovskite oxides-$LaMO_3$ (M = Al, Co, Fe) prepared by co-precipitation method and their ethanol-sensing characteristics [J]. Ceramics International, 2017, 43 (6): 5032-5040.

[205] Huo L P, Yang X, Liu Z W, et al. Modulation of potential barrier heights in Co_3O_4/SnO_2 heterojunctions for highly H_2-selective sensors [J]. Sensors and Actuators B, 2017, 244: 694-700.

[206] Imanaka N, Yamaguchi Y, Adachi G, et al. Sulfur dioxide gas detection with Na_2SO_4-Li_2SO_4-$Y_2(SO_4)_3$-SiO_2 solid electrolyte by a solid reference electrode method [J]. Journal of the Electrochemical Society, 1986, 133 (8): 1757-1758.

[207] Imaya H, Okamura K, Nakano N, et al. Development of electrochemical CO gas sensor using expanded polytetrafluoroethylene Membrane Modified by Ion Implantation [J]. Electrochemistry, 2011, 79 (3): 140-145.

[208] Inaba Y, Tamura S, Imanaka N. New type of sulfur dioxide gas sensor based on trivalent Al^{3+} ion conducting solid electrolyte [J]. Solid State Ionics, 2008, 179 (27): 1625-1627.

[209] Ismail A H, Sulaiman Y. Review on the utilisation of sensing materials for intrinsic optical NH_3 gas sensors [J]. Synthetic Metals, 2021, 280: 116860.

[210] Izu N, Nishizaki S, Itoh T, et al. Gas response, response time and selectivity of a resistive CO sensor based on two connected CeO_2 thick films with various particle sizes [J]. Sensors and Actuators B, 2009, 136: 364-370.

[211] Ivers T. Principles of solid state oxygen sensors for lean combustion gas control [J]. Electrochimica Acta, 2001, 47: 807-814.

[212] Jasinski G, Jasinski P, Chachulski B, et al. Electrocatalytic gas sensors based on Nasicon Lisicon [J]. Materials Science-Poland, 2006, 24: 261-268.

[213] Jasinski G, Jasinski P, Nowakowski A, et al. Properties of a lithium solid electrolyte gas sensor based on reaction kinetics [J]. Measurement Science and Technology, 2006, 17 (1): 17-21.

[214] Jasinski P. Application of Nasicon and YSZ for the construction of CO_2 and SO_x potentiometric gas sensors [J]. Materials Science-Poland, 2006, 24: 269-278.

[215] Jeffrey W F. Perovskite oxides for semiconductor-based gas sensors [J]. Sensors and Actuators B, 2007, 123: 1169-1179.

[216] John H. Small CO_2 sensors operate at low temperature [J]. NASA Tech Briefs, 2009, 1: 6-7.

[217] Jin W X, Ma S Y, Tie Z Z, et al. One-step synthesis and highly gas-sensing properties of hierarchical Cu-doped SnO_2 nanoflowers [J]. Sensors and Actuators B, 2015, 213: 171-180.

[218] Ji H, Qin W, Yuan Z, et al. Qualitative and quantitative recognition method of drug-producing chemicals based on SnO_2 gas sensor with dynamic measurement and PCA weak separation [J]. Sensors and Actuators B, 2021, 348: 130698.

[219] Jian K S, Chang C J, Wu J, et al. High response CO sensor based on a polyaniline/SnO_2 nanocomposite [J]. Polymers, 2019, 11 (1): 184.

[220] Jeong D, Kim K, Park S I, et al. Characteristics of Ga and Ag-doped ZnO-based nanowires for an ethanol gas sensor prepared by hot-walled pulsed laser deposition [J]. Research on Chemical Intermediates,

2013, 40 (1): 97-103.

[221] 井云鹏. 气体传感器研究进展 [J]. 硅谷, 2013 (11): 11-13.

[222] Joshi N, Braunger M L, Shimizu F M, et al. Insights into nano-heterostructured materials for gas sensing: A review [J]. Multifunctional Materials, 2021, 4: 032002.

[223] Jun Y K, Kim H S, Lee J H, et al. CO sensing performance in micro-arc oxidized TiO_2 films for air quality control [J]. Sensors and Actuators B, 2006, 120: 69-73.

[224] Jeong H M, Kim H J, Rai P, et al. Cr-doped Co_3O_4 nanorods as chemiresistor for ultraselective monitoring of methyl benzene [J]. Sensors and Actuators B, 2014, 201: 482-489.

[225] 贾诚安, 叶林, 葛俊锋, 等. 一种基于 STM32 和 ADS1248 的数字 PID 温度控制系统 [J]. 传感器与微系统, 2015, 11: 103-105.

[226] 景志红, 吴世华. 纳米晶 γ-Fe_2O_3的微乳液法制备及其气敏性 [J]. 应用化学, 2007, 24 (2): 148-151.

[227] Kar A, Kundu S, Patra A. Surface defect-related luminescence properties of SnO_2 nanorods and nanoparticles [J]. Journal of Physical Chemistry C, 2011, 115: 118-124.

[228] Kaneti Y V, Moriceau J, Liu M, et al. Hydrothermal synthesis of ternaryα-Fe_2O_3-ZnO-Au nanocomposites with high gas-sensing performance [J]. Sensors and Actuators B, 2015, 209: 889-897.

[229] Kale G M, Davidson A J, Fray D J. Investigation into an improved design of carbon dioxidesensor [J]. Solid State Ionics, 1996, 86-88: 1107-1110.

[230] Kao S C, Su G D. Pulsed laser annealing of sodium super ionic conductor for carbondioxide sensors [J]. Thin Solid Films, 2010, 519: 457-461.

[231] Kathy S, Ralf M. Response kinetics of temperature-independent resistive oxygen sensorformulations: A comparative study [J]. Sensors and Actuators B, 2006, 113: 112-119.

[232] Kang M, Cho I, Park J, et al. High Accuracy Real-Time Multi-Gas Identification by a Batch-Uniform Gas Sensor Array and Deep Learning Algorithm [J]. ACS sensors, 2022, 7 (2): 430-440.

[233] Kadhim I H, Hassan H A. Hydrogen gas sensing based on SnO_2 nanostructure preparedby sol-gel spin coating method [J]. Journal of Electronic Materials, 2016, 46 (3): 1-8.

[234] Kanno R, Murayama M. Lithium ionic conductor thio-LISICON: The Li_2S-GeS_2-P_2S_5 system [J]. Journal of the Electrochemical Society, 2001, 148 (7): A742.

[235] Kaur N, Zappa D, Ferroni M, et al. Branch-like NiO/ZnO heterostructures for VOC sensing [J]. Sensors and Actuators B, 2018, 262: 477-485.

[236] Kennedy J H, Zhang Z. Further characterization of SiS_2-Li_2S glasses doped with lithium halide [J]. Journal of the Electrochemical Society, 1988, 135 (4): 859-862.

[237] Khodadadi A, Mohajerzadeh S S, Mortazavi Y, et al. Cerium oxide SnO_2-based semiconductor gas sensors with improved sensitivity to CO [J]. Sensors and Actuators B, 2001, 80: 267-271.

[238] Khalil A, Ibrahim G. Gas sensing properties of $ZnFe_2O_4$/ZnO screen-printed thick films [J]. Sensors and Actuators B, 2005, 112: 58-62.

[239] Kida T, Kawate H, Shimanoe K, et al. Interfacial structure of NASICON-based sensor attached with Li_2CO_3-$CaCO_3$ auxiliary phase for detection of CO_2 [J]. Solid State Ionics, 2000, 136-137: 647-653.

[240] Kida T, Shimanoe K, Miura N, et al. Stability of NASICON base CO_2 sensor under humidconditions at low temperatures [J]. Sensors and Actuators B, 2001, 75: 179-187.

[241] Kida T, Kishi S, Yuasa M, et al. Planar NASICON-based CO_2 sensor using $BiCuVO_x$/perovskite-type oxide as a solid-reference electrode [J]. Journal of the Electrochemical Society, 2008, 155: 117-121.

[242] Kida T, Minami T, Kishi S, et al. Planar-type $BiCuVO_x$ solid electrolyte sensor for thedetection of volatile

organic compounds [J]. Sensors and Actuators B, 2009, 137: 147-153.

[243] Kida T, Harano H, Minami T, et al. Control of electrode reactions in a mixed-potential-type gas sensor based on a $BiCuVO_x$ solid electrolyte [J]. Journal of Chemical Physics, 2010, 114: 15141-15148.

[244] Kida T, Seo M H, Kishi S, et al. Application of a solid electrolyte CO_2 sensor for the analysis of standary volatile organic compound gases [J]. Analytical Chemistry, 2010, 82: 3315-3319.

[245] Kida T, Kishi S, Yamazoe N, et al. Stability and interfacial structure of a NASICON-based CO_2 sensor fitted with a solid-reference electrode [J]. Sensor Letters, 2011, 9: 288-293.

[246] Kida T, Morinaga N, Kishi S. Electrochemical detection of volatile organic compounds using a $Na_3Zr_2Si_2PO_{12}/Bi_2Cu_{0.1}V_{0.9}O_{5.35}$ heterojunction device [J]. Electrochimica Acta, 2011, 56: 7484-7490.

[247] Kishi S, Yuasa M, Kida T, et al. A statle solid-reference electrode of $BiCuVO_x$/perovskite-oxide for potentiometric solid electrolyte CO_2 sensor [J]. Journal of the Ceramic Society of Japan, 2007, 115: 706-711.

[248] Kishi S, Miyachi Y, Yuasa M, et al. Glass-coated mixed conducting cobaltites as solid-reference electrode materials for NASICON-based potentiometric CO_2 sensors [J]. Journal of the Electrochemical Society, 2009, 156: 351-355.

[249] Kiasari N M, Soltanian S, Gholamkhass B, et al. Environmental gas and light sensing using ZnO nanowires [J]. IEEE Transactions on Nanotechnology, 2014, 13 (2): 368-374.

[250] Kim H J, Choi K I, Kim K M, et al. Highly sensitive C_2H_5OH sensors using Fe-doped NiO hollow spheres [J]. Sensors and Actuators B, 2012, 171-172: 1029-1037.

[251] Kim H J, Yoon J W, Choi K I, et al. Ultraselective and sensitive detection of xylene andtoluene for monitoring indoor air pollution using Cr-doped NiO hierarchical nanostructures [J]. Nanoscale, 2013, 5: 7066-7073.

[252] Kim H J, Lee J H. Highly sensitive and selective gas sensors using p-type oxidesemiconductors: Overview [J]. Sensors and Actuators B, 2014, 192: 607-627.

[253] Kim J H, Wu P, Kim H W, et al. Highly selective sensing of CO, C_6H_6, and C_7H_8 gases by catalytic functionalization with metal nanoparticles [J]. ACS Applied Materials and Interfaces, 2016, 8 (11): 7173-7183.

[254] Kim J H, Lee J H, Mirzaei A, et al. Optimization and gas sensing mechanism of n-SnO_2-p-Co_3O_4 composite nanofibers [J]. Sensors and Actuators B, 2017, 248: 500-511.

[255] Kim J H, Lee J H, Mirzaei A, et al. SnO_2(n)-NiO(p) composite nanowebs: Gas sensing properties and sensing mechanisms [J]. Sensors and Actuators B, 2018, 258: 204-214.

[256] Kim J H, Mirzaei A, Kim H W, et al. Improving the hydrogen sensing properties of SnO_2 nanowire-based conductometric sensors by Pd-decoration [J]. Sensors and Actuators B, 2019, 285: 358-367.

[257] Kim K M, Jeong H M, Kim H R, et al. Selectivity detection of NO_2 using Cr-doped CuO nanorods [J]. Sensors, 2012, 12: 8013-8025.

[258] Kim B J, Song I G, Kim J S. In_2O_3-based gas sensor for detecting NO_x gases [J]. Electronic Materials Letters, 2014, 10 (2): 509-513.

[259] Kim K W, Cho P S, Kim S J, et al. The selective detection of C_2H_5OH using SnO_2-ZnO thin film gas sensors prepared by combinatorial solution deposition [J]. Sensors and Actuators B, 2007, 123: 318-324.

[260] Kim S D, Kim B J, Yoon J H, et al. Design, fabrication and characterization of a low-power gas sensor with high sensitivity to CO gas [J]. Journal of the Korean Physical Society, 2007, 51: 2069-2076.

[261] Kim D W, Kim D S, Kim Y G, et al. Preparation of hard agglomerates free and weakly agglomerated

antimony doped tin oxide (ATO) nanoparticles by coprecipitation reaction in methanol reaction medium [J]. Materials Chemistry and Physics, 2006, 97 (2/3): 452-457.

[262] Kohl D. Surface processes in the detection of reducing gases with SnO_2-based devices [J]. Sensors and Actuators B, 1989, 18: 71-113.

[263] Kotsikau D, Ivanovskaya M, Orlik D, et al. Gas-sensitive properties of thin and thick film sensors based on Fe_2O_3-SnO_2 nanocomposites [J]. Sensors and Actuators B, 2010, 101: 199-206.

[264] Kong L B, Shen Y S, Gas-sensing property and mechanism of $Ca_xLa_{1-x}FeO_3$ [J]. Sensors and Actuators B, 1996, 30: 217-221.

[265] Korotcenkov G. The role of morphology and crystallographic structure of metal oxides in response of conductometric-type gas sensors [J]. Materials Science and Engineering R, 2008, 61: 1-39.

[266] Korotcenkov G, Cho B K. The role of grain size on the thermal instability of nanostructured metal oxides used in gas sensor applications and approaches for grain-size stabilization [J]. Progress in Crystal Growth and Characterization of Materials, 2012, 58: 167-208.

[267] Kolmakov A, Zhang Y X, Cheng G S, et al. Detection of CO and O_2 using tin oxide nanowiresensors [J]. Advanced Materials, 2003, 15: 997-998.

[268] Kozen A C, Pearse A J, Lin C F, et al. Atomic layer deposition of the solid electrolyte LiPON [J]. Chemistry of Materials, 2015, 27 (15): 5324-5331.

[269] Kou X, Xie N, Chen F, et al. Superior acetone gas sensor based on electrospun SnO_2 nanofibers by Rh doping [J]. Sensors and Actuators B, 2018, 256: 861-869.

[270] Krivetskiy V, Efitorov A, Arkhipenko A, et al. Selective detection of individual gases and CO/H_2 mixture at low concentrations in air by single semiconductor metal oxide sensorsworking in dynamic temperature mode [J]. Sensors and Actuators B, 2018, 254: 502-513.

[271] Krishnakumar T, Jayaprakashb R. CO gas sensing of ZnO nanostructures synthesized by an assisted microwave wet chemical route [J]. Sensors and Actuators B, 2009, 143: 198-204.

[272] Kruefu V, Liewhiran C, Wisitsoraatc A, et al. Selectivity of flame spray made Nb/ZnO thickfilms towards NO_2 gas [J]. Sensors and Actuators B, 2011, 156: 360-367.

[273] Kumar A, Kumar R, Kumar R, et al. Numerical modelling of the potential inside the cylindrical shaped nanocrystallite metal oxide semiconductors and its effect on gas sensor response [J]. Materials Research Express, 2020, 7 (4): 045003.

[274] Kumar R V. Some innovative technologies using solid electrolytes in measuring gascompositions [J]. Ionics, 1997, 3: 161-169.

[275] Kuhn M, Bishop S R, Rupp J L M, et al. Structural characterization and oxygen nonstoichiometry of ceria-zirconia ($Ce_{1-x}ZrxO_{2-\delta}$) solid solutions [J]. Acta Materialia, 2013, 61 (11): 4277-4288.

[276] Kwak C H, Woo H S, Lee J H. Selective trimethylamine sensors using Cr_2O_3-decorated SnO_2 nanowires [J]. Sensors and Actuators B, 2014, 204: 231-238.

[277] Lai H Y, Chen C H. Highly sensitive room-temperature CO gas sensors: Pt and Pd nanoparticle-decorated In_2O_3 flower-like nanobundles [J]. Journal of Materials Chemistry, 2012, 22: 13204-13208.

[278] Lai T Y, Fang T H, Hsiao Y J, et al. Characteristics of Au-doped SnO_2-ZnO heteronanostructures for gas sensing applications [J]. Vacuum, 2019, 166: 155-161.

[279] Laureyn W, Delabie L, Huyberechts G, et al. Determination of the Pd content in Pd-doped SnO_2 films [J]. Sensors and Actuators B, 2000, 65: 193-194.

[280] Late D J, Doneux T, Bougouma M. Single-layer $MoSe_2$ based NH_3 gas sensor [J]. Applied Physics Letters, 2014, 105: 25.

[281] Lee J S, Lee J H, Hong S H, et al. Solid-state amperometric CO_2 sensor using a sodiumion conductor [J]. Journal of European Ceramic Society, 2004, 24: 1431-1434.

[282] Lee J S, Ha T J, Hong M H, et al. The effect of multiwalled carbon nanotube doping on the CO gas sensitivity of TiO_2 xerogel composite film [J]. Applied Surface Science, 2013, 269 (15): 125-128.

[283] Lee J S, Katoch A, Kim J H, et al. Effect of Au nanoparticle size on the gas-sensing performance of p-CuO nanowires [J]. Sensors and Actuators B, 2016, 222: 307-314.

[284] Lee J H. Gas sensors using hierarchical and hollow oxide nanostructures: Overview [J]. Sensors and Actuators B, 2009, 140: 319-336.

[285] Lee I, Akbar S A, Dutta P K. High temperature potentiometric carbon dioxide sensor with minimal interference to humidity [J]. Sensors and Actuators B, 2009, 142: 337-341.

[286] Lee A P, Reedy B J. Temperature modulation in semiconductor gas sensing [J]. Sensors and Actuators B, 1999, 60 (1): 35-42.

[287] Lee C S, Dai Z, Jeong S Y, et al. Monolayer Co_3O_4 inverse opals as multifunctional sensor for volatile organic compounds [J]. Chemistry: A European Journal, 2016, 22 (21): 7102-7107.

[288] Lee Y C, Huang H, Tan O K, et al. Semiconductor gas sensor based on Pd doped SnO_2 nanorod thin films [J]. Sensors and Actuators B, 2008, 132: 239-242.

[289] Liang X, Yang S, Zhong T. Mixed potential type carbon monoxide sensor utilizing NASICON and spinel type oxide electrode [J]. Sensor Letters, 2011, 9: 824-827.

[290] Liang Y C, Lee C M, Lo Y J. Reducing gas-sensing performance of Ce-doped SnO_2 thin films through a cosputtering method [J]. RSC Advances, 2017, 7 (8): 4724-4734.

[291] 林祖纕，李世椿，田顺宝，等. Nasicon 结构的快离子导体 [J]. 中国科学，1984，4：381-386.

[292] 李维强，王昕，尹衍升，等. 水热合成钛酸锶粉体增强压敏电阻器电性能的研究 [J]. 现代技术陶瓷，2012，2：3-6.

[293] Liewhiran C, Tamaekong N, Wisitsoraat A, et al. Ultra-sensitive H_2 sensors based on flame-spray-made Pd-loaded SnO_2 sensing films [J]. Sensors and Actuators B, 2013, 176: 893-905.

[294] 刘涛，李琳，于景坤. 固体混合电势型 CO 传感器的研究进展 [J]. 工业计量，2010，20 (7)：1-4.

[295] Li S M, Zhang L X, Zhu M Y, et al. Acetone sensing of ZnO nanosheets synthesized usingroom-temperature precipitation [J]. Sensors and Actuators B, 2017, 249: 611-623.

[296] Li F A, Jin H, Wang J, et al. Selective sensing of gas mixture via a temperature modulationapproach: new strategy for potentiometric gas sensor obtaining satisfactorydiscriminating features [J]. Sensors, 2017, 17 (3): 573.

[297] Li G, Cheng Z, Xiang Q, et al. Bimetal PdAu decorated SnO_2 nanosheets based gas sensor with temperature-dependent dual selectivity for detecting formaldehyde and acetone [J]. Sensors and Actuators B, 2019, 283: 590-601.

[298] Li T, Zeng W, Wang Z. Quasi-one-dimensional metal-oxide-based heterostructural gas-sensing materials: A Review [J]. Sensors and Actuators B, 2015, 221: 1570-1585.

[299] Li W, Kan K, He L, et al. Biomorphic synthesis of 3D mesoporous SnO_2 with substantially increased gas-sensing performance at room temperature using a simple one-pot hydrothermal method [J]. Applied Surface Science, 2020, 512: 145657.

[300] Li X, Feng S, Feng Z, et al. Characterization of thermal-resistance in Ga_2O_3 schottky barrier diodes with temperature-sensitive electrical parameters [J]. Semiconductor Science and Technology, 2021, 36: 115010.

[301] Li Y, Lv T, Zhao F X, et al. Enhanced acetone-sensing performance of Au/ZnO hybrids synthesized using a solution combustion method [J]. Electronic Materials Letters, 2015, 11 (5): 890-895.

[302] Li Y, Zhang H, Han S, et al. Novel porous orange-peel-like Au/SnO_2/ZnO nanosheets with highly sensitive and selective performance to ethanol [J]. Materials Letters, 2021, 303: 130509.

[303] Li Z, Yi J. Enhanced ethanol sensing of Ni-doped SnO_2 hollow spheres synthesized by a one-pot hydrothermal method [J]. Sensors and Actuators B, 2017, 243: 96-103.

[304] Li Z, Sha W X, Guo X. Three-dimensional garnet framework-reinforced solid composite electrolytes with high lithium-ion conductivity and excellent stability [J]. ACS Applied Materials and Interfaces, 2019, 11 (30): 26920-26927.

[305] Lin T, Lv X, Hu Z, et al. Semiconductor metal oxides as chemoresistive sensors for detecting volatile organic compounds [J]. Sensors, 2019, 19 (233): 1-32.

[306] 林海波，王晓曦，刘爽昕. 一种基于增量式数字 PID 算法的智能温度控制器 [J]. 长春工程学院学报（自然科学版），2011，3：86-89.

[307] 刘俊峰，陈侃松，王爱敏，等. 氢气传感器的研究进展 [J]. 传感器与微系统，2009，28 (8)：4.

[308] Lian X, Li Y, Lv T, et al. Preparation of ZnO nanoparticles by combustion method and theirgas sensing properties [J]. Electronic Materials Letters, 2016, 12 (1): 24-31.

[309] Lim S K, Hwang S H, Chang D, et al. Preparation of mesoporous In_2O_3 nanofibers by electrospinning and their application as a CO gas sensor [J]. Sensors and Actuators B, 2010, 149 (1): 28-33.

[310] Lim S K, Hong S H, Hwang S H, et al. Synthesis of Al-doped ZnO nanorods via microemulsion method and their application as a CO gas sensor [J]. Journal of Materials Science and Technology, 2015, 31 (6): 639-644.

[311] 梁中全，诸培南. 工艺控制对 NASICON 物相组成的影响 [J]. 功能材料，1994，25 (1)：78-81.

[312] Liu F C, Shadike Z, Ding F, et al. Preferential orientation of I_2-LiI$(HPN)_2$ film for a flexible all-solid-state rechargeable lithium-iodine paper battery [J]. Journal of Power Sources, 2015, 274: 280-285.

[313] Liu H, Du X, Xing X, et al. Highly ordered mesoporous Cr_2O_3 materials with enhanced performance for gas sensors and lithium ion batteries [J]. Chemical Communications, 2011, 48 (6): 865-867.

[314] Liu J, Weppner W. Beta″-alumina solid electrolytes for solid state electrochemical CO_2 gas sensors [J]. Solid State Communications, 1990, 76: 311-313.

[315] Liu W, Cao X, Zhu Y, et al. The effect of dopants on the electronic structure of SnO_2 thinfilm [J]. Sensors and Actuators B, 2000, 66: 219-221.

[316] Liu W, Si X, Chen Z, et al. Fabrication of a humidity-resistant formaldehyde gas sensor through layering a molecular sieve on 3D ordered macroporous SnO_2 decorated with Aunanoparticles [J]. Journal of Alloys and Compounds, 2022: 165788.

[317] Liu Z F, Yamazaki T, Shen Y B, et al. O_2 and CO sensing of Ga_2O_3 multiple nanowire gas sensors [J]. Sensors and Actuators B, 2008, 129: 666-670.

[318] 刘新，李淑娥. 气体传感器的应用与发展 [J]. 中国西部科技，2008，7：13-15.

[319] Luo Z, Liang H, Wang T, et al. Evaluating the effect of multiple flammable gases on the flammability limit of CH_4: Experimental study and theoretical calculation [J]. Process Safetyand Environmental Protection, 2021, 146: 369-376.

[320] Lu S, Zhang Y, Liu J, et al. Sensitive H_2 gas sensors based on SnO_2 nanowires [J]. Sensors and Actuators B, 2021: 130334.

[321] Lu Z S, Meng S J, Ma Z Y, et al. Electronic and catalytic properties of Ti single atoms@ SnO_2 and its

implications on sensing mechanism for CO [J]. Applied Surface Science, 2022, 594: 153500.

[322] Lu G, Miura N, Yamazoe N. High-temperature hydrogen sensor based on stabilized zirconia and a metal oxide electrode [J]. Sensors and Actuators B, 1996, 35-36: 130-135.

[323] 梁婷，王阳阳，刘国宏. V 掺杂二维 MoS_2 体系气体吸附性能的第一性原理研究 [J]. 物理学报, 2021, 70: 080701.

[324] Luan C H, Wang K, Yu Q, et al. Improving the gas-sensing performance of SnO_2 porous nanosolid sensors by surface modification [J]. Sensors and Actuators B, 2013, 176: 475-481.

[325] Mauvy F, Siebert E, Fabry P. Reactivity of NASICON with water and interpretation of the detection limit of a NASICON based Na^+ ion selective electrode [J]. Talanta, 1998, 48: 293-303.

[326] Maier J, Holzinger M, Sitte W. Fast potentiometric CO_2 sensors with open referenceelectrodes [J]. Solid State Ionics, 1994, 74: 5-9.

[327] Maier J. Electrochemical sensor principles for redox-active and acid-base-active gases [J]. Sensors and Actuators B, 2000, 65: 199-203.

[328] Maruyama T, Sasaki S, Saito Y. Potentiometric gas sensors for carbon dioxide using solidelectrolytes [J]. Solid State Ionics, 1987, 23: 107-112.

[329] Martinelli E, Polese D, Catini A, et al. Self-adapted temperature modulation in metal-oxide semiconductor gas sensors [J]. Sensors and Actuators B, 2012, 161 (1): 534-541.

[330] Majhi S M, Naik G K, Lee H J, et al. Au@ NiO core-shell nanoparticles as a p-type gas sensor: Novel synthesis, characterization, and their gas sensing properties with sensingmechanism [J]. Sensors and Actuators B, 2018, 268: 223-231.

[331] Mao Y, Zhao Q, Pan T, et al. Platinum porphyrin/3-(trimethoxysily) propylmethacrylate functionalized flexible PDMS micropillar arrays as optical oxygen sensors [J]. New Journalof Chemistry, 2017, 41 (13): 5429-5435.

[332] Marikutsa A V, Rumyantseva M N, Yashina L V, et al. Role of surface hydroxyl groups in promoting room temperature CO sensing by Pd-modified nanocrystalline SnO_2 [J]. Journal of Solid State Chemistry, 2010, 183: 2389-2399.

[333] McAleer J F, Moseley P T, Norris J O W, et al. Tin dioxide gas sensors and the role of surface additives [J]. Journal of the Chemical Society, 1988, 84 (2): 441-457.

[334] Menesklou W, Schreiner H J, Hardtl K H. High temperature oxygen sensors based ondoped $SrTiO_3$ [J]. Sensors and Actuators B, 1999, 59: 184-189.

[335] Ménini P, Parret F, Guerrero M, et al. CO response of a nanostructured SnO_2 gas sensordoped with palladium and platinum [J]. Sensors and Actuators B, 2004, 103: 111-114.

[336] Meng X, Bi M, Xiao Q, et al. Rapid detection of low concentration H_2 using Au @ Pd/SnO_2 nanocomposites [J]. Sensors and Actuators B, 2022, 366: 131971.

[337] Meng F, Shi X, Yuan Z, et al. Detection of four alcohol homologue gases by ZnO gas sensor in dynamic interval temperature modulation mode [J]. Sensors and Actuators B, 2021: 130867.

[338] Meng F J, Guo X M. Tuning the oxygen defects and Fermi levels via In^{3+} doping in SnO_2-In_2O_3 nanocomposite for efficient CO detection [J]. Sensors and Actuators B, 2022, 357: 131412.

[339] Meng F J, Guo X M. Co/Au bimetal synergistically modified SnO_2-In_2O_3 nanocompositefor efficient CO sensing [J]. Ceramics International. 2023, 49: 15979.

[340] Meng F J, Guo X M. Constructing $Sn_{0.92}In_{0.08}O_2$-In_2O_3 heterostructure via the dual synergy for improving CO sensitivity [J]. Materials Science in Semiconductor Processing, 2023, 156: 10792.

[341] Miura N, Yao S, Shimizu Y. Carbon dioxide sensor using sodium ion conductor and binary carbonate

auxiliary electrode [J]. Journal of the Electrochemical Society, 1992, 139: 1384-1388.

[342] Miura N, Yao S, Shimizu Y, et al. High performance solid eletrolyte carbon dioxide sensor with binary carbonate electrode [J]. Sensors and Actuators B, 1992, 9: 165-170.

[343] Miura N, Ono M, Shimanoe K, et al. A compact amperometric NO_2 sensor based on Na^+ conductive solid electrolyte [J]. Journal of Applied Electrochemistry, 1998, 28 (8): 863-865.

[344] Miura N, Raisen T, Lu G, et al. Highly selective CO sensor using stabilized zirconia and acouple of oxide electrodes [J]. Sensors and Actuators B, 1998, 47: 84-91.

[345] Miura N, Lu G, Yamazoe N. Progress in mixed-potential type devices based on solidelectrolyte for sensing redox gases [J]. Solid State Ionics, 2000, 136-137: 533-542.

[346] Miyauchi Y, Sakai G, Shimanoe K, et al. Fabrication of CO_2 sensor using NASICON thick film [J]. Sensors and Actuators B, 2003, 93: 250-256.

[347] Miyauchi Y, Sakai G, Shimanoe K, et al. Improvement of warming-up characteristics of potentiometric CO_2 sensor by using solid reference counter electrode [J]. Sensors and Actuators B, 2005, 108: 364-367.

[348] Morio M, Hyodo T, Shimizu Y, et al. Effect of macrostructural control of an auxiliary layer on the CO_2 sensing properties of NASICON-based gas sensors [J]. Sensors and Actuators B, 2009, 139: 563-569.

[349] Moos R, Menesklow W, Schreiner H J, et al. Materials for temperature independent resistive oxygen sensors for combustion exhaust gas control [J]. Sensors and Actuators B, 2000, 67: 178-183.

[350] Moos R, Rettig F. Temperature-independent resistive oxygen exhaust gas sensor for lean-burn engines in thick-film technology [J]. Sensors and Actuators B, 2003, 93: 43-50.

[351] Moon W J, Yu J H, Choi G M. The CO and H_2 gas selectivity of CuO-doped SnO_2-ZnO composite gas sensor [J]. Sensors and Actuators B, 2002, 87: 464-470.

[352] Moon H G, Shima Y S. Highly sensitive CO sensors based on cross linked TiO_2 hollow hemispheres [J]. Sensors and Actuators B, 2010, 149: 116-121.

[353] Mondala B, Basumatari B, Das J, et al. ZnO-SnO_2 based composite type gas sensor for selective hydrogen sensing [J]. Sensors and Actuators B, 2014, 194: 389-396.

[354] Morrison S R. Semiconductor gas sensors [J]. Sensors and Actuators B, 1982, 2: 329-341.

[355] Morrison S R. Selectivity in semiconductor gas sensors [J]. Sensors and Actuators B, 1987, 12: 425-440.

[356] Moseley, Patrick T. Progress in the development of semiconducting metal oxide gas sensors: A review [J]. Measurement Science and Technology, 2017, 28 (8): 082001.

[357] Miao Y E, He S, Zhong Y, et al. A novel hydrogen peroxide sensor based on Ag/SnO_2 composite nanotubes by electrospinning [J]. Electrochimica Acta, 2013, 99: 117-123.

[358] Mohammadi M R. Semiconductor TiO_2-Al_2O_3 thin film gas sensors derived from aqueous particulate sol-gel process [J]. Materials Science in Semiconductor Processing, 2014, 27: 711-718.

[359] Montoliu I, Tauler R, Padilla M, et al. Multivariate curve resolution applied to temperature modulated metal oxide gas sensors [J]. Sensors and Actuators B, 2010, 145 (1): 464-473.

[360] Miller D R, Akbar S A, Morris P A. Nanoscale metal oxide-based heterojunctions for gas sensing: A review [J]. Sensors and Actuators B, 2014, 204: 250-272.

[361] Nasri A, Petrissans M, Fierro V, et al. Gas sensing based on organic composite materials: Review of sensor types, progresses and challenges [J]. Materials Science in Semiconductor Processing, 2021, 128: 105744.

[362] Na C W, Woo H S, Kim I D, et al. Selective detection of NO_2 and C_2H_5OH using a Co_3O_4-decorated

ZnO nanowire network sensor [J]. Chemical Communications, 2011, 47: 5148-5150.
[363] Na C W, Woo H S, Lee J H. Design of highly sensitive volatile organic compounds sensors by controlling NiO loading to ZnO nanowire networks [J]. RSC Advances, 2012, 2: 414-417.
[364] Nam H J, Sasaki T, Koshizaki N. Optical CO gas sensor using a cobalt oxide thin film prepared by pulsed laser deposition under various argon pressures [J]. The Journal of Physical Chemistry B, 2006, 110 (46): 23081-23084.
[365] Nakate U T, Patil P, Na S I, et al. Fabrication and enhanced carbon monoxide gas sensingperformance of p-CuO/n-TiO_2 heterojunction device [J]. Colloids and Surfaces A: Physicochemical and Engineering Aspects, 2020, 612: 125962.
[366] Natale C D, Paolesse R, Martinelli E, et al. Solid-state gas sensors for breath analysis: A review [J]. Analytica Chimica Acta, 2014, 824C: 1-17.
[367] Neri G. Resistive CO gas sensors based on In_2O_3 and $InSnO_x$ nanopowders synthesized via starch-aided sol-gel process for automotive applications [J]. Sensors and Actuators B, 2008, 132: 224-233.
[368] Neri G, Micalia G, Bonavita A. $FeSrTiO_3$-based resistive oxygen sensors for application indiesel engines [J]. Sensors and Actuators B, 2008, 134: 647-653.
[369] Neethirajan S, Jayas D S, Sadistap S. Carbon dioxide (CO_2) sensor for the agri-foodindustry-A review [J]. Food and Bioprocess Technology, 2009, 2: 115-121.
[370] Nguyen V T, Nguyen V C, Nguyen V D, et al. Fabrication of highly sensitive and selective H_2 gas sensor based on SnO_2 thin film sensitized with microsized Pd islands [J]. Journal of Hazardous Materials, 2016, 301: 433-442.
[371] Nguyen D K, Lee J H, Nguyen T B, et al., Realization of selective CO detection by Ni-incorporated metal-organic frameworks [J]. Sensors and Actuators B, 2020, 315: 128110.
[372] Noh W S, Satyanarayana L, Park J S. Potentiometric CO_2 sensor using Li^+ ion conducting Li_3PO_4 thin film electrolyte [J]. Sensors, 2005, 5: 465-472.
[373] Nomura K, Okabayashi J, Okamura K, et al. Magnetic properties of Fe and Co codoped SnO_2 prepared by sol-gel method [J]. Journal of Applied Physics, 2011, 110 (8): 112509-112512.
[374] 牛新书，杜卫平，蒋凯．半导体复合氧化物气敏材料研究进展 [J]．化学研究与应用，2004，16 (6): 737-740.
[375] 牛蒙年，丁辛芳，童勤义．气体传感器的集成化研究状况 [J]．传感器技术，1994，3: 1-6.
[376] Okamoto T, Shimamoto Y, Tsumura N, et al. Drift phenomena of electrochemical CO_2 sensor with Pt, Na_2CO_3/Na^+-electrolyte//YSZ/Pt structure [J]. Sensors and Actuators B, 2005, 108: 346-351.
[377] Obata K, Kumazawa S, Shimanoe K, et al. Potentiometric sensor based on NASICON and In_2O_3 for detection of CO_2 at room temperature-modification with foreign substances [J]. Sensors and Actuators B, 1996, 76: 639-643.
[378] Obata K, Shimanoe K, Miura N, et al. Influence of water vapor on NASICON-based CO_2 sensor operative at room temperature [J]. Sensors and Actuators B, 2003, 93: 243-249.
[379] Obata K, Kumazawa S, Matsushima S. NASICON-based potentiometric CO_2 sensorcombined with new materials operative at room temperature [J]. Sensors and Actuators B, 2005, 108: 352-358.
[380] Obata K, Matsushima S. CO_2 sensing performances of potentiometric sensor based on $Na_{1+x}Zr_2Si_2PO_{12}$ ($0<x<3$) [J]. Journal of the Ceramica Society of Japan, 2010, 118: 213-216.
[381] Oh J, Kim S H, Lee M J, et al. Machine learning-based discrimination of indoor pollutants using an oxide gas sensor array: High endurance against ambient humidity and temperature [J]. Sensors and Actuators B, 2022, 364: 131894.

[382] Ohgaki T, Matsuoka R, Watanabe K, et al. Synthesizing SnO_2 thin films and characterizingsensing performances [J]. Sensors and Actuators B, 2010, 150 (1): 99-104.

[383] Ohta S, Komagata S, Seki J, et al. All-solid-state lithium ion battery using garnet-type oxide and Li_3BO_3 solid electrolytes fabricated by screen-printing [J]. Journal of Power Sources, 2013, 238: 53-56.

[384] Oosthuizen D N, Motaung D E, Swart H C. Selective detection of CO at room temperature with CuO nanoplatelets sensor for indoor air quality monitoring manifested by crystallinity [J]. Applied Surface Science, 2019, 466: 545-553.

[385] Ogawa H, Nishikawa M, Abe A. Hall measurement studies and an electrical conduction model of tin oxide ultrafine particle films [J]. Journal of Applied Physics, 1982, 53: 4448-4455.

[386] Obirai J C, Hunter G, Dutta P K. Multi-walled carbon nanotubes as high temperaturecarbon monoxide sensors [J]. Sensors and Actuators B, 2008, 134 (2): 640-646.

[387] Patil L A, Patil D R, Heterocontact type CuO-modified SnO_2 sensor for the detection of appm level H_2S gas at room temperature [J]. Sensors and Actuators B, 2006, 120: 316-323.

[388] Patil D, Patil P, Subramanian V, et al. Highly sensitive and fast responding CO sensor basedon Co_3O_4 nanorods [J]. Talanta, 2010, 81: 37-43.

[389] Pasierb P, Komornicki S, Gajerski R, et al. The performance and long-time stability of potentiometric CO_2 gas sensors based on the (Li-Ba)CO_3/NASICON/(Na-Ti-O) electrochemical cells [J]. Solid State Ionics, 2003, 157: 357-363.

[390] Pasierb P. Application of Nasicon and YSZ for the construction of CO_2 and SO_x potentiometric gas sensors [J]. Materials Science-Poland, 2006, 24: 279-284.

[391] Pasciak G, Prociow K, Mielcarek W, et al. Solid electrolytes for gas sensors and fuel cellsapplications [J]. Journal of the European Ceramic Society, 2011, 21: 1867-1870.

[392] 潘小青，刘庆成．气体传感器及其发展 [J]．东华理工学院学报，2004，27 (1)：89-93.

[393] Pang X, Shaw M D, Lewis A C, et al. Electrochemical ozone sensors: A miniaturised alternative for ozone measurements in laboratory experiments and air-quality monitoring [J]. Sensors and Actuators B, 2017, 240: 829-837.

[394] Pawar M S, Bankar P K, More M A, et al. Ultra-thin V_2O_5 nanosheet based humidity sensor, photodetector and its enhanced field emission properties [J]. RSC Advances, 2015, 5: 88796-88804.

[395] Peng S, Hong P, Li Y, et al. Pt decorated SnO_2 nanoparticles for high response CO gas sensor under the low operating temperature [J]. Journal of Materials Science, 2019, 30 (4): 3921-3932.

[396] Prabhakar R, Yu Y T. Citrate-assisted hydrothermal synthesis of single crystalline ZnO nanoparticles for gas sensor application [J]. Sensors and Actuators B, 2012, 173: 58-65.

[397] Qiu F, Zhu Q, Yang X, et al. Investigation of CO_2 sensor based on NASICON synthesizedby a new sol-gel process [J]. Sensors and Actuators B, 2003, 93: 237-242.

[398] 戚金清，邱法斌，全宝富，等．NASICON 材料的制备及气敏特性研究 [J]．功能材料，2000，31：388-395.

[399] Qiu F, Sun L Y, Li X, et al. Static characteristic of planar type CO_2 sensor based on NASICON and with an inner-heater [J]. Sensors and Actuators B, 1997, 45: 233-238.

[400] 邱法斌，孙良彦，段兴章，等．平面型内加热式固体电解质 CO_2 传感器的静态特性 [J]．传感技术学报，1997，12：63-67.

[401] Qiao L, Bing Y, Wang Y, et al. Enhanced toluene sensing performances of Pd-loaded SnO_2 cubic nanocages with porous nanoparticle-assembled shells [J]. Sensors and Actuators B, 2017, 241: 1121-1129.

[402] Qin Z, Yu M Z, Chang Y H U, et al. Progress of research on modified oxide semiconductorgas sensor [J]. Journal of Functional Materials, 2014, 45 (17): 17017-17021.

[403] 全宝富，何月华，王彪，等．固体电解质 CO_2 传感器的研究与进展 [J]. 微纳电子技术，2007 (Z1): 315-317, 320.

[404] Ramirez J, Fabry P. Investigation of a reference electrode based on perovskite oxide for sencond kind of potentiometric gas sensor in open systems [J]. Sensors and Actuators B, 2001, 77: 339-345.

[405] Rahimzadeh H, Sadeghi M, Ghasemi-Varnamkhasti M, et al. On the feasibility of metal oxide gas sensor based electronic nose software modification to characterize rice ageingduring storage [J]. Journal of Food Engineering, 2019, 245: 1-10.

[406] Rai S K, Kao K W, Agarwal A, et al. Platinum coating on an ultrathin InN epilayer as a dual gas sensor for selective sensing of ammonia and acetone by temperature modulation for liver malfunction and diabetes applications [J]. ECS Journal of Solid State Science and Technology, 2018, 7 (7): Q3221.

[407] Rani S, Roy S C, Bhatnagar M C. Effect of Fe doping on the gas sensing properties ofnano-cystalline SnO_2 thin films [J]. Sensors and Actuators B, 2007, 122: 204-210.

[408] Rahman M M, Jamal A, Khan S B, et al. Fabrication of highly sensitive ethanol chemical sensor based on Sm-doped Co_3O_4 nanokernels by a hydrothermal method [J]. The Journal of Physical Chemistry C, 2011, 115 (19): 9503-9510.

[409] Radhakrishnan J K, Kumara M. Effect of temperature modulation, on the gas sensing characteristics of ZnO nanostructures, for gases O_2, CO and CO_2 [J]. Sensors International, 2021, 2: 100059.

[410] Ramamoorthy R, Dutta P K, Akbar S A. Oxygen sensors: Materials, methods, designs and applications [J]. Journal of Materials Science, 2003, 38 (21): 4271-4282.

[411] Riegel J, Neumann H, Wiedenmann H M. Exhaust gas sensors for automotive emissioncontrol [J]. Solid State Ionics, 2002, 152-153: 783-800.

[412] Ri J, Li X W, Shao C L, et al. Sn-doping induced oxygen vacancies on the surface of the In_2O_3 nanofibers and their promoting effect on sensitive NO_2 detection at low temperature [J]. Sensors and Actuators B, 2020, 317: 128194.

[413] Rumelhart D E, Hinton G E, Williams R J. Learning representations by back propagatingerrors [J]. Nature, 1986, 323 (6088): 533-536.

[414] 任健，葛杨，谢胜秋，等．固体电解质氧传感器的发展趋势 [J]. 传感器世界，2017, 23 (9): 7-12.

[415] Ryu H W, Park B S, Akbar S A, et al. ZnO sol-gel derived porous film for CO gas sensing [J]. Sensors and Actuators B, 2003, 96 (3): 717-722.

[416] Satyanarayana L, Noh W S, Jin G H, et al. A potentiometric CO_2 sensor combined with composite metal oxide and DOP plasticizer operative at low temperature [J]. IEEE Sensors Journal, 2008, 8: 1565-1570.

[417] Sadaoka Y, Matsuguchi M, Sakai Y, et al. Solid state electrochemical CO_2 gas sensor using zircon-based sodium ionic conductors [J]. Journal of Materials Science, 1993, 28: 2035-2039.

[418] Sadaoka Y, Sakai Y, Matsumoto M, et al. Solid-state electrochemical CO_2 gas sensorsbased on sodium ionic conductors [J]. Journal of Materials Science, 1993, 28: 5783-5792.

[419] Sadaoka Y. NASICON based CO_2 gas sensor with an auxiliary electrode composed of Li_2CO_3-metal oxide mixtures [J]. Sensors and Actuators B, 2007, 121: 194-199.

[420] Satyanarayana L, Noh W S, Lee W Y, et al. A high temperature potentiometric CO_2 sensor mixed with binary carbonate and glassy ceramic oxide [J]. Materials Chemistry and Physics, 2009, 114: 827-831.

[421] Saito Y, Maruyama T. Recent developments of the sensors for carbon oxides using solid electrolytes

[J]. Solid State Ionics, 1988, 28-30: 1644-1647.

[422] Salgado J R, Fabry P. Study of CO_2 electrodes in open devices of potentiometric sensors [J]. Solid State Ionics, 2003, 158: 297-308.

[423] Sahner K, Moos R, Izu N. Response kinetics of temperature-independent resistive oxygen sensor formulations: A comparative study [J]. Sensors and Actuators B, 2006, 113: 112-119.

[424] Samerjai T, Tamaekong N, Liewhiran C, et al. Selectivity towards H_2 gas by flame-made Pt-loaded WO_3 sensing films [J]. Sensors and Actuators B, 2011, 157: 290-297.

[425] Sakai G, Matsunaga N, Shimanoe K, et al. Theory of gas-diffusion controlled sensitivity forthin film semiconductor gas sensor [J]. Sensors and Actuators B, 2001, 80: 125-131.

[426] Sang L, Xu G, Chen Z, et al. Synthesis and characterization of Au-loaded SnO_2 mesoporous spheres by spray drying and their gas sensing property [J]. Materials Sciencein Semiconductor Processing, 2020, 105: 104710.

[427] Saboor F H, Khodadadi A A, Mortazavi Y, et al. Microemulsion synthesized silica/ZnO stable core/shell sensors highly selective to ethanol with minimum sensitivity to humidity [J]. Sensors and Actuators B, 2016, 238: 1070-1083.

[428] Satyanarayana L, Choi G P, Noh W S, et al. Characteristics and performance of binary carbonate auxiliary phase CO_2 sensor based on Li_3PO_4 solid electrolyte [J]. Solid StateIonics, 2007, 177 (39/40): 3485-3490.

[429] Sadek A Z, Wlodarski W, Li Y, et al. A ZnO nanorod based layered ZnO/64°YX $LiNbO_3$SAW hydrogen gas sensor [J]. Thin Solid Films, 2007, 515 (24): 8705-8708.

[430] Schettler H, Liu J, Weppner W. Investigation of solid sodium reference electrodes for solid-state electrochemical gas sensors [J]. Applied Physics A, 1993, 57: 31-35.

[431] Scott J L, Avner R. The electrical properties and stability of $SrTi_{0.65}Fe_{0.35}O_{3-\delta}$ thin films for automotive oxygen sensor applications [J]. Sensors and Actuators B, 2005, 108: 231-237.

[432] Scott R W, Yang S M, Chabanis G. Tin dioxide opals and inverted opals: Near-idealmicrostructures for gas sensors [J]. Advanced Materials, 2001, 13: 1468-1472.

[433] Schierbaum K D, Kirner U K, Geiger J F, et al. Schottky-barrier and conductivity gas sensorsbased upon Pd/SnO_2 and Pt/TiO_2 [J]. Sensors and Actuators B, 1991, 4: 87-94.

[434] Sedghi S M, Mortazavi Y, Khodadadi A. Low temperature CO and CH_4 dual selective gas sensor using SnO_2 quantum dots prepared by sonochemical method [J]. Sensors and Actuators B, 2010, 145: 7-12.

[435] Seiyama T, Kato A, Fujisishi K, et al. A new detector for gaseous components using semiconductive thin films [J]. Analytical Chemistry, 1962, 34: 1052-1053.

[436] Sebtahmadi S S, Yaghmaee M S, Raissi B, et al. General modeling and experimental observation of size dependence surface activity on the example of Pt nano-particles in electrochemical CO gas sensors [J]. Sensors and Actuators B: Chemical, 2019, 285: 310-316.

[437] Serret P, Colominas S, Reyes G, et al. Characterization of ceramic materials for electrochemical hydrogen sensors [J]. Fusion Engineering and Design, 2011, 86: 2446-2449.

[438] Sears W M, Colbow K, Consadori F. General characteristics of thermally cycled tin oxidegas sensors [J]. Semiconductor Science and Technology, 1989, 4 (5): 351.

[439] Shan K, Guo X M. Synthesis and electrical properties of Fe-doped $Y_{0.08}Sr_{0.92}TiO_3$ mixed ionic-electronic conductor [J]. Materials Letters, 2013, 105: 196-198.

[440] Shan K, Guo X M. Electrical conduction behavior of A-site deficient (Y, Fe) co-doped $SrTiO_3$ mixed ionic-electronic conductor [J]. Materials Letters, 2013, 113: 126-129.

[441] Shan K, Guo X M. Synthesis and electrical properties of mixed-conducting $Y_xSr_{1-x}Ti_{0.6}Fe_{0.4}O_{3-\delta}$ [J]. Materials Letters, 2014, 121: 251-253.

[442] Shan K, Guo X M. Electrical properties of $(Y_{0.08}Sr_{0.92})_{1-x}Ti_{0.6}Fe_{0.4}O_{3-\delta}$ mixed conductor [J]. Electrochimica Acta, 2015 (154): 31-34.

[443] Shimamoto Y, Okamoto T, Itagaki Y, et al. Performance and stability of potentiometric CO_2 gas sensor based on the Pt, Li_2CO_3/Na_2O-Al_2O_3-$4SiO_2$/YSZ/Pt electrochemical cell [J]. Sensors and Actuators B, 2004, 99: 113-117.

[444] Sharma A. SnO_2 thin film sensor with enhanced response for NO_2 gas at lowertemperatures [J]. Sensors and Actuators B, 2011, 156: 743-752.

[445] Shimizu Y, Nakamura Y, Egashira M. Effects of diffusivity of hydrogen and oxygen through pores of thick film SnO_2 based sensors on their sensing properties [J]. Sensors and Actuators B, 1993, 13: 128-131.

[446] Shimizu Y, Maekawa T, Nakamura Y, et al. Effects of gas diffusivity and reactivity on sensing properties of thick film SnO_2-based sensors [J]. Sensors and Actuators B, 1998, 46: 163-168.

[447] Shu L, Jiang T, Xia Y, et al. The investigation of a SAW oxygen gas sensor operated at room temperature, based on nanostructured Zn_xFe_yO films [J]. Sensors, 2019, 19 (13): 3025-3037.

[448] Shanmugasundaram A, Gundimeda V, Hou T F, et al. Realizing synergy between In_2O_3 nanocubes and nitrogen-doped reduced graphene oxide: An excellent nanocompositefor the selective and sensitive detection of CO at ambient temperatures [J]. ACS Applied Materials and Interfaces, 2017, 9: 31728-31740.

[449] Shi C M, Qin H W, Zhao M, et al. Investigation on electrical transport, CO sensingcharacteristics and mechanism for nanocrystalline $La_{1-x}Ca_xFeO_3$ sensors [J]. Sensors and Actuators B, 2014, 190: 25-31.

[450] Shen Y, Yamazaki T, Liu Z, et al. Microstructure and H_2 gas sensing properties of undopedand Pd-doped SnO_2 nanowires [J]. Sensor and Actuators B, 2009, 135: 524-529.

[451] Shen Y, Yamazaki T, Liu Z, et al. Hydrogen sensors made of undoped and Pt-doped SnO_2 nanowires [J]. Journal of Alloys and Compounds, 2009, 488: L21-L25.

[452] Shen H, Li L, Xu D. Preparation of one-dimensional SnO_2-In_2O_3 nano-heterostructuresand their gas-sensing property [J]. RSC Advances, 2017, 7 (53): 33098-33105.

[453] Singh G, Virpal, Singh R C. Highly sensitive gas sensor based on Er-doped SnO_2 nanostructures and its temperature dependent selectivity towards hydrogen and ethanol [J]. Sensors and Actuators B, 2019, 282: 373-383.

[454] Singh N, Gupta R K, Lee P S. Gold-nanoparticle-functionalized In_2O_3 nanowires as CO gas sensors with a significant enhancement in response [J]. ACS Applied Materials and Interfaces, 2011, 3 (7): 2246-2252.

[455] Simonetti E, Oliveira T, Machado D, et al. TiO_2 as a gas sensor: The novel carbon structures and noble metals as new elements for enhancing sensitivity-A review [J]. Ceramics International, 2021, 47: 17844-17876.

[456] Slater D J, Kumar R V, Fray D J. A bielectrolyte solid-state sensor which detects SO_2 independently of O_2 [J]. Solid State Ionics, 1996, 86-88: 1063-1067.

[457] Smart J H, Linden M, Wagner T, et al. Micrometer-sized nanoporous tin dioxide spheresfor gas sensing [J]. Sensor and Actuators B, 2011, 155: 483-488.

[458] Solórzano A, Eichmann J, Fernandez L, et al. Early fire detection based on gas sensor arrays: Multivariate calibration and validation [J]. Sensors and Actuators B, 2022, 352: 130961.

[459] Sorita R, Kawano T. A highly selective CO sensor using $LaMnO_3$ electrode-attachedzirconia galvanic cell [J]. Sensors and Actuators B, 1997, 40: 29-32.

[460] Song P, Qin H W, Zhang L, et al. Electrical and CO gas-sensing properties of perovskite-type $La_{0.8}Pb_{0.2}Fe_{0.8}Co_{0.2}O_3$ semiconductive materials [J]. Physica B, 2005, 368: 204-208.

[461] Song P, Qin H W, Huang S X, et al. Characteristics and sensing properties of $La_{0.8}Pb_{0.2}Fe_{1-x}Ni_xO_3$ system for CO gas sensors [J]. Materials Science and Engineering B, 2007, 138: 193-197.

[462] Song L, Yang L, Wang Z, et al. One-step electrospun SnO_2/MO_x heterostructured nanomaterials for highly selective gas sensor array integration [J]. Sensors and Actuators B, 2019, 283: 793-801.

[463] Song X F, Wang Z J, Liu Y B, et al. A highly sensitive ethanol sensor based on mesoporous ZnO-SnO_2 nanofibers [J]. Nanotechnology, 2009, 20 (7): 3029-3035.

[464] Song L M, Zhao B, Ju X N, et al. Comparative study of methanol gas sensing performance for SnO_2 nanostructures by changing their morphology [J]. Materials Science in Semiconductor Processing, 2020, 111: 104986.

[465] Song H, Ma L, Pei S, et al. Quantitative detection of formaldehyde and ammonia using a yttrium-doped ZnO sensor array combined with a back-propagation neural networkmodel [J]. Sensors and Actuators A, 2021, 331: 112940.

[466] Srivastava V, Jain K. At room temperature graphene/SnO_2 is better than MWCNT/SnO_2 as NO_2 gas sensor [J]. Materials Letters, 2016, 169 (15): 28-32.

[467] Sri A A, Hiroshi I, Norio M. Selective CO detection using YSZ-based sensor with a combination of $CuCrFeO_4$ and $CoCrFeO_4$ electrodes [J]. Procedia Chemistry, 2016, 20: 118-120.

[468] Steinhauer S, Singh V, Cassidy C, et al. Single CuO nanowires decorated with size-selected Pd nanoparticles for CO sensing in humid atmosphere [J]. Nanotechnology, 2015, 26 (17): 175502.

[469] Stanoiu A, Ghica C, Somacescu S, et al. Low temperature CO sensing under infieldconditions with in doped Pd/SnO_2 [J]. Sensors and Actuators B, 2020, 308: 127717.

[470] Star A, Joshi V, Skarupo S, et al. Gas sensor array based on metal-decorated carbonnanotubes [J]. Journal of Physical Chemistry B, 2006, 110: 21014-21020.

[471] Struzik M, Garbayo I, Pfenninger R, et al. A simple and fast electrochemical CO_2 sensor based on $Li_7La_3Zr_2O_{12}$ for environmental monitoring [J]. Advanced Materials, 2018, 30 (44): 1804098.

[472] Su P G, Li M C. Recognition of binary mixture of NO_2 and NO gases using a chemiresistive sensors array combined with principal component analysis [J]. Sensors and Actuators A, 2021, 331: 112980.

[473] Susanti D, Diputra A A, Tananta L, et al. WO_3 nanomaterials synthesized via a sol-gel method and calcination for use as a CO gas sensor [J]. Frontiers of Chemical Science and Engineering, 2014, 8 (2): 179-187.

[474] Sudarmaji A, Kitagawa A. Application of temperature modulation-SDP on MOS gas sensors: Capturing soil gaseous profile for discrimination of soil under different nutrientaddition [J]. Journal of Sensors, 2016: 1-11.

[475] Sun Y, Zhao Z, Li P, et al. Er-doped ZnO nanofibers for high sensibility detection of ethanol [J]. Applied Surface Science, 2015, 356: 73-80.

[476] Sun Y, Zhao Z, Zhou R, et al. Synthesis of In_2O_3 nanocubes, nanocube clusters, and nanocubes-embedded Au nanoparticles for conductometric CO sensors [J]. Sensors and Actuators B, 2021, 345: 130433.

[477] Sun L, Qin H, Cao E, et al. Gas-sensing properties of perovskite $La_{0.875}Ba_{0.125}FeO_3$ nanocrystalline powders [J]. Journal of Physics and Chemistry of Solids, 2011, 72: 29-33.

[478] Sun L, Qin H, Wang K, et al. Structure and electrical properties of nanocrystalline $La_{1-x}Ba_xFeO_3$ for gas sensing application [J]. Materials Chemistry and Physics, 2011, 125: 305-308.

[479] Sun X Q, Lan Q, Geng J, et al. Polyoxometalate as electron acceptor in dye/TiO_2 films to accelerate room-temperature NO_2 gas sensing [J]. Sensors and Actuators B, 2023, 374: 132795.

[480] Sun J, Yin G, Cai T, et al. The role of oxygen vacancies in the sensing properties of Nisubstituted SnO_2 microspheres [J]. RSC Advances, 2018, 8: 33080-33086.

[481] Sun P, Wang W, Liu Y, et al. Hydrothermal synthesis of 3D urchin like Fe_2O_3 nanostructurefor gas sensor [J]. Sensors and Actuators B, 2012, 173: 52-57.

[482] 苏成志，李开亮，陈栋等．相对变系数 PID 控制算法 [J]. 工业控制计算机，2012，4：43-44.

[483] Toru I, David W C, Taro T. Amperometric sensor for monitoring of dissolved carbondioxide in seawater [J]. Sensors and Actuators B, 2001, 76: 265-269.

[484] Tpma B, Hcs B, Ktha B, et al. Engineering of rare-earth Eu^{3+} ions doping on p-type NiO for selective detection of toluene gas sensing and luminescence properties [J]. Sensors and Actuators B, 2021, 347: 130530.

[485] Tombak A, Ocak Y S, Bayansal F. Cu/SnO_2 gas sensor fabricated by ultrasonic spray pyrolysis for effective detection of carbon monoxide [J]. Applied Surface Science, 2019, 493: 1075-1082.

[486] Tang W, Wang J. Methanol sensing micro-gas sensors of SnO_2-ZnO nanofibers on Si/SiO_2/Ti/Pt substrate via stepwise-heating electrospinning [J]. Journal of Materials Science, 2015, 50 (12): 4209-4220.

[487] Taro U, Hirotaka T, Kai K, et al. Enhanced CO response of NASICON-based gas sensorsusing oxide-added Pt sensing electrode at low temperature operation [J]. Electrochemistry, 2017, 85 (4): 174-178.

[488] Tatsumi I, Jun I. Effects of additives on RuO_2 (10wt%)/$La_{0.6}Sr_{0.4}CoO_3$ anode for increasing sensitivity of solid oxide amperometric CO sensor [J]. Sensors and Actuators B, 2016, 223: 535-539.

[489] Takeo H, Toshiyuki G, Mari T, et al. Effects of Pt loading onto SnO_2 electrodes on CO-sensing properties and mechanism of potentiometric gas sensors utilizing an anion-conducting polymer electrolyte [J]. Sensors and Actuators B, 2019, 300: 127041.

[490] Tomoyo G, Toshio I, Takafumi A, et al. CO sensing properties of Au/SnO_2-Co_3O_4 catalystson a micro thermoelectric gas sensor [J]. Sensors and Actuators B, 2016, 223: 774.

[491] Tan O K, Zhu W, Yan Q, et al. Size effect and gas sensing characteristics of nanocrystalline $xSnO_2$-$(1-x)\alpha$-Fe_2O_3 ethanol sensors [J]. Sensors and Actuators B, 2000, 65: 361-365.

[492] 唐伟，王兢．金属氧化物异质结气体传感器气敏增强机理 [J]. 物理化学学报，2016，32 (5)：1087-1104.

[493] Tiemann M. Porous metal oxides as gas sensors [J]. Chemistry-A European Journal, 2007, 13: 8376-8388.

[494] Thong L V, Hoa N D, Le D T, et al. On-chip fabrication of SnO_2-nanowire gas sensor: The effect of growth time on sensor performance [J]. Sensors and Actuators B, 2010, 146: 361-367.

[495] Tudu B, Jana A, Metla A, et al. Electronic nose for black tea quality evaluation by anincremental RBF network [J]. Sensors and Actuators B, 2009, 138: 90-95.

[496] Tamaekong N, Liewhiran C, Wisitsoraat A, et al. Sensing characteristics of flame-spray-made Pt/ZnO thick films as H_2 gas sensor [J]. Sensors, 2009, 9: 6652-6669.

[497] Vander P D. Extremely stable Nafion based carbon monoxide sensor [J]. Sensors and Actuators B, 1996, 35-36: 478-485.

[498] Vaishampayan M V, Deshmukh R G, Walke P, et al. Fe-doped SnO_2 nanomaterial: A low temperature hydrogen sulfide gas sensor [J]. Materials Chemistry and Physics, 2008, 109: 230-234.

[499] Vergara A, Llobet E, Martinelli E, et al. Feature extraction of metal oxide gas sensors usingdynamic

moments [J]. Sensors and Actuators B, 2007, 122 (1): 219-226.

[500] Vergara A, Vembu S, Ayhan T, et al. Chemical gas sensor drift compensation usingclassifier ensembles [J]. Sensors and Actuators B, 2012, 166-167 (9): 320-329.

[501] Wada K. Hydrogen sensing properties of SnO_2 subjected to surface chemical modificationwith ethoxysilanes [J]. Sensors and Actuators B, 2000, 62: 211-219.

[502] 王中纪，李培德，张淑贤，等. 气敏半导体矿灯式瓦斯自动报警器 [J]. 应用科学学报，1986，4 (2): 182-185.

[503] Weppener W. Solid-state electrochemical gas sensors [J]. Sensors and Actuators B, 1987, 12: 107-119.

[504] Weppner W. Tetragonal zirconia polycystals-A high performance solid oxygen ionconductor [J]. Solid State Ionics, 1992, 52 (1/2/3): 15-21.

[505] Wu P, Sun J H, Huang Y Y, et al. Solution plasma synthesized nickel oxide nanoflowers: An effective NO_2 sensor [J]. Materials Letters, 2012, 82: 191-194.

[506] Wu R J. Romotive effect of CNT on Co_3O_4-SnO_2 in a semiconductor-type CO sensorworking at room temperature [J]. Sensors and Actuators B, 2008, 131: 306-312.

[507] Wu J, Huang Q, Zeng D, et al. Al-doping induced formation of oxygen-vacancy for enhancing gas-sensing properties of SnO_2 NTs by electrospinning [J]. Sensors and Actuators B, 2014, 198: 62-69.

[508] Wu Z, Zhang H, Ji H, et al. Novel combined waveform temperature modulation method of NiO-In_2O_3 based gas sensor for measuring and identifying VOC gases [J]. Journal of Alloys and Compounds, 2022: 165510.

[509] Wetchakun K, Samerjai T, Tamaekong N, et al. Semiconducting metal oxides as sensorsfor environmentally hazardous gases [J]. Sensors and Actuators B, 2011, 160: 580-591.

[510] Wang B, Luo L, Ding Y, et al. Synthesis of hollow copper oxide by electrospinning and itsapplication as a nonenzymatic hydrogen peroxide sensor [J]. Colloids and Surfaces B, 2012, 97: 51-56.

[511] Wang C, Wang W, He K, et al. Pr-doped In_2O_3 nanocubes induce oxygen vacancies for enhancing triethylamine gas-sensing performance [J]. Frontiers of Materials Science, 2019, 13: 174-185.

[512] Wang C, Wang Y, Yang Z, et al. Review of recent progress on graphene-based compositegas sensors [J]. Ceramics International, 2021, 47 (42): 16367-16384.

[513] Wang D, Yang J L, Bao L P, et al. Pd nanocrystal sensitization two-dimension porous TiO_2 for instantaneous and high efficient H_2 detection [J]. Journal of Colloid and Interface Science, 2021, 597: 29-38.

[514] Wang F, Li H, Yuan Z, et al. A highly sensitive gas sensor based on CuO nanoparticlessynthetized via a sol-gel method [J]. RSC Advances, 2016, 6 (83): 79343-79349.

[515] Wang H, Zhang W, You L, et al. Back propagation neural network model for temperature and humidity compensation of a non dispersive infrared methane sensor [J]. Instrumentation Science and Technology, 2013, 41 (6): 608-618.

[516] Wang H, Chen D, Zhang M, et al. Influence of the sensing and reference electrodes relative size on the sensing properties of Li_3PO_4-based potentiometric CO_2 sensors [J]. Surface and Coatings Technology, 2016, 320: 542-547.

[517] Wang J, Wang H, Li F, et al. Oxidizing solid Co into hollow Co_3O_4 within electrospun (carbon) nanofibers towards enhanced lithium storage performance [J]. Journal of Materials Chemistry A, 2019, 7: 3024-3030.

[518] Wang L, Kumar R V. Thick film CO_2 sensors based on Nasicon solid electrode [J]. Solid State Ionics, 2003, 158: 309-315.

[519] Wang L, Pan L, Sun J, et al. Fabrication characterisation and application of (8 mol% Y_2O_3) ZrO_2 thin film on $Na_3Zr_2Si_2PO_{12}$ substrate for sensing CO_2 gas [J]. Journal of Materials Science, 2005, 40: 1717-1723.

[520] Wang L, Kumar R V. A SO_2 gas sensor based upon composite Nasicon/Sr-β-Al_2O_3 bielectrolyte [J]. Materials Research Bulletin, 2005, 40: 1802-1815.

[521] Wang L, Zhou H Z, Liu K, et al. A CO_2 gas sensor based upon composite Nasicon/Sr-β-Al_2O_3 bielectrolyte [J]. Solid State Ionics, 2008, 179: 1662-1665.

[522] Wang L, Chen S, Li W, et al. Grain-boundary-induced drastic sensing performance enhancement of polycrystalline-microwire printed gas sensors [J]. Advanced Materials, 2019, 31: 1804583.

[523] Wang L, Xu J C, Han Y B, et al. Nanocasting synthesis and highly-improved toluene gas-sensing performance of Co_3O_4 nanowires with high-valence Sn-doping [J]. Chemical Physics, 2022, 560: 111573.

[524] Wang L L, Lou Z, Wang R, et al. Ring-like PdO-decorated NiO with lamellar structures and their application in gas sensor [J]. Sensors and Actuators B, 2012, 171-172: 1180-1185.

[525] Wang L L, Lou Z, Fei T, et al. Enhanced acetone sensing performances of hierarchicalhollow Au-loaded NiO hybrid structures [J]. Sensors and Actuators B, 2012, 161: 178-183.

[526] Wang S, Wang Z. Dc and ac response of SnO_2 sensor to CO [J]. Sensors and Actuators B, 2008, 131: 318-322.

[527] Wang S, Cao J, Cui W, et al. Oxygen vacancies and grain boundaries potential barriers modulation facilitated formaldehyde gas sensing performances for In_2O_3 hierarchicalarchitectures [J]. Sensors and Actuators B, 2018, 255: 159-165.

[528] Wang T, Liang H, Luo Z, et al. Near flammability limits behavior of methane-air mixtureswith influence of flammable gases and nitrogen: An experimental and numerical research [J]. Fuel, 2021, 294: 120550.

[529] Wang T S, Yu Q, Zhang S F, et al. Rational design of 3D inverse opals heterogeneous composites microspheres as excellent visible-light-induced NO_2 sensor at room temperature [J]. Nanoscale, 2018, 10: 4841-4851.

[530] Wang T S, Jiang B, Yu Q, et al. Realizing the control of electronic energy level structure and gas sensing selectivity over heteroatom-doped In_2O_3 spheres with an inverse opal microstructure [J]. ACS Applied Materials and Interfaces, 2019, 11: 9600-9611.

[531] Wang X, Ma J, Ren Q, et al. Effects of Fe^{3+}-doping and nano-TiO_2/WO_3 decoration on the ultraviolet absorption and gas-sensing properties of $ZnSnO_3$ solid particles [J]. Sensors and Actuators B, 2021, 344: 130223.

[532] Wang Y L, Jiang X C, Xia Y N. A solution-phase, precursor route to polycrystalline SnO_2 nanowires that can be used for gas sensing under ambient conditions [J]. Journal of the American Chemical Society, 2003, 125 (52): 16176-16177.

[533] Wang Y, Mu Q, Wang G, et al. Sensing characterization to NH_3 of nanocrystalline Sb-doped SnO_2 synthesized by a nonaqueous sol-gel route [J]. Sensors and Actuators B, 2010, 145 (2): 847-853.

[534] Wang Y, Zhao Z, Sun Y, et al. Fabrication and gas sensing properties of Au-loaded SnO_2 composite nanoparticles for highly sensitive hydrogen detection [J]. Sensors and Actuators B, 2017, 240: 664-673.

[535] Wang Y, Xue S, Xie P, et al. Preparation, characterization and photocatalytic activity of juglans-like indium oxide (In_2O_3) nanospheres [J]. Materials Letters, 2017, 192: 76-79.

[536] Wang Z, Guo H, Ning D, et al. Tuning Fermi level and band gap in $Li_4Ti_5O_{12}$ by doping andvacancy for

ultrafast Li^+ insertion/extraction [J]. Journal of the American Ceramic Society, 2021, 104: 5934-5945.

[537] Wang Z H, Zhou H, Han D M, et al. Electron compensation in p-type 3DOM NiO by Sn doping for enhanced formaldehyde sensing performance [J]. Journal of Materials Chemistry C, 2017, 5: 3254-3263.

[538] Wozniak L, Kalinowski P, Jasinski G, et al. FFT analysis of temperature modulated semiconductor gas sensor response for the prediction of ammonia concentration underhumidity interference [J]. Microelectronics Reliability, 2018, 84: 163-169.

[539] Wen W C, Chou T I, Tang K T. A Gas mixture prediction model based on the dynamicresponse of a metal-oxide sensor [J]. Micromachines, 2019, 10 (9): 598.

[540] Tian W, Liu X, Yu W. Research progress of gas sensor based on graphene and itsderivatives: A review [J]. Applied Sciences, 2018, 8 (7): 1118.

[541] 吴玉锋，田彦文，韩元山，等．气体传感器研究进展和发展方向［J］．计算机测量与控制，2003, 11 (10): 731-734.

[542] Wolfenstine J, Rangasamy E, Allen J L, et al. High conductivity of dense tetragonal $Li_7La_3Zr_2O_{12}$ [J]. Journal of Power Sources, 2012, 208: 193-196.

[543] 王峥，蒋丹宇，冯涛，等．几种固体电解质型气体传感器的研究进展［J］．现代技术陶瓷，2011, 32 (3): 13-19.

[544] Wan Q, Li Q H, Chen Y J, et al. Fabrication and ethanol sensing characteristics of ZnO nanowire gas sensors [J]. Applied Physics Letters, 2004, 84: 3654-3656.

[545] Wu R J, Wu J G, Yu M R, et al. Promotive effect of CNT on Co_3O_4-SnO_2 in a semiconductor-type CO sensor working at room temperature [J]. Sensors and Actuators B, 2008, 131 (1): 306-312.

[546] Wei D D, Jiang W, Gao H, et al. Facile synthesis of La-doped In_2O_3 hollow microspheres and enhanced hydrogen sulfide sensing characteristics [J]. Sensors and Actuators B, 2018, 276: 413-420.

[547] Wagner T, Haffer S, Weinberger C, et al. Mesoporous materials as gas sensors [J]. Chemical Society Reviews, 2013, 42: 4036-4053.

[548] Woo H S, Na C W, Kim I D, et al. Highly sensitive and selective trimethylamine sensor using one-dimensional ZnO-Cr_2O_3 hetero-nanostructures [J]. Nanotechnology, 2012, 23: 245501.

[549] 王红勤，杨修春，蒋丹宇．电阻型半导体气体传感器的概况［J］．陶瓷学报，2011, 32 (4): 602-609.

[550] Wada K. Hydrogen sensing properties of SnO_2 subjected to surface chemical modification with ethoxysilanes [J]. Sensors and Actuators B, 2000, 62: 211-219.

[551] 王蕾，宋文忠．PID 控制［J］．自动化仪表，2004, 4: 3-8.

[552] Wan K C, Wang D, Wang F, et al. Hierarchical In_2O_3@SnO_2 core-shell nanofiber for high efficiency formaldehyde detection [J]. ACS Applied Materials and Interfaces, 2019, 11: 45214-45225.

[553] 徐毓龙．金属氧化物气敏传感器（V）［J］．传感技术学报，1996, 4 (11): 93-98.

[554] Xing Y, Vincent T, Cole M, et al. Real-time thermal modulation of high bandwidth MOX gas sensors for mobile robot applications [J]. Sensors, 2019, 19 (5): 1180.

[555] Xu S, Gao J, Wang L L, et al. Role of the heterojunctions in In_2O_3-composite SnO_2 nanorod sensors and their remarkable gas-sensing performance for NO_x at room temperature [J]. Nanoscale, 2015, 7: 14643-14651.

[556] Xu Z, Wu J, Wu T, et al. Tuning the Fermi level of TiO_2 electron transport layer through europium doping for highly efficient perovskite solar cells [J]. Energy Technology, 2017, 5: 1820-1826.

[557] Xue S R, Cao S C, Huang Z L, et al. Improving gas sensing performance based on MOS nanomaterials:

A review [J]. Materials, 2021, 14: 4263.

[558] Xue D, Wang Y, Cao J, et al. Improving methane gas sensing performance of flower-like SnO_2 decorated by WO_3 nanoplates [J]. Talanta, 2019, 199: 603-611.

[559] Xu C N, Tamaki J, Miura N, et al. Grain size effects on gas sensitivity of porous SnO_2-based elements [J]. Sensors and Actuators B, 1991, 3 (2): 147-155.

[560] Xu C N, Tamaki J, Miura N, et al. Promotion of tin oxide gas sensor by aluminum doping [J]. Talanta, 1991, 38: 1169-1175.

[561] Xu J M, Cheng J P. The advances of Co_3O_4 as gas sensing materials: A review [J]. Journalof Alloys and Compounds, 2016, 686: 753-768.

[562] 徐锋，张嫣华．数字控制系统的 PID 算法研究［J］．机床电器，2008，6：8-10，19.

[563] Yea B. Analysis of the sensing mechanism of tin oxide thin film gas sensors using the change of work function inflammable gas atmosphere [J]. Applied Surface Science, 1996, 100-101: 365-369.

[564] Yu L. Research and development of gas sensors in China [J]. Sensors and Actuators B, 1995, 24-25: 555-558.

[565] Yao S, Shimizu Y, Miura N, et al. Solid electrolyte CO_2 sensor using binary carbonateelectrode [J]. Chemistry Letters, 1990, 19: 2033-2036.

[566] Yao S, Hosohara S, Shimizu Y. Solid electrolyte CO_2 sensor using NASICON and Li-based binary carbonate electrode [J]. Chemistry Letters, 1991, 20: 2069-2072.

[567] 于玉忠，严河清，陆君涛，等．二氧化碳电化学传感器的研究现状和发展前景［J］．武汉大学学报（自然科学版），1998，44：179-182.

[568] Yang Y, Liu C C. Development of a NASICON-based amperometric carbon dioxide sensor [J]. Sensors and Actuators B, 2000, 62: 30-34.

[569] 于春英，盛世善，清水康博．汽车用氧敏新材料-Mg 掺杂的 $SrTiO_3$ 的研究［J］．化学传感器，1990，10（1）：39-50.

[570] Yu C Y, Shimizu Y, Aria H. Mg-doped $SrTiO_3$ as a lean-burn oxygen sensor [J]. Sensors and Actuators B, 1988, 14: 309-318.

[571] Yuan Y, Wang Y, Wang M, et al. Effect of unsaturated Sn atoms on gas-sensing property in hydrogenated SnO_2 nanocrystals and sensing mechanism [J]. Scientific Reports, 2017, 7 (1): 1-9.

[572] Yin X T, Guo X M. Sensitivity and selectivity of (Au, Pt, Pd)-loaded and (In, Fe)-doped SnO_2 sensors for H_2 and CO detection [J]. Journal of Materials Science-Materials in Electronics, 2014, 25: 4960-4966.

[573] Yin X T, Guo X M. Selectivity and sensitivity of Pd-loaded and Fe-doped SnO_2 sensor for CO detection [J]. Sensors and Actuators B, 2014, 200: 213-218.

[574] Yin X T, Tao L. Fabrication and gas sensing properties of Au-loaded SnO_2 composite nanoparticles for low concentration hydrogen [J]. Journal of Alloys and Compounds, 2017, 727: 254-259.

[575] Yin X T, Zhou W D, Li J, et al. A highly sensitivity and selectivity Pt-SnO_2 nanoparticles for sensing applications at extremely low level hydrogen gas detection [J]. Journal of Alloysand Compounds, 2019, 805: 229-236.

[576] Yin X T, Lv P, Li J, et al. Nanostructured tungsten trioxide prepared at various growth temperatures for sensing applications [J]. Journal of Alloys and Compounds, 2020, 825: 154105.

[577] Yu W W, Shen Z G, Peng F, et al. Improving gas sensing performance by oxygen vacancies in sub-stoichiometric WO_{3-x} [J]. RSC Advances, 2019, 9: 7723-7728.

[578] Yuasa M, Masaki T, Kida T, et al. Nano-sized PdO loaded SnO_2 nanoparticles by reverse micelle method

for highly sensitive CO gas sensor [J]. Sensors and Actuators B, 2009, 136: 99-104.

[579] Yuasa M. Nano-sized PdO loaded SnO_2 nanoparticles by reverse micelle method forhighly sensitive CO gas sensor [J]. Sensors and Actuators B, 2010, 136: 99-104.

[580] Yamaura H, Jinkawa T, Tamaki J, et al. Indium oxide-based gas sensor for selectivedetection of CO [J]. Sensors and Actuators B, 1996, 35: 325-332.

[581] Yamaura H. CuO/SnO_2-In_2O_3 sensor for monitoring CO concentration in a reducingatmosphere [J]. Sensors and Actuators B, 2010, 25: 350-353.

[582] Yamaura H, Iwasaki Y, Hirao S, et al. CuO/SnO_2-In_2O_3 sensor for monitoring CO concentration in a reducing atmosphere [J]. Sensors and Actuators B, 2011, 153: 465-467.

[583] Yu Y T, Dutta P. Examination of Au/SnO_2 core-shell architecture nanoparticle for lowtemperature gas sensing applications [J]. Sensors and Actuators B, 2011, 157: 444-449.

[584] Yoon J W, Kim H J, Kim I D, et al. Electronic sensitization of the response to C_2H_5OH of p-type NiO nanofibers by Fe doping [J]. Nanotechnology, 2013, 24: 444005.

[585] Yu J H, Choi G M. Current-voltage characteristics and selective CO detection of Zn_2SnO_4 and ZnO/Zn_2SnO_4, SnO_2/Zn_2SnO_4 layered-type sensors [J]. Sensors and Actuators B, 2001, 72: 141-148.

[586] Yamazoe N. New approaches for improving semiconductor gas sensors [J]. Sensors and Actuators B, 1991, 5: 7-19.

[587] Yamazoe N, Hosohara S, Fukuda T, et al. Gas sensing interfaces of solid electrolyte based carbon dioxide sensor attached with metal carbonate [J]. Sensors and Actuators B, 1996, 34: 361-366.

[588] Yamazoe N. Toward innovations of gas sensor technology [J]. Sensors and Actuators B, 2005, 108: 2-14.

[589] Yamazoe N, Shimanoe K. New perspectives of gas sensor technology [J]. Sensors and Actuators B, 2009, 138: 100-107.

[590] Yamazoe N, Shimanoe K. Proposal of contact potential promoted oxide semiconductorgas sensor [J]. Sensors and Actuators B, 2013, 187: 162-167.

[591] 杨邦朝. 一氧化碳传感器的应用与进展 [J]. 传感器技术, 2001, 20 (12): 1-4.

[592] Yasuda A. Life-elongation mechanism of the polymer-electrolyte lamination on a CO sensor [J]. Sensors and Actuators B, 1994, 21: 229-236.

[593] Yu J, Wen H, Shafiei M, et al. A hydrogen/methane sensor based on niobium tungsten oxide nanorods synthesised by hydrothermal method [J]. Sensors and Actuators B, 2013, 184: 118-129.

[594] Zhou Z B, Feng L D, Zhou Y M. Microamperometric solid-electrolyte CO_2 gas sensors [J]. Sensors and Actuators B, 2001, 76: 600-604.

[595] Zhou Q, Chen W, Xu L, et al. Highly sensitive carbon monoxide (CO) gas sensors basedon Ni and Zn doped SnO_2 nanomaterials [J]. Ceramics International, 2017, 44: 4392-4399.

[596] Zhou X H, Cao Q X, Xu Y L. Electrical conduction and oxygen sensing mechanism of Mg-doped $SrTiO_3$ thick film sensors [J]. Sensors and Actuators B, 2000, 65: 52-54.

[597] Zhou J Y, Bai J L, Zhao H, et al. Gas sensing enhancing mechanism via doping-induced oxygen vacancies for gas sensors based on indium tin oxide nanotubes [J]. Sensors and Actuators B, 2018, 265: 273-284.

[598] Zhang T, Liu L. Development of microstructure In/Pd-doped SnO_2 sensor for low-level CO detection [J]. Sensors and Actuators B, 2009, 139: 287-291.

[599] Zhang T, Gu F, Han D, et al. Synthesis, characterization and alcohol-sensing properties ofrare earth doped In_2O_3 hollow spheres [J]. Sensors and Actuators B, 2013, 177: 1180-1188.

[600] Zhang T S, Hing P, Yang L, et al. Selective detection of ethanol vapor and hydrogen using Cd-doped SnO_2-based sensors [J]. Sensors and Actuators B, 1999, 60: 208-215.

[601] Zhang T S, Hing P, Zhang J C, et al. Ethanol-sensing characteristics of cadmium ferrite prepared by chemical coprecipitation [J]. Materials Chemistry and Physics, 1999, 61: 192-198.

[602] Zhang W, Li Q, Wang C, et al. High sensitivity and selectivity chlorine gas sensors based on 3D open porous SnO_2 synthesized by solid-state method-Science Direct [J]. Ceramics International, 2019, 45 (16): 20566-20574.

[603] Zhang D, Liu J, Jiang C, et al. Quantitative detection of formaldehyde and ammonia gas via metal oxide-modified graphene-based sensor array combining with neural network model [J]. Sensors and Actuators B, 2017, 240: 55-65.

[604] Zhang S, Zhang B, Zhang B, et al. Structural evolution of NiO from porous nanorods to coral-like nanochains with enhanced methane sensing performance [J]. Sensors and Actuators B, 2021, 334: 129645.

[605] Zhang G, Xie C. A novel method in the gas identification by using WO_3 gas sensor based on the temperature-programmed technique [J]. Sensors and Actuators B, 2015, 206: 220-229.

[606] Zhang C, Geng X, Li L W, et al. Role of oxygen vacancy in tuning of optical, electrical and NO_2 sensing properties of ZnO_{1-x} coatings at room temperature [J]. Sensors and Actuators B, 2017, 248: 886-893.

[607] Zhang C, Liu G F, Geng X, et al. Metal oxide semiconductors with highly concentrated oxygen vacancies for gas sensing materials: A review [J]. Sensors and Actuators A, 2020, 309: 112026.

[608] Zhang J B, Li X N, Bai S L, et al. High-yield synthesis of SnO_2 nanobelts by water-assisted chemical vapor deposition for sensor applications [J]. Materials Research Bulletin, 2012, 47 (11): 3277-3282.

[609] Zhang L S, Du Y, Guo X M. Investigation of adsorption-desorption characteristics of CO and H_2 on Cu^{2+} doped SnO_2 for identifying gas components by temperature modulation [J]. Sensors and Actuators B, 2022, 370: 132375.

[610] Zhang L S, Guo X M. Investigation on gas sensing and temperature modulation properties of Ni^{2+} doped SnO_2 materials to CO and H_2 [J]. Materials Science in Semiconductor Processing, 2022, 142: 106516.

[611] Zhang L S, Du Y, Guo X M. Gas-sensing performance of Au loading $Sn_{0.97}Cu_{0.03}O_2$ and its use on quantifying CO and H_2 concentration by BP-temperature modulation method [J]. Materials Science in Semiconductor Processing, 2023, 156: 107291.

[612] Zhang R, Hu J F, Zhao M, et al. Electrical and CO-sensing properties of $SmFe_{0.7}Co_{0.3}O_3$ perovskite oxide [J]. Materials Science and Engineering B, 2010, 171: 139-143.

[613] 张小水，张树金，高胜国，等．控制电位电解法 NO_2 气体传感器 [J]. 陶瓷学报，2008，293 (9)：287-290.

[614] 钟铁钢，梁喜双，刘奎学，等．固体电解质电位型 CO 气体传感器的研究 [J]. 传感器学报，2009，22 (2)：187-189.

[615] Zhu B, Yin C B, Zhang Z L, et al. Investigation of the hydrogen response characteristics for sol-gel-derived Pd-doped, Fe-doped and PEG-added SnO_2 nano-thin films [J]. Sensors and Actuators B, 2013, 178: 418-425.

[616] 赵义芬，赵鹤云，吴兴惠．金属氧化物半导体气敏材料的研究进展 [J]. 传感器世界，2009，1：6-11，20.

[617] 周桢来，王毓德，张俊．气体敏感元件及其发展和应用 [J]. 云南大学学报（自然科学版），1998，S1：91-94.

[618] 赵春艳，邵开春．基于电化学检测原理的毒性气体探测器设计 [J]. 可编程控制器与工厂自动化，

2011，7：116-118.

[619] 郑龙江，李鹏，秦瑞峰，等．气体浓度检测光学技术的研究现状和发展趋势 [J]. 激光与光电子学进展，2008：24-32.

[620] 张强，管自生．电阻式半导体气体传感器 [J]. 仪表技术与传感器，2006，7：6-9.

[621] Zhao C，Gong H，Niu G，et al. Ultrasensitive SO_2 sensor for sub-ppm detection using Cu-doped SnO_2 nanosheet arrays directly grown on chip [J]. Sensors and Actuators B，2020，324：128745.

[622] Zhao Y，Zhang W，Yang B，et al. Gas-sensing enhancement methods for hydrothermalsynthesized SnO_2 based sensors [J]. Nanotechnology，2017，28：1-15.

[623] Zhao C H，Hu W Q，Zhang Z X，et al. Effects of SnO_2 additives on nanostructure and gas-sensing properties of α-Fe_2O_3 nanotubes [J]. Sensors and Actuators B，2014，195：486-493.

[624] Zheng K B，Gu L L，Sun D L，et al. The properties of ethanol gas sensor based on Ti doped ZnO nanotetrapods [J]. Materials Science and Engineering B，2010，166 (1)：104-107.

[625] 张朋，陈明，何鹏举，等．基于电活性高分子声表面波 CO 气体传感器研究 [J]. 压电与声光，2010 (5)：7-10，14.

[626] Zeng Y，Qiao L，Bing Y，et al. Development of microstructure CO sensor based on hierarchically porous ZnO nanosheet thin films [J]. Sensors and Actuators B，2012，173：897-902.

[627] Zeng W，Liu T，Wang Z. Sensitivity improvement of TiO_2-doped SnO_2 to volatile organiccompounds [J]. Physica E，2010，43 (2)：633-638.

[628] Zakrzewska K. Mixed oxides as gas sensors [J]. Thin Solid Films，2001，391：229-238.

[629] Zhu Y，Thangadurai V，Weppner W. Garnet-like solid state electrolyte $Li_6BaLa_2Ta_2O_{12}$ based potentiometric CO_2 gas sensor [J]. Sensors and Actuators B，2013，176：284-289.